普通高等教育"十一五"国家级规划教材
2009年山东省高等学校优秀教材一等奖

大学物理（第三版）

（上册）

主编　袁玉珍　陈钦生　张化福

编委　孙玉萍　李　洁　高　利

　　　臧永丽　史晓菲　武步宇

科学出版社

北　京

内 容 简 介

本书在普通高等教育"十一五"国家级规划教材的基础上,根据 2014 年山东省高等教育教学成果二等奖"培养信息化时代创新型人才——大学物理的教学改革与实践"的教学研究成果,完成了教材第三版的修订. 教材注重物理学五大基本理论的教学和应用,统筹经典物理与现代物理的教学,分为力学、电磁学、热学、波动学和量子物理五篇,可用于各理工科专业的模块化教学. 注重应用型创新人才的培养,增设具有时代特点的物理学前沿和高新技术等专题,以科技专题和小论文等方式,强化培养大学生应用物理规律解决实际问题的科技创新能力.

本书符合教育部高等学校物理学与天文学教学指导委员会物理基础课程教学指导分委员会《理工科类大学物理课程教学基本要求(2010 年版)》的教学要求,可以作为普通高等学校理工各专业的教材和参考书,出版配套的《大学物理教学同步习题册(第三版)》并提供电子教案和习题解答.

图书在版编目(CIP)数据

大学物理:全 2 册/袁玉珍,陈钦生,张化福主编. —3 版. —北京:科学出版社,2016.1

普通高等教育"十一五"国家级规划教材
ISBN 978-7-03-046391-3

Ⅰ.①大… Ⅱ.①袁…②陈…③张… Ⅲ.①物理学-高等学校-教材 Ⅳ.①O4

中国版本图书馆 CIP 数据核字(2015)第 274915 号

责任编辑:窦京涛/责任校对:钟 洋
责任印制:师艳茹/封面设计:迷底书装

科学出版社 出版
北京东黄城根北街 16 号
邮政编码:100717
http://www.sciencep.com

保定市中画美凯印刷有限公司印刷
科学出版社发行 各地新华书店经销

*

2002 年 2 月第 一 版 开本:787×1092 1/16
2016 年 1 月第 三 版 印张:32
2020 年 1 月第十六次印刷 字数:758 000

定价:61.00 元(上、下册)
(如有印装质量问题,我社负责调换)

第三版前言

　　《大学物理(第三版)(上、下册)》是在普通高等教育"十一五"规划教材的基础上,根据教育部高等学校物理学与天文学教学指导委员会物理基础课程教学指导分委员会发布的《理工科类大学物理课程教学基本要求(2010年版)》编写和修改的,注重理论与实践相结合的教学内容,增设了物理学与新技术专题,为培养大学生的科技创新能力,提供了优良的物理知识和科学素质基础.

　　本教材以经典力学、相对论、电磁学、热学与统计物理和量子力学五大物理学基本理论为核心,进一步强化物理学基本概念和基本规律的教学,力求物理概念和原理的阐述简洁准确,重点突出.注重培养大学生的科技创新能力,通过习题和小论文等实践环节提高学生的科学素质.增设物理学与高新技术专题介绍,有利于开拓大学生的科技视野,为理工科各专业后续的专业学习奠定基础.

　　本教材可用于"大学物理"课程的模块化教学,上册包含力学和电磁学两篇,为各理工科专业必修的内容,教学参考学时64;下册包含热学、波动学和量子物理三篇,可根据机电和材料化工等模块的专业特点,进行重点不同的教学,每个模块的教学参考学时为32.

　　各篇的修订人员如下:第一篇力学(孙玉萍、陈钦生、周爱萍),第二篇电磁学(张化福、李洁、高利),第三篇热学(刘汉法、周爱萍、郭美霞),第四篇波动学(袁玉珍、张静华、高金霞),第五篇量子物理(袁玉珍、郭美霞).

　　物理与新技术专题的编写人员如下:航天技术(高利),能源与环境(周爱萍),微电子技术(张化福),光电检测(高金霞),纳电子技术(孙玉萍).

　　全书由袁玉珍、陈钦生和张化福统稿,其余编委及有关教师参加了修订.

　　书中的不妥之处,恳请专家和有关师生批评指正!

　　邮箱:sdutphysics@126.com

编　者

2015年6月于稷下湖畔

第二版前言

诺贝尔物理学奖获得者李政道指出:没有昨日的基础科学,就没有今日的技术革命.物理学的基本概念和技术被广泛应用到自然科学中,几乎所有重大高新技术领域的创立,如核能的利用、激光器的产生、层析成像技术(CT)和电子计算机等,事先都在物理学中经过长期的酝酿. 当今物理学和科学技术的关系是两种模式并存、相互交叉又相互促进.热机的发明和使用等是"技术—物理—技术"的模式;电气化的进程等是"物理—技术—物理"的模式. 因此,物理学是发展最快、推动信息社会各项科学技术发展的重要学科.

本教材适应现代社会信息化的特点,符合理工科专业大学物理的教学规律,具有时代性和创新性. 首先,教材体系新颖合理:既对物理学理论体系中最重大的五大基本理论——牛顿力学(mechanics)、电磁学(electromagnetism)、热力学(thermodynamics)、相对论(relativity)和量子力学(quantum mechanics)做了深入细致的阐述,又通过三大守恒定律凝练牛顿力学的教学,按照狭义相对论的观点再认识电磁场,以及根据逻辑关系阐述波动学和量子力学;其次,通过非线性波、激光冷却和捕陷原子、超导量子干涉仪和量子计算机等内容,开设面向物理学前沿和高新技术领域的窗口,以增强学生的科学素质和科技创新能力,实现面向现代化的理工科大学物理的教学.

第一篇由陈钦生执笔,第二篇由刘汉法执笔,第三篇由武步宇执笔,第四篇、第五篇和附录等内容由袁玉珍执笔. 臧永丽、张静华、郭美霞、李洁和史晓菲参加了修订. 全书由袁玉珍、陈钦生、臧永丽和刘汉法统稿.

对教材中的不当之处,敬请专家和使用本书的师生给予批评指正.

编 者
2007 年 12 月

第一版前言

大学物理在高等工程教育体系中,位于基础学科这一等级.首先,它应在该等级上充分发挥作用,并与同一体系的技术学科和工程学科建立有机的联系.其次,大学物理作为一个子系统,应该随着物理学科的发展,不断更新,成为具有自身组织的动态系统.只有这样,才能很好地发挥大学物理在培养学生科学素质和创新能力等方面的功能.

因此,我们从体系结构和教学内容两方面进行改革,按照逻辑关系构建大学物理的教学体系.该体系的特点是:融会贯通经典物理和近代物理的内容,用近代物理的观点诠释经典物理,构成一个有机的整体.第一,以三大守恒定律为主线,揭示了自然界的普遍规律和时空对称性;第二,用相对论的观点,以电磁场的基本理论为纲,将电场与磁场的内容有机融合在一起,充分体现了电磁场的统一性和对称性;第三,由波粒二象性,将实物粒子和光子统一起来;第四,以量子力学为核心,全面深入地开展近代物理的教学.摆脱对半经典物理的依赖,更新教学中的概念,倡导近代物理的科学思维方式,形成自洽的概念体系.对近代物理学中的重要概念和内容,从不同角度进行两次巩固式教学,以利于学生的学习和掌握.

在教学内容上进行了更新.补充近代物理和现代物理的内容,如非线性振动、非线性波和混沌,以及隧道效应等;加强与物理学前沿和高新技术的联系,如激光与捕陷原子、超导与超导量子干涉仪、态叠加原理与量子计算机等;适当处理游离于近代物理主线外的内容,如玻尔理论不再是量子力学的入口环节,而成为量子力学有关结论的附加说明.

由于水平有限,如有不妥之处,敬请专家和使用本书的师生批评指正.

编　者
2001 年 7 月

目　　录

第一篇　力　　学

第二篇　电　磁　学

绪　　论

以物理学的基础理论和应用为主要内容的大学物理课程,是高等学校非物理类理工科各专业学生的一门重要的必修基础课.大学物理课程讲授的物理学基本概念、基本理论和基本方法,是构成大学生科学素养的重要组成部分,是科学工作者和工程技术人员所必备的专业基础知识.该课程不仅为理工科各专业的后续教学环节奠定重要基础,而且对培养大学生的科学探索和创新能力具有独特的促进作用.

为了使大学生更好地掌握物理学的基本理论和应用、领略物理学的博大精深并形成良好的科学素质,从"物理"、"吾理"和"悟理"三个方面,阐述物理学及其应用,以及怎样学好大学物理.

0.1　物理——物理学的研究范围和理论体系

物理学是揭示自然界最基本形态的最基础的学科之一,研究物质的基本结构、相互作用和最基本最普遍的运动形式(如机械运动、热运动、电磁运动和量子运动)的基本规律.因此,物理学是研究物质运动最基本规律的科学,又为所有其他的自然科学、技术科学、生命科学和高新技术提供理论基础、技术手段和科学研究方法.可以说物理学是除数学以外一切自然科学的基础,物理学在理论原理和实验技术上的每一次重大进展,都有利地促进了科学技术的进步和社会经济的发展.

0.1.1　物理学的研究范围

物理学的研究范围非常广,从夸克、中微子和电子等基本粒子,到庞大的地球、太阳系和超星系团等都是其研究对象.可以概要地说,**物理学的研究范围就是宇宙**.庄子曰:"四方上下曰宇,往古来今曰宙."按现代观念理解,"宇"代表所有的空间,"宙"代表所有的时间,物理学的空间研究尺度,从 10^{27} m 的哈勃半径、10^{21} m 的银河系、10^{12} m 的太阳系,到 10^{-7} m 的 DNA、10^{-6} m 的细胞、10^{-17} m 的粒子和 10^{-35} m 的普朗克长度(理论极限值),涉及宇观、宏观和微观三个层次;物理学的时间研究尺度,从 10^{18} s 的宇宙年龄、$10^{17}\sim10^{18}$ s 的地球寿命、$10^9\sim10^{10}$ s 的人均寿命,到 $10^{-6}\sim10^{-5}$ s 的中子寿命、10^{-43} s 的普朗克时间(理论极限值),涉及宇宙的形成及演化.物理学研究范围的时空跨度示意图,如图 0-1 所示.

0.1.2　物理学的五大基本理论

根据物理学的发展史,可以把物理学的基本理论分为经典物理学(17 世纪初~19 世纪末)和现代物理学(20 世纪初至今).**经典物理学的经典力学、热力学与统计物理和电磁**

图 0-1　物理学研究范围的时空跨度示意图

学,现代物理学的相对论和量子力学,构成物理学的五大基本理论,如图 0-2 所示.

图 0-2　物理学的五大基本理论

1. 经典力学(牛顿力学)

经典力学,又称为牛顿力学,是以牛顿定律为基础,研究受力物体的运动状况. 经典力学可以分为静力学、运动学和动力学,具有解决具体机械问题的能力,导致了弹性力学、流体力学、空气动力学和航空航天技术的形成和发展. 声学研究在介质中传播的各种各类的机械波(包括振动、声音、超声波、次声波等),常常把声学作为经典力学的一门分支.

2. 热力学与统计物理

热力学和统计物理都是研究热学现象及其规律和应用的,只不过研究的角度不同. 热力学是从宏观角度,根据能量守恒定律研究热量与机械功或其他能量形式之间的关系,统计物理则是从微观角度,应用概率论来研究由大量粒子组成的物理系统的热力学行为,两者的研究相辅相成、研究结果相互印证.

3. 电磁学

电磁学描述带电粒子与电场、磁场的相互作用,其理论基础是麦克斯韦方程组和洛伦兹力方程. 电磁学可以分为静电学、静磁学和电动力学等. 光学研究光波的传播与性质,分为几何光学、波动光学和量子光学. 因为光波是电磁波,所以光学的理论可以约化为关于电磁相互作用的理论.

4. 相对论

相对论是爱因斯坦在 1905~1915 年间建立的关于高速运动物体的力学规律,可分为狭义相对论与广义相对论. 相对论给出了关于空间、时间、物质和能量的崭新描述,如时空弯曲、时间膨胀和长度收缩等. 当物体的运动速度接近光速时,必须考虑相对论效应. 当物体的速度远小于光速时,相对论的结果与经典力学相同.

5. 量子力学

量子力学是普朗克、爱因斯坦和玻尔等人在 1900~1924 年间建立的关于微观粒子的力学规律,研究发生于原子与亚原子尺度的各种现象的量子性质,以及微观粒子的波粒二象性.

现代物理学的两大理论支柱是相对论和量子力学,二者的统一是物理学家力图实现的目标之一. 目前,量子场论统一了量子力学和狭义相对论,可以精确地描述电磁相互作用、强相互作用和弱相互作用,是粒子物理学的基础理论. 在自然界的四种作用力中,电磁相互作用与弱相互作用已被合并为电弱相互作用. 虽然广义相对论将时空延伸为动态的弯曲时空,能够描述大质量系统和宇宙的大尺寸结构,但尚未将引力相互作用与其他相互作用统一为大统一理论,物理学家仍在发展几种可能的量子引力理论.

物理学的每一种理论都仅适用于某些明确的领域,例如,经典物理适用于宏观、低速物体,量子力学适用于微观、低速物体,相对论适用于宏观、高速物体,量子场论则适用于微观、高速物体.

0.2 吾理——物理学在科学技术发展中的作用

0.2.1 物理学与三次技术革命

物理学是科学技术发展的重要源泉,蒸汽机、电气化和信息化三次技术革命,均来自物理学或与物理学紧密相关,21 世纪物理学对技术的发展仍然起着基础支撑作用.

1. 第一次技术革命

17~18 世纪牛顿力学的建立和热力学的发展,不仅有利地推动了其他学科的发展,而且适应了研制蒸汽机和发展机械工业的社会需要,从而引起了第一次技术革命. 同时,推动了人类社会的巨大变革. 内燃机和气轮机的出现使现代科学技术突飞猛进,导致了火车、汽车、轮船和飞机的依次出现. 从而使交通运输业得到了迅速的发展,极大地改变了工业生产的面貌.

2. 第二次技术革命

1862 年麦克斯韦创立了电磁场理论,为电力技术的产生提供了重要的理论基础. 电磁学的发展,引起了第二次世界性的技术革命. 建立了以电机为动力的电气化工业体系和各种电气工业部门. 例如,电解、电镀、电焊、电热和电力输送等,同时,电话和电报等信息传递技术也随之广泛地利用起来,从而把工业生产推向历史的高峰.

3. 第三次技术革命

第三次技术革命发生于 20 世纪 50 年代,1900 年以来,由于相对论和量子力学的建立,人们对原子、原子核结构的认识日益深入. 先后引发了原子能、电子计算机和空间技术的出现和应用. 导致了新材料技术、微电子技术、激光技术、生物技术、海洋技术和新能源技术等迅速崛起,形成了以电子计算机为核心的高新技术群,掀起了一场新技术革命的浪潮. 在 20 年左右的时间内,人类同时进入原子能时代,太空时代与计算机时代,其影响之广、意义之大是以往任何一次技术革命都无法比拟的.

高新技术一般分为高准度技术和高效益技术两类. 高准度技术如航天技术、导弹技术和核技术等. 我国神舟飞船的发射,标志着我国的航天技术达到了世界领先水平. 高效益技术如微电子技术、生物工程、新能源和新材料等.

物理学在高新技术上的应用,达到了空前的发展速度. 如核电站的建设、航天飞机的升空、人造卫星、各种探测器的发射及其在太空的运行、各种加速器的建成(北京正负电子对撞机)、超导研制的新进展等.

0.2.2　物理学与新学科的形成

物理学的基本概念、基本理论、基本实验手段和精密的测试方式,已广为其他自然科学采用,加速了自然科学内部的相互融合和综合化的趋势,出现了众多的交叉学科.

将物理学的理论与方法移植去研究另一门学科,就会诞生一门交叉学科. 例如,用量子力学的方法探讨化学问题,就形成量子化学;量子力学与生物学交叉,产生量子生物学,它是应用量子力学原理从电子水平上研究生命现象的学科;物理学和其他学科的相互渗透,产生了一系列的交叉学科,如化学物理、生物物理、大气物理、海洋物理、地球物理、天体物理等.

现代科学的三大支柱是原子与量子革命、基因与 DNA 革命、计算机与信息革命,其中最基础的是量子革命. 1925 年由量子理论引发的科学大潮,使我们理解了周围的物质. 它使我们能在实验室创造出某种物质之前就能精确地预测其属性,我们能随心所欲地创造和操作新形式的物质. 1944 年,量子力学的奠基人之一薛定谔在《什么是生命》一书中提出生命的秘密可以用量子理论解释,并大胆地猜测,这个秘密就是写在细胞核内分子上的"基因密码". 1953 年,詹姆斯·沃森(James D. Watsn)和弗朗西斯·克里克(Francis Crick)发现了 DNA 的"双螺旋"结构,揭开了这 12 个秘密. 人们应用分子生物技术就能像读书一样,阅读生命基因的密码,破译后就可以随心所欲地操纵生命. 正在实施中的"人类基因组计划",为我们提供了一本隐藏着人类遗传全部秘密的密码本,昭示了人类对自身的了解迈入了一个新阶段,开创了在分子生物学基础上发展医学和药物学的新开端.

0.3 悟理——怎样学好大学物理

要想学好大学物理,首先需要认识到学习物理的重要性,结合物理学的理论特点和科学方法,增强学习的积极性和主动性,培养根据物理定律解决实际问题的科技创新能力.学生在学习的过程中,要注意以下两个方面.

0.3.1 深刻理解和掌握物理的基本概念和基本规律

物理学的核心内容是物理的基本概念,其次是物理的基本规律及其应用.物理的基本概念指客观事物的物理本质属性,如动量、能量、温度、电场强度和磁场强度等,物理规律是指物理现象间的客观内在的联系,包括公式、定理和定律等.物理规律分为基本规律和导出规律,在学习中,要注意任何物理规律均有其成立条件和适用范围,物理公式只是物理规律的数学表述.只有深刻理解了物理概念,掌握了物理规律及其成立条件,才能理解物理公式中的数学符号,在公式成立的范围内应用物理规律解决实际问题.

0.3.2 掌握物理学的特点和方法

物理学是观察、实验和科学思维的产物.在学习中注意物理定律的产生和应用过程:观察已有的物理现象,通过实验再现物理现象,最后通过科学思维确定物理概念、发现物理规律、再用已发现的物理规律去指导实验、验证物理规律的正确性,始终把实践作为检验真理的唯一标准.

物理学不仅把数学作为语言工具,明确表述物理概念和物理规律,还把数学作为推理工具,从已有规律推导出新的规律.大学物理中涉及的数学工具主要有矢量运算、微积分和微分方程等内容.

掌握理想化模型,对复杂的实际物体进行简化和抽象,舍弃不重要的因素,对其主要特征加以研究、计算和推理,最后再用理想模型与实际事物比较,并适当加以修正,使物理模型与物质世界基本符合.

在学习过程中,把"勤于思考、强化实践"放到中心地位,学好大学物理对于培养科技创造型人才是非常重要的,对于今后进一步学习新理论和新技术、不断更新知识和提升科技能力都是大有益处的.

第一篇 力 学

　　自然界的一切物质都处于永恒的运动之中,物质的运动形式是多种多样的.物质的一种最基本的运动形式是其空间位置的变动,即机械运动.天体的运行、机器的运转、列车的奔驰、大海的咆哮、大气的变幻等都是机械运动的例子.机械运动是物质最简单、最基本的运动形式.各种复杂的、高级的运动几乎都包含机械运动.力学是研究物体机械运动规律的一门科学,它是物理学发展的前奏,也是物理学和许多工程技术学科的基础.

　　力学的发展已有几百年的历史,目前已形成了许多独立的分支.17世纪以来以牛顿定律和守恒定律为基础的经典力学或牛顿力学,是物理学中成熟的分支学科,从普遍的机器运转到天体运动,从海流、大气到火箭、卫星的轨道控制,都需要用经典力学理论精确计算.经典力学只适用于宏观物体做低速运动(物体的速度远小于光速)的情况.当物体的速度接近光速时,经典力学失效,其运动规律须用相对论力学来研究.微观粒子的运动,则属于量子力学或量子场理论的研究范围.尽管经典力学、相对论力学、量子力学所研究的对象不同,物体的运动规律有差异,但它们的研究对象也有共同遵循的规律——动量守恒定律、角动量守恒定律、能量守恒定律.

　　现代物理学认为,动量、角动量、能量是与自然界的普遍属性——时空对称性联系在一起的.具体来说,物质系统空间的均匀性,要求该系统必须遵从动量守恒定律;物质系统空间的各向同性,要求该系统遵从角动量守恒定律;物质系统时间均匀性要求该系统必须遵从能量守恒定律.因此,三个守恒定律是自然界最普遍的规律.它不仅适用于孤立系统的任何物理过程,也适用于孤立系统的化学、生物等其他过程,自然界至今还没有发现违反它的事例.可以说守恒定律是自然规律最深刻、最简洁的陈述,是物理学中最基本、最重要的定律.

　　本篇主要介绍三大守恒定律和狭义相对论.

宇宙飞船　央视新闻

第 1 章　力 学 基 础

本章主要讨论如何描述物体的机械运动,主要内容包括位置矢量、位移、速度、加速度等基本概念及质点的曲线运动和相对运动等.

1.1　单位制和量纲

物理学是严谨的、定量的自然科学.为了确切地定量表述物质的属性和物质运动的状态及其变化过程,需要建立或定义许多物理量,如密度、速度、力、电流强度等.而物质运动的基本规律,在物理学中通常由某些原理、定律或定理来表述,它们反映了有关物理量之间的相互关系.物理量的测定与度量必然涉及单位及量纲问题.

1.1.1　国际单位制

1984 年 2 月 27 日,国务院发布命令,明确规定在全国范围内统一实行以国际单位制(符号 SI)为基础的法定计量单位.1985 年 9 月 6 日,全国人大常委会通过的《中华人民共和国计量法》,进一步明确了法定计量单位的法律地位.

国际单位制是在国际公制和米千克秒制基础上发展起来的.在国际单位制中,规定了7 个基本单位,即米(长度单位)、千克(质量单位)、秒(时间单位)、安培(电流单位)、开尔文(热力学温度单位)、摩尔(物质的量的单位)、坎德拉(发光强度的单位).现将国际单位制的基本单位的名称、符号及其定义列表如下(表 1-1).

表 1-1　国际单位制的基本单位

量的名称	单位名称		单位符号	定　　义
	全称	简称		
长度	米	米	m	米是光在真空中 1/299792458s 时间间隔内所经过的路程
质量	千克	千克	kg	千克等于国际千克原器的质量
时间	秒	秒	s	秒是铯-133 原子基态的两个超精细能级之间跃迁所对应的辐射的 9192631770 个周期的持续时间
电流	安培	安	A	安培是一恒定电流,若保持在处于真空中相距 1m 的两无限长而圆截面可忽略的平行导线内,则此两导线之间产生的力在每米长度上等于 $2×10^{-7}$N
热力学温度	开尔文	开	K	开尔文是水的三相点热力学温度的 1/273.16
物质的量	摩尔	摩	mol	摩尔是一系统的物质的量,该系统中所包含的基本单元数与 0.012kg 碳-12 的原子数目相等.在使用摩尔时,基本单元应予指明,可以是原子、分子、离子、电子及其他粒子,或是这些粒子的特定组合
发光强度	坎德拉	坎	cd	坎德拉是发射出频率为 $540×10^{12}$Hz 单色辐射光源在给定方向上的发光强度,而且在此方向上的辐射强度为 1/683W 每球面度

有了基本单位,就可以由它们构成导出量的单位. 例如,在 SI 中,速度的单位是 $m \cdot s^{-1}$,加速度的单位是 $m \cdot s^{-2}$ 等.

1.1.2 量纲

在 SI 中,基本力学量时间、长度和质量分别用 T、L、M 表示. 如果单考虑某一导出量是如何由这些基本量组成的,则一个导出量可以用 T、L 和 M 的幂次的组合表示出来. 例如,速度、加速度、力、动量等物理量可以这样来表示

$$[v] = LT^{-1}, \qquad [a] = LT^{-2}$$
$$[F] = MLT^{-2}, \qquad [p] = MLT^{-1}$$

这样的表示式叫做各**物理量的量纲**. 对于不同的单位制,如果基本量的选定不同,则同一物理量的量纲也不同.

量纲的概念在物理学中很重要,因为只有量纲相同的项才能进行相加、相减或相等. 所以对公式两边各项求出其量纲,可用来判断这个公式是否有错误. 例如,对于匀速率圆周运动的向心力公式

$$a = \omega^2 R$$

因为公式两边的量纲都是 LT^{-2},所以这个公式在量纲上没有错误,可以初步判断是正确的,但式中系数是否正确,则不能用量纲来判断. 如果有人推出的公式是

$$a = \omega R$$

则因公式左边的量纲是 LT^{-2},右边的量纲是 LT^{-1},两边的量纲不相同,立即可以判断这个公式是错误的.

此外,量纲还可用于单位换算,可以为寻找复杂的物理规律提供线索等. 量纲分析在空气动力学和流动力学等学科中有重要的应用.

1.1.3 时间与空间

任何物体的运动都是在时间和空间中进行的. 运动不能脱离空间,也不能脱离时间. 时间是物质运动的顺序性和持续性,而空间则是物质运动的延展性.

牛顿认为,时间和空间是不依赖于物质的独立的客观存在,物体虽然是在时间和空间中运动,但是时间和空间的性质与物质的运动没有任何联系. 空间距离和时间间隔也是绝对的,不会因为相对运动而产生任何差异. 这种与物质和运动毫无联系的"绝对"时空观,在经典力学研究的范围内是正确的,与人们的经验是一致的. 但当我们接触到高速运动物体时,会发现这种时空观是错误的. 爱因斯坦推翻了牛顿的绝对时空观,指出时空是客观存在的,但又是相对的,不是绝对的. 在第 5 章中我们将较为详细地介绍经典力学时空观与狭义相对论时空观.

在国际单位制(SI)中,时间的单位是秒,长度的单位是米. 现行的时间单位是 1967 年第 13 届国际计量大会规定的,用铯(^{133}Cs)原子基态的两个超精细能级间跃迁相对应的辐射周期的 9192631770 倍为 1 秒. 空间反映物质的广延性. 空间距离为长度,长度的现行单位是 1983 年 10 月第 17 届国际计量大会规定的,把光在真空中 1/299792458 秒内走过的路程定义为 1 米.

1.2 参照系 理想模型

1.2.1 参照系

世界是物质的,物质是运动的.宇宙中的任何物体都在不停地运动.绝对静止的物体是不存在的.我们知道,要描述一个物体的运动,需要选择其他物体作为参考,然后才可以研究物体相对于这些参考物体是如何运动的.为描述物体的运动而选取的这个其他物体称为参照系.同一个物体的运动,选取的参照系不同,物体的运动形式也就不同.一切物体的运动,既是绝对的,又是相对的."绝对"是指运动本身,宇宙中所有的物体都处于永不停息的运动中."相对"是指对运动的描述,对于同一物体运动的描述,在不同参照系中会得到不同的结果.

为了对物体的运动作出定量描述,需要在参照系上建立适当的坐标系,坐标系实质上是参照系的数学抽象.常用的坐标系有直角坐标系、极坐标系、自然坐标系、柱坐标系和球坐标系等,如图 1-1 所示.处理实际问题时,原则上坐标系的选取是任意的,但是选择适当的坐标系可以使运动的描述变得简便,使处理问题的过程加以简化.

(a) 直角坐标系　　　(b) 极坐标系　　　(c) 自然坐标系　　　(d) 柱面坐标系

图 1-1　常用坐标系

1.2.2 质点

研究具体的物理问题时,常常需要抓住事物的主要因素,忽略次要因素,把复杂的研究对象简化成理想模型.模型法是物理学中一种重要的研究方法.质点,就是力学中第一个重要的理想模型.

任何物体都有一定的大小和形状.在有些问题中,物体的形状及大小对问题讨论的影响可以忽略不计,这时便可将物体视为一个只有质量而无形状、大小的几何点,称为质点.可以把运动物体视为质点来处理的通常有以下两种情况:①物体虽然不是很小,但是物体的大小与形状在特定的力学系统中不起作用,即物体上各点的运动状态相同.例如,物体做平动时,物体内各点具有相同的速度和加速度,物体上任一点的运动都可以代表整个物体的运动.②当物体的线度相对于物体与观测者的距离很小时,物体的大小和形状对物体运动状态的影响可以忽略不计,这时可以把物体看成质点.例如,当研究地球绕太阳的公转时,由于地球半径比地球到太阳的距离小得多,这时便可将地球视为质点;但若研究地球自转,显然就不能将地球视为质点了.

1.2.3 刚体

和质点模型一样,刚体是常用的力学模型.固体在外力作用下,形状和大小一般都要发生变化,但变化并不显著.所以研究固体物体运动的初步方法,是假定无论在多大的外力作用下,物体的形状和大小均保持不变,也就是物体内任意两点间的距离在运动中恒定不变.这样的理想物体称为刚体(可以看成是由无数个质点组成的).

绝对刚体实际上是不存在的,只是一种理想模型,因为任何物体在受力作用后,都或多或少地变形.如果变形的程度相对于物体本身几何尺寸来说极为微小,在研究物体运动时变形就可以忽略不计.把许多固体视为刚体,所得到的结果在工程上一般已有足够的准确度.例如,物理天平的横梁处于平衡状态,横梁在力的作用下产生的形变很小,各力矩的大小都几乎不变.对于形变,实际是存在的,但可不予考虑.为此在研究天平横梁平衡的问题时,可将横梁当成刚体.

但要研究应力和应变,则须考虑变形.由于变形一般总是微小的,所以可先将物体当成刚体,用理论力学的方法求得加给它的各未知力,然后再用变形体力学,包括材料力学、弹性力学、塑性力学等的理论和方法进行研究.

1.2.4 理想流体

流体是气体和液体的总称,流体的基本特征是具有流动性,即各部分之间很容易发生相对运动,没有固定的形状.一般来说,流体是可压缩的,当相邻两层流体有相对运动或流体在管中流动时,内摩擦会产生一种切应力(即黏滞阻力).因此,常见流体的运动比较复杂.

对于实际流体,如日常生活中的气体、水、酒精等,在小范围内流动时,其黏滞性造成的影响一般可以忽略,这时我们可以把流体看成理想流体.所谓理想流体,是指一种完全不可压缩的且无内摩擦或黏滞阻力的流体.不可压缩意味着流体的密度 ρ 是一个常量,不随压强变化.

理想流体也是一种理想化的模型,真正的理想流体是不存在的.

1.3 质点运动的描述

为了描述物体的机械运动,我们引入以下物理量.

1.3.1 位置矢量

研究质点的运动时,首先应表示出它在空间的位置.在选定的参考系里,质点的位置可以用矢量的概念更简洁清楚地表示出来.

在如图 1-2 所示的直角坐标系中,质点在时刻 t 的位置 P,可由 P 点的三个坐标 x、y、z 来确定.也可由原点 O 指向 P 点的矢量 r 来表示.r 的方向表明了 P 点相对于坐标轴的方位,r 的大小(即它的模)表明了原点到 P 点的距离.显然,方位和距离都知道了,P 点的位置就确定了.用来确定质点位置的这一矢量 r 叫做**位置矢量**,简称**位矢**.在三维直角

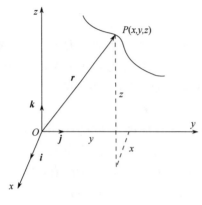

图 1-2 位置矢量

坐标系中表示为

$$\boldsymbol{r} = x\boldsymbol{i} + y\boldsymbol{j} + z\boldsymbol{k} \qquad (1\text{-}1)$$

式中,$\boldsymbol{i}$、$\boldsymbol{j}$、$\boldsymbol{k}$ 分别为沿 x、y、z 轴正方向的**单位矢量**.

位矢 $\boldsymbol{r}$ 的大小为

$$r = |\boldsymbol{r}| = \sqrt{x^2 + y^2 + z^2} \qquad (1\text{-}2)$$

位矢 $\boldsymbol{r}$ 的方向可由其方向余弦确定,即

$$\begin{cases} \cos\alpha = \dfrac{x}{r} \\[2mm] \cos\beta = \dfrac{y}{r} \\[2mm] \cos\gamma = \dfrac{z}{r} \end{cases} \qquad (1\text{-}3)$$

式中,α、β、γ 分别为 $\boldsymbol{r}$ 与 x、y、z 轴正方向的夹角,它们满足

$$\cos^2\alpha + \cos^2\beta + \cos^2\gamma = 1$$

故三个方向余弦中,只有两个是独立的.

1.3.2 运动方程

质点运动时,它的位置矢量 $\boldsymbol{r}$ 是随时间变化的,因此 $\boldsymbol{r}$ 是时间的函数,即

$$\boldsymbol{r} = \boldsymbol{r}(t) \qquad (1\text{-}4)$$

这个 $\boldsymbol{r}$ 随时间变化的关系式叫做**质点的运动方程**.

在直角坐标系中,质点运动时,它的坐标 x、y、z 都是时间的函数,可写为

$$\begin{cases} x = x(t) \\ y = y(t) \\ z = z(t) \end{cases} \qquad (1\text{-}5)$$

这个方程组即是质点的运动方程(1-4)在直角坐标系中的分量表示式. 由式(1-1)运动方程又可写为

$$\boldsymbol{r}(t) = x(t)\boldsymbol{i} + y(t)\boldsymbol{j} + z(t)\boldsymbol{k} \qquad (1\text{-}6)$$

当质点在空间运动时,位置矢量 $\boldsymbol{r}$ 不断地改变其大小和方向,其末端在空间描绘出一条曲线,该曲线称为质点运动的**轨迹**.

从质点的运动方程(1-5)中,消去参变量时间 t,就得到**质点的轨迹方程**

$$f(x, y, z) = 0 \qquad (1\text{-}7)$$

轨迹为直线就称为直线运动,轨迹为曲线则称为曲线运动.

例 1-1 已知质点在 xy 平面内运动,运动方程的分量形式为

$$x = R\sin\frac{\pi}{6}t, \quad y = R\cos\frac{\pi}{6}t$$

求任一时刻的位置矢量及轨迹方程.

解 由式(1-1),质点在任一时刻的位置矢量为

$$\boldsymbol{r} = x\boldsymbol{i} + y\boldsymbol{j} = \left(R\sin\frac{\pi}{6}t\right)\boldsymbol{i} + \left(R\cos\frac{\pi}{6}t\right)\boldsymbol{j}$$

由题给运动方程中消去时间 t,得到轨迹方程为
$$x^2 + y^2 = R^2$$
可见,此质点在 xy 平面内,做以原点为圆心、R 为半径的圆周运动.

1.3.3 位移

设质点在如图 1-3 所示的曲线上运动. 在时刻 t,质点位于 P 点,位矢为 r_1;在时刻 $t + \Delta t$,质点运动到 Q 点,位矢为 r_2. 在 Δt 时间内,质点位置的变化可用矢量 $\Delta r = \overrightarrow{PQ}$ 来表示,叫做质点的位移矢量(简称位移). 显然,**位移** Δr 是由初位置 P 指向末位置 Q 的有向线段,它只与质点的始末位置有关,与始末两位置间质点运动的路径无关. 它是描述质点位置变动的大小和方向的物理量. 由矢量加法可得
$$\Delta r = r_2 - r_1 \tag{1-8}$$
在直角坐标系里,上式可表示为
$$\begin{aligned} \Delta r &= (x_2 - x_1)i + (y_2 - y_1)j + (z_2 - z_1)k \\ &= \Delta x i + \Delta y j + \Delta z k \end{aligned} \tag{1-9}$$
位移矢量的大小和方向,可参照式(1-2)和式(1-3)类似地给出.

图 1-3 位移矢量

应当注意,位移与路程是两个不同的概念. 位移是矢量,表示质点位置矢量的改变,并不是质点实际经历的路径;路程是标量,是指质点在其轨道上实际经过的路径的长度,是曲线 $\overparen{PQ}$ 的长度 Δs. 一般情况下,Δs 与 $|\Delta r|$ 并不相等,只有在 $\Delta t \rightarrow 0$ 时,Δs 和 $|\Delta r|$ 才可视为相等.

即使在直线运动中,位移和路程也是截然不同的两个概念. 例如,一质点沿直线从 A 点到 B 点又折回到 A 点,显然路程等于 A、B 之间距离的两倍,而位移却为零.

1.3.4 速度

设质点在如图 1-4 所示的曲线上运动. 在时间 Δt 内,质点的位移为 Δr,则比值 $\Delta r / \Delta t$ 表示质点在 Δt 时间内位置矢量的平均变化率,称为质点在 Δt 时间内的平均速度,用 $\overline{v}$ 表示,即

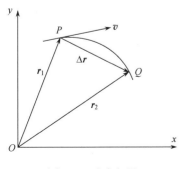

图 1-4 速度矢量

$$\overline{v} = \frac{\Delta r}{\Delta t} \tag{1-10}$$
平均速度是矢量,其大小等于 $|\Delta r| / \Delta t$,其方向就是位移 Δr 的方向. 平均速度只是粗略地描述了质点从 P 到 Q 的过程中运动的快慢和方向,它未能描述在此过程中质点运动快慢和方向的细微差别. 但是,只要考察的时间间隔足够小,在此间隔内质点运动的快慢和方向可能存在的差别就必然非常小以至可以忽略不计.

当 $\Delta t \rightarrow 0$ 时,式(1-10)的极限就可精确地表示质点

在时刻 t 运动的快慢和方向,称为质点的**瞬时速度矢量**,简称**速度**,用 v 表示,即

$$v = \lim_{\Delta t \to 0} \frac{\Delta \boldsymbol{r}}{\Delta t} = \frac{\mathrm{d}\boldsymbol{r}}{\mathrm{d}t} \tag{1-11}$$

即速度等于质点的位置矢量 $\boldsymbol{r}(t)$ 对时间 t 的一阶导数.

速度的方向为 $\Delta t \to 0$ 时,位移 $\Delta \boldsymbol{r}$ 的极限方向. 显然,这就是沿运动轨迹上质点所在点的切线方向,并指向质点前进的方向.

在直角坐标系中,速度可写成

$$
\begin{aligned}
\boldsymbol{v} = \frac{\mathrm{d}\boldsymbol{r}}{\mathrm{d}t} &= \frac{\mathrm{d}}{\mathrm{d}t}(x\boldsymbol{i} + y\boldsymbol{j} + z\boldsymbol{k}) \\
&= \frac{\mathrm{d}x}{\mathrm{d}t}\boldsymbol{i} + \frac{\mathrm{d}y}{\mathrm{d}t}\boldsymbol{j} + \frac{\mathrm{d}z}{\mathrm{d}t}\boldsymbol{k} \\
&= v_x\boldsymbol{i} + v_y\boldsymbol{j} + v_z\boldsymbol{k}
\end{aligned} \tag{1-12}
$$

其中

$$
\begin{cases}
v_x = \dfrac{\mathrm{d}x}{\mathrm{d}t} \\[2mm]
v_y = \dfrac{\mathrm{d}y}{\mathrm{d}t} \\[2mm]
v_z = \dfrac{\mathrm{d}z}{\mathrm{d}t}
\end{cases} \tag{1-13}
$$

分别为速度矢量在三个坐标轴上的投影. 这就是说,速度在直角坐标系中的三个分量分别等于相应坐标分量对时间的一阶导数.

速度的大小,即 v 的模为

$$|\boldsymbol{v}| = \left|\frac{\mathrm{d}\boldsymbol{r}}{\mathrm{d}t}\right| = \sqrt{v_x^2 + v_y^2 + v_z^2} \tag{1-14}$$

速度的方向余弦可类比式(1-3)确定.

描述质点的运动,有时也采用"速率"的概念. 路程 Δs 与时间 Δt 的比值 $\Delta s / \Delta t$ 称为质点在 Δt 时间内的平均速率,用 $\bar{v}$ 表示,即

$$\bar{v} = \frac{\Delta s}{\Delta t} \tag{1-15}$$

平均速率是标量,它等于质点在单位时间内所通过的路程. 因此,平均速率和平均速度是两个不同的概念.

当 $\Delta t \to 0$ 时,平均速率的极限称为**质点的瞬时速率**,简称为**速率**,用 v 表示,即

$$v = \lim_{\Delta t \to 0} \frac{\Delta s}{\Delta t} = \frac{\mathrm{d}s}{\mathrm{d}t} \tag{1-16}$$

瞬时速率是标量,它与瞬时速度不同. 但在 $\Delta t \to 0$ 的极限情况下,因路程 Δs 和位移的大小 $|\Delta \boldsymbol{r}|$ 相等,所以瞬时速度的大小和瞬时速率相等,即

$$v = \lim_{\Delta t \to 0} \frac{\Delta s}{\Delta t} = \lim_{\Delta t \to 0} \frac{|\Delta \boldsymbol{r}|}{\Delta t} = |\boldsymbol{v}| \tag{1-17}$$

1.3.5 加速度

在一般情况下,质点的运动速度是随时间变化的.加速度就是描述速度变化情况的物理量.在图 1-5 中,$\boldsymbol{v}_1$ 和 $\boldsymbol{v}_2$ 分别表示质点在时刻 t 和时刻 $t + \Delta t$ 时的速度,则在时间 Δt 内的平均加速度 $\bar{\boldsymbol{a}}$ 定义为

$$\bar{\boldsymbol{a}} = \frac{\boldsymbol{v}_2 - \boldsymbol{v}_1}{\Delta t} = \frac{\Delta \boldsymbol{v}}{\Delta t} \tag{1-18}$$

平均加速度 $\bar{\boldsymbol{a}}$ 是矢量.它的大小等于 $|\Delta \boldsymbol{v}|$ 和 Δt 的比值,方向与 $\Delta \boldsymbol{v}$ 相同.但 $\Delta \boldsymbol{v}$ 的方向一般与 $\boldsymbol{v}(t)$ 的方向并不相同.

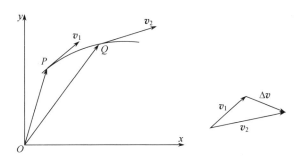

图 1-5 加速度矢量

平均加速度仅粗略地描述了质点速度在 Δt 时间内的大致变化情况.为了精确地描述这种变化,也应要求 $\Delta t \rightarrow 0$. 当 $\Delta t \rightarrow 0$ 时,平均加速度的极限称为**瞬时加速度**,简称**加速度**,用 $\boldsymbol{a}$ 表示,即

$$\boldsymbol{a} = \lim_{\Delta t \to 0} \frac{\Delta \boldsymbol{v}}{\Delta t} = \frac{\mathrm{d}\boldsymbol{v}}{\mathrm{d}t} = \frac{\mathrm{d}^2 \boldsymbol{r}}{\mathrm{d}t^2} \tag{1-19}$$

可见,加速度等于质点的速度对时间的一阶导数,也等于质点的位置矢量对时间的二阶导数.加速度是矢量,它的方向与 $\Delta \boldsymbol{v}$ 的极限方向相同,所以它总是指向轨迹曲线凹的一侧.

在直角坐标系中,加速度可表示为

$$\boldsymbol{a} = \frac{\mathrm{d}\boldsymbol{v}}{\mathrm{d}t} = \frac{\mathrm{d}v_x}{\mathrm{d}t}\boldsymbol{i} + \frac{\mathrm{d}v_y}{\mathrm{d}t}\boldsymbol{j} + \frac{\mathrm{d}v_z}{\mathrm{d}t}\boldsymbol{k} \tag{1-20}$$
$$= a_x\boldsymbol{i} + a_y\boldsymbol{j} + a_z\boldsymbol{k}$$

其中

$$\begin{cases} a_x = \dfrac{\mathrm{d}v_x}{\mathrm{d}t} = \dfrac{\mathrm{d}^2 x}{\mathrm{d}t^2} \\[2mm] a_y = \dfrac{\mathrm{d}v_y}{\mathrm{d}t} = \dfrac{\mathrm{d}^2 y}{\mathrm{d}t^2} \\[2mm] a_z = \dfrac{\mathrm{d}v_z}{\mathrm{d}t} = \dfrac{\mathrm{d}^2 z}{\mathrm{d}t^2} \end{cases} \tag{1-21}$$

分别是加速度矢量在三个坐标轴上的投影.由此可得加速度的大小为

$$|\boldsymbol{a}| = \sqrt{a_x^2 + a_y^2 + a_z^2} \tag{1-22}$$

加速度的方向余弦可仿照式(1-3)确定.

综上所述,描述质点运动的物理量有位矢 r、位移 Δr、速度 v、加速度 a 等矢量,请注意它们之间的关系:

(1) 四个量都是矢量,加减运算遵循平行四边形法则.

(2) 注意矢量的瞬时性,r、v、a 是某一时刻的瞬时量,而 Δr 是过程量.

(3) 相对性:不同参考系中,同一质点运动描述不同;不同坐标系中,具体表达形式不同.

质点的运动学问题可分为如下两类:

(1) 已知质点的运动方程,求质点的速度和加速度;

(2) 已知质点的速度(或加速度)及初始条件,求质点运动方程及其他未知量.

例 1-2 已知质点在 xy 平面内运动,其运动方程为

$$x = a\cos\omega t, \quad y = b\sin\omega t$$

式中,a、b、ω 均是常量. 试求这一质点运动的轨迹、速度和加速度.

解 由题给运动方程式中消去参量 t,得轨迹方程为

$$\frac{x^2}{a^2} + \frac{y^2}{b^2} = 1$$

即质点的运动轨迹是椭圆,其长轴与短轴各为 $2a$、$2b$.

质点的运动速度可由式(1-12)求得,即

$$v = \frac{\mathrm{d}x}{\mathrm{d}t}i + \frac{\mathrm{d}y}{\mathrm{d}t}j$$

$$= -a\omega\sin\omega t i + b\omega\cos\omega t j$$

质点的加速度可由式(1-20)求得,即

$$a = \frac{\mathrm{d}v_x}{\mathrm{d}t}i + \frac{\mathrm{d}v_y}{\mathrm{d}t}j$$

$$= -a\omega^2\cos\omega t i - b\omega^2\sin\omega t j$$

$$= -\omega^2(xi + yj) = -\omega^2 r$$

式中负号表示在任一时刻质点加速度的方向总是和位置矢量 r 的方向相反,并指向椭圆的中心.

例 1-3 一质点在 xy 平面上运动,其运动方程为 $x = 2t$,$y = 19 - 2t^2$(SI),求:

(1) 在什么时刻,质点的位置矢量与速度矢量恰好垂直. 这时,它们的 x 分量、y 分量各为多少;

(2) 在什么时刻,质点离原点最近,试计算这一距离.

解 (1) 由位置矢量、速度和加速度的定义知

$$r = 2ti + (19 - 2t^2)j$$

$$v = \frac{\mathrm{d}x}{\mathrm{d}t}i + \frac{\mathrm{d}y}{\mathrm{d}t}j = 2i - 4tj$$

$$a = \frac{\mathrm{d}v}{\mathrm{d}t} = \frac{\mathrm{d}^2x}{\mathrm{d}t^2}i + \frac{\mathrm{d}^2y}{\mathrm{d}t^2}j = -4j$$

当位置矢量与速度垂直时，$\boldsymbol{r} \cdot \boldsymbol{v} = 0$，得

$$2t \times 2 + (19 - 2t^2) \times (-4t) = 0$$
$$4t(2t^2 - 18) = 0$$

解出 $t = 0\text{s}$，$t = 3\text{s}$，$t = -3\text{s}$(不合题意，舍去).

当 $t = 0\text{s}$ 时，有

$$\boldsymbol{r} = 19\boldsymbol{j}, \quad x = 0, \quad y = 19\text{m}$$
$$\boldsymbol{v} = 2\boldsymbol{i}, \quad v_x = 2\text{m} \cdot \text{s}^{-1}, \quad v_y = 0$$

当 $t = 3\text{s}$ 时，有

$$\boldsymbol{r} = 6\boldsymbol{i} + \boldsymbol{j}, \quad x = 6\text{m}, \quad y = 1\text{m}$$
$$\boldsymbol{v} = 2\boldsymbol{i} - 12\boldsymbol{j}, \quad v_x = 2\text{m} \cdot \text{s}^{-1}, \quad v_y = -12\text{m} \cdot \text{s}^{-1}$$

（2）质点在任意时刻位置矢量的大小为

$$r(t) = \sqrt{x^2 + y^2} = \sqrt{(2t)^2 + (19 - 2t^2)^2}$$

取极值，使 $\dfrac{\mathrm{d}r}{\mathrm{d}t} = 0$，得

$$8t(1 - 19 + 2t^2) = 0$$

解出 $t = 0\text{s}, t = 3\text{s}, t = -3\text{s}$(不合题意，舍去).

把 $t = 0\text{s}$ 和 $t = 3\text{s}$ 代入 $r(t) = \sqrt{(2t)^2 + (19 - 2t^2)^2}$，得

$$r(0) = 19\text{m}$$
$$r(3) = 6.08\text{m}$$

$r(0) > r(3)$，所以当 $t = 3\text{s}$ 时，质点的位置$(6, 1)$离原点最近，其距离为 6.08m.

例 1-4 已知质点做匀变速直线运动，加速度 $a = $ 常量. 求质点的运动方程(设 $t = 0$ 时，$x = x_0, v = v_0$).

解 由加速度定义知

$$\mathrm{d}v = a\mathrm{d}t$$

对上式两边积分

$$\int_{v_0}^{v} \mathrm{d}v = \int_0^t a\mathrm{d}t$$

得

$$v = v_0 + at$$

这就是质点做匀变速直线运动时的速度公式.

由速度的定义知

$$\mathrm{d}x = v\mathrm{d}t$$

两边积分

$$\int_{x_0}^{x} \mathrm{d}x = \int_0^t (v_0 + at)\mathrm{d}t$$

得

$$x - x_0 = v_0 t + \frac{1}{2}at^2$$

这就是质点做匀变速直线运动时的位移公式.

如把加速度表示为

$$a=\frac{\mathrm{d}v}{\mathrm{d}t}=\frac{\mathrm{d}v}{\mathrm{d}x}\cdot\frac{\mathrm{d}x}{\mathrm{d}t}=v\cdot\frac{\mathrm{d}v}{\mathrm{d}x}$$

分离变量并积分,有

$$\int_{v_0}^{v}v\mathrm{d}v=\int_{x_0}^{x}a\mathrm{d}x$$

积分得

$$v^2-v_0^2=2a(x-x_0)$$

这就是匀变速直线运动的速度与位移的关系式.

1.4 圆周运动

当质点做圆周运动时,它的运动也可以用角位移、角速度和角加速度等角量来描述.

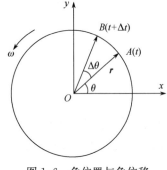

图 1-6 角位置与角位移

1.4.1 角位置 角位移

设质点在 xy 平面内绕 O 点做圆周运动,如图 1-6 所示.此时,位置矢量 $\boldsymbol{r}$ 的大小不变,等于圆周的半径 R.因此可以用 $\boldsymbol{r}$ 与某一参考方向(如 x 轴)之间的夹角 θ 来描述质点的位置,θ 称为质点的角位置(或角坐标).一般规定:从参考方向逆时针到达 A 点的角位置取正值;反之取负值.当质点运动时,角位置是时间 t 的函数,故圆周运动的运动方程可写为

$$r=R, \qquad \theta=\theta(t) \tag{1-23}$$

若在时刻 t,质点在 A 点,经 Δt 时间后运动到 B 点,则角位置的变化可用质点转过的角度 $\Delta\theta$ 来表示. $\Delta\theta$ 称为质点在 Δt 时间内对 O 点的角位移.角位移不但有大小,而且有方向.一般规定:右手的四指指向质点的转动方向,大拇指的方向就是角位移的方向.

在 SI 中,角位移的单位是弧度(rad).

1.4.2 角速度

角位移 $\Delta\theta$ 与时间 Δt 的比值 $\Delta\theta/\Delta t$ 称为质点在 Δt 时间内对 O 点的平均角速度,用 $\bar\omega$ 表示,即

$$\bar\omega=\frac{\Delta\theta}{\Delta t} \tag{1-24}$$

当 $\Delta t \to 0$ 时,平均角速度的极限值称为瞬时角速度,简称**角速度**,用 ω 表示,即

$$\omega=\lim_{\Delta t \to 0}\frac{\Delta\theta}{\Delta t}=\frac{\mathrm{d}\theta}{\mathrm{d}t} \tag{1-25}$$

在 SI 中,角速度的单位是 rad·s^{-1}.在工程技术中,常用每分钟转数(转速),用 n 表示,单位是 r·min^{-1}.

角速度的大小与每分钟转数的关系为

$$\omega = \frac{2\pi n}{60} \text{rad} \cdot \text{s}^{-1} \tag{1-26}$$

1.4.3　角加速度

设质点在 t 时刻的角速度为 ω_1，在时刻 $t+\Delta t$ 的角速度为 ω_2，则角速度在 Δt 时间内的增量为

$$\Delta\omega = \omega_2 - \omega_1$$

角速度增量 $\Delta\omega$ 与时间 Δt 的比值 $\Delta\omega/\Delta t$ 称为在 Δt 时间内质点对 O 点的平均角加速度，以 $\bar{\beta}$ 表示，即

$$\bar{\beta} = \frac{\Delta\omega}{\Delta t} \tag{1-27}$$

当 $\Delta t \to 0$ 时，平均角加速度的极限就叫做在时刻 t 质点对 O 点的瞬时角加速度，简称**角加速度**，以 β 表示，即

$$\beta = \lim_{\Delta t \to 0} \frac{\Delta\omega}{\Delta t} = \frac{\mathrm{d}\omega}{\mathrm{d}t} \tag{1-28}$$

在 SI 中，角加速度的单位是 $\text{rad} \cdot \text{s}^{-2}$.

当质点做匀速率圆周运动时，角速度 ω 是常量，角加速度 $\beta = 0$；当质点做变速率圆周运动时，角速度 ω 不是常量，角加速度 β 一般也不是常量. 如果 β 为常量，则表明质点在做匀变速率圆周运动.

匀速率圆周运动类似于匀速直线运动，匀变速率圆周运动类似于匀变速直线运动. 圆周运动中的角位移、角速度、角加速度间的关系，与直线运动中的位移、速度、加速度间的关系在形式上完全类似. 现将直线运动和圆周运动的一些公式列于表 1-2 中.

描述质点运动的角速度和角加速度实际上都是矢量. 角速度 ω 的方向是当 Δt 趋于零时，角位移增量 $\Delta\theta$ 的极限方向，垂直于质点运动的平面，其指向由右手螺旋法则来确定：当右手四指沿质点运动的方向卷曲时，拇指的指向即为角速度的方向. 角加速度 β 的方向是当 Δt 趋于零时，角速度增量 $\Delta\omega$ 的极限方向.

质点做直线运动的线量（位移、速度、加速度）和质点做圆周运动的角量（角位移、角速度、角加速度）之间有一定的对应关系，如表 1-2 所示.

表 1-2

直　线　运　动	圆　周　运　动
位置 x，位移 Δx	角位置 θ，角位移 $\Delta\theta$
速度　　$v = \dfrac{\mathrm{d}x}{\mathrm{d}t}$	角速度　　　$\omega = \dfrac{\mathrm{d}\theta}{\mathrm{d}t}$
加速度　$a = \dfrac{\mathrm{d}v}{\mathrm{d}t} = \dfrac{\mathrm{d}^2 x}{\mathrm{d}t^2}$	角加速度　$\beta = \dfrac{\mathrm{d}\omega}{\mathrm{d}t} = \dfrac{\mathrm{d}^2\theta}{\mathrm{d}t^2}$
匀速直线运动　$x = x_0 + vt$	匀速率圆周运动 $\theta = \theta_0 + \omega t$

续表

直 线 运 动	圆 周 运 动
匀变速直线运动	匀变速率圆周运动
$x = x_0 + v_0 t + \dfrac{1}{2} a t^2$	$\theta = \theta_0 + \omega_0 t + \dfrac{1}{2} \beta t^2$
$v = v_0 + at$	$\omega = \omega_0 + \beta t$
$v^2 - v_0^2 = 2a(x - x_0)$	$\omega^2 - \omega_0{}^2 = 2\beta(\theta - \theta_0)$
$\bar{v} = \dfrac{v_0 + v}{2}$	$\bar{\omega} = \dfrac{\omega_0 + \omega}{2}$

1.4.4 描述圆周运动的角量与线量的关系

如图 1-7 所示,质点做半径为 R 的圆周运动. 在时刻 t,质点的角位置为 θ,沿圆周走过的路程为 s,则有

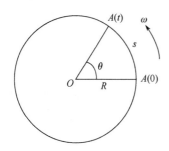

$$s = R\theta$$

将上式对时间 t 求导,得

$$v = \frac{\mathrm{d}s}{\mathrm{d}t} = R\,\frac{\mathrm{d}\theta}{\mathrm{d}t} = R\omega \tag{1-29}$$

这就是线速度与角速度的关系式.

图 1-7 线速度与角速度

在描述质点的圆周运动时,我们可以在轨迹上任一点建立这样一个坐标系:其一坐标轴为该点切线方向,单位矢量为 $\boldsymbol{\tau}$;另一坐标轴为该点的法线方向且指向圆心,单位矢量为 $\boldsymbol{n}$. 这个坐标系称为自然坐标系.

已经知道,质点的速度大小实际上是一个速率,其方向不断变化. 任一时刻,速度方向都是其轨迹的切线方向. 因此,速度的矢量式可以写成

$$\boldsymbol{v} = v\boldsymbol{\tau}$$

根据加速度的定义

$$\boldsymbol{a} = \frac{\mathrm{d}\boldsymbol{v}}{\mathrm{d}t} = \frac{\mathrm{d}v}{\mathrm{d}t}\boldsymbol{\tau} + v\,\frac{\mathrm{d}\boldsymbol{\tau}}{\mathrm{d}t}$$

$\dfrac{\mathrm{d}\boldsymbol{\tau}}{\mathrm{d}t}$ 为切向单位矢量对时间的变化率. 如图 1-8 所示,$\boldsymbol{\tau}$、$\boldsymbol{n}$ 在直角坐标系中分别为

$$\boldsymbol{\tau} = -\sin\theta\,\boldsymbol{i} + \cos\theta\boldsymbol{j}$$
$$\boldsymbol{n} = -\cos\theta\,\boldsymbol{i} - \sin\theta\boldsymbol{j}$$

即

$$\frac{\mathrm{d}\boldsymbol{\tau}}{\mathrm{d}t} = -\cos\theta\,\frac{\mathrm{d}\theta}{\mathrm{d}t}\boldsymbol{i} - \sin\theta\,\frac{\mathrm{d}\theta}{\mathrm{d}t}\boldsymbol{j} = \omega\,\boldsymbol{n}$$

$$\frac{\mathrm{d}\boldsymbol{\tau}}{\mathrm{d}t} = \omega\,\boldsymbol{n}$$

所以

图 1-8 自然坐标系

$$\boldsymbol{a}=\frac{\mathrm{d}v}{\mathrm{d}t}\boldsymbol{\tau}+\frac{v^2}{R}\boldsymbol{n} \qquad (1\text{-}30)$$

也就是说做圆周运动质点的加速度可以分解为切向分量和法向分量,分别称为切向加速度和法向加速度.而且有

$$\begin{cases} a_\tau=\dfrac{\mathrm{d}v}{\mathrm{d}t}=R\beta \\[2mm] a_n=\dfrac{v^2}{R}=R\omega^2 \end{cases} \qquad (1\text{-}31)$$

切向加速度表示质点速率变化的快慢,法向加速度表示质点速度方向变化的快慢.如果质点做匀速圆周运动,则$\dfrac{\mathrm{d}v}{\mathrm{d}t}=0$,切向加速度为零,这时质点只有法向加速度$\dfrac{v^2}{R}$,也就是说,其速度只改变方向不改变大小.

实际上,对于做任意的平面曲线运动的质点,都可以在自然坐标系中描述它.质点加速度写为

$$\boldsymbol{a}=\frac{\mathrm{d}v}{\mathrm{d}t}\boldsymbol{\tau}+\frac{v^2}{\rho}\boldsymbol{n} \qquad (1\text{-}32)$$

式中ρ为曲线上该点处的曲率半径.

例 1-5 一质点做半径$R=0.5\mathrm{m}$的圆周运动,其运动方程为$\theta=t^2+3t$.试求当$t=2\mathrm{s}$时,质点的角位置、角速度和角加速度,以及切向加速度、法向加速度和加速度.

解 (1)先求各角量.由角速度和角加速度的定义可得

$$\omega=\frac{\mathrm{d}\theta}{\mathrm{d}t}=2t+3$$

$$\beta=\frac{\mathrm{d}\omega}{\mathrm{d}t}=2$$

当$t=2\mathrm{s}$时,有

$$\theta=2^2+3\times2=10(\mathrm{rad})$$
$$\omega=2\times2+3=7(\mathrm{rad\cdot s^{-1}})$$
$$\beta=2(\mathrm{rad\cdot s^{-2}})$$

(2)求各线量.由线量与角量的关系式,当$t=2\mathrm{s}$时,可分别求得

$$v=R\omega=0.5\times7=3.5(\mathrm{m\cdot s^{-1}})$$

方向沿圆周切线,指向运动方向.

$$a_n=R\omega^2=0.5\times7^2=24.5(\mathrm{m\cdot s^{-2}})$$

方向指向圆心.

$$a_\tau=R\beta=0.5\times2=1(\mathrm{m\cdot s^{-2}})$$

方向沿圆周切线,指向运动方向.

加速度$\boldsymbol{a}$的大小为

$$a = \sqrt{a_n^2 + a_\tau^2} = \sqrt{24.5^2 + 1^2} = 24.52 (\text{m} \cdot \text{s}^{-2})$$

$\boldsymbol{a}$ 与 $\boldsymbol{a}_n$ 之间的夹角为

$$\varphi = \arctan \frac{a_\tau}{a_n} = \arctan \frac{1}{24.5} = 2°20'14''$$

显然,因为 β 为恒量,且与 ω 同号,表明质点沿逆时针方向做匀加速率圆周运动.

例1-6 一半径为 $r = 1\text{m}$ 的飞轮,每分钟转 1500 圈,受到制动而均匀地减速,经 $t = 50\text{s}$ 后停止转动,试求:

(1) 角加速度 β 和在此时间内飞轮的转数 N;

(2) 制动开始后 $t = 25\text{s}$ 时飞轮的角速度 ω.

解 (1) 取飞轮为研究对象,飞轮的初角速度为 $\omega_0 = \dfrac{2\pi n}{60} = 2\pi \times \dfrac{1500}{60} = 50\pi (\text{rad} \cdot \text{s}^{-1})$.

当 $t = 50\text{s}$ 时,飞轮停止转动,即末角速度 $\omega = 0$. 由角速度公式可求得,飞轮的角加速度为

$$\beta = \frac{\omega - \omega_0}{t} = \frac{-50\pi}{50} = -\pi \approx -3.14 (\text{rad} \cdot \text{s}^{-2})$$

再根据角位移公式,可得 $t = 50\text{s}$ 内的角位移和转数 N 分别为

$$\Delta\theta = \theta - \theta_0 = \omega_0 t + \frac{1}{2}\beta t^2 = 50\pi \times 50 - \frac{1}{2}\pi \times (50)^2 = 1250\pi (\text{rad})$$

$$N = \frac{\Delta\theta}{2\pi} = \frac{1250\pi}{2\pi} = 625 (\text{rev})$$

(2) 根据角速度公式可得,$t = 25\text{s}$ 时飞轮的角速度为

$$\omega = \omega_0 + \beta t = 50\pi - \pi \times 25 = 25\pi (\text{rad} \cdot \text{s}^{-1})$$

1.5 相对运动

前面我们已经知道了物质的运动是绝对的,而运动的描述是相对的. 选择不同的物体作为参照系来描述同一物体的运动,所观测到的运动状态是不相同的. 如图 1-9 所示,从匀速行驶的车上竖直向上抛出的小球,以运动的车为参照系描述,小球做竖直上抛运动,轨迹是直线;而以地面为参照系,观察到小球的运动轨迹是抛物线. 因此在实际问题的研究中,我们经常需要把运动在一个参照系中的描述变换到另一个参照系中去.

(a) 车上的人观察　　　　　　　　　　(b) 地面上的人观察

图 1-9　相对运动

下面我们来讨论同一质点相对于两个不同参照系的位矢、运动速度及加速度之间的关系. 如图 1-10 所示, 设相对于观察者静止的坐标系为 S 系, 另一参照系 S' 相对于 S 系以速度 u 平动. 固定在这两参照系中的坐标系分别为 $O\text{-}xyz$ 和 $O'\text{-}x'y'z'$. 设一质点在空间运动, t 时刻质点位于 P 点, P 点在 S 系中的位矢为 r, 在 S' 系中的位矢为 r', 两者间的关系为

$$r = r_0 + r' \tag{1-33}$$

式中, r_0 表示 S' 系中的坐标原点 O' 相对于 S 系的坐标原点 O 的位移.

将式 (1-33) 两边分别对时间 t 求一阶导数

$$\frac{\mathrm{d}r}{\mathrm{d}t} = \frac{\mathrm{d}r_0}{\mathrm{d}t} + \frac{\mathrm{d}r'}{\mathrm{d}t}, \text{即 } v = u + v' \tag{1-34}$$

我们通常把物体相对于"静止"参照系 S 的运动叫做"绝对运动", 所以式 (1-34) 中, v 为质点相对于 S 系的运动速度, 称为绝对速度. 质点相对于"运动"参照系 S' 系的速度 v' 称为相对速度, u 为 S' 系相对于 S 系的速度, 称为牵连速度. 式 (1-34) 称为相对运动参照系中的速度变换式, 它可表述为绝对速度等于牵连速度和相对速度的矢量和.

图 1-10　相对运动的位移

再将 (1-34) 两边分别对 t 求导数

$$\frac{\mathrm{d}v}{\mathrm{d}t} = \frac{\mathrm{d}u}{\mathrm{d}t} + \frac{\mathrm{d}v'}{\mathrm{d}t}, \text{即 } a = a_0 + a' \tag{1-35}$$

式中, a 为质点在 S 系中的加速度, 习惯上称为绝对加速度; a' 为质点在 S' 系中的加速度, 称为相对加速度; a_0 为 S' 系相对于 S 系的加速度, 称为牵连加速度. 式 (1-35) 称为相对运动参照系中的加速度变换式, 它可表述为绝对加速度等于牵连加速度和相对加速度的矢量和.

若 S' 系相对于 S 系做匀速直线运动, $u =$ 常量, 则 $a_0 = \dfrac{\mathrm{d}u}{\mathrm{d}t} = 0, a = a'$, 即在两个相对做匀速直线运动的参照系中, 质点具有相同的加速度.

本 章 小 结

1. 参照系与坐标系

参照系: 为描述运动而被选作参考的物体.

坐标系: 建立在参照系上的计算系统. 常用坐标系: 直角坐标系、自然坐标系、球坐标系和柱面坐标系.

2. 物理模型

质点: 只有质量而无形状、大小的几何点, 质点是一理想模型.

刚体: 物体内任意两点间的距离在运动中恒定不变, 刚体也是固体物体的理想模型.

理想流体: 是一种理想模型, 指一种完全不可压缩的且无内摩擦或黏滞阻力的流体.

3. 描述质点运动的四个物理量

位置矢量：
$$\boldsymbol{r}=\boldsymbol{r}(t)=x(t)\boldsymbol{i}+y(t)\boldsymbol{j}+z(t)\boldsymbol{k}$$

位移矢量：
$$\Delta\boldsymbol{r}=\boldsymbol{r}_2(t+\Delta t)-\boldsymbol{r}_1(t)=\Delta x\boldsymbol{i}+\Delta y\boldsymbol{j}+\Delta z\boldsymbol{k}$$

速度矢量：
$$\boldsymbol{v}=\frac{\mathrm{d}\boldsymbol{r}}{\mathrm{d}t}=\frac{\mathrm{d}x}{\mathrm{d}t}\boldsymbol{i}+\frac{\mathrm{d}y}{\mathrm{d}t}\boldsymbol{j}+\frac{\mathrm{d}z}{\mathrm{d}t}\boldsymbol{k}$$

加速度矢量：
$$\boldsymbol{a}=\frac{\mathrm{d}\boldsymbol{v}}{\mathrm{d}t}=\frac{\mathrm{d}^2\boldsymbol{r}}{\mathrm{d}t^2}=\frac{\mathrm{d}^2x}{\mathrm{d}t^2}\boldsymbol{i}+\frac{\mathrm{d}^2y}{\mathrm{d}t^2}\boldsymbol{j}+\frac{\mathrm{d}^2z}{\mathrm{d}t^2}\boldsymbol{k}$$

4. 运动方程与轨迹方程

运动方程：质点的位矢随时间变化的函数关系，$\boldsymbol{r}=\boldsymbol{r}(t)$.

轨迹方程：运动质点在空间一连串所占据的点形成的连续曲线称为质点的轨迹，轨迹方程 $f(x,y,z)=0$ 可由运动方程消去 t 得到.

5. 质点运动学的两类基本问题

第一类问题：已知运动学方程 $\boldsymbol{r}=\boldsymbol{r}(t)$，通过求导得到速度和加速度；

第二类问题：已知加速度（或速度）及初始条件（$t=0$ 时的速度或位矢），通过积分求得速度或运动方程（位矢）.

6. 圆周运动

角位置 θ：质点位矢与参考方向间的夹角.

角位移 $\Delta\theta$：质点转过的角度.

角速度：
$$\omega=\frac{\mathrm{d}\theta}{\mathrm{d}t}$$

角加速度：
$$\beta=\frac{\mathrm{d}\omega}{\mathrm{d}t}$$

加速度：
$$\boldsymbol{a}=\boldsymbol{a}_\tau+\boldsymbol{a}_n$$

切向加速度：$a_\tau=\dfrac{\mathrm{d}v}{\mathrm{d}t}=R\beta$，沿切线方向.

法向加速度：$a_n=\dfrac{v^2}{R}=R\omega^2$，指向圆心.

线速度与角速度关系：$v=R\omega$.

7. 相对运动

运动是绝对的，而对运动的描述是相对的.

绝对速度等于牵连速度和相对速度的矢量和，即 $\boldsymbol{v}=\boldsymbol{u}+\boldsymbol{v}'$.

绝对加速度等于牵连加速度和相对加速度的矢量和，即 $\boldsymbol{a}=\boldsymbol{a}_0+\boldsymbol{a}'$.

习　题

1-1　一质点在 xy 平面上运动,运动方程为

$$x=3t+5, \quad y=\frac{1}{2}t^2+3t-4$$

式中,t 以秒计,x,y 以米计.

(1) 以时间 t 为变量,写出质点位置矢量的表达式;

(2) 求出 $t=1$s 时刻和 $t=2$s 时刻的位置矢量,计算这一秒内质点的位移;

(3) 求出质点速度分量的表示式,计算 $t=4$s 时质点速度的大小和方向;

(4) 求出质点加速度分量的表示式,计算 $t=4$s 时质点加速度的大小和方向.

1-2　路灯距地面的高度为 h_1,一身高为 h_2 的人在路灯下以匀速 v_1 沿直线行走.试证明人影的顶端做匀速运动,并求其速度 v_2.

1-3　物体沿直线运动,其速度为 $v=t^3+3t^2+2(\text{m·s}^{-1})$.如果 $t=2$s,$x=4$m,求此时物体的加速度以及 $t=3$s 时物体的位置.

1-4　物体沿直线运动,其加速度为 $a=4-t^2(\text{m·s}^{-1})$,如果 $t=3$s 时,$x=9$m,$v=2$m·s^{-1},将物体的位置和速度表示为时间的函数.

1-5　如附图所示,在离水面高为 h 的岸上,有人用绳拉船靠岸,船在离岸边 x 处.当人以 v_0 速率收绳时,试问船的速度、加速度的大小是多少?并说明小船做什么运动?

1-6　下列说法是否正确:

(1) 质点做圆周运动时的加速度指向圆心;

(2) 匀速圆周运动的加速度为恒量;

(3) 只有法向加速度的运动一定是圆周运动;

(4) 只有切向加速度的运动一定是直线运动.

1-7　以一定初速度 v_0 抛射角 θ_0 抛出的物体,在轨道上哪一点时的切向加速度最大?在哪一点时的法向加速度最大?在任一点处(设这时物体飞行的仰角为 θ),物体的法向加速度为何?切向加速度为何?

习题 1-5 图

1-8　一质点沿半径为 R 的圆周运动,运动学方程为 $s=v_0 t-\frac{1}{2}bt^2$,其中 v_0,b 都是常量,试求:

(1)在时刻 t 质点的加速度 $\boldsymbol{a}$;

(2)在何时刻加速度的大小等于 b;

(3)到加速度大小等于 b 时质点沿圆周运行的圈数.

1-9　一质点沿抛物线 $y=x^2$ 运动,在任意时刻 $v_x=3$m·s^{-1},试求在点 $x=\frac{2}{3}$m 处,这质点的速度和加速度.

1-10　设炮弹以 400m·s^{-1} 的初速度,$\theta=30°$的仰角射击,若空气阻力不计,求在第 3s 末该炮弹的位矢、速度、切向加速度和法向加速度.

1-11　一质点沿半径为 0.1m 的圆周运动,其用角坐标表示的运动学方程为 $\theta=2+4t^3$,θ 的单位为 rad,t 的单位为 s,试求:

(1) 在 $t=2$s 时,质点的切向加速度和法向加速度的大小;

(2) 当 θ 等于多少时,质点的加速度和半径的夹角成 $45°$.

1-12 以速度 v_0 做匀速直线运动的汽车,在关闭发动机以后,它的加速度为 $a = -kv^2$,其中 k 是比例常数,v 是速度. 求:

(1) 关闭发动机后 t 时刻的速度;

(2) 关闭发动机后在 t 时间内前进的距离.

1-13 已知质点沿半径为 R 的圆周运动,加速度与速度间的夹角 φ 保持不变,$t=0$ 时的初速度为 v_0,求质点沿圆周运动的路程随时间变化的方程.

1-14 一飞轮的角速度在 5s 内由 $900\mathrm{r \cdot min^{-1}}$,均匀地减到 $800\mathrm{r \cdot min^{-1}}$,求:

(1) 角加速度;

(2) 在此 5s 内的总转数;

(3) 再经几秒飞轮将停止.

1-15 车轮以逆时针方向做匀减速运动,在 2s 内,转速从 $300\mathrm{r \cdot min^{-1}}$ 减为 $60\mathrm{r \cdot min^{-1}}$,试计算:

(1) 初角速度和末角速度(以 rad 为单位);

(2) 车轮的角加速度;

(3) 车轮在 2s 内的角位移.

1-16 一车技演员在半径为 R 的圆形轨道内进行车技表演,其速率与时间的关系为 $v = ct^2$(式中 c 为常量). 求:

(1) 他运动的路程与时间的关系;

(2) t 时刻他的切向加速度和法向加速度.

1-17 一人骑自行车在风中向东行. 当车速为 10m/s 时,觉得有南风;当车速为 15m/s 时,觉得有东南风,求风速.

第2章　动量守恒定律

物体间的相互作用称为力,力是物体运动状态发生改变的原因.力对物体运动状态的影响,可以从三个不同的角度加以研究:①研究力的瞬时作用效果,牛顿运动定律反映了这方面的规律;②研究力的时间积累效果,冲量、动量、动量定理和动量守恒定律就是从这方面来讨论的;③研究力的空间积累效果,功、动能、势能、动能定理和机械能守恒定律就是从这个角度来研究问题的.动量守恒定律和能量守恒定律是最基本、最普遍的自然规律.本章主要讨论牛顿运动定律、动量、冲量和动量守恒定律.

2.1　牛顿运动三定律

1686年,牛顿在前人(主要是伽利略)的基础上,通过深入分析和研究,总结出了三条运动定律,构成牛顿力学(又称经典力学)的基础.

2.1.1　牛顿第一定律

牛顿第一定律的内容可表述为:任何物体都保持静止或匀速直线运动状态,直至其他物体对它作用的力迫使它改变这种状态.其数学表达式为

$$F=0 \text{ 时}, v=\text{恒矢量} \tag{2-1}$$

对于牛顿第一定律我们应明确以下几点:

(1)牛顿第一定律说明了物体惯性的存在,即任何物体都具有保持其运动状态不变的性质,这个性质称为物体的惯性.惯性是物体本身具有的属性,与物体是否受力、是否运动无关,也与物体的运动速度无关.物体的质量是物体惯性大小的量度,因此物体的质量又称惯性质量.

(2)牛顿第一定律的重要意义是从力的起源和力的作用效果上肯定了力的概念.物体运动不需要力来维持,改变运动状态需要力,维持运动靠惯性.

(3)牛顿第一定律是大量直观经验和实验事实的抽象概括,是不能用实验直接证明的.该定律是一种理想情况,不存在不受力的物体,"不受力"实际应理解为所受合外力为零.

(4)实验表明,牛顿第一定律并不是对所有参考系都成立的,它仅在某些特定的参考系中才成立.我们将牛顿第一定律在其中严格成立的参考系称为惯性参考系,简称惯性系.而相对于任一惯性参考系做匀速直线运动的参考系也是惯性系.一个参考系是不是惯性系,只能根据实验来判断.太阳参考系是个较好的惯性系.地球由于有自转和绕太阳的公转,相对于太阳参考系并非做匀速直线运动,所以,地球以及与地球固联的物体都不是严格的惯性系.但是,对于在地球上的许多工程技术问题,地球的公转(向心加速度为$5.9 \times 10^{-3} \text{m} \cdot \text{s}^{-2}$)和自转(赤道处的向心加速度为$3.4 \times 10^{-2} \text{m} \cdot \text{s}^{-2}$)的影响不明显,因

此,仍可将地球近似地看成惯性系.

2.1.2 牛顿第二定律

牛顿第二定律的内容可表述为:物体受到外力作用时,它所获得的加速度 a 的大小与合外力 F 的大小成正比,与物体的质量 m 成反比;加速度 a 的方向与合外力 F 的方向相同. 其数学表达式为

$$F = ma \tag{2-2}$$

在国际单位制(SI)中,力 F 的单位是牛顿(N),质量 m 的单位是千克(kg),加速度 a 的单位是米每二次方秒($\text{m} \cdot \text{s}^{-2}$).

牛顿第二定律揭示了力 F、物体质量 m 和加速度 a 三个物理量之间的联系,使用时要特别注意:

(1)牛顿第二定律仅适用于惯性参考系.

(2)牛顿第二定律描述的是 F 和 a 的瞬时关系,力和加速度同时存在、同时改变、同时消失.

(3)牛顿第二定律只适用于描述低速宏观物体的运动.

2.1.3 牛顿第三定律

牛顿第三定律的内容可表述为:作用力与反作用力大小相等,方向相反,作用在同一条直线上. 其数学表达式为

$$F_{12} = -F_{21} \tag{2-3}$$

正确理解牛顿第三定律,对分析物体受力是十分重要的. 应注意理解以下三点:

(1)作用力与反作用力等值、反向、共线、共性. 若作用力是弹性力,反作用力也一定是弹性力.

(2)作用力与反作用力分别作用在两个物体上,同时产生,同时消失.

(3)由于牛顿第三定律不包含运动量,适用于任何参考系.

总之,牛顿运动三定律是一个整体,无论是理解定律内容,或是应用定律分析、解决问题,我们都应该把三者结合起来考虑.

2.1.4 牛顿运动定律的应用

牛顿运动定律定量地反映了物体所受的合外力、质量和运动之间的关系. 在解决实际问题时,牛顿三大定律往往交替应用,一般可分为两类:

(1)已知作用于质点的外力,求质点的运动情况,如位置 r、速度 v、加速度 a 等($F \rightarrow a \rightarrow v$).

(2)已知质点的运动情况求其受力($r \rightarrow a \rightarrow F$).

用牛顿运动定律解决机械运动的动力学问题的一般方法和步骤:首先隔离物体,分析每个物体(质点)的受力情况,建立坐标系;然后用牛顿运动定律列方程,最后解方程,对结果的物理意义进行讨论.

为了运算方便,可选取适当的坐标系,应用分量式求解,在直角坐标系中有

$$
\begin{cases}
F_x = ma_x = m\dfrac{\mathrm{d}^2 x}{\mathrm{d}t^2} \\[2mm]
F_y = ma_y = m\dfrac{\mathrm{d}^2 y}{\mathrm{d}t^2} \\[2mm]
F_z = ma_z = m\dfrac{\mathrm{d}^2 z}{\mathrm{d}t^2}
\end{cases}
\tag{2-4}
$$

在自然坐标系中有

$$
\begin{cases}
F_\tau = ma_\tau = m\dfrac{\mathrm{d}v}{\mathrm{d}t} \\[2mm]
F_n = ma_n = m\dfrac{v^2}{\rho}
\end{cases}
\tag{2-5}
$$

例 2-1 一质量为 m 的小球系在长为 l 的线的一端,线的另一端固定在天花板上的钉子上,先拉动小球使线维持水平静止,然后放手使小球下落(图 2-1).求线摆至 θ 角时,小球的速率和线的张力.

解 选小球为研究对象,小球受 T 和 mg 两个力的作用,由于小球沿圆周运动,所以选用自然坐标系,对小球用牛顿第二定律列切向和法向的分量式,即

图 2-1 任意时刻小球的受力分析

　切向

$$
mg\cos\theta = m\frac{\mathrm{d}v}{\mathrm{d}t}
$$

以 $\mathrm{d}s$ 乘上式两侧,可得

$$
mg\cos\theta\,\mathrm{d}s = m\frac{\mathrm{d}s}{\mathrm{d}t}\mathrm{d}v
$$

由于 $v = \dfrac{\mathrm{d}s}{\mathrm{d}t}$,$\mathrm{d}s = l\mathrm{d}\theta$ 可得

$$
gl\cos\theta\,\mathrm{d}\theta = v\,\mathrm{d}v
$$

两边积分得

$$
\int_0^\theta gl\cos\theta\,\mathrm{d}\theta = \int_0^v v\,\mathrm{d}v
$$

从而可得

$$
gl\sin\theta = \frac{1}{2}v^2
$$

$$
v = \sqrt{2gl\sin\theta}
$$

　法向

$$
T - mg\sin\theta = m\frac{v^2}{l}
$$

将 v 值代入,可得线对小球的拉力,即线的张力为

$$
T = 3mg\sin\theta
$$

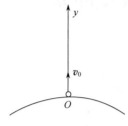

图 2-2 垂直上抛物体

例 2-2 自地面垂直上抛一物体,为使它脱离地球引力不再落回地面,其初速度至少应有多大? 设空气阻力忽略不计.

解 以地球表面的抛出点为坐标原点,y 轴垂直向上(图 2-2).物体在运动过程中受到的地球引力为

$$F = -G\frac{Mm}{(R+y)^2}$$

式中 R 为地球半径,M 和 m 分别为地球和物体的质量,负号表示引力指向 $-y$ 方向.

因速度 $v = \dfrac{\mathrm{d}y}{\mathrm{d}t}$,所以加速度可表示为

$$a = \frac{\mathrm{d}v}{\mathrm{d}t} = \frac{\mathrm{d}v}{\mathrm{d}y}\frac{\mathrm{d}y}{\mathrm{d}t} = v\frac{\mathrm{d}v}{\mathrm{d}y}$$

由牛顿第二定律,得

$$mv\frac{\mathrm{d}v}{\mathrm{d}y} = -G\frac{Mm}{(R+y)^2}$$

分离变量,两边积分,得

$$\int v\mathrm{d}v = -GM\int\frac{\mathrm{d}y}{(R+y)^2}$$

$$\frac{1}{2}v^2 = \frac{GM}{R+y} + C$$

$y = 0$ 时,$v = v_0$,代入上式得

$$C = \frac{1}{2}v_0^2 - \frac{GM}{R}$$

所以物体的速度与位置的关系为

$$v = \sqrt{\frac{2GM}{R+y} + v_0^2 - \frac{2GM}{R}}$$

物体刚好不能落回地面的条件是:$y \to \infty$ 时,$v = 0$,将此条件代入上式,得

$$v_0^2 - \frac{2GM}{R} = 0$$

即所需初速度大小为

$$v_0 = \sqrt{\frac{2GM}{R}}$$

地表的重力加速度 $g = \dfrac{GM}{R^2}$,所以

$$v_0 = \sqrt{2Rg} = \sqrt{2\times9.8\times6.4\times10^6} = 1.12\times10^4\,(\mathrm{m\cdot s^{-1}})$$

以上速度是物体脱离地球引力范围所需的最小初速度,称为第二宇宙速度.

2.2 非惯性系与惯性力

牛顿运动定律只适用于惯性系,而相对惯性系做加速运动的非惯性系,牛顿运动定律则是不适用的. 例如,站台上停着一辆小车,相对于地面参考系进行分析,小车静止,加速度为零. 这是因为作用在它上面的力相互平衡,即合力为零,这符合牛顿定律. 如果从加速运动的列车车厢内观察这辆小车,即相对于做加速运动的车厢参考系来分析小车的运动,将发现小车向车厢后方做加速运动. 它受力的情况并无改变,合力仍然是零. 合力为零而有了加速度,这是违背牛顿定律的. 因此,相对于做加速运动的车厢参考系,牛顿定律不成立.

在实际问题中常常需要在非惯性系中观察和处理物体的运动现象. 既然牛顿运动定律对非惯性系不适用,那么对于非惯性系中的力学问题我们是不是束手无策了呢? 为了仍然能够使用牛顿运动定律处理非惯性系中的力学问题,我们需要对牛顿运动定律进行修正,需要引入一个假想的力——惯性力.

设有一车厢以加速度 a_0 相对地面做直线加速运动,外力 F 作用在车厢内质量为 m 的物体上,使物体相对于车厢产生 a' 的加速度,则该物体相对于地面的加速度为

$$a = a_0 + a'$$

以地面为参照系(惯性系),牛顿运动定律成立,即

$$F = ma = m(a_0 + a') \tag{2-6}$$

为使牛顿运动定律也适用于直线加速非惯性系,我们引入惯性力

$$F_{惯} = -ma_0 \tag{2-7}$$

式中,a_0 为非惯性系相对于惯性系的加速度(牵连加速度),负号表示惯性力的方向与牵连加速度的方向相反,惯性力大小等于质量与牵连加速度的乘积. 这样,由式(2-6)、式(2-7)可得到以相对地面做直线加速运动的车厢为参照系(非惯性系)的牛顿运动定律

$$F + (-ma_0) = F + F_{惯} = ma' \tag{2-8}$$

可见,引入惯性力的概念之后,牛顿运动定律在非惯性系中仍然成立,只不过定律中的力应该既包括作用力,也包括惯性力. 应该说明的是,惯性力不是物体间的相互作用,它既没有施力者,也没有反作用力,是因为参考系的加速度而引入的,是一个"假想"的力.

2.3 动量与动量定理

牛顿第二定律阐述了力和作用效果之间的瞬时关系,但在许多实际问题中,力总是持续作用一段时间,这就需要考虑力的时间累积效果.

2.3.1 动量

经验表明,要使速度相同的两辆车停下来,质量大的车就比质量小的车要困难些;如要使质量相同的两辆车停下来,速度大的车就要比速度小的车困难些. 但如果两辆车的速度和质量都不相同,则不能简单地判断哪辆车先停下来了. 因此,在研究物体的运动状态

的改变时,必须同时考虑物体的速度和质量这两个因素,才能准确全面地描述物体运动状态的改变,为此我们引入了动量的概念.

一个质量为 m 的质点以速度 v 运动时,我们定义它的动量

$$\boldsymbol{p} = m\boldsymbol{v} \tag{2-9}$$

动量 $\boldsymbol{p}$ 是描述质点机械运动状态的物理量. 动量是个矢量,其方向与速度方向相同,其单位由质量和速度的单位决定. 在 SI 中,动量的单位是 $kg \cdot m \cdot s^{-1}$.

式(2-9)不论在经典力学还是相对论力学中都是适用的. 在经典力学中质点质量 m 是个不变量,而狭义相对论中,m 是随 v 变化的.

一个质点受到其他物体的作用,其结果使质点的动量发生变化. 在惯性系中,牛顿是用动量来表述第二定律:"一个质点所受的力等于其动量变化率",即

$$\boldsymbol{F} = \frac{\mathrm{d}\boldsymbol{p}}{\mathrm{d}t} \tag{2-10}$$

力是矢量,质点受到的力的方向是其动量增量的方向.

"作用"一词,一般是指对事物产生某种影响的活动,如化学作用、光合作用等. 力是这些作用中的一种,即使质点动量发生变化的那种作用.

在经典力学中,质点的质量是恒定不变的,因此

$$\boldsymbol{F} = \frac{\mathrm{d}\boldsymbol{p}}{\mathrm{d}t} = \frac{\mathrm{d}(m\boldsymbol{v})}{\mathrm{d}t} = m\frac{\mathrm{d}\boldsymbol{v}}{\mathrm{d}t}$$

即

$$\boldsymbol{F} = m\boldsymbol{a} \tag{2-11}$$

这就是通常形式的牛顿第二定律.

2.3.2 动量定理

由式(2-10)得

$$\mathrm{d}\boldsymbol{p} = \boldsymbol{F}\mathrm{d}t$$

如果力 $\boldsymbol{F}$ 从时刻 t_1 到时刻 t_2 连续作用于质点上,力 $\boldsymbol{F}$ 对时间的积累效应可将上式积分得

$$\int_{t_1}^{t_2} \boldsymbol{F}\mathrm{d}t = \int_{\boldsymbol{p}_1}^{\boldsymbol{p}_2} \mathrm{d}\boldsymbol{p}$$

$$\int_{t_1}^{t_2} \boldsymbol{F}\mathrm{d}t = \boldsymbol{p}_2 - \boldsymbol{p}_1 \tag{2-12}$$

式中,$\int_{t_1}^{t_2} \boldsymbol{F}\mathrm{d}t$,称为**冲量**. 用符号 $\boldsymbol{I}$ 表示,则上式为

$$\boldsymbol{I} = m\boldsymbol{v}_2 - m\boldsymbol{v}_1 \tag{2-13}$$

即质点在运动过程中所受合外力的冲量等于质点动量的增量. 这一结论称为**质点的动量定理.**

力的冲量 $\boldsymbol{I}$ 是描写力对时间累积效应的物理量,是个过程量. 冲量是矢量,它的方向就是动量增量的方向,只有当合力的方向不变的特殊情况下,冲量的方向才与合外力方向相同. 冲量的大小由合外力 $\boldsymbol{F}$ 的大小和 $\boldsymbol{F}$ 的作用时间两个因素决定. 力越大,作用时间越

长,力的冲量就越大.在 SI 中,冲量的单位是 N·s.

动量定理常用于碰撞过程,碰撞一般泛指物体间相互作用时间很短的过程.在这一过程中,相互作用力往往很大而且随时间改变,这种力通常叫做冲力,其变化特征如图 2-3 所示(设冲力方向不变,仅大小改变).

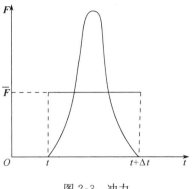

图 2-3　冲力

一般说来,变力 $\boldsymbol{F}$ 随时间变化的情形是很复杂的.因此在实际计算时,常用平均冲力来代替变力.

若一恒力在相同时间内的冲量(由图 2-3 中矩形面积表示)与变力 $\boldsymbol{F}$ 的冲量(由图 2-3 中曲线下的面积表示)相等,该恒力就称为变力 $\boldsymbol{F}$ 的平均冲力,用 $\overline{\boldsymbol{F}}$ 表示,即

$$\overline{\boldsymbol{F}}\Delta t = \int_{t_1}^{t_2} \boldsymbol{F}\mathrm{d}t$$

$$\overline{\boldsymbol{F}} = \frac{\int_{t_1}^{t_2} \boldsymbol{F}\mathrm{d}t}{\Delta t} = \frac{m\boldsymbol{v}_2 - m\boldsymbol{v}_1}{\Delta t} \tag{2-14}$$

虽然平均冲力不是冲力的确切描述,但在许多实际问题中,这种估计可以满足需要.

动量定理表示式是矢量公式,它表明合外力的冲量方向和受力质点动量增量的方向一致,所以在应用动量定理时可直接用作图法按几何关系求解.也可以在选定的坐标系里用沿坐标轴的分量式求解.例如,在直角坐标系中,其分量式为

$$\begin{cases} I_x = \int_{t_1}^{t_2} F_x \mathrm{d}t = mv_{2x} - mv_{1x} \\ I_y = \int_{t_1}^{t_2} F_y \mathrm{d}t = mv_{2y} - mv_{1y} \\ I_z = \int_{t_1}^{t_2} F_z \mathrm{d}t = mv_{2z} - mv_{1z} \end{cases} \tag{2-15}$$

分量式表明,质点所受合外力的冲量在某一方向上的分量,等于质点的动量在该方向上分量的增量.分量式是代数式,在应用分量式时,应注意各分量的正负号和各坐标轴方向的关系.

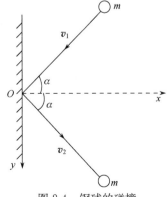

图 2-4　钢球的碰撞

由于动量定理直接由力的定义导出,所以动量定理也只适用于惯性系.

例 2-3　一质量为 $m = 0.5\mathrm{kg}$、速率 $v = 30\mathrm{m \cdot s^{-1}}$ 的钢球,与钢板法线成 $45°$ 角撞击在钢板上,并以相同的速率和角度弹回来.设球与钢板的碰撞时间为 $0.05\mathrm{s}$,求在此碰撞时间内钢板所受到的平均冲力.

解　选坐标如图 2-4 所示.设钢板对球的平均冲力为 $\overline{\boldsymbol{F}}$,根据动量定理有

$$\overline{\boldsymbol{F}}\Delta t = m\boldsymbol{v}_2 - m\boldsymbol{v}_1$$

应用动量定理的分量式,并由题意知 $v_1 = v_2 = v$,可得

$$\overline{F}_x \Delta t = mv_{2x} - mv_{1x} = mv\cos\alpha - (-mv\cos\alpha) = 2mv\cos\alpha$$

$$\overline{F}_y \Delta t = mv_{2y} - mv_{1y} = mv\sin\alpha - mv\sin\alpha = 0$$

因此,球所受的平均冲力为

$$\overline{F} = \overline{F}_x = \frac{2mv\cos\alpha}{\Delta t}$$

代入已知数据得

$$\overline{F} = \overline{F}_x = \frac{2 \times 0.5 \times 30 \times \cos 45°}{0.05} = 424.2(\text{N})$$

图 2-5　物体 m 和 M

例 2-4　一细绳跨过一定滑轮,两端分别挂有质量为 m 及 M 的物体(图 2-5),且 $M > m$. M 静止在地面上,当 m 自由下落 h 距离后,细绳才被拉紧.求细绳刚被拉紧时两物体的速度及 M 能上升的最大高度.

解　第一过程,选 m 为研究对象,m 做自由落体运动,细绳刚好被拉紧时,m 下落 h 距离,它速度的大小为

$$v = \sqrt{2gh} \tag{1}$$

第二过程,分别选 m 及 M 为研究对象.当细绳被拉紧时,各受重力和平均冲力 $\overline{T}$,由于绳子在拉紧时,m 及 M 的相互作用的时间 Δt 极短,重力与冲力相比可忽略不计.选竖直向上为正方向,经 Δt 时间后,它们以相等的速度大小 V 运动,M 的速度向上,m 的速度向下.M 的初动量为 0,末动量为 MV,m 的初动量为 $-mv$,末动量为 $-mV$,应用动量定理,得

$$\overline{T}\Delta t = -mV - (-mv) \tag{2}$$

$$\overline{T}\Delta t = MV - 0 \tag{3}$$

解式(1)~式(3),得

$$V = \frac{mv}{M+m} = \frac{m\sqrt{2gh}}{M+m}$$

第三过程,选 M 为研究对象,M 以初速度 V 上升,末速度为 0,其加速度方向与速度方向相反,设 M 上升的高度为 H,由匀加速直线运动公式得

$$0 = V^2 - 2aH$$

由牛顿运动定律求得加速度 a 为

$$a = \frac{M-m}{M+m}g$$

解以上各式得

$$H = \frac{V^2}{2a} = \frac{m^2(2gh)}{2(M^2 - m^2)g} = \frac{m^2 h}{M^2 - m^2}$$

2.4　动量守恒定律及其应用

一个孤立的质点,其动量是不变的,即

$$\boldsymbol{p} = 常矢量$$

这就是惯性定律.因此,惯性定律可重新表述为:一个自由质点永远以恒定的动量运动.

由式(2-10)我们也可以看到,当一个质点动量 $\boldsymbol{p}$ 为常矢量时,其所受合力为零.因此惯性定律通常也表述为:当质点不受力或所受合力为零时,质点保持匀速直线运动或静止状态.

对于多个质点组成的系统,对式(2-10)两边求和

$$\sum_i \boldsymbol{F}_i = \frac{\mathrm{d}}{\mathrm{d}t}\left(\sum_i \boldsymbol{p}_i\right) \tag{2-16}$$

左边实际是系统所受合外力(内力求和——抵消).当质点系所受的合外力为零时,质点系的总动量保持不变.这一结论称为**动量守恒定律**.其表达式为

$$\sum_i \boldsymbol{p}_i = 常矢量 \tag{2-17}$$

或写成

$$\sum_{i=1}^n m_i \boldsymbol{v}_i = \sum_{i=1}^n m_i \boldsymbol{v}_{io} = 常矢量 \tag{2-18}$$

对于两个质点组成的孤立系统,有

$$\boldsymbol{p}_1 + \boldsymbol{p}_2 = 常矢量$$

两边对时间求导数

$$\frac{\mathrm{d}}{\mathrm{d}t}(\boldsymbol{p}_1 + \boldsymbol{p}_2) = 0$$

$$\frac{\mathrm{d}\boldsymbol{p}_1}{\mathrm{d}t} = -\frac{\mathrm{d}\boldsymbol{p}_2}{\mathrm{d}t}$$

即

$$\boldsymbol{F}_1 = -\boldsymbol{F}_2$$

这就是牛顿第三定律.

动量守恒定律是一个最普遍的自然规律之一,迄今没有发现什么例外.事实上,每当这条定律在一个实验中看起来好像被违背时,物理学家就立刻寻找某种未知或隐藏的粒子,这种粒子可能还没有被认识,它可能就是导致动量不守恒的原因.这种探索使物理学家发现了中子、中微子、光子和其他许多基本粒子.

应用动量守恒定律分析问题时,要注意如下几点:

(1) 动量守恒定律的表达式是矢量式,计算时常用分量式,即

$$\begin{cases} 当 \sum F_x = 0 时, & \sum_i m_i v_{ix} = \sum_i m_i v_{iox} \\ 当 \sum F_y = 0 时, & \sum_i m_i v_{iy} = \sum_i m_i v_{ioy} \\ 当 \sum F_z = 0 时, & \sum_i m_i v_{iz} = \sum_i m_i v_{ioz} \end{cases} \tag{2-19}$$

由此可见,如果质点系所受到的合外力在某方向的分量等于零,则系统的总动量在该方向上的分量守恒.这对于计算某些问题提供了不少方便.例如,炸弹在空中爆炸后分裂成几块,在忽略空气阻力情况下,这些碎块所受到的外力只有重力,因此它们的总动量在水平方向的分量是守恒的.

(2) 质点系动量守恒的条件是系统所受合外力为零.但在实际问题中,这一条件往往得不到严格满足.例如,在碰撞、爆炸、冲击等过程中,合外力不一定等于零,但由于内力往往比外力大得多,这时外力(如摩擦力、重力等)对系统总动量变化的影响很小,可以忽略不计,而认为系统的总动量是守恒的.

(3) 动量守恒定律只适用于惯性系.应用动量守恒定律解力学问题时,只要知道质点系中各物体的初、末状态,可以不考虑中间过程的细节,所以比直接用牛顿定律要方便得多.这是动量守恒定律的特点和优点.

例 2-5 一炮弹竖直向上发射,初速度为 v_0,发射后经 t s 在空中自动爆炸成质量相同的 A、B、C 三块碎片,其中 A 块的速度为零.B、C 两碎块的速度大小相同,且 B 块与水平成 θ 角,求 B、C 两碎块速度的大小和方向.

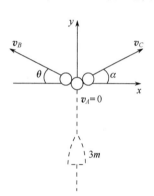

图 2-6 炮弹爆炸为三块碎片

解 忽略重力的影响,炮弹的动量守恒.设坐标如图 2-6 所示,三块碎块的质量各为 m,则炮弹的质量为 $3m$.假定 C 块与水平方向成 α 角,$v_B = v_C = v_1$.x 方向和 y 方向分别应用动量守恒定律,得

x 方向
$$mv_1\cos\theta - mv_1\cos\alpha = 0$$
$$\cos\alpha = \cos\theta$$
$$\alpha = \theta$$

y 方向
$$3mv_{ty} = mv_1\sin\alpha + mv_1\sin\theta = 2mv_1\sin\theta$$
$$v_1 = \frac{3v_{ty}}{2\sin\theta}$$

因为炮弹竖直发射,做匀减速运动,经 t 后速度为 $v_{ty} = v_0 - gt$,将 v_{ty} 代入上式,解得

$$v_1 = \frac{3(v_0 - gt)}{2\sin\theta}$$

方向 $\alpha = \theta$.

例 2-6 一质量为 m 的球,从质量为 M 的四分之一圆弧形槽的顶端由静止滑下,设圆弧形槽半径为 R,如图 2-7 所示.若忽略所有的摩擦,求当小球 m 滑离槽时,滑槽 M 在水平面上移动的距离.

解 取 m 和 M 为研究系统,并取如图 2-7 所示的坐标系.在 m 下滑过程中,在水平方向上系统所受合外力为零,因此水平方向上的动量守恒.由于系统的初动量为零,所以,如果以 v_1 和 v_2 分别表示下滑过程中任一时刻 m 和 M 相对地面的速度,则应有

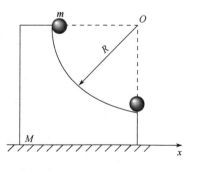

图 2-7 小球 m 沿滑槽 M 下滑

$$0 = m v_{1x} + M(-v_2)$$

因此,在下滑过程中任一时刻有

$$m v_{1x} = M v_2$$

对上式就整个下滑的时间 t 进行积分,得

$$m \int_0^t v_{1x} \mathrm{d}t = M \int_0^t v_2 \mathrm{d}t$$

以 s_1 和 s_2 分别表示 m 和 M 相对于地面在水平方向上移动的距离,则有

$$s_1 = \int_0^t v_{1x} \mathrm{d}t, \quad s_2 = \int_0^t v_2 \mathrm{d}t$$

因而有

$$m s_1 = M s_2$$

又因为位移的相对性,有

$$s_1 = R - s_2$$

代入上式可得

$$s_2 = \frac{m}{M+m} R$$

本 章 小 结

1. 牛顿运动定律

牛顿第一定律:$\boldsymbol{F} = 0$ 时,$\boldsymbol{v} =$ 恒矢量.第一定律给出了惯性和力的概念,惯性系的定义.

牛顿第一定律:$\boldsymbol{F} = \dfrac{\mathrm{d}\boldsymbol{p}}{\mathrm{d}t}$,$\boldsymbol{p} = m\boldsymbol{v}$ 当 m 为常量时,$\boldsymbol{F} = m\boldsymbol{a}$.

牛顿第三定律:$\boldsymbol{F}_{12} = -\boldsymbol{F}_{21}$,同时存在,分别作用,方向相反,大小相等.

牛顿运动定律反映的是力的瞬时作用效果,其核心是牛顿第二定律.在应用中常用分量式:

在直角坐标系中有 $\begin{cases} F_x = ma_x = m\dfrac{\mathrm{d}^2 x}{\mathrm{d}t^2} \\ F_y = ma_y = m\dfrac{\mathrm{d}^2 y}{\mathrm{d}t^2} \\ F_z = ma_z = m\dfrac{\mathrm{d}^2 z}{\mathrm{d}t^2} \end{cases}$;在自然坐标系中有 $\begin{cases} F_\tau = ma_\tau = m\dfrac{\mathrm{d}v}{\mathrm{d}t} \\ F_n = ma_n = m\dfrac{v^2}{\rho} \end{cases}$.

2. 非惯性系与惯性力

牛顿定律适用的参考系称为惯性系;牛顿定律不成立的参考系称为非惯性系.

惯性力:在非惯性系中引入的和参考系本身的加速运动相联系的力.

在平动加速参考系中,$\boldsymbol{F}_{惯}=-m\boldsymbol{a}_0$.

3. 冲量、动量、动量定理和动量守恒定律研究的是力的时间积累效果.

质点的动量:$\boldsymbol{p}=m\boldsymbol{v}$

力的冲量:$\boldsymbol{I}=\displaystyle\int_{t_1}^{t_2}\boldsymbol{F}(t)\mathrm{d}t$

质点的动量定理:$\boldsymbol{I}=\displaystyle\int_{t_1}^{t_2}\boldsymbol{F}(t)\mathrm{d}t=\boldsymbol{p}_2-\boldsymbol{p}_1=m\boldsymbol{v}_2-m\boldsymbol{v}_1$

质点系的动量定理:$\displaystyle\int_{t_1}^{t_2}\left(\sum_{i=1}^{n}\boldsymbol{F}_i\right)\mathrm{d}t=\sum_{i=1}^{n}\boldsymbol{p}_i-\sum_{i=1}^{n}\boldsymbol{p}_{0i}$

动量守恒定律:当质点系所受的合外力为零时,质点系的总动量将保持不变.

$$\sum_{i=1}^{n}\boldsymbol{p}_i=\sum_{i=1}^{n}\boldsymbol{p}_{0i}=\text{常矢量}$$

习　题

2-1　质量为 m 的质点,被固定中心以大小为 $F=\mu mr$ 的力排斥,其中 r 为质点到固定中心的距离.在起始时,$r_0=a,v_0=0$.求当质点走过路程 $s=a$ 时的速率.

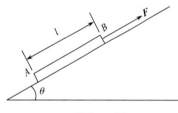

2-2　如附图所示,在光滑斜面上,有一匀质长杆 AB,长为 l,质量为 m,斜面与水平面间的夹角为 θ,现沿斜面以恒力 $\boldsymbol{F}$ 拉杆.求杆内各部分间的相互作用(张力)沿棒长方向的变化规律.

习题 2-2 图

*2-3　如附图所示,A 为定滑轮,B 为动滑轮,三个物体的质量分别为 $m_1=0.2\mathrm{kg}$,$m_2=0.1\mathrm{kg}$,$m_3=0.05\mathrm{kg}$.求:

(1)每个物体的加速度;

(2)两根绳中的张力 $\boldsymbol{T}_1$ 和 $\boldsymbol{T}_2$.假定滑轮和绳的质量及绳的伸长和摩擦力均可忽略.

2-4　如附图所示,在光滑水平面上有一半径为 R 的圆形围屏,质量为 m 的滑块沿环形内壁运动,滑块与壁间滑动摩擦因数为 μ.

习题 2-3 图

习题 2-4 图

(1) 当滑块速度为 v 时,求它与壁间的摩擦力及滑块的切向加速度;

(2) 求滑块的速度由 v 变为 $v/3$ 所需的时间.

2-5 质量为 m 的物体最初位于 x_0 处,在力 $F = -k/x^2$ 的作用下,由静止开始沿直线运动,试证明它在 x 处的速度大小为

$$v = \sqrt{2(k/m)(1/x - 1/x_0)}$$

2-6 在与速率成正比的摩擦力影响下,一个质点具有加速度 $a = 0.2v$,求需多长时间才能使质点的速率减少到原来速率的一半.

2-7 跳伞员与装备的质量共为 m,从伞塔上跳下时立即张伞,可以粗略地认为张伞时速度为零,此后空气阻力与速率平方成正比,即 $R = kv^2$.求跳伞员的运动速率 v 随时间 t 变化的规律和极限速率 v_r.

2-8 一质量为 $m = 10\text{kg}$ 的质点,在力 $F = 120t + 40$ 的作用下沿 x 轴做直线运动.在 $t_0 = 0$ 时,质点位于 $x_0 = 5\text{m}$ 处,其速度 $v_0 = 6\text{m} \cdot \text{s}^{-1}$,求质点在任意时刻的速度和位置.

2-9 作用在质量为 $m = 10\text{kg}$ 物体上的力为 $\boldsymbol{F} = (10 + 2t)\boldsymbol{i}$,则

(1) 求 4s 后这物体的动量和速度的变化,以及给予物体的冲量;

(2) 为了使这力的冲量为 $200\text{N} \cdot \text{s}$,这力应在这物体上作用多长时间? 试就一原来静止的物体回答以上问题.

2-10 体重为 P 的人拿着重为 P 的物体跳远,起跳仰角为 φ,初速度为 v_0.到达最高点时,该人将手中的物体以水平向后的相对速度 u 抛出,问跳远成绩因此增加多少?

2-11 质量为 m 的质点在 xy 平面上运动,其位置矢量 $\boldsymbol{r} = a\cos\omega t\boldsymbol{i} + b\sin\omega t\boldsymbol{j}$,求质点的动量及从 $t = 0$ 到 $t = \dfrac{\pi}{2\omega}$ 时间内质点所受的合力的冲量.

2-12 一颗子弹由枪口射出时的速率为 v_0,子弹在枪筒内被加速时,它所受到的合力 $F = a - bt(a, b$ 为常量).

(1) 假设子弹运动到枪口处合力刚好为零,试计算子弹在枪筒内的时间;

(2) 求子弹所受的冲量;

(3) 求子弹的质量.

2-13 如附图所示,一浮吊的质量为 $M = 20\text{t}$,由岸上吊起 $m = 2\text{t}$ 的重物后,再将吊杆 OA 与竖直方向的夹角 θ 由 $60°$ 转到 $30°$,设杆长 $l = OA = 8\text{m}$,水的阻力与杆重忽略不计,求浮吊在水平方向上移动的距离,并指明朝什么方向移动.

2-14 在杂技表演中,常可看到一杂技演员平躺在钉子上,身上压着一块大而重的石板,另一演员用大铁锤猛击石板,结果石裂而人不伤.这是什么原因? 有人说如果用很厚的棉被代替石板,演员会更安全,你说对吗? 试分析之.

习题 2-13 图

2-15 人从大船上容易跳上岸,而从小船上则不容易跳上岸,这是为什么?

2-16 美国丹佛市每年举办一次"水世界肚皮砸水比赛",附图呈现的是 2007 年第 11 届"水世界肚皮砸水比赛"冠军 Hoffman 跳水的姿态.设他的质量是 150kg,跳起后离水面最大高度是 5.0m,碰到水面 0.30s 后开始缓慢下沉,求他砸水的力多大?

2-17 一个原来静止的原子核,放射性衰变时放出一个动量为 $p_1 = 9.22 \times 10^{-21}\text{kg} \cdot \text{m} \cdot \text{s}^{-1}$ 的电子,同时还在垂直于此电子运动的方向上放出一个动量为 $p_2 = 5.33 \times 10^{-21}\text{kg} \cdot \text{m} \cdot \text{s}^{-1}$ 的中微子.求衰变后原子核的动量的大小和方向.

习题 2-16 图

2-18 两辆质量相同的汽车在十字路口垂直相撞,撞后二者扣在一起又沿直线滑动了 $s=25\mathrm{m}$ 才停下来. 设滑动时地面与车轮之间的滑动摩擦系数 $\mu_k=0.80$. 撞后两个司机都声明在撞车前自己的车速未超限制 $(14\mathrm{m}\cdot\mathrm{s}^{-1})$,他们的话都可信吗?

第 3 章　角动量守恒定律

角动量守恒定律是并列于动量守恒定律的基本规律,它不仅适用于牛顿力学所研究的宏观、低速领域,也适用于微观、高速(接近光速)的领域.它比牛顿力学理论更基本、更普遍,是更为普适的物理定律.本章从质点运动的知识出发,分析和确立质点、刚体的角动量,刚体的转动定律.重点介绍质点、刚体的角动量守恒定律,为进一步研究较复杂的机械运动奠定基础.

3.1　质点的角动量　力矩

3.1.1　质点的角动量

在讨论质点相对于空间某一定点的运动时,我们可以用角动量来描述物体的运动状态.

如图 3-1 所示,一质点 m 以速度 v 运动,其动量为 p,若它相对于定点 O 的位置矢量为 r.我们定义角动量为

$$L=r\times p \tag{3-1}$$

角动量是矢量,它的大小为

$$L=rmv\sin\varphi \tag{3-2}$$

式中,φ 为 r 与 p 的夹角.L 的方向是由 r 经小于 180°的角转到 p 的右手螺旋前进的方向.

图 3-1　质点角动量

由式(3-1)可以看出,质点的角动量与质点的位矢有关,即与固定点位置的选择有关.同一质点对于不同的给定点,它的角动量是不同的.因此,在说明一个质点的角动量时,必须指明是对哪一个固定点而言的.

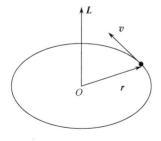

图 3-2　圆周运动时质点的角动量

当质点相对于 O 点做圆周运动时,位矢 r 与 p 处处垂直,$\sin\varphi=1$,式(3-2)可写为

$$L=rmv=mr^2\omega \tag{3-3}$$

角动量 L 的方向垂直于圆周轨道平面,如图 3-2 所示.

在 SI 中,角动量的单位是 $kg\cdot m^2\cdot s^{-1}$,量纲是 ML^2T^{-1}.

3.1.2　质点的角动量定理

式(3-1)定义了质点 m 对定点 O 的角动量为

$$L=r\times p$$

对时间求导数,得

$$\frac{\mathrm{d}\boldsymbol{L}}{\mathrm{d}t}=\frac{\mathrm{d}}{\mathrm{d}t}(\boldsymbol{r}\times\boldsymbol{p})=\frac{\mathrm{d}\boldsymbol{r}}{\mathrm{d}t}\times\boldsymbol{p}+\boldsymbol{r}\times\frac{\mathrm{d}\boldsymbol{p}}{\mathrm{d}t}=\boldsymbol{v}\times m\boldsymbol{v}+\boldsymbol{r}\times\boldsymbol{F}$$

显然,上式中 $\boldsymbol{v}\times m\boldsymbol{v}=0$,所以

$$\frac{\mathrm{d}\boldsymbol{L}}{\mathrm{d}t}=\boldsymbol{r}\times\boldsymbol{F} \tag{3-4}$$

我们定义

$$\boldsymbol{M}=\boldsymbol{r}\times\boldsymbol{F} \tag{3-5}$$

称为**力矩**. 其大小为

$$M=rF\sin\theta \tag{3-6}$$

式中, $r\sin\theta=d$ 为力臂,则

$$M=Fd$$

这正是我们中学里面熟悉的力乘力臂等于力矩.

因为 $F\sin\theta=F_\tau$,即合力的切向分量,所以力矩大小也可写为

$$M=rF_\tau$$

由式(3-5),式(3-4)可写为

$$\boldsymbol{M}=\frac{\mathrm{d}\boldsymbol{L}}{\mathrm{d}t} \tag{3-7}$$

上式表示,作用于质点的合力对某一定点的力矩,等于质点对同一定点的角动量随时间的变化率. 这个结论称为**质点的角动量定理**.

3.2　质点的角动量守恒定律

根据式(3-7),如果作用于质点的合力对某定点的力矩等于零,即 $\boldsymbol{M}=0$,那么

$$\frac{\mathrm{d}\boldsymbol{L}}{\mathrm{d}t}=0$$

则

$$\boldsymbol{L}=常矢量 \tag{3-8}$$

上式表示,若作用于质点的合力对某定点的力矩为零,则质点对同一定点的角动量将保持不变. 这个结论称为**质点的角动量守恒定律**.

从力矩的定义式(3-5)可以看出,力矩等于零,可能有三种情况:

第一种情况 $\boldsymbol{r}=0,\boldsymbol{M}=0$,表示质点处在定点上静止不动,质点角动量守恒.

第二种情况 $\boldsymbol{F}=0,\boldsymbol{M}=0$,表示讨论的质点是孤立质点. 第 2 章我们知道孤立质点的动量是守恒的,现在又得到其角动量也是守恒的. 质点的动量守恒意味质点保持静止或做匀速直线运动. 我们只讨论质点做匀速直线运动的情况,设质点沿直线做匀速运动,在不同时刻先后到达点 A、B、C,相对于固定点 O 的位矢分别是 $\boldsymbol{r}_1$、$\boldsymbol{r}_2$ 和 $\boldsymbol{r}_3$,如图 3-3 所示. 质点相对定点 O 的角动量 $\boldsymbol{L}_1$、$\boldsymbol{L}_2$ 和 $\boldsymbol{L}_3$ 的方向都垂直于由点 O 和直线 l 所确定的平面,角动量的大小分别为

$$L_1 = r_1 mv\sin\theta_1$$
$$L_2 = r_2 mv\sin\theta_2$$
$$L_3 = r_3 mv\sin\theta_3$$

因为

$$r_\perp = r_1\sin\theta_1 = r_2\sin\theta_2 = r_3\sin\theta_3$$

所以,质点角动量相等,即

$$L_1 = L_2 = L_3 = mr_\perp v$$

$r_\perp$ 是从定点 O 到直线 l 的垂直距离.

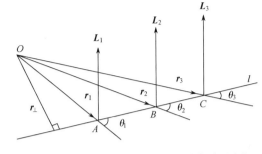

图 3-3　质点做匀速直线运动时角动量守恒

第三种情况是 r 和 F 都不为零,而 $r \times F$ $=0$,也就是 r 与 F 平行或反平行,我们把符合这种条件的力称为有心力. 所谓有心力,就是其方向始终指向(或背离)某固定中心的力,此固定中心称为力心. 例如,地球绕太阳转动,太阳可看作不动,地球所受到的力是来自太阳的引力,引力对太阳中心(即力心)的力矩为零. 因此,地球在绕太阳的公转中,对该力心的角动量守恒. 又如,当带电微观粒子入射到质量较大的原子核附近发生碰撞时,粒子所受的原子核的库仑力始终通过原子核的中心(即力心),所以微观粒子在碰撞过程中对该力心的角动量是守恒的.

如果作用于质点的合力矩不为零,而合力矩沿 z 轴的分量为零,由式(3-7)得

$$L_z = 常量 \quad (当 M_z = 0 时) \tag{3-9}$$

上式表示,当质点所受对 z 轴的力矩为零时,质点对该轴的角动量保持不变. 此结论也可以称为质点对轴的角动量守恒定律.

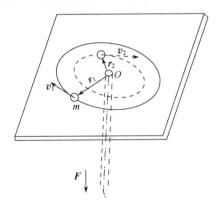

图 3-4　在光滑桌面上运动的小球

例 3-1　如图 3-4 所示,在光滑桌面上的质量为 m 的小球,系在轻绳的一端,绳穿过一竖直的管子. 一手握管,另一手执绳,先使小球以角速度 ω_1 在水平面内做半径为 r_1 的圆周运动,然后向下拉绳,旋转若干圈后,求小球的运动半径减为 r_2 时,小球的角速度 ω_2 是多少?

解　小球绕 O 点做圆周运动的过程中,小球受到三个力作用:绳子的拉力 F,沿绳子并指向圆心;小球所受重力 G,竖直向下;桌面对小球的支持力 N,竖直向上. 支持力 N 与重力 G 平衡,它们所产生的力矩和始终等于零. 拉力 F 对力心 O 的力矩为零. 所以小球对 O 点的角动量守恒,即

$$mv_1 r_1 = mv_2 r_2 \tag{1}$$

式中,v_1 为半径为 r_1 时小球的线速度,v_2 为半径为 r_2 时小球的线速度,并且

$$v_1 = \omega_1 r_1, \quad v_2 = \omega_2 r_2$$

所以式(1)可化为

$$mr_1^2\omega_1 = mr_2^2\omega_2$$

由此可以得

$$\omega_2 = \left(\frac{r_1}{r_2}\right)^2 \omega_1$$

由于细绳越转越短,$r_2 < r_1$,小球的角速度必定越转越大,即 $\omega_2 > \omega_1$.

例 3-2 利用角动量守恒定律导出开普勒行星运动第二定律:行星对太阳的位矢在单位时间内扫过的面积为常量.

解 行星在太阳的引力作用下沿椭圆轨道运动,太阳位于椭圆轨道的焦点上.由于引力的方向总是指向太阳中心,所以行星所受到的引力对太阳的力矩为零,行星对太阳的角动量守恒.

由于角动量 L 的方向不变,这说明由 r 和 v 所决定的平面的方位不变,即行星总在一个平面内运动.

图 3-5 绕太阳运动的行星

行星对太阳的角动量的大小为

$$L = rmv\sin\alpha = rm\left|\frac{\mathrm{d}\boldsymbol{r}}{\mathrm{d}t}\right|\sin\alpha$$

$$= m\lim_{\Delta t \to 0}\frac{r|\Delta\boldsymbol{r}|\sin\alpha}{\Delta t}$$

由图 3-5 可知,乘积 $r|\Delta\boldsymbol{r}|\sin\alpha$ 等于阴影部分三角形面积的两倍(忽略二阶小量的面积),以 ΔS 表示这一面积,就有

$$r|\Delta\boldsymbol{r}|\sin\alpha = 2\Delta S$$

代入上式可得

$$L = 2m\lim_{\Delta t \to 0}\frac{\Delta S}{\Delta t} = 2m\frac{\mathrm{d}S}{\mathrm{d}t}$$

于是,位矢在单位时间内扫过的面积为

$$\frac{\mathrm{d}S}{\mathrm{d}t} = \frac{L}{2m} = 常量$$

行星对太阳的位矢在单位时间内扫过的面积 $\dfrac{\mathrm{d}S}{\mathrm{d}t}$,叫做行星运动的掠面速度.因为行星运动的角动量守恒,所以单位时间内位矢所扫过的面积不变,这就是开普勒行星运动第二定律.

3.3 刚体的运动

前两章,我们讨论了质点的运动规律.对于机械运动,只研究质点的情况是很不够的,质点的运动事实上只代表物体的平动.物体是有大小形状的,它可以做平动、转动,甚至更为复杂的运动,而且在运动中物体的大小和形状也可能发生改变.一般固体在外力作用下其大小和形状的变化并不明显,所以研究固体运动的初步方法是将物体视为刚体处理,即物体内任何两质点之间的距离不因外力而改变.刚体是一个特殊的质点系统,我们可以运用质点的运动规律加以研究,从而使牛顿力学的研究范围从质点拓展到刚体.

3.3.1 刚体的平动和转动

刚体的运动可以是平动、转动或两者的叠加. 如果刚体在运动时,刚体内任何一条给定的直线,在运动中始终保持它的方向不变,这种运动称为刚体**平动**,如图3-6(a)所示.升降机的运动、汽缸中活塞的运动等都是平动.刚体平动的特点是刚体内各质点的运动轨迹都一样,而且在同一时刻各质点的速度和加速度都相等,因此,刚体内任一质点的运动都可以代表整个刚体的运动.

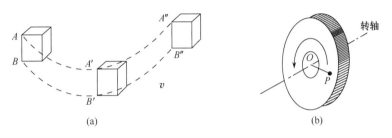

图 3-6　刚体的平动和转动

刚体运动时,如果刚体的各个质点在运动中都绕同一直线做圆周运动,这种运动叫做**转动**.如图3-6(b)所示,这一直线称为转轴.钟摆的运动、机器上齿轮的运动、地球的自转运动等都是转动.若转轴是固定的转动则称为**刚体的定轴转动**.

可以证明,刚体的一般运动可以看成是平动和转动的叠加.例如,车轮在地面上的滚动,可以看成是车轮随轴的平动以及车轮绕轴转动的叠加.因此,车轮上任一点 P 的瞬时速度 v 等于轴的瞬时速度 v_0 与该点绕轴转动的线速度 v_τ 的矢量和,如图3-7所示.

图 3-7　刚体的一般运动

3.3.2 刚体的定轴转动

刚体绕某一固定轴转动,是最简单的转动运动.过刚体上任意一点并垂直于转轴的平面称为转动平面.刚体做定轴转动时,刚体上所有的质点都绕转轴做圆周运动,因此各点具有相同的角速度和角加速度,在相同的时间内有相等的角位移.但是由于各点到转轴的距离不同,位移、速度和加速度却不相等.在一般情况下,角速度和角加速度都是矢量,而在定轴转动中它们的方向只能沿着转轴,所以可以用带有正号或负号的标量来表示它们,正如在质点的直线运动中可以把质点运动的速度和加速度用标量表示一样.

在1.4节中角速度的大小定义为

$$\omega = \frac{\mathrm{d}\theta}{\mathrm{d}t}$$

角速度 ω 的方向可以由右手法则确定.如图3-8所示,把右手的拇指伸直,其余四指弯曲,使弯曲的方向与刚体转动方向一致,这时拇指所指的方向就是角速度 ω 的方向.如此

图 3-8　右手法则

方向的角速度是正值还是负值呢？取转轴为 z 轴，当角速度指向 z 轴正方向时，$\omega > 0$；当角速度指向 z 轴负方向时，$\omega < 0$.

我们曾经把角加速度的大小定义为

$$\beta = \frac{\mathrm{d}\omega}{\mathrm{d}t} = \frac{\mathrm{d}^2\theta}{\mathrm{d}t^2}$$

角加速度的正、负应根据角速度的符号和刚体转动的情形确定：当刚体加速转动时，β 与 ω 符号相同；当刚体减速转动时，β 与 ω 符号相反.

当刚体匀变速定轴转动时，有

$$\omega = \omega_0 + \beta t$$

$$\omega^2 - \omega_0^2 = 2\beta(\theta - \theta_0)$$

$$\theta = \theta_0 + \omega_0 t + \frac{1}{2}\beta t^2$$

也同样成立.

角量与线量之间的关系

$$v = r\omega$$

$$a_n = r\omega^2$$

$$a_\tau = r\beta$$

也都适用于刚体的定轴转动.

例 3-3　一半径 $R = 0.08\mathrm{m}$ 的定滑轮上绕有细绳，绳的末端系一物体 B（图 3-9）. 开始时托住 B 使它静止，然后令 B 下落并带动滑轮旋转. 实验测得物体 B 做匀加速直线运动，在 10s 时间内落下 $h = 2.0\mathrm{m}$ 距离. 求滑轮转动的角加速度以及在 $t = 10\mathrm{s}$ 时刻滑轮的角速度（设绳既不伸长，也不打滑）.

解　定滑轮的运动是一个定轴转动问题. 因为绳不伸长，也不打滑，则重物 B 下降的距离和轮缘上任一点 P 所经过的弧长相等. 也就是说，同一瞬时，P 点的切向加速度和重物 B 下降的加速度的大小相等，即

$$a_P = a_B \tag{1}$$

因为重物 B 做初速为零的匀加速直线运动，有

$$h = \frac{1}{2}a_B t^2$$

$$a_B = \frac{2h}{t^2} \tag{2}$$

对于 P 点，有

$$a_P = R\beta \tag{3}$$

解式（1）～式（3），得

图 3-9　定滑轮与物体 B

$$\beta = \frac{2h}{Rt^2} = \frac{2 \times 2.0}{0.08 \times 10^2} = 0.5(\text{rad} \cdot \text{s}^{-2})$$

滑轮的初角速度 $\omega_0 = 0$，在 $t = 10\text{s}$ 时刻的角速度为

$$\omega = \omega_0 + \beta t = \frac{2h}{Rt} = 5.0\,\text{rad} \cdot \text{s}^{-1}$$

3.4 刚体定轴转动的转动定律

3.4.1 刚体定轴转动的角动量

在 3.1 节中介绍了质点的角动量概念，角动量这个概念在刚体转动的研究中同样是非常重要的. 现在，我们把质点的角动量推广为刚体的角动量.

刚体绕一固定轴（z 轴）以角速度 ω 旋转，其上各质点做圆周运动（图 3-10），质点做圆周运动的平面称为质点的转动平面. 在刚体上任取一质点，设其转动平面与转动轴（z 轴）交于 O 点. 该质点对 O 点的角动量可由式（3-1）、式（3-3）给出，其方向沿转轴（z 轴）的正方向，其大小为

$$L_i = r_i^2 m_i \omega$$

式中，r_i 为该质点到转动轴的距离，m_i 为该质点的质量，ω 为绕轴转动的角速度. 刚体上各质点对其转动中心的角动量均沿转轴（z 轴）方向，我们对刚体上各质点的角动量求和，即得**刚体定轴转动时对转轴的角动量**. 在求和时，各质点的角速度 ω 都相同. 所以

$$L_z = \sum_i m_i r_i^2 \omega \qquad (3\text{-}10)$$

其中

$$J_z = \sum_i m_i r_i^2 \qquad (3\text{-}11)$$

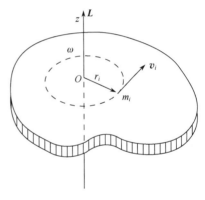

图 3-10 刚体定轴转动的角动量

称为**刚体对转轴的转动惯量**. 它是一个仅与刚体的质量和质量分布及转轴的位置有关的物理量. 由式（3-11）可得单个质点对转轴的转动惯量为

$$J_z = mr^2$$

因此，式（3-10）可写为

$$L_z = J_z \omega \qquad (3\text{-}12)$$

上式表明，刚体对定轴的角动量等于刚体对此轴的转动惯量与角速度的乘积.

3.4.2 刚体定轴转动的转动定律

做定轴转动的刚体，其上第 i 个质点的角动量与其所受力对轴的力矩的关系由质点的角动量定理可得

$$M_{zi内} + M_{zi外} = \frac{\mathrm{d}L_{zi}}{\mathrm{d}t}$$

式中, L_{zi} 为质点 i 对 z 轴的角动量, $M_{zi内}$ 和 $M_{zi外}$ 为质点 i 所受的内力矩和外力矩. 对刚体内所有质点的角动量定理表达式相加可得

$$\sum_i M_{zi内} + \sum_i M_{zi外} = \sum_i \frac{\mathrm{d}L_{zi}}{\mathrm{d}t}$$

令

$$L_z = \sum_i L_{zi}$$

式中, L_z 为刚体对转轴的角动量. 根据牛顿第三定律, 刚体内质点的内力总是成对出现, 每对内力的大小相等、方向相反, 作用线在同一条直线上, 于是有 $\sum_i M_{zi内} = 0$.

令

$$M_z = \sum_i M_{zi外}$$

这样, 由上述各式得

$$M_z = \frac{\mathrm{d}L_z}{\mathrm{d}t} \tag{3-13}$$

式(3-13)说明刚体所受到的对某给定轴的合外力矩等于刚体对该轴的角动量的时间变化率. 这就是**刚体对转轴的角动量定理**.

当刚体的形状不变、质量及质量分布不变时, J_z 为常量, 将刚体的角动量 $L_z = J_z \omega$ 代入式(3-13)可得

$$M_z = J_z \frac{\mathrm{d}\omega}{\mathrm{d}t}$$

或者写为

$$M_z = J_z \beta \tag{3-14}$$

式(3-14)就是**刚体的定轴转动定律**的数学表达式, 它表示在定轴转动中, 刚体相对于某转轴的转动惯量与角加速度的乘积, 等于作用于刚体的外力相对同一转轴的合力矩.

3.4.3 刚体的转动惯量

将转动定律 $M_z = J_z \beta$ 与牛顿第二定律 $F = ma$ 相比较, 可以看出前者的合外力矩对应于后者中的合外力, 前者中的角加速度对应于后者中的加速度, 而刚体的转动惯量 J 则和质点的惯性质量 m 相对应. 可以说, 转动惯量表示刚体在转动过程中表现出的惯性, "转动惯量"一词正是这样命名的.

按转动惯量的定义式(3-10), 对于质量连续分布的刚体, 上述求和应以积分代替, 即

$$J_z = \int r^2 \mathrm{d}m \tag{3-15}$$

式中, r 为刚体质元 $\mathrm{d}m$ 到转轴的垂直距离. 由此可知, 刚体的转动惯量等于刚体中各质元的质量和它们各自离转轴的垂直距离的平方的乘积的总和. 它的大小不仅与刚体的总质量有关, 而且和质量相对于轴的分布有关. 其关系可以概括为以下三点:

（1）与刚体的总质量有关.形状、大小相同的均匀刚体,总质量越大,转动惯量越大.

（2）与质量相对于转轴的分布有关.总质量相同的刚体,质量分布离轴越远,转动惯量越大.

（3）与转轴的位置有关.同一刚体,转轴不同,质量对轴的分布就不同,因而转动惯量也不同.因此,当讲到刚体的转动惯量时,必须指出转轴的位置才有明确的意义.

式(3-15)还表明,转动惯量具有可加性.即由几部分物体组成的总体对轴的转动惯量等于各部分对同一轴的转动惯量的总和.

在 SI 中,转动惯量的单位是 $\mathrm{kg \cdot m^2}$,量纲是 $\mathrm{ML^2}$.

例 3-4 一质量为 m,长为 l 的均匀细棒,求:

（1）通过棒的一端并与棒垂直的转轴的转动惯量;

（2）通过棒的中点与棒垂直的轴的转动惯量.

解 （1）如图 3-11(a)所示,在棒上任取一质元,其长度为 $\mathrm{d}x$,距转轴 O 的距离为 x. 设细棒的线密度(单位长度上的质量)为 λ,则该质元的质量为 $\mathrm{d}m = \lambda \mathrm{d}x$,则细棒对过棒端的轴的转动惯量为

$$J = \int x^2 \mathrm{d}m = \int_0^l x^2 \lambda \mathrm{d}x = \frac{1}{3} \lambda l^3$$

但整个细棒的质量为 $m = \lambda l$,所以

$$J = \frac{1}{3} m l^2$$

（2）如图 3-11(b)所示,转轴通过棒的中点并与棒垂直时,细棒对该轴的转动惯量为

$$J = \int x^2 \mathrm{d}m = \int_{-l/2}^{l/2} x^2 \lambda \mathrm{d}x = \frac{1}{12} \lambda l^3 = \frac{1}{12} m l^2$$

由此可见,同一均匀细棒,转轴位置不同,转动惯量也不同.

(a)绕棒的一端转动 　　　(b)绕通过棒的中点转动

图 3-11 均匀细棒的转动惯量

3.4.4 平行轴定理

刚体上可以找到这样一个点,它的位置在平均意义上代表着质量分布的中心.这个点叫做刚体的质心.如果物体的体积不太大,则其重心就是质心.容易证明,刚体对任一转轴的转动惯量等于刚体对通过质心并与该轴平行的轴的转动惯量 J_C 加上刚体质量与两轴间距离 h 的二次方的乘积,即

$$J=J_C+mh^2$$

上式为**平行轴定理**表达式. 如例 3-4 中, 棒的中点即棒的质心. 通过质心的转动惯量为

$$J_C=\frac{1}{12}ml^2$$

对棒端轴的转动惯量为

$$J=J_C+mh^2=\frac{1}{12}ml^2+\frac{1}{4}ml^2=\frac{1}{3}ml^2$$

与例题 3-4 的结果相符.

　　例 3-5　分别求质量为 m、半径为 R 的细圆环和均匀圆盘绕通过各自中心并与圆面垂直的轴的转动惯量.

　　解　(1) 在圆环上任取一质元 dm, 如图 3-12(a)所示. 因圆环上各质元到轴的垂直距离均为 R, 所以圆环对轴的转动惯量为

$$J=\int R^2\,dm=R^2\int dm=mR^2$$

　　(2) 整个圆盘对轴的转动惯量可看成许多半径不同的同心圆环对轴转动惯量的总和. 为此, 取一半径为 r, 宽度为 dr 的小圆环, 如图 3-12(b)所示. 设圆盘质量面密度为 σ, 则小圆环的质量为

$$dm=\sigma\cdot dS=\sigma\cdot 2\pi r dr$$

该小圆环对轴的转动惯量为

$$dJ=r^2\cdot dm=\sigma\cdot 2\pi r^3\,dr$$

(a)细圆环　　　　　　(b)均匀圆盘

图 3-12　求解细圆环和圆盘的转动惯量

整个圆盘对轴的转动惯量则为

$$J=\int dJ=\int_0^R \sigma 2\pi r^3\,dr=\frac{\sigma\pi R^4}{2}$$

因为整个圆盘的质量为 $m=\sigma\pi R^2$, 所以

$$J=\frac{1}{2}mR^2$$

由此可见, 两个质量相等、转轴位置也相同的刚体, 由于质量分布情况不同, 它们的转动惯量也不同.

　　以上是用式(3-15)计算形状规则的刚体的转动惯量. 一般刚体的转动惯量可由实验

进行测量. 表 3-1 给出了几何形状简单的常用均匀刚体的转动惯量的公式.

表 3-1   常用均匀刚体的转动惯量

刚　体	轴的位置	转动惯量
细圆环	通过中心轴	mR^2
	直　　　　径	$\dfrac{1}{2}mR^2$
细　棒	通过一端与棒垂直	$\dfrac{1}{3}ml^2$
	通过中心与棒垂直	$\dfrac{1}{12}ml^2$
圆　盘	通过中心与盘面垂直	$\dfrac{1}{2}mR^2$
	直　　　　径	$\dfrac{1}{4}mR^2$
圆柱体	通过中心轴(几何轴)	$\dfrac{1}{2}mR^2$
	通过中心垂直于柱	$\dfrac{1}{4}mR^2+\dfrac{1}{12}ml^2$
空心圆柱体 内径 R_1，外径 R_2	通过中心轴(几何轴)	$\dfrac{1}{2}m(R_1^2+R_2^2)$
圆　球	通过球心	$\dfrac{2}{5}mR^2$
薄圆球壳	通过球心	$\dfrac{2}{3}mR^2$

3.4.5　转动定律的应用

转动定律在刚体转动问题研究中的地位,与牛顿第二定律在平动问题研究中的地位相似. 在应用转动定律时一定要明确,转动定律是力矩对定轴转动刚体的瞬时作用定律. 要特别注意转动轴的位置和指向,还要注意力矩、角速度和角加速度的正负.下面举几个例题.

例 3-6　一飞轮的质量为 $m=60\text{kg}$,半径为 $R=0.25\text{m}$,当转速为 $1000\text{r} \cdot \text{min}^{-1}$ 时,要在 5s 内令其制动,求制动力 F 为多大? 设闸瓦与飞轮间摩擦系数为 $\mu=0.4$,飞轮的质量可以看作全部均匀分布在轮的外缘上,闸杆尺寸如图 3-13 所示.

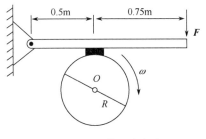

图 3-13　飞轮 m 与闸杆

解　飞轮在制动时的角加速度可用下式求出

$$\beta=\frac{\omega-\omega_0}{t}$$

以

$$\omega_0=\frac{2\pi n}{60}=104.7(\text{rad} \cdot \text{s}^{-1})$$

$\omega=0, t=5s$ 代人可得

$$\beta=\frac{0-104.7}{5}=-20.9(\text{rad} \cdot \text{s}^{-2})$$

式中,负号表示 β 与 ω_0 的方向相反,即制动时飞轮做减速转动.

飞轮做减速运动的原因是制动时闸瓦对轮缘产生的摩擦力的力矩,以 ω_0 的方向为正,则此摩擦力矩应为负值.以 f_r 表示摩擦力的数值,则它对轮轴的力矩为

$$M=-f_rR=-\mu NR$$

根据刚体的转动定律则有

$$-\mu NR=J\beta$$

将 $J=mR^2$ 代入可解得

$$N=-\frac{mR\beta}{\mu}$$

杆受到制动力 F 和飞轮对闸瓦的压力 N 而处于平衡状态,则有

$$F(l_1+l_2)-Nl_1=0$$

由以上两式解得

$$F=\frac{l_1}{l_1+l_2} \cdot \frac{-mR\beta}{\mu}=\frac{0.5}{0.5+0.75} \cdot \frac{-60\times0.25\times(-20.9)}{0.4}=313.5(\text{N})$$

例 3-7 质量为 m_1 的物体置于完全光滑的水平桌面上,用一根不可伸长的细绳拉着,细绳跨过固定于桌子边缘的定滑轮后,在下端悬挂一个质量为 m_2 的物体,如图 3-14(a)所示.已知滑轮是一个质量为 M、半径为 r 的圆盘,轴间的摩擦力忽略不计.求滑轮与 m_1 之间的绳子的张力 T_1、滑轮与 m_2 之间的绳子的张力 T_2 以及物体运动的加速度 a.

图 3-14 物体 m_1、m_2 和滑轮

解 物体 m_1、m_2 和滑轮的受力情况如图 3-14(b)所示.对于物体 m_1,在竖直方向上,重力 m_1g 与桌面对它的支持力 F 相平衡,不产生加速度.在水平方向上,它受到绳子对它向右拉力 T_1,产生加速度为 a,即

$$T_1=m_1a \tag{1}$$

对于 m_2,受重力 m_2g 和绳子对它的拉力 T_2,这两个力不平衡,产生向下的加速度是 a,所

以有

$$m_2g - T_2 = m_2a \tag{2}$$

对于滑轮,受到两个方向相反的力矩 T_1r 和 T_2r 的作用,这两个力矩大小不相等,使滑轮以角加速度 β 按图 3-14 所示方向转动. 所以有

$$T_2r - T_1r = J\beta$$

将 $J = \dfrac{1}{2}Mr^2$ 代入得

$$T_2r - T_1r = \frac{1}{2}Mr^2\beta \tag{3}$$

滑轮边缘的线加速度(即物体 m_1 下落的加速度 a)和角加速度 β 的关系是

$$a = r\beta \tag{4}$$

解以上四式,可得

$$a = \frac{m_2g}{m_1+m_2+\dfrac{1}{2}M}, \quad T_1 = \frac{m_1m_2g}{m_1+m_2+\dfrac{1}{2}M}, \quad T_2 = \frac{\left(m_1+\dfrac{1}{2}M\right)m_2g}{m_1+m_2+\dfrac{1}{2}M}$$

3.5 刚体的角动量守恒定律

在 3.1 节和 3.2 节中介绍了作用在质点上的合外力矩等于零时,由质点的角动量定理可以导出质点的角动量守恒定律. 同样,当作用在绕定轴转动的刚体上的合外力矩等于零时,由刚体的角动量定理也可以导出刚体的角动量守恒定律.

由式(3-13)可以看出,当合外力矩为零时,可得

$$L_z = 常量$$

或

$$J_z\omega = 常量 \tag{3-16}$$

这就是说,如果作用在绕定轴转动刚体上的合外力矩等于零,或者不受外力矩的作用,刚体的角动量保持不变. 这个结论称为**刚体的角动量守恒定律**.

因为刚体的角动量等于刚体的转动惯量和角速度的乘积,所以角动量守恒有两种情况:

(1) 在转动过程中,若物体的质量分布相对于转轴不发生变化,即转动惯量 J 始终不变. 当 $M = 0$ 时,由式(3-16)可知,ω 亦不变. 这就是说,刚体转动的角速度是一定的,原来做匀角速转动的,仍做匀角速转动,原来是静止的,就保持静止.

(2) 在转动过程中,若物体上各质元对轴的位置是可以改变的,即转动惯量 J 是可变的. 所以,当 $M = 0$ 时,由式(3-16)可知,J 增加时,ω 就要减少;J 减少时,ω 就要增加. 人坐在可绕光滑的竖直轴转动的凳子上,两手各握一个较重的哑铃,在两臂平伸时,使人和凳一起以一定的角速度转动起来. 然后,收拢双臂. 在这过程中,由于没有外力矩的作用,凳和人的角动量应保持守恒. 所以,当人收拢两臂后,J 减小,结果角速度要增大,如再将

两臂伸开，J 又增大，转动的角速度又减小了. 同样，花样滑冰运动员或芭蕾舞演员在表演时，经常要运用角动量守恒原理，来增大或减少身体绕身体竖直轴转动的角速度，做出许多优美的舞姿.

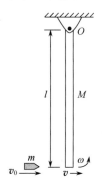

图 3-15　子弹与细杆

例 3-8　一根长为 l，质量为 M 的均匀细杆，其一端挂在一个水平光滑轴上而静止在竖直位置，今有一质量为 m 的子弹以水平速度 v_0 射入杆的下端而不复出. 求杆和子弹开始一起运动时的角速度.

解　这是一个由质点和刚体组成的物体系统. 由于从子弹射入细杆到两者开始一起运动所经过的时间极短，在此过程中杆的位置基本不变，即仍保持竖直，如图 3-15 所示，在子弹射入过程中，该物体系统所受的外力(重力和轴的支持力)都通过轴 O，对于轴 O 的力矩都是零. 因此，系统对轴 O 的角动量守恒. 以 v 和 ω 分别表示子弹和杆开始一起运动时杆的端点的速度和角速度，则由角动量守恒有

$$mv_0 l = mvl + \frac{1}{3}Ml^2\omega$$

再利用关系式 $v = l\omega$ 就可解得

$$\omega = \frac{3mv_0}{(3m+M)l}$$

注意，在子弹射入杆的过程中，杆和子弹组成的系统的总动量并不守恒.

例 3-9　如图 3-16 所示，一个质量为 M，半径为 R 的水平均匀圆盘可绕通过中心的光滑竖直轴自由转动. 在盘的边缘上站着一个质量为 m 的人，二者最初都相对地面静止. 求当人在盘上沿盘缘走一周时，盘对地面转过的角度.

解　对盘和人组成的系统，在人走动时系统所受的对竖直轴的外力矩为零，所以系统对该轴的角动量守恒. 以 $J_人$ 和 $J_盘$ 分别表示人和盘对轴的转动惯量，以 $\omega_人$ 和 $\omega_盘$ 分别表示任一时刻人和盘绕轴的角速度，由于起始角动量为零，则由角动量守恒有

$$J_人 \omega_人 - J_盘 \omega_盘 = 0 \tag{1}$$

以 $\theta_人$ 和 $\theta_盘$ 分别表示人和盘对地面发生的角位移，则有

$$\omega_人 = \frac{\mathrm{d}\theta_人}{\mathrm{d}t}, \quad \omega_盘 = \frac{\mathrm{d}\theta_盘}{\mathrm{d}t} \tag{2}$$

由于 $J_人 = mR^2$，$J_盘 = \frac{1}{2}MR^2$，则由以上两式可得

$$mR^2 \frac{\mathrm{d}\theta_人}{\mathrm{d}t} = \frac{1}{2}MR^2 \frac{\mathrm{d}\theta_盘}{\mathrm{d}t} \tag{3}$$

上式两边都乘以 $\mathrm{d}t$，并积分，有

$$\int_0^{\theta_人} mR^2 \mathrm{d}\theta_人 = \int_0^{\theta_盘} \frac{1}{2}MR^2 \mathrm{d}\theta_盘 \tag{4}$$

图 3-16　绕轴转动的人与圆盘

由此得

$$m\theta_人 = \frac{1}{2}M\theta_盘 \tag{5}$$

人在盘上沿盘缘走一周时，有

$$\theta_人 = 2\pi - \theta_盘 \tag{6}$$

代入(5)式可解得盘对地面转过的角度为

$$\theta_盘 = \frac{4\pi m}{2m + M}$$

例 3-10 如图 3-17 所示,两轮 A、B 分别绕通过其中心的垂直轴同向转动.角速度分别为 $\omega_A = 50\mathrm{rad \cdot s^{-1}}$,$\omega_B = 200\mathrm{rad \cdot s^{-1}}$.已知两轮的半径与质量分别为 $r_A = 0.2\mathrm{m}$,$r_B = 0.1\mathrm{m}$,$m_A = 2\mathrm{kg}$,$m_B = 4\mathrm{kg}$.试求两轮对心衔接后的角速度 ω.

(a) 衔接前　　　　　(b) 衔接后

图 3-17　绕通过中心的垂直轴转动的 A、B 两轮

解 在衔接过程中,对转轴无外力矩作用,故由两轮构成的系统的角动量守恒,即衔接前两轮的角动量之和等于衔接后两轮的角动量之和,即

$$J_A\omega_A + J_B\omega_B = (J_A + J_B)\omega$$

$$\omega = \frac{J_A\omega_A + J_B\omega_B}{J_A + J_B} = \frac{m_A r_A^2 \omega_A / 2 + m_B r_B^2 \omega_B / 2}{m_A r_A^2 / 2 + m_B r_B^2 / 2} = \frac{0.04 \times 50 + 0.02 \times 200}{0.04 + 0.02} = 100(\mathrm{rad \cdot s^{-1}})$$

本 章 小 结

1. 质点的角动量

质点相对于参考点的位矢 $\boldsymbol{r}$ 与其动量 $\boldsymbol{p}$ 的矢积定义为质点的角动量.

$$\boldsymbol{L} = \boldsymbol{r} \times \boldsymbol{p}$$

$\boldsymbol{L}$ 的量值:$L = rmv\sin\theta$.

$\boldsymbol{L}$ 的方向:垂直于 $\boldsymbol{r}$ 和 $\boldsymbol{p}$ 决定的平面,指向按右手螺旋法则确定.

2. 力矩

力作用点的位矢 $\boldsymbol{r}$ 与力 $\boldsymbol{F}$ 的矢积定义为力 $\boldsymbol{F}$ 对参考点 O 点的力矩.

$$\boldsymbol{M} = \boldsymbol{r} \times \boldsymbol{F}$$

$\boldsymbol{M}$ 的量值:$M = rF\sin\theta = Fd$(d 为力臂).

$\boldsymbol{M}$ 的方向:垂直于 $\boldsymbol{r}$ 和 $\boldsymbol{F}$ 决定的平面,指向按右手螺旋法则确定.

3. 质点对某固定点的角动量与所受力矩的关系

$$\boldsymbol{M} = \frac{d\boldsymbol{L}}{dt}$$

式中的力矩 $\boldsymbol{M}$ 和角动量 $\boldsymbol{L}$ 是对同一定点而言的.

4. 刚体定轴转动的转动惯量

刚体是一个特殊的质点系统,其上各质点的质量与这一质点到转轴距离的平方乘积总和定义为刚体的转动惯量.

$$J_z = \sum_i m_i r_i^2$$

质量连续分布的刚体

$$J_z = \int r^2 dm$$

刚体的转动惯量是刚体做转动时惯性大小的量度,其大小决定于刚体转轴的位置、质量的大小及其质量分布情况.

5. 刚体定轴转动的角动量

刚体做定轴转动时对定轴的角动量为

$$L_z = J_z \omega$$

6. 定轴转动时刚体的转动定律

刚体绕定轴转动时,刚体的角加速度与它所受的合外力矩成正比,与刚体的转动惯量成反比,这称为刚体的转动定律.

$$M_z = J_z \beta$$

式中,M_z、J_z、β 必须是对同一刚体、同一转轴而言.

7. 角动量守恒定律

对于某一固定参考点或某一固定轴,物体所受的合外力矩等于零,或者不受外力矩的作用,物体的角动量保持不变.这个结论叫做角动量守恒定律.

$$\boldsymbol{L} = 常矢量$$

习　题

3-1　附图是新疆高空王子阿迪力 2013 年 8 月 10 日在广州塔表演高空走钢丝的情景,他用 1h 的时间成功横跨 506m 珠江江面.走钢丝的杂技演员,表演时为什么要拿一根长直棍?

习题 3-1 图

3-2　花样滑冰运动员想高速旋转时,先把一条腿和两臂伸开,并用脚蹬冰使自己转起来,然后再收拢腿和臂,这时她的转速就明显地加快了.这是利用了什么原理?

3-3　一质量 $m=2200kg$ 的汽车以 $60km \cdot h^{-1}$ 的速度沿一平直公路行驶,汽车对公路一侧距公路 $d=50m$ 的一点的角动量是多大? 对公路上任一点的角动量又是多大?

3-4　哈雷彗星绕太阳运动的轨道是一个椭圆.它离太阳最近的距离 $r_1=8.75\times10^{10}m$,速率 $v_1=5.46\times10^4 m \cdot s^{-1}$.它离太阳最远时的速率 $v_2=9.08\times10^2 m \cdot s^{-1}$,这时它离太阳的距离 r_2 是多少?

3-5　求月球对地球中心的角动量及面速度.将月球轨道看成是圆,其转动周期可按 27.3d 计算.已知月球的质量为 $M=7.35\times10^{22}\,\mathrm{kg}$,轨道半径 $R=3.84\times10^8\,\mathrm{m}$.

3-6　一质量为 m 的小球在 $(x_1,0,0)$ 点由静止释放,设重力加速度沿 z 轴负方向,求:

(1) 小球受到的重力相对于原点 O 的力矩;

(2) 小球相对于原点 O 的角动量随时间的变化关系.

3-7　一质量为 $m=2\mathrm{kg}$ 的质点由静止开始做半径 $R=5\mathrm{m}$ 的圆周运动.其相对圆心的角动量随时间变化的关系为 $L=3t^2$,试求:

(1) 质点受到的相对于圆心的力矩;

(2) 质点运动角速度随时间的变化关系.

3-8　如附图所示,一均匀细杆长为 l,质量为 m,平放在摩擦因数为 μ 的水平桌面上,设开始时杆以角速度 ω_0 绕过中心 O 且垂直于桌面的轴转动,则:

(1) 试求作用在杆上的摩擦力矩;

(2) 经过多长时间杆才停止转动?

3-9　如附图所示,长为 l,质量为 m 的均匀细杆两端各牢固地连接一个质量为 m 的小球.整个系统可绕 O 点并垂直于杆长的水平轴无摩擦地转动,当系统在水平位置时,试求:

(1) 系统所受的合外力矩;

(2) 系统对 O 轴的转动惯量;

(3) 系统的角加速度.

习题 3-8 图

习题 3-9 图

3-10　在光滑的水平面上有一木杆,其质量 $m_1=1.0\mathrm{kg}$,长 $l=40\mathrm{cm}$,可绕通过其中点并与之垂直的轴转动.一质量为 $m_2=10\mathrm{g}$ 的子弹,以 $v=2.0\times10^2\,\mathrm{m\cdot s^{-1}}$ 的速度射入杆端,其方向与杆及轴正交.若子弹陷入杆中,试求所得到的角速度.

3-11　质量为 M,半径为 R 的均匀圆盘绕通过其中心且与盘面垂直的水平轴以角速度 ω 转动,若在某时刻,一质量为 m 的小碎块从盘边缘裂开,且恰好沿竖直方向上抛,求它可能达到的最大高度.破裂后圆盘的角动量为多大?

3-12　一平面转台绕中心轴转动,每转一周所需时间为 $t=10\mathrm{s}$,转台对轴的转动惯量为 $J=1200\mathrm{kg\cdot m^2}$.一质量为 $M=80\mathrm{kg}$ 的人,开始时站在转台的中心,然后沿半径向外跑去,问当人离转台中心 $r=2\mathrm{m}$ 时,转台的角速度是多大?

3-13　一飞轮的直径为 0.3m,质量为 5kg,边缘绕着绳子,现有恒力拉绳子的一端,使其由静止均匀地加速,经 0.5s,转速达 $10\mathrm{r\cdot s^{-1}}$.假定飞轮可看作实心圆柱体,求:

(1) 飞轮的角加速度及在这段时间内转过的转数;

(2) 拉力的大小及拉力所做的功;

(3) 开始拉动后,$t=10\mathrm{s}$ 时飞轮的角速度及轮缘上一点的速度和加速度.

3-14　论角动量守恒定律在日常生活中的应用.

第 4 章　能量守恒定律

能量守恒定律是人们总结了无数实验事实建立起来的,它是物理学中具有最大普遍性定律之一,也是整个自然界都遵从的普遍规律. 能量守恒定律、动量守恒定律和角动量守恒定律比牛顿运动定律有更深刻的物理含义,它既适用于经典力学,也适用于相对论力学和量子力学,并且在经典力学范围内,由这三个守恒定律出发,可以导出包括牛顿运动定律在内的所有力学规律. 本章我们首先引出功、动能和势能的基本概念,然后建立反映功与能之间关系的动能定理,最后从能量守恒定律中得出力学中的一条重要定律——机械能守恒定律.

4.1　功 和 功 率

4.1.1　功的定义

设物体(质点)在恒力 F 作用下做直线运动,如图 4-1 所示,位移为 s,则定义恒力 F 对物体所做的功等于力在位移方向的分量与位移大小的乘积,即

$$A=(F\cos\theta)\,|\Delta r|=\boldsymbol{F}\cdot\Delta\boldsymbol{r} \tag{4-1}$$

图 4-1　恒力的功

功本身是标量,没有方向的意义. 但由式 (4-1)可以看出,功有正负. 当 $\theta<\dfrac{\pi}{2}$ 时,功为正值,即力对物体做正功;当 $\theta>\dfrac{\pi}{2}$ 时,功为负值,力对物体做负功,或者说物体反抗外力 F 做功;当 $\theta=\dfrac{\pi}{2}$ 时,力对物体不做功.

在实际问题中,一般情况下质点做曲线运动,质点所受力的大小和方向往往都随时间变化. 因此,需要计算变力的功.

设质点在外力作用下沿曲线 l 由 A 点运动到 B 点,如图 4-2 所示,沿曲线 l 力对质点做的功可计算如下.

把曲线 l 切割成 n 个小段,使每一小段都足够短,则每一小段可视为直线段. 任取其中一小段位移,用 $\Delta\boldsymbol{r}_i$ 表示,在这段小位移上,质点所受的力 $\boldsymbol{F}_i$ 可视为恒力,则在位移 $\Delta\boldsymbol{r}_i$ 上力对质点所做的元功可由式(4-1)求出

$$\Delta A_i=\boldsymbol{F}_i\cdot\Delta\boldsymbol{r}_i$$

因此,质点沿曲线 l 从 A 到 B,力 F 对它所做的功应等于各元功的总和,即

图 4-2　变力的功

$$A = \sum_{i=1}^{n} \boldsymbol{F}_i \cdot \Delta \boldsymbol{r}_i$$

在 $n \to \infty$, $|\Delta \boldsymbol{r}_i| \to 0$ 的极限情况下,则有

$$dA = \boldsymbol{F} \cdot d\boldsymbol{r} \tag{4-2}$$

所以

$$A = \int_{A}^{B} \boldsymbol{F} \cdot d\boldsymbol{r} \tag{4-3}$$

这一积分在数学上叫做力 $\boldsymbol{F}$ 沿路径 l 从 A 到 B 的线积分,是变力做功的一般计算式. 如果将 $\boldsymbol{F}$ 和元位移 $d\boldsymbol{r}$ 都用直角坐标的分量式表示,即

$$\boldsymbol{F} = F_x \boldsymbol{i} + F_y \boldsymbol{j} + F_z \boldsymbol{k}, \quad d\boldsymbol{r} = dx \boldsymbol{i} + dy \boldsymbol{j} + dz \boldsymbol{k}$$

则式(4-3)可表示为

$$A = \int_{A}^{B} (F_x dx + F_y dy + F_z dz) \tag{4-4}$$

如果质点同时受到 n 个力 $\boldsymbol{F}_1, \boldsymbol{F}_2, \cdots, \boldsymbol{F}_n$ 的共同作用,而沿曲线 l 由 A 运动到 B 时,合力 $\boldsymbol{F}$ 对质点做的功应为

$$\begin{aligned}
A &= \int_{A}^{B} \boldsymbol{F} \cdot d\boldsymbol{r} = \int_{A}^{B} (\boldsymbol{F}_1 + \boldsymbol{F}_2 + \cdots + \boldsymbol{F}_n) \cdot d\boldsymbol{r} \\
&= \int_{A}^{B} \boldsymbol{F}_1 \cdot d\boldsymbol{r} + \int_{A}^{B} \boldsymbol{F}_2 \cdot d\boldsymbol{r} + \cdots + \int_{A}^{B} \boldsymbol{F}_n \cdot d\boldsymbol{r} \\
&= A_1 + A_2 + \cdots + A_n
\end{aligned} \tag{4-5}$$

这一结果表明,**合力的功等于各分力沿同一路径所做功的代数和.**

功的单位可从力和长度的单位得到. 在 SI 中,功的单位是焦[耳](J),量纲是 $ML^2 T^{-2}$,$1J = 1N \cdot m$.

4.1.2 功率

在实际生产中,做功越多,用时间越少的机械其使用价值越大. 为了描述机械做功的快慢程度,我们引入功率的概念,它在数值上等于单位时间内所做的功. 用 P 表示可写为

$$P = \frac{dA}{dt} \tag{4-6}$$

功率还可以表示为另一种形式. 因为

$$dA = \boldsymbol{F} \cdot d\boldsymbol{r}$$

所以

$$P = \boldsymbol{F} \cdot \frac{d\boldsymbol{r}}{dt} = \boldsymbol{F} \cdot \boldsymbol{v} \tag{4-7}$$

上式表示,功率等于力在运动方向的分量与速率的乘积,或者等于力的大小与速度在力的方向上的分量的乘积. 式(4-7)还表明,对于一定功率的机械,当速率小时,力就大;当速率大时,力必定小. 例如,当汽车发挥最大功率行驶时,在平坦的路上所需要的牵引力较小,可高速行驶. 在上坡时所需要的牵引力较大,必须放慢速度.

在 SI 中,功率的单位是焦[耳]/秒($J \cdot s^{-1}$),这个单位称为瓦[特](W),$1W = 1J \cdot s^{-1}$. 工程上常用千瓦(kW)和马力(HP)作为功率的单位. 这几种单位之间的换算关

系为
$$1kW = 10^3W, \quad 1HP = 735W = 0.735kW$$

例 4-1 质量为 m 的物体放在水平桌面上,物体和桌面的摩擦系数为 μ_k. 物体在外力作用下沿半径为 R 的圆由 A 到 B 移动了半个圆周,求在这一过程中摩擦力的功.

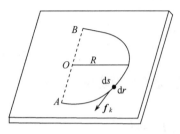

图 4-3 物体 m 在水平面滑动

解 这是物体沿曲线运动但力的大小不变的例子. 如图 4-3 所示,物体在桌面上移动元位移 $d\boldsymbol{r}$ 的过程中,所受到摩擦力方向与 $d\boldsymbol{r}$ 相反,大小为 $f_k = \mu_k N = \mu_k mg$. 以路程元 ds 表示元位移 $d\boldsymbol{r}$ 的大小,则元功为
$$dA = \boldsymbol{f}_k \cdot d\boldsymbol{r} = -\mu_k mg\, ds$$
物体从 A 到 B 的过程中,摩擦力的功为

$$A = \int_A^B \boldsymbol{f}_k \cdot d\boldsymbol{r} = -\int_A^B \mu_k mg\, ds = -\mu_k mg \int_A^B ds = -\pi\mu_k mgR$$

式中,负号表示物体沿桌面移动时,摩擦力总是做负功.摩擦力做功的大小显然和物体经过的路径有关,如果物体沿直线从 A 到 B,摩擦力的功将是 $-2\mu_k mgR$.

例 4-2 设作用于质量 $m = 2kg$ 的物体上的力 $F = 6t$,如果物体由静止出发沿力的作用方向做直线运动,求在头 $2s$ 的时间内,这个力做了多少功?

解 由题意知,物体在变力作用下沿力的作用方向由静止开始做直线运动.则该力对物体做的功为

$$A = \int_0^x F(t)\, dx = \int_0^x 6t\, dx \tag{1}$$

由牛顿第二定律可得

$$a = \frac{dv}{dt} = \frac{F}{m} = \frac{6t}{m}$$

分离变量并积分有

$$\int_0^v dv = \int_0^t \frac{6}{m}t\, dt$$

得

$$v = \frac{3}{m}t^2$$

又因为

$$v = \frac{dx}{dt} = \frac{3}{m}t^2$$

得

$$dx = \frac{3}{m}t^2\, dt$$

代入式(1)可得

$$A = \int_0^2 6t\, \frac{3}{m}t^2\, dt = \frac{9}{4}t^4 \bigg|_0^2 = 36J$$

即在头 2s 时间内,这个力对物体做的功为 36J.

4.2　动能和动能定理

4.2.1　质点的动能及其动能定理

如图 4-4 所示,设质量为 m 的质点在合力 $\boldsymbol{F}$ 的作用下,沿曲线由 A 点运动到 B 点. 质点在 A、B 两点的速率分别为 v_1 和 v_2,则质点由 A 点移动到 B 点时,力 $\boldsymbol{F}$ 对质点做的功是

$$A = \int_A^B \boldsymbol{F} \cdot \mathrm{d}\boldsymbol{r} = \int_A^B F\cos\theta \mid \mathrm{d}\boldsymbol{r} \mid = \int_A^B F_\tau \mid \mathrm{d}\boldsymbol{r} \mid$$

因为切向力为

$$F_\tau = ma_\tau = m\frac{\mathrm{d}v}{\mathrm{d}t}$$

可得

$$A = \int_A^B m\frac{\mathrm{d}v}{\mathrm{d}t} \mid \mathrm{d}\boldsymbol{r} \mid = \int_{v_1}^{v_2} mv\,\mathrm{d}v = \frac{1}{2}mv_2^2 - \frac{1}{2}mv_1^2$$

$$(4\text{-}8)$$

图 4-4　质点的动能定理

上式说明,合力对质点做功改变了质点的运动状态. 不论合力 $\boldsymbol{F}$ 如何变化,也不论质点运动路径的形状如何,合力对质点所做的功恒等于物理量 $\frac{1}{2}mv^2$ 的改变. 物理量 $\frac{1}{2}mv^2$ 称为**质点的动能**,以 E_k 表示,就有

$$E_\mathrm{k} = \frac{1}{2}mv^2 \qquad (4\text{-}9)$$

上式表明,质点的动能等于其质量与速率平方的乘积的一半. 这样式(4-8)可写为

$$A = E_{\mathrm{k}B} - E_{\mathrm{k}A} = \Delta E_\mathrm{k} \qquad (4\text{-}10)$$

式(4-8)或式(4-10)称为**质点的动能定理**,即合力的功等于质点动能的增量.

动能定理表明,不管质点受力和运动情况多么复杂,只要知道终点和始点动能之差,就知道了合力的功. 在求解某些力学问题时,这条定理极为有用. 需要注意的是,动能定理中的功永远是合力的功. 若质点同时受到几个力的作用,对其中的个别的力,式(4-10)一般不成立.

由动能定理可以看出当合外力对质点做正功时,质点的动能增加;当合外力对质点做负功时,质点的动能减少,此时质点反抗外力做功,即质点对外做功是以动能减少为代价的. 可见动能是质点因具有运动而具有的做功本领.

4.2.2　刚体的转动动能及其动能定理

力对质点做功可以使质点的动能发生变化,外力矩对绕定轴转动的刚体做功,也可以使刚体的转动动能发生变化,我们先讨论刚体绕定轴转动的转动动能.

将刚体看成是由许许多多的质点所组成的,刚体的转动动能等于各质点动能的总和.设刚体上各质元的质量与线速率分别为 $\Delta m_1, \Delta m_2, \cdots, \Delta m_i$ 与 $v_1, v_2, \cdots, v_i$,各质元到转轴的垂直距离为 $r_1, r_2, \cdots, r_i$,当刚体以角速度 ω 绕定轴转动时,第 i 个质量元的动能为

$$\Delta E_{ki} = \frac{1}{2} \Delta m_i v_i^2 = \frac{1}{2} \Delta m_i r_i^2 \omega^2$$

整个刚体转动动能等于各质元动能之和,即有

$$E_k = \sum_i \Delta E_{ki} = \sum_i \left(\frac{1}{2} \Delta m_i r_i^2 \omega^2 \right) = \frac{1}{2} \left(\sum_i \Delta m_i r_i^2 \right) \omega^2$$

式中,$\sum\limits_i \Delta m_i r_i^2$ 为刚体绕定轴的转动惯量 J,故

$$E_k = \frac{1}{2} J \omega^2 \qquad\qquad (4\text{-}11)$$

上式表明,**刚体绕定轴转动的转动动能**等于刚体的转动惯量与角速度平方的乘积的一半,这与质点的动能 $E_k = \frac{1}{2} m v^2$,在形式上是完全相似的.

式(3-14)说明了绕定轴转动的刚体在合外力矩作用下,刚体角速度 ω 将发生变化,在 $M = J\beta$ 两边乘以 ω,有

$$M\omega = J\omega \frac{\mathrm{d}\omega}{\mathrm{d}t} \Rightarrow M\omega \mathrm{d}t = J\omega \mathrm{d}\omega \Rightarrow M \frac{\mathrm{d}\theta}{\mathrm{d}t} \mathrm{d}t = J\omega \mathrm{d}\omega$$

或

$$M\mathrm{d}\theta = \mathrm{d}\left(\frac{1}{2} J \omega^2 \right) \qquad\qquad (4\text{-}12)$$

式中,$M\mathrm{d}\theta$ 为刚体在合外力矩 $\boldsymbol{M}$ 的作用下,刚体绕定轴转过角位移 $\mathrm{d}\theta$,合外力矩对刚体所做的元功. 对式(4-12)积分,就得到在一段时间内,合外力矩对刚体做的总功,有

$$A = \int M\mathrm{d}\theta = \frac{1}{2} J \omega^2 - \frac{1}{2} J \omega_0^2 \qquad\qquad (4\text{-}13)$$

合外力矩对绕定轴转动的刚体所做的功等于刚体转动动能的增量.上式称为刚体定轴转动的**动能定理**.它与质点的动能定理 $A = \frac{1}{2} m v^2 - \frac{1}{2} m v_0^2$ 的形式是完全相似的.

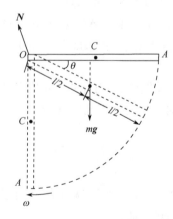

例 4-3　一根质量为 m,长为 l 的均质细棒 OA,可绕通过其一端的光滑固定轴 O 在竖直平面内转动,如图 4-5 所示.今使棒从水平位置开始自由向下摆,求细棒摆到竖直位置时,其中心点 C 和端点 A 的速率.

解　本题应用定轴转动刚体的动能定理式(4-13)求解.需要先分析细棒所受的外力,再考虑外力对转轴的力矩,然后求力矩的功.

细棒共受两个外力:重力 $m\boldsymbol{g}$,作用在棒的中点,方向竖直向下;轴对棒的正压力 $\boldsymbol{N}$,在棒的下摆过程中,$\boldsymbol{N}$ 的方

图 4-5　绕光滑轴转动的均匀细棒

向和大小是随时间改变,但它总是垂直于棒和轴的接触面且通过轴心 O 点.由于轴光滑,轴与棒间没有摩擦力.

正压力 N 的作用线总是通过 O 点,它对转轴的力矩为零.重力对转轴的力矩是变力矩,大小是 $mg\dfrac{l}{2}\cos\theta$.

细棒转过任一微小角位移时,重力矩所做的元功为

$$\mathrm{d}A=mg\,\frac{l}{2}\cos\theta\mathrm{d}\theta$$

在棒从水平位置下摆到竖直位置的过程中,重力矩所做总功为

$$A=\int_0^{\frac{\pi}{2}}mg\,\frac{l}{2}\cos\theta\mathrm{d}\theta=mg\,\frac{l}{2}$$

棒在水平位置时 $\omega_0=0$,下摆到竖直位置时角速度为 ω;根据式(4-13),应有

$$mg\,\frac{l}{2}=\frac{1}{2}J\omega^2-0$$

解出

$$\omega=\sqrt{\frac{mgl}{J}}$$

将 $J=\dfrac{1}{3}ml^2$ 代入上式,得

$$\omega=\sqrt{\frac{3g}{l}}$$

细棒在竖直位置时,端点 A 和中心点 C 的速率分别为

$$v_A=l\omega=\sqrt{3gl},\quad v_C=\frac{l}{2}\omega=\frac{\sqrt{3gl}}{2}$$

4.3 势 能

4.2 节引进的动能是多种能量形式中的一种,它由速率决定,是属于某个物体所有,也可以属于某个系统共有.本节将引进与位置有关的另一种能量——势能.它属于相互作用着的物体系统共有.常见的势能形式有重力势能、弹性势能和万有引力势能.

4.3.1 重力势能

考察由物体和地球构成的重力系统.物体所受的重力是系统的内力.设质量 m 的物体从 A 点沿任一曲线 ACB 运动到 B 点,如图 4-6 所示,则重力 P 所做的功是

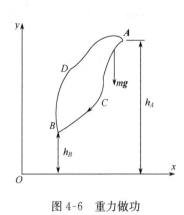

图 4-6　重力做功

$$A = \int_A^B \boldsymbol{P} \cdot \mathrm{d}\boldsymbol{r} = \int_A^B -mg\boldsymbol{j} \cdot (\mathrm{d}x\boldsymbol{j} + \mathrm{d}y\boldsymbol{j})$$

$$= \int_{h_A}^{h_B} -mg\,\mathrm{d}y = mgh_A - mgh_B \tag{4-14}$$

由上式可以看出,重力有一特点,即重力所做的功只与运动物体的始末位置(h_A、h_B)有关,而与运动物体所经过的路径无关.

如果物体沿另一路径 ADB 由 A 点运动到 B 点,那么重力所做的功仍由式(4-14)决定,即

$$A_{ACB} = A_{ADB}$$

当物体沿任一闭合路径(如图 4-6 中的 $ACBDA$)绕行一周时,重力的功为

$$A_{ACBDA} = A_{ACB} + A_{BDA} = A_{ACB} + (-A_{ADB}) = A_{ACB} - A_{ACB} = 0$$

因此,重力做功的特点也可表述为:当物体沿任一闭合路径绕行一周时,重力所做的功为零.

由式(4-14)看出,重力的功可表示为位置函数 mgh 的始点值与终点值之差. 这一位置函数是描写质点与地球的相对位置(状态)的物理量,称为物体的**重力势能**,用 E_p 表示. 则式(4-14)可写成

$$A = mgh_A - mgh_B = E_{pA} - E_{pB} = -(E_{pB} - E_{pA}) = -\Delta E_p \tag{4-15}$$

即**重力的功等于重力势能增量的负值**. 重力做正功时重力势能减少,重力做负功时重力势能增加.

应当注意:

(1) 重力势能是属于物体和地球所组成的系统的. 物体之所以具有重力势能是由于和地球相互作用的结果. 如果没有地球,便没有重力,也就谈不上重力势能. 平常说"物体的重力势能"只是习惯上简便的说法.

(2) 式(4-15)所确定的两点间物体重力势能的差值,有着绝对的意义. 但物体在某一位置的重力势能只有相对的意义. 若将重力势能的表达式写成 $mgh + C$(C 为任意常数),式(4-15)仍然成立. 若规定在地面($h=0$)处重力势能 $E_p = 0$,并称其为势能零点,则常数 $C=0$,势能表达式就成为 mgh. 因为势能零点的选取有一定的任意性,故相对于不同的势能零点,重力势能有不同的值. 但不论怎样选取势能零点,两点间重力势能的差值均相同.

4.3.2　弹性势能

将轻弹簧的一端固定,另一端连接一物体,并限制在光滑的水平面上沿左右方向运动,如图 4-7 所示. 物体与弹簧组成的这一系统称为弹簧振子,弹性力是系统的内力. 取弹簧原长时物体的平衡位置 O 为坐标原点,x 轴正方向向右. 当物体有一向右位移 x 时,弹簧伸长量亦为 x,并给物体一向左

图 4-7　弹性力做功

的弹性力 F,在弹性限度内,根据胡克定律有

$$F = -kx$$

式中,k 为弹簧的劲度系数,负号表明力的方向与位移方向相反.

当物体由位置 A 运动到位置 B 时,弹性力所做的功为

$$A = \int_{x_A}^{x_B} -kx\,\mathrm{d}x = \frac{1}{2}kx_A^2 - \frac{1}{2}kx_B^2 \qquad (4\text{-}16)$$

由上式可以看出,弹性力的功只与物体的始末位置(x_A、x_B)有关,而与物体运动的路径无关,这一特点与重力做功的特点是相同的.同样,如果物体由某一位置出发,使弹簧经过任意的伸长或缩短(在弹性限度内)再回到原处,则在整个过程中弹性力的功等于零.

对于物体和弹簧这一系统来说,我们把位置函数 $\frac{1}{2}kx^2$ 叫做弹簧的**弹性势能**,用 E_p 表示,并规定弹簧无形变时的弹性势能为零,则有

$$A = \frac{1}{2}kx_A^2 - \frac{1}{2}kx_B^2 = E_{pA} - E_{pB} = -(E_{pB} - E_{pA}) = -\Delta E_p \qquad (4\text{-}17)$$

上式表明,**弹性力的功等于弹性势能增量的负值**.形变量增加($x_B^2 > x_A^2$)时,弹性力做负功,弹性势能增加;形变量减少($x_B^2 < x_A^2$)时,弹性力做正功,弹性势能减少.

4.3.3　引力势能

设两个质点的质量分别为 m 和 M,它们之间有万有引力作用,万有引力是系统的内力.若 $M \gg m$,则 m 对 M 的作用力对 M 位置的影响很小,可以认为 M 保持固定不动.设 m 沿任意路径由 A 运动到 B,如图 4-8 所示,则万有引力对 m 所做的功为

$$A = \int_A^B \boldsymbol{F} \cdot \mathrm{d}\boldsymbol{r} = \int F\cos\theta\,|\,\mathrm{d}\boldsymbol{r}\,|$$

由图 4-8 可知

$$-\cos\theta\,|\,\mathrm{d}\boldsymbol{r}\,| = |\,\mathrm{d}\boldsymbol{r}\,|\cos(\pi-\theta) = \mathrm{d}r$$

所以

$$A = \int_{r_A}^{r_B} -G\frac{mM}{r^2}\mathrm{d}r = -GmM\left(\frac{1}{r_A} - \frac{1}{r_B}\right) \qquad (4\text{-}18)$$

图 4-8　万有引力做功

可见,万有引力的功只与两质点的始末相对位置有关,而与质点所经过的路径无关.同样,如果使质点 m 沿任意路径绕一周,即 $r_A = r_B$,由上式可以看出,万有引力的功等于零.

同样,我们把位置函数 $-G\frac{mM}{r}$ 叫做**引力势能**,用 E_p 表示,并规定,取 m 和 M 相距无限远时的引力势能等于零,即

$$E_p = -G\frac{mM}{r} \qquad (4\text{-}19)$$

式中,负号表示万有引力势能总是负值,则 m 从 A 到 B 万有引力的功为

$$A = -GmM\left(\frac{1}{r_A} - \frac{1}{r_B}\right) = E_{pA} - E_{pB} = -(E_{pB} - E_{pA}) = -\Delta E_p \tag{4-20}$$

即**万有引力的功等于引力势能增量的负值**.

4.3.4 保守力和非保守力

从上述对重力、弹性力和万有引力做功的讨论中可以看出,这三种力所做的功只与物体的始末位置有关,而与路径无关. 这是这三种力做功的一个共同特点. 我们把具有这种特点的力叫做保守力. 保守力是系统的内力,保守力的功对应于与系统相对位置有关的能量变化,即势能的变化,其数学表示式为

$$A = \int_A^B \boldsymbol{F} \cdot \mathrm{d}\boldsymbol{r} = E_{pA} - E_{pB} = -(E_{pB} - E_{pA}) = -\Delta E_p \tag{4-21}$$

式中,E_{pA} 为始态势能,E_{pB} 为末态势能. 这个等式说明保守力做功是以减少系统的势能为代价的. 保守力做正功,系统的势能减少;保守力做负功,系统的势能增加.

显然,当物体沿闭合路径绕行一周时,保守力的功等于零,其数学表达式为

$$\oint_L \boldsymbol{F} \cdot \mathrm{d}\boldsymbol{r} = 0 \tag{4-22}$$

式中,符号 $\oint_L$ 表示沿闭合曲线 L 求积分.

式(4-21)只定义了势能的差值,而不是势能本身的值. 为了确定势能的值,应选取一个位置作为势能的零点,若规定 B 点为势能的零点位置,即

$$E_{pB} = 0$$

则式(4-21)可写成

$$E_{pA} = \int_A^B \boldsymbol{F} \cdot \mathrm{d}\boldsymbol{r} \tag{4-23}$$

上式表明,系统内物体在某一位置 A 处的势能就等于将该物体由 A 点移动到势能零点位置时,保守力所做的功. 由式(4-23)很容易得出上述三种保守力的势能公式.

重力势能 选取离地面高度 $h = 0$ 的点为势能零点,则在高度为 h 点的重力势能为

$$E_p = mgh$$

弹性势能 选取弹簧为原长(不伸长也不缩短)时为势能零点,则弹簧伸长或缩短 x 时的弹性势能为

$$E_p = \frac{1}{2}kx^2$$

引力势能 选取两质点相距无限远时为势能的零点,则两质点相距 r 时的引力势能为

$$E_p = -G\frac{Mm}{r}$$

以上三个势能公式清楚地表明,势能是状态量,它是状态(位置)的单值函数,它的大小是随系统状态的变化而变化的.

在物理学中并非所有的力做功都具有与路径无关这一特点. 例如,摩擦力的功就显然与路径有关,路径不同摩擦力做功的数值就不同. 我们把这种做功与路径有关的力叫做非

保守力. 物体在粗糙的表面上滑动时,作用在它上面的滑动摩擦力 f_k 的方向始终与物体的运动方向相反,所以物体沿任意闭合路径运动一周时,摩擦力对它做的功永不为零,即

$$\oint f_k \cdot \mathrm{d}r \neq 0 \tag{4-24}$$

除摩擦力外,物体间相互做非弹性碰撞时的冲击力等也是非保守力. 对于非保守力谈不上势能的概念. 例如,不存在"摩擦势能"等.

4.4 能量守恒定律及其应用

4.4.1 能量守恒定律

能量守恒定律是自然界中最普遍的规律之一. 能量的形式很多,除机械能外,还有与电流做功对应的电能,与分子热运动对应的内能,与原子核变化对应的核能,与化学变化对应的化学能等. 对于一个与外界无任何联系的孤立系统来说,系统内各种形式的能量可以相互转换,但是不论如何转换,能量既不能产生,也不能消灭. 即一个孤立系统内经历任何变化时,该系统的所有能量的总和保持不变.

能量守恒定律也可以这样表述:在孤立系统中,机械能增加或减少时就有等量的非机械能的减少或增加,从而机械能和非机械能之和保持不变.

4.4.2 功能原理

一个力学系统具有势能 E_p,还可能具有动能 E_k,我们把系统具有的势能和动能统称为机械能 E. 系统机械能的增量等于系统动能和势能增量之和,即 $\Delta E = \Delta E_k + \Delta E_p$. 把孤立系统看成一质点组,由单个质点的动能定理(4-10)可以给出质点组的动能定理:

$$A_{外} + A_{内} = E_{kB} - E_{kA} \tag{4-25}$$

质点组的内力中可能既有保守力,也有非保守力,因此内力的功 $A_{内}$ 可以写成保守内力的功 $A_{保内}$ 和非保守内力的功 $A_{非内}$ 之和,于是有

$$A_{外} + A_{保内} + A_{非内} = E_{kB} - E_{kA} \tag{4-26}$$

因为系统保守内力所做的功,等于与该保守力对应的势能增量的负值,即

$$A_{保内} = -(E_{pB} - E_{pA}) = -\Delta E_p \tag{4-27}$$

将式(4-27)代入式(4-26),得

$$A_{外} + A_{非内} = (E_{kB} - E_{kA}) + (E_{pB} - E_{pA}) = \Delta E_k + \Delta E_p = \Delta E \tag{4-28}$$

这一关于功和能的关系的结论称为功能原理. 它的物理意义是:所有外力和非保守内力所做功的代数和等于质点组机械能的增量.

4.4.3 机械能守恒定律

从质点组的功能原理可以看出,当 $A_{外} + A_{非内} > 0$ 时,系统的机械能增加;当 $A_{外} + A_{非内} < 0$ 时,系统的机械能减少;当 $A_{外} = 0,A_{非内} = 0$,也就是外力和非保守内力的功都为零时,有

$$E = E_0 = 常量, \quad E_{kA} + E_{pA} = E_{kB} + E_{pB} = 常量 \tag{4-29}$$

这就是说：在只有保守内力做功的情况下，系统的机械能保持不变. 这一结论称为机械能守恒定律.

利用机械能守恒定律研究系统的机械运动是很方便的，只要明确系统运动过程中机械能守恒的条件，就可以不必追究运动过程中间的细节而得出系统始、末态机械能相等的结论.

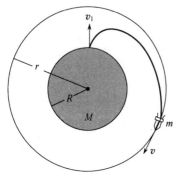

图 4-9 由地球表面发射物体

例 4-4 由地面处发射使物体环绕地球运动（人造地球卫星）所需的最小速度，称为第一宇宙速度. 使物体脱离地球的引力范围所需的最小速度称为第二宇宙速度，试计算这两种宇宙速度.

解 将地球和人造地球卫星看作一个系统. 设地球质量为 M，半径为 R，质量为 m 的人造地球卫星以初始速度 v_1 被竖直向上发射，在距地面高度为 h 时以速度 v 绕地球做匀速圆周运动，如图 4-9 所示. 如果忽略大气的阻力，系统的机械能守恒，于是有

$$\frac{1}{2}mv_1^2 - \frac{GMm}{R} = \frac{1}{2}mv^2 - \frac{GMm}{R+h} \tag{1}$$

对于地球表面附近的人造地球卫星，满足条件 $R \gg h$，由式（1）得

$$v_1 = v \tag{2}$$

由式（2）可以知道，在地面上发射人造地球卫星所需的最小速度，即第一宇宙速度和卫星围绕地球的最小速度近似相等.

由万有引力定律和牛顿第二定律，有

$$G\frac{Mm}{(R+h)^2} = m\frac{v^2}{R+h}$$

求得

$$v = \sqrt{\frac{GM}{R+h}}$$

考虑到 $R \gg h$，有

$$v = \sqrt{\frac{GM}{R}}$$

在地球表面重力加速度 $g = \dfrac{GM}{R^2}$，于是有

$$v_1 = v = \sqrt{Rg} \tag{3}$$

将地球半径 $R = 6.37 \times 10^6$ m 和 $g = 9.80$ m·s^{-2} 代入式（3），求出第一宇宙速度为

$$v_1 = 7.9 \times 10^3 \text{ m·s}^{-1}$$

利用机械能守恒定律重做第二章例 2-2. 将地球和被发射的物体看作一个系统，设 v_2 为在地球表面发射使物体脱离地球引力范围的最小速度. 当物体脱离地球的引力范围时，即在 $r = \infty$ 处，物体的引力势能为零，此时物体相对于地球的运动速度也为零，根据机械能守恒定律，得

$$\frac{1}{2}mv_2^2 - G\frac{mM}{R} = 0$$

解得

$$v_2 = \sqrt{\frac{2GM}{R}}$$

在地球表面重力加速度 $g = \dfrac{GM}{R^2}$，于是有

$$v_2 = \sqrt{2Rg}$$

将各量的数值代入，可求出第二宇宙速度为

$$v_2 = 11.2 \times 10^3\,\mathrm{m \cdot s^{-1}}$$

可见，该问题用机械能守恒定律比用牛顿第二定律求解方便得多.

例 4-5　一质量为 m 的物体在半径为 R 的竖直圆轨道内运动，如图 4-10 所示. 设轨道光滑，当物体位于最低点时速率为 v_0，求：

（1）欲使物体沿圆形轨道转一周而不脱离，v_0 的最小值 $v_{\min}$ 应为多少？

（2）若 $v_0 = v_{\min}$，当物体位于轨道上 C 点时（$\theta = 60°$），轨道对物体的压力多大？

图 4-10　物体在竖直圆轨道内运动

解　取物体和地球组成的系统为研究对象. 系统内只有重力（保守力）做功，所以机械能守恒.

（1）物体在最低点 A 和最高点 B 时，系统的机械能应相等，即

$$\frac{1}{2}mv_A^2 + mgh_A = \frac{1}{2}mv_B^2 + mgh_B$$

将 $v_A = v_0$，$h_B - h_A = 2R$ 代入得

$$v_B^2 = v_0^2 - 4Rg$$

在 B 点，由牛顿第二定律有

$$mg + N_B = m\frac{v_B^2}{R}$$

故

$$N_B = m\frac{v_B^2}{R} - mg = \frac{mv_0^2}{R} - 5mg = \frac{m}{R}(v_0^2 - 5Rg)$$

欲使物体在 B 点不脱离轨道，它们之间应有相互作用力，即应有 $N_B \geqslant 0$，这要求 $v_0^2 - 5Rg \geqslant 0$，或 $v_0 \geqslant \sqrt{5Rg}$，所以 v_0 的最小值应为

$$v_{\min} = \sqrt{5Rg}$$

（2）小球在 C 点时，由牛顿第二定律有

$$mg\cos\theta + N_C = m\frac{v_C^2}{R} \tag{1}$$

式中，v_C 可由机械能守恒定律求得，即物体在 A 点的机械能应等于在 C 点的机械能，即

$$\frac{1}{2}mv_C^2 + mgh_C = \frac{1}{2}mv_A^2 + mgh_A$$

将 $v_A = v_0, h_C - h_A = R(1 + \cos\theta)$ 代入得

$$v_C^2 = v_0^2 - 2Rg(1 + \cos\theta) \qquad (2)$$

代入式(1)得

$$N_C = m\frac{v_C^2}{R} - mg\cos\theta = m\frac{v_0^2}{R} - 2mg - 3mg\cos\theta$$

将 $v_0 = \sqrt{5Rg}$ 和 $\theta = 60°$ 代入得

$$N_C = \frac{3}{2}mg$$

这就是在 C 点轨道对物体的压力.

4.5 流体的稳定流动 伯努利方程

常见的流体具有黏滞性、可压缩性,因此常见流体的运动比较复杂. 作为初级介绍,本节只讨论最简单最基本的情况,即理想流体的运动. 所谓理想流体,是指一种完全不可压缩的且无内摩擦或黏滞阻力的流体. 不可压缩意味着流体的密度 ρ 是一个常量,不随压强变化.

4.5.1 流线与流管

在流体运动过程的每一瞬时,流体在所占据的空间每一点都具有一定的流速,通常将这种流速随空间的分布称为流体速度场,简称流场,流场是矢量场. 为了形象地描述流场,可以在流场中划出一系列假想的曲线. 在任一瞬时,曲线上每一点的切线方向与流经该点的流体质元的速度方向一致,这种曲线称为这一时刻流体的流线,如图 4-11 所示. 各种流线都是连续的而且不会相交,流线密的地方流速大,稀疏的地方流速小.

如果流体质元经过某一给定点时与前一个流体质元经过该点时具有相同的速度,也就是流速场中的流速只是空间的函数,与时间无关,这样的流动称为稳定流或层流. 流体做稳定流动时,流线的形状和分布不随时间变化,流线与流体质元的运动轨迹相重合.

在稳定流动的流体内,作一个小截面 S_1,所有通过其上的流线围成的管状区域称为流管,如图 4-12 所示. 由于流线不相交,所以流管内的流体不能流出管外,管外的流体不能流入管内. 只要搞清楚流体在流管中的运动规律,就可以了解流体整体的运动规律.

图 4-11 流线　　　　　　　图 4-12 流管

4.5.2　理想流体的连续性方程

在稳定流动的流场中任取一段细流管,如图 4-12 所示,在流管上作两个与流线垂直的截面 S_1 和 S_2. 对于理想流体,密度 ρ 保持恒定. 设截面 S_1 和 S_2 处的流速分别为 v_1 和 v_2,在时间间隔 Δt 内流过两截面处的流体质量分别为 $\rho S_1 v_1 \Delta t$ 和 $\rho S_2 v_2 \Delta t$. 因为所讨论的流体不可压缩,由 S_1 进入和由 S_2 排出的流体质量相等,这样就有

$$\rho S_1 v_1 \Delta t = \rho S_2 v_2 \Delta t$$

即

$$S_1 v_1 = S_2 v_2$$

或

$$Sv = 常量 \tag{4-30}$$

式(4-30)是理想流体做稳定流动时的连续性方程. Sv 是单位时间内通过任一截面 S 的流体体积,称为体积流量,简称流量,用 Q 表示. 用橡皮管给花草洒水时,要想使出水口处水的速率大一些,可用手指把管口封住一部分就是这个道理.

4.5.3　伯努利方程

如图 4-13 所示,理想流体在重力场中做稳定流动,在流场中任取一细流管. 设在 t 时刻,流管中一段流体处在 X 和 Y 之间,并把它作为研究对象. 经过时间 Δt,由于向前流动,系统的后方和前方分别达到截面 X' 和 Y'. 由于 Δt 很短,我们可以认为 XX' 部分的截面积不变,设为 S_1,且其中各点的压强、流速及相对于参考面的高度都相同,分别以 p_1,v_1 和 h_1 表示,则介于 XX' 之间的流体体积 $V_1 = S_1 v_1 \Delta t$. 同理,用 p_2,v_2,h_2 和 S_2 表示 YY' 部分的压强、流速、高度和截面积,并且 $V_2 = S_2 v_2 \Delta t$.

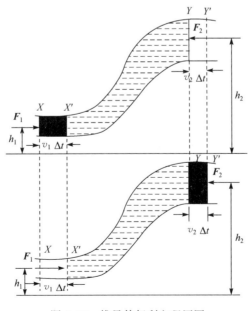

图 4-13　推导伯努利方程用图

根据理想流体的连续性方程,$V_1=V_2=V$,且 XX' 和 YY' 两段流体的质量相等,用 m 表示.截面 X 后方的流体以力 $\boldsymbol{F}_1$ 把这段流体由 XY 位置推向 $X'Y'$ 位置,这力对这段流体做的功是

$$A_1=F_1 v_1 \Delta t=p_1 S_1 v_1 \Delta t=p_1 V$$

截面 Y 后方的流体对 XY 段流体的作用力 $\boldsymbol{F}_2$ 对该段流体做的功是

$$A_2=-F_2 v_2 \Delta t=-p_2 S_2 v_2 \Delta t=-p_2 V$$

当流体在管中流动时,其动能和势能都随时间改变.但由于是稳定流动,在时间 Δt 内,X' 和 Y 之间的那段流体的状态没有发生变化.整段流体系统的机械能变化量仅反映在 XX' 和 YY' 两段流体上.因此,机械能的增量

$$\Delta E=\left(\frac{1}{2}mv_2^2+mgh_2\right)-\left(\frac{1}{2}mv_1^2+mgh_1\right)$$

由功能原理,得

$$A_1+A_2=\Delta E$$

即

$$p_1 V-p_2 V=\left(\frac{1}{2}mv_2^2+mgh_2\right)-\left(\frac{1}{2}mv_1^2+mgh_1\right)$$

两边除以 V,整理后得

$$p_1+\frac{1}{2}\rho v_1^2+\rho gh_1=p_2+\frac{1}{2}\rho v_2^2+\rho gh_2 \tag{4-31}$$

或

$$p+\frac{1}{2}\rho v^2+\rho gh=常量 \tag{4-32}$$

式中,ρ 是流体的密度.为纪念 18 世纪流体运动的研究者伯努利,式(4-31)和式(4-32)称为伯努利方程.它们实际上是用于理想流体流动的机械能守恒定律的特殊形式.

下面讨论两种特殊情况:

(1) 在水平管道内流动的流体.

对于在水平管道内流动的流体,$h_1=h_2$,由式(4-3),得

$$p_1+\frac{1}{2}\rho v_1^2=p_2+\frac{1}{2}\rho v_2^2 \tag{4-33}$$

式(4-33)表明在水平管道内流动的流体在流速大处压强小而在流速小处压强大.

(2) 静止流体.

如图 4-14 所示,设大容器中的流体静止,$v_1=v_2=0$,由式(4-31),得

$$p_1+\rho gh_1=p_2+\rho gh_2$$

由于 $D=H-h$,所以可得到

$$p_2-p_1=\rho g(D_2-D_1) \tag{4-34}$$

式(4-34)正是流体静压强的公式.

例 4-6 如图 4-15 所示,一个开口很大的容器中,液体从接近于底部的小孔流出.设容器截面积为 S_1,小孔截面积为 S_2($S_1 \gg S_2$),小孔距液面的距离为 h.求:(1)液体从小孔

流出的流速;(2)小孔处的体积流量.

图 4-14 静止流体的压强

图 4-15 小孔流速

解 (1) 容器中液体的流动可以认为是从一段非常粗的管子流向一段细管而从小孔流出,因 $S_1 \gg S_2$,液面处流速非常小,可认为式(4-30)中的 $v_1=0$.另外,液面和小孔处的压强均为大气压强 p_0,由伯努利方程得

$$p_0 + \rho g h = p_0 + \frac{1}{2}\rho v_2^2$$

由此得小孔流速为

$$v_2 = \sqrt{2gh}$$

这一结果和液体自由降落高度 h 所获得的速率一样.

(2) 体积流量为

$$Q = S_2 v_2 = \sqrt{2gh}\, S_2$$

本 章 小 结

1. 功的概念

恒力的功: $$A = \boldsymbol{F} \cdot \Delta \boldsymbol{r}$$

变力的功: $$A = \int \mathrm{d}A = \int_{r_1}^{r_2} \boldsymbol{F} \cdot \mathrm{d}\boldsymbol{r}$$

必须明确:(1)力和位移都是矢量,而功是标量;

(2)合力的功等于各分力做功的代数和

$$
\begin{aligned}
A &= \int_{r_1}^{r_2} \boldsymbol{F} \cdot \mathrm{d}\boldsymbol{r} = \int_{r_1}^{r_2} (\boldsymbol{F}_1 + \boldsymbol{F}_2 + \cdots + \boldsymbol{F}_n) \cdot \mathrm{d}\boldsymbol{r} \\
&= \int_{r_1}^{r_2} \boldsymbol{F}_1 \cdot \mathrm{d}\boldsymbol{r} + \int_{r_1}^{r_2} \boldsymbol{F}_2 \cdot \mathrm{d}\boldsymbol{r} + \cdots + \int_{r_1}^{r_2} \boldsymbol{F}_n \cdot \mathrm{d}\boldsymbol{r} \\
&= A_1 + A_2 + \cdots + A_n
\end{aligned}
$$

2. 动能与动能定理

动能是指物体由于运动所具有的能量.

质点的动能(或刚体平动动能):
$$E_k = \frac{1}{2}mv^2$$

刚体转动动能:
$$E_k = \frac{1}{2}J\omega^2$$

质点的动能定理 $A = E_{kB} - E_{kA} = \Delta E_k$,即合力的功等于质点动能的增量.

刚体的转动动能定理 $A = \int M d\theta = \frac{1}{2}J\omega^2 - \frac{1}{2}J\omega_0^2$,即合外力矩对绕定轴转动的刚体所做的功等于刚体转动动能的增量.

3. 势能

势能是由于相互作用的物体相对位置或形状发生变化而产生的,所以势能属于有保守力相互作用的整个系统.

重力势能 $E_p = mgh$,以地面为势能零点.

弹簧的弹性势能 $E_p = \frac{1}{2}kx^2$,以弹簧的自然长度为势能零点.

引力势能 $E_p = -\dfrac{Gm_1 m_2}{r}$,以两质点相距无穷远时为势能零点.

4. 机械能守恒定律

系统的动能和势能统称为机械能.
系统中只有保守内力做功,而无其他力做功,系统的机械能保持不变.

5. 能量守恒定律

孤立系统的各种形式的能量的总和保持不变.

6. 理想流体 伯努利方程

理想流体:一种完全不可压缩的且无内摩擦或黏滞阻力的流体.
理想流体的连续性方程

$$Sv = 常量$$

伯努利方程

$$p_1 + \frac{1}{2}\rho v_1^2 + \rho g h_1 = p_2 + \frac{1}{2}\rho v_2^2 + \rho g h_2$$

或

$$p+\frac{1}{2}\rho v^2+\rho gh=常量$$

习　题

4-1　某人逆水划船,使船相对于岸不动,人是否做功? 停止划船,使船顺流而下,流水对船是否做功? 分别用地面和流水作为参考系讨论,并比较其结果.

4-2　一质量为 m 的质点在力 $F=-k\frac{1}{r^2}$ 的作用下,沿半径为 r 的圆周运动,式中,负号表示力的方向指向圆心.求质点运动的速率和总机械能(提示:选取距力心无穷远点的势能为零).

4-3　一质量为 m,总长为 l 的铁链,开始时有一半放在光滑的桌面上,而另一半下垂,如附图所示.试求铁链滑离桌面边缘时重力所做的功.

4-4　质量为 $m=0.1\text{kg}$ 的质点在外力作用下,在 xy 平面内运动,运动方程为

$$\boldsymbol{r}=(2t+1)\boldsymbol{i}+\left(\frac{t^2}{2}+2t-3\right)\boldsymbol{j}$$

(1) 求作用在质点上的合外力;

(2) 合外力在开始 2s 内对质点做的功.

习题 4-3 图

4-5　原长为 l,劲度系数为 k 的弹簧,一端固定在半圆弧的 A 点,圆弧半径 $R=l$,弹簧的另一端点从半圆弧的顶点 B 沿半圆弧拉到 C 点,如附图所示.求弹性力在此过程中所做的功.

4-6　一长方形蓄水池,面积 $S=50\text{m}^2$,储水深度为 $h_1=1.5\text{m}$,假定水平面低于地面的高度是 $h_2=5\text{m}$.问要将这池水全部抽到地面上来,抽水机需要做功多少? 若抽水机的效率为 80%,输入功率为 $P=35\text{kW}$,则抽完这池水需要多长时间.

4-7　一轻弹簧的劲度系数为 $k=100\text{N·m}^{-1}$,用手推一质量 $m=0.1\text{kg}$ 的物体 A,把弹簧压缩到离平衡位置为 $x_1=0.02\text{m}$ 处,如附图所示.放手后,物体沿水平移动距离 $x_2=0.1\text{m}$ 而停止.求物体与水平面间的滑动摩擦因数.

习题 4-5 图

习题 4-7 图

4-8　在光滑的水平桌面上,放一半圆屏障,如附图所示.一质量为 m 的滑块以初速度 v_0 沿切线方向进入屏障内.设滑块与屏障间的摩擦因数为 μ,证明当滑块从屏障另一端滑出时,摩擦力对它所做的功为

$$A=\frac{1}{2}mv_0^2(\text{e}^{-2\mu\pi}-1)$$

4-9　质量为 M,长度为 l 的均匀直棒,可绕垂直于棒的一端的水平轴 O 无摩擦地转动,它原来静止在平衡的位置上,如附图所示.现有一质量为 m 的弹性小球沿水平方向飞来,正好在棒的下端与棒垂直地相撞后,使棒从平衡位置摆到最大角度 $\theta=30°$ 处.

(1) 设为弹性碰撞,试计算小球的初速度 v_0 的值;

(2) 相碰时,小球所受到的冲量是多大?

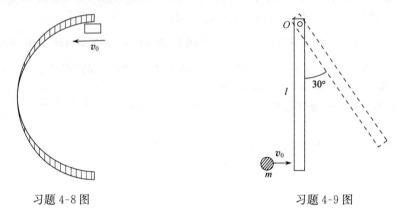

习题 4-8 图　　　　　　　　　　习题 4-9 图

4-10　如附图所示,滑轮转动惯量为 0.01kg·m^2,半径为 7cm,物体的质量为 5kg,由一绳与劲度系数 $k=200\text{N·m}^{-1}$ 的弹簧相连,若绳与滑轮间无相对滑动,滑轮轴上的摩擦忽略不计.求:

(1) 当绳拉直,弹簧无伸长时使物体由静止而下落的最大距离;

(2) 物体的速度达最大值时的位置及最大速率.

4-11　如附图所示,弹簧下面挂着质量分别为 $m_1=0.5\text{kg}$ 和 $m_2=0.3\text{kg}$ 的两个物体,开始时它们都处于静止状态.突然把 m_1 与 m_2 的连线剪断后,m_1 的最大速率是多少?设弹簧的劲度系数为 $k=8.9\text{N·m}^{-1}$.

习题 4-10 图　　　　　　　　　　习题 4-11 图

4-12　一质量为 m 的物体,从质量为 M 的圆弧形槽顶端由静止滑下,设圆弧形槽的半径为 R,张角为 $\pi/2$,如附图所示.如所有摩擦都可忽略.

(1) 物体刚离开槽底端时,物体和槽的速度各是多少?

(2) 在物体从 A 滑落到 B 的过程中,物体对槽所做的功.

4-13　质量为 72kg 的人蹦极. 弹性蹦极带原长 20m, 劲度系数为 60N·m^{-1}, 忽略空气阻力. 求: (1)此人自跳台跳出后, 落下多高时速度最大? 此最大速度是多少? (2)已知跳台高于下面的水面 60m, 此人跳下后会不会触到水面?

4-14　黑洞是晚期星球可能存在的一种形式. 近代天体物理学指出, 星球到了晚期由于内部的核燃料耗尽, 辐射压力为零, 而会在自身引力的作用下收缩, 使其半径越来越小, 密度越来越大. 当星球半径小到一定数值时, 其表面附近的引力便变得异常强大, 致使到达其表面附近的任何物质, 包括光线在内均被席卷进去, 无一逃逸, 从而便形成了黑洞. 若与太阳质量($M=1.98\times10^{30}$kg)相等的星球变成了黑洞, 问它的最大可能半径为多少?

习题 4-12 图

4-15　试分析运动员在撑竿跳高过程中的能量转换关系, 并由此讨论说明影响成绩的可能因素.

4-16　论机械能守恒在生活中的魅力.

第5章 狭义相对论

相对论是物理学最伟大的成就之一,它是现代物理学的理论基础.相对论包括狭义相对论和广义相对论.狭义相对论是在两个基本假设基础上,讨论各惯性系的观察者对物理现象的测量结果,建立高速运动物体的力学规律和电动力学规律,揭示质量与能量的内在联系.广义相对论则讨论任意运动着的非惯性系中的观察者对物理现象的观测结果,揭示时间、空间与物质的统一性,指出时间与空间不可能离开物质而独立存在.本章主要介绍狭义相对论的时空性质,给出狭义相对论动力学中的一些主要关系.

5.1 伽利略变换 经典时空观

5.1.1 伽利略变换

设有两个惯性参考系 S 和 S',各对应轴相互平行. S' 系以速度 v 相对于 S 系做匀速直线运动.如图 5-1 所示,取 v 的方向沿 x 轴正向,且以 O' 和 O 重合的时刻当作计时起点($t=t'=0$).今设某一时刻 t 有一质点 P 在参考系 S 中的空间坐标为 (x,y,z),同时,P 在 S' 中的空间坐标为 (x',y',z'),按经典力学在 S 和 S' 中观察到的时间和空间坐标有如下关系:

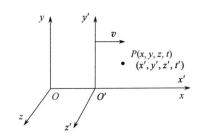

图 5-1 伽利略变换

$$\begin{cases} x=x'+vt' \\ y=y' \\ z=z' \\ t=t' \end{cases} \quad (5\text{-}1)$$

这个关系式称为伽利略坐标变换式.其逆变换式为

$$\begin{cases} x'=x-vt \\ y'=y \\ z'=z \\ t'=t \end{cases} \quad (5\text{-}2)$$

在上面的推证中含有一个重要的假定:时间和空间是相互独立的,绝对不变的,并与物体的运动无关.

5.1.2 经典时空观

由式(5-1)知道,$t=t'$ 表示在所有惯性系中时间都是相同的,即时间是绝对的.既然时间是相同的,那么在所有惯性系中时间间隔也必定是相同的,即

$$\Delta t = \Delta t' \tag{5-3}$$

表示在伽利略变换下时间间隔是绝对的. 也就是说,在不同的惯性系中观察者测量同一事件的时间间隔是相等的. 例如,看一场足球赛,无论跑着的运动员或坐着不动的观众都认为这场球赛是 90min.

在伽利略变换中还有一个不变量,这就是在任意确定时刻空间两点的长度对于所有惯性系是不变的. 在同一时刻,空间两点的长度在两个惯性系中分别表示为

$$\Delta L = \sqrt{(x_2 - x_1)^2 + (y_2 - y_1)^2 + (z_2 - z_1)^2}$$

和

$$\Delta L' = \sqrt{(x_2' - x_1')^2 + (y_2' - y_1')^2 + (z_2' - z_1')^2}$$

由式(5-1)得

$$x_2 - x_1 = x_2' - x_1'$$
$$y_2 - y_1 = y_2' - y_1'$$
$$z_2 - z_1 = z_2' - z_1'$$

所以

$$\Delta L = \Delta L' \tag{5-4}$$

表示在所有惯性系中,在任意确定时刻空间两点的长度都是相同的. 也就是说,空间长度与参考系的运动状态无关,即空间长度是绝对的.

所以,在伽利略变换下时间和空间与参考系的运动状态无关,时间和空间之间是不相联系的,是绝对的,这是经典的时空观念.

5.1.3 力学相对性原理

力学中的相对性原理来源于伽利略变换. 现在讨论 S 系和 S' 系一个质点的运动速度,将式(5-2)对时间求导得

$$\begin{cases} \dfrac{\mathrm{d}x'}{\mathrm{d}t'} = \dfrac{\mathrm{d}x}{\mathrm{d}t} - v \\[2mm] \dfrac{\mathrm{d}y'}{\mathrm{d}t'} = \dfrac{\mathrm{d}y}{\mathrm{d}t} \\[2mm] \dfrac{\mathrm{d}z'}{\mathrm{d}t'} = \dfrac{\mathrm{d}z}{\mathrm{d}t} \end{cases}$$

或写成

$$\begin{cases} u_x' = u_x - v \\ u_y' = u_y \\ u_z' = u_z \end{cases} \tag{5-5}$$

写成矢量式为

$$\boldsymbol{u}' = \boldsymbol{u} - \boldsymbol{v} \tag{5-6}$$

表示质点相对于 S' 系的速度 $\boldsymbol{u}'$ 等于质点相对于 S 系的速度 $\boldsymbol{u}$ 减去 S' 系相对于 S 系的速度 $\boldsymbol{v}$. 这就是伽利略速度变换式.

将式(5-5)对时间求导可得

$$\begin{cases} \dfrac{d^2 x'}{dt'^2} = \dfrac{d^2 x}{dt^2} \\[2mm] \dfrac{d^2 y'}{dt'^2} = \dfrac{d^2 y}{dt^2} \\[2mm] \dfrac{d^2 z'}{dt'^2} = \dfrac{d^2 z}{dt^2} \end{cases}$$

即

$$\begin{cases} a'_x = a_x \\ a'_y = a_y \\ a'_z = a_z \end{cases} \tag{5-7}$$

或写成矢量式为

$$a' = a \tag{5-8}$$

表示在不同惯性系中,所观察到的同一质点的加速度是相同的. 也就是说,质点的加速度在伽利略变换下是不变的.

经典力学中认为,质点的质量与其运动速度无关,因而与参考系无关,所以可从式(5-8)得出结论:在研究质点运动时,对相互做匀速直线运动的惯性系而言,牛顿运动定律的形式都是相同的,即

$$F = ma$$

$$F' = ma'$$

表明牛顿第二定律具有伽利略变换的不变性. 也就是说,在所有惯性系中,牛顿定律以及由它推导出的其他规律都具有相同的形式. 这一结论称为**力学相对性原理**.

可以证明经典力学中所有的基本定律,如动量守恒定律、机械能守恒定律等都具有这种不变性,都满足经典力学相对性原理的要求. 因此在狭义相对论建立之前,经典力学理论一直被认为是一个完善的理论体系.

但是,经典电磁学理论的情况似乎完全不同. 光是一种电磁波,在真空中的传播速度是 c. 根据伽利略速度变换,对于不同的惯性系,光的传播速度就不相等. 假定 S 系是最"基本"的绝对静止的参考系,光相对于 S 系的传播速度为 c,相对 S' 系就应该是 $c-v$(光沿 x 轴正方向传播),或是 $c+v$(光沿 x 轴负方向传播). 也就是说,和力学的基本定律不同,在伽利略变换下电磁学的基本定律——麦克斯韦方程组不是不变的. 因此人们期望,利用光或其他电磁现象可以确定到底什么参考系是最基本的绝对静止的惯性系(这个绝对静止的惯性系称为"以太"),或者更确切地说,确定地球相对于以太的运动,最早进行这种测量的就是著名的迈克耳孙-莫雷实验.

*5.2　迈克耳孙-莫雷实验

利用光波进行精密测量的迈克耳孙干涉仪的实验装置如图 5-2 所示,整个装置可绕

垂直于图面的轴线转动,并保持 $PM_1=PM_2=L$ 固定不变.S 发出波长为 λ 的单色光,入射到半镀银的玻璃片 P 后,一部分透过 P 到平面镜 M_1,再由 M_1 反射回到 P,然后被 P 反射进入望远镜 T;另一部分由 P 反射到平面镜 M_2,再由 M_2 反射回来,透过 P 进入望远镜 T,于是两束光发生干涉,形成干涉条纹.

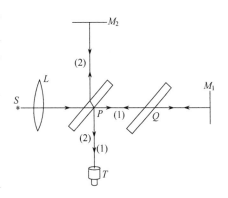

图 5-2 迈克耳孙干涉仪

设地球(仪器)相对于以太(或绝对静止的参考系)速度为 v,沿 PM_1 方向运动.光对以太的速度为 c,则由于平面镜 M_1 和 M_2 都在以太中运动,光束(1)和光束(2)往返所需时间不相等.

光束(1)从 P 出发经时间 t_1 到达 M_1,则在此时间内 M_1 已向右移动了 vt_1 距离,如图 5-3(a)所示,所以

$$ct_1=L+vt_1$$

或

$$t_1=\frac{L}{c-v}$$

从 M_1 反射后的光束(1)再回到 P 的时间为 t_2,在此时间内 P 向前移动了 vt_2 距离.所以

$$ct_2=L-vt_2$$

或

$$t_2=\frac{L}{c+v}$$

光束(1)往返经历时间为

$$t=t_1+t_2=\frac{L}{c-v}+\frac{L}{c+v}=\frac{2L/c}{1-v^2/c^2}=\frac{2L}{c}(1+v^2/c^2+\cdots)$$

由于 $v\ll c$,得

(a)

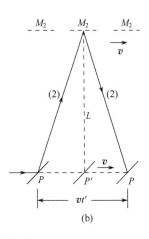

(b)

图 5-3 迈克耳孙-莫雷实验

$$t \approx \frac{2L}{c}\left(1+\frac{v^2}{c^2}\right)$$

光束(2)在 $P \to M_2 \to P$ 间所经路程实际上是如图 5-3(b)所示的等腰三角形的两腰之和,故有

$$\frac{ct'}{2}=\left[L^2+\left(\frac{vt'}{2}\right)^2\right]^{1/2}$$

经计算光束(2)往返经历时间为

$$t'=\frac{2L}{\sqrt{c^2-v^2}}=\frac{2L/c}{\sqrt{1-v^2/c^2}}=\frac{2L}{c}\left(1+\frac{v^2}{2c^2}+\cdots\right)\approx\frac{2L}{c}\left(1+\frac{v^2}{2c^2}\right)$$

因此光束(1)和(2)的时间差为

$$\Delta t=t-t'=\frac{Lv^2}{c^3} \tag{5-9}$$

两光束的光程差为

$$\delta=c\Delta t=\frac{Lv^2}{c^2}$$

如把整个装置转动 $90°$,光束(2)变为与 v 平行,而光束(1)则与 v 垂直,同上可得 $\Delta t'=-Lv^2/c^3$,那么光程差将由 δ 变为 $-\delta$. 因而旋转 $90°$ 后引起光程差的改变为 2δ,在望远镜视场内应看到移动的干涉条纹数目为

$$\Delta N=\frac{2\delta}{\lambda}=\frac{2Lv^2}{\lambda c^2} \tag{5-10}$$

式中,λ、c 和 L 均为已知,如能测出条纹移动的条数 ΔN,即可由上式算出地球相对于以太的速度 v,从而就可以把以太作为绝对静止的惯性系了.

在迈克耳孙和莫雷所做的实验中,干涉仪的两臂长度相等,$L_1=L_2=11\mathrm{m}$,取地球的公转速度 $v=3\times10^4\mathrm{m\cdot s^{-1}}$,波长 $\lambda=550\mathrm{nm}$,由式(5-10)计算出,干涉条纹移动的条数 ΔN 约为 0.4. 而迈克耳孙干涉仪的精度已达到条纹的 $\frac{1}{100}$,因此,应能毫不困难的观察到这 0.4 条条纹的移动. 而实验结果表明,根本不存在干涉条纹的移动.

迈克耳孙-莫雷实验表明,根本不存在地球相对于以太的运动,宇宙中根本不存在以太,在所有惯性系中光沿各方向传播速度相同,即都等于 c.

5.3 狭义相对论基本原理

1905 年,26 岁的爱因斯坦不固守绝对时空观和经典力学的概念,而是在对实验结果和前人工作仔细分析研究基础上,从一个新的角度来考虑所有问题. 他认为,应该完全抛弃以太假说,电磁场是独立的实体,是物质存在的一种基本形态. 电磁现象与力学现象一样,不应该存在某个特殊的惯性系. 力学相对性原理应该具有普遍意义,不仅经典力学规律,而且经典电磁学规律和其他物理学规律,在所有惯性系中都应该保持不变的数学形式. 此外,他还指出,许多实验都已表明,在惯性系中,真空中光沿各方向传播速度都相同.

爱因斯坦将以上论述概括为狭义相对论的两条基本原理：

（1）**相对性原理：物理学定律在所有的惯性系中都是相同的.** 或者说，物理学定律与惯性系的选择无关，所有的惯性系都是等价的.

（2）**光速不变原理：在所有惯性系中，自由空间（真空）中的光速都等于同一个恒量** c. 或者说，光的传播速度与光源和观察者的运动无关.

作为整个狭义相对论基础的这两条基本原理最初是以两个基本假设提出的，在这两个基本假设中，相对性原理是力学相对性原理的推广，人们是乐于接受的. 而光速不变原理与力学的经验不一致，容易引起人们的争议. 作为物理学的假设，它的正确与否，不应该就假设本身来讨论它的合理性，而是看由它得出的结论是否符合实验事实. 爱因斯坦就是在这两个简单而且最一般的假设的基础上，建立了一套完整的理论——狭义相对论，把物理学推进到了一个新阶段.

爱因斯坦在对物理规律和参考系的关系进行考察时，不仅注意到了物理规律的具体形式，而且注意到了更根本更普遍的问题，即关于时间和长度的测量问题. 他对经典的绝对时间和绝对空间的概念产生了怀疑，他经过深入研究，得到了异乎寻常的结论：时间的量度是相对的，空间的测量也是相对的.

5.3.1 同时性的相对性

"同时"是指两个事件在同一时刻发生. 实际上有关时间的判断，都是关于同时的事件的判断. 例如，8 点上课铃响，就是指上课铃响和钟表的指针指到 8 点是同时的事件. 现在让我们看如图 5-4 所示的理想实验. 在高速运动的火车厢中点 M 处有一光源，它发出的光可以射向车厢的前壁 B 和后壁 A. 当光源发光后，火车上的观察者可以看到，光同时照亮前壁和后壁，也就是说，光照亮前壁和后壁两事件是同时发生的. 但在地面上观察者的观察结果却不然. 光从光源 M 射出到达后壁 A 的一段时间

图 5-4 同时性的相对性

内，后壁已经迎着光线走了一段距离；而光由 M 处到达前壁 B 的这段时间内，前壁 B 却背着光线走了一段距离. 故光线从 M 点到 A 点所走的距离要比到达 B 点所走的距离短. 由光速不变原理，即光速与光源和观察者的相对运动无关，可得出光必定先到 A 点而后到达 B 点的结论. 即光到达车厢前后壁是不同时的，这就说明，**同时是相对的**. 在一个参考系上同时发生的两个事件，在另一个参考系来看，可以是不同时的. 之所以出现以上的结论，关键是光速不变. 如果像力学的经验那样，在地面上观察，向 B 点发出的光速是 $c+v$，向 A 点发出的光速是 $c-v$，则光束仍同时到达车厢的前后壁.

5.3.2 时间量度的相对性

如图 5-5(a)所示，装置以高速 v 运动，装置上 M 处有一个闪光光源，距光源 l_0 处有一个反射镜 A. 光源发出一闪光，射向镜面 A 后又反射回 M 点处. 以装置为参考系，光从 M 点出发，再回到 M 点的时间应是

$$\Delta t' = \frac{2l_0}{c} \qquad\qquad (5\text{-}11)$$

图 5-5　时间量度的相对性

而在地面上的观察者来测量这段时间,则认为光走了一条如图 5-5(b)所示的折线. 设光从 M 点出发到返回 M 点处的时间是 Δt,则在这段时间内装置运动的路程是 $v\Delta t$. 光线所走的折线的长度为

$$l = 2\sqrt{l_0^2 + \left(\frac{v\Delta t}{2}\right)^2}$$

由于光速不变,光走这段路程所用的时间为

$$\Delta t = \frac{l}{c} = \frac{2}{c}\sqrt{l_0^2 + \left(\frac{v\Delta t}{2}\right)^2}$$

由此式解出 Δt,得

$$\Delta t = \frac{2l_0/c}{\sqrt{1 - v^2/c^2}}$$

与式(5-11)比较,可得

$$\Delta t = \frac{\Delta t'}{\sqrt{1 - v^2/c^2}} \qquad\qquad (5\text{-}12)$$

式(5-12)说明,如果在某一惯性系 S' 中发生在同一地点的两个事件相隔的时间是 $\Delta t'$,则在另一惯性系 S 中测得的这两个事件相隔的时间 Δt 要长一些. 两者之间相差一个因子 $\sqrt{1 - v^2/c^2}$,这就从数量上显示了**时间量度的相对性**. 在某一参考系中同一地点先后发生的两个事件之间的时间间隔叫做**原时**. 式(5-12)也可以简单的表述为原时最短. 原时和在其他惯性系中测得的时间的关系,如果用钟表走的快慢来说明,那就是 S' 系中的钟表走了 1h,而在另一参考系中的观察者发现这段时间大于 1h. 即认为运动的时钟变慢了. 所以这种相对效应也形象地称为时钟变慢或时间膨胀.

　　例 5-1　带正电的 π 介子是一种不稳定的粒子. 当它静止时,平均寿命为 2.50×10^{-8} s,过后即衰变成一个 μ 子和一个中微子. 今产生一束 π 介子,在实验室测得它的速率为 $0.99c$,并测得它的平均寿命变成了 1.75×10^{-7} s,这个测量结果是否可靠?

解 π 介子静止时的平均寿命是原时,当其高速运动时,在实验室测得它的平均寿命应大于原时,即

$$\Delta t = \frac{\Delta t'}{\sqrt{1-v^2/c^2}} = \frac{2.5\times10^{-8}}{\sqrt{1-0.99^2}} = 1.8\times10^{-7}(\text{s})$$

可见测量结果 1.75×10^{-7} s 是靠得住的.

5.3.3 长度测量的相对性

将前面的装置横过来,使其如图 5-6 所示,以速度 v 运动,显然,在装置上测量光往返一次的时间仍如式(5-11).

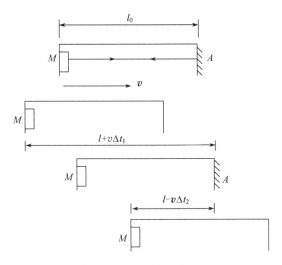

图 5-6 长度测量的相对性

若以地面作参考系,测得光束从 M 射向 A 所经历的时间为 Δt_1,则在这段时间里 A 端已由原处向右前进了 $v\Delta t_1$ 的距离.因此光束由 M 到达 A 的实际传播距离是($l+v\Delta t_1$),l 是地面上测得装置的长度即 MA 间的距离.在这里,我们不能先验地认为 $l=l_0$.同理,光束由 A 返回 M 的时间 Δt_2 内,由于 M 端向右运动了 $v\Delta t_2$ 的距离,因此光的实际传播距离是($l-v\Delta t_2$).因为光速不变,所以有

$$c\Delta t_1 = l+v\Delta t_1, \quad c\Delta t_2 = l-v\Delta t_2$$

即

$$\Delta t_1 = \frac{l}{c-v}, \quad \Delta t_2 = \frac{l}{c+v}$$

因此在地面上测得光束往返一次的时间为

$$\Delta t = \Delta t_1 + \Delta t_2 = \frac{2l}{c} \cdot \frac{1}{(1-v^2/c^2)} \tag{5-13}$$

前面已经说过,在装置中测得光束往返一次的时间 $\Delta t' = 2l_0/c$,是 M 点发光和接收到光的时间间隔,它是原时,因此它与 Δt 的关系是

$$\Delta t = \frac{\Delta t'}{\sqrt{1-v^2/c^2}} = \frac{2l_0}{c} \Big/ \sqrt{1-v^2/c^2}$$

它与式(5-13)比较,可得

$$l = l_0 \sqrt{1-v^2/c^2} \tag{5-14}$$

上式说明,如果在某一惯性系 S' 中,一根静止的棒长是 l_0,则在另一惯性系中测得的长度总要短些,两者之间差了一个因子 $\sqrt{1-v^2/c^2}$,这就显示了**长度测量的相对性**. 棒静止时测得它的长度叫棒的**原长**. 式(5-14)说明原长最长. 这种长度测量值的不同显然只适用于棒沿运动方向放置的情况. 所以这种效应也叫做动尺(沿运动方向)变短.

例 5-2 在实验室中测得速度为 $0.99c$ 的 π 介子,在其衰变前所通过的平均距离为 52m,求 π 介子在其中静止的参考系中的平均寿命.

解 从 π 介子的参考系看来,实验室的运动速度为 $0.99c$. 实验室中 52m 为原长,在 π 介子参考系看来距离应为

$$l = l_0 \sqrt{1-v^2/c^2} = 52 \times \sqrt{1-0.99^2} = 7.30(\text{m})$$

实验室飞过这段距离所用的时间即 π 介子的静止寿命为

$$\Delta t = l/v = 7.30/0.99c = 2.50 \times 10^{-8}(\text{s})$$

本题也可由时间膨胀来计算.

5.4 洛伦兹变换

5.4.1 洛伦兹变换

我们已经给出了反映绝对时空概念的伽利略变换,现在我们根据爱因斯坦相对论时空观给出相应的坐标变换式——洛伦兹变换. 仍设两个惯性参考系如图 5-7 所示,S' 系相对于 S 系沿 x 轴以速度 v 运动,$t = t' = 0$ 时,两坐标系原点重合. 某时刻在 P 点发生一事件,我们求出该事件在两套坐标系中坐标值之间的关系.

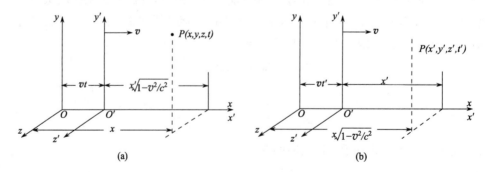

图 5-7 洛伦兹变换

在 S' 系中,测量到 t' 时刻,事件发生于 (x', y', z') 处,式中 x' 为 P 点到 $y'O'z'$ 平面的距离. 而在 S 系中测量,该段距离为 $x' \sqrt{1-v^2/c^2}$,由图 5-7(a)可以看出

$$x - vt = x' \sqrt{1 - v^2/c^2}$$

即

$$x' = \frac{x - vt}{\sqrt{1 - v^2/c^2}} \tag{5-15}$$

反过来,在 S 系中,认为该事件 t 时刻发生于 (x, y, z) 处, x 是 P 点到 yOz 平面的距离. 而在 S' 系看来,该距离为 $x \sqrt{1 - v^2/c^2}$. 从图 5-7(b) 中看出

$$x' + vt' = x \sqrt{1 - v^2/c^2}$$

即

$$x = \frac{x' + vt'}{\sqrt{1 - v^2/c^2}} \tag{5-16}$$

从式(5-15)和式(5-16)中消去 x',得

$$t' = \frac{t - \dfrac{v}{c^2} x}{\sqrt{1 - v^2/c^2}} \tag{5-17}$$

消去 x,得

$$t = \frac{t' + \dfrac{v}{c^2} x'}{\sqrt{1 - v^2/c^2}} \tag{5-18}$$

根据设定的坐标系条件, $y = y'$, $z = z'$. 以上各式组成**洛伦兹变换**.

在相对论的文献中,常用

$$\beta = \frac{v}{c}$$

和

$$\gamma = \frac{1}{\sqrt{1 - \beta^2}}$$

因此,洛伦兹变换式可写为

$$\begin{cases} x = \gamma(x' + vt') \\ y = y' \\ z = z' \\ t = \gamma\left(t' + \dfrac{v}{c^2} x'\right) \end{cases} \tag{5-19}$$

其逆变换式为

$$\begin{cases} x' = \gamma(x - vt) \\ y' = y \\ z' = z \\ t' = \gamma\left(t - \dfrac{v}{c^2} x\right) \end{cases} \tag{5-20}$$

当 $v \ll c$，即 $\beta \ll 1$ 时，$\gamma \rightarrow 1$，以上各式就变成伽利略坐标变换式. 这说明，伽利略变换是洛伦兹变换中低速运动的近似，而绝对时空观也是相对论时空观的低速情况下的近似.

例 5-3 用洛伦兹变换式验证长度缩短公式和时间膨胀公式.

解 设在 S' 系中沿 x' 轴放置一根静止的棒，由于棒相对 S' 系是静止的，不论杆两端的坐标 x_1' 和 x_2' 是否同时测量，它的长度总等于 $x_2' - x_1' = l_0$，由洛伦兹变换式，有

$$x_1' = \gamma(x_1 - vt_1)$$
$$x_2' = \gamma(x_2 - vt_2)$$

所以

$$x_2' - x_1' = \gamma[(x_2 - x_1) - v(t_2 - t_1)]$$

要在 S 系中测量棒长，由于棒运动，必须同时记录棒两端点的位置 x_2 和 x_1，即有 $t_1 = t_2$. 这样，上式变为

$$l_0 = \gamma(x_2 - x_1)$$

因此，S 系中测得棒长 $l = x_2 - x_1$ 为

$$l = l_0 \sqrt{1 - v^2/c^2}$$

恰为式(5-14).

设 S' 系中某点 (x', y', z') 处发生的两事件的时间间隔为

$$\Delta t' = t_2' - t_1'$$

若在 S 系中测得该两事件发生于 t_1 和 t_2 时刻，则由洛伦兹变换

$$t_1 = \gamma\left(t_1' + \frac{v}{c^2}x'\right), \quad t_2 = \gamma\left(t_2' + \frac{v}{c^2}x'\right)$$

得 S 系中两事件的时间间隔是

$$\Delta t = t_2 - t_1 = \gamma(t_2' - t_1') = \gamma\Delta t'$$

即

$$\Delta t = \frac{\Delta t'}{\sqrt{1 - v^2/c^2}}$$

正是式(5-12).

例 5-4 甲、乙两人所乘飞船沿 x 轴做相对运动，甲测得两个事件的时空坐标为 $x_1 = 6 \times 10^4 \text{m}$，$y_1 = z_1 = 0$，$t_1 = 2 \times 10^{-4} \text{s}$；$x_2 = 12 \times 10^4 \text{m}$，$y_2 = z_2 = 0$，$t_2 = 1 \times 10^{-4} \text{s}$，如果乙测得这两个事件同时发生于 t' 时刻，求：

(1) 乙相对于甲的运动速度是多少；

(2) 乙所测得的两个事件的空间间隔是多少.

解 (1) 设乙相对于甲的运动速度为 v，由洛伦兹变换有

$$t' = \gamma\left(t - \frac{v}{c^2}x\right)$$

可知乙所测得的这两个事件时间间隔应为

$$t_2' - t_1' = \frac{t_2 - t_1 - \dfrac{v}{c^2}(x_2 - x_1)}{\sqrt{1 - v^2/c^2}}$$

根据题意,$t_2' - t_1' = 0$,代入已知数值,有

$$0 = \frac{(1 \times 10^{-4} - 2 \times 10^{-4}) - \dfrac{v}{c^2}(12 \times 10^4 - 6 \times 10^4)}{\sqrt{1 - v^2/c^2}}$$

解得

$$v = -\frac{c}{2}$$

（2）由洛伦兹变换

$$x' = \gamma(x - vt)$$

可知乙所测得的这两个事件的空间间隔为

$$
\begin{aligned}
x_2' - x_1' &= \frac{(x_2 - x_1) - v(t_2 - t_1)}{\sqrt{1 - v^2/c^2}} \\
&= \frac{(12 \times 10^4 - 6 \times 10^4) - (-1.5 \times 10^8) \times (1 \times 10^{-4} - 2 \times 10^{-4})}{\sqrt{1 - 0.5^2}} \\
&= 5.2 \times 10^4 \, (\text{m})
\end{aligned}
$$

5.4.2　洛伦兹速度变换

在5.1节中,我们曾根据伽利略变换导出了速度变换公式. 与之相似,现在我们根据洛伦兹坐标变换导出相对论速度变换公式.

设 S' 系相对于 S 系以速度 v 沿 x 轴正方向做匀速运动. 一质点 P 相对于 S 系运动,其速度分量为

$$u_x = \frac{\mathrm{d}x}{\mathrm{d}t}, \qquad u_y = \frac{\mathrm{d}y}{\mathrm{d}t}, \qquad u_z = \frac{\mathrm{d}z}{\mathrm{d}t}$$

质点 P 在 S' 系中速度分量为

$$u_x' = \frac{\mathrm{d}x'}{\mathrm{d}t'}, \qquad u_y' = \frac{\mathrm{d}y'}{\mathrm{d}t'}, \qquad u_z' = \frac{\mathrm{d}z'}{\mathrm{d}t'}$$

由式(5-20)可得

$$\mathrm{d}x' = \frac{1}{\sqrt{1 - v^2/c^2}}(\mathrm{d}x - v\mathrm{d}t), \quad \mathrm{d}t' = \frac{1}{\sqrt{1 - v^2/c^2}}\left(\mathrm{d}t - \frac{v}{c^2}\mathrm{d}x\right)$$

因此

$$u_x' = \frac{\mathrm{d}x'}{\mathrm{d}t'} = \frac{\mathrm{d}x - v\mathrm{d}t}{\mathrm{d}t - \dfrac{v}{c^2}\mathrm{d}x} = \frac{u_x - v}{1 - \dfrac{v}{c^2}u_x} \qquad (5\text{-}21\mathrm{a})$$

同样可导出

$$u'_y = \frac{u_y \sqrt{1-v^2/c^2}}{1-\frac{v}{c^2}u_x} \tag{5-21b}$$

$$u'_z = \frac{u_z \sqrt{1-v^2/c^2}}{1-\frac{v}{c^2}u_x} \tag{5-21c}$$

其逆变换为

$$\begin{cases} u_x = \dfrac{u'_x + v}{1+\dfrac{v}{c^2}u'_x}, \\[3mm] u_y = \dfrac{u'_y \sqrt{1-v^2/c^2}}{1+\dfrac{v}{c^2}u'_x} \\[3mm] u_z = \dfrac{u'_z \sqrt{1-v^2/c^2}}{1+\dfrac{v}{c^2}u'_x} \end{cases} \tag{5-22}$$

利用式(5-21)和式(5-22),可以由 S 系中的速度分量 u_x、u_y 和 u_z 求出 S' 系中的速度分量. 也可以由 S' 系中的速度分量 u'_x、u'_y 和 u'_z 求出 S 系中的速度分量.

如果 $v \ll c$ 和 $u_x \ll c$,式(5-21)可化为

$$u'_x = u_x - v, \quad u'_y = u_y, \quad u'_z = u_z$$

或

$$u_x = u'_x + v, \quad u_y = u'_y, \quad u_z = u'_z$$

相对论的速度公式过渡到了伽利略速度变换式. 这表明相对论的速度式不仅适用于高速运动同时也适用于低速运动的情形, 伽利略速度变换只是相对论速度变换在 $v/c \rightarrow 0$, $u/c \rightarrow 0$ 下的极限.

如果是光子, 它在 S 系中的速度 $u_x = c, u_y = u_z = 0$, 那么由式(5-21a)、式(5-21b)和式(5-21c)得, S' 系中观测者测得光速为

$$u'_x = \frac{c-v}{1-cv/c^2} = c, \quad u'_y = 0, \quad u'_z = 0$$

这表明光在 S' 系中仍沿 x 轴正方向以速度 c 传播. 可见, 从洛伦兹变换导出的速度变换式正确地反映了光速不变原理.

例 5-5 在地面上测到有两个飞船 A、B 分别以 $+0.9c$ 和 $-0.9c$ 的速度沿相反方向飞行, 如图 5-8 所示, 求飞船 A 相对于飞船 B 的速度有多大?

解 设 S 系被固定在飞船 B 上, 则飞船 B 在其中为静止, 而地面对此参考系以 $v=0.9c$ 的速度运动. 以地面为参考系 S', 则飞船 A 相对于 S' 系的速度为 $u'_x = 0.9c$. 由式(5-22)可求得飞船 A 相对于 S 系的速度, 即相对于飞船 B 的速度为

$$u_x = \frac{u'_x + v}{1+\frac{vu'_x}{c^2}} = \frac{0.9c+0.9c}{1+0.9\times0.9} = \frac{1.8c}{1.81} = 0.994c$$

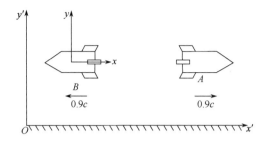

图 5-8　沿相反方向飞行的飞船 A 和 B

用伽利略速度变换进行计算,飞船 A 相对于飞船 B 的速度为

$$u_x = u'_x + v = 0.9c + 0.9c = 1.8c > c$$

相对论指出物体的速度不能超过真空中的光速,现代物理实验中的例子也说明,高能粒子的速度是以 c 为极限的.一般地说,按相对论速度变换,在 v 和 u' 都小于 c 的情况下,u 不可能大于 c.

5.5　相对论动力学

在经典力学中,描述质点动力学规律的基本方程是牛顿第二定律,其表达式为

$$\boldsymbol{F} = \frac{\mathrm{d}\boldsymbol{p}}{\mathrm{d}t} = m\frac{\mathrm{d}\boldsymbol{v}}{\mathrm{d}t}$$

式中,质点的质量 m 是一个与速度 v 无关的常量,因而质点动量 $\boldsymbol{p} = m\boldsymbol{v}$ 与其速度成正比.在 5.1 节中讲过,这个方程和经典力学的其他基本定律都具有伽利略变换的不变性.但是可以证明,$\boldsymbol{F} = m\dfrac{\mathrm{d}\boldsymbol{v}}{\mathrm{d}t}$ 不满足狭义相对论的相对性原理,不具备洛伦兹变换的不变性.从另一方面看,牛顿第二定律认为质点的质量是不变的,如果质点只受到一个与其速度方向相同的恒力作用,则质点将做匀加速运动,经过足够长的时间后,质点的速度就会超过光速 c.这与狭义相对论的结论不符,也与高能物理实验的结果相矛盾.

为此,必须对牛顿力学加以修正,使它符合以下两个要求:①必须符合狭义相对论的基本原理即光速不变原理和相对性原理.②在低速情况下,即 $v \ll c$ 时,它们变为牛顿力学的公式,也就是说牛顿力学是 $v \ll c$ 时相对论力学的一级近似.

5.5.1　相对论质量　动量

在相对论中,定义动量仍为

$$\boldsymbol{p} = m\boldsymbol{v}$$

与牛顿力学不同的是质量 m 不再与运动无关.下面我们推导质量与物体运动速度的关系.

一粒子以速度 v 相对地面(S 系)运动,以该粒子中心为坐标原点建立坐标系 S',如图 5-9 所示,则粒子相对 S' 系静止.某一时刻该粒子分裂为完全相同的两块 A 和 B,分别

图 5-9 相对论质量

沿 x' 轴的正方向和反方向运动. 根据动量守恒,它们的速率相等,假设皆为 v. 利用洛伦兹速度变换式(5-22),A 块在 S 系中是静止的,即 $v_A = 0$,B 块的运动速率为

$$v_B = \frac{v+v}{1+\dfrac{v}{c^2}v} = \frac{2v}{1+\dfrac{v^2}{c^2}} \tag{5-23}$$

方向沿 x 轴正方向.

在一个孤立系统中,根据爱因斯坦相对性原理,在两个惯性系中,粒子分裂前后动量守恒、质量守恒定律成立. 在 S 中,设粒子原来的质量为 M、分裂后两块的质量分别为 m_A 和 m_B. 质量应是守恒的,即

$$M = m_A + m_B$$

根据动量守恒定律,得

$$(m_A + m_B)v = m_B v_B \tag{5-24}$$

从式(5-23)和式(5-24)中消去 v,得

$$m_B = \frac{m_A}{\sqrt{1-v_B^2/c^2}}$$

由上式可以看到,在 S' 系观测,粒子分裂后的两部分以相同速率运动,质量相等,但从 S 系观测,由于它们运动速率不同,质量不相等. m_A 静止,可看作静止质量,用 m_0 表示;m_B 以速率 v_B 运动,可看作运动质量,称为相对论质量,用 m 表示. 去掉 v_B 的下标,于是就得到运动物体的质量与它的静止质量的关系

$$m = \frac{m_0}{\sqrt{1-v^2/c^2}} \tag{5-25}$$

此式表明,观察者测得运动物体的质量大于静止质量,也就是说,质量也是相对的. 式(5-25)称为**相对论的质速关系式**.

由式(5-25)可以知道,当物体的速率趋近于零时,物体的相对论质量趋近于 m_0,当物体的速率趋近于光速 c 时,它的质量将趋近于无穷大,所以,施以任何有限大的力都不可能将静止质量不为零的物体加速到光速. 这符合相对论光速是极限速度的论断.

1966 年在美国斯坦福投入运行的电子直线加速器,全长 3×10^3 m,加速电势差为 7×10^6 V·m^{-1},可将电子加速到 $0.9999999997c$,接近光速,但不能超过光速. 有力地证明了相对论质速关系的正确性.

相对论动量表达式为

$$\boldsymbol{p} = \frac{m_0 \boldsymbol{v}}{\sqrt{1-v^2/c^2}} \tag{5-26}$$

而**相对论动力学基本方程**应为

$$\boldsymbol{F} = \frac{\mathrm{d}\boldsymbol{p}}{\mathrm{d}t} = \frac{\mathrm{d}}{\mathrm{d}t} \frac{m_0 \boldsymbol{v}}{\sqrt{1-v^2/c^2}} \tag{5-27}$$

可以证明,这一方程对洛伦兹变换的确是不变式. 从形式上看,式(5-27)也可以写成

$$\boldsymbol{F} = \frac{\mathrm{d}(m\boldsymbol{v})}{\mathrm{d}t} = m\frac{\mathrm{d}\boldsymbol{v}}{\mathrm{d}t} + \frac{\mathrm{d}m}{\mathrm{d}t}\boldsymbol{v} \tag{5-28}$$

式中,右端第一项是物体质量与其加速度的乘积,第二项是由于物体质量随速度变化而引起的. 因此,当物体受力作用时,不仅速度变化,而且质量也要变化.

5.5.2 相对论动能

在经典力学中,质量为 m 的物体以速率 v 运动时,其动能为 $\frac{1}{2}mv^2$. 但在相对论中,动能不再有这种形式.

设一物体,在方向不变的力 F 的作用下,从静止开始运动. 由动能定理,合力的功等于物体动能的增加量,因此,有

$$\mathrm{d}E_k = F\mathrm{d}s = \frac{\mathrm{d}(mv)}{\mathrm{d}t}\mathrm{d}s = v\mathrm{d}(mv) = mv\mathrm{d}v + v^2\mathrm{d}m$$

由质量速度关系,得

$$m^2c^2 - m^2v^2 = m_0^2c^2$$

两边微分,得

$$c^2\mathrm{d}m = mv\mathrm{d}v + v^2\mathrm{d}m$$

所以

$$E_k = \int_{m_0}^{m} c^2\mathrm{d}m = (m - m_0)c^2$$

即

$$E_k = mc^2 - m_0c^2 \tag{5-29}$$

这就是**相对论动能**公式. 它说明物体的动能与质量变化 $(m - m_0)$ 成正比.

当 $v \ll c$ 时,有

$$\frac{1}{\sqrt{1 - v^2/c^2}} = 1 + \frac{1}{2}\frac{v^2}{c^2} - \frac{3}{8}\frac{v^4}{c^4} + \cdots \approx 1 + \frac{1}{2}\frac{v^2}{c^2}$$

所以

$$E_k = \frac{m_0c^2}{\sqrt{1 - v^2/c^2}} - m_0c^2 = m_0c^2\left(1 + \frac{1}{2}\frac{v^2}{c^2}\right) - m_0c^2 = \frac{1}{2}m_0v^2$$

这时又回到经典力学的动能公式.

5.5.3 相对论能量

在相对论动能式(5-29)中,等号两端都具有能量的量纲. 可以认为 m_0c^2 表示粒子静止时具有的能量,叫静止能量. 而 mc^2 表示以速率 v 运动时所具有的能量,叫做**相对论能量**,即

$$E = mc^2 \tag{5-30}$$

上式表示,一定质量相应于一定的能量,两者数值只差一个恒定的因子 c^2,式(5-30)也称质能关系式.

按照相对论的概念，几个粒子在相互作用过程中，能量守恒应表示为

$$\sum_i E_i = \sum_i (m_i c^2) = 常量$$

由此可得到，在相互作用的过程中，有

$$\sum_i m_i = 常量$$

表示质量守恒. 在历史上能量守恒和质量守恒是分别被发现的两条互相独立的自然规律，在相对论中两者则完全统一起来了.

在核反应中，反应前粒子的总静止能量为 $E_1 = m_{01} c^2$，反应后粒子的总静止能量为 $E_2 = m_{02} c^2$，式中 m_{01} 和 m_{02} 分别为反应前后参加反应的粒子的总静止质量和生成粒子的总静止质量. 因此，有

$$\Delta E = (m_{01} - m_{02}) c^2$$

表明核反应中，释放一定的能量相应于一定的静止质量亏损. 这个公式是关于原子能的一个基本公式.

例 5-6　在宇宙射线中，可遇到动能为 $10^{10}\,\mathrm{GeV}$ 数量级的质子. 若银河系的直径为 10^5 光年，分别以(1)银河系或(2)质子为参考系，试计算质子飞越银河系所需要的时间.

解
$$\frac{E_k}{E_0} = \frac{mc^2 - m_0 c^2}{m_0 c^2}$$

式中，$m_0 c^2 = 938\mathrm{MeV}$ 与 $E_k = 10^{10}\mathrm{GeV}$ 相比可以忽略，所以

$$\frac{E_k}{E_0} = \frac{mc^2}{m_0 c^2} = \frac{1}{\sqrt{1 - v^2/c^2}} \approx 10^{10}$$

可见 $\sqrt{1 - v^2/c^2} = 10^{-10} \to 0$，即质子的速率接近光速.

在银河系中看来，质子的速率接近光速，飞越银河系所花的时间为 $10^5 a$.

在质子参考系中，飞越银河系的时间 $\Delta t'$ 是原时，它与银河系中观察到的时间 $\Delta t = 10^5 a$ 的关系，服从式(5-12)，即

$$\Delta t' = \Delta t \sqrt{1 - v^2/c^2} = 10^5 \times 10^{-10} = 10^{-5}(a)$$

即在质子本身看来它飞越银河系只需花 5min.

5.5.4　相对论能量与动量的关系

经典力学中，容易得出，在某惯性系中，质点动能 E_k 与动量 p 之间的关系为

$$E_k = \frac{p^2}{2m} \tag{5-31}$$

那么在相对论力学中，E 与 p 的关系如何呢？

比较 $E = mc^2$ 和 $p = mv$，可得

$$v = \frac{c^2}{E} p \tag{5-32}$$

又因为

$$E^2 = m^2 c^4 = \frac{m_0^2 c^4}{1 - v^2/c^2}$$

将式(5-32)代入,化简得

$$E^2 = p^2 c^2 + m_0{}^2 c^4 \qquad (5-33)$$

上式叫做**相对论动量和能量关系式**.它不仅揭示了能量和动量间的关系,而且实际上还反映了能量与动量的不可分割性与统一性.就像时间与空间的不可分割性与统一性一样.

*5.5.5 不同参考系中能量和动量变换式

根据相对性原理,式(5-33)对于一切惯性系中的观察者来说都应该相同.对于 S 系的观察者来说,式(5-33)可以写为

$$p^2 - \frac{E^2}{c^2} = -m_0{}^2 c^2$$

或者

$$p_x^2 + p_y^2 + p_z^2 - \frac{E^2}{c^2} = -m_0{}^2 c^2$$

根据相对性原理,在另一相对 S 系以速度 v 运动的参考系 S' 中,必须有

$$p'_x{}^2 + p'_y{}^2 + p'_z{}^2 - \frac{E'^2}{c^2} = -m_0{}^2 c^2$$

因为 m_0 是质点的静止质量,不论在何参考系中都相同,所以有

$$p_x^2 + p_y{}^2 + p_z{}^2 - \frac{E^2}{c^2} = p'_x{}^2 + p'_y{}^2 + p'_z{}^2 - \frac{E'^2}{c^2}$$

为使上式成立,就要求 p_x、p_y、p_z、E 与 p'_x、p'_y、p'_z、E' 有如下关系:

$$
\begin{cases}
p_x = \dfrac{p'_x + v E'/c^2}{\sqrt{1 - v^2/c^2}} \\[2mm]
p_y = p'_y \\[1mm]
p_z = p'_z \\[1mm]
E = \dfrac{E' + v p'_x}{\sqrt{1 - v^2/c^2}}
\end{cases}
\qquad (5\text{-}34)
$$

或

$$
\begin{cases}
p'_x = \dfrac{p_x - v E/c^2}{\sqrt{1 - v^2/c^2}} \\[2mm]
p'_y = p_y \\[1mm]
p'_z = p_z \\[1mm]
E' = \dfrac{E - v p_x}{\sqrt{1 - v^2/c^2}}
\end{cases}
\qquad (5\text{-}35)
$$

读者可自行验证.这就是不同惯性系中动量和能量的变换式及其逆变换式.该式与洛伦兹变换式(5-19)和式(5-20)形式上相同.这里 p_x、p_y、p_z 与 x、y、z 对应,E 与 $c^2 t$ 对应.

*5.5.6 力的变换式

设质点以速度 u 相对于惯性系 S 运动,$u = u_y\boldsymbol{i} + u_y\boldsymbol{j} + u_z\boldsymbol{k}$.同一质点以速度 u' 相对于

惯性系 S' 运动, $u' = u'_x i + u'_y j + u'_z k$. S' 系相对于 S 系的运动速度为 v. 在 S 系中, 作用于质点的力为

$$F = \frac{\mathrm{d}(m u)}{\mathrm{d}t}$$

其分量为

$$
\begin{cases}
F_x = \dfrac{\mathrm{d}(m u_x)}{\mathrm{d}t} = \dfrac{\mathrm{d}p_x}{\mathrm{d}t} \\[2mm]
F_y = \dfrac{\mathrm{d}(m u_y)}{\mathrm{d}t} = \dfrac{\mathrm{d}p_y}{\mathrm{d}t} \\[2mm]
F_z = \dfrac{\mathrm{d}(m u_z)}{\mathrm{d}t} = \dfrac{\mathrm{d}p_z}{\mathrm{d}t}
\end{cases}
\tag{5-36}
$$

根据式(5-35), 在 S' 系作用于质点上的力为

$$
\begin{cases}
F'_x = \dfrac{\mathrm{d}p'_x}{\mathrm{d}t'} = \dfrac{\dfrac{\mathrm{d}p_x}{\mathrm{d}t'} - \dfrac{v}{c^2}\dfrac{\mathrm{d}E}{\mathrm{d}t'}}{\sqrt{1-v^2/c^2}} \\[4mm]
F'_y = \dfrac{\mathrm{d}p'_y}{\mathrm{d}t'} \\[3mm]
F'_z = \dfrac{\mathrm{d}p'_z}{\mathrm{d}t'}
\end{cases}
\tag{5-37}
$$

由式(5-20)得

$$\mathrm{d}t' = \frac{1-\dfrac{v u_x}{c^2}}{\sqrt{1-v^2/c^2}} \mathrm{d}t \tag{5-38}$$

$$\frac{\mathrm{d}t}{\mathrm{d}t'} = \frac{\sqrt{1-v^2/c^2}}{1-\dfrac{v u_x}{c^2}} \tag{5-39}$$

而

$$E = m_0 c^2 + E_k$$

$$\frac{\mathrm{d}E}{\mathrm{d}t} = \frac{\mathrm{d}}{\mathrm{d}t}(m_0 c^2 + E_k) = \frac{\mathrm{d}E_k}{\mathrm{d}t} = F \cdot u = F_x u_x + F_y u_y + F_z u_z \tag{5-40}$$

将式(5-38)~式(5-40)代入式(5-37), 整理得

$$F'_x = F_x - \frac{v u_y}{c^2 - v u_x} F_y - \frac{v u_z}{c^2 - v u_x} F_z$$

$$= F_x - \frac{\dfrac{v u_y}{c^2} F_y}{1-\dfrac{v u_x}{c^2}} - \frac{\dfrac{v u_z}{c^2} F_z}{1-\dfrac{v u_x}{c^2}} = \frac{F_x - \dfrac{v}{c^2} u \cdot F}{1-\dfrac{v u_x}{c^2}}$$

$$F'_y = \frac{\mathrm{d}p'_y}{\mathrm{d}t'} = \frac{\mathrm{d}p_y}{\mathrm{d}t}\frac{\mathrm{d}t}{\mathrm{d}t'} = F_y\frac{\mathrm{d}t}{\mathrm{d}t'} = \frac{F_y\ \sqrt{1-v^2/c^2}}{1-\dfrac{vu_x}{c^2}}$$

$$F'_z = \frac{\mathrm{d}p'_z}{\mathrm{d}t'} = \frac{F_z\ \sqrt{1-v^2/c^2}}{1-\dfrac{vu_x}{c^2}}$$

由此得力的变换式为

$$\begin{cases} F'_x = \dfrac{F_x - \dfrac{v}{c^2}\boldsymbol{u}\cdot\boldsymbol{F}}{1-\dfrac{vu_x}{c^2}} \\[4mm] F'_y = \dfrac{F_y\ \sqrt{1-v^2/c^2}}{1-\dfrac{vu_x}{c^2}} \\[4mm] F'_z = \dfrac{F_z\ \sqrt{1-v^2/c^2}}{1-\dfrac{vu_x}{c^2}} \end{cases} \tag{5-41}$$

其逆变换为

$$\begin{cases} F_x = \dfrac{F'_x + \dfrac{v}{c^2}\boldsymbol{u}'\cdot\boldsymbol{F}'}{1+\dfrac{vu'_x}{c^2}} \\[4mm] F_y = \dfrac{F'_y\ \sqrt{1-v^2/c^2}}{1+\dfrac{vu'_x}{c^2}} \\[4mm] F_z = \dfrac{F'_z\ \sqrt{1-v^2/c^2}}{1+\dfrac{vu'_x}{c^2}} \end{cases} \tag{5-42}$$

*5.6 广义相对论的时空观

牛顿的万有引力理论,在研究天体运动中取得了极大的成功.但是在研究水星近日点的进动时遇到了困难.水星轨道长轴的方向在空间不是固定不动的,在一个世纪内会转动5601 s・rad.用牛顿理论计算出所有行星对它的影响后,还差43s・rad与观测不符(图5-10).建立了狭义相对论后,爱因斯坦就着手研究关于引力的新理论,终于在1915年创立了广义相对论.广义相对论告诉我们,在引力物体的附近,空间和时间

图 5-10 水星近日点的运动

都要被扭曲.下面作一简单的介绍.

1. 空间弯曲

广义相对论认为,太阳(或其他有质量的物体)对行星并非有引力的作用,它只是使它周围的空间发生弯曲.因而使它周围的行星不是做匀速直线运动,而是按现在的实际路线运行.这一实际路线是弯曲空间中可能的"最短"路线.

图 5-11 水星运动轨道(牛顿理论)

水星近日点的进动,就是由于这种空间弯曲引起的.根据爱因斯坦广义相对论理论的计算,结果与实际测量的数值符合得较好.它可以用下面的模拟方法加以说明:按照牛顿理论,水星在一个平展空间做椭圆运动,如图 5-11 所示.但由于太阳的引力作用,使周围的空间弯曲成一个圆锥面.就像把平展空间剪去一部分,然后拼接起来,见图 5-12.那么水星进入接点附近时,它不进入原来的轨道,而要越过原来的轨道向前了,见图 5-13.

图 5-12 "空间弯曲"的平展等效图

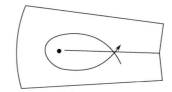

图 5-13 水星运动轨道(空间弯曲理论)

在弯曲空间,不只物体不再像在平展空间那样做匀速直线运动,连光线也要弯曲.人们曾向金星发射雷达波并接收其反射波.当太阳行将跨过金星和地球之间时,雷达波在往返的路上都要经过太阳附近.实验测得,此时雷达波往返所需的时间比雷达波不经过太阳附近时要长些.按照广义相对论的观点,就是因为光在太阳附近发生弯曲,地球到金星的实际距离增加了,如图 5-14 所示.理论的计算与实际所测的结果符合得很好.

所谓黑洞,就是在强大的引力场中,空间受到了极大的弯曲,变成一个无底洞.任何物质,不管是电子、质子、原子、太空船等,只要进入黑洞就永远不可能再逃出了.甚至连光子也没有逃出的希望.现代天文学认为,某些星体就是黑洞,其中最出名的是天鹅座 X-1.它是一对双星,其中一个是通常的发光星体,另一个就是黑洞.其质量是太阳质量的 10 倍,而直径小于 300km.根据计

图 5-14 光线弯曲

算,当太阳(质量 2×10^{30} kg)的半径变到了 3.0km 时,它可以成为一个黑洞.

2. 引力时间延缓

在强引力场中,不只空间弯曲,时钟也要变慢.比方太阳附近的钟比远离太阳的钟要慢.这种效应叫引力时间延缓.在地面附近的钟比远高空的钟慢十亿分之一.用现代非常精密的原子钟,这种效应是可以测出的.1972 年有人曾做过这样的实验:用两组原子钟,一组留在地面上,另一组装入喷气客机做高空(约 1×10^4 m)环球飞行.当返回地面时,与地面上的钟比较,扣除由于运动引起的狭义相对论时间延缓效应,得到高空中的时钟快了 1.5×10^{-7} s,这与广义相对论的时间延缓计算结果相符.

引力时间延缓也可由引力红移现象来证明.在地面上接收到太阳上钾原子发光的频率比地面上的钾原子发光的频率要低.这种现象叫做引力红移.这是由于太阳上的钟比地球上的钟慢,故钾原子在太阳上发的光的频率比地球上要小的缘故.

本 章 小 结

1. 经典力学时空观

(1) 惯性系:牛顿第一定律成立的参考系.
(2) 非惯性系:牛顿第一定律不成立的参考系.
(3) 力学相对性原理:力学规律在所有惯性系中相同.
(4) 牛顿绝对时空观:时间、长度的测量与参考系的选择无关.
注意:对于低速(速度远小于真空中的光速),牛顿绝对时空观是正确的.

2. 狭义相对论时空观

(1) 狭义相对论基本原理
相对性原理:物理学定律在所有惯性系中都是相同的.
光速不变原理:在所有惯性系中,真空中的光速都是 c.
(2) 同时的相对性
"同时"是相对的.在一个惯性系中观察到同时发生的两个事件,在另一个惯性系中不一定同时发生.
(3) 时间膨胀(动钟变慢)

$$\Delta t = \frac{\Delta t'}{\sqrt{1 - v^2/c^2}}$$

$\Delta t'$ 为某惯性系中同一地点处发生的两个事件的时间间隔,称为原时(固有时). Δt 是相对于发生事件的地点做相对运动的惯性系中测得的时间间隔.
(4) 长度收缩(动尺变短)

$$l = l_0 \sqrt{1 - v^2/c^2}$$

l_0 是观察者相对棒静止时测得的长度, l 是相对棒长度方向运动的观察者测得的长度.

（5）洛伦兹变换（惯性系）

（i）坐标变换

$$\begin{cases} x=\dfrac{x'+vt'}{\sqrt{1-v^2/c^2}} \\ y=y' \\ z=z' \\ t=\dfrac{t'+\dfrac{v}{c^2}x'}{\sqrt{1-v^2/c^2}} \end{cases}, \qquad 其逆变换式为 \begin{cases} x'=\dfrac{x-vt}{\sqrt{1-v^2/c^2}} \\ y'=y \\ z'=z \\ t'=\dfrac{t-\dfrac{v}{c^2}x}{\sqrt{1-v^2/c^2}} \end{cases}$$

洛伦兹变换式表明，时间和空间不是彼此独立的，相对论的时空是互相联系的，和运动速度不可分割.

（ii）速度变换

S' 系以速度 v 沿 x 轴正方向相对 S 系运动，物体以速度 u' 相对于 S' 系运动.

速度变换

$$\begin{cases} u_x=\dfrac{u'_x+v}{1+u'_x v/c^2} \\ u_y=\dfrac{u'_y\sqrt{1-v^2/c^2}}{1+u'_x v/c^2} \\ u_z=\dfrac{u'_z\sqrt{1-v^2/c^2}}{1+u'_x v/c^2} \end{cases}, \qquad 其逆变换为 \begin{cases} u'_x=\dfrac{u_x-v}{1-u_x v/c^2} \\ u'_y=\dfrac{u_y\sqrt{1-v^2/c^2}}{1-u_x v/c^2} \\ u'_z=\dfrac{u_z\sqrt{1-v^2/c^2}}{1-u_x v/c^2} \end{cases}$$

3. 相对论质量和动量

物体的质量 m 是随速度而变化的，二者关系为

$$m=\frac{m_0}{\sqrt{1-v^2/c^2}}$$

相对论动量为

$$\boldsymbol{p}=\frac{m_0\boldsymbol{v}}{\sqrt{1-v^2/c^2}}$$

相对论动力学的基本方程

$$\boldsymbol{F}=\frac{\mathrm{d}\boldsymbol{p}}{\mathrm{d}t}=\frac{\mathrm{d}m}{\mathrm{d}t}\boldsymbol{v}+m\frac{\mathrm{d}\boldsymbol{v}}{\mathrm{d}t}$$

4. 相对论能量

$$E_k=E-E_0=mc^2-m_0 c^2$$

$$E=mc^2=\frac{m_0 c^2}{\sqrt{1-v^2/c^2}}$$

此式具有普遍的性质，表明质量和能量是彼此不可分割的，即使物体静止时，它本身也蕴藏着很大的能量.

5. 相对论能量与动量的关系

$$E=\sqrt{E_0^2+p^2c^2}=\sqrt{m_0^2c^4+p^2c^2}$$

p 是相对论中的动量.

习　题

5-1　前进中的火车车头和车尾各遭到一次雷击. 据车上的观察者测定这两次雷击是同时发生的. 试问,据地面上的观察者测定它们是否仍然同时? 如果不同时,何处先遭雷击?

5-2　相对论的时空观和经典力学的时空观有何不同? 有何联系?

5-3　试扼要叙述经典力学相对性原理和狭义相对论的相对性原理的不同之处?

5-4　相对论中的运动物体长度缩短与物体线度的热胀冷缩是否一回事?

5-5　在 S 参考系中观察到的两事件发生在空间同一地点,第二事件发生在第一事件以后 2s. 在另一相对 S 运动的 S' 参考系中观察到第二事件是在第一事件 3s 之后发生的,求在 S' 参照系中测量两事件之间的位置距离.

5-6　宇宙射线与大气相互作用时能产生 π 介子衰变,此衰变在大气上层放出叫做 μ 子的基本粒子. 这些 μ 子的速度接近光速($v=0.998c$). 由实验室内测得的静止 μ 子的平均寿命等于 2.2×10^{-6} s. 试问在 8000m 高空由 π 介子衰变放出的 μ 子能否飞到地面?

5-7　在惯性系 S 中,有两个事件同时发生在 x 轴上相距 1000m 的两点. 而在另一惯性系 S'(沿 x 轴方向相对于 S 系运动)中测得这两个事件发生的地点相距 2000m. 求在 S' 系中测得这两个事件的时间间隔.

5-8　一宇宙飞船相对地球以 $0.8c$(c 表示真空中光速)的速度飞行,一光脉冲从船尾传到船头,飞船上的观察者测得飞船长为 90m,地球上的观察者测得光脉冲从船尾发出和到达船头两个事件的空间间隔为多少.

5-9　观察者甲以 $4c/5$ 的速度(c 为真空中光速)相对于静止的观察者乙运动,若甲携带一长度为 l、截面积为 S、质量为 m 的棒,这根棒安放在运动方向上,则甲测得此棒的密度为多少? 乙测得此棒的密度为多少?

5-10　一立方体,沿其一棱的方向以速度 v 运动,试证其体积和密度分别是

$$V=V_0\sqrt{1-\beta^2}, \quad \rho=\gamma^2 m_0/V_0$$

其中,$\beta=v/c, \gamma=\dfrac{1}{\sqrt{1-v^2/c^2}}$.

5-11　在什么速度下粒子的动量等于其非相对论动量的两倍? 又在什么速度下粒子的动能等于非相对论动能的两倍?

5-12　把一个电子从静止开始加速到 $0.1c$,需对它做多少功. 如果将电子从 $0.9c$ 加速到 $0.99c$,又需要做多少功?

物理与新技术专题 1:

航 天 技 术

随着科学技术的不断进步,人类活动的领域不断扩大,陆、海、空、天成为人类活动的四大疆域. 两千多年前,船只的发明使人类活动由陆地延伸到了海洋;一百多年前,飞机的

发明使人类的活动延伸到了天空;1957 年,苏联第一颗人造地球卫星的成功发射揭开了人类进军太空的序幕.

航天技术又称为宇航技术或空间技术,它是研究如何使空间飞行器飞离大气层,进入宇宙空间,并在那里进行探测、研究、开发和利用等活动的一门高度综合性的技术.航天技术与能源技术、生物技术、信息技术、先进制造技术和材料技术等密切相关,一个国家航天技术的成就最能体现其科学技术的水平,它对一个国家的实力和进步起到重要的战略作用,能产生很高的经济和社会效益;一个国家只要占据了航天优势,就掌握了军事战略上的主动权;另外,在科学技术上它还能带动电子、自动化、遥感和生物等学科的发展,并形成卫星气象学、卫星海洋学、空间生物学和空间材料工艺学等一群新的边缘科学的发展.

现代航天技术主要包括运载器技术、航天器技术和测控技术三个方面. 航天器指的是在地球大气层外按天体力学规律运行的飞行器,包括各种人造地球卫星、载人飞船、空间站和行星探测器等;运载器是将航天器加速到一定速度使之足以克服地球引力与大气阻力进入预定的运行轨道的工具,现代的运载工具分运载火箭和航天飞机两种,前者是一次性使用,后者可多次使用;测控技术是由地面测控系统对航天器进行跟踪、遥测、遥控和保持通信联系的技术.下面是航天技术这三个方面的简单介绍.

1. 运载火箭

19 世纪末,俄国科学家齐奥尔科夫斯基第一次把古老的原始火箭与宇宙飞行联系起来,他提出了火箭推力的大小与火箭发射前后质量比的对数成正比的著名公式,为提高火箭的发动能力以及后来设计多级火箭奠定了基础,他还提出了多级火箭和惯性导航的概念以及大型液体火箭的设想与设计原理,是航天技术的奠基人之一,被誉为"航天之父".在他之后,1926 年美国工程师戈达德发射了世界上第一枚液体火箭.现代运载火箭的主要组成部分有箭体结构系统、动力装置系统和控制系统三大主系统,主系统工作的可靠与否将直接影响运载火箭飞行的成败.现代运载火箭多为两级以上的多级火箭,火箭一般采用液体推进剂,第一、第二级多用液氧、煤油、四氧化二氮或偏二甲肼;末级用液氧、液氢高能推进,这种低温技术比较复杂,目前只有美国、俄罗斯、法国、中国和日本等少数国家掌握.目前各航天大国都在研究开发新的运载火箭技术,新一代运载火箭具有运载能力更大,可靠性更强,采用无毒、无污染的推进剂等优点.

2. 航天飞机

航天飞机又称太空穿梭机,是一种有人驾驶的可重复使用的运载器,一般可乘坐 7 名宇航员(其中 3 名是机组人员,4 名是科技专家).美国从 1970 年开始研制航天飞机,动员了 47 个州的科研单位,共投资 70 亿美元,最后研制成功了"哥伦比亚号",于 1981 年 4 月 12 日试航成功.之后美国还研制了"挑战者号""发现号""亚特兰蒂斯号"和"奋进号".遗憾的是航天飞机的性能不稳定,1986 年"挑战者号"在第 10 次起飞 73s 后不幸爆炸,7 名宇航员全部遇难;2003 年"哥伦比亚号"进行了它的第 28 次飞行,在完成任务重返大气层的阶段中与控制中心失去联系,不久发现在得克萨斯州上空爆炸解体,机上 7 名宇航员全部罹难.由于安全因素,现在美国的航天飞机已全部退役.

3. 人造地球卫星

根据理论计算,当物体运动速度达到 $7.9km \cdot s^{-1}$ 时就能克服地球引力而不致落到地球上,成为像月亮一样的地球卫星. 现代运载火箭使人造地球卫星的发射成为可能. 人造地球卫星按用途分可分为三类:科学卫星、技术试验卫星和应用卫星(如通信卫星、气象卫星、侦察卫星、导航卫星等,种类很多). 人造地球卫星的运行轨道通常有三种:地球同步轨道、太阳同步轨道和极地轨道. 地球同步轨道是运行周期与地球自转周期相同的顺行轨道,其中有一种十分特殊的轨道,叫做地球静止轨道,在地球赤道上空 35 786km,地面上的人看到这条轨道上的卫星是静止不动的. 一般通信卫星、广播卫星和气象卫星选用这种轨道比较有利. 太阳同步轨道是指轨道平面绕地球自转轴旋转的方向与地球公转的方向相同,它距地球的高度不超过 6000km. 气象卫星、地球资源卫星一般采用这种轨道. 极地轨道是倾角为 90° 的轨道,在这条轨道上运行的卫星每圈都要经过地球两极上空,可以俯视整个地球表面. 气象卫星、地球资源卫星和侦察卫星常采用此轨道.

4. 载人飞船

载人飞船又称宇宙飞船,是能保障航天员在外层空间生活和工作以执行航天任务并返回地面的航天器. 载人飞船可以独立进行航天活动,也可用作往返于地面和空间站之间的"渡船",还能与空间站或其他航天器对接后进行联合飞行. 1961 年 4 月 12 日,苏联发射了世界第一艘载人飞船"东方 1 号",宇航员加加林乘坐"东方 1 号"绕地球飞行108min,开创了载人航天的新天地. 后来苏联又发射了"上升号"和"联盟号"飞船. 美国也于 1961 年 5 月起相继发射了"水星号""双子星座号""阿波罗号"等载人飞船."阿波罗号"飞船是登月飞船,首次把人送上了月球. 中国载人航天工程正式起步于 1992 年,经过 7 年的努力,1999 年 11 月 20 日 6 时 30 分在酒泉卫星发射中心新建成的载人飞船发射场,中国第一艘试验飞船"神舟 1 号"由新研制的长征二号 F 运载火箭发射升空,并准确进入轨道. 2005 年 10 月 12 日 9 时,"神舟 5 号"载人飞船在酒泉卫星发射中心发射成功,把中国第一位航天员杨利伟送上了太空,实现了中华民族千年的飞天梦想. 中国成为继美国、俄罗斯之后,世界上第三个掌握载人航天技术的国家.

5. 空间站

空间站是一种在近地轨道长时间运行,可供多名航天员巡访、长期工作和生活的载人航天器. 空间站分为单一式和组合式两种. 单一式空间站可由航天运载器一次发射入轨,组合式空间站则由航天运载器分批将组件送入轨道,在太空组装而成. 空间站结构复杂,体积比较大. 在轨道飞行时间较长,有多种功能,能开展的太空科研项目也多而广. 空间站的基本组成是以一个载人生活舱为主体,再加上有不同用途的舱段,如工作实验舱、科学仪器舱等. 空间站外部必须装有太阳能电池板和对接舱口,以保证站内电能供应和实现与其他航天器的对接. 到目前为止,全世界已发射了 9 个空间站. 其中前苏联共发射 8 座,美国发射 1 座. 按时间顺序讲,前苏联是首先发射载人空间站的国家. 其"礼炮 1 号"空间站在 1971 年 4 月发射,后在太空与"联盟号"飞船对接成功,有 3 名航天员进站内生活工作近 24 天,完成了大量的科学实验项目,但这 3 名航天员乘"联盟 11 号"飞船返回地球过程中,由于座舱漏气减压,不幸全部遇难."礼炮 2 号"发射到太空后由于自行解体而失败.后来发射的"礼炮 3 号""礼炮 4 号""礼炮 5 号"小型空间站均获成功,航天员进站内工作,完成多项科学实验."礼炮 6 号""礼炮 7 号"空间站相对大些,也有人称它们为第二代空间站.它们各有两个对接口,可同时与两艘飞船对接,航天员在站上先后创造过 210 天和237 天长期生活记录,还创造了首位女航天员出舱作业的记录.1986 年 2 月 20 日发射入轨的"和平号"空间站,在 2000 年底因部件老化(设计寿命 10 年)且缺乏维修经费,俄罗斯航天局决定将其坠毁."和平号"最终于 2001 年 3 月 23 日坠入地球大气层.美国在 1973年 5 月 14 日发射成功一座叫"天空实验室"的空间站,它在 435km 高的近圆空间轨道上运行,宇航员进行了 270 多项生物医学、空间物理、天文观测、资源勘探和工艺技术等试验,拍摄了大量的太阳活动照片和地球表面照片,研究了人在空间活动的各种现象.直到1979 年 7 月 12 日在南印度洋上空坠入大气层烧毁.1983 年,美国总统里根首先提出了国际空间站的设想,经过近十余年的探索和多次重新设计,国际空间站才于 1993 年完成设计并开始实施.国际空间站以美国、俄罗斯为首,包括日本、加拿大、巴西等共 16 个国家参与研制.国际空间站作为科学研究和开发太空资源的手段,为人类提供了可以长期在太空轨道上进行对地观测和天文观测的机会,仅就太空微重力这一特殊因素来说就能给研究生命科学、生物技术、材料科学、流体物理、燃烧科学等提供远优于地球上的条件,直接促进这些学科的发展.同时,国际空间站的建成和应用也是向着建造太空工厂、太空发电站,进行太空旅游,建立永久性居住区,向其他星球移民等远期目标接近了一步.2011 年 9 月29 日,中国在酒泉卫星发射中心成功发射了"天宫一号",这是中国第一个空间实验室,也是中国空间站的起点.据悉中国将于 2016 年发射"天宫二号"空间实验室,并发射"神舟11 号"载人飞船和"天舟一号"货运飞船,与"天宫二号"交会对接.

6. 航天测控系统

航天测控系统是对运行中的航天器(运载火箭、人造地球卫星、宇宙飞船和其他空间飞行器)进行跟踪、测量和控制的大型电子系统.第二次世界大战以后不久,在火箭试验中就已采用某些光学和电子测量系统,如光学跟踪经纬仪和多普勒测速仪,但是完整的航天测控系统则是在人造地球卫星出现之后才逐步形成的.

航天测控系统包括以下各种系统:

(1) 跟踪测量系统:跟踪航天器,测定其弹道或轨道.

(2) 遥测系统:测量和传送航天器内部的工程参数和用敏感器测得的空间物理参数.

(3) 遥控系统:通过无线电对航天器的姿态、轨道和其他状态进行控制.

(4) 计算系统:用于弹道、轨道和姿态的确定以及实时控制中的计算.

(5) 时间统一系统:为整个测控系统提供标准时刻和时标.

(6) 显示记录系统:显示航天器遥测、弹道、轨道和其他参数及其变化情况,必要时予以打印记录.

(7) 通信、数据传输系统:作为各种电子设备和通信网络的中间设备,沟通各个系统之间的信息,以实现指挥调度.

　　跟踪测量、遥测和遥控系统是整个测控系统的基本部分. 由地面的和装在航天器上的两部分电子设备组成. 电子测控系统的优点是可以对航天器全天候跟踪,而且有较好的灵活性和足够的精度. 从系统工程的角度来看,对航天器跟踪测量所得的数据,经过计算,可给出弹道、轨道或位置的信息;而遥测所提供的数据,经过处理、分析可给出航天器的状态信息;它们都是系统中反馈回路的重要信息源. 遥控则是控制系统中的执行机构. 电子测量和控制系统的地面部分,必须与装在航天器上的电子设备相配合才能完成测控任务. 对于测量,航天器上必须有相应的信标机或应答机,它们发回地面跟踪和测速用的射频信号,应答机还发回测距信息. 对于遥测,航天器上必须有检测各种参数的传感器和发送这些参数的射频发射机. 对于遥控,航天器上必须有指令接收机. 因此,航天器上的和地面的两部分电子设备在设计时应该结合起来统一考虑. 为了提高测量的精确性和扩大信息的传输量,测控设备所用的无线电频率大部分已经提高到微波波段. 为了减少航天器上电子设备的重量、体积,特别是要减少天线的数目,将各种测控功能适当地综合在一个统一的射频载波上是一个重要的发展. 这种系统称为微波统一测控系统. 中国研制的微波统一测控系统灵活多用,可进行单站或多站测量. 计算系统是整个测控系统的核心. 各个测控站和各个设备都可用自己的计算机来处理本站和本机的数据,但大数据量的计算以及根据计算结果进行分析和作出控制决策等,一般都要集中到测控中心来做. 因此,在测控中心应装有容量大、速度高的计算机,并能双工工作以保证可靠性. 在主机前端则可采用较小的计算机来进行数据的编辑、选择和预处理. 主机的计算结果,一方面输入显示系统加以显示,以便指挥控制人员能据此作出决策;另一方面也可以由计算机在人的监视下进行自动分析、决策,直接选择控制参数,通过遥控信道发出指令. 这些计算、分析、人—机对话和决策,都须依靠计算机软件系统来实现. 因此,编制适当的软件,经过演练确认其正确性,定型后并在实际中使用,是测控系统在航天器发射和管理中的一项十分重要的工作. 随着应用卫星的发展,特别是导航卫星、高分辨率遥感卫星、载人飞船的会合和对接、航天飞机以及行星际和更远距离的航行,对航天测控系统提出了更高的要求:①提高卫星测轨、定位和姿态测定的精度;②提高卫星或飞船机动控制的实时性和精确性;③特远距离时的跟踪测量和高速数据传输. 更精密的光学和电子测控系统,更大容量和更高运算速率的计算机,更高精确度的时间标准和更高效率的通信体制等,都是为解决上述问题需要研究的课题.

第二篇 电 磁 学

随着科学技术的发展,人类对物质世界的认识不断深化.其中电磁学的研究在 19 至 20 世纪有了长足的进展,在人类科技发展史上写下了前所未有的绚丽篇章.在很长一段时间里电学与磁学曾彼此不相干地发展着.人类对磁的认识和利用可追溯到 2000 年前的古代,而对磁本质的研究进展缓慢.对电的认识相对滞后,但进展却相对快捷.真正有重大突破,已是最近几个世纪的事了.特别是 19 世纪初,丹麦物理学家奥斯特因为一个偶然的机会,发现小磁针在电流周围发生了偏转,科学家对事物的特殊敏感性使他发现:电流周围存在磁场.至此,才将电和磁联系到一起.这个事实促使许多物理学家,如安培、法拉第、麦克斯韦等,对电磁学进行了研究.最终由麦克斯韦创建了统一的电磁场理论,提出电磁波的概念并指出光也是一种电磁波.电磁场理论的建立无论是在物理学史上,还是在人类科技发展史上都具有里程碑意义,推进了人类社会文明的进程,电力、无线电和电子工业随之而兴起.

在新学科、新门类不断涌现的今天,电磁学在人类社会活动的方方面面仍扮演着重要的、不可或缺的角色.电磁学是电工学、电子线路和电动力学等后续课程的重要基础.

本篇从场的概念出发,主要介绍了描述电场和磁场的一些基本特性,电场和磁场对物质(实物物质)的作用规律及相互影响,以及电场和磁场的联系,完整地展示了麦克斯韦电磁场理论.

磁悬浮列车(来源:http://image.haosou.com/v? q)

磁悬浮列车是一种靠磁悬浮力(即磁的吸力和排斥力)来推动的列车.其轨道的磁力使之悬浮在空中,行走时不同于其他列车需要接触地面,因此只受来自空气的阻力.磁悬浮列车的速度可达 400km·h⁻¹ 以上,比轮轨高速列车的 380 多千米·小时⁻¹ 还要快.磁悬浮技术的研究源于德国,早在 1922 年,德国工程师赫尔曼·肯佩尔就提出了电磁悬浮原理,并于 1934 年申请了磁悬浮列车的专利.20 世纪 70 年代以后,随着世界工业化国家经济实力的不断加强,为提高交通运输能力以适应其经济发展的需要,德国、发达国家以及中国都相继开始筹划进行磁悬浮运输系统的开发.目前的最高时速是日本磁浮火车在 2003 年达到的 581km·h⁻¹.

第6章 静 电 场

相对于观察者静止的电荷在其周围空间激发产生的电场,是静电场.本章研究真空中的静电场的基本性质和规律.介绍电场中两个重要的物理量:电场强度和电势,以及它们的关系.介绍研究矢量场的方法:叠加原理、高斯定理和环路定理,为整个电磁学的学习打下重要的基础.

6.1 库仑定律 静电场

6.1.1 电荷的量子化

卢瑟福的 α 粒子大角度散射实验表明:原子是由一个几乎集中了所有的质量和全部正电荷的核和绕核运转的带负电的电子组成的.后来又经过查德威克和布拉凯特等在核裂变实验中证实,原子核是由质子和中子组成.研究发现,一个电子和一个质子所带电荷的多少,即电量是相同的,但电荷的属性却是不同的.在物理学史上,电子上所带电荷被确定为负电荷,用字母 e 表示一个电子所携带的电量大小.根据 1999 年公布的数据,电子电荷的测量值为

$$e = 1.602176462(83) \times 10^{-19} \text{C}$$

近似值为

$$e = 1.60 \times 10^{-19} \text{C}$$

质子所携带的电荷由于属性不同,被确定为正电荷.一个质子所携带的电量也可以用 e 表示.一个电子的电量为一个基元电量,是电量的最小单元.任何带电体的电量都应该是基元电量 e 的整数倍,即有 $Q = ne$.

近代关于基本粒子的研究认为,构成基本粒子的夸克,具有 $\pm\frac{1}{3}e$ 或 $\pm\frac{2}{3}e$ 的电量.由于夸克禁闭,尚未能在实验中发现单独存在的夸克.也曾有人宣称在铌球上发现分数电荷,因重复性不好,至今认为自然界基元电量为 e.可见基元电量的最后确定有待进一步的研究探讨,但电量是量子化的却是毋庸置疑的.

6.1.2 电荷守恒定律

一个原本不带电的物体,可以采用一定的措施使其带电.比方说,用丝绸摩擦玻璃棒或用毛皮摩擦橡胶棒,摩擦后的玻璃棒或橡胶棒都会吸引轻小的物体.也可以将一个导体置于电场中,于是原本中性不带电的导体两端会分离出等量异号的电荷.若其中部可以分开,于是获得两个带等量异号电荷的独立体.而这分开的,带等量异号电荷的两部分导体,在没有其他外电场的情况下,再并合到一起,由于正负电荷中和,最后导体不显电性.即使带单一电荷的物体,也可以通过接地,或与其他导体相接触等方式,使其变为不带电或少

带电.这是宏观过程中的情况,近代科学实验证明:当一对正负电子彼此靠近时,会发生湮灭现象,在消失处产生电中性的 γ 射线(高能光子);而当高能光子与重原子核碰撞时,会转化成正负电子对.可见在场物质与实物物质相互转化的微观过程中,系统电荷的代数和也不会发生变化.从大量实验事实中,可以得出这样的结论:在一个孤立系统中,无论在宏观还是微观的物理过程中,正负电荷的代数和始终保持不变.这就是电荷守恒定律.电荷是在一切相互作用中保持不变的守恒量.

6.1.3 库仑定律

两静止点电荷之间的电相互作用遵循着一个与两质点间的万有引力相类似形式的作用规律.这是法国科学家库仑于 1785 年通过扭秤实验总结的一条以实验为基础的规律,称作库仑定律.叙述如下:

在真空中,两静止点电荷之间的相互作用力的大小与两点电荷电量的乘积成正比,与两点电荷间距离的平方成反比.作用力的方向沿着两点电荷的连线,同号电荷为斥力,异号电荷为引力. 如图 6-1 所示.

图 6-1 中关系写成矢量式为

图 6-1 两个点电荷之间的作用力

$$\boldsymbol{F}_{12} = k\frac{q_1 q_2}{r_{12}^2}\boldsymbol{r}_{012} \tag{6-1a}$$

式中,$\boldsymbol{r}_{012}$ 为单位矢径,有 $\boldsymbol{r}_{012} = \dfrac{\boldsymbol{r}_{12}}{|\boldsymbol{r}_{12}|} = \dfrac{\boldsymbol{r}_{12}}{r_{12}}$. k 为比例系数,在 SI 中,$k = 8.9875 \times 10^9\,\mathrm{N \cdot m^2 \cdot C^{-2}}$,近似为 $k = 9.0 \times 10^9\,\mathrm{N \cdot m^2 \cdot C^{-2}}$.

通常令 $k = \dfrac{1}{4\pi\varepsilon_0}$,$\varepsilon_0$ 称为真空电容率或真空介电常量.

$$\varepsilon_0 = \frac{1}{4\pi k} = 8.854187817 \times 10^{-12}\,\mathrm{C^2 \cdot N^{-1} \cdot m^{-2}}$$

近似为

$$\varepsilon_0 = 8.85 \times 10^{-12}\,\mathrm{C^2 \cdot N^{-1} \cdot m^{-2}}$$

同号点电荷之间为斥力,异号点电荷之间为引力.真空中的库仑定律通常写为

$$\boldsymbol{F}_{12} = \frac{1}{4\pi\varepsilon_0}\frac{q_1 q_2}{r_{12}^2}\boldsymbol{r}_{012} \tag{6-1b}$$

真空中的两点电荷之间的库仑力,不会因为其他点电荷的存在而受到影响.在点电荷系中,某一点电荷受到其他点电荷的库仑力的合力,为该点电荷所受其他各点电荷的库仑力的矢量叠加.此规律为静电力的叠加原理.例如,点电荷 q 在 n 个点电荷组成的系统中,所受合力为

$$\boldsymbol{F} = \boldsymbol{F}_1 + \boldsymbol{F}_2 + \cdots + \boldsymbol{F}_i + \cdots + \boldsymbol{F}_n = \sum_{i=1}^{n}\frac{1}{4\pi\varepsilon_0}\frac{q q_i}{r_i^2}\boldsymbol{r}_{0i} \tag{6-2}$$

式中 $\boldsymbol{r}_{0i}$ 为单位矢径,$\boldsymbol{r}_{0i} = \dfrac{\boldsymbol{r}_i}{r_i}$.

6.1.4 电场强度

电场对进入其中的电荷有力的作用.电场的这种性质是用电场强度(场强)来表示的.

为检验或测定电场中某点的电场强度,我们引进试验电荷 q_0.试验电荷的特点是所带电量少,不会影响或很少影响原电场的分布;体积小,放在电场中,可以有确定的位置.通常取正试验电荷进行检测.试验电荷 q_0 在电场中受到电场力 F 的作用.试验检测的结果发现,试验电荷在电场中不同点的 $\dfrac{F}{q_0}$ 的比值大小和方向可能不同,但在电场中给定点的 $\dfrac{F}{q_0}$ 的比值大小和方向是一定的,体现了电场在该点的性质.我们就用 $\dfrac{F}{q_0}$ 定义电场中某点的电场强度.电场强度用 E 表示,即

$$E = \frac{F}{q_0} \tag{6-3}$$

电场强度为矢量,单位为 $N \cdot C^{-1}$.它的物理意义是**电场中某点的电场强度,等于单位正电荷在该点受到的电场力**.即电场强度的大小等于单位电荷在该点受到的电场力的大小,电场强度的方向与正电荷在该点受到的电场力的方向相同.

定义式(6-3)适用于静止电荷产生的静电场,以及其他任何形式的电场.

6.2 场强叠加原理 连续带电体的电场

6.2.1 场强叠加原理

在 n 个点电荷所形成的电场中,某点场强的确定,仍可采用引进试验电荷 q_0 的方法,用单位正电荷所受到的力定义点电荷系电场中某点的电场强度.根据静电力叠加原理,试验电荷 q_0 在点电荷系电场中受到的电场力为每一个点电荷单独存在时,试验电荷所受电场力的矢量叠加.试验电荷 q_0 所在点处的场强,根据电场强度定义式(6-3)为

$$E = \frac{F}{q_0} = \frac{F_1}{q_0} + \frac{F_2}{q_0} + \cdots + \frac{F_i}{q_0} + \cdots + \frac{F_n}{q_0}$$

$$= E_1 + E_2 + \cdots + E_i + \cdots + E_n = \sum_{i=1}^{n} E_i \tag{6-4}$$

点电荷系电场中某点的电场强度,等于各点电荷在该点单独产生的电场强度的矢量和.这就是电场强度叠加原理.

6.2.2 点电荷的场强

真空中有点电荷 q 形成的电场.在距 q 为 r 处的 P 点放一试验电荷 q_0,受到的库仑力为 $F = \dfrac{1}{4\pi\varepsilon_0} \dfrac{qq_0}{r^2} r_0$,根据定义式(6-3),点电荷 q 在 P 点产生的场强为

$$E = \frac{1}{4\pi\varepsilon_0} \frac{q}{r^2} r_0 \tag{6-5}$$

式中单位矢径 $r_0 = \dfrac{r}{r}$.

图 6-2 点电荷的电场强度

图 6-2 为点电荷电场强度示意图. 矢径 r 由点电荷 q 指向场点 P,正电荷的场强方向径向向外,负电荷的场强方向指向负电荷.

6.2.3 点电荷系的场强

有了点电荷电场的场强表达式,再根据场强叠加原理,可以得到点电荷系电场的场强.

设真空中,由 n 个点电荷组成的系统,q_1 在某点 P 产生的场强为 $E_1 = \dfrac{1}{4\pi\varepsilon_0} \dfrac{q_1}{r_1^2} r_{01}$,$q_2$ 在 P 点产生的场强为 $E_2 = \dfrac{1}{4\pi\varepsilon_0} \dfrac{q_2}{r_2^2} r_{02}$,以此类推,$q_i$ 在 P 点的场强为 $E_i = \dfrac{1}{4\pi\varepsilon_0} \dfrac{q_i}{r_i^2} r_{0i}$,则该点电荷系在 P 点产生的合场强为

$$E = \sum_i E_i = \sum_{i=1}^{n} \frac{1}{4\pi\varepsilon_0} \frac{q_i}{r_i^2} r_{0i} \tag{6-6}$$

例 6-1 彼此靠近,带等量异号点电荷的系统,称为电偶极子. 由 $\pm q$ 组成的电偶极子,矢径 l 由负电荷指向正电荷,称作电偶极子的轴. 电量 q 与矢径 l 的乘积称作电偶极矩,简称电矩,用 p 表示,即

$$p = ql \tag{6-7}$$

p 为表征电偶极子特性的物理量. 计算真空中:

(1)电偶极子延长线上 P 点的场强;

(2)电偶极子中垂线上 Q 点的场强;

(3)电偶极子在匀强电场中受到的力矩 .

解 (1)建立坐标如图 6-3 所示,原点 O 设在矢径的中点. O 到 P 点的距离为 $r(r \gg l)$,则正、负点电荷在 P 点的场强为

$$E_{P_+} = \frac{1}{4\pi\varepsilon_0} \frac{q}{\left(r - \dfrac{l}{2}\right)^2}, \quad E_{P_-} = \frac{1}{4\pi\varepsilon_0} \frac{q}{\left(r + \dfrac{l}{2}\right)^2}$$

E_{P_+} 与 E_{P_-} 方向相反,均在轴线的延长线上. 合场强

$$E_P = E_{P_+} - E_{P_-} = \frac{1}{4\pi\varepsilon_0} \frac{2qrl}{\left(r^2 - \dfrac{l^2}{4}\right)^2}$$

$r \gg l$,所以

$$E_P = \frac{2ql}{4\pi\varepsilon_0 r^3} = \frac{2p}{4\pi\varepsilon_0 r^3}$$

写成矢量式为

图 6-3 电偶极子电场强度的计算

$$E = \frac{p}{2\pi\varepsilon_0 r^3} \tag{6-8}$$

电偶极子延长线上一点的场强与电矩同向.

（2）设原点到 Q 点距离为 r，点电荷 q 与 Q 点连线与 x 轴夹角为 θ，正负点电荷在 Q 点产生的场强值相等，方向如图 6-3 所示.

$$E_{Q_+} = E_{Q_-} = \frac{1}{4\pi\varepsilon_0}\frac{q}{r^2 + \dfrac{l^2}{4}}$$

其合场强为

$$E_Q = E_{Q_+}\cos\theta + E_{Q_-}\cos\theta = \frac{2q\cos\theta}{4\pi\varepsilon_0\left(r^2 + \dfrac{l^2}{4}\right)} = \frac{ql}{4\pi\varepsilon_0\left(r^2 + \dfrac{l^2}{4}\right)^{3/2}}$$

而 $r \gg l$，则

$$E_Q = \frac{ql}{4\pi\varepsilon_0 r^3} = \frac{p}{4\pi\varepsilon_0 r^3} = \frac{1}{2}E_P$$

矢量式为

$$\boldsymbol{E} = -\frac{\boldsymbol{p}}{4\pi\varepsilon_0 r^3} \tag{6-9}$$

电偶极子在中垂线上一点的场强与电矩反向.

（3）电偶极子在匀强电场中，矢径 $\boldsymbol{l}$ 与电场 $\boldsymbol{E}$ 夹角为 φ，如图 6-4 所示.正负电荷受力，分别为 $\boldsymbol{F}_+ = q\boldsymbol{E}$，$\boldsymbol{F}_- = -q\boldsymbol{E}$.两力大小相等，方向相反，系统合力为零.但两力不在一条作用线上，形成一对力偶，使电矩 $\boldsymbol{p}$ 转向外电场 $\boldsymbol{E}$ 的方向.合力矩为

$$\boldsymbol{M} = \boldsymbol{l} \times \boldsymbol{F} = q\boldsymbol{l} \times \boldsymbol{E} = \boldsymbol{p} \times \boldsymbol{E} \tag{6-10}$$

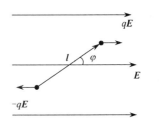

图 6-4 电偶极子在匀强电场
中受到的力矩

力矩大小

$$M = pE\sin\varphi$$

若在非匀强电场中，电偶极子不仅受到力矩作用会发生转动，还会因合外力不为零，而发生平动.

6.2.4 电荷连续分布的带电体的场强

当带电体上的电荷为连续分布时，可以认为带电体是由无数电荷元 $\mathrm{d}q$ 组成的.电荷元 $\mathrm{d}q$ 可以看成是点电荷，那么任何一个电荷元在空间 P 点产生的电场为 $\mathrm{d}\boldsymbol{E}$，根据点电荷的场强公式（6-5），有

$$\mathrm{d}\boldsymbol{E} = \frac{1}{4\pi\varepsilon_0}\frac{\mathrm{d}q}{r^2}\boldsymbol{r}_0 \tag{6-11}$$

式中，r 为电荷元 $\mathrm{d}q$ 到场点 P 的距离，$\boldsymbol{r}_0$ 为单位矢径.运用场强叠加原理，考虑到电荷是连续分布的，则整个带电体在空间 P 点产生的总场强可由积分得

$$E = \int \frac{1}{4\pi\varepsilon_0} \frac{\mathrm{d}q}{r^2} \boldsymbol{r}_0 \qquad (6\text{-}12)$$

只要知道电荷的分布,应用点电荷场强公式和场强叠加原理,就可以求得带电体的电场在空间的分布情况.

式(6-12)为矢量式,在实际应用中并不方便. 通常是在选定的坐标系中,用分量式运算,再求合场强的大小和方向. 在某些特殊对称的情况下,对分量式讨论分析后,会使运算更简便.

式(6-12)中电荷元 $\mathrm{d}q$ 的具体表达式,视带电体本身的形状特点及电荷的分布而定. 一般来讲,当电荷为体分布时,设电荷体密度为 ρ,体积元为 $\mathrm{d}V$,电荷元 $\mathrm{d}q = \rho\mathrm{d}V$;当电荷为面分布时,设电荷面密度为 σ,面积元为 $\mathrm{d}S$,则 $\mathrm{d}q = \sigma\mathrm{d}S$;当电荷为线分布时,设电荷线密度为 λ,线元为 $\mathrm{d}l$,则 $\mathrm{d}q = \lambda\mathrm{d}l$.

例 6-2 求长度为 l,电荷线密度为 λ 的均匀带电直线,在距离导线为 a 处的 P 点的电场强度.

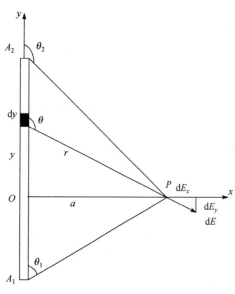

图 6-5 均匀带电直线的电场强度

解 如图 6-5 所示建立坐标系,P 点到导线的垂足为坐标原点 O,x 轴沿 OP 方向,y 轴沿带电直线,向上为正. 在距离原点 y 处,选择长为 $\mathrm{d}y$ 的电荷元,它在 P 点所产生的电场强度大小为

$$\mathrm{d}E = \frac{1}{4\pi\varepsilon_0} \cdot \frac{\lambda\mathrm{d}y}{r^2}$$

因为

$$r = \frac{a}{\sin\theta}, \quad y = -a\cot\theta, \quad \mathrm{d}y = \frac{a}{\sin^2\theta}\mathrm{d}\theta$$

所以

$$\mathrm{d}E = \frac{1}{4\pi\varepsilon_0} \cdot \frac{\lambda\mathrm{d}\theta}{a}, \quad \mathrm{d}E_x = \mathrm{d}E\sin\theta$$

$$\mathrm{d}E_y = -\mathrm{d}E\cos\theta$$

$$E_x = \frac{\lambda}{4\pi\varepsilon_0 a} \int_{\theta_1}^{\theta_2} \sin\theta\mathrm{d}\theta = \frac{\lambda}{4\pi\varepsilon_0 a}(\cos\theta_1 - \cos\theta_2)$$

$$E_y = \frac{\lambda}{4\pi\varepsilon_0 a} \int_{\theta_1}^{\theta_2} -\cos\theta\mathrm{d}\theta = \frac{\lambda}{4\pi\varepsilon_0 a}(\sin\theta_1 - \sin\theta_2)$$

因此,P 点的电场强度为

$$\boldsymbol{E} = E_x\boldsymbol{i} + E_y\boldsymbol{j}$$

当直线的长度远大于到 P 点的距离 a 时,可把直线看成无限长,$\theta_1 = 0$,$\theta_2 = \pi$,则

$$E_x = \frac{\lambda}{2\pi\varepsilon_0 a}, E_y = 0$$

上式表明,无限长带电直线在距离为 a 处产生的电场强度,方向垂直于带电直线,数值随着距离 a 的增大而减小,电场具有关于带电直线的轴对称性.

例 6-3 计算真空中,半径为 R,电量为 $q(q>0)$ 的均匀带电圆环轴线上一点的场强.

解 以圆环中心 O 为坐标原点,过环心垂直环面的轴线为 x 轴,轴上一点 P 到原点的距离为 x,如图 6-6 所示.

均匀带电圆环的电荷线密度 $\lambda = \dfrac{q}{2\pi R}$,在圆环上

任取电荷元 $\mathrm{d}q = \lambda \mathrm{d}l$.电荷元 $\mathrm{d}q$ 到 P 点的距离为 r,在 P 点产生的场强大小为

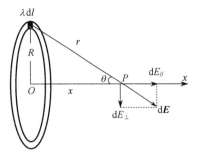

$$\mathrm{d}E = \frac{1}{4\pi\varepsilon_0}\frac{\lambda \mathrm{d}l}{r^2}$$

将 $\mathrm{d}\boldsymbol{E}$ 沿轴线和垂直轴线的方向分解,得

$$\mathrm{d}E_{/\!/} = \mathrm{d}E\cos\theta$$
$$\mathrm{d}E_\perp = \mathrm{d}E\sin\theta$$

图 6-6 均匀带电圆环轴线上
任一点处的电场强度

根据圆环关于轴线的对称性分析可知,任一电荷元都可以沿直径找到与其对称的另一电荷元,它们在 P 点产生的场强的垂直于轴的分量互相抵消,可见有

$$E_\perp = 0$$

由轴线方向的场强得到合场强

$$E = E_{/\!/} = \int \mathrm{d}E_{/\!/} = \frac{\lambda x}{4\pi\varepsilon_0 r^3}\int_0^{2\pi R}\mathrm{d}l = \frac{2\pi R\lambda x}{4\pi\varepsilon_0 r^3} = \frac{qx}{4\pi\varepsilon_0(x^2+R^2)^{3/2}} \tag{6-13}$$

方向垂直环面指向远方.

当 $x=0$ 时,$E_O=0$,环心处场强为零.

若 $x \gg R$,$(x^2+R^2)^{3/2} \approx x^3$,则有

$$E = \frac{q}{4\pi\varepsilon_0 x^2}$$

可见圆环在远离环处产生的场强等同于点电荷的场强.

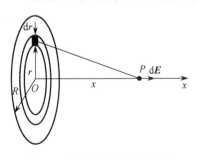

图 6-7 均匀带电圆盘轴线上
任一点处的电场强度

例 6-4 计算半径为 R,带电量为 q 的均匀带电圆盘轴线上一点的场强.

解 这道例题比较简便的做法是直接利用例 6-3 的结果式(6-13).

建立坐标如图 6-7 所示.带电圆盘电荷面密度为 $\sigma = \dfrac{q}{\pi R^2}$.将圆盘分割成无数多同心的细圆环.任取一半径为 r,宽度为 $\mathrm{d}r$ 的细圆环,其上电量为 $\mathrm{d}q = 2\sigma\pi r\mathrm{d}r$.该圆环在 P 点产生的场强沿 x 轴正向.根据式(6-13)有

$$\mathrm{d}E = \frac{\mathrm{d}qx}{4\pi\varepsilon_0(x^2+r^2)^{3/2}} = \frac{2\sigma\pi xr\mathrm{d}r}{4\pi\varepsilon_0(x^2+r^2)^{3/2}}$$

由于各圆环在 P 点的场强方向相同,带电圆盘在轴线上 P 点的场强为

$$E = \int \mathrm{d}E = \frac{\sigma x}{2\varepsilon_0}\int_0^R \frac{r\mathrm{d}r}{(r^2+x^2)^{3/2}} = \frac{\sigma}{2\varepsilon_0}\left[1 - \frac{x}{(R^2+x^2)^{1/2}}\right]$$

方向沿 x 轴指向远方.

当 $x \ll R$ 时,有

$$E = \frac{\sigma}{2\varepsilon_0} \tag{6-14}$$

可见在带电圆盘表面中心附近时,可将圆盘视为无限大均匀带电平面.

当 $x \gg R$ 时,由于 $\left[1 + \left(\dfrac{R}{x} \right)^2 \right]^{-1/2} \approx 1 - \dfrac{1}{2} \left(\dfrac{R}{x} \right)^2$,有

$$E = \frac{\sigma \pi R^2}{4\pi\varepsilon_0 x^2} = \frac{q}{4\pi\varepsilon_0 x^2}$$

场点远离带电圆盘时,可近似将带电圆盘视为点电荷.

6.3 静电场的高斯定理及其应用

6.3.1 静电场的电场线

通过实验,我们可以将静电场的分布情况显现出来. 例如,在蓖麻油里撒上针状碎屑,然后加上电场,悬浮在油中的碎屑会按一定的规律排列起来,显示出电场的分布情况.

为了直观形象地描绘电场的分布情况,引入了电场线这种辅助工具. 图 6-8 是几种常见电场的电场线图形,从中可以看出电场线的性质.

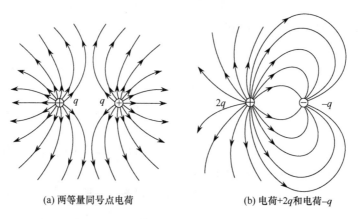

(a) 两等量同号点电荷   (b) 电荷+2q和电荷−q

图 6-8 电场线图形

静电场的电场线始于正电荷,止于负电荷,不会中断,不会相交. 电场线上某点的切线方向表示该点场强方向. 电场中任意确定点只有一个电场方向. 静电场的电场线不会形成闭合线.

电场线的疏密反映了场强的强弱. 用通过垂直于 $\boldsymbol{E}$ 单位面积的电场线条数定义电场中某点的电场强度值. 用 $dS_\perp$ 表示电场中某点与电场线垂直的面积元,用 $d\Phi_e$ 表示穿过面积元 $dS_\perp$ 的电场线条数. 于是电场中该点的电场强度大小可表示为

$$E = \frac{d\Phi_e}{dS_\perp} \tag{6-15}$$

6.3.2 电通量

电场中穿过某一面积 S 的电场线条数,称作穿过这个面的电通量(也可称作 E 通量或电场强度通量),用字母 Φ_e 表示.

在匀强电场中,有一面积为 S 的平面,垂直电场线放置,如图 6-9 所示.穿过这个平面 S 的电通量为

$$\Phi_e = ES$$

若平面的法线方向 n 与电场 E 夹 θ 角,如图 6-10 所示,可以将平面 S 投影到与电场垂直的方向上,$S_\perp = S\cos\theta$.穿过这个平面的电通量为

$$\Phi_e = ES_\perp = ES\cos\theta \tag{6-16a}$$

图 6-9 匀强电场垂直于平面时电通量的计算 图 6-10 匀强电场中任意平面电通量的计算

写成矢量点积的形式为

$$\Phi_e = \boldsymbol{E} \cdot \boldsymbol{S} \tag{6-16b}$$

在非均匀电场中,计算穿过一个任意曲面的电通量,如图6-11所示.先将这个曲面分割成许多小的面积元,取其中的一个面积元 $d\boldsymbol{S}$,在这个很小的范围内,电场强度可视为不变,穿过这个面积元的电通量为

$$d\Phi_e = \boldsymbol{E} \cdot d\boldsymbol{S} = E\cos\theta dS$$

面积元矢量 $d\boldsymbol{S}$,大小等于 dS,方向为面积元 $d\boldsymbol{S}$ 的法线方向.

穿过整个曲面的电通量,可以用积分的方法求得

$$\Phi_e = \int_S \boldsymbol{E} \cdot d\boldsymbol{S} = \int_S E\cos\theta dS \tag{6-17a}$$

若为闭合曲面,则有

$$\Phi_e = \oint_S \boldsymbol{E} \cdot d\boldsymbol{S} = \oint_S E\cos\theta dS \tag{6-17b}$$

从前面介绍的情况,可以看出电通量是有正负的,这是由电场强度和面元法线方向的夹角决定的.

对于平面的法线正向的确定,可视具体情况而定;对于曲面的法线正向,通常规定凸面向外为法线正方向;对于闭合曲面,穿出闭合面的电通量为正,反之为负.

图 6-11 任意电场中通过任意
曲面电通量的计算

6.3.3 高斯定理

高斯定理是反映静电场规律的一条重要定理.下面从点电荷激发的电场入手推证高

斯定理.

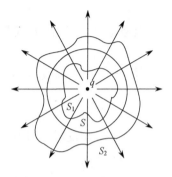

图 6-12 任意闭合曲面包围点
电荷时电通量的计算

设在真空中,有一个点电荷 q 置于其中,以点电荷 q 所在位置为球心,做一个半径为 r 的球面 S,见图 6-12. 可以计算出通过这个闭合球面的电通量

$$\Phi_e = \oint_S E \cdot dS = \oint_S \frac{q}{4\pi\varepsilon_0 r^2} dS = \frac{q}{4\pi\varepsilon_0 r^2} \cdot 4\pi r^2 = \frac{q}{\varepsilon_0}$$

若在球面 S 内做任意闭合面 S_1,可知穿过球面 S 的电场线必穿过 S_1 面,而且穿过的总条数也等于 $\frac{q}{\varepsilon_0}$. 同理,对于任意闭合面 S_2 来讲,穿过 S_2 的电通量也应该是 $\frac{q}{\varepsilon_0}$.

可见,穿过闭合面的电通量,完全由闭合面内的电荷决定,与电荷的位置以及闭合面的形状无关.

因此,当真空中有 n 个点电荷,做一个闭合面将这些点电荷都包围起来,由前面所讲的内容可知,这 n 个点电荷穿过该闭合面的总电通量为

$$\Phi_e = \oint_S E \cdot dS = \oint_S E_1 \cdot dS + \oint_S E_2 \cdot dS + \cdots + \oint_S E_n \cdot dS$$

$$= \frac{q_1}{\varepsilon_0} + \frac{q_2}{\varepsilon_0} + \cdots + \frac{q_n}{\varepsilon_0} = \frac{\sum\limits_{i=1}^{n} q_i}{\varepsilon_0}$$

若在真空中所做的闭合面内外均无电荷,自然穿过闭合面的电通量为零. 若所做的闭合面内无电荷,而闭合面外有电荷,从图 6-13 所示的情况可知,闭合面上的电场强度处处不为零,但点电荷 q 发出的电场线穿入 S 面多少条,穿出的也必然是同样多的条数. 穿入的电通量为负,穿出的为正. 这样穿过 S 面的净电场线条数,即穿过 S 面的电通量为零

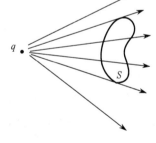

$$\Phi_e = \oint_S E \cdot dS = 0$$

下面分析更一般的情况. 在真空中,做一个闭合面,闭合面内外均有若干点电荷. 从前面的分析可知,闭合面上的电场强度,由闭合面内外的电荷共同产生,闭合面外的电荷对

图 6-13 任意闭合曲面不包围
点电荷时电通量的计算

穿过闭合面的电通量无贡献,穿过闭合面的电通量完全由闭合面内电荷的代数和决定. 于是可以做这样的结论:

在真空中,穿过某闭合面的电通量,完全由闭合面内的电荷决定,等于闭合面内电荷代数和的 $\frac{1}{\varepsilon_0}$ 倍. 这就是高斯定理,写成数学表达式为

$$\Phi_e = \oint_S E \cdot dS = \frac{\sum\limits_{i=1}^{n} q_i}{\varepsilon_0} \tag{6-18}$$

这里所说的闭合面,称为高斯面,高斯面不是电场中实际存在的面,是我们为解决电学问题,引入的一种假想的面.

高斯定理是反映静电场性质的一条重要规律,说明静电场是有源场,正电荷可称为源头,负电荷可称为尾闾.

高斯定理与库仑定律,彼此关联,互不独立,是可以通过彼此推导得到的.

6.3.4　高斯定理在静电场中的应用

高斯定理不仅反映了静电场的规律,还可以用来求解一些具有特殊对称性的电场的电场强度.下面介绍在静电场中高斯定理的应用.

例 6-5　求均匀带电量为 $q(q>0)$,半径为 R 的带电球面内外的电场.

解　均匀带电球面的电场呈球对称.通常做与球面同心的高斯球面.高斯球面上的电场强度值都相等,电场强度的方向沿径向向外.

P 为带电球面内一点,以 OP 间的距离 r 为半径($r<R$),做与带电球面同心的高斯球面 S_1,球面上的电场强度值相等,$q>0$,则球面上任意点的电场强度的方向与该点处面积元的法线方向平行,高斯面内包围的电荷为零.应用高斯定理式(6-18)得

$$\oint_{S_1} \boldsymbol{E} \cdot \mathrm{d}\boldsymbol{S} = E \cdot 4\pi r^2 = 0$$

$$E = 0,\quad r < R$$

带电球面内场强处处为零.

Q 为带电球面外一点,以 $OQ(=r>R)$ 为半径,做与带电球面同心的高斯球面 S_2 过 Q 点,相似的分析,应用式(6-18)得

$$\oint_{S_2} \boldsymbol{E} \cdot \mathrm{d}\boldsymbol{S} = E \cdot 4\pi r^2 = \frac{q}{\varepsilon_0}$$

$$E = \frac{q}{4\pi\varepsilon_0 r^2},\quad r > R \qquad (6\text{-}19)$$

均匀带电球面外一点的电场强度与把电量全部集中在球心处的点电荷,在该点产生的电场强度相同.

带电球面的电场强度 E 随半径 r 的变化如图 6-14 所示.

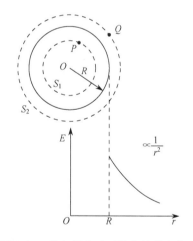

图 6-14　均匀带电球面的电场强度分布

例 6-6　半径为 R,无限长均匀带电直圆柱体,电荷体密度为 $\rho(\rho>0)$,求其内外的电场.

解　无限长均匀带电直圆柱体的电场呈轴对称,即它的电场方向在与轴线垂直的平面内,从轴线与平面的交点沿平面向外辐射.

求直圆柱体内一点 P 的电场强度.以直圆柱体的轴线为轴线,以 P 点到轴线的距离 r 为半径,做高为 h 的同轴高斯圆柱面.根据电场的特点,可知穿过高斯圆柱面的上下底面的电通量为零.电场线从高斯圆柱面的侧面穿出.高斯圆柱面侧面上的场强值相等,并随

处与侧面的法线方向平行. 根据高斯定理式(6-18)可知穿过此高斯圆柱面的电通量为

$$\oint_S \boldsymbol{E} \cdot \mathrm{d}\boldsymbol{S} = \int_{侧面} E\mathrm{d}S = E \cdot 2\pi rh = \frac{1}{\varepsilon_0}\rho\pi r^2 h$$

$$E = \frac{\rho}{2\varepsilon_0}r, \quad r < R \tag{6-20}$$

均匀带电直圆柱体内的电场 E 与半径 r 成正比.

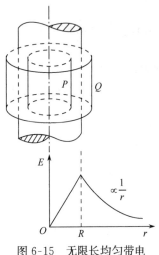

图 6-15　无限长均匀带电
直圆柱体的电场强度

Q 为直圆柱体外一点. 同样, 过 Q 点做与直圆柱体同轴的高斯圆柱面. 根据类似的分析, 有

$$\oint_S \boldsymbol{E} \cdot \mathrm{d}\boldsymbol{S} = \int_{侧面} E\mathrm{d}S = E \cdot 2\pi rh = \frac{1}{\varepsilon_0}\rho\pi R^2 h$$

$$E = \frac{\rho R^2}{2\varepsilon_0 r} = \frac{\lambda}{2\pi\varepsilon_0 r}, \quad r > R \tag{6-21}$$

λ 为直圆柱体单位长度上的电量, $\lambda = \rho\pi R^2$.

无限长带电直圆柱体在外面一点产生的电场, 与把电量全部集中在轴线上的带电直导线所产生的电场相同.

带电直圆柱体产生的电场强度 E 随半径 r 变化的曲线见图 6-15.

例 6-7　求无限大均匀带电, 电荷面密度为 $\sigma(\sigma > 0)$ 的带电平面的电场.

解　无限大均匀带电平面的电场呈面对称. 电场垂直带电平面向外, 如图 6-16 所示. 设此平面为理想平面, 只带一薄层电荷. 以此平面为对称面, 做高斯柱面垂直此平面. 柱面的两底面积相等, 均为 ΔS, 且到平面的距离相等. 根据电场的对称性可知, 电场线与高斯柱面的侧面平行, 穿过高斯柱面侧面的电通量为零, 只有两底面有电场线穿出. 根据高斯定理式(6-18), 有

$$\oint_S \boldsymbol{E} \cdot \mathrm{d}\boldsymbol{S} = 2E\Delta S = \frac{\sigma\Delta S}{\varepsilon_0}$$

$$E = \frac{\sigma}{2\varepsilon_0} \tag{6-22}$$

可见无限大均匀带电平面附近的电场是均匀的.

若两无限大均匀带等量异号电荷的平面, 平行放置, 如图6-17所示. 实线电场线, 系带正电平面产生; 虚线电场线, 为带负电平面产生. 分析可知, 两带电平面外的电场互相抵消, 合电场为零. 两平面之间的电场相互加强, 叠加后为

$$E = \frac{\sigma}{\varepsilon_0} \tag{6-23}$$

带电平行板电容器之间的电场就是上面的形式, 我们可以用带电平行板电容器产生均匀电场.

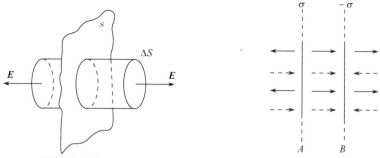

图 6-16　无限大均匀带电平面的电场强度　图 6-17　两个带有等量异号电荷、相互平行的
无限大均匀带电平面的电场强度

6.4　静电场的环路定理　电势

6.4.1　静电场的场强环路定理

真空中,在静止的点电荷 q 产生的电场中,试验电荷 q_0 从 A 点经任意路径移动到 B 点,如图 6-18 所示.电场力所做的功可计算为

$$\mathrm{d}A = \boldsymbol{F} \cdot \mathrm{d}\boldsymbol{l} = q_0 \boldsymbol{E} \cdot \mathrm{d}\boldsymbol{l} = q_0 E \cos\theta \mathrm{d}l$$

$$\cos\theta \mathrm{d}l = \mathrm{d}r$$

$$E = \frac{q}{4\pi\varepsilon_0 r^2}$$

$$A = \int_A^B \mathrm{d}A = \int_A^B q_0 \boldsymbol{E} \cdot \mathrm{d}\boldsymbol{l} = \int_{r_A}^{r_B} \frac{q_0 q \mathrm{d}r}{4\pi\varepsilon_0 r^2}$$

$$= \frac{q_0 q}{4\pi\varepsilon_0}\left(\frac{1}{r_A} - \frac{1}{r_B}\right)$$

$$= -\left(\frac{q_0 q}{4\pi\varepsilon_0 r_B} - \frac{q_0 q}{4\pi\varepsilon_0 r_A}\right) \tag{6-24a}$$

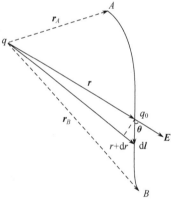

图 6-18　点电荷 q 的电场对试验
电荷 q_0 做的功

同理可得,试验电荷 q_0 在点电荷系的电场中移动时,电场力做的功为

$$A = \sum_{i=1}^n -\left(\frac{q_0 q_i}{4\pi\varepsilon_0 r_{iB}} - \frac{q_0 q_i}{4\pi\varepsilon_0 r_{iA}}\right) \tag{6-24b}$$

从计算结果可知,**静电力做功与路经无关,仅与始末位置有关,这正是保守力做功的特点**,说明静电力是保守力.根据保守力沿闭合路径所做的功为零的特点,那么静电力沿闭合路径的线积分应该为零.有

$$q_0 \oint_L \boldsymbol{E} \cdot \mathrm{d}\boldsymbol{l} = 0$$

$q_0 \neq 0$,于是有

$$\oint_L \boldsymbol{E} \cdot \mathrm{d}\boldsymbol{l} = 0 \tag{6-25}$$

静电场强的闭路积分为零. 这就是反映静电场性质的**场强环路定理**. 它说明静电场是保守场, 是无旋有势场, 可以引进电势.

6.4.2 电势能

静电力是保守力, 静电力做功就会引起相应静电势能的变化. 用 W 表示静电势能, 静电力做功应有

$$A_{静电力} = \int_A^B \boldsymbol{F}_e \cdot d\boldsymbol{l} = -(W_B - W_A) \tag{6-26}$$

与其他保守场一样, 静电势能属于电荷与静电场共有的能量. 为了确定点电荷 q_0 在电场中某点所具有的电势能, 需要规定零电势能点. 这样点电荷 q_0 处于电场中某点 P 时, 所具有的电势能, 在量值上应等于将该电荷从 P 点移到零电势能点, 静电力所做的功. 若零电势能点在无穷远处, 则可写为

$$W_{P\infty} = \int_P^\infty \boldsymbol{F}_e \cdot d\boldsymbol{l} = q_0 \int_P^\infty \boldsymbol{E} \cdot d\boldsymbol{l} \tag{6-27}$$

点电荷 q_0 在 q 的电场中某点 P 所具有的电势能为

$$W_{P\infty} = \int_{r_P}^\infty q_0 \frac{q}{4\pi\varepsilon_0 r^2} dr = \frac{qq_0}{4\pi\varepsilon_0 r_P} \tag{6-28}$$

电势能的单位是焦[耳](J).

6.4.3 电势

静电场是保守场, 可以引进电势. 电势体现了电场具有能的性质. 用单位正电荷在电场中某点所具有的电势能定义该点的电势, 利用式(6-27), 可将电场中 P 点的电势定义式写为

$$U_P = \frac{W_{P\infty}}{q_0} = \int_P^\infty \boldsymbol{E} \cdot d\boldsymbol{l} \tag{6-29a}$$

电势 U_P 是一个与引进电荷无关, 完全由电场自身的性质和相对位置决定的物理量. 电场中某点 P 的电势等于单位正电荷在该点所具有的电势能, 或者等于把单位正电荷从 P 点移到电势零点, 电场力所做的功. 式(6-29a)是零电势点选在无穷远处时, 电势定义式的形式. 但选取无穷远为零电势点的做法, 并非适合一切电场. 像无限大带电平面和无限长直带电导线等的电场, 就不能将无穷远处定为零电势点. 零电势点的选取, 应遵循两个原则: 一个是使所求的电势有确定的值; 另一个是方便计算.

通常电势定义式为

$$U_P = \frac{W_{P零电势点}}{q_0} = \int_P^{零电势点} \boldsymbol{E} \cdot d\boldsymbol{l} \tag{6-29b}$$

电势的单位是伏[特](V)

$$1V = 1J \cdot C^{-1} = 1N \cdot m \cdot C^{-1}$$

6.4.4 电势差

从电势的定义可以看到电势的相对性. 电场中某点电势的大小与零电势点的选取有关. 但空间任意两点 A、B 间的电势差是绝对的,不受零电势点选取的影响.

$$U_{AB} = U_A - U_B = \int_A^\infty \boldsymbol{E} \cdot \mathrm{d}\boldsymbol{l} - \int_B^\infty \boldsymbol{E} \cdot \mathrm{d}\boldsymbol{l}$$

$$= \int_A^\infty \boldsymbol{E} \cdot \mathrm{d}\boldsymbol{l} + \int_\infty^B \boldsymbol{E} \cdot \mathrm{d}\boldsymbol{l} = \int_A^B \boldsymbol{E} \cdot \mathrm{d}\boldsymbol{l}$$

即

$$U_{AB} = \int_A^B \boldsymbol{E} \cdot \mathrm{d}\boldsymbol{l} \tag{6-30}$$

真正有意义的是两点间的电势差. A、B 两点间的电势差就等于把单位正电荷从 A 点移到 B 点时电场力做的功.

6.4.5 电场力的功

当把点电荷 q 从电场中 A 点移到 B 点时,根据电势差的定义式(6-30),电场力的功就等于电量乘以两点间的电势差.

$$A_{eAB} = q\int_A^B \boldsymbol{E} \cdot \mathrm{d}\boldsymbol{l} = q(U_A - U_B) \tag{6-31}$$

外力在电场中,克服电场力做功,将电荷 q 从 A 点移到 B 点,应该有

$$A_{外AB} = -A_{eAB} = -q(U_A - U_B) = \Delta W$$

外力做的功等于电势能的增量.

电势是标量,电势的计算相对简单.

点电荷 q 在距离为 r 的空间一点 P 产生的电势,根据式(6-29a)

$$U_P = \int_P^\infty \boldsymbol{E} \cdot \mathrm{d}\boldsymbol{l} = \int_r^\infty E\,\mathrm{d}r = \int_r^\infty \frac{q\,\mathrm{d}r}{4\pi\varepsilon_0 r^2} = \frac{q}{4\pi\varepsilon_0 r} \tag{6-32}$$

正电荷在空间产生的电势为正,无穷远处电势为零. 负电荷在空间产生的电势为负,无穷远处电势为零,电势最高.

点电荷系在空间一点 P 产生的电势,根据场强叠加原理式(6-4)和点电荷的电势式(6-32),有

$$U = \int_P^\infty \boldsymbol{E} \cdot \mathrm{d}\boldsymbol{l} = \int_P^\infty \boldsymbol{E}_1 \cdot \mathrm{d}\boldsymbol{l} + \int_P^\infty \boldsymbol{E}_2 \cdot \mathrm{d}\boldsymbol{l} + \cdots + \int_P^\infty \boldsymbol{E}_i \cdot \mathrm{d}\boldsymbol{l} + \cdots$$

$$= \frac{q_1}{4\pi\varepsilon_0 r_1} + \frac{q_2}{4\pi\varepsilon_0 r_2} + \cdots + \frac{q_i}{4\pi\varepsilon_0 r_i} + \cdots$$

$$= \sum_i \frac{q_i}{4\pi\varepsilon_0 r_i} = \sum_i U_i \tag{6-33}$$

点电荷系在空间一点产生的电势等于各点电荷在该点产生的电势的代数和,这就是电势叠加原理.

例 6-8 求带电量为 q,半径为 R 的均匀带电球面内、外的电势.

解 应用电势定义式(6-29a)解此题.

均匀带电球面产生的电场

$$E = \begin{cases} 0, & 0 < r < R \\ \dfrac{q}{4\pi\varepsilon_0 r^2}, & r > R \end{cases}$$

球面内一点电势

$$U = \int_r^\infty \boldsymbol{E} \cdot \mathrm{d}\boldsymbol{l} = \int_r^R \boldsymbol{E} \cdot \mathrm{d}\boldsymbol{l} + \int_R^\infty \boldsymbol{E} \cdot \mathrm{d}\boldsymbol{l} = 0 + \int_R^\infty \frac{q\,\mathrm{d}r}{4\pi\varepsilon_0 r^2}$$

$$= \frac{q}{4\pi\varepsilon_0 R}, \quad 0 < r < R$$

均匀带电球面为等势体,球面内和球面上的电势相等.

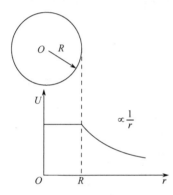

图 6-19 均匀带电球面的电势

球面外一点的电势为

$$U = \int_r^\infty \boldsymbol{E} \cdot \mathrm{d}\boldsymbol{l} = \int_r^\infty \frac{q\,\mathrm{d}r}{4\pi\varepsilon_0 r^2} = \frac{q}{4\pi\varepsilon_0 r}, \quad r > R$$

均匀带电球面在面外一点产生的电势与把电量全部集中在球心处的点电荷在该点产生的电势相同.

带电球面内、外的电势 U 随半径 r 的变化曲线,见图 6-19.

对于任意带电体产生的电势,可将带电体分成无数多的电荷元 $\mathrm{d}q$,电荷元 $\mathrm{d}q$ 在空间一点产生的电势为

$$\mathrm{d}U = \frac{\mathrm{d}q}{4\pi\varepsilon_0 r} \tag{6-34}$$

根据电势叠加原理,整个带电体在空间产生的电势

$$U = \int \frac{\mathrm{d}q}{4\pi\varepsilon_0 r} \tag{6-35}$$

$\mathrm{d}q$ 的具体形式随电荷分布不同而取不同形式. 这个问题在电荷连续分布的带电体的电场强度中已有所叙述.

例 6-9 求半径为 R,电量为 q 的均匀带电圆环轴线上一点的电势,如图 6-20 所示.

解 应用任意带电体所产生的电势表达式(6-34)和(6-35)解此题.

均匀带电圆环,电荷线密度 $\lambda = \dfrac{q}{2\pi R}$,在圆环上取弧微分 $\mathrm{d}l$,所带电量 $\mathrm{d}q = \lambda\mathrm{d}l$. 电荷元 $\mathrm{d}q$ 在 P 点产生的电势为

$$\mathrm{d}U = \frac{\lambda\mathrm{d}l}{4\pi\varepsilon_0 r}$$

电势为标量,整个带电圆环在 P 点产生的电势,可积分求得为

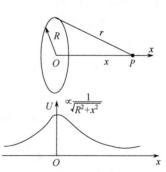

图 6-20 均匀带电圆环轴线上任一点处的电势

$$U = \int \mathrm{d}U = \int \frac{\lambda \mathrm{d}l}{4\pi\varepsilon_0 r} = \frac{\lambda}{4\pi\varepsilon_0 r} \int_0^{2\pi R} \mathrm{d}l$$

$$= \frac{q}{4\pi\varepsilon_0 r} = \frac{q}{4\pi\varepsilon_0 \sqrt{R^2 + x^2}} \tag{6-36}$$

注意弧微分 $\mathrm{d}l = R\mathrm{d}\theta$，$\mathrm{d}\theta$ 为弧微分对应的圆心角，不能理解为简单意义上的线元.

当 $x = 0$ 时，得环心处电势为

$$U_0 = \frac{q}{4\pi\varepsilon_0 R}$$

当 $x \gg R$ 时，有

$$U = \frac{q}{4\pi\varepsilon_0 x}$$

与把电量全部集中在环心处的点电荷在 P 点产生的电势相同.

若已知带电圆环在轴线上的场强 $E = \dfrac{qx}{4\pi\varepsilon_0 (R^2 + x^2)^{3/2}}$，可应用式（6-29a），解得带电圆环在轴线上产生的电势为

$$U = \int E\mathrm{d}x = \int_x^\infty \frac{qx\,\mathrm{d}x}{4\pi\varepsilon_0 (R^2 + x^2)^{3/2}} = \frac{q}{4\pi\varepsilon_0 \sqrt{R^2 + x^2}}$$

6.5 电场强度与电势梯度

6.5.1 等势面

电场强度和电势分别反映了电场力和能的性质. 为了形象地描绘电场，引进了电场线. 也可以把电场中电势相等的点连成面，称作**等势面**，用等势面描绘电场的分布. 相邻等势面间的差值是固定的、相等的，因此电场的强弱，可以用等势面分布的疏密体现出来. 习惯上，电场线用实线表示，等势面用虚线表示，画在同一张图里，反映电场的整体情况. 图 6-21 为不规则带电体与示波器内加速和聚焦电场的等势面和电场线图.

从图 6-21 中可以看出在静电场中，**电场线与等势面处处正交**. 简单证明如下：等势面上任意两点 P、Q，相距 $\mathrm{d}l$，将单位正电荷从 P 点沿等势面移到 Q 点，电场力做的功应该为零，即为

$$\mathrm{d}U = \boldsymbol{E} \cdot \mathrm{d}\boldsymbol{l} = E\cos\theta\mathrm{d}l = U_P - U_Q = 0$$

显然只有 $\cos\theta = 0$，即 $\theta = \pi/2$，才有上面结果，所以电场线与等势面垂直.

也可以用反证法证明：若电场线与等势面不垂直，场强 $\boldsymbol{E}$ 必然有沿等势面方向的分量. 把单位正电荷在等势面上移动，就会有电场力做功不为零，等势面上两点的电势不相等的荒谬结论出现. 所以在静电场中，电场线只能也必须处处与等势面正交. 从图 6-21 中还可看出电场线指向电势降落的方向；电场线分布的疏密情况与等势面分布的疏密情况是一致的. 电场线分布密的地方，等势面排布也密，该处电场强度值大，电势变化大；反之，电场线稀疏处，等势面排布亦稀疏，电场强度值小，电势变化也小，电场线与等势面的分布图形，形象地揭示了电场强度与电势在量值上的依存关系.

(a) 不规则带电体   (b) 示波器内加速和聚焦电场

图 6-21   等势面和电场线图

6.5.2   电势梯度

在静电场中有两个彼此靠得很近的等势面 a 和 b，电势分别为 $U,U+dU$，设 $dU>0$。在 a 等势面的 A 点做法线交 b 等势面于 B 点，$AB=dn$，n 为 a 等势面在 A 点的法向单位矢量，指向电势增加的方向，如图 6-22 所示。若 dl 为从 a 等势面上 A 点引到 b 等势面除 B 点以外的任意点 C 的线段。总有

$$dn < dl$$

若 dn 与 dl 夹角为 φ，则有

$$\frac{dn}{\cos\varphi} = dl$$

dn 最短，电势在 dn 方向的空间变化率最大。

$$\frac{dU}{dn} > \frac{dU}{dl}$$

或者为

$$\frac{dU}{dl} = \frac{dU}{dn}\cos\varphi \qquad (6-37)$$

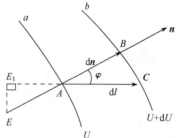

图 6-22   任一点处的电势和电场强度

这里引进一个新的物理量，即电势梯度矢量。电势梯度的定义为：电场中某点的电势梯度，其方向与该点电势空间增加率最大的方向相同，其量值等于沿该方向的电势增加率。电势梯度用 $\mathrm{grad}U$ 表示，即

$$\mathrm{grad}U = \frac{dU}{dn}n$$

电势梯度的单位是 $\mathrm{V} \cdot \mathrm{m}^{-1}$。

式 (6-37) 中的 $\dfrac{dU}{dl}$ 是电势梯度在 dl 方向的分量。

6.5.3 电场强度与电势梯度的关系

电场强度总是指向电势降落的方向,等势面 A 点处的场强 $\boldsymbol{E}$ 与 $\boldsymbol{n}$ 反向. 等势面上 A、B 两点的距离很小,两点间场强的变化可以忽略,A、B 两点间的电势差为

$$\boldsymbol{E} \cdot \mathrm{d}\boldsymbol{n} = E_n \mathrm{d}n = U - (U + \mathrm{d}U) = -\mathrm{d}U$$

$$E_n = -\frac{\mathrm{d}U}{\mathrm{d}n}$$

E_n 为 A 点电场强度 $\boldsymbol{E}$ 在 $\boldsymbol{n}$ 方向的投影值. 上式说明电场强度 $\boldsymbol{E}$ 确实与 $\boldsymbol{n}$ 反向,等于该点处电势梯度的负值,即

$$\boldsymbol{E} = -\frac{\mathrm{d}U}{\mathrm{d}n}\boldsymbol{n} = -\operatorname{grad}U \tag{6-38}$$

这就是电场强度 $\boldsymbol{E}$ 与电势 U 的微分关系式,它也给出了场强单位可用 $\mathrm{V} \cdot \mathrm{m}^{-1}$ 表示的出处.

A 点的电场强度 $\boldsymbol{E}$ 沿任意方向 $\mathrm{d}l$ 的分量,根据式(6-37)和图 6-22,有

$$E_l = E\cos\varphi = -\frac{\partial U}{\partial n}\cos\varphi = -\frac{\partial U}{\partial l} \tag{6-39}$$

可见,电场中某点电场强度沿任意方向的分量,等于该点电势沿该方向的空间变化率的负值,即电势梯度在该方向分量的负值.

在直角坐标系中,电场强度 $\boldsymbol{E}$ 沿 x、y、z 方向的分量与电势梯度分量的关系有

$$E_x = -\frac{\partial U}{\partial x}, \quad E_y = -\frac{\partial U}{\partial y}, \quad E_z = -\frac{\partial U}{\partial z} \tag{6-40}$$

合电场强度为

$$\begin{aligned}
\boldsymbol{E} &= -\left(\frac{\partial U}{\partial x}\boldsymbol{i} + \frac{\partial U}{\partial y}\boldsymbol{j} + \frac{\partial U}{\partial z}\boldsymbol{k}\right) \\
&= -\left(\frac{\partial}{\partial x}\boldsymbol{i} + \frac{\partial}{\partial y}\boldsymbol{j} + \frac{\partial}{\partial z}\boldsymbol{k}\right)U \\
&= -\nabla U = -\operatorname{grad}U \tag{6-41}
\end{aligned}$$

∇ 为梯度算符.

理论上讲,电场强度 $\boldsymbol{E}$ 与电势 U,知道其中一个就应该能求出另一个. 当电场给定,由于电势是标量,一般先求出电势,再应用微分的方法求场强,可以免去矢量积分.

例 6-10 已知半径为 R,电量为 q 的均匀带电球面,球面内的电势为 $U_内 = \dfrac{q}{4\pi\varepsilon_0 R}$,球面外的电势为 $U_外 = \dfrac{q}{4\pi\varepsilon_0 r}$,求球面内、外的电场强度.

解 均匀带电球面的电场呈球对称性,电势仅沿径向变化. 于是
当 $r < R$ 时,有

$$E = -\frac{\mathrm{d}U_内}{\mathrm{d}r} = 0$$

当 $r > R$ 时,有

$$E = -\frac{\mathrm{d}U_{外}}{\mathrm{d}r} = -\frac{\mathrm{d}}{\mathrm{d}r}\left(\frac{q}{4\pi\varepsilon_0 r}\right) = \frac{q}{4\pi\varepsilon_0 r^2}$$

与例 6-5 的结果相同.

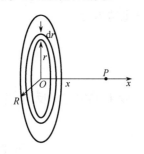

图 6-23 均匀带电圆盘轴线上
任一点 P 的电势和电场强度

例 6-11 求均匀带电圆盘轴线上一点 P 的电势和电场强度. 设圆盘半径为 R,带电量为 q.

解 圆盘上的电荷面密度为 $\sigma = \dfrac{q}{\pi R^2}$. 将圆盘分割成许多同心的细圆环,如图 6-23 所示. 其中距盘心 O 点为 r,宽为 $\mathrm{d}r$ 的细圆环,带电量 $\mathrm{d}q = \sigma 2\pi r \mathrm{d}r$. 环上每点到 P 点的距离相同,所以圆环在 P 点产生的电势为

$$\mathrm{d}U = \frac{\mathrm{d}q}{4\pi\varepsilon_0 (r^2 + x^2)^{1/2}} = \frac{\sigma r \mathrm{d}r}{2\varepsilon_0 (r^2 + x^2)^{1/2}}$$

带电圆盘在 P 点的电势为

$$U = \int_0^R \frac{\sigma r \mathrm{d}r}{2\varepsilon_0 (r^2 + x^2)^{1/2}} = \frac{\sigma}{2\varepsilon_0} \sqrt{r^2 + x^2} \Big|_0^R$$

$$= \frac{\sigma}{2\varepsilon_0}\left(\sqrt{R^2 + x^2} - x\right)$$

根据圆盘电场的对称性,有

$$E_y = E_z = 0$$

$$E = E_x = -\frac{\mathrm{d}U}{\mathrm{d}x} = \frac{\sigma}{2\varepsilon_0}\left(1 - \frac{x}{\sqrt{R^2 + x^2}}\right)$$

本 章 小 结

1. 库仑定律

$$\boldsymbol{F}_{12} = \frac{1}{4\pi\varepsilon_0}\frac{q_1 q_2}{r_{12}^2}\boldsymbol{r}_{012}$$

2. 电场强度

（1）定义： $$\boldsymbol{E} = \frac{\boldsymbol{F}}{q_0}$$

（2）电场强度叠加原理 $$\boldsymbol{E} = \sum_{i=1}^n \boldsymbol{E}_i$$

（3）点电荷的电场强度： $$\boldsymbol{E} = \frac{1}{4\pi\varepsilon_0}\frac{q}{r^2}\boldsymbol{r}_0$$

（4）点电荷系的电场强度： $$\boldsymbol{E} = \sum \frac{1}{4\pi\varepsilon_0}\frac{q_i}{r_i^2}\vec{\boldsymbol{r}}_{0i}$$

（5）电荷连续分布带电体的电场强度： $$\boldsymbol{E} = \int \frac{1}{4\pi\varepsilon_0}\frac{\mathrm{d}q}{r^2}\vec{\boldsymbol{r}}_0$$

3. 电通量

$$\Phi_e = \int_S \boldsymbol{E} \cdot \mathrm{d}\boldsymbol{S}$$

4. 高斯定理

$$\Phi_e = \oint_S \boldsymbol{E} \cdot \mathrm{d}\boldsymbol{S} = \frac{1}{\varepsilon_0} \sum_i q_i$$

意义:表明静电场是有源场.

5. 静电场的环路定理

$$\oint_L \boldsymbol{E} \cdot \mathrm{d}\boldsymbol{l} = 0$$

意义:表明静电场是无旋场

6. 静电势能

$$W_P = \int_P^{\text{零电势能点}} q_0 \boldsymbol{E} \cdot \mathrm{d}\boldsymbol{l}$$

7. 电势

(1) 定义: $$U_P = \frac{W_P}{q_0} = \int_P^{\text{零电势点}} \boldsymbol{E} \cdot \mathrm{d}\boldsymbol{l}$$

(2) 点电荷的电势: $$U_P = \frac{q}{4\pi\varepsilon_0 r}$$

(3) 点电荷系的电势: $$U = \sum_{i=1}^n \frac{q_i}{4\pi\varepsilon_0 r_i}$$

(4) 电荷连续分布带电体的电势: $$U = \int_V \frac{\mathrm{d}q}{4\pi\varepsilon_0 r}$$

8. 电势梯度

$$\mathrm{grad}U = \frac{\mathrm{d}U}{\mathrm{d}n}\boldsymbol{n}$$

9. 电场强度与电势梯度的关系

$$\boldsymbol{E} = -\mathrm{grad}U$$

习　题

6-1　如附图所示,在直角三角形 ABC 的 A 点上,有电荷 $q_1 = 1.8 \times 10^{-9}$ C,B 点上有电荷 $q_2 = -4.8 \times 10^{-9}$ C.试求 C 点的电场强度的大小和方向.已知 $BC = 0.04$ m,$AC = 0.03$ m.

6-2 一半径为 R 的半球面,均匀带电,电荷面密度为 σ,求球心处的电场强度的大小.

6-3 有一无限长均匀带正电的细棒 L,电荷线密度为 λ,在它旁边放一均匀带电的细棒 AB,长为 l,电荷线密度也为 λ,且 AB 与 L 垂直共面,A 端距 L 为 a ,如附图所示.求 AB 所受的电场力.

6-4 一带电细导线弯成半径为 R 的半圆形,电荷线密度为 $\lambda=\lambda_0\sin\theta$,式中 θ 为半径 R 与 x 轴所成的夹角,λ_0 为一常数,如附图所示.求环心 O 处的电场强度.

| 习题 6-1 图 | 习题 6-3 图 | 习题 6-4 图 |

6-5 直导线 AB 长 $l=15\text{cm}$,上面均匀分布着线密度 $\lambda=5.0\times10^{-9}\text{C}\cdot\text{m}^{-1}$ 的电荷. 在导线延长线上与导线一端 B 相距 $d=5.0\text{cm}$ 处有一 P 点,求 P 点的场强.

6-6 电荷面密度为 σ 的均匀带电平板,以平板上的一点 O 为中心,R 为半径作一半球面,扣在平板上,求通过此半球面的电通量.

6-7 地球表面附近电场强度约为 $100\text{V}\cdot\text{m}^{-1}$,方向竖直向下. 在离地面 1.5km 高处,电场强度降为约 $20\text{V}\cdot\text{m}^{-1}$,方向仍竖直向下.求:

习题 6-8 图

(1) 地球携带的总电量,地球半径 $R=6.37\times10^6\text{m}$;

(2) 地球表面到 1.5km 高处大气层内的平均电荷体密度.

6-8 如附图所示,$AO=OB=R$,$\overparen{OCD}$ 为以 B 为中心的半圆弧,A、B 两点分别放置电荷 $+q$ 和 $-q$,求:

(1) O 点与 D 点的电势 U_O 与 U_D(设无穷远处电势为零);

(2) 把正电荷 q_0 从 O 点沿 $\overparen{OCD}$ 移到 D 点,电场力做的功;

(3) 把负电荷 $-q_0$ 从 D 点沿 AB 延长线移到无穷远处电场力做的功.

6-9 两半径均为 R 的非导体球壳,表面均匀带电,带电量各为 Q 和 $-Q$,两球心相距为 $d(d>2R$).求两球心间的电势差.

6-10 电量 q 均匀分布在长为 $2l$ 的细直导线上,求:

(1) 导线中垂线上距中点为 r 处的电势;

(2) 导线延长线上离中点为 r 处的电势;

(3) 利用场强与电势间的微分关系,求这两点的场强.

6-11 两半径分别为 R_1 和 $R_2(R_2>R_1)$,带等值异号电荷的无限长同轴圆柱面,线电荷密度为 $\pm\lambda$,求:

(1) 此带电系统的电场分布(设内圆柱面带正电荷);

(2) 两圆柱面间任一点的电势;

(3) 两圆柱面间的电势差.

6-12 利用所学的知识,解释静电复印机的工作原理.

第7章 静电场中的导体和电介质

电场与实物物质会发生相互作用和相互影响. 根据导电性能, 可把实物物质分为导体、半导体和绝缘体. 导体内有大量可以自由运动的电荷, 在外电场的作用下, 容易形成电流. 绝缘体通常称为电介质. 理想的电介质中没有可以自由运动的电荷, 在外电场中不会有电流形成. 导体与电介质并无绝对的界限. 例如, 在某些特殊的情况下, 电介质受到外界强烈作用(如高电势差或强电场), 其外层电子挣脱原子核的束缚, 成为自由电子. 当这样的自由电子多到一定程度时, 电介质的绝缘性能丧失, 转变成导体. 这种现象称作为电介质被击穿.

本章主要介绍导体和电介质在电场中的性质和行为. 电介质中的电场、电容器以及静电场的能量.

7.1 静电场中的导体 静电平衡

7.1.1 静电感应 静电平衡

导体因其中有大量可以自由运动的电荷, 易于在电场作用下传导电流而得名. 本书主要讨论各向同性均匀的金属导体在电场中的行为以及对外电场的影响. 金属导体的电结构特点是内部存在大量可以自由运动的自由电子. 当导体不带电或不受外电场作用时, 导体内的自由电子除了做无规则的热运动外, 没有宏观定向的运动. 导体内的正电荷(正离子组成的晶格点阵)和负电荷(自由电子)均匀分布, 整个导体呈电中性.

将电中性的金属导体放入均匀的静电场 E_0 中. 导体中的自由电子受到与静电场 E_0 方向相反的电场力的作用, 做宏观定向的运动. 当然这种宏观定向的运动是叠加在自由电子无规则热运动之上的. 自由电子的宏观定向运动, 使得导体内的电荷重新分布, 在导体两端出现等量异号电荷, 这就是静电感应现象. 相应的电荷称为感应电荷. 重新分布的电荷产生附加电场 E'. 附加电场 E' 不但阻止导体内自由电子在外加电场 E_0 作用下的定向运动, 还影响了外电场的分布. 导体内实际的电场 E 为外加电场 E_0 与附加电场 E' 的矢量和, 即 $E = E_0 + E'$. 只要导体内的电场不为零, 自由电子的宏观定向运动就不会终止, 电荷分布的变化与电场分布的变化就会继续. 一旦导体因自由电子定向运动产生的附加电场 E', 足以抵消外电场 E_0 时, 导体内的场强变为零. 导体内没有电场了, 导体内自由电子的宏观定向运动随即停止. 这时电荷的分布与电场的分布不再随时间变化. 在这种情况下, 导体处于静电平衡状态. 可见处于静电平衡状态时, 导体内部与表面上均无电荷的宏观定向运动. 由此可以得到导体静电平衡的条件:

(1) **导体内的电场强度处处为零, $E_{内} = 0$;**

(2) **导体表面附近的电场强度垂直于导体表面.**

这两个条件可以由反证法证明. 若导体内电场强度不为零, 自由电子必然会在电场力的作用下,发生宏观定向的运动.若导体表面电场强度不垂直于导体表面,导体表面自由电荷就会在电场强度的切向分量的作用下,沿导体表面做宏观定向的运动.显然与导体处于静电平衡的前提条件相悖.

　　导体处于静电平衡状态,导体内部的电场强度为零,说明导体内的电势梯度为零,电势处处相等.导体表面处电场强度处处垂直于导体表面,若沿着导体表面移动单位正电荷,电场力做功为零,即

$$\Delta U = \int \boldsymbol{E} \cdot \mathrm{d}\boldsymbol{l} = 0$$

说明导体表面电势亦处处相等.这样可以得到静电平衡条件的第二种表述:导体处于静电平衡时,导体是等势体,导体表面是等势面.导体静电平衡条件的这两种表述是密切相关,可以彼此推导出对方的.

　　导体在静电场中产生静电感应现象,也会反过来影响外电场的分布.图 7-1 中所表示的电场,原来为均匀电场.放入中性的导体球后,导体球在电场作用下,发生静电感应现象.导体球上的感应电荷致使原来均匀的电场分布在导体球附近产生变形.

图 7-1　导体球对匀强电场的影响

7.1.2　导体静电平衡时电荷分布

　　导体处于静电平衡时,导体上的电荷是如何分布的,应用高斯定理分几种情况进行讨论.

　　当导体内无空腔时,在导体内任意做闭合高斯曲面.根据高斯定理

$$\oint_S \boldsymbol{E} \cdot \mathrm{d}\boldsymbol{S} = \frac{1}{\varepsilon_0}q = \frac{1}{\varepsilon_0}\int_V \rho \mathrm{d}V$$

式中 ρ 为电荷体密度.因导体内电场强度处处为零,穿过高斯面的电通量为零,导体内无净电荷,所以电荷体密度 $\rho=0$.电荷只能分布在导体表面,见图 7-2(a).

(a) 无空腔　　　　　　　　　　　　　　(b) 空腔内无电荷

(c) 空腔内有电荷　　　　　　　　　　　(d) 接地

图 7-2　静电平衡时导体上的电荷分布

当导体内有空腔,空腔内无电荷时,在导体内任意做闭合高斯曲面,根据高斯定理可以知道,导体内无净电荷,空腔内电场强度为零,空腔内表面亦无电荷,电荷只能分布在导体外表面,如图 7-2(b)所示.外部电场只能改变空腔导体外表面的电荷分布及空腔导体外的电场的分布.正是由于导体外表面电荷分布的改变与外电场的共同作用,才使得导体内及空腔内的电场均为零.可见导体外部的电场无法影响空腔内的电荷分布及电场.

当导体空腔内有电荷时,只要导体处于静电平衡状态,导体内的电场强度必然处处为零,导体内无净电荷,若紧贴空腔内表面,在导体内做闭合高斯曲面 S,如图 7-2(c)所示.应用高斯定理可知,穿过闭合面 S 的电通量为零,闭合面内包围的电荷的代数和为零.说明空腔内表面因静电感应的缘故,带有与空腔内等量异号的电荷.根据电荷守恒定律可知,导体外表面因静电感应现象而分布着与腔内电荷同号的感应电荷.若导体原来带电 Q,空腔内放有电荷 q 后,导体外表面的电荷就变为 $Q+q$.可见,导体空腔内有电荷时,电荷也只能分布在导体的内外表面上,导体内部无净电荷存在,如图 7-2(c)所示.观察后会发现,导体空腔内有电荷时,会因为静电感应的存在,而影响导体外部的电场.消除导体腔内电荷或电场对外界影响的办法,就是将空腔导体接地,如图 7-2(d)所示.

导体表面电荷的具体分布,受到导体自身形状及外部电场分布的影响.实际上,这是个复杂的问题.但是根据实验测定,孤立导体处于静电平衡状态时,其表面电荷分布与导体表面的曲率有关.曲率大即比较尖锐的部位,电荷分布较密,电荷面密度较大;曲率小即表面相对平坦的部位,电荷分布较少,电荷面密度较小;而曲率为负者,即表面凹下去的地方,电荷分布更少,电荷面密度也就更小.只有孤立的带电导体球,表面电荷分布才可能是均匀的.

7.1.3 静电屏蔽

导体内的空腔不会受到外部电场的影响,是因为导体在外电场的作用下发生静电感应,感应电荷的电场抵消了外电场在导体内部的影响.导体表面的感应电荷就像一道屏障把外电场阻挡在导体之外.当导体空腔内有电荷时,导体因静电感应而产生在外表面的感应电荷会影响导体的外部空间.若将导体接地,可防止导体空腔内的电荷或电场影响外界,而导体内部不会受到外部电场的影响.可以分两种情况来解释原因.一种情况,空腔内除带电的导体之外不存在外电场.将空腔导体接地后,空腔导体与大地等电势,空腔导体外表面的所有电荷(包括感应电荷)均被大地的电荷所中和,如图 7-2(d)所示.只剩下导体空腔内表面上的感应电荷,起到屏蔽空腔内电场的作用.另一种情况,空腔内带电的导体之外有外电场存在.空腔内带有电荷的导体接地后,与大地等电势,导体空腔内表面的感应电荷保持不变,其屏蔽空腔内电场的作用不变.导体外表面电荷的变化相对复杂.可以这样理解:空腔内的电荷在导体外表面产生的感应电荷以及导体外表面原来带有的电荷(如果有的话),均被大地的电荷中和,这时导体外表面代之以专门为屏蔽外电场影响而产生的感应电荷,这种感应电荷与空腔内的电荷无关,完全因外电场的存在,而从大地获得.由此可见,**当把空腔导体接地时,导体内、外表面上的感应电荷分别屏蔽了导体内部和外部的电场,这就是静电屏蔽现象.**

静电屏蔽在科学研究和生产实践中有许多应用,例如,用于精密测量的电磁仪器,处理微弱信号的设备,为了避免外界电场干扰,可用金属壳或网罩起来.金属壳或网在外电场作用下,发生静电感应现象,表面产生的感应电荷"屏蔽"了外电场.对于工作在电磁辐射较强区域的人员,可穿上金属丝编织的衣服保护自己.现在已能在丝织物上镀上金属膜,既不影响丝织物的透气性,柔软舒适性,还能有效屏蔽电磁污染.对于高压设备,可安装上接地金属罩.金属罩内表面的感应电荷"屏蔽"了高压设备产生的电场对外界的影响.

7.1.4 导体表面附近的电场强度

导体表面的电场分布,可以应用高斯定理来解决.当导体处于静电平衡时,导体表面电场与导体表面处处垂直,导体内电场强度处处为零.紧贴导体表面内外,做一个与导体表面垂直的小直圆柱体,圆柱体底面积为 ΔS,导体表面电荷面密度为 σ,如图 7-3 所示.从前面的分析可知,只有小圆柱体的上表面有电场线穿出,应用高斯定理,于是有

$$\oint_S \boldsymbol{E} \cdot \mathrm{d}\boldsymbol{S} = \int_{\text{上底面}} \boldsymbol{E} \cdot \mathrm{d}\boldsymbol{S} + \int_{\text{侧面}} \boldsymbol{E} \cdot \mathrm{d}\boldsymbol{S} + \int_{\text{下底面}} \boldsymbol{E} \cdot \mathrm{d}\boldsymbol{S}$$

$$= \int_{\text{上底面}} \boldsymbol{E} \cdot \mathrm{d}\boldsymbol{S} = E\Delta S = \frac{\sigma \Delta S}{\varepsilon_0}$$

导体表面附近的电场强度为

$$E = \frac{\sigma}{\varepsilon_0} \tag{7-1}$$

可以看到,从导体内电场强度为零,到表面附近突然有电场,电场有个跃变量 $E = \frac{\sigma}{\varepsilon_0}$.

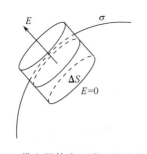

图 7-3 带电导体表面附近的电场强度

但不管是导体内电场强度为零,还是导体表面附近电场强度为 $E = \frac{\sigma}{\varepsilon_0}$,都是所有电荷整体作用的宏观结果.

导体表面电场强度与导体表面电荷的数量关系,说明尽管处于静电平衡态的导体是个等势体,但导体表面的电场强度分布却因导体表面电荷分布不同而异.表面凸起尖锐处电荷面密度大,电场强度就大;表面相对平坦处,电荷面密度相对小,电强场度就小.若带电导体表面有特别尖锐处,就能聚集大量电荷,产生较大的电场.当电荷积累到一定程度,使电场大到等于空气的击穿场强时,就会使周围空气电离,产生的正负离子急速向相反方向飞去,形成"电风".猛烈时,可将电风经过处的烛焰"吹灭".这就是尖端放电现象.

应用尖端放电原理,可以在高大建筑物顶上安装接地避雷针,将建筑物在天地间积聚的电荷及时泄放掉,保护建筑物免遭雷击.某些高压设备及高压输电线为避免放电损失电能或免遭雷电袭击,都要尽量做得表面光滑,电极要做成球形.即使这样,有些高压电极,仍可在暗处,看到因放电而产生的电晕.

例 7-1 平行放置的两块大金属平板 A 和 B,相距 d、板面积为 S,两板带电分别为 Q_A 和 Q_B.求两板各表面上的电荷面密度.

解 只要金属板的线度远大于间距 d,就可将两板视为无限大,并忽略边缘效应.导体处于静电平衡时,内部电场强度为零,电荷只能分布在金属板的外表面.设电荷在两金属板的四个外表面上分布的电荷面密度分别为 σ_1、σ_2、σ_3 和 σ_4,如图 7-4 所示.根据电荷守恒定律有

图 7-4 两带电平行金属平板表面上的电荷面密度

$$\sigma_1 S + \sigma_2 S = Q_A, \quad \sigma_3 S + \sigma_4 S = Q_B$$

每层面电荷产生的电场强度值为 $\dfrac{\sigma}{2\varepsilon_0}$,方向垂直带电平面指向两侧(假设四个电荷面密度全为正值).

A 板内 a 点的电场强度为

$$E_a = \frac{\sigma_1}{2\varepsilon_0} - \frac{\sigma_2}{2\varepsilon_0} - \frac{\sigma_3}{2\varepsilon_0} - \frac{\sigma_4}{2\varepsilon_0} = 0$$

B 板内 b 点的电场强度为

$$E_b = \frac{\sigma_1}{2\varepsilon_0} + \frac{\sigma_2}{2\varepsilon_0} + \frac{\sigma_3}{2\varepsilon_0} - \frac{\sigma_4}{2\varepsilon_0} = 0$$

可解得

$$\sigma_1 = \sigma_4 = \frac{Q_a + Q_b}{2S}, \quad \sigma_2 = -\sigma_3 = \frac{Q_a - Q_b}{2S}$$

这道题也可以用高斯定理和导体静电平衡条件来求解.

7.2 电极化 电介质中的高斯定理

7.2.1 电介质的极化

电介质是由大量电中性的分子组成的绝缘体.电介质分子中的外层电子与原子核的相互作用力很大,结合紧密,电子呈束缚状态,不能自由运动.电介质中几乎不存在自由电子.在外场的作用下,电介质分子中的外层电子也很难挣脱原子核的束缚.电介质分子中的正负电荷分布,在外电场的作用下,会发生微小变化.达到平衡状态后,均匀电介质内部仍然呈现电中性,但电场不为零,并且在电介质表面上会出现正、负电荷层.均匀电介质在外电场的作用下,表面出现正、负电荷的现象,称为电介质的极化.因为极化在电介质表面出现的电荷称为极化电荷.极化电荷无法用接地或其他办法转移走,所以极化电荷又称为束缚电荷.

电介质在电场中之所以发生极化现象,还需要从电介质分子的微观电结构说起.

原子的尺度在 10^{-10} m,电介质分子的尺度也在 10^{-10} m 的数量级上.电介质分子中的正电荷与负电荷量值相等,就分布在这个范围内.但所有的正电荷和所有的负电荷,不可能集中在一点,因此电介质分子是个复杂的带电系统.但是在远处考虑这些电荷所产生的电场,或考虑一个分子所受外电场的作用时,可以把一个分子中的正电荷看成是集中于一点,称作正电荷的中心;负电荷集中于另一点,称作负电荷的中心.一个分子的正、负电荷中心不一定重合.

从分子内部的电结构看,电介质可分为两类,无极分子电介质和有极分子电介质. 当不存在外电场时,若分子中的电荷对称分布,正负电荷中心重合,分子固有电矩为零,这种分子,称作无极分子,如 H_2、He、N_2、O_2、CO_2 和 CH_4(甲烷)等,就属于无极分子电介质,如图 7-5(a)所示. 当不存在外电场时,分子中的电荷分布就不对称,正负电荷中心不重合,分子具有固有电矩,这种分子称作有极分子,如 CO、HCl、H_2O、H_2S、NH_3 和 CH_3OH(甲醇)等属于有极分子电介质. 尽管有极分子电介质的每个分子都等效为一个电偶极子,在没有外电场作用的时候,由于分子无规则热运动,各分子电矩取向杂乱无章,电介质并不显电性,如图 7-6(a)所示. 所以无外电场作用时,不管是无极分子电介质,还是有极分子电介质,都呈电中性.

图 7-5 无极分子电介质的极化

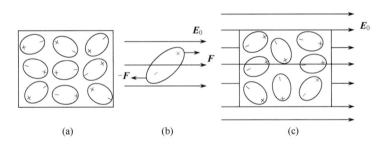

图 7-6 有极分子电介质的极化

当均匀电介质处于静电场中时,电介质分子都会受到电场的作用而发生变化. 对无极分子电介质而言,分子中的正负电荷中心,在电场力的作用下,发生相对位移,形成电偶极子. 这样形成的电偶极子的电矩称作感应电矩. 感应电矩的方向与外电场方向相同,如图 7-5(b)所示. 在电介质内部,相邻的感应电矩的正负电荷,彼此靠近. 从宏观效果看,电介质内部仍然呈电中性. 只有在与外电场 E_0 垂直的端面上,出现了正电荷层和负电荷层,如图 7-5(c)所示. 外电场越强,正负电荷中心的相对位移越大,感应电矩越大,电介质两端面出现的极化电荷越多,电介质的极化程度就越高. 无极分子的极化是由于正负电荷中心在外电场的作用下,发生相对位移产生的,所以称这种极化为位移极化. 有极分子电介质在外电场中,每个分子都会受到外电场的力矩的作用,使得分子固有电矩有沿外电场方向取向的趋势,如图 7-6(b)所示. 由于分子的无规则热运动总是破坏这种取向,因此这种取向只可能是部分的,不可能使所有分子的电矩都沿外电场方向排列. 外电场越强,分子电矩的转向排列,相对越整齐,电介质两端表面出现的极化电荷越多,电极化程度越高.

有极分子的极化,是由于其等效电矩,在外电场作用下取向的结果,所以称这种极化为取向极化.实际上,有极分子在外电场中发生取向极化的同时,也有位移极化发生.只是取向极化较之位移极化强得多,故在有极分子的极化中,以取向极化为主.可见两类电介质,在静电场中极化的微观机制不同,但宏观效果是一样的,所以处理宏观问题,不必区别对待.

在高频交变电场中,两类电介质的极化都表现为位移极化.

7.2.2 电介质中的高斯定理

在自由电荷产生的静电场 E_0 中,放入均匀电介质.电介质受到电场 E_0 的作用而极化,表面出现束缚电荷.外电场 E_0 会因为电介质中束缚电荷的出现,而受到影响,改变原来的分布.这时电介质中的电场 E 应该为自由电荷的电场 E_0 和束缚电荷产生的电场 E' 的矢量叠加,即

$$E = E_0 + E' \tag{7-2}$$

实验证明,各向同性的均匀电介质中的电场 E,是没有电介质时,相同自由电荷在这点产生的电场 E_0 的 ε_r 分之一倍,即

$$E = \frac{E_0}{\varepsilon_r} \tag{7-3}$$

或

$$\varepsilon_r = \frac{E_0}{E}$$

ε_r 称作电介质的相对电容率,是个纯数,由电介质的性质决定.真空中的相对电容率 $\varepsilon_r = 1$,其余电介质的相对电容率均大于1,见表7-1.

表 7-1 电介质的相对电容率和击穿场强

电介质	相对电容率 ε_r	击穿场强/$(V \cdot m^{-1}) \times 10^6$
真空	1	∞
空气	1.00059	3
纯水	80.1	—
变压器油	2.24~4.5	12~14
硅油	2.5	15
玻璃	5~10	5~25
电木	5~7.6	10~20
纸	3.6	16~40
瓷	5.7~8	4~20
有机玻璃	3.4	40
二氧化钛	100	6
钛酸钡	$10^3 \sim 10^4$	3
聚苯乙烯	2.6	24
氧化钽	11.6	15

下面以带电平板电容器为例,定量研究电介质中的电场.

设平板电容器的两金属板面的线度比板间距大得多,两金属板可视为无限大带电平

图 7-7 电介质中的电场强度

板,边缘效应可以忽略. 金属板 A、B 上均匀带电,自由电荷面密度分别为 $\pm\sigma_0$,如图 7-7 所示. 当两板之间为真空时,自由电荷的电场为

$$E_0 = \frac{\sigma_0}{\varepsilon_0}$$

方向垂直两板,从 A 板指向 B 板. 当两板之间充满相对电容率为 ε_r 的均匀电介质时,在外电场 $\boldsymbol{E}_0$ 的作用下,在电介质与外电场 $\boldsymbol{E}_0$ 垂直的两端面上因极化出现正、负束缚电荷. 设束缚电荷面密度为 $\pm\sigma'$,束缚电荷产生的附加电场为

$$E' = \frac{\sigma'}{\varepsilon_0} \tag{7-4}$$

附加电场 $\boldsymbol{E}'$ 与外电场 $\boldsymbol{E}_0$ 的方向相反. 根据场强叠加原理,电介质中总电场强度 $\boldsymbol{E}$ 的大小为

$$E = E_0 - E' = \frac{\sigma_0}{\varepsilon_0} - \frac{\sigma'}{\varepsilon_0} \tag{7-5}$$

束缚电荷面密度 σ' 总是小于自由电荷面密度 σ_0,总电场强度 $\boldsymbol{E}$ 的方向仍然平行于外电场 $\boldsymbol{E}_0$,与外电场 $\boldsymbol{E}_0$ 同向. 式(7-3)适用于带电平板电容器电介质内的电场强度 $\boldsymbol{E}$.

$$E = \frac{E_0}{\varepsilon_r} = \frac{\sigma_0}{\varepsilon_0\varepsilon_r} = \frac{\sigma_0}{\varepsilon} \tag{7-6}$$

式中 ε 为电介质的电容率. $\varepsilon = \varepsilon_0\varepsilon_r$,电容率 ε 的单位与 ε_0 相同,为 $C^2 \cdot N^{-1} \cdot m^{-2}$.

式(7-5)与式(7-6)描述的是同一电场,应有相等的关系. 于是得到束缚电荷与自由电荷的关系.

束缚电荷面密度的大小

$$\sigma' = \left(1 - \frac{1}{\varepsilon_r}\right)\sigma_0 \tag{7-7}$$

束缚电荷的电量大小

$$q' = \left(1 - \frac{1}{\varepsilon_r}\right)q_0 \tag{7-8}$$

反映静电场规律的高斯定理在电介质中同样成立. 电介质中的电场由自由电荷和束缚电荷共同产生,应用高斯定理式(6-18),高斯面内包围的应该是自由电荷和束缚电荷的代数和.

$$\oint_S \boldsymbol{E} \cdot d\boldsymbol{S} = \frac{1}{\varepsilon_0}\left(\sum q_0 + \sum q'\right) \tag{7-9}$$

下面仍然以充满均匀电介质的平板电容器为例,推导出电介质中的高斯定理.

设均匀带电的平板电容器两极板上自由电荷面密度为 $\pm\sigma_0$. 电容器内的电介质被均匀极化,极化电荷面密度为 $\pm\sigma'$,如图 7-8 所示. 在电容器内做高斯柱面 S. 上下底面平行,底面积为 A. 上底面在正导体极板内,下底面在电介质内.

闭合高斯面内的电荷为自由电荷 $\sum q_0 = \sigma_0 A$ 与束缚电荷 $\sum q' = -\sigma' A$ 的代数和.

应用式(7-9)为

$$\oint_S \boldsymbol{E} \cdot \mathrm{d}\boldsymbol{S} = \frac{1}{\varepsilon_0}\left(\sum q_0 + \sum q'\right) = \frac{1}{\varepsilon_0}(\sigma_0 - \sigma')A$$

将式(9-7)$\sigma' = \left(1 - \dfrac{1}{\varepsilon_r}\right)\sigma_0$ 代入上式,得

$$\oint_S \boldsymbol{E} \cdot \mathrm{d}\boldsymbol{S} = \frac{1}{\varepsilon_0 \varepsilon_r}\sigma_0 A = \frac{1}{\varepsilon}\sum q_0$$

图 7-8 电介质中的高斯定理

整理得

$$\oint_S \varepsilon\boldsymbol{E} \cdot \mathrm{d}\boldsymbol{S} = \sum q_0 \tag{7-10}$$

引进一个新的物理量,即电位移矢量 $\boldsymbol{D}$. 在无限大均匀各向同性的电介质中有

$$\boldsymbol{D} = \varepsilon\boldsymbol{E} = \varepsilon_0\varepsilon_r\boldsymbol{E} \tag{7-11}$$

在 SI 中,电位移 $\boldsymbol{D}$ 的单位为库·米$^{-2}$(C·m^{-2}). 将 $\boldsymbol{D}$ 代入式(7-10),得

$$\oint_S \boldsymbol{D} \cdot \mathrm{d}\boldsymbol{S} = \sum q_0 \tag{7-12}$$

上式为**电介质中的高斯定理**,此式说明,通过任意封闭曲面的电位移通量,等于该封闭曲面内所包围的自由电荷的代数和. 这个关系式虽然是从特殊情况中推导出来的,却是普遍成立的. 它反映了静电场的基本规律.

电位移线即 $\boldsymbol{D}$ 线可以形象地描绘电位移 $\boldsymbol{D}$ 在电场中的分布. 当电介质均匀充满电场时,电位移只与自由电荷有关,因此 $\boldsymbol{D}$ 线只起始于自由正电荷,终止于自由负电荷. 而电场线即 $\boldsymbol{E}$ 线始于一切正电荷,止于一切负电荷. 这里的一切电荷指自由电荷和束缚电荷. 根据式(7-11)可以知道,$\boldsymbol{D}$ 线是 $\boldsymbol{E}$ 线的 ε 倍.

求某些具有特殊对称性的均匀电介质中的电场时,可以应用式(7-12)和式(7-11),避开束缚电荷,简化计算,即先求出电位移 $\boldsymbol{D}$,再求出电场强度 $\boldsymbol{E}$.

例 7-2 半径为 R 的金属球,带电量为 $q(q>0)$. 浸在相对电容率为 ε_r 的均匀电介质中,求:

(1) 球外的电场强度 $\boldsymbol{E}$;

(2) 贴近金属球的电介质表面的束缚电荷;

(3) 球内的电势.

解 (1) 整个带电系统呈球对称,所以电介质中的电位移 $\boldsymbol{D}$、电场强度 $\boldsymbol{E}$ 的分布也具有球对称性. P 为金属球外任意点,以金属球球心 O 为球心,OP 间距离 $r(r>R)$ 为半径做高斯球面 S,球面上的电位移 $\boldsymbol{D}$ 值相等,方向径向向外,如图 7-9 所示. 通过此高斯球面 S 的电位移 $\boldsymbol{D}$ 的通量,根据电介质中的高斯定理式(7-12),有

图 7-9 带电金属球放入
无限大均匀电介质中

$$\oint_S \boldsymbol{D} \cdot \mathrm{d}\boldsymbol{S} = D \cdot 4\pi r^2 = q$$

$$D = \frac{q}{4\pi r^2}$$

或

$$D = \frac{q}{4\pi r^2} \boldsymbol{r}_0$$

式中,$\boldsymbol{r}_0$ 为径向单位矢量.

根据式(7-11),得到电介质中的电场分布为

$$E = \frac{D}{\varepsilon_0 \varepsilon_r} = \frac{q}{4\pi\varepsilon_0\varepsilon_r r^2} \boldsymbol{r}_0$$

（2）整个带电系统呈球对称,金属球外电介质表面的束缚电荷 q' 均匀分布,在 r 处产生的电场为

$$E' = \frac{q'}{4\pi\varepsilon_0 r^2} \boldsymbol{r}_0$$

自由电荷 q 在 r 处产生的电场为

$$E_0 = \frac{q}{4\pi\varepsilon_0 r^2} \boldsymbol{r}_0$$

电介质中的电场为

$$E = E_0 + E'$$

量值上有

$$\frac{q}{4\pi\varepsilon_0\varepsilon_r r^2} = \frac{q}{4\pi\varepsilon_0 r^2} + \frac{q'}{4\pi\varepsilon_0 r^2}$$

得

$$q' = \left(\frac{1}{\varepsilon_r} - 1\right) q$$

$\varepsilon_r > 1$,所以靠近金属球外表面的束缚电荷 q' 总是与金属球上的电荷 q 反号,数值小于 q.

（3）整个带电系统的电场分布为

$$E = \begin{cases} 0, & r < R \\ \dfrac{q}{4\pi\varepsilon_0\varepsilon_r r^2}, & r > R \end{cases}$$

金属球内($r<R$)一点的电势为

$$U = \int_r^\infty \boldsymbol{E} \cdot \mathrm{d}\boldsymbol{l} = \int_r^R E\,\mathrm{d}r + \int_R^\infty E\,\mathrm{d}r = \int_R^\infty \frac{q\,\mathrm{d}r}{4\pi\varepsilon_0\varepsilon_r r^2} = \frac{q}{4\pi\varepsilon_0\varepsilon_r R}$$

整个金属球体为等势体.

7.3 电容器 电场能量

7.3.1 电容

导体所具有的储存电荷和电能的本领,称作电容.

孤立导体的电容是这样定义的:孤立导体上的电量与其自身电势的比值就是孤立导

体的电容,即

$$C = \frac{q}{U} \tag{7-13}$$

只要导体的形状尺寸给定,导体的电容也就确定了,与导体是否带电无关.

电容的单位在 SI 中用法[拉](F)表示.F 是一个很大的单位,常用微法(μF)和皮法(pF)表示

$$1F = 10^6 \mu F = 10^{12} pF$$

7.3.2 电容器

孤立导体有电容,导体组合间有电容,组成电子线路的导体之间,会形成分布电容.电容器是由两个用电介质隔开的导体组成的.让两个导体带上等量异号电荷,用一个导体上的电量值,与两导体间电势差的比值,定义电容器的电容,即

$$C = \frac{q}{U_A - U_B} \tag{7-14}$$

一旦导体组合形成后,其电容也就确定了,与其是否带电无关.但可以用这种方法计算电容器的电容.

1. 平行板电容器的电容

平行板电容器由 A、B 两块导体板组成.设平板面积为 S,板间距为 d,两极板间填充均匀电介质,电容率为 ε.边缘效应可忽略.让两块极板带上等量异号电荷$\pm q$,电场只局限在两极板之间.电场为

$$E = \frac{\sigma}{\varepsilon} = \frac{q}{\varepsilon S}$$

两极板间电势差为

$$U_A - U_B = Ed = \frac{qd}{\varepsilon S}$$

根据电容器的定义式(7-14)

$$C = \frac{q}{U_A - U_B} = \frac{\varepsilon S}{d} \tag{7-15}$$

平行板电容器的电容仅与电容器的形状、尺寸及电介质有关.

从平行板电容器的电容表达式中可以看出,电介质能增大电容.另外由于电介质自身的性质,电容器中填充了电介质,可以提高耐压本领.

2. 圆柱形电容器的电容

圆柱形电容器由两个同轴金属圆筒 A 和 B 组成.圆筒长 l,内外圆筒半径分别为 R_1 和 R_2,如图 7-10(a)所示.两圆筒间充有电容率为 ε 的均匀电介质.让内、外圆筒分别带上等量异号电荷$\pm q$,单位长度上电量值为 $\lambda = \frac{q}{l}$.忽略边缘效应,电场只局限在两圆筒之

间. 应用高斯定理,可得电场为

$$E = \frac{\lambda}{2\pi\varepsilon r} = \frac{q}{2\pi\varepsilon rl}$$

两圆筒间的电势差

$$U_A - U_B = \int_A^B \boldsymbol{E} \cdot \mathrm{d}\boldsymbol{l} = \int_{R_1}^{R_2} \frac{\lambda \mathrm{d}r}{2\pi\varepsilon r}$$

$$= \frac{\lambda}{2\pi\varepsilon} \ln\frac{R_2}{R_1} = \frac{q}{2\pi\varepsilon l} \ln\frac{R_2}{R_1}$$

根据电容定义式(7-14)得

$$C = \frac{q}{U_A - U_B} = \frac{2\pi\varepsilon l}{\ln R_2/R_1} \qquad (7\text{-}16)$$

当 $d = R_2 - R_1 \ll R_1$ 时,有

$$\ln\frac{R_2}{R_1} = \ln\left(1 + \frac{d}{R_1}\right) \approx \frac{d}{R_1}$$

$$C = \frac{2\pi\varepsilon l}{d/R_1} = \frac{2\pi\varepsilon R_1 l}{d} = \frac{\varepsilon S}{d}$$

同于平行板电容器的电容表达式,其中 $S = 2\pi R_1 l$.

有的电容器就是在两层金属箔之间夹上绝缘材料,引出两个抽头,卷制而成,如图 7-10(b)所示.

(a)　　　　　　　　(b)

图 7-10　圆柱形电容器

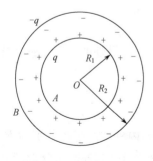

图 7-11　球形电容器

3. 球形电容器的电容

两同心金属球壳 A 和 B,构成了球形电容器. 两球壳半径分别为 R_1 和 R_2,球壳之间充满电容率为 ε 的均匀电介质,如图 7-11 所示. 让两球壳分别带上等量异号电荷 $\pm q$. 电场只局限于两球壳之间. 应用高斯定理,可得电场强度为

$$E = \frac{q}{4\pi\varepsilon r^2}$$

两球壳间的电势差为

$$U_A - U_B = \int_{R_1}^{R_2} \frac{q\mathrm{d}r}{4\pi\varepsilon r^2} = \frac{q}{4\pi\varepsilon}\left(\frac{1}{R_1} - \frac{1}{R_2}\right) = \frac{q(R_2 - R_1)}{4\pi\varepsilon R_1 R_2}$$

则球形电容器的电容为

$$C = \frac{q}{U_A - U_B} = \frac{4\pi\varepsilon R_1 R_2}{R_2 - R_1} \tag{7-17}$$

若 $R_1 \approx R_2 = R, d = R_2 - R_1 \ll R_1$,有

$$C = \frac{4\pi\varepsilon R^2}{d} = \frac{\varepsilon S}{d}, \quad S = 4\pi R^2$$

若 $R_2 \gg R_1$,或将外球壳看作在无穷远处,有

$$C = \frac{4\pi\varepsilon R_1 R_2}{R_2\left(1 - \dfrac{R_1}{R_2}\right)} = 4\pi\varepsilon R_1 \tag{7-18}$$

得孤立导体球壳的电容.

7.3.3 电容器的连接

电容器根据功能可分为可变电容器、半可变电容器和固定电容器.

电容器有两个重要性能指标:电容器的耐压值和电容值. 例如,"80V,50pF"说明电容器能承受的最大电压是 80V,电容值为 50pF.

为了满足电路对电容量和耐压值的不同需要,可将电容器串联或并联起来使用. 下面分别介绍电容器的串联和并联.

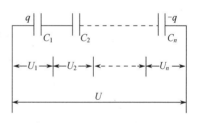

图 7-12　电容器的串联

当 n 个电容器 $C_1, C_2, \cdots, C_n$ 串联在电路里,由于静电感应,每个电容器的两块极板上都会带有等量异号电荷 q,n 个电容器共同分担加在串联电容器两端的电压 U,如图 7-12 所示.

$$U = U_1 + U_2 + \cdots + U_n$$

根据式(7-14),$U = \dfrac{q}{C}$,电压与电容成反比地分配在每个电容器上. 令串联电容器的等效电容为 C,则有

$$U = \frac{q}{C} = \frac{q}{C_1} + \frac{q}{C_2} + \cdots + \frac{q}{C_n}$$

得串联电容的等效电容的倒数,即

$$\frac{1}{C} = \frac{1}{C_1} + \frac{1}{C_2} + \cdots + \frac{1}{C_n} \tag{7-19}$$

串联电容器等效电容的倒数等于各电容器电容的倒数之和. 若为 n 个相同电容 C_1 串联,则有串联总电容为

$$C = \frac{C_1}{n} \tag{7-20}$$

串联电容器提高了耐压能力. 串联电容的等效电容值小于任一分电容的值. 在需要耐

高压,电容值又比较小的情况下,可采用电容器串联.

当 n 个电容器并联后接入电路,每个电容器两端的电压相同,如图 7-13 所示.这时等

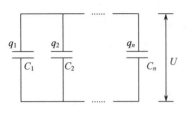

效电容器极板上的电量等于各电容器极板上的电量之和

$$q = q_1 + q_2 + \cdots + q_n$$

根据式(7-14),有 $q = CU$. 电量与电容成正比地分配在每个电容器上.令并联电容的等效电容为 C,则

$$q = CU = C_1 U + C_2 U + \cdots + C_n U$$

并联电容的等效电容为

$$C = C_1 + C_2 + \cdots + C_n \tag{7-21}$$

图 7-13 电容器的并联

并联电容大于每一个分电容,提高了储电本领.当每个电容器的耐压值符合电路要求,并要求有大电容量时,可采用电容器并联.

电容器是常用的电学和电子学元件.电容器具有储能的本领,能在极短的放电过程中释放所储存的能量,获得较大的功率.电容器在电路中具有隔直流通交流,对高频短路,稳定电流、电压的作用,被广泛应用在电工和电子线路中.我们日常生活中的收音机、电视机及各种电子仪器都用到电容器这种元件.在工业上,熔焊金属、激光打孔、用于科研的盖革计数器等都有电容器的重要应用.

7.3.4 电场的能量

一个系统带电的过程,就是建立电场、储存电能的过程,也必然是外力克服电场力做正功,将其他形式能量转变为电能的过程.电容器的充电就是这样的一个过程.

将电容器 C 接到电源上充电,电源就开始将电容器负极板上的正电荷不断搬运到正极板上,提高两极板间的电势差,建立电场.此间,电源克服电场力做的功储存在电容器中.设充电过程中的某时刻,电容器两极板上的电量分别为 q 和 $-q$,两极板间的电势差 $u = \dfrac{q}{C}$,如图 7-14 所示.现将 $\mathrm{d}q$ 的正电荷从负极板搬运到正极板,电源非静电力克服电场力做功的值,就是 $\mathrm{d}q$ 增加的电势能

图 7-14 计算电场能量用示意图

$$\mathrm{d}W_\mathrm{e} = \mathrm{d}A_{外} = u\,\mathrm{d}q = \frac{q}{C}\mathrm{d}q$$

在整个充电的过程中,极板上的电量由零增至 Q,电势差增至 U,电源做的功全部转为电能储存在电容器中,即

$$W_\mathrm{e} = \int \mathrm{d}A_{外} = \int_0^Q \frac{q}{C}\mathrm{d}q = \frac{1}{2}\frac{Q^2}{C}$$

$$= \frac{1}{2}C U^2 = \frac{1}{2}Q U \tag{7-22}$$

上式适用于任何电容器.式(7-22)体现了电容器储电储能的本领.电容器储存的能

量,分布在整个电场中,仍以平板电容器为例说明电场能量的本质.

设平板电容器的极板面积为 S,板间距为 d,两极板间充满电容率为 ε,各向同性均匀的电介质.电容器电容为

$$C = \frac{\varepsilon S}{d}$$

两极板间的电势差为

$$U = Ed$$

将上两式代入式(7-22)中得

$$W_e = \frac{1}{2}CU^2 = \frac{1}{2}\frac{\varepsilon S}{d}E^2 d^2 = \frac{1}{2}\varepsilon E^2 S d = \frac{1}{2}\varepsilon E^2 V \qquad (7\text{-}23)$$

式中 $V = Sd$ 是电容器中电场所占据的空间.式(7-23)说明电能确实定域在电场中.学了电磁波后可以知道,变化的电场可以脱离电荷,与变化磁场一起,以电磁波的形式,携带着能量向远处传播.

带电平板电容器内的电场是均匀的,因此电场能量也是均匀地分布在电场中.单位体积内的电场能量,称为电场能量密度,用 w_e 表示.从式(7-23)可以得到电场能量密度为

$$w_e = \frac{W_e}{V} = \frac{1}{2}\varepsilon E^2 = \frac{1}{2}\frac{D^2}{\varepsilon} = \frac{1}{2}DE \qquad (7\text{-}24)$$

上面的结论虽然是从平板电容器这个特例推导出来的,但可以证明它适用于任何电场.即使是变化电场,也可用以表示空间某点的电场能量密度.

电场能量密度 $w_e = \frac{1}{2}DE$ 的形式仅在各向同性均匀的电介质中适用.一般为

$$w_e = \frac{1}{2}\boldsymbol{D} \cdot \boldsymbol{E} \qquad (7\text{-}25)$$

电场能量密度能更精细地描述电场中能量的分布情况.计算非均匀电场的电场能量,应在电场中任取体积元 dV,在 dV 的微小范围内,电场可以看成是均匀的.体积元 dV 中的**电场能量**为

$$dW_e = w_e dV = \frac{1}{2}\boldsymbol{D} \cdot \boldsymbol{E}dV$$

整个电场的能量为

$$W_e = \int_V dW_e = \int_V \frac{1}{2}\boldsymbol{E} \cdot \boldsymbol{D}dV \qquad (7\text{-}26)$$

积分区域遍及整个电场空间 V.

例 7-3 长为 l 的圆柱形电容器,其内、外金属圆筒的半径分别为 R_1 和 R_2,两圆筒间充满电容率为 ε 均匀的电介质,当电容器带有电量 Q 时,求所储存的电能.

解 电容器内、外圆筒带电量为 Q 和 $-Q$.根据高斯定理可知内圆筒内部和外圆筒外部的电场为零.两圆柱筒间的电场为

$$E = \frac{\lambda}{2\pi\varepsilon r} = \frac{Q}{2\pi\varepsilon lr}$$

在两圆柱筒间,距轴线 r 处,做一半径为 r,厚度为 dr,长度为 l 的薄圆柱壳,如

图 7-15所示. 薄圆柱壳的体积为

$$dV = 2\pi r l\, dr$$

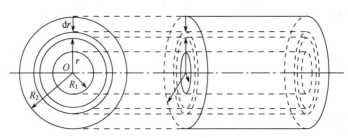

图 7-15 圆柱形电容器储存的能量

带电圆柱形电容器中的电场呈轴对称分布,薄圆柱壳处的电场值可看作相等. 薄圆柱壳内储存的电能为

$$dW_e = w_e dV = \frac{1}{2}\varepsilon E^2 dV = \frac{Q^2\, dr}{4\pi \varepsilon l r}$$

圆柱形电容器储存的电能为

$$W_e = \int_V dW_e = \int_{R_1}^{R_2}\frac{Q^2\, dr}{4\pi \varepsilon l r} = \frac{Q^2}{4\pi \varepsilon l}\ln\frac{R_2}{R_1}$$

电容器储存的能量可以用式(7-22)$W_e = \frac{1}{2}\frac{Q^2}{C}$表示.

上两式应该相等,比较可得圆柱形电容器的电容为

$$C = \frac{2\pi \varepsilon l}{\ln R_2/R_1}$$

与式(7-16)相同.因此可用能量的方法计算电容器的电容.

例 7-4 真空中有一半径为 R 的均匀带电球体,带电量为 Q,计算此带电系统的静电能.

解 应用高斯定理可得均匀带电球体的电场分布为

$$E = \begin{cases} \dfrac{Q r}{4\pi \varepsilon_0 R^3}, & r < R \\[2mm] \dfrac{Q}{4\pi \varepsilon_0 r^2}, & r > R \end{cases}$$

距球心 r 处做与带电球体同心且厚度为 dr 的薄球壳,其上储存的能量为

$$dW_e = \frac{1}{2}\varepsilon_0 E^2 dV = \frac{1}{2}\varepsilon_0 E^2 \cdot 4\pi r^2 dr$$

应用式(7-26),分别代入球内、球外的电场强度,得到均匀带电球体的静电能为

$$W_e = \int_0^R \frac{1}{2}\varepsilon_0\left(\frac{Q r}{4\pi \varepsilon_0 R^3}\right)^2 \cdot 4\pi r^2 dr + \int_R^\infty \frac{1}{2}\varepsilon_0\left(\frac{Q}{4\pi \varepsilon_0 r^2}\right)^2 \cdot 4\pi r^2 dr$$

$$= \frac{Q^2}{40\pi \varepsilon_0 R} + \frac{Q^2}{8\pi \varepsilon_0 R} = \frac{3Q^2}{20\pi \varepsilon_0 R}$$

本 章 小 结

1. 静电感应　静电平衡

2. 导体表面附近的电场强度

$$E = \frac{\sigma}{\varepsilon_0}$$

3. 电介质的极化

4. 电介质中的高斯定理

$$\oint_S \boldsymbol{D} \cdot \mathrm{d}\boldsymbol{S} = \sum q_0$$

5. 电容

（1）孤立导体的电容

$$C = \frac{q}{U}$$

（2）电容器的电容

$$C = \frac{q}{U_A - U_B}$$

6. 电容器的连接

（1）串联电容器的电容

$$\frac{1}{C} = \frac{1}{C_1} + \frac{1}{C_2} + \cdots + \frac{1}{C_n}$$

（2）并联电容器的电容

$$C = C_1 + C_2 + \cdots + C_n$$

7. 电场的能量

$$W_e = \int_V \frac{1}{2} \boldsymbol{D} \cdot \boldsymbol{E} \mathrm{d}V$$

习　题

7-1　一个大平行板电容器水平放置，两极板间的一半空间充有各向同性的均匀电介质，另一半为空气，如附图所示. 当两极板带上恒定的等量异号电荷时，有一个质量为 m、带电量为 $+q$ 的质点，平衡在极板间空气区域中. 此后，若把电介质抽

习题 7-1

去,则该质点应该如何运动?

7-2 为了火药库的安全,库房的房顶布有接地的金属网,为何通往库房的水管(金属管)也必须接地?

7-3 一金属球壳的内半径为 R_2,外半径为 R_3,此球壳带有净电荷 Q. 若在此球壳中心放一个半径为 R_1 的金属球,带电量为 q. 求离球心为 r 处的电势.

(1) $R_1 < r < R_2$;(2) $R_2 < r < R_3$;(3) $r > R_3$.

7-4 三个平行的金属板 A、B 和 C,面积都是 200cm^2,A、B 相距 4.0mm,A、C 相距 2.0mm,B、C 两板都接地,如附图所示. 若 A 板带正电 $3.0 \times 10^{-7}\text{C}$,略去边缘效应.

(1) 问 B 板和 C 板上的感应电荷各为多少?

(2) 以地为电势零点,求 A 板的电势.

习题 7-4 图

7-5 半径为 a 的两根平行长直导线相距 $d(d \gg a)$.

(1) 设两导线每单位长度上分别带电 $+\lambda$ 和 $-\lambda$,求导线间的电势差;

(2) 求此导线组每单位长度的电容.

7-6 如附图所示,一平板电容器(极板面积为 S,间距为 d)中充满两种电介质.试计算电容.如两电介质尺寸相同,电容又为多少?

7-7 如附图所示,两板相距 5mm 的平板电容器,板上带有等量异号电荷,电荷面密度为 $20\mu\text{C} \cdot \text{m}^{-2}$,两板间有两块电介质,一块厚为 2mm,相对电容率为 3,另一块厚为 3mm,相对电容率为 4,求:

(1) 各电介质中的电位移;(2) 各电介质中的场强.

习题 7-6 图

习题 7-7 图

7-8 圆柱形电容器由半径为 R_1 的导体柱和与它同轴的导体圆筒构成.圆筒内半径为 R_2,长为 L,其间充满了相对电容率为 ε_r 的电介质.设单位长度上导体柱的电荷为 λ_0,圆筒的电荷为 $-\lambda_0$,忽略边缘效应.求:

(1) 电介质中的电位移和场强;

(2) 两极板间的电势差.

7-9 两个相同的空气电容器,其电容值均为 $8\mu\text{F}$,都充电到 900V 后,将电源断开,把其中一个浸入煤油($\varepsilon_r = 2$)之中,然后把这两个电容并联.求:

(1) 浸入煤油过程中能量的损失;

(2) 并联过程中能量的损失.

7-10 附图为激光闪光灯的线路图.由电容器 C 储存的能量,通过闪光灯线路放电,给闪光灯提供能量.电容 $C = 6000\mu\text{F}$,火花间隙击穿电压为 2000V,问电容 C 在一次放电过程中,能释放出多少能量?

习题 7-10 图

7-11　半径为 R 的孤立导体球,置于空气中,令无穷远处电势为零,求:

(1) 导体球的电容;

(2) 球上带电量为 Q 时的静电能;

(3) 若空气的击穿场强为 E_g,导体球上能储存的最大电量值.

7-12　经常在电磁辐射环境中工作的人员,需要穿上防辐射服(或屏蔽服),试调研常见的屏蔽服,并解释其工作原理.

第8章 稳恒电流的磁场

磁现象的根源在于电荷的运动. 运动电荷在周围空间既产生了电场,也产生了磁场. 大量载流子(电荷)的定向运动形成了电流. 若电流所激发产生的磁场,其大小及空间分布均不随时间变化,那么这种磁场称作稳恒电流的磁场,简称稳恒磁场. 本章着重讨论稳恒电流的磁场的性质和所遵循的规律. 介绍磁感应强度的定义,电流元产生磁场的重要定律:毕奥-萨伐尔定律、磁场中的高斯定理和安培环路定理,以及磁场对运动电荷和电流的作用. 最后从相对论的角度出发,简单介绍了运动电荷的电磁场及电磁相互作用.

8.1 磁场 磁感应强度

人类早在二千多年前就发现了磁现象,我国是最早发现和应用磁现象的国家之一. 千百年来对磁本质的研究进展缓慢. 磁现象的根源是什么? 直到 1819 年丹麦物理学家奥斯特发现电流周围存在磁场,才撩开了磁现象的面纱. 法国物理学家安培于 1822 年在全然不知原子、分子内部结构的情况下,提出了**分子电流假说**,以解释物质磁性的起源. 他认为构成物质的分子、原子中存在回路电流,称为分子电流. 这种分子电流相当于一个基元磁铁,物质的磁性就取决于这些分子电流对外效应的总和. 安培分子电流假说很好地解释了磁性物质的磁性和磁介质磁化的微观机理,也巧妙地解释了自然界无磁单极子存在的原因. 现代物质结构理论可以说明分子、原子中的电子绕核运转及自旋形成了分子电流. 近代理论也证明了一切磁现象的根源是电荷的运动.

运动电荷(电流)和磁体周围存在着磁场. 我们已知的磁体之间,运动电荷(电流)之间及磁体与运动电荷(电流)间相互作用的磁力都是通过磁场来作用的,不存在超距作用.

8.1.1 磁感应强度

磁场对运动电荷和电流有磁力的作用. 我们引进磁感应强度 B 作为定量描述磁场这种性质的基本物理量. 仿照电场强度 E 的定义方式,用运动电荷在磁场中所受到的磁场力来定义磁感应强度 B. 实验证明,一个电量为 q,速度为 v 的运动电荷在磁场中受到的磁场力可以表示为

$$F = qv \times B \tag{8-1}$$

式(8-1)所表示的磁力称作洛伦兹力. 从式(8-1)中可以知道:当运动电荷沿磁场方向运动时,所受磁力为零. 于是可将电荷在磁场中运动时,不受磁力作用的那个方向定义为磁感应强度 B 的方向. 当然,磁场中某点磁感应强度 B 的指向与该点小磁针指北极的方向相同.

当运动电荷的速度 v 与磁感应强度 B 夹角为 α 时,运动电荷所受洛伦兹力的大小 F

与 $qv\sin\alpha$ 成正比,即 $F\propto qv\sin\alpha$. 对磁场中某点而言,$\dfrac{F}{qv\sin\alpha}$ 这个比值是一定的. 对磁场中不同位置的点,这个比值有不同的确定值. 这个比值与运动电荷无关,仅与磁场某点的性质有关,因此,可以用这个比值来定义磁场中某点磁感应强度的量值,即

$$B = \frac{F}{qv\sin\alpha} \tag{8-2}$$

上述两条是确定磁场中某点感应强度 $\boldsymbol{B}$ 的具体步骤. 在 SI 中,磁感应强度 $\boldsymbol{B}$ 的单位是特[斯拉](T).

$$1\mathrm{T} = 1\mathrm{N} \cdot \mathrm{C}^{-1} \cdot \mathrm{m}^{-1} \cdot \mathrm{s} = 1\mathrm{N} \cdot \mathrm{A}^{-1} \cdot \mathrm{m}^{-1}$$

磁感应强度 $\boldsymbol{B}$ 的单位也可以用韦[伯] · 米$^{-2}$(Wb · m^{-2})表示.

8.1.2　运动电荷的磁场

电荷的运动是产生磁现象的根源,磁场体现了运动电荷的磁效应. 电量为 q,速度为 v 的运动电荷在空间某点产生的磁感应强度,经实验分析得到为

$$\boldsymbol{B} = \frac{\mu_0}{4\pi} \frac{q\boldsymbol{v} \times \boldsymbol{r}_0}{r^2} \tag{8-3}$$

这是低速运动的电荷在空间产生的磁场. 这个结论已经得到实验验证.

式(8-3)中 r 为从运动电荷指向空间某点的矢径,$\boldsymbol{r}_0 = \dfrac{\boldsymbol{r}}{r}$ 为单位矢径,μ_0 为真空磁导率,$\mu_0 = 4\pi \times 10^{-7}\mathrm{N} \cdot \mathrm{A}^{-2}$.

运动电荷产生的磁感应强度 $\boldsymbol{B}$ 的大小为

$$B = \frac{\mu_0 qv\sin\theta}{4\pi r^2} \tag{8-4}$$

式中 θ 为速度 v 与矢径 r 的夹角. 磁感应强度 $\boldsymbol{B}$ 的方向垂直于速度 v 与矢径 r 所决定的平面. 若运动电荷带正电,$\boldsymbol{B}$、v 与 r 三个矢量的方向满足右手螺旋法则. 即右手螺旋从速度 v 经小于 $180°$ 角转到矢径 r,此时右手螺旋前进的方向,就是磁感应强度 $\boldsymbol{B}$ 的方向,也可以这样来描述它们方向上的关系,用右手螺旋前进的方向表示速度 v 的指向,则右手螺旋转动的方向,就给出了磁场中磁感应强度 $\boldsymbol{B}$ 线的绕行方向. 运动电荷产生的磁场中的磁场线,是以运动轨迹为轴线,在运动轨迹垂面上的同心圆. 图 8-1 中(a)、(c)为运动正电荷的磁场示意图. 当运动电荷带负电时,所产生的磁感应强度 $\boldsymbol{B}$ 的方向与正电荷的相反,如图 8-1(b)所示.

当 $v \ll c$ 时,运动点电荷在空间某点产生的电场仍然为

$$\boldsymbol{E} = \frac{1}{4\pi\varepsilon_0} \frac{q}{r^2}\boldsymbol{r}_0 \tag{8-5}$$

比较式(8-3)和式(8-5),并应用关系式

$$\frac{1}{c^2} = \varepsilon_0\mu_0 \tag{8-6}$$

可以得到真空中,以速度 v 运动,电量为 q 的点电荷在空间一点产生的磁感应强度 $\boldsymbol{B}$ 与电场强度 $\boldsymbol{E}$ 的关系为

$$\boldsymbol{B} = \frac{\mu_0}{4\pi} \frac{q\boldsymbol{v} \times \boldsymbol{r}_0}{r^2} = \frac{q\boldsymbol{v} \times \boldsymbol{r}_0}{4\pi\varepsilon_0 c^2 r^2} = \frac{1}{c^2}\boldsymbol{v} \times \boldsymbol{E}$$

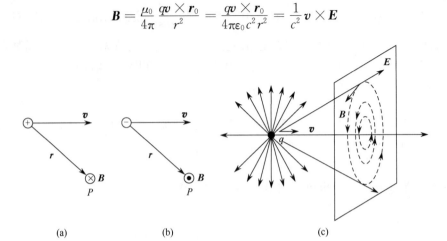

图 8-1　运动电荷的磁场和磁场线

即

$$\boldsymbol{B} = \frac{\boldsymbol{v}}{c^2} \times \boldsymbol{E} \tag{8-7}$$

常量 c 为真空中的光速. 式(8-7)所描述的关系,即使在速度 v 接近光速时也是成立的.

8.1.3　毕奥-萨伐尔定律

下面研究导体中电流的磁场.导体中的电流是大量电荷定向运动形成的.有了运动电荷磁场的公式,要研究电流产生磁场的规律,就比较方便了.具体办法是将电流无限细分成许多的电流元 $I\mathrm{d}\boldsymbol{l}$,$I$ 是导体中的电流,$\mathrm{d}\boldsymbol{l}$ 是线元矢量.电流元 $I\mathrm{d}\boldsymbol{l}$ 的方向与线元中的电流同向.金属导体中的载流子是带负电的自由电子.可以将金属导体中的电流看成是带正电量为 e 的载流子沿着与自由电子相反的方向运动而形成的.正载流子的平均定向漂移速度 v 与电流元 $I\mathrm{d}\boldsymbol{l}$ 同方向.设金属导体单位体积内的自由电子数为 n,导体的横截面积为 S,自由电子的电量值为 e,载流子的平均定向漂移速度为 v,可知电流 I 与导体中的载流子有下面的数量关系:

$$I = nevS \tag{8-8}$$

从电流元的表达式可以推出下面的关系:

$$I\mathrm{d}\boldsymbol{l} = neS\mathrm{d}l\boldsymbol{v} = \boldsymbol{v}\mathrm{d}q \tag{8-9}$$

电流元 $I\mathrm{d}\boldsymbol{l}$ 可以看成是电流元上所携带的电量 $\mathrm{d}q$ 与电流的流动速度 $\boldsymbol{v}$ 的乘积,或者把电流元看成是电量为 $\mathrm{d}q$,以载流子定向漂移速度 $\boldsymbol{v}$ 为速度的运动电荷.当然电流元 $I\mathrm{d}\boldsymbol{l}$ 与无法在空间某点停留的运动电荷是有区别的.在稳恒电路中,某点处的电流元的大小,方向是不随时间变化的,但每一时刻此处的电流元已不再是前一时刻的电流元.然而稳恒电流的特点,又决定了我们可以确定某点处电流元在空间产生的磁场.

应用运动电荷产生磁场的公式(8-3),可以得到电流元在真空中某点产生的感应强度为

$$\mathrm{d}\boldsymbol{B} = \frac{\mu_0}{4\pi}\frac{\mathrm{d}q\boldsymbol{v}\times\boldsymbol{r}_0}{r^2} = \frac{\mu_0}{4\pi}\frac{I\mathrm{d}\boldsymbol{l}\times\boldsymbol{r}_0}{r^2}$$

即

$$\mathrm{d}\boldsymbol{B} = \frac{\mu_0}{4\pi}\frac{I\mathrm{d}\boldsymbol{l}\times\boldsymbol{r}_0}{r^2} \tag{8-10}$$

电流元是整个电流非常微小的一部分,它所产生的磁场只能用微分 $\mathrm{d}\boldsymbol{B}$ 来表示.式(8-10)称作毕奥-萨伐尔定律,是关于电流元产生磁场的一条重要实验定律.

电流元产生的磁场 $\mathrm{d}\boldsymbol{B}$ 的大小为

$$\mathrm{d}B = \frac{\mu_0}{4\pi}\frac{I\mathrm{d}l\sin\theta}{r^2} \tag{8-11}$$

式中 θ 为电流元 $I\mathrm{d}l$ 与矢径 $\boldsymbol{r}$ 之间的夹角.

$\mathrm{d}\boldsymbol{B}$ 的方向垂直于 $I\mathrm{d}l$ 与矢径 $\boldsymbol{r}$ 所确定的平面.

$\mathrm{d}\boldsymbol{B}$、$I\mathrm{d}l$ 与 $\boldsymbol{r}$ 三者的方向满足右手螺旋法则,如图 8-2 所示.

任意形状载流导线在空间某点产生的磁感应强度,根据叠加原理,等于各电流元在该点产生的磁感应强度的矢量和,即

$$\boldsymbol{B} = \int \frac{\mu_0}{4\pi}\frac{I\mathrm{d}\boldsymbol{l}\times\boldsymbol{r}_0}{r^2} \tag{8-12}$$

通常用分量式进行计算,某些场合可直接用标量式进行计算,最后指明磁场的方向.

毕奥-萨伐尔定律这条实验定律.是法国数学家兼物理学家的拉普拉斯分析研究了法国物理学家毕奥和萨伐尔的关于电流产生磁场的大量实验资料后,总结建立了著名的毕奥-萨伐尔定律.由于现实中并无独立存在的电流元,所以无法直接验证这条

图 8-2 电流元所激发的磁感应强度

定律.但是应用该定律计算载流体所产生的总磁场,与用实验方法测得的结果相符合,也是间接证明了该定律的正确性.

例 8-1 计算载流直导线的磁场.

长 L 的直导线置于真空中,通有电流 I.求距此导线 r 处 P 点的磁感应强度.

解 以 P 点在直线上的投影点 O 为原点,建立坐标系,如图 8-3 所示.

根据毕奥-萨伐尔定律,载流导线上任一电流元 $I\mathrm{d}l$ 在 P 点产生的磁感应强度大小为

$$\mathrm{d}B = \frac{\mu_0}{4\pi}\frac{I\mathrm{d}l\sin\theta}{\rho^2}$$

$\mathrm{d}\boldsymbol{B}$ 的方向垂直于电流元 $I\mathrm{d}l$ 与矢径 $\boldsymbol{\rho}$ 所决定的平面,沿 z 轴负方向.直导线上各电流元在 P 点产生的磁感应强度方向都相同,所以总磁感应强度 $\boldsymbol{B}$ 的方向也应该是这个

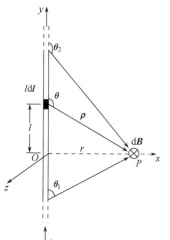

图 8-3 载流直导线附近的磁场

方向,其大小等于 $\mathrm{d}B$ 的标量积分,即

$$B = \int_L \frac{\mu_0}{4\pi} \frac{Idl\sin\theta}{\rho^2}$$

设电流元到原点距离为 l，被积表达式中存在 l、ρ、θ 三个变量，需统一变量. 取电流元与矢径的夹角 θ 为自变量，三变量有如下关系：

$$l = r\cot(\pi - \theta) = -r\cot\theta$$

$$dl = rd\theta/\sin^2\theta$$

$$\rho = r/\sin(\pi - \theta) = r/\sin\theta$$

代入上面的积分式，以载流导线始末端的电流元与各自矢径的夹角 θ_1 与 θ_2 为积分的上下限，得

$$B = \frac{\mu_0 I}{4\pi r} \int_{\theta_1}^{\theta_2} \sin\theta d\theta = \frac{\mu_0 I}{4\pi r}(\cos\theta_1 - \cos\theta_2) \tag{8-13}$$

当 $L \gg r$ 时，直导线可看作无限长，此时 $\theta_1 \to 0$，$\theta_2 \to \pi$，

$$B = \frac{\mu_0 I}{2\pi r} \tag{8-14}$$

若直导线始自 P 点的垂足，另一端在无限远处，此时导线为半无限长，$\theta_1 = \frac{\pi}{2}$，$\theta_2 \to \pi$，则

$$B = \frac{\mu_0 I}{4\pi r} \tag{8-15}$$

例 8-2 载流圆线圈轴线上的磁场.

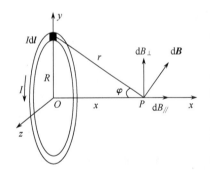

半径为 R 的圆线圈，载有电流 I，求其轴线上一点 P 的磁感应强度.

解 在载流圆线圈上建立坐标，如图 8-4 所示. 以圆线圈轴线为 x 轴，原点 O 设在环心上. 题目中没有特别提到磁介质，一般可按真空情况处理.

在载流圆线圈上任取电流元 Idl，从 Idl 处引到 P 点的矢径 r，可知 Idl 与 r 垂直. 电流元 Idl 在 P 点处产生的磁感应强度 $d\boldsymbol{B}$ 的量值为

图 8-4 载流圆线圈轴线上任一点的磁场　　$$dB = \frac{\mu_0}{4\pi} \frac{Idl\sin 90^\circ}{r^2} = \frac{\mu_0}{4\pi} \frac{Idl}{r^2}$$

$d\boldsymbol{B}$ 的方向垂直于 Idl 与 r 所决定的平面. 分析可知，圆线圈上不同位置处的电流元在 P 点产生的磁感应强度 $d\boldsymbol{B}$ 的量值相同，但方向各不相同. 由于对称性，每条直径两端的电流元所产生的磁感应强度对 x 轴的垂直分量成对抵消. 对整个圆线圈而言，$B_\perp = 0$. 只剩下平行于 x 轴的分量互相加强. 可见载流圆线圈在 P 点产生的总磁感应强度 $\boldsymbol{B}$ 应沿着 x 轴方向，大小等于各电流元产生的磁感应强度平行于 x 轴方向的分量的积分，即

$$B = B_x = \oint dB_{//} = \oint \frac{\mu_0 Idl\sin\varphi}{4\pi r^2} = \frac{\mu_0 I\sin\varphi}{4\pi r^2} \int_0^{2\pi R} dl$$

$$= \frac{\mu_0 I\sin\varphi R}{2r^2} = \frac{\mu_0 IR^2}{2(x^2 + R^2)^{3/2}} \tag{8-16a}$$

式中 φ 为各电流元到 P 点的矢径与 x 轴的夹角，$r = (x^2 + R^2)^{1/2}$. 当 $x = 0$ 时，得到载流圆线圈圆心处的磁感应强度为

$$B_0 = \frac{\mu_0 I}{2R} \quad\quad (8\text{-}17a)$$

当 $x \gg R$ 时,载流圆线圈在轴线上产生的磁感应强度为

$$B = \frac{\mu_0 I R^2}{2x^3} \quad\quad (8\text{-}18)$$

若圆线圈由 N 匝相同的圆线圈组成,则轴线上任一点处磁感应强度为

$$B = \frac{\mu_0 N I R^2}{2(x^2 + R^2)^{3/2}} \quad\quad (8\text{-}16b)$$

则圆心处磁感应强度为

$$B_0 = \frac{\mu_0 N I}{2R} \quad\quad (8\text{-}17b)$$

一段圆心角为 θ 的载流圆弧导线在圆心处产生的磁感应强度为

$$B_0 = \frac{\mu_0 I}{2R} \frac{\theta}{2\pi} \quad\quad (8\text{-}19)$$

8.2 磁通量 磁场的高斯定理

8.2.1 磁场线

磁场的分布情况,可以通过实验的方法显现出来,在载流体周围撒上铁屑,轻轻震动,铁屑就会按一定规律排列起来,显示出磁场的分布.

为了形象直观地描绘磁场,我们引进磁场线,以表示磁场中磁感应强度的方向、大小及分布情况. 磁场线上某点的切线方向为该点磁感应强度的方向. 过该点做与磁感应强度方向垂直的面积元 $dS_\perp$,穿过此面积元的磁场线条数为 $d\varPhi_m$,可定义该点磁感应强度 $\boldsymbol{B}$ 的大小为

$$B = \frac{d\varPhi_m}{dS_\perp} \quad\quad (8\text{-}20)$$

由上式可知,磁场强的地方,磁场线分布较密,磁场弱的地方,磁场线分布较稀疏. 当磁场线为分布均匀、彼此平行的直线时,所表示的场为匀强磁场,否则为非匀强磁场.

磁场线不会相交,它是一些围绕电流的无头无尾的闭合线,而且闭合的磁场线总是与闭合的电路套连在一起. 磁场线的方向与电流的方向符合右手螺旋法则.

8.2.2 磁通量

通过磁场中给定曲面的磁场线总条数,称作通过该曲面的磁通量,用 $\varPhi_m$ 表示.

由式(8-20)可计算出通过 $dS_\perp$ 的磁通量为 $d\varPhi_m = B dS_\perp$. 若面积元矢量 $d\boldsymbol{S}$ 与磁感应强度 $\boldsymbol{B}$ 成 θ 角,则穿过此面元的磁通量为

$$\mathrm{d}\Phi_\mathrm{m} = \boldsymbol{B} \cdot \mathrm{d}\boldsymbol{S} = B\cos\theta\mathrm{d}S \tag{8-21}$$

对磁场中任意一个曲面,总可以将其分成无数多个面积元,求出通过任一面积元的磁通量,再积分求得通过该曲面的磁通量.

$$\Phi_\mathrm{m} = \int_S \boldsymbol{B} \cdot \mathrm{d}\boldsymbol{S} = \int_S B\cos\theta\mathrm{d}S \tag{8-22}$$

在 SI 中,磁通量的单位为韦[伯](Wb)

$$1\mathrm{Wb} = 1\mathrm{T} \cdot \mathrm{m}^2$$

所以

$$1\mathrm{T} = 1\mathrm{Wb} \cdot \mathrm{m}^{-2}$$

磁感应强度的单位也可以用 Wb·m^{-2} 表示.

8.2.3　磁场的高斯定理

对磁场中的任意闭合面来说,由于磁场线是无头无尾的闭合线,所以穿入曲面的磁场线条数与穿出曲面的磁场线条数总是相等的.可见通过磁场中任意闭合曲面的磁通量恒等于零,即

$$\oint_S \boldsymbol{B} \cdot \mathrm{d}\boldsymbol{S} = 0 \tag{8-23}$$

这就是磁场中的高斯定理.无论在真空中,还是在磁介质中,高斯定理都有相同的形式.磁场中的高斯定理说明磁场是无源场.

近代量子理论认为存在磁单极子,早在 1931 年,狄拉克就预言了它的存在.寻找磁单极子的实验正在进行.虽偶有声称发现了磁单极子,因重复性不好,还不能充分证实它的存在.如果真找到了磁单极子,那么磁场中的高斯定理以至整个电磁场理论都要做重大修改.

8.3　安培环路定理及其应用

8.3.1　稳恒磁场的安培环路定理

稳恒电流产生的磁场就是稳恒磁场.毕奥-萨伐尔定律给出了电流产生磁场的基本规律.电流和磁场的关系还可以用另一种形式表现,这就是安培环路定理.

下面通过讨论在稳恒电流的磁场中,磁感应强度沿任意闭合路径的环流,得到这一定理.这里所指的稳恒电流包括载流子在液体或固体中定向移动形成的传导电流和带电粒子或带电体在空间定向运动形成的运流电流,即稳恒电流包括传导电流和运流电流.

在无限长直电流 I 的磁场中,距导线 r 处的磁感应强度为 $B = \dfrac{\mu_0 I}{2\pi r}$. 做一个平面垂直于导线,平面内的磁感应强度 $\boldsymbol{B}$ 线是以导线与平面的交点为圆心的同心圆,且磁感应强度 $\boldsymbol{B}$ 与圆心发出的矢径 r 随处垂直,在此平面内,围绕载流导线做一任意闭合回路 L,如图 8-5(a)、(b)所示.

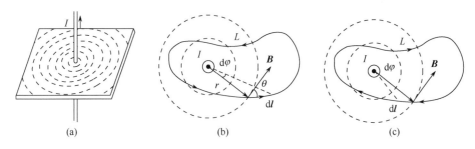

图 8-5 围绕无限长直载流导线的任一闭合路径的 **B** 的环流

沿此闭合路径计算磁感应强度 **B** 的环路积分得

$$\oint_L \boldsymbol{B} \cdot \mathrm{d}\boldsymbol{l} = \oint_L B\cos\theta \mathrm{d}l = \oint_L Br\mathrm{d}\varphi = \frac{\mu_0 I}{2\pi}\oint_L \mathrm{d}\varphi = \mu_0 I$$

式中 θ 为磁感应强度 **B** 与线元矢量 d**l** 的夹角，有 $\mathrm{d}l\cos\theta = r\mathrm{d}\varphi$.

如果闭合路径不是平面曲线，也能得到同样的结果，办法是将线元矢量 d**l** 分解成垂直于平面的分量 $\mathrm{d}\boldsymbol{l}_\perp$ 和平行于平面的分量 $\mathrm{d}\boldsymbol{l}_{/\!/}$，代入磁感应强度的环路积分式中有

$$\oint_L \boldsymbol{B} \cdot \mathrm{d}\boldsymbol{l} = \oint_L \boldsymbol{B} \cdot (\mathrm{d}\boldsymbol{l}_\perp + \mathrm{d}\boldsymbol{l}_{/\!/}) = \oint_L \boldsymbol{B} \cdot \mathrm{d}\boldsymbol{l}_{/\!/} = \mu_0 I$$

当闭合曲线的绕行方向相反，电流方向不变，这时磁感应强度 **B** 与线元矢量 d**l** 成钝角 θ，$\mathrm{d}l\cos\theta = -r\mathrm{d}\varphi$，则磁感应强度 **B** 的环流，见图 8-5(c)，有

$$\oint_L \boldsymbol{B} \cdot \mathrm{d}\boldsymbol{l} = -\mu_0 I$$

积分结果与电流方向有关. 为此将电流的正、负符号作如下规定：凡电流方向与闭合回路的绕行方向符合右手螺旋法则的，取正；否则为负.

如果闭合回路不包围电流，磁感应强度 **B** 沿闭合路径的线积分为零，见图 8-6.

$$\oint_L \boldsymbol{B} \cdot \mathrm{d}\boldsymbol{l} = \frac{\mu_0 I}{2\pi}\oint_L \mathrm{d}\varphi = \frac{\mu_0 I}{2\pi}(\varphi - \varphi) = 0$$

若闭合回路内包围多根载流导线，根据前面的讨论及磁场叠加原理，合磁感应强度 **B** 的环流为

$$\oint_L \boldsymbol{B} \cdot \mathrm{d}\boldsymbol{l} = \mu_0 \sum_{i=1}^{n} I_i \tag{8-24}$$

图 8-6 不围绕无限长直载流导线的任一闭合路径的 **B** 的环流

式中 $\sum_{i=1}^{n} I_i$ 为闭合回路中所包围的各电流的代数和. 式(8-24)就是**安培环路定理**. 它表示**在稳恒磁场中，磁感应强度 B 沿任意闭合路径的环流，等于这个闭合回路内所包围的各传导电流(含运流电流)的代数和的** μ_0 **倍**. 安培环路定理中的磁感应强度 **B** 就是绕行回路上的磁感应强度 **B**，是由回路内、外的电流共同决定的. 而磁感应强度 **B** 的环流完全由闭合回路内所包围的电流决定，即回路外的电流对磁感应强度 **B** 的环流没有贡献.

要说明的是，安培环路定理仅适用于闭合电流，对于一段不闭合的有限长的电流是不成立的.

安培环路定理是反映磁场性质的一条定理,说明磁场是涡旋场,所以它的场线必定是闭合线.

8.3.2 安培环路定理的应用

应用安培环路定理求磁场,需要先分析电流磁场的对称性,再选取适当的积分回路,以使磁感应强度 $\boldsymbol{B}$ 能以常量形式提出积分号外或使积分便于进行.

例 8-3 无限长直载流圆柱导体内外的磁场.

无限长直圆柱导体,半径为 R,电流为 I 均匀分布在圆柱导体截面上,求圆柱导体内外的磁场.

解 无限长直载流圆柱导体的磁场呈轴对称分布.在垂直于圆柱导体的平面上,其磁场线是以圆柱轴线为轴心的同心圆.

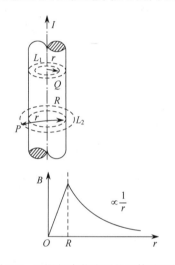

图 8-7 无限长直载流圆柱导体的磁场

见图 8-7,先求圆柱导体内一点 Q 处的磁感应强度.在过 Q 点与圆柱导体垂直的平面内,以轴心到 Q 的距离 $r(r<R)$ 为半径,做圆形闭合回路 L_1,从磁场的对称性可知,L_1 上的磁感应强度 $\boldsymbol{B}$ 的值处处相等,方向沿切线方向.L_1 的绕行方向与所围电流成右旋关系.其实我们也可以选取过 Q 点的那根磁场线为绕行回路,这根磁场线必然是以轴心到 Q 点的距离 r 为半径的圆,就是回路 L_1.应用安培环路定理有

$$\oint_{L_1} \boldsymbol{B} \cdot \mathrm{d}\boldsymbol{l} = B \cdot 2\pi r = \mu_0 I'$$

式中,I' 为 L_1 回路中所包围的电流,即

$$I' = \frac{I}{\pi R^2} \pi r^2 = \frac{I}{R^2} r^2$$

Q 处的磁感应强度为

$$B = \frac{\mu_0 I'}{2\pi r} = \frac{\mu_0 I r}{2\pi R^2}, \quad r < R \tag{8-25}$$

载流圆柱体内的磁感应强度 B 与考察点到轴线的距离 r 成正比.

再求圆柱体外一点 P 处的磁感应强度.过 P 点,以轴心到 P 点的距离 $r(r>R)$ 为半径,做圆形闭合回路 L_2,其上的磁感应强度 $\boldsymbol{B}$ 的值相等,绕行方向同于磁场线的方向,应用安培环路定理得

$$\oint_{L_2} \boldsymbol{B} \cdot \mathrm{d}\boldsymbol{l} = B \cdot 2\pi r = \mu_0 I$$

$$B = \frac{\mu_0 I}{2\pi r}, \quad r > R \tag{8-26}$$

无限长载流圆柱体外一点的磁感应强度,与把电流全部集中在轴线上的无限长直载流导线在该点产生的磁场是一样的.这时的磁感应强度 B 与距离 r 成反比,在圆柱体表面处磁感应强度值最大.无限长载流圆柱导体内外的磁感应强度 B 随到轴线的距离 r 变化的

关系曲线见图 8-7.

例 8-4 无限长直密绕空心载流螺线管的磁场.

无限长直密绕螺线管,通有电流 I,单位长度上的匝数为 n,求螺线管内的磁场.

解 密绕螺线管除两端处磁场线发散外,管壁处漏磁可忽略.可以认为管外磁感应强度等于零,而管内中部为匀强磁场,磁场线平行于管轴.

为计算螺线管内中部一点 P 的磁感应强度,过 P 点做一矩形回路 $abcda$,如图 8-8 所示.取磁感应强度 $\boldsymbol{B}$ 沿此闭合回路的线积分. cd 段在管外, $B=0$. da 和 bc 段在管内的那部分磁感应强度 $B\neq0$,但 $\boldsymbol{B}\perp\mathrm{d}\boldsymbol{l}$, $\cos(\boldsymbol{B},\mathrm{d}\boldsymbol{l})=0$. ab 段磁感应强度值相等,且磁感应强度 $\boldsymbol{B}$ 与积分路径同向.根据安培环路定理,磁感应强度 $\boldsymbol{B}$ 沿 $abcda$ 闭合回路的积分为

$$\oint_L \boldsymbol{B} \cdot \mathrm{d}\boldsymbol{l} = \int_{ab} \boldsymbol{B} \cdot \mathrm{d}\boldsymbol{l} = B\,\overline{ab} = \mu_0 nI\,\overline{ab}$$

图 8-8 无限长直载流螺线管的磁场

式中, $nI\overline{ab}$ 为闭合回路 $abcda$ 所包围的电流.回路绕行方向与电流成右旋关系,所围电流取正值.管内为真空,所以回路所围电流应乘以 μ_0,得

$$B = \mu_0 nI \tag{8-27}$$

上式表明无限长密绕载流螺线管内的磁场是均匀的,磁感应强度与电流和单位长度上的匝数的乘积成正比.

例 8-5 环形载流螺线管内的磁场.

密绕环形螺线管,也称为罗兰环.总匝数为 N,单位长度上有 n 匝线圈,通有电流 I,如图 8-9 所示,求磁场的分布.

解 密绕环形螺线管,管外磁场很弱,磁场几乎都集中在管内.由对称性可知,管内磁场线为同轴的圆,每根磁场线上的磁感应强度 $\boldsymbol{B}$ 的值相等.过环内 P 点,做与环心同心的闭合圆回路 L,其绕行方向同于磁场线,这个闭合回路所围的电流为 NI.根据安培环路定理

图 8-9 环形载流螺线管的磁场

$$\oint_L \boldsymbol{B} \cdot \mathrm{d}\boldsymbol{l} = B \cdot 2\pi r = \mu_0 NI$$

$$B = \frac{\mu_0 NI}{2\pi r} \tag{8-28}$$

一般密绕螺绕环内的磁场与考察点到环心的距离 r 成反比,若螺绕环很细,环内的磁

场可视为均匀. 设环的平均周长为 l, 则环内磁感应强度 $\boldsymbol{B}$ 的大小为

$$B = \frac{\mu_0 NI}{l} = \mu_0 nI \tag{8-29}$$

式中 $n = \dfrac{N}{l}$.

8.4 安培定律 磁力矩

8.4.1 洛伦兹力

速度为 $\boldsymbol{v}$ 的运动电荷 q 在电磁场中受到的电磁力为

$$\boldsymbol{F} = q\boldsymbol{E} + q\boldsymbol{v} \times \boldsymbol{B} \tag{8-30}$$

式中 $\boldsymbol{F}_e = q\boldsymbol{E}$, 是电场力, 与电荷运动无关. 而

$$\boldsymbol{F}_m = q\boldsymbol{v} \times \boldsymbol{B} \tag{8-31a}$$

是磁场力, 称作洛伦兹力. 它反映了运动电荷在磁场中受力的规律.

洛伦兹力的大小为

$$F_m = qvB \sin\theta \tag{8-31b}$$

式中 θ 为电荷 q 的运动速度 $\boldsymbol{v}$ 与磁场 $\boldsymbol{B}$ 的夹角. 洛伦兹力 $\boldsymbol{F}_m$ 垂直于运动电荷的速度 $\boldsymbol{v}$ 与外磁场 $\boldsymbol{B}$ 所决定的平面. $\boldsymbol{F}_m$ 与 $q\boldsymbol{v}$ 和 $\boldsymbol{B}$ 成右旋关系. 由于洛伦兹力垂直于电荷的运动方向, 所以不能改变电荷的速度大小, 也就不能改变运动电荷的动能, 就不会对运动电荷做功, 只能改变运动电荷的运动方向. 运动电荷带负电时, 在磁场中所受洛伦兹力的方向与运动正电荷受力方向相反.

8.4.2 带电粒子在磁场中的运动

带电粒子在磁场中运动的规律, 在近代物理及近代科技领域均具有重要的意义. 下面先介绍带电粒子在磁场中运动的情况, 再介绍几个具体应用的例子.

质量为 m, 电量为 q 的带电粒子, 以速度 $\boldsymbol{v}$ 进入磁感应强度为 $\boldsymbol{B}$ 的匀强磁场中, 所受到的洛伦兹力为

$$\boldsymbol{F} = q\boldsymbol{v} \times \boldsymbol{B} \tag{8-32}$$

当速度 $\boldsymbol{v}$ 与磁场 $\boldsymbol{B}$ 平行时, 带电粒子受到的洛伦兹力为零, 粒子将沿磁场方向做匀速直线运动. 当速度 $\boldsymbol{v}$ 与磁场 $\boldsymbol{B}$ 垂直时, 带电粒子受到的洛伦兹力有最大值. 洛伦兹力 $\boldsymbol{F}$ 垂直于速度 $\boldsymbol{v}$ 和磁场 $\boldsymbol{B}$ 所决定的平面. 带电粒子在垂直于磁场的平面内以速率 v 做圆周运动, 向心力就是洛伦兹力, 有

$$qvB = m\frac{v^2}{R}$$

轨道半径为

$$R = \frac{mv}{qB} \tag{8-33}$$

回旋周期为

$$T = \frac{2\pi R}{v} = \frac{2\pi m}{qB} \tag{8-34}$$

回旋周期 T 与速率 v 和回旋半径 R 无关,仅取决于比荷 $\frac{q}{m}$ 和磁感应强度 B. 当速度 $\boldsymbol{v}$ 与磁场 $\boldsymbol{B}$ 成任意夹角 θ 时,粒子受到的洛伦兹力值为

$$F = qvB\sin\theta$$

将 $\boldsymbol{v}$ 分解为平行于磁场 $\boldsymbol{B}$ 的分量 $v_{/\!/} = v\cos\theta$ 和垂直于磁场 $\boldsymbol{B}$ 的分量 $v_{\perp} = v\sin\theta$,可见带电粒子垂直于磁场方向的运动,使它受到洛伦兹力的作用. 带电粒子将同时参加两个互相垂直方向上的运动. 一个是沿磁场方向,以 $v_{/\!/}$ 为速率的匀速直线运动. 在此方向上,粒子不受磁力的作用. 另一个是在与磁场 $\boldsymbol{B}$ 垂直的平面内,以 $v_{\perp}$ 为速率的匀速率圆周运动. 合运动的轨迹为螺旋线,见图 8-10. 螺旋线半径为

$$R = \frac{mv\sin\theta}{qB} \tag{8-35}$$

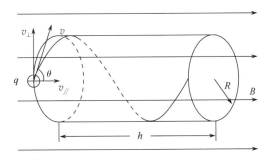

图 8-10 带电粒子在匀强磁场中的螺旋运动

回旋周期为

$$T = \frac{2\pi R}{v\sin\theta} = \frac{2\pi m}{qB}$$

螺距为

$$h = v\cos\theta T = \frac{2\pi mv\cos\theta}{qB} \tag{8-36}$$

8.4.3 磁聚焦 磁约束

运动电荷在磁场中的螺旋运动,在科学技术中得到广泛应用. 磁聚焦、磁约束及下面将要介绍的回旋加速器的工作原理即是应用的几个例子.

若有一束发散角不太大,速率 v 差不多相等,且与磁场夹角 θ 很小的带电粒子,从磁场中 P 点射入,各粒子平行于磁场及垂直于磁场的速度分量,分别为

$$v_{/\!/} = v\cos\theta \approx v \quad \text{(纵向速度)}$$

$$v_{\perp} = v\sin\theta \approx v\theta \quad \text{(横向速度)}$$

这些粒子将以不同的半径 $R=\dfrac{mv\theta}{qB}$ 做螺旋运动. 由于这些粒子平行于磁场的速度分量(也称纵向速度)近似相等,故螺距几乎相等,经一个周期 $T=\dfrac{2\pi m}{qB}$ 后,重新会聚在另一点 P',见图 8-11. 这与光学中透镜将光束聚焦的作用相似,所以称作磁聚焦. 电子显微镜中的"磁透镜"就是根据磁聚焦原理制作的.

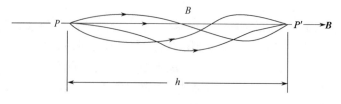

图 8-11 磁聚焦原理

在受控热核反应中,需要把温度高达 $10^7\sim10^8\,\mathrm{K}$ 的等离子体约束在一定的空间范围内,没有一种固体材料能耐受如此的高温,只有采用强磁场来达到将等离子体约束在一定的空间范围内的目的. 具体办法是用两个电流方向相同的线圈产生一个中间弱两端强,并沿轴线方向的强大磁场,见图 8-12.

图 8-12 磁约束

图 8-13 会聚磁场中做螺旋运动的带电粒子

在很强的磁场中,带电粒子的运动被约束在一根磁感应线附近很小的范围内,除碰撞外,带电粒子只能沿磁感应线做纵向运动,其横向运动受到很大限制. 在非均匀磁场中,带电粒子向磁场较强处螺旋前进时,受到的磁场力总有一个指向磁场较弱方向的轴向分力,见图 8-13. 在这个分力的阻碍作用下,其纵向速度减小,直至被迫沿一定的螺旋线返回,就像光线遇到镜面发生反射一样. 就这样带电粒子在两端的强磁场之间来回振荡,难以逃脱,这就是磁约束. 这样的磁场分布,称作磁镜或磁瓶. 在图 8-12 的装置中,总会有纵向速度比较大的粒子从两端逃逸出去. 为避免带电粒子的泄漏,可采用环形磁瓶. 目前受控热核反应实验中多采用的托卡马克的装置,就是一种环形磁约束结构.

磁约束现象亦存在于宇宙之中. 地球磁场,两极强中间弱,就是一个天然磁镜捕集器. 它捕获宇宙中的质子、电子;在地球外层几千千米至两万千米的高空,形成两个环绕地球的辐射带,称作范艾仑辐射带,如图 8-14 所示. 带电粒子在辐射带中来回振荡,遇到扰动

（太阳黑子、地磁场变化等影响），就会有带电粒子从两极泄漏到大气层中，于是形成极地处绚丽多彩的极光.

图 8-14 地球磁场中的范艾仑辐射带

8.4.4 回旋加速器

回旋加速器是利用带电粒子在均匀磁场中的回转周期与速度无关的性质，来获得核物理基本粒子研究中所需的高能粒子的一种装置. 回旋加速器的结构见图 8-15. 其核心部分由两个置于真空室中的 D 形扁平盒状电极 D_1、D_2 构成. 真空室位于电磁铁两极之间，在与 D 形电极平面垂直的方向上，有一恒定均匀的强磁场. 交流电源与两个 D 形电极连接，在 D 形电极缝隙处产生高频交变电场. 在电压达到幅值时，把带电粒子引入两 D 形电极的缝隙中央，带电粒子被电场加速，进入其中一个 D 形盒，由于屏蔽作用，D 形盒内没有电场，带电粒子在磁场力作用下，做回转半径 $R = \dfrac{mv}{qB}$ 的匀速率圆周运动.

图 8-15 回旋加速器原理

经过半周，粒子到达两电极缝隙时，正好电场反向，并达到最大值. 粒子过缝隙时，再次被加速,以较大的速率进入第二个 D 形盒,并以较大的半径做圆周运动,但周期不变, $\frac{T}{2} = \frac{\pi m}{qB}$. 这样,每隔半个周期,粒子经过一次缝隙,得到加速. 经多次加速,粒子的速率、半径均不断增加,沿着螺旋线形的轨道,逐渐趋于 D 形盒边缘. 在达到预期速率时,用致偏电极将其引出,供研究或其他使用.

设 D 形盒半径为 R,粒子的终极速率为 $v = \frac{qBR}{m}$,获得的动能为 $E_k = \frac{1}{2}mv^2 = \frac{q^2B^2R^2}{2m}$. 粒子能量与磁感应强度 B 和 D 形盒半径 R 有关,要想提高粒子能量,需从这两方面入手. 另外,当粒子的速率增加到接近光速时,由于相对论效应,粒子质量不再是常量,回转周期变长,此时固定频率的交变电场就无法再加速粒子,而需选择其他类型加速器,如同步稳相回旋加速器、电子感应加速器或直线加速器等,可将带电粒子的能量加速到几百亿电子伏特. 一般讲静质量大的带电粒子,速率不易接近光速,可用回旋加速器获得较大的能量. 例如,用回旋加速器可获得质子的最大能量约为 30MeV,氘核的最大能量约为 100MeV.

8.4.5 霍尔效应

当载流导体垂直地置于磁场中时,会出现横向电势差,这是霍尔于 1879 年发现的,这种现象称为霍尔效应,载流导体上出现的横向电势差就是霍尔电势差. 霍尔效应可以用运动电荷在磁场中受到洛伦兹力的作用来解释.

将宽为 a,厚为 b 的金属导体板置于磁场中,磁场 $\boldsymbol{B}$ 垂直于金属板面,金属板中的电流沿着与磁场垂直的方向流动,如图 8-16(a)所示. 金属板中的载流子是电子,电子的定向漂移速度 v 与电流反向. 运动电子在磁场中受到洛伦兹力作用,将向上偏转. 结果使金属板上表面出现负电荷积累,下表面积累正电荷,形成霍尔电场. 这个电场作用在电子上的电场力方向,与作用在电子上的洛伦兹力的方向相反. 随着电流流动,两端异号电荷的积累,载流子上受到的洛伦兹力和电场力达到动态平衡,即

$$-e\boldsymbol{E}_H + (-e)\boldsymbol{v} \times \boldsymbol{B} = 0$$

图 8-16 霍尔效应

霍尔电场的大小 $E_H = vB$,竖直向上. 横向电场的出现,在导体的横向两侧出现电势差

$$U_H = U_1 - U_2 = -aE_H = -avB$$

已知电子定向漂移速率为 v,单位体积内载流子浓度为 n,则电流 I 为

$$I = nevab$$

霍尔电势差为

$$U_H = -\frac{1}{ne}\frac{IB}{b} \tag{8-37a}$$

此电势差为上低下高. 若不改变电流方向,让载流子带正电量 q,如图8-16(b)所示. 可知正载流子受到的洛伦兹力仍指向上方,最终形成的霍尔电势差与载流子为电子时的情况相反,为上高下低,即

$$U_H = U_1 - U_2 = \frac{1}{nq}\frac{IB}{b} \tag{8-37b}$$

由式(8-37a)和(8-37b)可得

$$R_H = -\frac{1}{ne} \text{ 或 } R_H = \frac{1}{nq} \tag{8-38}$$

式中 R_H 称作霍尔系数. 霍尔系数与载流子浓度成反比. 半导体中载流子浓度远小于金属导体的,所以半导体的霍尔效应显著.

应用霍尔效应,可测定载流子浓度及半导体的导电类型,还可制成专门元件,用来测量磁场、电流等.

热效率高,污染小,动作快的"磁流体发电"就是依据霍尔效应的基本原理工作的. 高温、高速的等离子气体,通过与磁场垂直的耐高温材料制成的导电管时,气体中的正、负离子在洛伦兹力的作用下,向相反的方向偏转. 在导电管两侧与气体速度和磁场都垂直的方向,装上电极,就会在电极上产生电势差,可作为电源向外输出电能,如图 8-17 所示.

图 8-17 磁流体发电原理

8.4.6 安培定律

磁场对载流导线的作用规律,是安培总结实验结果得到的. 这个规律可用洛伦兹力的公式推导出来. 载流导体中的电流是带电粒子定向运动形成的. 这些载流子在磁场中运动,都会受到洛伦兹力的作用,并通过与晶格上的正离子碰撞而传给导体,宏观效果是载流导体受到磁场的磁力作用.

在载流导体上,截取一段电流元 Idl,根据 8.1 节中的论述和式(8-9),这段电流元可看成是电量为 dq,以定向漂移速度 v 运动着的点电荷,即 $Idl = dqv$. 从宏观尺度看,电流元 Idl 是无穷小量. 与载流导体相比,电流元中所含的带电粒子的总电量可做点电荷处理. 在电场的作用与晶格的约束下,这些载流子的定向漂移速度可视为相同,设为 v. 应用洛伦兹力式(8-32)有

$$d\boldsymbol{F} = dq\boldsymbol{v} \times \boldsymbol{B} = Id\boldsymbol{l} \times \boldsymbol{B}$$

即

$$\mathrm{d}\boldsymbol{F} = I\mathrm{d}\boldsymbol{l} \times \boldsymbol{B} \qquad (8\text{-}39\mathrm{a})$$

这就是**安培定律**,它反映了电流元在外磁场受力的基本规律. 电流元在外磁场中所受磁力的大小为

$$\mathrm{d}F = BI\mathrm{d}l\sin\alpha \qquad (8\text{-}39\mathrm{b})$$

式中 α 为电流元 $I\mathrm{d}l$ 与外磁场 $\boldsymbol{B}$ 之间的夹角. 磁力 $\mathrm{d}\boldsymbol{F}$ 的方向垂直于电流元 $I\mathrm{d}l$ 与磁场 $\boldsymbol{B}$ 所决定的平面. $\mathrm{d}\boldsymbol{F}$、$I\mathrm{d}l$ 与 $\boldsymbol{B}$ 三者的方向满足右手螺旋法则,如图 8-18 所示.

图 8-18 磁场对电流的作用力

一段有限长载流导线在磁场中受到的磁力为各电流元所受磁力 $\mathrm{d}\boldsymbol{F}$ 的矢量和,为

$$\boldsymbol{F} = \int I\mathrm{d}\boldsymbol{l} \times \boldsymbol{B} \qquad (8\text{-}40)$$

载流导线所受磁场力,称作安培力. 若各电流元受力方向不一致,则需将电流元所受安培力 $\mathrm{d}\boldsymbol{F}$ 分解,对各分量积分,再求整个导线所受到的安培力.

例 8-6 无限长直载流导线与一块无限长薄导体板构成闭合回路. 导体板宽 a,二者相距也为 a. 导线与导体板在同一平面内,则导线与导体板间单位长度的作用力为多少?

解 根据牛顿第三定律,只要求出其中一个(导线或导体板)单位长度上受到对方的作用力,即为所求.

建立坐标,如图 8-19 所示. 先求出载流薄导体板在导线处产生的磁感应强度. 将载流薄导体板分割成无数宽为 $\mathrm{d}x$ 的窄条长直电流. 其中距导线 x 处,载流 $i\mathrm{d}x = \dfrac{I}{a}\mathrm{d}x$ 的窄条长直电流在导线处产生的磁感应强度为

$$\mathrm{d}B = \frac{\mu_0 i\mathrm{d}x}{2\pi x} = \frac{\mu_0 I}{2\pi a}\frac{\mathrm{d}x}{x}$$

整块载流导体板在导线处产生的磁场为

$$B = \int_a^{2a} \frac{\mu_0 I}{2\pi a}\frac{\mathrm{d}x}{x} = \frac{\mu_0 I}{2\pi a}\ln 2$$

图 8-19 无限长平行载流直导线与载流导体板之间的相互作用力

导线上电流元 $I\mathrm{d}y$ 所受到的安培力为

$$\mathrm{d}F = BI\mathrm{d}y = \frac{\mu_0 I^2}{2\pi a}\mathrm{d}y\ln 2$$

单位长度上的导线,受到的力为

$$\frac{\mathrm{d}F}{\mathrm{d}y} = \frac{\mu_0 I^2}{2\pi a}\ln 2$$

相互作用力为斥力.

8.4.7 电流单位"安培"的定义

有两根无限长平行直导线 1 和 2,分别通有电流 I_1 和 I_2,两导线的垂直距离为 d,如图 8-20 所示. 每根导线单位长度上所受到的相互作用力,可通过安培定律求得. 磁力通过载流导线的磁场而相互作用. 每根导线都处在另一根载流导线的磁场里,并受到对方磁场作用的安培力.

先看导线 1 受力情况,导线 2 在导线 1 处产生的磁场为

$$B_{21} = \frac{\mu_0 I_2}{2\pi d}$$

且与导线 1 垂直. 在导线 1 上任取电流元 $I_1 \mathrm{d}l_1$,所受安培力的值为

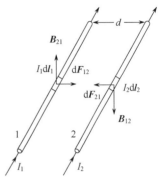

图 8-20 两个平行载流直导线
间的相互作用力

$$\mathrm{d}F_{12} = B_{21} I_1 \mathrm{d}l_1 = \frac{\mu_0 I_1 I_2}{2\pi d} \mathrm{d}l_1$$

方向在两导线所决定的平面内,垂直指向导线 2. 导线 1 单位长度上受力为

$$\frac{\mathrm{d}F_{12}}{\mathrm{d}l_1} = \frac{\mu_0 I_1 I_2}{2\pi d} \tag{8-41}$$

同理可证明,导线 2 每单位长度上所受安培力的大小也为

$$\frac{\mathrm{d}F_{21}}{\mathrm{d}l_2} = \frac{\mu_0 I_1 I_2}{2\pi d}$$

方向垂直指向导线 1. 可见,当两电流同向时,通过磁场作用,两载流导线互相吸引;反向时,两导线互相排斥.

在 SI 中,规定电流的单位安[培](A)为基本单位. 1A 的定义就是根据式(8-41)得到的. 当真空中两根无限长平行直导线相距 1m,通有量值相等的稳恒电流,且导线上每米长度受力为 $2\times10^{-7}\mathrm{N}$ 时,各导线中的电流规定为 1A.

根据这个定义,可得到真空磁导率的量值和单位. 将 $d=1\mathrm{m}$,$I_1=I_2=1\mathrm{A}$,$\frac{\mathrm{d}F}{\mathrm{d}l}=2\times10^{-7}\mathrm{N}\cdot\mathrm{m}^{-1}$ 代入式(8-41),得

$$\mu_0 = \frac{2\pi d}{I^2}\frac{\mathrm{d}F}{\mathrm{d}l} = \frac{2\pi \times 1 \times 2 \times 10^{-7}}{1^2} = 4\pi \times 10^{-7}\mathrm{N}\cdot\mathrm{A}^{-2}$$

电流的单位确定后,电量的单位也就被确定了. 当导线中通有 1A 的电流,1s 内通过导线某截面的电量就被定义为 1C,即

$$1\mathrm{C} = 1\mathrm{A}\cdot\mathrm{s}$$

8.4.8 磁力矩

磁场对载流线圈的作用规律是制作各种电动机和电磁仪表的基本原理. 下面应用安培定律研究匀强磁场对载流线圈的力矩作用.

在磁感应强度为 $\boldsymbol{B}$ 的匀强磁场中,有一边长分别为 l_1、l_2 的刚性矩形平面线圈,通有电流 I. 设线圈平面与磁感应强度 $\boldsymbol{B}$ 成 θ 角,ab、cd 边均与磁场垂直,如图 8-21 所示. 根据安培定律,导线 da 与 bc 所受安培力分别为 $\boldsymbol{F}_3$ 与 $\boldsymbol{F}_4$.

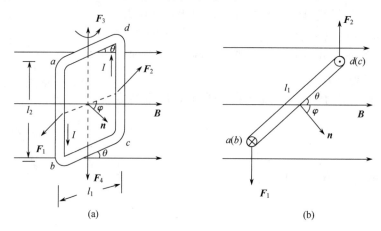

图 8-21 矩形载流线圈在匀强磁场中所受的磁力矩

$$F_3 = BIl_1\sin(\pi - \theta) = BIl_1\sin\theta$$
$$F_4 = BIl_1\sin\theta$$

$\boldsymbol{F}_3$ 与 $\boldsymbol{F}_4$ 大小相等,方向相反,且在同一直线上,互相抵消.

导线 ab 与 cd 所受安培力分别为 $\boldsymbol{F}_1$ 和 $\boldsymbol{F}_2$.

$$F_1 = F_2 = BIl_2$$

这两个力大小相等,方向相反,但不在同一直线上,因此形成力偶,力臂为 $l_1\cos\theta$. 磁场作用在线圈上的力矩大小为

$$M = F_1 l_1\cos\theta = BIl_1 l_2\cos\theta = BIS\cos\theta$$

式中 $S = l_1 l_2$ 为线圈面积.

对于载流线圈,我们常用磁矩 $\boldsymbol{p}_{\mathrm{m}}$ 来表征其特有的物理性质. 磁矩的定义式为

$$\boldsymbol{p}_{\mathrm{m}} = IS\boldsymbol{n} \tag{8-42a}$$

式中,I 为线圈中通有的电流,S 为线圈面积,$\boldsymbol{n}$ 为线圈平面法线方向的单位矢量. $\boldsymbol{n}$ 与线圈中电流的方向成右手螺旋关系,即右手弯曲的四指指向,表示线圈中电流的流向,伸直竖起的拇指指向,就是载流线圈的法线方向. 载流线圈的法线方向常用来表示线圈的方位. 若线圈由 N 匝完全相同的平面线圈组成,则其磁矩为

$$\boldsymbol{p}_{\mathrm{m}} = NIS\boldsymbol{n} \tag{8-42b}$$

在 SI 中,磁矩的单位是 $\mathrm{A \cdot m^2}$,磁力矩的单位是 $\mathrm{N \cdot m}$.

前面讨论到的载流线圈,其法线方向 $\boldsymbol{n}$ 与磁场 $\boldsymbol{B}$ 成 φ 角. 由图 8-21(b)可知,$\theta + \varphi = \dfrac{\pi}{2}$. 则载流线圈所受磁力矩大小为

$$M = BIS\sin\varphi = p_{\mathrm{m}}B\sin\varphi \tag{8-43a}$$

写成矢量式为

$$\boldsymbol{M} = \boldsymbol{p}_m \times \boldsymbol{B} \tag{8-43b}$$

式(8-43b)虽是从矩形载流线圈这个特例推导出来的,但这个结论对匀强磁场中任意形状的平面线圈同样成立.带电粒子或带电圆盘在磁场中回转,所受到的磁力矩均可用上述公式考虑.

刚性载流线圈在匀强磁场中不会发生平动,只可能受到磁力矩作用.当磁矩与磁场垂直时$\left(\varphi = \dfrac{\pi}{2}\right)$,线圈所受磁力矩最大,$M_{max} = p_m B$.当磁矩与磁场平行时($\varphi = 0$ 或 π),线圈所受磁力矩为零.若磁矩与磁场同向平行,线圈处于稳定平衡状态;若为反向平行,则线圈处于亚稳态,稍有扰动,线圈就会转动180°,到达稳定平衡状态.小载流试验线圈可以用来测定磁场中的磁感应强度 $\boldsymbol{B}$.可用单位磁矩受到的最大磁力矩来定义磁感应强度的大小,即

$$B = \frac{M_{max}}{p_m} \tag{8-44}$$

用试验线圈在磁场中处于稳定平衡时,试验线圈磁矩的指向,表示磁感应强度的方向.

载流线圈在非均匀磁场中的情况比较复杂,线圈不但受到磁力矩作用,而且合力不为零.

例 8-7 半径为 R 的均匀带电平面圆盘,电荷面密度为 σ,现以角速度 ω 绕垂直于盘面的中心轴 AA' 旋转.求:

(1) 旋转带电圆盘在盘心处产生的磁感应强度 B_0;

(2) 旋转带电圆盘的磁矩 p_m;

(3) 若有一均匀外磁场 $\boldsymbol{B}$,方向与圆盘平面平行,则外磁场作用于此盘的磁力矩 M 的大小.

解 将带电圆盘分割成无数多个细圆环.取半径为 r,宽为 dr 的一个细圆环,见图 8-22.此细圆环上带的电量为

$$dq = \sigma \cdot 2\pi r dr$$

以角速度 ω 旋转时,相应圆电流为

$$di = \frac{\omega}{2\pi} dq = \omega \sigma r dr$$

(1) 圆电流 di 在盘心处产生的磁感应强度为

$$dB_0 = \frac{\mu_0 di}{2r} = \frac{1}{2} \mu_0 \omega \sigma dr$$

各圆电流产生的磁场方向相同,则整个带电圆盘因旋转在盘心处产生的磁感应强度为

$$B_0 = \int_0^R dB_0 = \frac{1}{2} \mu_0 \omega \sigma R$$

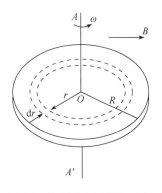

图 8-22 均匀带电圆盘绕垂直于盘面的中心轴转动

（2）圆电流 $\mathrm{d}i$ 的磁矩为

$$\mathrm{d}p_{\mathrm{m}} = \pi r^2 \mathrm{d}i = \pi\omega\sigma r^3 \mathrm{d}r$$

各圆电流磁矩方向一致，与圆盘的轴平行，整个圆盘的磁矩为

$$p_{\mathrm{m}} = \int_0^R \mathrm{d}p_{\mathrm{m}} = \frac{1}{4}\pi\omega\sigma R^4$$

（3）圆电流 $\mathrm{d}i$ 在均匀外磁场中受到的磁力矩为

$$\mathrm{d}M = B\mathrm{d}p_{\mathrm{m}} = \pi B\omega\sigma r^3 \mathrm{d}r$$

各圆电流所受磁力矩方向相同，整个圆盘受到的磁力矩的大小为

$$M = \int_0^R \mathrm{d}M = \frac{1}{4}\pi B\omega\sigma R^4$$

*8.5　运动电荷的电磁场

运动电荷的周围同时存在着电场和磁场，麦克斯韦方程组对于洛伦兹变换是不变的，本节对此做初步的讨论.

8.5.1　运动电荷的电场

前面章节介绍了相对我们静止的两个点电荷之间的电磁相互作用以及静止的电荷所产生的静电场. 下面将讨论相对我们运动的两个点电荷之间的库仑力以及运动电荷的电场的特点.

1. 运动电荷间的电磁相互作用

设真空中，有两个点电荷 q 与 q_0，分别静止于 S' 系的原点 O' 和 y' 轴上，如图 8-23 所示.

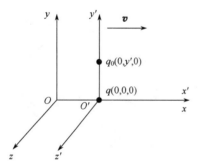

图 8-23　运动电荷之间的电磁相互作用

相对于 S' 系静止的观测者测得两点电荷间的电场力与式（6-1）相同，为

$$\boldsymbol{F}' = \frac{1}{4\pi\varepsilon_0} \frac{qq_0}{y'^2}\boldsymbol{j}' \tag{8-45}$$

上式为 q_0 所受电场力的矢量式，写成分量式为

$$\begin{cases} F'_y = \dfrac{1}{4\pi\varepsilon_0} \dfrac{qq_0}{y'^2} \\ F'_z = 0 \end{cases} \tag{8-46}$$

当 S' 系相对于 S 系以速度 v 沿 x 轴正向运动时，S 系中观测者测量了两个点电荷间的电磁相互作用力. 根据洛伦兹力变换式（5-41）

$$\begin{cases} F_x = \dfrac{F'_x + \dfrac{v}{c^2}\boldsymbol{F'} \cdot \boldsymbol{u'}}{1 + \dfrac{v}{c^2}u'_x} \\[4mm] F_y = \dfrac{F'_y\sqrt{1 - v^2/c^2}}{1 + \dfrac{v}{c^2}u'_x} \\[4mm] F_z = \dfrac{F'_z\sqrt{1 - v^2/c^2}}{1 + \dfrac{v}{c^2}u'_x} \end{cases}$$

式中 $\boldsymbol{u'}$ 为带电粒子相对参考系 S' 的速度. 若带电粒子在 S' 系静止,则 $\boldsymbol{u'} = \boldsymbol{0}$. 力的变换式简化为

$$\begin{cases} F_x = F'_x \\[2mm] F_y = \sqrt{1 - v^2/c^2}\,F'_y = \dfrac{1}{\gamma}F'_y \\[2mm] F_z = \sqrt{1 - v^2/c^2}\,F'_z = \dfrac{1}{\gamma}F'_z \end{cases} \tag{8-47}$$

在 S 系中测量点电荷 q_0 受到的电磁相互作用力为

$$\begin{cases} F_x = F'_x = 0 \\[2mm] F_y = \dfrac{1}{\gamma}F'_y = \dfrac{1}{4\pi\varepsilon_0}\dfrac{qq_0}{y'^2}\sqrt{1 - \beta^2} = \dfrac{qq_0(1 - \beta^2)}{4\pi\varepsilon_0 y'^2}\dfrac{}{\sqrt{1 - \beta^2}} \\[2mm] \qquad = \dfrac{qq_0}{4\pi\varepsilon_0 y'^2}\dfrac{}{\sqrt{1 - v^2/c^2}} - \dfrac{v^2}{c^2}\dfrac{qq_0}{4\pi\varepsilon_0 y'^2}\dfrac{}{\sqrt{1 - v^2/c^2}} \\[2mm] \qquad = \gamma F'_y - \dfrac{v^2}{c^2}\gamma F'_y \\[2mm] F_z = 0 \end{cases} \tag{8-48}$$

式中 $\beta = \dfrac{v}{c}, \gamma = \dfrac{1}{\sqrt{1 - \beta^2}}$.

若试验电荷 q_0 静止在 S' 系中任意位置$(x'、y'、z')$处,受到的电场力为 $\boldsymbol{F'}$,综合上面的分析结果,在 S 系中测量 q_0 受到的力应为

$$\begin{cases} F_x = F'_x \\[2mm] F_y = \dfrac{1}{\gamma}F'_y = \gamma F'_y - \dfrac{v^2}{c^2}\gamma F'_y \\[2mm] F_z = \dfrac{1}{\gamma}F'_z = \gamma F'_z - \dfrac{v^2}{c^2}\gamma F'_z \end{cases} \tag{8-49a}$$

若将与参考系相对运动方向平行的力用 $F_{/\!/}$ 表示,与参考系相对运动方向垂直的力用 $F_\perp$ 表示,上面的式子可以简写为下面的形式

$$\begin{cases} F_{/\!/} = F'_{/\!/} \\ F_\perp = \dfrac{1}{\gamma} F'_\perp \end{cases} \tag{8-49b}$$

可以看出,在 S' 系中测量,q_0 只受到电场力的作用.而在 S 系中测量时,在 y 和 z 方向多了一项力,这是在 S 系中运动的 q_0 受到的磁场力.这就是说在 S 系中运动的点电荷 q_0 不但受到电场力,还受到磁场力的作用.可见,电磁场是统一的,密不可分的.相对我们静止的两点电荷间,只能测量到它们相互作用的电场力(库仑力).而在相对两点电荷运动的参考系中却测量到两点电荷间不但有电场力,还存在着磁场力.这说明在不同的场合下,我们只能观测到电磁场的某一方面.电荷的磁效应只有当电荷相对我们运动时,才能显现出来.

2. 运动电荷的电场

根据运动点电荷间的电场力表达式,以及相对论的相对性原理:物理学定律在任何惯性系中都是相同的,运用电场强度的定义式 $E = \dfrac{F}{q_0}$ 和洛伦兹坐标变换,可以给出运动电荷的电场变换式.

图 8-24 运动电荷的电场

$$\begin{cases} E_{/\!/} = E'_{/\!/} \\ E_\perp = \gamma E'_\perp \end{cases} \tag{8-50}$$

电场强度 E 的下脚标为"$/\!/$"的,表示与 S' 系运动方向平行的电场强度分量,下脚标为"$\perp$"的,表示与 S' 系运动方向垂直的电场强度分量.

运动点电荷的电场分布如图 8-24 所示.在与运动垂直的方向上的电场强度总大于运动方向上的电场强度.运动速度越大,电场线越往垂直方向聚拢.由于电荷的运动,空间任意点的电场强度随时间变化.

8.5.2 电场对电荷的作用

下面就几种情况讨论电场对电荷的作用.

1. 静电场对静电荷的作用

场源相对某参考系静止,则它所产生的电场对这个参考系而言就是静电场.

现在 S 系中有一静电场,某点场强为 E. q 为静置于这个参考系中某点的点电荷.点电荷 q 受到静电场的作用力为

$$F = qE \tag{8-51}$$

2. 静电场对运动电荷的作用

在 S 系中有静电场 E.电量为 q 的带电粒子,在 S 系中沿 x 轴正向,以速度 v 运动.在

S 系中测定这个运动电荷受到静电场的力为 $\boldsymbol{F}$,那么这个力 $\boldsymbol{F}$ 该有怎样具体的形式呢?为了方便地解决这个问题,我们可以在这个运动的带电粒子上建立坐标系 S',相对 S' 系静止的带电粒子,在 S' 系测量受到的电场力为 $\boldsymbol{F}'=q\boldsymbol{E}'$,然后将 $\boldsymbol{F}'$ 变换到 S 系中去,就得到静电场对运动电荷作用力的表达式为

$$\boldsymbol{F}=q\boldsymbol{E}$$

在静电场中运动的带电粒子所受到的电场力,与带电粒子的运动速度无关,就等于带电粒子的电量乘以静电场的场强.从电子枪中射出的电子束在外电场中受到的电场力及穿过速度选择器的带电粒子在其中受到的电场力等均为这类问题.

3. 运动电场对静止电荷的作用

运动电场 $\boldsymbol{E}$ 对静止电荷 q 的作用力,只要把参考系 S 建在运动电场上,然后在 S 系上测量那个相对于某个参考系静止的点电荷 q 所受到的电场力,于是上面的问题变成了静电场对运动电荷的作用力的问题.直接应用前面的结论,可知,运动电场对静止电荷的作用力为

$$\boldsymbol{F}=q\boldsymbol{E}$$

4. 运动电场对运动电荷的作用

设产生电场的点电荷 q 在 S 系中沿 x 轴正向,以速度 v 运动,试验电荷 q_0 的速度 $\boldsymbol{u}=u_x\boldsymbol{i}+u_y\boldsymbol{j}+u_z\boldsymbol{k}$.为在 S 系中测量试验电荷 q_0 受到的电场力,先在点电荷 q 上建立坐标系 S'.q 位于 S' 系的原点 O' 上,S' 系沿 x 轴正向以速度 v 相对于 S 系运动.在 S' 系中测得 q_0 受力为

$$\boldsymbol{F}'=q_0\boldsymbol{E}'$$

在 S' 系中,试验电荷 q_0 的速度为

$$u'_x=\frac{u_x-v}{1-\dfrac{vu_x}{c^2}},\quad u'_y=\frac{u_y\sqrt{1-\beta^2}}{1-\dfrac{vu_x}{c^2}},\quad u'_z=\frac{u_z\sqrt{1-\beta^2}}{1-\dfrac{vu_x}{c^2}} \tag{8-52}$$

根据洛伦兹力的变换式(5-41)和电场变换式,将 $\boldsymbol{F}'$ 变换到 S 系中,有

$$F_x=\frac{F'_x+\dfrac{v}{c^2}(F'_xu'_x+F'_yu'_y+F'_zu'_z)}{1+\dfrac{v}{c^2}u'_x}$$

$$=\frac{F'_x+\dfrac{v}{c^2}\left(F'_x\dfrac{u_x-v}{1-\dfrac{vu_x}{c^2}}+F'_y\dfrac{u_y\sqrt{1-\beta^2}}{1-\dfrac{vu_x}{c^2}}+F'_z\dfrac{u_z\sqrt{1-\beta^2}}{1-\dfrac{vu_x}{c^2}}\right)}{\dfrac{1-v^2/c^2}{1-\dfrac{vu_x}{c^2}}}$$

$$=F'_x+\frac{vu_y}{c^2\sqrt{1-\beta^2}}F'_y+\frac{vu_z}{c^2\sqrt{1-\beta^2}}F'_z$$

$$= F'_x + \frac{vu_y}{c^2}\gamma F'_y + \frac{vu_z}{c^2}\gamma F'_z$$

$$= q_0 E_x + \frac{vu_y}{c^2}\gamma q_0 \frac{1}{\gamma}E_y + \frac{vu_z}{c^2}\gamma q_0 \frac{1}{\gamma}E_z$$

$$= q_0 E_x + \frac{q_0 v}{c^2}(u_y E_y + u_z E_z)$$

$$F_y = \frac{F'_y \sqrt{1-\beta^2}}{1+\frac{vu'_x}{c^2}} = \frac{F'_y \sqrt{1-\beta^2}}{1+\frac{v}{c^2}\cdot\frac{u_x-v}{1-\frac{vu_x}{c^2}}} = \frac{F'_y\left(1-\frac{vu_x}{c^2}\right)}{\sqrt{1-\beta^2}}$$

$$= \gamma q_0 \frac{1}{\gamma}E_y\left(1-\frac{vu_x}{c^2}\right) = q_0 E_y - q_0 u_x \frac{v}{c^2}E_y$$

同理可得

$$F_z = q_0 E_z - q_0 u_x \frac{v}{c^2}E_z$$

把上面的结果写成矢量式为

$$\boldsymbol{F} = q_0 \boldsymbol{E} + q_0 \boldsymbol{u}\times\left(\frac{\boldsymbol{v}}{c^2}\times\boldsymbol{E}\right)$$

令

$$\boldsymbol{B} = \frac{\boldsymbol{v}}{c^2}\times\boldsymbol{E} \tag{8-53}$$

式中, v 为产生电场的点电荷 q 的速度, u 为试验电荷 q_0 的速度. 则有

$$\boldsymbol{F} = q_0 \boldsymbol{E} + q_0 \boldsymbol{u}\times\boldsymbol{B} \tag{8-54}$$

式(8-54)是运动电荷在电磁场中受到的电磁力的表达式, 其中 $q_0 \boldsymbol{u}\times\boldsymbol{B}$ 为洛伦兹力. 式(8-54)说明运动电荷在运动电场中除受到电场力外, 还受到由于电场运动才受到的"电动力", 这个力的实质就是磁场力. 爱因斯坦说过: "我曾确信, 在磁场中作用在运动物体上的电动力, 不过是一种电场力罢了. 正是这种确信或多或少直接地促使我去研究狭义相对论."

式(8-53)说明运动电场必伴随着磁场, 磁场与电场密切关联.

与高速运动的点电荷电场分布比较可知, 高速运动的点电荷的磁场分布, 在包含点电荷 q 且垂直运动方向的平面内, 磁场线条数最多 ($\theta=90°$), 在 θ 较小的速度垂面内, 磁场线条数就少. 高速运动的电荷在空间任意点产生的磁场随时间变化.

本 章 小 结

1. 磁感应强度

2. 运动电荷的磁感应强度

$$\boldsymbol{B} = \frac{\mu_0}{4\pi}\frac{1}{r^2}q\boldsymbol{v}\times\boldsymbol{r}_0$$

3. 毕奥-萨伐尔定律

$$\mathrm{d}\boldsymbol{B}=\frac{\mu_0}{4\pi}\frac{1}{r^2}I\mathrm{d}\boldsymbol{l}\times\boldsymbol{r}_0$$

4. 载流导线在空间一点产生的磁感应强度

$$\boldsymbol{B}=\int\frac{\mu_0}{4\pi}\frac{1}{r^2}I\mathrm{d}\boldsymbol{l}\times\boldsymbol{r}_0$$

5. 磁通量

$$\Phi_{\mathrm{m}}=\int_S\boldsymbol{B}\cdot\mathrm{d}\boldsymbol{S}$$

6. 安培环路定理

$$\oint_L\boldsymbol{B}\cdot\mathrm{d}\boldsymbol{l}=\mu_0\sum_{i=1}^n I_i$$

7. 洛伦兹力

$$\boldsymbol{F}_{\mathrm{m}}=q\boldsymbol{v}\times\boldsymbol{B}$$

8. 安培定律

$$\mathrm{d}\boldsymbol{F}=I\mathrm{d}\boldsymbol{l}\times\boldsymbol{B}$$

9. 电流单位安培的定义

10. 磁力矩

$$\boldsymbol{M}=\boldsymbol{p}_{\mathrm{m}}\times\boldsymbol{B}$$

习　题

8-1　有两条无限长直导线,平行放置,通以等值反向的电流 I. 在应用安培环路定理时,分别取两个积分回路 L_1 和 L_2,如附图所示.

（1）下面两式

$$\oint_{L_1}\boldsymbol{B}\cdot\mathrm{d}\boldsymbol{l}=\mu_0 I$$

$$\oint_{L_2}\boldsymbol{B}\cdot\mathrm{d}\boldsymbol{l}=0$$

是否成立?

（2）由 $\oint_{L_1}\boldsymbol{B}\cdot\mathrm{d}\boldsymbol{l}=\mu_0 I$ 能否算出离直导线为 R 处的磁感应强度?

（3）根据 $\oint_{L_2}\boldsymbol{B}\cdot\mathrm{d}\boldsymbol{l}=0$ 可否认为 L_2 上任一点的 $\boldsymbol{B}$ 值为零?

8-2　求各附图中 O 点的磁感应强度.

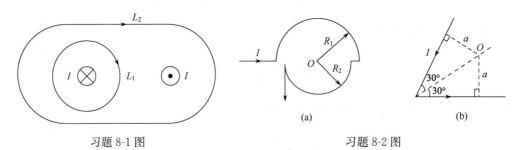

习题 8-1 图 习题 8-2 图

8-3 附图为两条穿过 y 轴且垂直于 xOy 平面的平行长直导线的俯视图. 两条导线皆通有电流 I, 但方向相反, 它们到 x 轴的距离皆为 a.

(1) 推导出 x 轴上 P 点处的磁感应强度的表达式 $B(x)$;

(2) 求 P 点在 x 轴上何处时, 该点的 B 值取得最大值.

8-4 如附图所示, 有一无限长载流平板, 宽度为 l_1, 沿 x 方向单位长度上分布的电流 (面电流密度) 为 i. 求与平板共面且距板一边为 l_2 的 P 点的磁感应强度.

习题 8-3 图 习题 8-4 图

8-5 相距为 d 的两根无限长平行载流导线, 分别通有反向电流 I_1 和 I_2, 如附图所示. 求:

(1) 共面的两导线间任一点 P 处的磁感应强度;

(2) 通过图中矩形面积的磁通量.

8-6 附图为一均匀密绕的环形螺线管, 总匝数为 N, 通有电流 I, 其横截面积为矩形, 芯子材料的磁导率为 μ, 圆环内、外直径分别为 d_1 和 d_2, 求:

(1) 螺线管绕环内外的磁场分布;

(2) 通过横截面的磁通量.

习题 8-5 图 习题 8-6 图

8-7　无限长直载流导体圆管,内、外半径分别为 a 和 b,电流 I 沿轴线方向流动,且均匀分布在管的横截面上,试求导体内部各点($a<r<b$)的磁感应强度.当 $a=0$ 时,情形怎样?$r=b$ 时,又怎样?

8-8　由 N 匝细导线绕成的平面正三角形线圈,边长为 a,通有电流 I,置于均匀外磁场 $\boldsymbol{B}$ 中,求:

(1) 线圈的磁矩;

(2) 该线圈受到的最大磁力矩值 M_{max} 以及此时线圈磁矩 $\boldsymbol{p}_{m}$ 与外磁场 $\boldsymbol{B}$ 的夹角;

(3) 当线圈磁矩 $\boldsymbol{p}_{m}$ 与外磁场 $\boldsymbol{B}$ 成何角时,所受磁力矩为零?

8-9　通有电流 I 的半圆形闭合回路,放在磁感应强度为 B 的均匀磁场中,回路平面垂直于磁场方向,如附图所示.求作用在半圆弧 $\overset{\frown}{AB}$ 上的磁力及直径 $\overline{AB}$ 段的磁力,从这道题的结果能感悟到什么?

习题 8-9 图

习题 8-10 图

8-10　半径为 R 的无限长直半圆柱面导体,其上电流与置于其轴线上的一无限长直导线的电流等值反向,电流 I 在半圆柱面上均匀分布,如附图所示.求:

(1) 轴线上单位长度的导线所受的力;

(2) 若将另一无限长直导线(通有大小、方向与半圆柱面相同的电流 I)代替半圆柱面并产生同样的作用力,该导线应放在相距轴线何处的位置?

8-11　一电子在 $B=2.0\times10^{-3}\text{T}$ 的磁场里沿半径 $R=2.0\text{cm}$ 的螺旋线运动,螺距 $h=5.0\text{cm}$.已知电子的比荷 $\dfrac{e}{m}=1.76\times10^{11}\text{C}\cdot\text{kg}^{-1}$,求该电子的速度.

8-12　一块半导体样品的体积为 $a\times b\times c$,如附图所示.沿 x 轴方向有电流 I,在 z 轴方向加有匀强磁场 $\boldsymbol{B}$.实验测出的数据为

$$a=0.10\text{cm},\quad b=0.35\text{cm},\quad c=1.0\text{cm},$$
$$I=1.0\text{mA},\quad B=0.30\text{T}$$

半导体片两侧的电势差 $U_{1}-U_{2}=6.55\text{mV}$.

(1) 这种半导体是正电荷导电(p 型),还是负电荷导电(n 型)?

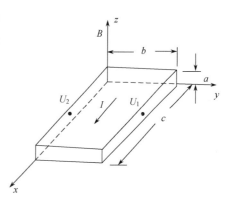

习题 8-12 图

（2）载流子浓度 n 为多少？

8-13 磁场中某点处的磁感应强度 $\boldsymbol{B}=0.04\boldsymbol{i}-0.02\boldsymbol{j}$ T，一电子以速度 $\boldsymbol{v}=0.50\times10^7\boldsymbol{i}+1.00\times10^7\boldsymbol{j}$ m·s^{-1} 通过该点，求此电子所受到的洛伦兹力.

8-14 磁悬浮列车具有很高的行驶速度，试调研其基本结构和工作原理.

第9章 磁 介 质

所有的实物物质在磁场中统称为磁介质.与电场和电介质的关系相同,磁场与磁介质也会相互作用,互相影响.本章主要介绍磁介质磁化的微观机理,磁介质中的磁场的性质和规律.

9.1 磁介质的磁化

在磁场中一切实物物质都称作磁介质.磁介质在外磁场 B_0 中会被磁化,产生附加磁场 B'.附加磁场 B' 与外磁场 B_0 的矢量和,就是磁介质中的磁场 B,即

$$B = B_0 + B' \tag{9-1}$$

实验证明,均匀磁介质被外磁场 B_0 磁化后,介质内的磁场 B 与外磁场 B_0 有下面的数量关系

$$B = \mu_r B_0 \tag{9-2}$$

μ_r 是一个纯数,叫做磁介质的相对磁导率,由磁介质的种类和所处状态决定.某些磁介质的相对磁导率见表 9-1.真空的 $\mu_r=1$.相对磁导率 μ_r 与真空中的磁导率 μ_0 的乘积,称作磁介质的磁导率 μ.

$$\mu = \mu_0 \mu_r \tag{9-3}$$

在 SI 中,磁介质的磁导率 μ 的单位与真空中的磁导率 μ_0 的相同,为牛·安$^{-2}$(N·A^{-2}).

根据磁介质中附加磁场 B' 的大小和方向或者相对磁导率 μ_r 的值,可将磁介质分为三类:抗磁质、顺磁质和铁磁质.

均匀磁介质在外磁场 B_0 中磁化后,产生的附加磁场 B' 与外磁场 B_0 反向,$B'<B_0$,合磁场 $B=B_0-B'$,所以 $\mu_r<1$(实际上 μ_r 略小于 1).这类磁介质称作抗磁质,如氢、铜、铋、汞、银、金等.若磁介质磁化后,产生的附加磁场 B' 与外磁场 B_0 同向,$B'<B_0$,合磁场 $B=B_0+B'$,所以 $\mu_r>1$(μ_r 略大于 1).这类磁介质称作顺磁质,如氧、铝、钨、钛、铂、铬等.抗磁质和大多数顺磁质对磁场影响很小,所产生的附加磁场 B' 比外磁场 B_0 小得多,相对磁导率 μ_r 都接近 1,可归为一类来讨论.另有一类磁介质,它的相对磁导率 $\mu_r \gg 1$,而且 μ_r 是个变量,会随外磁场 B_0 的大小发生变化.这种磁介质称铁磁质,如铁、镍、钴等(表 9-1).常用的铁磁质多是它们的合金和氧化物.铁磁质有不少特殊性质,在后面的内容里有专门讨论.

表 9-1 磁介质的相对磁导率

磁介质	相对磁导率	磁介质	相对磁导率
铁磁质	$\mu_r \gg 1$	**抗磁质**	$\mu_r < 1$
纯铁	$1 \times 10^4 \sim 2 \times 10^5$	氢	$1 - 5.4 \times 10^{-9}$
硅钢	$4.5 \times 10^2 \sim 7.9 \times 10^3$	氦	$1 - 1.05 \times 10^{-9}$
坡莫合金	$10^3 \sim 10^5$	铜	$1 - 9.67 \times 10^{-6}$
铁氧体	$10^2 \sim 10^3$	水	$1 - 9.03 \times 10^{-6}$
顺磁质	$\mu_r > 1$	氢	$1 - 3.99 \times 10^{-5}$
氧	$1 + 1.90 \times 10^{-6}$	金	$1 - 3.45 \times 10^{-5}$
铝	$1 + 2.2 \times 10^{-5}$	银	$1 - 2.59 \times 10^{-5}$
锰	$1 + 1.2 \times 10^{-5}$	汞	$1 - 2.9 \times 10^{-5}$
铂	$1 + 2.6 \times 10^{-4}$	铅	$1 - 1.8 \times 10^{-5}$
铀	$1 + 4.0 \times 10^{-4}$	岩盐	$1 - 1.4 \times 10^{-5}$
铬	$1 + 3.2 \times 10^{-4}$	铋	$1 - 1.67 \times 10^{-4}$

9.1.1 抗磁质和顺磁质的磁化

组成磁介质的原子、分子中的电子同时参加两种运动,即绕核的轨道运动和本身的自旋.核内的质子除自旋外还有核内的运动.这些带电粒子的运动都相当于圆电流,都会产生磁效应.核子运动形成的圆电流的磁矩相比电子的小很多,可略去不计.分子或原子中的电子运动可等效为一个圆电流,称作分子电流.对应的磁矩,称作分子的固有磁矩,简称分子磁矩,用 p_m 表示.一个分子或原子的分子磁矩等于它所有电子的轨道磁矩和自旋磁矩的矢量和.

当磁介质的分子或原子处在外磁场 $\boldsymbol{B}_0$ 中时,其中的电子除保持原来的转动之外,还因受到磁力矩作用,而发生以外磁场的方向为轴的旋进,这种现象与陀螺高速转动时的进动现象相似,称作拉莫尔进动.研究发现,不管分子电流方向怎样,电子在外磁场作用下发生进动,所产生的附加磁矩 Δp_m,总是与外磁场 $\boldsymbol{B}_0$ 反向.

抗磁质的分子磁矩为零,这是由于抗磁质分子或原子中各个电子的各种磁矩的矢量和为零的宏观结果.在无外磁场时,抗磁质不显磁性.有外磁场作用时,电子附加磁矩的产生是抗磁质磁化的唯一原因.附加磁矩 Δp_m 总是与外磁场 $\boldsymbol{B}_0$ 反向,如图 9-1 所示.宏观上看,就是抗磁质的附加磁场与外磁场反向,减弱了外磁场在磁介质中的作用,表现为抗磁性.

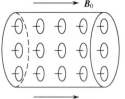

图 9-1 抗磁质分子的磁化

顺磁质的分子磁矩不为零,在没有外磁场作用时,由于分子的热运动,分子磁矩的排列是杂乱无章的,如图 9-2(a)所示.对磁介质中任何一个体积元而言,各分子磁矩的矢量和为零,即 $\sum \boldsymbol{p}_m = 0$. 因而整个磁介质对外不显磁性.加上外磁场后,电子的进动虽然存在,但附加磁矩 Δp_m 相比分子磁矩 p_m 小得多,可以略去.在外

磁场 $\boldsymbol{B}_0$ 中,每个分子磁矩都受到磁力矩 $\boldsymbol{M}=\boldsymbol{p}_m\times\boldsymbol{B}_0$ 的作用.这一作用,力图使分子磁矩的方向转向外磁场的方向,如图 9-2(b)所示.分子磁矩在外磁场中取向,是顺磁质磁化的主要原因.而分子热运动总是阻碍分子磁矩的取向转动.在某一温度下,分子磁矩 $\boldsymbol{p}_m$ 按一定的统计规律分布着.外磁场越强,温度越低,分子磁矩 $\boldsymbol{p}_m$ 排列越整齐.分子磁矩 $\boldsymbol{p}_m$ 转向外磁场的排列所产生的附加磁场 $\boldsymbol{B}'$ 与外磁场 $\boldsymbol{B}_0$ 同向,如图 9-2(c)所示,表现为顺磁性.

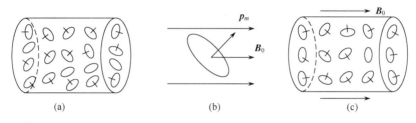

图 9-2 顺磁质分子的磁化

在磁化的顺磁质中,虽然分子磁矩比附加磁矩大得多,由于分子热运动的存在,分子磁矩的取向仍然是十分混乱的.所以一般的顺磁质,相对磁导率 μ_r 虽大于 1,但接近 1.抗磁质的相对磁导率虽小于 1,但更接近于 1.

为了讨论磁介质均匀磁化后的情景,设有一无限长直螺线管,内部充满各向同性的均匀顺磁质.当螺线管线圈中通有电流 I 时,电流在螺线管内产生均匀磁场 $\boldsymbol{B}_0$,如图9-3(a)所示.

图 9-3 无限长直螺线管的磁化电流

顺磁质的分子磁矩在外磁场中取向,对应的分子电流在磁介质圆柱体横截面上的分布如图 9-3(b)所示.磁介质内部任意处,两分子电流相邻部分的电流方向相反,相互抵消.只有磁介质边缘处的分子电流未被抵消的一小段电流,形成沿质表面的环形电流.这个等效的环形电流,称为磁化电流或安培表面电流.又由于这个电流看起来似乎在介质表面流动,却又无法引走,故又称为束缚电流.顺磁质的磁化电流与线圈中的传导电流同向,抗磁质的则与传导电流反向,如图 9-3(c)、(d)所示.磁介质表面流动的磁化电流,就像螺线管中的电流一样,会在螺线管内产生磁场.把沿螺线管轴线方向单位长度上分布的磁化电流称作磁化电流密度,用字母 J 表示.根据载流密绕螺线管产生磁场的规律,可知磁化电流在螺线管内产生的附加磁场为

$$B' = \pm \mu_0 J \tag{9-4}$$

式中,"+"号表示顺磁质产生的磁场,与外磁场 $\boldsymbol{B}_0$ 同向."一"号则为抗磁质产生的磁场,与外磁场 $\boldsymbol{B}_0$ 反向.

磁化电流是由磁介质一段段分子电流的贡献形成的,所以与电荷宏观定向运动形成的传导电流是不同的,但是磁化电流产生磁场的规律与传导电流是相同的.

9.1.2 铁磁质

抗磁质和顺磁质在外磁场 $\boldsymbol{B}_0$ 的作用下,产生的附加磁场 $\boldsymbol{B}'$ 比 $\boldsymbol{B}_0$ 小得多.两者的相对磁导率都接近于 1.在某些要求不太严格的场合,抗磁质和顺磁质的相对磁导率都可以看作 1,按真空情况处理.铁、镍、钴及其合金等铁磁质,单纯从分子原子结构看,属于顺磁质,但铁磁质在外磁场 $\boldsymbol{B}_0$ 的作用下,发生磁化所产生的附加磁场 $\boldsymbol{B}'$ 比 $\boldsymbol{B}_0$ 大得多.铁磁质的相对磁导率 μ_r 的值可以高达数百甚至数千以上,因此一个不太强的外磁场就能在铁磁质中激发出可观的磁场.

为了研究铁磁质的特性及磁化规律,将待测铁磁质做成环状铁芯,在上面密绕上线圈,作为原线圈,单位长度上匝数为 n.线圈通过换向开关,与可变电阻 R',电源 $\mathscr{E}$ 及电流表 A 构成如图 9-4 所示的回路.另在铁芯上绕上 N 匝副线圈,与电阻 R,冲击电流计 G 组成测量电路.

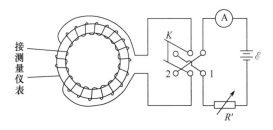

图 9-4 研究铁磁材料磁化规律的电路

当线圈中通有电流 I 时,根据安培环路定理可以知道铁芯中的磁场强度为 $H = nI$ (见 10.2 节).在接通电源,到电路里流有稳定电流 I 的 $0 \sim t$ 时间内,副线圈里产生的感应电动势的数值,根据法拉第电磁感应定律(见 10.1 节),为

$$\mathscr{E} = N \frac{\mathrm{d}\Phi}{\mathrm{d}t} = NS \frac{\mathrm{d}B}{\mathrm{d}t}$$

通过副线圈的电量为

$$q = \int_0^t \frac{\mathscr{E}}{R} \mathrm{d}t = \int_0^t \frac{NS}{R} \frac{\mathrm{d}B}{\mathrm{d}t} \mathrm{d}t = \int_0^B \frac{NS}{R} \mathrm{d}B = \frac{NSB}{R}$$

可得铁芯中的磁感应强度 B 为

$$B = \frac{qR}{NS}$$

式中 S 为铁芯的横截面积.

由 $\mu = \dfrac{B}{H}$ 可求得待测铁磁质的磁导率.

以上是图 9-4 所示装置的简单测量原理.

选定一个电流方向为正方向,在铁芯内产生的磁场为正方向磁场,反之为负.

若待测铁磁质从未被磁化过,接通正向电流,并不断增大电流,使磁场强度 $\boldsymbol{H}$ 的值由零增大,磁感应强度 $\boldsymbol{B}$ 也随之由零增大. 在 B-H 图上,可以描画出一条起始磁化曲线 $Oabs$,如图 9-5 和图 9-6 所示. 从图中可以看到,随着磁场强度 H 逐渐增大,起初磁感应强度 B 较慢增加(Oa 段),不久就急剧增大(ab 段),随后又变缓慢增加. 当磁场强度 H 达到某一值后,磁感应强度 B 不再增加,说明铁磁质的磁化达到饱和状态. 这时的磁感应强度 B_s 称作饱和磁感应强度. 由 $\mu = B/H$ 和起始磁化曲线,可以得到磁导率 μ 随磁场强度 H 变化的 μ-H 曲线,在图 9-5 中用虚线表示的即是. 磁感应强度 B 与磁场强度 H 不成线性关系,磁导率 μ 自然与磁场强度 H 成复杂的函数关系. 铁磁质中的 μ 是个变量.

图9-5　铁磁质的起始磁化曲线及 μ-H 曲线　　图9-6　铁磁质的磁滞回线

让图 9-4 中的电流在正负方向间变化,可获得在正负方向间变化的磁场强度. 待测铁磁质中磁感应强度 $\boldsymbol{B}$ 的大小方向都随磁场强度 $\boldsymbol{H}$ 的变化而变化,于是可画出如图 9-6 所示的 B-H 曲线. 从未磁化过的铁磁质经起始磁化曲线达到饱和值 B_s 后,减小磁场强度 H,磁感应强度 B 值也减小,但不沿原来的曲线,而是沿另一条曲线 sc 减小. 当磁场强度 H 变为零时,磁感应强度 B 仍有值为 B_r,说明外磁场撤销后,铁磁质仍保留磁性. 这时的 B_r 值称作剩余磁感应强度. 若要去掉铁磁质中的剩磁,使磁感应强度 B 值为零,必须加反向磁场强度 H. 当反向磁场强度值为 H_c 时,磁感应强度 B 减小为零. 这时的磁场强度值 H_c 称作矫顽力. 继续增加反向磁场强度 H,铁磁质开始反向磁化并达到反向磁化饱和(s' 点). 随后减小反向磁场强度 H 值到零,再沿正向增加,磁感应强度 B 将沿 $s'c's$ 形成闭合曲线. 在磁感应强度 B 随磁场强度 H 变化形成闭合曲线的过程中,磁感应强度 B 的变化过程是不可逆的,而且磁感应强度 B 的变化总是落后于磁场强度 H,这就是磁滞现象. 这条闭合的曲线称作**磁滞回线**. 磁滞回线的形状与励磁电流 I,磁场强度 H 有关,也与铁磁质此前的磁化历史和铁磁质自身的性质有关. 磁滞和剩磁是铁磁质的重要特性.

铁磁质在交变磁场中,反复被磁化,由于磁滞效应所引起的能量损耗,称作磁滞损耗.磁滞损耗的多少与磁滞回线的面积有关.磁滞回线的面积越大,磁滞损耗越多.

不同的铁磁质具有不同形状的磁滞回线.磁滞回线的形状决定了铁磁质矫顽力的大小.根据矫顽力的大小,铁磁质大致可分为软磁材料和硬磁材料两大类.

软磁材料磁滞回线细长,矫顽力小,剩磁较小,易消除,磁滞回路所包围面积小,磁滞损耗小,如纯铁、硅钢(热轧)、坡莫合金(含铁镍)及某些铁氧体等为软磁材料,适于在交变磁场中工作,制作变压器,电机和电磁铁的铁芯.

硬磁材料磁滞回线宽大,矫顽力大,剩磁较大,如碳钢、钨钢,铝镍钴合金等均为硬磁材料.硬磁材料一旦磁化,能保持相当强的磁性不易失去.适于制作永久磁体,应用在电表、扬声器、录音机、静电复印等诸多方面.有种磁滞回线接近矩形的矩磁材料,只能处在B_s与$-B_s$两种状态之一,可以用作计算机的记忆元件.具有很强磁致伸缩的压磁材料,可以用作超声波发生器等.

铁磁质的应用前景广阔,远到外太空探测开发,近到现代科技发展,文明生活,处处可见铁磁质的身影.

铁磁质的磁化机理,可用磁畴理论予以解释,磁畴是铁磁质中存在的自发磁化的小区域.借用铁粉,在抛光的铁磁体表面,可用显微镜观察到磁畴排布的情况,磁畴的大小与形状因材料的不同而异,其几何线度从微米数量级到毫米数量级.磁畴大小为$10^{-12} \sim 10^{-8} \mathrm{m}^3$,包含有$10^{17} \sim 10^{21}$个原子.磁畴的形成,是由于铁磁质中电子的自旋磁矩,在没有外磁场时,按能量最低的原则,在小范围内,自发平行排列,形成一个个规格不一的强自发磁化区,这就是磁畴.铁磁质的电子自旋磁矩之所以会自发平行排列,是由于铁磁质中的电子存在着非常强的"交换耦合作用".这是一种量子效应,只能用量子理论解释,经典理论无能为力.

对于未被磁化的铁磁质,在没有外磁场时,由于热运动,各磁畴的磁矩取向是杂乱无章的,宏观对外不显磁性.当铁磁质处于外磁场中,受到外磁场的作用,铁磁质中自发磁化的方向与外磁场方向相同或相近的那些磁畴的体积逐渐扩大,而自发磁化方向与外磁场方向相反或偏离较大的磁畴体积逐渐缩小,如图 9-7 所示为铁磁质在外磁场中磁化的示意图.

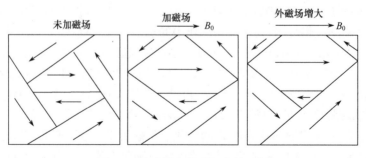

图 9-7　铁磁质在外磁场中的磁化

当外磁场较弱时,这种磁畴体积的变化过程也较缓慢.当外磁场继续增加,磁畴壁就会以较快的速度移动.当外磁场增大到一定值时,所有磁畴的磁矩都沿外磁场排列,这时,铁磁质的磁化就达到了饱和.当外磁场停止作用时,铁磁质重又分裂成许多磁畴,但磁畴的畴壁已很难按原来的形状恢复,因而出现磁滞现象.

在铁磁质磁化过程中,磁畴壁的移动改变,会引起铁磁质中晶格间距离的变化,致使铁磁质的长度和体积变化,这种现象称磁致伸缩.

对于铁磁质,存在一个临界温度,当铁磁质的温度超过这个温度时,铁磁质就会变为顺磁质.这是由于剧烈的分子热运动破坏了铁磁质的磁畴结构的缘故.这个临界温度称为居里点.利用机械振动的方法也可以破坏铁磁质的磁畴结构,达到去磁的目的.振动去磁是仪器、仪表等无法耐受高温的物体去磁的常用方法.

9.2 磁介质中的安培环路定理

9.2.1 磁介质中的高斯定理

磁介质中的磁感应强度 $\boldsymbol{B}$,由传导电流产生的磁感应强度 $\boldsymbol{B}_0$ 和磁化电流产生的附加磁感应强度 $\boldsymbol{B}'$ 叠加而成,即

$$\boldsymbol{B} = \boldsymbol{B}_0 + \boldsymbol{B}' \tag{9-5}$$

磁化电流产生的附加磁感应强度 $\boldsymbol{B}'$ 与传导电流产生的磁感应强度 $\boldsymbol{B}_0$,一样都是无源场.所以附加磁感应强度 $\boldsymbol{B}'$ 对闭合曲面的磁通量为零,即

$$\oint_S \boldsymbol{B}' \cdot \mathrm{d}\boldsymbol{S} = 0$$

因此,在有磁介质的空间所做的任意闭合曲面,总有

$$\oint_S \boldsymbol{B} \cdot \mathrm{d}\boldsymbol{S} = \oint_S \boldsymbol{B}_0 \cdot \mathrm{d}\boldsymbol{S} + \oint_S \boldsymbol{B}' \cdot \mathrm{d}\boldsymbol{S} = 0$$

得到有磁介质时的高斯定理,即

$$\oint_S \boldsymbol{B} \cdot \mathrm{d}\boldsymbol{S} = 0 \tag{9-6}$$

在磁介质中,通过任一闭合曲面的磁通量恒为零.

9.2.2 磁介质中的安培环路定理

磁介质中的磁感应强度 $\boldsymbol{B}$,由传导电流和磁化电流共同产生.在磁介质中引入安培环路定理式(8-24),绕行环路 L 内所包围的应该是传导电流和磁化电流的代数和,即

$$\oint_L \boldsymbol{B} \cdot \mathrm{d}\boldsymbol{l} = \mu_0 \left(\sum I + \sum I' \right) \tag{9-7}$$

式中 $\sum I$ 为传导电流,$\sum I'$ 为磁化电流.

下面以充满均匀各向同性磁介质的无限长直载流螺线管为例,推导出磁介质中的安培环路定理.

设长直螺线管单位长度上的匝数为 n,通有电流 I,产生的磁感应强度为 $\boldsymbol{B}_0$,磁化电流密度为 i',产生的磁场为附加磁感应强度 $\boldsymbol{B}'$.磁感应强度 $\boldsymbol{B}_0$ 和附加磁感应强度 $\boldsymbol{B}'$ 的大

小分别为

$$B_0 = \mu_0 nI, \quad B' = \mu_0 i'$$

螺线管内的磁感应强度为

$$B = B_0 \pm B' = \mu_0 nI \pm \mu_0 i'$$

式中顺磁质取"+",抗磁质取"-".

根据上式和式(9-2)有

$$B = \mu_r B_0 = \mu_0 \mu_r nI = \mu_0 nI \pm \mu_0 i'$$

得到磁化电流密度和传导电流的关系

$$\pm i' = (\mu_r - 1)nI \tag{9-8}$$

在螺线管内外做矩形回路 $abcda$. 其中 ab 与 cd 长 l,并与螺线管轴线平行,如图9-3(a)所示. 穿过闭合回路面积的传导电流和磁化电流分别为 $\sum I = nIl$ 和 $\sum I' = \pm i'l$.

根据式(9-7)有

$$\oint_L \boldsymbol{B} \cdot \mathrm{d}\boldsymbol{l} = \mu_0 \left(\sum I + \sum I' \right) = \mu_0 (nIl \pm i'l)$$

将式(9-8)代入上式得

$$\oint_L \boldsymbol{B} \cdot \mathrm{d}\boldsymbol{l} = \mu_0 (nIl \pm i'l) = \mu_0 [nIl + (\mu_r - 1)nIl]$$

$$= \mu_0 \mu_r nIl = \mu nIl = \mu \sum I$$

整理得

$$\oint_L \frac{\boldsymbol{B}}{\mu} \cdot \mathrm{d}\boldsymbol{l} = \sum I$$

引进一个辅助矢量 $\boldsymbol{H}$

$$\boldsymbol{H} = \frac{\boldsymbol{B}}{\mu} \quad \text{或} \ \boldsymbol{B} = \mu \boldsymbol{H} \tag{9-9}$$

$\boldsymbol{H}$ 称作磁场强度,于是有

$$\oint_L \boldsymbol{H} \cdot \mathrm{d}\boldsymbol{l} = \sum I \tag{9-10}$$

式(9-10)就是**磁介质中的安培环路定理**,虽然是从特例中推导出来的,却是普遍适用的,是反映磁场规律的一条重要定理. 磁场强度的环流完全由闭合回路 L 所包围面积内的传导电流决定,不必考虑磁化电流,便于求解磁介质中的磁场.

在 SI 中,磁场强度的单位是安·米$^{-1}$(A·m^{-1}).

在真空中,$\mu_r = 1$,式(9-9)可写为

$$\boldsymbol{H} = \frac{\boldsymbol{B}}{\mu_0} \quad \text{或} \ \boldsymbol{B} = \mu_0 \boldsymbol{H} \tag{9-11}$$

有磁介质存在时,计算磁场,一般是根据传导电流的分布,利用式(9-10)求出 $\boldsymbol{H}$ 的分布,再利用式(9-9),求出 $\boldsymbol{B}$ 的分布.

例 9-1 一同轴电缆,由长直导体圆柱和套在它外面的导体圆筒组成.导体圆柱半径为 R_1,导体圆筒的内外半径分别为 R_2 和 R_3.柱与筒之间充满磁导率为 μ 的均匀磁介质.导体圆柱和圆筒上均匀通有大小相等,方向相反的电流.求磁场的分布.

解 根据题目所给条件分析,可知导体和磁介质中的磁场均呈轴对称分布.应用安培环路定理解题时的绕行环路 L,按下面所述的原则选取:在垂直电缆的平面内,做圆心在轴线上,半径为 r 的圆形环路 L. L 的绕行方向与导体柱中的电流成右手螺旋关系.根据对称性可知,L 上各点的 $\boldsymbol{H}$ 值相等,方向沿环路 L 的切线方向.

(1) 圆柱体内的磁场

$r<R_1$,环路 L 所包围的电流 I',仅是通过柱体电流的一部分,应用式(9-10)得

$$\oint_L \boldsymbol{H} \cdot \mathrm{d}\boldsymbol{l} = H \cdot 2\pi r = I'$$

$$I' = \frac{I}{\pi R_1^2}\pi r^2 = \frac{Ir^2}{R_1^2}$$

$$H = \frac{Ir}{2\pi R_1^2}$$

应用式(9-11),得磁感应强度为

$$B = \mu_0 H = \frac{\mu_0 Ir}{2\pi R_1^2}, \quad r<R_1$$

(2) 柱体与筒之间的磁介质内的磁场

$R_1<r<R_2$,环路 L 包围的电流即柱体上的电流为

$$\oint_L \boldsymbol{H} \cdot \mathrm{d}\boldsymbol{l} = H \cdot 2\pi r = I$$

$$H = \frac{I}{2\pi r}$$

$$B = \mu H = \frac{\mu I}{2\pi r}, \quad R_1<r<R_2$$

(3) 导体圆筒内的磁场

$R_2<r<R_3$,环路 L 包围的电流为柱体上电流与圆筒上环路 L 所包围的那部分电流的代数和,有

$$\oint_L \boldsymbol{H} \cdot \mathrm{d}\boldsymbol{l} = H \cdot 2\pi r = I''$$

$$I'' = I - \frac{I\pi(r^2 - R_2^2)}{\pi(R_3^2 - R_2^2)} = \frac{I(R_3^2 - r^2)}{R_3^2 - R_2^2}$$

$$H = \frac{I}{2\pi r}\frac{R_3^2 - r^2}{R_3^2 - R_2^2}$$

$$B = \mu_0 H = \frac{\mu_0 I(R_3^2 - r^2)}{2\pi r(R_3^2 - R_2^2)}, \quad R_2<r<R_3$$

（4）圆筒外的磁场

$r>R_3$，环路 L 包围的电流代数和为零，有

$$\oint_L \boldsymbol{H} \cdot \mathrm{d}\boldsymbol{l} = H \cdot 2\pi r = I - I = 0$$

$$H = 0$$

$$B = 0, \quad r > R_3$$

本 章 小 结

1. 磁介质

（1）抗磁质：分子无固有磁矩.

（2）顺磁质：分子有固有磁矩.

（3）铁磁质：自旋交换作用，形成磁畴，自发磁化.

2. 磁介质中的高斯定理

$$\oint_S \boldsymbol{B} \cdot \mathrm{d}\boldsymbol{S} = 0$$

3. 磁介质中的安培环路定理

$$\oint_L \boldsymbol{H} \cdot \mathrm{d}\boldsymbol{l} = \sum I$$

习 题

习题 9-2 图

9-1 在工厂里搬运烧红的钢锭时，为什么不用电磁铁起重机？

9-2 附图中三条曲线分别表示三种不同磁介质的 B-H 关系，虚线表示 $B = \mu_0 H$ 的关系. 试指出哪一条代表顺、抗磁质？哪一条代表铁磁质？

9-3 一长直螺线管，每米绕有 1000 匝线圈，若限定螺线管内部轴线上一点 P 的磁感应强度为 $B = 4.2 \times 10^{-4}\,\mathrm{Wb \cdot m^{-2}}$，螺线管中需通有多大的电流（设螺线管内部为空气）？若螺线管是绕在铁芯上的，通以上述同样大小的电流，这时在螺线管内部同一点产生的磁感应强度为多大（设纯铁的相对磁导率 $\mu_\mathrm{r} = 5000$）？

9-4 一螺绕环平均半径 $R = 0.10\mathrm{m}$，匝数 $N = 200$，电流 $I = 0.10\mathrm{A}$.

（1）求环形线圈内的磁感应强度和磁场强度；（2）若环形线圈内充满相对磁导率 $\mu_\mathrm{r} = 4200$ 的铁磁质时，则环形线圈内部的磁感应强度和磁场强度各为多大？

9-5 有一无限长圆柱形导体，如附图所示，其磁导率为 μ，半径为 R，若有电流 I 沿轴线方向均匀分布，求导体内外任一点的磁感应强度 B 和磁场强度 H.

9-6 半径为 a 的载流长直导线，如附图所示，电流强度为 I，外面裹有一层厚度为 b 的磁介质，其相对磁导率为 μ_r. 求磁介质中任一点的磁场强度 $\boldsymbol{H}$ 和磁感应强度 $\boldsymbol{B}$ 的大小.

习题 9-5 图　　　　　　　　　习题 9-6 图

9-7　在生产中为了测试某种磁性材料的相对磁导率 μ_r,常将其做成截面为矩形的环形样品,然后用漆包线绕成一环形螺线管.设圆环的平均周长为 0.1m,横截面积为 $0.5 \times 10^{-4} \text{m}^2$,线圈的匝数为 200匝,当线圈通有 0.1A 的电流时,测得穿过圆环截面积的磁通量为 $6 \times 10^{-5} \text{Wb}$,计算此时该材料的相对磁导率 μ_r.

习题 9-8 图

9-8　长直铜导线载有 10A 电流,在导线内部做一平面 S,一边是轴线,另一边在导线外壁上,长度为 1m,如附图所示.试计算通过此平面的磁通量.

9-9　科技小论文:阐述磁盘的存储原理.

第 10 章 电磁感应

电磁感应现象是电磁学最大的发现之一,在科技发展史上是具有划时代意义的事件,推进了人类社会文明的进程.电磁感应现象进一步揭示了电磁现象的本质,促进了电磁场理论的发展,意义重大,影响深远.

本章讨论电磁感应的基本规律及相关问题.

10.1 法拉第电磁感应定律

10.1.1 法拉第电磁感应定律

1820 年,奥斯特发现了电流的磁效应,即电流周围存在着磁场,人类才第一次将磁与电联系到一起.这一发现激励许多科学家去研究发现磁场是否会产生电流.法拉第经过 10 年实验研究,设计了许多精确的实验,终于发现了电与磁相互联系和转化的实验基础,在 1831 年发表的一篇重要论文中,总结了产生电流的五种情况,这就是导体在磁场中运动,运动的磁铁,运动的恒定电流以及变化的电流和变化的磁场,都可以产生电流.法拉第称这种电流为感应电流,称这种现象为电磁感应现象.他指出感应电流与原电流的变化有关.次年他进一步认识到感应电流是由感应电动势产生的,而感应电动势与导体性质无关,即使回路不闭合,不能形成感应电流,但感应电动势还是可能存在的.可以看出感应电动势的产生是由于电荷在磁场中受到非静电力作用的结果,而电磁感应就是电荷在磁场中非静电力的作用下,重新分布而产生的宏观效果.德国物理学家纽曼根据法拉第的实验结果推出了电磁感应定律的数学形式.在国际单位制中,**法拉第电磁感应定律**的数学表达式为

$$\mathscr{E}=-\frac{\mathrm{d}\Phi}{\mathrm{d}t} \tag{10-1}$$

这就是法拉第电磁感应定律.在一个回路中的感应电动势等于穿过该回路的磁通量对时间的变化率的负值.式中负号反映了感应电动势 $\mathscr{E}$ 与磁通量变化率 $\frac{\mathrm{d}\Phi}{\mathrm{d}t}$ 之间的方向关系.

感应电动势虽是标量,但在回路中是有方向的.为了确定感应电动势的方向,需要先确定回路的正方向.选定 $\boldsymbol{n}$ 为回路的正法线方向.$\boldsymbol{n}$ 与回路的绕行方向(图 10-1 中用虚线表示)满足右手螺旋关系.规定回路中电动势的方向与回路的绕行方向一致时为正,反之为负.磁通量 Φ 的正负由 $\boldsymbol{B}$ 与 $\boldsymbol{n}$ 的夹角余弦定出.感应电动势 $\mathscr{E}$ 的正负由 $\frac{\mathrm{d}\Phi}{\mathrm{d}t}$ 确定.如图 10-1 中(c)所示,$\Phi<0$ 时,Φ 值减小,说明 Φ 沿 $\boldsymbol{n}$ 方向增加,有 $\frac{\mathrm{d}\Phi}{\mathrm{d}t}>0$,感应电动势方向

与图 10-1(a)中的相同. 图 10-1(d)中 $\Phi<0$ 时, Φ 值增加, 是向左的磁场线条数增加, 沿 **n**

方向有 $\dfrac{\mathrm{d}\Phi}{\mathrm{d}t}<0$, 则回路中感应电动势方向与图 10-1(b)中的相同.

　　相对简单的确定感应电动势方向的方法, 是让磁场线与导线回路满足右手螺旋关系, 以磁场线方向定回路的绕行方向, Φ 总是正的, 就把感应电动势方向的确定简化为图 10-1 中的(a)与(b)两种.

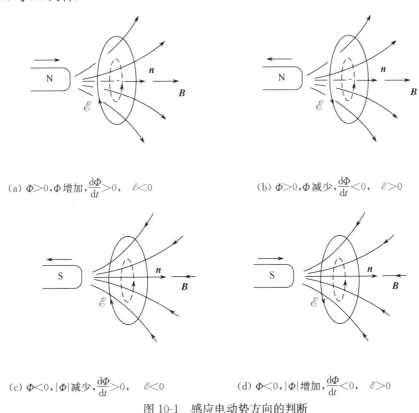

(a) $\Phi>0$, Φ 增加, $\dfrac{\mathrm{d}\Phi}{\mathrm{d}t}>0$, 　$\mathscr{E}<0$　　　　　(b) $\Phi>0$, Φ 减少, $\dfrac{\mathrm{d}\Phi}{\mathrm{d}t}<0$, 　$\mathscr{E}>0$

(c) $\Phi<0$, $|\Phi|$ 减少, $\dfrac{\mathrm{d}\Phi}{\mathrm{d}t}>0$, 　$\mathscr{E}<0$　　　　　(d) $\Phi<0$, $|\Phi|$ 增加, $\dfrac{\mathrm{d}\Phi}{\mathrm{d}t}<0$, 　$\mathscr{E}>0$

图 10-1　感应电动势方向的判断

　　分析可知, 不管回路的绕行方向怎样选择, 任何情况下, 总有感应电动势 $\mathscr{E}$ 的正负, 与磁通量变化率 $\dfrac{\mathrm{d}\Phi}{\mathrm{d}t}$ 的正负相反.

　　式(10-1)只适用于单匝导线组成的感应回路, 若感应回路为 N 匝线圈串联, 通过每匝线圈的磁通量相等, 在磁通量变化时, 根据法拉第电磁感应定律, N 匝线圈中的总感应电动势为

$$\mathscr{E}=-N\frac{\mathrm{d}\Phi}{\mathrm{d}t}=-\frac{\mathrm{d}(N\Phi)}{\mathrm{d}t} \tag{10-2}$$

式中 $N\Phi$ 称作磁通链数或磁通量匝数, 简称磁链或全磁通.

　　若串联的 N 匝线圈各不同, 通过每匝线圈的磁通量分别为 Φ_1、Φ_2、$\cdots$、Φ_N, 则整个线圈中的总感应电动势为每匝上的电动势之和

$$\mathscr{E}=-\frac{\mathrm{d}}{\mathrm{d}t}(\Phi_1+\Phi_2+\cdots+\Phi_N)=-\sum_{i=1}^{N}\frac{\mathrm{d}\Phi_i}{\mathrm{d}t}=-\frac{\mathrm{d}(\sum\Phi_i)}{\mathrm{d}t} \tag{10-3}$$

式中 $\sum \Phi_i$ 为全磁通.

例 10-1 无限长直导线载有电流 $I = I_0 \sin \omega t$. 与长直导线共面且平行放置一宽为 a, 长为 h 的矩形线框, 线框最近的边距导线为 l, 如图 10-2(a) 所示. 求矩形线框内产生的感应电动势.

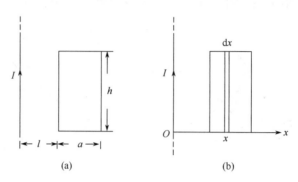

图 10-2 无限长直载流导线的感生电动势

解 建坐标如图 10-2(b) 所示.

线框内距载流导线 x 处的磁感应强度为

$$B = \frac{\mu_0 I}{2\pi x}$$

在线框内 x 处取与载流导体平行、宽为 $\mathrm{d}x$ 的面积元, 即

$$\mathrm{d}S = h\,\mathrm{d}x$$

取导线中电流向上时在线框中产生的磁感应强度的方向为线框面积的法线正方向. 穿过面积元的磁通量为

$$\mathrm{d}\Phi = \boldsymbol{B} \cdot \mathrm{d}\boldsymbol{S} = Bh\,\mathrm{d}x = \frac{\mu_0 Ih\,\mathrm{d}x}{2\pi x}$$

穿过整个矩形线框的磁通量为

$$\Phi = \int_S \boldsymbol{B} \cdot \mathrm{d}\boldsymbol{S} = \int_l^{a+l} \frac{\mu_0 Ih}{2\pi} \frac{\mathrm{d}x}{x} = \frac{\mu_0 Ih}{2\pi} \ln \frac{a+l}{l}$$

矩形线框内产生的感应电动势, 根据法拉第电磁感应定律式 (10-1) 为

$$\mathscr{E} = -\frac{\mathrm{d}\Phi_{\mathrm{m}}}{\mathrm{d}t} = \frac{-\mu_0 I_0 \omega h}{2\pi} \ln \frac{a+l}{l} \cos \omega t$$

10.1.2 楞次定律

研究图 10-1 中感应电动势的方向会发现, 感应电动势总具有这样的方向: 它所产生的感应电流在回路中产生的磁场总是阻碍引起感应电动势的磁通量的变化, 也就是感应电流的效果总是反抗引起感应电流的原因, 这就是楞次定律. 楞次定律是判断感应电动势方向的定律, 是通过感应电流的方向来表述的. 法拉第电磁感应定律中的负号可以理解为是楞次定律的数学体现, 反映了感应电动势的方向与磁通量对时间变化率的关系. 应用楞次定律判断感应电动势的方向是最为简单快捷的方法.

楞次定律说明在电磁感应中同样遵循着能量守恒定律. 如图 10-3 所示的实验,当把条形磁铁的 N 极向线圈一端插入时,线圈中感应电流所激发的磁场,使得线圈靠近条形磁铁 N 极的一端显示为 N 极,两者互相排斥,阻止磁铁的插入,这正是楞次定律所说明的. 磁铁在插入过程中,必须施加外力克服斥力做功. 当条形磁铁 N 极从线圈中拔出时,根据楞次定律可知,线圈中感应电流激发的磁场方

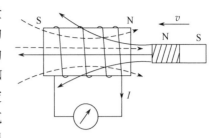

图 10-3　楞次定律的应用

向,与插入时激发的磁场方向正好相反,对磁铁的 N 极表现为引力作用,阻止磁铁拔出. 可见不管磁铁是插入还是拔出,感应电流的磁场都是要阻止磁铁与线圈间的相对运动. 只要发生相对运动,就会有感应电流产生,感应电流流过线圈和电流计就会有焦耳热释放出来. 这个能量是在磁铁与线圈间发生相对运动的过程中,外力克服斥力或引力做功,将其他形式的能量转变而来的. 假若感应电流的效果不是阻止磁铁与线圈间的相对运动,而是促进相对运动的进行,那么在插入磁铁时,只要施加一个小力,消耗少许能量,将磁铁推动一下,线圈产生的感应电流的磁场,就吸引磁铁,使其加速往线圈里运动,磁铁动能增大,磁场变大了,感应电流变大,就会产生更多的焦耳热,却无需任何外力做功,也不需要消耗其他形式的能量,这显然是违反能量守恒定律而不可能发生的. 可见楞次定律符合能量守恒定律这一普遍规律,是自然规律的真实体现. 因此可以说法拉第电磁感应定律既体现了产生感应电动势的物质基础是磁通量的变化,也体现了能量守恒的具体原则.

法拉第总结的五种产生感应电流的情况,可以归结为两种基本情况:一种是磁场 $\boldsymbol{B}$ 不变,导线或回路相对磁场运动,这样产生的感应电动势称为动生电动势;另一种是导线或回路与磁场之间无相对运动,仅是磁场在变化,这样产生的感应电动势称为感生电动势. 下面分别介绍这两种电动势的具体形式.

10.2　动生电动势

如图 10-4 所示为不随时间 t 变化的稳恒磁场 $\boldsymbol{B}$,长 l 的金属导体杆 AB 垂直置于磁场中,并沿垂直于导线的方向在图示平面内,以速度 v 匀速向右运动. 导体内的自由电子随之向右运动,自由电子受到磁场洛伦兹力的作用为

$$\boldsymbol{f} = -e\boldsymbol{v} \times \boldsymbol{B}$$

方向由 A 指向 B,如图 10-4 所示. 在洛伦兹力作用下,自由电子由 A 向 B 运动,在导体杆的下端 B 发生积累,于是 B 端带负电,A 端由于失去自由电子而带正电. 随着正负电荷在导体杆两端的积累,导体内出现了由 A 指向 B 的电场 $\boldsymbol{E}$. 导体内的电子同时受到向下的洛伦兹力和向上的电场力的作用. 当导体两端的电荷积累到一定程度时,自

图 10-4　洛伦兹力与动生电动势

由电子受到的洛伦兹力和电场力达到平衡,导体内的自由电子不再因导体运动而发生宏观移动,导体内电荷分

布稳定,形成固定电势差,A 端正,B 端负.

若导体 AB 两端与固定不动的导线连接构成回路时,回路中便出现感应电流,导体 A、B 两端所积累的电荷将要减少,原来的平衡被破坏,于是洛伦兹力又使自由电子从 A 端沿运动导体内部流向 B 端,使 A、B 两端的电荷不断得到补充,从而保持 A、B 两端的电势差恒定,维持回路里的电流不断.

可见,导体 AB 就相当于一个电源,自由电子由 A 向 B 运动,看起来就好像正电荷由 B 端(低电势)被搬运到 A 端(高电势).这里搬运电荷的非静电力就是洛伦兹力.非静电场强就是单位正电荷受到的洛伦兹力,为

$$\boldsymbol{E}_{\text{非}} = \frac{\boldsymbol{f}}{-e} = \boldsymbol{v} \times \boldsymbol{B} \tag{10-4}$$

把单位正电荷由 B 端搬运到 A 端,非静电力做的功就是电源电动势,即

$$\mathscr{E}_{BA} = \int_{BA} \boldsymbol{E}_{\text{非}} \cdot \mathrm{d}\boldsymbol{l} = \int_B^A (\boldsymbol{v} \times \boldsymbol{B}) \cdot \mathrm{d}\boldsymbol{l} \tag{10-5}$$

在图 10-4 中,$\boldsymbol{v}$、$\boldsymbol{B}$ 与 $\boldsymbol{l}$ 三者互相垂直,$\boldsymbol{B}$ 为匀强磁场,$(\boldsymbol{v} \times \boldsymbol{B}) /\!/ \mathrm{d}\boldsymbol{l}$,于是有

$$\mathscr{E}_{BA} = \int_B^A (\boldsymbol{v} \times \boldsymbol{B}) \cdot \mathrm{d}\boldsymbol{l} = \int_B^A vB \mathrm{d}l = vBl \tag{10-6}$$

导线 AB 以速度 $\boldsymbol{v}$ 垂直于 $\boldsymbol{B}$ 运动,形象地称为切割磁场线运动.导线 AB 在单位时间内扫过的面积为 vl,穿过此面积的磁场线条数为 Blv.电动势等于单位时间内切割的磁场线条数.当 $\boldsymbol{v} /\!/ \boldsymbol{B}$,$\sin(\boldsymbol{v}, \boldsymbol{B}) = 0$,就没有电动势产生了.

一般情况下,稳恒磁场中,长 L 的任意形状的导体或线圈在磁场中运动(或发生形变)都可以用下式计算其上产生的动生电动势

$$\mathscr{E} = \int_L (\boldsymbol{v} \times \boldsymbol{B}) \cdot \mathrm{d}\boldsymbol{l} \tag{10-7}$$

动生电动势的指向由 $\boldsymbol{v} \times \boldsymbol{B}$ 的方向决定.

图 10-5　匀速运动导体杆 AB 的动生电动势

在如图 10-5 所示回路中,当导体杆 AB 与 DC 边重合,并向右以 $\boldsymbol{v}$ 匀速运动的瞬间作为计时起点. t 时刻运动导线 AB 上产生的动生电动势为

$$\mathscr{E} = Blv = Bl \frac{\mathrm{d}x}{\mathrm{d}t} = \frac{\mathrm{d}(Blx)}{\mathrm{d}t} = \frac{\mathrm{d}\Phi}{\mathrm{d}t} \tag{10-8}$$

动生电动势与导体切割磁场线的快慢有关,也等于回路所围面积内磁通量对时间的变化率.动生电动势的方向由楞次定律确定为由 B 指向 A. A 点电势高.当导线切割磁场线运动时,可以想象这根运动导线与其他不动的导线,构成闭合回路,就可以用法拉第电磁感应定律式(10-1),解决切割磁场线运动的导线上所产生的动生电动势.

例 10-2　在匀强磁场 $\boldsymbol{B}$ 中,有一长为 L 的铜棒 OA 在垂直于磁场的平面内,绕棒的端点 O,以角速度 ω 沿顺时针方向匀速旋转,如图 10-6 所示.求这根铜棒两端的电势差.

解　应用动生电动势公式(10-5)求解.

铜棒绕端点 O 旋转,棒上各处的速度不同.取距 O 点 l 处的线元 $\mathrm{d}l$,该线元的速度为 $v = \omega l$,其上产生的动生电动势为

$$\mathrm{d}\mathscr{E} = (\boldsymbol{v} \times \boldsymbol{B}) \cdot \mathrm{d}\boldsymbol{l} = vB\,\mathrm{d}l = B\omega l\,\mathrm{d}l$$

分析可以知道,每段线元上的电动势方向相同,均为从 O 点指向 A 点,铜棒上总电动势为

$$\mathscr{E}_{OA} = \int_O^A (\boldsymbol{v} \times \boldsymbol{B}) \cdot \mathrm{d}\boldsymbol{l} = \int_0^L B\omega l\,\mathrm{d}l = \frac{1}{2}B\omega L^2$$

(10-9)

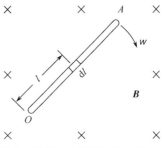

图 10-6 铜棒 OA 旋转时产生的电动势

电动势 $\mathscr{E}_{OA}$ 的指向由 O 指向 A,$U_A > U_O$. 铜棒两端电势差

$$U_A - U_O = \mathscr{E}_{OA} = \frac{1}{2}B\omega L^2$$

若是半径为 L 的铜盘,在垂直磁场 $\boldsymbol{B}$ 的方向,以角速度 ω 绕过盘心的轴转动,所产生的感应电动势与铜棒所产生的感生电动势有什么联系与区别?

例 10-3 单匝矩形线圈 $ABCD$,绕垂直于磁场的轴,以恒定角速度 ω 在匀强磁场 $\boldsymbol{B}$ 中转动. 开始时,线圈平面法线与磁场 $\boldsymbol{B}$ 平行. AB 边长 l_1,BC 边长 l_2,求:

(1) 任意时刻 t,线圈中感应电动势 $\mathscr{E}$ 的大小;

(2) 若线圈电阻为 R,从初始位置转过 π 角度,通过线圈某导线截面的电量 q 为多少(忽略自感)?

解 (1) 分析图 10-7 可知,线圈的 BC 与 DA 导线上因 $\boldsymbol{v} \times \boldsymbol{B}$ 的方向与导线垂直,无动生电动势产生. t 时刻线圈法线方向 $\boldsymbol{n}$ 与磁场 $\boldsymbol{B}$ 夹角 ωt,此时导线 AB 和 CD 的速度与磁场 $\boldsymbol{B}$ 夹角分别为 ωt 和 $\pi - \omega t$. 应用式(10-5),两导线上的电动势分别为

$$\mathscr{E}_{AB} = \int_A^B (\boldsymbol{v} \times \boldsymbol{B}) \cdot \mathrm{d}\boldsymbol{l} = \int_0^{l_1} vB\sin\omega t\,\mathrm{d}l = vBl_1\sin\omega t$$

$$\mathscr{E}_{CD} = \int_C^D (\boldsymbol{v} \times \boldsymbol{B}) \cdot \mathrm{d}\boldsymbol{l} = \int_0^{l_1} vB\sin(\pi - \omega t)\,\mathrm{d}l = vBl_1\sin\omega t$$

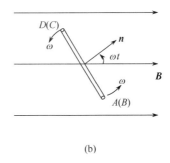

(a)   (b)

图 10-7 单匝矩形线圈旋转时产生的电动势

$\mathscr{E}_{AB}$ 与 $\mathscr{E}_{CD}$ 为串联关系,线圈回路总感应电动势为

$$\mathscr{E} = \mathscr{E}_{AB} + \mathscr{E}_{CD} = 2vBl_1\sin\omega t = B\omega l_1 l_2 \sin\omega t = BS\omega\sin\omega t$$

式中 $v = \dfrac{1}{2}\omega l_2$, $S = l_1 l_2$ 为线圈面积.

线圈绕垂直磁场的轴转动, 所产生的感应电动势也可以用法拉第电磁感应定律式 (10-1) 得出. t 时刻穿过线圈的磁通量

$$\varPhi = \boldsymbol{B} \cdot \boldsymbol{S} = BS\cos\omega t \tag{10-10}$$

转动时产生的感应电动势

$$\mathscr{E} = -\frac{\mathrm{d}\varPhi}{\mathrm{d}t} = BS\omega\sin\omega t = \mathscr{E}_0\sin\omega t \tag{10-11}$$

任意形状的线圈, 在匀强磁场中, 绕垂直磁场的轴转动, 都可以用后一种方法, 方便地求出感应电动势. 这种感应电动势是时间 t 的周期函数, 称作交变电动势. 由于线圈自感的影响, 所产生的感应电流比电动势的变化滞后一些, 仍然是时间 t 的周期函数, 称作交变电流, 简称交流, 即

$$i = \frac{\mathscr{E}_0}{R}\sin(\omega t - \varphi) = I_0\sin(\omega t - \varphi)$$

这里叙述的就是交流发电机的基本原理.

(2) 忽略线圈内自感的影响, 线圈中感应电流为

$$i = \frac{\mathscr{E}}{R} = \frac{BS\omega}{R}\sin\omega t = \frac{\mathrm{d}q}{\mathrm{d}t}$$

$0 \sim t$ 时, 过导线某截面的电量为

$$q = \int_0^t i\,\mathrm{d}t = \frac{BS\omega}{R}\int_0^t \sin\omega t\,\mathrm{d}t = \frac{BS}{R}\int_0^\pi \sin\omega t\,\mathrm{d}(\omega t) = \frac{2BS}{R}$$

10.3　感生电动势　涡旋电场

当导体回路静止在磁场中, 由于磁场变化, 导致穿过导体回路磁通量的变化, 会在回路中激发出感应电动势, 这种感应电动势称作感生电动势. 感生电动势的产生规律符合法拉第电磁感应定律. 前面谈到产生动生电动势的非静电力是洛伦兹力, 那么产生感生电动势的非静电力是什么呢? 麦克斯韦在分析了电磁感应的性质之后, 提出了涡旋电场的假设. 他认为变化的磁场在其周围空间激发出新的电场, 新电场是涡旋状的, 电场线为闭合线, 所以这种电场称作**涡旋电场**或感生电场. 涡旋电场作用在导体中电荷上的涡旋电场力是产生感生电动势的非静电力. 涡旋电场的场强为 $\boldsymbol{E}_{涡}$, 涡旋电场沿任意闭合回路 L, 对单位正电荷做的功, 即为感生电动势. 根据电动势的定义式

$$\mathscr{E} = \oint_L \boldsymbol{E}_{涡} \cdot \mathrm{d}\boldsymbol{l} \tag{10-12}$$

涡旋电场与静电场共同之处是对电荷都有作用力. 不同之处在于静电场由静止电荷激发产生, 静电场是保守场, 可以引进电势, 静电场强的环流为零. 设静电场的场强为 $\boldsymbol{E}_{静}$, 有

$$\oint_L \boldsymbol{E}_{静} \cdot \mathrm{d}\boldsymbol{l} = 0$$

涡旋电场由变化磁场所激发,涡旋电场的存在,与空间是否有导体或电介质无关.涡旋电场是非保守场,不能引进电势.根据式(10-12)和(10-1),涡旋电场的感生电动势为

$$\mathscr{E} = \oint_L \boldsymbol{E}_{涡} \cdot \mathrm{d}\boldsymbol{l} = -\frac{\mathrm{d}\Phi}{\mathrm{d}t} = -\frac{\mathrm{d}}{\mathrm{d}t}\int_S \boldsymbol{B} \cdot \mathrm{d}\boldsymbol{S} = -\int_S \frac{\partial \boldsymbol{B}}{\partial t} \cdot \mathrm{d}\boldsymbol{S} \qquad (10\text{-}13)$$

式(10-13)充分体现了涡旋电场产生的根源在于磁场的变化,涡旋电场的电场线为闭合线,涡旋电场是非保守场.

涡旋电场 $\boldsymbol{E}_{涡}$ 的绕向与磁场的变化率 $\dfrac{\partial \boldsymbol{B}}{\partial t}$ 成左手螺旋关系,如图 10-8 所示.

变化磁场在空间激发涡旋电场的假设已被证实.电子感应加速器就是利用变化磁场所激发的感生电场来加速电子的一种装置.

金属导体相对磁场运动或置于变化磁场中时,金属导体内的自由电子就会因电磁感应而形成自成闭合回路的感应电流,称作涡电流.特别当大块导体置于高频交变电流的磁场中时,

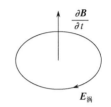

图 10-8　涡旋电场与变化磁场之间的关系

由于电阻小,涡电流可以很大,能释放出大量的焦耳热.利用这个原理,可以制成高频感应加热炉,用来冶炼那些怕氧化或难于熔解的金属.在太空无氧区,可以用这个方法冶炼金属.家庭用的电磁灶是应用感生电场在铁锅底部产生的涡电流所产生的焦耳热来加热食品的.

感应加热是应用感生电场,使金属导体中自由电子产生涡电流,释放热量加热.非金属在感生电场中不会产生热效应.在真空技术中,为了将已抽空的电子管、显像管等真空管中金属部件表面吸附的气体分子抽出,可利用感应加热的特点,隔着管子玻璃,加热管中金属部件,促其释放出吸附的少许气体分子,以利抽气机抽出.

涡电流还有其他应用,可以课后调研.任何事物都有两面性,涡电流也不例外.工作在变压器、电机中的铁芯,由于变化磁场激发的涡旋电场的作用形成的涡电流,会使铁芯发热,增加损耗,降低效率,损坏设备,甚至造成事故.解决的办法是将这些设备中的铁芯用彼此绝缘的薄片(如矽钢片)或细条叠压而成,起到了增大电阻,减小涡流的作用.

前面讲到的电磁感应可分为两类:一类是磁场不动,导线或导体回路运动,产生动生电动势;另一类是导线或回路不动,磁场变化,产生感生电动势.两种电磁感应产生的电动势都可以用法拉第电磁感应定律 $\mathscr{E} = -\dfrac{\mathrm{d}\Phi}{\mathrm{d}t}$ 表示,但追究产生电动势的非静电力似乎有明显的区别.两者间到底有什么联系呢? 看下面的例子.

设有一通电短螺线管,在管外产生非均匀磁场 $\boldsymbol{B}$,通电螺线管在外面的电场可以忽略.在磁场 $\boldsymbol{B}$ 中有一导体回路相对短螺线管以速度 v 运动.在短螺线管上建 S 系.在 S 系中观察,磁场不动,导体回路因切割磁场线运动,受到洛伦兹力的作用,产生的动生电动势为 $\mathscr{E} = \oint (v \times \boldsymbol{B}) \cdot \mathrm{d}\boldsymbol{l}$.若在导体回路上建 S' 系.在 S' 系上会看到,导体回路不动,磁场以 $-v$ 运动,空间磁场分布不断变化,变化的磁场,产生了电场 $\boldsymbol{E}'$,导体回路里产生的感生

电动势为 $\mathscr{E} = \oint E' \cdot \mathrm{d}l$. 这个电场 E' 可以通过变化磁场求得, 也可以根据电场和磁场的相对论变换式得到. 若有第三个参考系 S'', 相对 S、S' 系都有运动. 在 S'' 系上观察, 会看到导体回路在切割磁场线运动, 空间同时还有因磁场变化而产生的电场 E'', 导体回路里产生的电动势应为

$$\mathscr{E} = \oint (v'' \times B'') \cdot \mathrm{d}l + \oint E'' \cdot \mathrm{d}l$$

从上面的分析可以看出, 电场和磁场彼此并不独立, 而是相互关联的, 它们的划分是相对的, 与惯性系选择有关, 体现了电场和磁场的相对论联系. 不管感应电动势表示为

$$\mathscr{E} = \oint (v \times B) \cdot \mathrm{d}l$$

或

$$\mathscr{E} = \oint E \cdot \mathrm{d}l = -\int_S \frac{\partial B}{\partial t} \cdot \mathrm{d}S$$

都可以用法拉第电磁感应定律 $\mathscr{E} = -\dfrac{\mathrm{d}\Phi}{\mathrm{d}t}$ 统一起来. 可见不管在哪个惯性系, 只要穿过回路的 $\dfrac{\mathrm{d}\Phi}{\mathrm{d}t}$ 相等, 产生的感应电动势就应该是相等的, 或者说线圈与回路的相对运动相同, 回路中感应电动势就相等. 因此可以这样讲电磁感应的不同形式体现了相对性原理, 而电磁感应的本质就是变化的磁场产生涡旋电场.

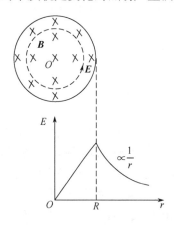

图 10-9 长直载流螺线管的磁场分布

例 10-4 半径为 R 的长直螺线管内的磁场, 以 $\dfrac{\mathrm{d}B}{\mathrm{d}t}$ 的速率均匀增大 (图 10-9). 求感生电场的分布.

解 螺线管的磁场呈轴对称分布. 变化的磁场在空间激发的感生电场的电场线在垂直磁场的平面内, 是以螺线管的轴线为轴心的同心圆, 感生电场也是呈轴对称分布的.

由于 $\dfrac{\mathrm{d}B}{\mathrm{d}t} > 0$, 图中闭合电场线的绕行方向为逆时针方向. 取距轴心 O 点为 r 的电场线为闭合回路, 根据式 (10-13), 取面元 $\mathrm{d}S$ 的方向与磁感应强度 B 的方向相同, 有

$$\oint_L E \cdot \mathrm{d}l = -\int_S \frac{\partial B}{\partial t} \cdot \mathrm{d}S$$

感生电场 E 的大小为

$$\oint_L E \cdot \mathrm{d}l = E \cdot 2\pi r = -\int_S \frac{\partial B}{\partial t} \cdot \mathrm{d}S = -\frac{\mathrm{d}B}{\mathrm{d}t} \int_S \mathrm{d}S$$

$$E = -\frac{1}{2\pi r} \frac{\mathrm{d}B}{\mathrm{d}t} \int_S \mathrm{d}S$$

S 为以闭合回路 L 为边界的曲面.

当 $r < R$ 时, 有

$$E = -\frac{1}{2\pi r}\frac{dB}{dt} \cdot \pi r^2 = -\frac{r}{2}\frac{dB}{dt} \tag{10-14}$$

管内感生电场 E 与 r 成正比. 负号说明 $\boldsymbol{E}$ 与 $\dfrac{d\boldsymbol{B}}{dt}$ 成左旋关系或者说感生电场 $\boldsymbol{E}$ 所产生的磁场, 反抗原磁场的变化.

当 $r > R$ 时, 有

$$E = -\frac{1}{2\pi r}\frac{dB}{dt}\int_s dS = -\frac{1}{2\pi r}\frac{dB}{dt} \cdot \pi R^2 = -\frac{R^2}{2r}\frac{dB}{dt} \tag{10-15}$$

管外感生电场 E 与距离 r 成反比. 变化的磁场局限在 πR^2 的范围内. 负号意义同前.

若 $\dfrac{dB}{dt} < 0$, 可知感生电场的绕行方向正好与 $\dfrac{dB}{dt} > 0$ 时的相反, 感生电场 E 的表达式是相同的. 感生电场 E 随 r 的变化曲线如图 10-9 所示.

10.4　自感和互感

10.4.1　自感

法拉第提出电磁感应理论的时候, 亨利也独自发现自感现象. 当线圈中通有电流的时候, 必有磁感应线穿过线圈自身所围面积. 当线圈中的电流发生变化时, 它所激发的磁场将随之变化, 致使穿过线圈自身的磁通量发生变化, 从而在线圈中产生感应电动势. 这种现象称为自感现象, 相应电动势称为自感电动势.

当线圈的大小、形状不变, 周围无铁磁质时, 穿过线圈回路的磁通链数 $N\Phi$ 与通过线圈的电流 I 成正比.

$$N\Phi = LI \tag{10-16}$$

式中比例系数 L, 称为自感系数, 简称自感, 由线圈自身的大小、几何形状、匝数及线圈周围分布的磁介质的磁导率等决定. 自感系数 L 的单位, 在 SI 中为亨[利](H). H 是一个很大的单位, 常用毫亨(mH)和微亨(μH)做单位. 除一些简单特殊的情况外, 实际中的自感系数, 多通过实验测定.

当线圈中电流 I 发生变化时, 根据法拉第电磁感应定律, 线圈中自感电动势为

$$\mathscr{E}_L = -\frac{d(N\Phi)}{dt} = -L\frac{dI}{dt} \tag{10-17}$$

当电流的变化为一个单位时, 自感系数的值就等于自感电动势的大小. 式中负号是楞次定律的数学表示, 说明自感电动势总是阻止自身回路中电流的变化, 力图维持回路中原电流不变. 自感电路中维持原状态不变的能力大小的标志就是自感系数 L, 因此常形象地称自感系数 L 是"电磁惯性"的量度.

自感现象被广泛应用在无线电技术中, 如 LC 振荡电路, 调谐电路等. 滤波器和扼流线圈等, 则利用了自感电路阻止电流变化, 稳定电流的作用. 若线圈自感系数大, 电路中电流变化快, 在断开电路时, 会产生很高的自感电动势. 日光灯电路中的镇流器就是应用了这个特性制成的. 但大电感, 大变化电流的电路断电时, 产生很高的自感电动势, 会击穿线

圈或产生电弧,引发事故,在实际应用中应采取措施避免.

图 10-10　无限长直载流同轴电缆

例 10-5　同轴电缆由半径分别为 R_1 和 R_2 的两无限长同轴圆筒状导体组成,如图 10-10 所示.其间充满磁导率为 μ 的磁介质.电缆上流有大小相等,方向相反的电流 I,求单位长度电缆的自感系数.

解　应用安培环路定理,可知电缆上磁场分布

$$\begin{cases} B = \dfrac{\mu I}{2\pi r}, & R_1 < r < R_2 \\ B = 0, & r < R_1, r > R_2 \end{cases}$$

取长为 l 的一段电缆,通过其上面积元 $l\,dr$ 的磁通量

$$d\Phi = Bl\,dr = \frac{\mu I}{2\pi r}l\,dr$$

通过 l 长电缆一侧的磁通量为

$$\Phi = \int d\Phi = \int_{R_1}^{R_2} \frac{\mu Il}{2\pi}\frac{dr}{r} = \frac{\mu Il}{2\pi}\ln\frac{R_2}{R_1}$$

$$\Phi = LI$$

$$L = \frac{\Phi}{I} = \frac{\mu l}{2\pi}\ln\frac{R_2}{R_1}$$

单位长度电缆的自感系数

$$L_l = \frac{L}{l} = \frac{\mu}{2\pi}\ln\frac{R_2}{R_1}$$

10.4.2　互感

当线圈 1 和线圈 2 彼此靠近放置时,线圈中各通有电流 I_1 和 I_2.其中任一线圈电流所产生的磁感应线都会通过另一线圈所围的面积.当任一线圈中的电流发生变化时,周围空间的磁场都会跟着变化,使得通过另一线圈的磁通量发生变化,从而在该线圈中激发产生感应电动势.这种由于一个线圈中的电流发生变化,而在另一线圈中激发产生感应电动势的现象,称为互感现象,相应的感应电动势称为互感电动势.如图 10-11 所示.

当线圈的大小、形状、匝数、相对位置保持不变,周围磁介质的磁导率保持不变时,线圈中电流

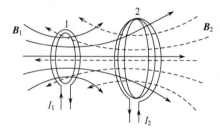

图 10-11　互感现象

在彼此靠近的线圈中产生的磁通链数与该线圈中的电流成正比.设线圈 1 的匝数为 N_1,线圈 2 的匝数为 N_2.这时线圈 1 中的电流 I_1,产生的磁场 B_1,穿过线圈 2 的磁通链数为

$$N_2\Phi_{21} = M_{21}I_1 \tag{10-18}$$

同理,线圈 2 中的电流 I_2 产生的磁场穿过线圈 1 的磁通链数为

$$N_1 \Phi_{12} = M_{12} I_2 \tag{10-19}$$

式中比例系数 M_{12} 和 M_{21} 称为互感系数,简称互感,由两线圈自身的几何形状、相对位置及周围分布的磁介质等决定.互感系数的单位同于自感系数的单位,也是亨[利](H).用能量的方法可以证明 $M_{21} = M_{12} = M$.

根据法拉第电磁感应定律,两线圈中电流变化时,在另一线圈中激发的互感电动势分别为

$$\mathscr{E}_{21} = -\frac{\mathrm{d}(N_2 \Phi_{21})}{\mathrm{d}t} = -M_{21}\frac{\mathrm{d}I_1}{\mathrm{d}t} = -M\frac{\mathrm{d}I_1}{\mathrm{d}t} \tag{10-20}$$

$$\mathscr{E}_{12} = -\frac{\mathrm{d}(N_1 \Phi_{12})}{\mathrm{d}t} = -M_{12}\frac{\mathrm{d}I_2}{\mathrm{d}t} = -M\frac{\mathrm{d}I_2}{\mathrm{d}t} \tag{10-21}$$

互感现象广泛用于电器设备、无线电技术和电磁测量中.如各种各样的变压器,可以实现能量传递.各种互感器可用于测量交流电路的电压、电流等.互感现象也有不利的一面,它会干扰线路正常工作,影响实验和测量的精度.避免的办法是,应尽量减少线路耦合的影响,或者采取磁屏蔽的方法,隔绝外界磁场的影响.

例 10-6 两共轴密绕长直螺线管 C_1 和 C_2,如图10-12所示.C_1 为原线圈,匝数为 N_1.C_2 为副线圈,匝数为 N_2.两者长均为 l,线圈截面积均为 S.管内磁介质的磁导率为 μ.求:

(1) 两螺线管的自感 L_1 和 L_2;(2) 互感 M;(3) 互感 M 与自感 L_1、L_2 的关系.

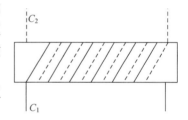

图 10-12 两共轴密绕长直螺线管

解 (1) 设原线圈 C_1 中通有电流 I_1,可知在管内产生的磁感应强度 B_1,穿过自身的磁通链数 $N_1 \Phi_1$,分别为

$$B_1 = \mu \frac{N_1 I_1}{l}$$

$$N_1 \Phi_1 = N_1 B_1 S = \mu \frac{N_1^2}{l} I_1 S = \mu \frac{N_1^2}{l^2} I_1 V = \mu n_1^2 V I_1$$

式中,n_1 为螺线管 C_1 单位长度上的匝数,V 为 C_1 的体积.根据式(10-16),螺线管 C_1 的自感 L_1 为

$$L_1 = \frac{N_1 \Phi_1}{I_1} = \mu n_1^2 V \tag{10-22}$$

同理可得螺线管 C_2 的自感 L_2 为

$$L_2 = \mu n_2^2 V$$

式中,$n_2 = \dfrac{N_2}{l}$ 为 C_2 单位长度上的匝数.

(2) 原线圈 C_1 中通有电流 I_1 时,通过副线圈 C_2 的磁通链数 $N_2 \Phi_{21}$ 为

$$N_2 \Phi_{21} = N_2 B_1 S = N_2 \mu \frac{N_1}{l} I_1 S = \frac{\mu N_1 N_2 S I_1}{l} = \mu n_1 n_2 V I_1$$

根据式(10-18)，互感 M 为

$$M = \frac{N_2 \Phi_{21}}{I_1} = \mu n_1 n_2 V \tag{10-23}$$

（3）比较可知

$$M^2 = L_1 L_2 \Rightarrow M = \sqrt{L_1 L_2} \tag{10-24}$$

只有完全耦合或称作理想耦合的情况下，才有上面的关系，如式(10-24)所示. 理想耦合指：当两个线圈中通有电流时，所产生的磁场线，完全穿过彼此的线圈，那么这两个线圈的耦合情况，被称作是理想耦合或完全耦合. 一般情况为

$$M = k \sqrt{L_1 L_2} \tag{10-25}$$

k 称为耦合因数，有 $0 \leqslant k \leqslant 1$. k 的取值决定于两线圈之间耦合的紧密程度.

*例 10-7 两线圈的自感分别为 L_1 和 L_2，互感为 M. 求：

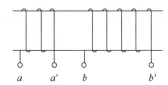

（1）两线圈顺串联时，即图 10-13 中 a'、b 相联时的等效自感；

（2）两线圈反串联时，即图 10-13 中 a'、b' 相联时的等效自感.

图 10-13　两同轴线圈串联

解　（1）两线圈顺串联时，合线圈总自感设为 L. 这时两线圈的磁场方向一致，当电流变化时，自感电动势和互感电动势方向相同，都阻止电流的变化. 合线圈中总感应电动势为

$$\mathscr{E} = -L \frac{\mathrm{d}I}{\mathrm{d}t} = -L_1 \frac{\mathrm{d}I}{\mathrm{d}t} - L_2 \frac{\mathrm{d}I}{\mathrm{d}t} - 2M \frac{\mathrm{d}I}{\mathrm{d}t}$$

$$= -(L_1 + L_2 + 2M) \frac{\mathrm{d}I}{\mathrm{d}t}$$

等效自感

$$L = L_1 + L_2 + 2M \tag{10-26}$$

根据磁通链数与电流的关系，也可以得到上面的关系式.

顺串联时，磁场方向相同，磁链符号相同.

$$(N_1 + N_2)\Phi = LI = N_1 \Phi_1 + N_1 \Phi_{12} + N_2 \Phi_2 + N_2 \Phi_{21}$$

$$= L_1 I_1 + M I_2 + L_2 I_2 + M I_1$$

串联时

$$I_1 = I_2 = I$$

所以

$$L = L_1 + L_2 + 2M$$

（2）两线圈反串联时，磁场彼此减弱. 电流变化时，自感电动势仍阻止电流变化；互感电动势与原电流同向. 总电动势

$$\mathscr{E} = -L \frac{\mathrm{d}I}{\mathrm{d}t} = -L_1 \frac{\mathrm{d}I}{\mathrm{d}t} - L_2 \frac{\mathrm{d}I}{\mathrm{d}t} + 2M \frac{\mathrm{d}I}{\mathrm{d}t}$$

等效自感

$$L = L_1 + L_2 - 2M \tag{10-27}$$

根据磁通链数与电流的关系，也可以得到上面的关系式. 这里不再赘述.

10.5 磁 场 能 量

从磁场与电场的对称性、关联性上,很容易从电场能量联想到磁场能量.与电场相似,
磁能是定域在磁场中的.下面以 RL 电路为例,说明电流
由小变大的过程,就是建立磁场的过程,也就是将其他形
式能量转换成磁能的过程.反之,磁场消失的过程,就是
消耗磁能转变为其他形式能量的过程.通过自感线圈储
能的特例,推出普适的磁能密度表达式.在图 10-14 所示
的电路中,当开关 K 扳向 1 时,电路接通.由于线圈中自
感的存在,阻止电流的变化,电路中的电流,只能逐渐由
零增大到稳定值 I_0,电灯逐渐亮起来.在这段时间内,线
圈 L 中产生的自感电动势 $\mathscr{E}_L$ 与电流方向相反,起阻碍电
流增大的作用.自感电动势为

图 10-14 RL 电路

$$\mathscr{E}_L = -L \frac{\mathrm{d}i}{\mathrm{d}t}$$

自感电动势在电路中相当于反电动势,根据欧姆定律,得回路方程

$$\mathscr{E} + \mathscr{E}_L - iR = 0$$

或

$$\mathscr{E} = L \frac{\mathrm{d}i}{\mathrm{d}t} + iR$$

电流滋长过程中,电源一方面要提供电阻产生焦耳热所需的能量,另一方面要反抗自感电
动势做功.为了计算电流从零达到稳定值时,电源做的功,先计算在电流滋长中某时刻 $\mathrm{d}t$
时间内电源做的功,即

$$\mathrm{d}W = \mathscr{E}i\mathrm{d}t = Li\mathrm{d}i + i^2 R\mathrm{d}t$$

设 t 时刻,电流达到稳定值 I_0,电源所做的功为

$$\int_0^t \mathscr{E}i\mathrm{d}t = \int_0^{I_0} Li\,\mathrm{d}i + \int_0^t i^2 R\mathrm{d}t = \frac{1}{2}LI_0^2 + \int_0^t i^2 R\mathrm{d}t$$

式中 $\int_0^t \mathscr{E}i\mathrm{d}t$ 为电源在这段时间内做的功,也是电源所提供的能量.$\int_0^t i^2 R\mathrm{d}t$ 为电阻上消耗
的焦耳热,所需能量由电源提供,$\frac{1}{2}LI_0^2$ 为电源克服线圈的自感电动势做功转变而来的能
量.这个能量伴随着电流和磁场的出现而出现,并随着电流和磁场的增大而增大.这个能
量就是自感线圈储存的磁能,即

$$W_m = \frac{1}{2}LI_0^2$$

在图 10-14 中,电路中电流为 I_0 时,切断电源,将开关 K 扳向 2 时,由于自感存在,回
路中电流不会立即为零,而是经历时间 t,回路中电流才由 I_0 变为 0.这时自感电动势与
电流同向,阻止电流减小,电路中电流由自感电动势提供.自感电动势为

$$\mathscr{E}_L = -L\frac{\mathrm{d}i}{\mathrm{d}t}$$

根据欧姆定律,得回路方程

$$L\frac{\mathrm{d}i}{\mathrm{d}t} + iR = 0$$

或

$$-L\frac{\mathrm{d}i}{\mathrm{d}t} = iR$$

与前面相似的方法,可计算出电路消耗的能量

$$\int_{I_0}^{0} -Li\,\mathrm{d}i = \int_0^t i^2 R\,\mathrm{d}t$$

$$\frac{1}{2}LI_0^2 = \int_0^t i^2 R\,\mathrm{d}t$$

没有电源提供能量,电阻消耗的能量只能是线圈中所储存的磁能转化而来的能量. 而线圈中储存的能量,正是在线圈中通以电流,建立磁场时,电源克服线圈自感电动势做功转换而来的磁能. 当电流减少时,磁能又以自感电动势做功的形式全部释放出来. 当线圈的自感系数为 L,线圈中通有电流 I 时,线圈储存的磁能为

$$W_{\mathrm{m}} = \frac{1}{2}LI^2 \tag{10-28}$$

式(10-28)说明自感线圈与电容器一样是储能元件.

既然磁能是储存在磁场中的,就应该让磁能公式用磁场的特征量 B 或 H 来表示. 下面以密绕长直螺线管为例导出这个关系.

设密绕长直螺线管单位长度匝数为 n,通有电流 I,从例 10-6 知,线圈自感系数 $L = \mu n^2 V$,螺线管内磁感应强度 $B = \mu n I$,将这两式代入式(10-28)得

$$W_{\mathrm{m}} = \frac{1}{2}LI^2 = \frac{1}{2}\mu n^2 V \frac{B^2}{\mu^2 n^2} = \frac{1}{2}\frac{B^2}{\mu}V \tag{10-29}$$

可见磁能确实是定域在磁场中的. 对于密绕长直螺线管,其管内的磁场,可以看成是均匀的. 从式(10-29)可以求出磁场能量密度为

$$w_{\mathrm{m}} = \frac{W_{\mathrm{m}}}{V} = \frac{1}{2}\frac{B^2}{\mu} = \frac{1}{2}\mu H^2 = \frac{1}{2}BH \tag{10-30}$$

式(10-30)虽从长直螺线管的特例推出,对任何磁场都是适用的. 普遍情况可用

$$w_{\mathrm{m}} = \frac{1}{2}\boldsymbol{B} \cdot \boldsymbol{H} \tag{10-31}$$

对于任意磁场,其**磁场能量**为

$$W_{\mathrm{m}} = \int_V w_{\mathrm{m}}\mathrm{d}V = \int_V \frac{1}{2}\boldsymbol{B} \cdot \boldsymbol{H}\mathrm{d}V \tag{10-32}$$

式中,V 为磁场分布的整个空间.

前面分别讨论了电场能量和磁场能量,若空间同时存在电场和磁场,那么**电磁场的能量密度**为

$$w = w_{\mathrm{e}} + w_{\mathrm{m}} = \frac{1}{2}(\boldsymbol{D} \cdot \boldsymbol{E} + \boldsymbol{B} \cdot \boldsymbol{H}) \tag{10-33}$$

例 10-8 有一根无限长同轴电缆,由半径为 R_1 和 R_2 两同轴圆筒状导体组成.内外圆筒上分别流有大小相等,方向相反的电流 I.求长为 l 的一段电缆内储存的磁能(两圆筒间磁导率为 μ).

解 同轴电缆的磁场呈轴对称.根据安培环路定理可知,其磁场只局限在内外圆筒之间,磁感应强度为

$$B = \frac{\mu I}{2\pi r}, \quad R_1 < r < R_2$$

磁能密度为

$$w_{\mathrm{m}} = \frac{1}{2} \frac{B^2}{\mu} = \frac{\mu I^2}{8\pi^2 r^2}$$

到轴线距离为 r,厚度为 $\mathrm{d}r$,长 l 的薄圆柱壳的体积 $\mathrm{d}V$ 为

$$\mathrm{d}V = 2\pi r l \, \mathrm{d}r$$

l 长电缆上储存的磁能为

$$W_{\mathrm{m}} = \int_V w_{\mathrm{m}} \mathrm{d}V = \int_{R_1}^{R_2} \frac{\mu I^2}{8\pi^2 r^2} \cdot 2\pi r l \, \mathrm{d}r = \int_{R_1}^{R_2} \frac{\mu I^2 l \mathrm{d}r}{4\pi r} = \frac{\mu I^2 l}{4\pi} \ln \frac{R_2}{R_1}$$

与自感磁能 $W_{\mathrm{m}} = \frac{1}{2} L I^2$ 比较,可知长 l 的一段电缆的自感为

$$L = \frac{\mu l}{2\pi} \ln \frac{R_2}{R_1}$$

单位长度上的自感为

$$L_l = \frac{\mu}{2\pi} \ln \frac{R_2}{R_1}$$

同轴电缆的自感与例 10-5 的计算结果相同,因此可以用能量法求自感.

本 章 小 结

1. 法拉第电磁感应定律

$$\varepsilon = -\frac{\mathrm{d}\Phi}{\mathrm{d}t}$$

2. 楞次定律:感应电流的效果总是反抗引起感应电流的原因.

3. 动生电动势

$$\varepsilon = \int_L (\boldsymbol{v} \times \boldsymbol{B}) \cdot \mathrm{d}\boldsymbol{l}$$

4. 感生电动势

$$\varepsilon = \oint_L \boldsymbol{E}_{\text{涡}} \cdot \mathrm{d}\boldsymbol{l} = -\int_S \frac{\partial \boldsymbol{B}}{\partial t} \cdot \mathrm{d}\boldsymbol{S}$$

5. 自感电动势

$$\varepsilon = -L \frac{\mathrm{d}I}{\mathrm{d}t}$$

6. 互感电动势

$$\varepsilon_{21} = -M \frac{dI_1}{dt}$$

$$\varepsilon_{12} = -M \frac{dI_2}{dt}$$

7. 磁场能量

$$W_m = \int w_m dV = \int_V \frac{1}{2} \boldsymbol{B} \cdot \boldsymbol{H} dV$$

习　题

10-1　将尺寸完全相同的铜环和木环,适当放置,使通过两环内的磁通量的变化率相等. 则此两环中的感应电动势及感生电场是否相等?

10-2　涡旋电场是怎样产生的? 它与静电场有何相同之处和不同之处? 为什么涡旋电场不能引入电势概念?

10-3　在有磁场变化着的空间,如果没有导体,那么在此空间有没有电场? 有没有感应电动势?

10-4　如果电路中通有强电流,当你突然打开刀闸断电时,就有一火花跳过刀闸. 试解释这一现象.

10-5　(1) 一个线圈的自感系数的大小取决于哪些因素?

(2) 怎样绕制自感系数为零的线圈? 怎样绕制线圈可获得较大自感系数?

(3) 两个线圈的互感系数的大小取决于哪些因素?

(4) 有两个半径相近的线圈,怎样放置可使其互感最小? 怎样放置又可使其互感最大?

10-6　在通有电流 $I=5A$ 的长直导线近旁,有一段导线 AB 与其共面,AB 长 $l=20cm$,离长直导线距离 $d=10cm$,如附图(a)所示. 当它沿平行于长直导线的方向以速度 $v=10m \cdot s^{-1}$ 平移时,导线 AB 中的感应电动势多大,哪端的电势高? 若用半径为 $\frac{l}{2}$ 并与长直导线共面的半圆环代替前面的 AB 导线,如附图(b)所示,其上电动势与电势高低有何变化?

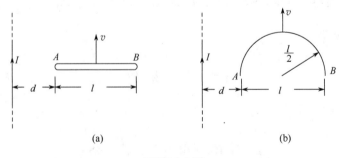

习题 10-6 图

10-7　无限长直导线与矩形线圈共面,如附图所示. 长直导线中通有恒定电流 $I=5.0A$,线圈以速度 $v=2m \cdot s^{-1}$ 垂直导线向右平动. 已知矩形线圈匝数 $N=1 \times 10^3$ 匝,$a=10cm$,$l=20cm$,当 $d=10cm$ 时,计算线圈中的感应电动势.

10-8　为了探测海洋中水的运动,海洋学家有时依靠水流通过地磁场所产生的动生电动势来测定水流速度.假设在某处地磁场的竖直分量为 $0.70\times10^{-4}\,T$,两个电极垂直插入被测的相距200m的水流中,如果与两极相连的灵敏伏特计指示 $7.0\times10^{-3}\,V$ 的电势差,问水流速率多大?

10-9　边长为 $a=0.2m$ 的正方形线圈置于均匀磁场 $\boldsymbol{B}$ 中,$B=0.8T$.线圈与磁场 $\boldsymbol{B}$ 垂直.$t=0$ 时,线圈以恒定速率 $\dfrac{\mathrm{d}a}{\mathrm{d}t}=0.5m\cdot s^{-1}$ 收缩.

习题 10-7 图

(1) $t=0$ 时,求线圈回路中的感应电动势;(2)若感应电动势保持(1)中的值,问线圈的面积应以怎样的恒定速率 $\dfrac{\mathrm{d}S}{\mathrm{d}t}$ 收缩?

习题 10-10 图

10-10　有一随时间变化的均匀磁场,$B=1.5\mathrm{e}^{-\frac{t}{10}}\,Wb\cdot m^{-2}$,其中置一 U 形固定导轨,导轨上有一长为 $l=10cm$ 的导体杆与 AB 重合,如附图所示,开始以 $v=100cm\cdot s^{-1}$ 的恒定速度向右运动,求任一瞬时回路中的感应电动势.

10-11　一空心长直螺线管,长为 0.5m,横截面积为 $10cm^2$,若管上的绕组为 3000 匝,所通电流随时间的变化率为每秒增加 10A,问自感电动势的大小和方向如何?

10-12　如附图所示,两条平行长直导线,其轴线间的距离为 d,载有等值反向电流 I(可以设想它们在相当远的地方汇合成一回路),每根导线的半径为 a,如果不计导线内部的磁通,求单位长度的自感系数.

10-13　一平面圆环形线圈 A 由 50 匝细线绕成,环面积为 $4.0cm^2$,放在另一个匝数为 100 匝,半径为 20cm 的平面圆环形线圈 B 的中心,两线圈共面同心.求:

(1) 两线圈的互感系数;

(2) 当线圈 B 中的电流以 $50A\cdot s^{-1}$ 的变化率减少时,求线圈 A 中的感应电动势 $\mathcal{E}_A$.

10-14　载流 $I=I_0\sin\omega t$ 的无限长直绝缘导线与一矩形线圈共面并与其短边 c 平行,摆放位置如附图所示.已知 $\dfrac{b}{a}=2$,线圈共有 2 匝,求:

(1) 直导线与线圈的互感系数;(2)线圈中的互感电动势.

习题 10-12 图

习题 10-14 图

10-15　某型号喷气式飞机的机翼长 47m,以速度 $690km\cdot h^{-1}$ 平行地面飞行.地磁场的竖直分量为 $0.60\times10^{-4}\,T$,求两翼之间的感应电动势.

第11章 电磁场基本理论

电磁感应的实质是变化的磁场能产生(涡旋)电场.那么变化的电场能产生磁场吗?麦克斯韦在研究将安培环路定理应用到非稳恒电路时,遇到困难,为此,他将变化的电场称作位移电流,提出变化的电场可以产生磁场,解决了将安培环路定理推广到非稳定电路的问题,也为电磁场理论的建立奠定了重要的理论基础.

11.1 位移电流的磁场

下面从安培环路定理在稳恒电路和有电容器组成的非稳恒电路的应用上,展开变化电场可以产生磁场的讨论.

在稳恒电流的磁场中推导出的安培环路定理,说明磁场强度 H 的环流仅与穿过回路的电流有关,对以此绕行回路为边界所做的任意曲面,应该有穿过回路的电流也穿过该曲面.

$$\oint_L \boldsymbol{H} \cdot \mathrm{d}\boldsymbol{l} = I = \int_S \boldsymbol{J} \cdot \mathrm{d}\boldsymbol{S}$$

式中,S 为以 L 为边界的曲面,$\boldsymbol{J}$ 为电流密度.

在如图 11-1 所示的稳恒电流的电路中,穿过 L 为边界的曲面 S_1 和 S_2 的电流 I 是相同的.

图 11-1 稳恒电流的安培环路定理　　　　　图 11-2 非稳恒电流的安培环路定理

对于非稳恒电流的磁场,安培环路定理是否仍适用? 如果不适用,又该如何解决呢? 下面从电容器充放电的情况研究这一问题.

图 11-2 是电容器充(放)电电路.因电流随时间变化,属于非稳恒电流情况.在电路中以闭合回路 L 为边界做两个曲面 S_1(虚线表示,与导线相交)和 S_2(实线,包围了电容器的一个极板).电容器在充电或放电过程中,由于电流在电容器处中断了,这时对曲面 S_1和 S_2 的共用边界 L 应用安培环路定理求磁场强度 H 的环流,对 S_1 面有

$$\oint_L \boldsymbol{H} \cdot \mathrm{d}\boldsymbol{l} = \int_{S_1} \boldsymbol{J} \cdot \mathrm{d}\boldsymbol{S} = I$$

对 S_2 面有

$$\oint_L \boldsymbol{H} \cdot \mathrm{d}\boldsymbol{l} = \int_{S_2} \boldsymbol{J} \cdot \mathrm{d}\boldsymbol{S} = 0$$

共同的闭合回路,不同的曲面,应用安培环路定理却出现了不同的结果,显然是矛盾的.说明在电路中有电容的情况下或者说在非稳恒电流的情况下,安培环路定理不能直接应用,那么该作怎样的调整呢?

传导电流在电容器处中断,不再连续,是出现上述矛盾的原因.研究电容器极板间可能发生的变化及与电路中电流的关系,是解决问题的关键.

电容器在充放电过程中,虽然极板间没有电流通过,但是极板间电位移通量对时间的变化率 $\dfrac{\mathrm{d}\Phi_D}{\mathrm{d}t}$ 与电路中的电流 I 是相同的,即

$$\frac{\mathrm{d}\Phi_D}{\mathrm{d}t} = I \tag{11-1}$$

分析比较后会发现,无论是充电还是放电,极板间 $\dfrac{\mathrm{d}\Phi_D}{\mathrm{d}t}$ 变化的方向始终与电路中电流方向相同. $\dfrac{\mathrm{d}\Phi_D}{\mathrm{d}t}$ 就是麦克斯韦提出的位移电流.位移电流和位移电流密度的定义式分别为

$$I_d = \frac{\mathrm{d}\Phi_D}{\mathrm{d}t} = \int_S \frac{\partial \boldsymbol{D}}{\partial t} \cdot \mathrm{d}\boldsymbol{S} \tag{11-2}$$

和

$$\boldsymbol{J}_d = \frac{\partial \boldsymbol{D}}{\partial t} = \varepsilon \frac{\partial \boldsymbol{E}}{\partial t} \tag{11-3}$$

可知位移电流的本质就是变化的电场.

电流连续性方程

$$\oint_S \left(\boldsymbol{J} + \frac{\partial \boldsymbol{D}}{\partial t} \right) \cdot \mathrm{d}\boldsymbol{S} = 0$$

说明由传导电流和位移电流组成的全电流永远是连续的.这样将极板间变化的电场等效为位移电流,在电容器处中断的传导电流,将由位移电流连续起来,整个电路中的电流可以看成是连续的.前面提出的问题便迎刃而解.在电容器充放电线路中,对以 L 为边界的 S_2 曲面应用安培环路定理,结果为

$$\oint_L \boldsymbol{H} \cdot \mathrm{d}\boldsymbol{l} = \int_{S_2} \frac{\partial \boldsymbol{D}}{\partial t} \cdot \mathrm{d}\boldsymbol{S} = \frac{\mathrm{d}\Phi_D}{\mathrm{d}t} = I$$

与 S_1 曲面的结果相同.

引进位移电流后,磁场就是由全电流产生的,安培环路定理可推广成下面的形式

$$\oint_L \boldsymbol{H} \cdot \mathrm{d}\boldsymbol{l} = \left(I + \frac{\mathrm{d}\Phi_D}{\mathrm{d}t} \right) \tag{11-4}$$

上式说明位移电流和传导电流一样都可以产生磁场.位移电流的磁场也是涡旋场.位移电流的磁场强度 $\boldsymbol{H}$ 的绕向与电位移矢量对时间的变化率 $\dfrac{\partial \boldsymbol{D}}{\partial t}$ 成右螺旋关系.让伸直的

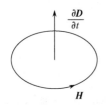

图 11-3　磁场与变化
电场之间的关系

拇指表示 $\dfrac{\partial \boldsymbol{D}}{\partial t}$ 增加的方向,弯曲的四指就是磁场强度 $\boldsymbol{H}$ 线绕行的方向,如图 11-3 所示.

在激发磁场方面,位移电流与传导电流是等效的,但两者有着很大的区别.传导电流由电荷定向运动形成,而位移电流的实质是变化的电场.传导电流通过导体时,有焦耳热产生,而位移电流不会在导体中产生焦耳热.

例 11-1　由半径 $R = 0.05$m 的圆导体片构成的平板电容器,均匀充电,两极板间电场的变化率 $\dfrac{\mathrm{d}E}{\mathrm{d}t} = 4.0 \times 10^{13}\,\mathrm{V} \cdot \mathrm{m}^{-1} \cdot \mathrm{s}^{-1}$,求:

(1) 两板间的位移电流 I_d;(2) 两板间磁感应强度的分布;(3) $r = R$ 处的磁感应强度,忽略边缘效应.

解　(1) 两极板间位移电流,根据定义式(13-1)有

$$I_d = \frac{\mathrm{d}\Phi_D}{\mathrm{d}t} = \frac{\mathrm{d}(DS)}{\mathrm{d}t} = \varepsilon_0 S \frac{\mathrm{d}E}{\mathrm{d}t} = \varepsilon_0 \pi R^2 \frac{\mathrm{d}E}{\mathrm{d}t}$$

$$= 8.85 \times 10^{-12} \times 3.14 \times 0.05^2 \times 4 \times 10^{13} = 2.8(\mathrm{A})$$

(2) 由于电场分布的特点,位移电流的磁场,对过两极板中心的轴线具有对称性.磁场线是一族以中心轴线为轴心且垂直于中心轴线的同心圆.取距轴线为 r 的一根磁场线为积分回路,根据对称性,磁场线上各点的磁感应强度 $\boldsymbol{B}$ 值相等.磁感应强度 $\boldsymbol{B}$ 的绕行方向与 $\dfrac{\mathrm{d}E}{\mathrm{d}t}$(或电流)成右手螺旋关系,如图 11-4(a)所示.两极板间无传导电流.根据推广的安培环路定理式(11-4)有

$$\oint_L \boldsymbol{H} \cdot \mathrm{d}\boldsymbol{l} = \frac{B}{\mu_0} \cdot 2\pi r = \varepsilon_0 \frac{\mathrm{d}\Phi_e}{\mathrm{d}t} = \varepsilon_0 S \frac{\mathrm{d}E}{\mathrm{d}t}$$

$$B = \frac{\mu_0 \varepsilon_0 S}{2\pi r} \frac{\mathrm{d}E}{\mathrm{d}t}$$

式中 S 是以 L 为边界的面积.

(a) $\boldsymbol{E}$ 和 $\boldsymbol{B}$ 的方向

(b) $\boldsymbol{B}$ 的分布

图 11-4　圆形平板电容器

当 $r < R$ 时,有

$$B = \frac{\mu_0 \varepsilon_0 \pi r^2}{2\pi r} \frac{\mathrm{d}E}{\mathrm{d}t} = \frac{\mu_0 \varepsilon_0 r}{2} \frac{\mathrm{d}E}{\mathrm{d}t}$$

磁感应强度 **B** 的大小与 r 成正比.

当 $r > R$ 时,有

$$B = \frac{\mu_0 \varepsilon_0 \pi R^2}{2\pi r} \frac{\mathrm{d}E}{\mathrm{d}t} = \frac{\mu_0 \varepsilon_0 R^2}{2r} \frac{\mathrm{d}E}{\mathrm{d}t}$$

忽略边缘效应,认为电场只局限在两板之间. 面积 S 为有电场的范围,等于 πR^2. 磁感应强度 B 与距离 r 成反比,如图 11-4(b)所示.

(3) 当 $r = R$ 时,有

$$B = \frac{\mu_0 \varepsilon_0 R}{2} \frac{\mathrm{d}E}{\mathrm{d}t} = \frac{1}{2} \times 4\pi \times 10^{-7} \times 8.85 \times 10^{-12} \times 0.05 \times 4 \times 10^{13}$$

$$= 1.1 \times 10^{-5} (\mathrm{T})$$

尽管电场的变化率很大,激发的磁场却很弱,不易测量. 只有在超高频的情况下,才能获得较强的磁场.

11.2 麦克斯韦方程组

前面运用相对论的观点研究电荷的场,发现电荷周围的场,因研究者所在惯性系的不同而不同. 有的只观察到电场,有的则既有电场又有磁场,他们测量的都对. 说明电场和磁场仅反映同一电磁场的不同侧面,而且与惯性系有关,体现了电磁场的相对性和统一性. 涡旋电场和位移电流展示了变化的电场与变化的磁场间相互激发、相互依存的内在联系. 进一步体现了电磁场的对称性和统一性. 全面完整地揭示出电磁场统一本质的,是伟大的物理学家麦克斯韦. 他在研究总结前人成果的基础上,提出涡旋电场和位移电流的假说,建立了统一的电磁场理论,将人类对物质世界的认识提到一个崭新的高度;他极富创见的理论,预言了电磁波的存在;他推算出电磁波的传播速度与光速相同,从而指出光也是一种电磁波;麦克斯韦电磁场理论是继牛顿力学之后物理学史上又一重要里程碑,他寻求统一的电磁场理论的努力和观点,促使后人不断寻求自然界大统一的理论. 赫兹用实验验证了电磁波的存在. 随后,无线电电波被发现,使当今的无线电广播、电视、微波通信和雷达等的出现成为可能. 现在我们已进入信息时代,追根溯源都始自麦克斯韦的电磁场理论.

稳定的电场是有源场,也是保守场,可以引进势. 稳定的磁场是涡旋场,磁场线是闭合的. 于是稳定的电磁场中的高斯定理有下面的形式:

$$\oint_S \boldsymbol{D} \cdot \mathrm{d}\boldsymbol{S} = \sum q = \int_V \rho \mathrm{d}V$$

$$\oint_S \boldsymbol{B} \cdot \mathrm{d}\boldsymbol{S} = 0$$

稳定电磁场中的环路定理,分别为静电场的场强环路定理

$$\oint_L \boldsymbol{E} \cdot \mathrm{d}\boldsymbol{l} = 0$$

和磁场的安培环路定理

$$\oint_L \boldsymbol{H} \cdot \mathrm{d}\boldsymbol{l} = \sum I = \int_S \boldsymbol{J} \cdot \mathrm{d}\boldsymbol{S}$$

在变化的电磁场中,变化的磁场在空间激发了涡旋电场,变化电场在空间激发了磁场.变化的电磁场激发的都是涡旋场,场线是闭合的,因此变化电磁场中的高斯定理有

$$\oint_S \boldsymbol{D} \cdot \mathrm{d}\boldsymbol{S} = 0$$

$$\oint_S \boldsymbol{B} \cdot \mathrm{d}\boldsymbol{S} = 0$$

变化电磁场中的环路定理,涡旋电场的环流为

$$\oint_L \boldsymbol{E} \cdot \mathrm{d}\boldsymbol{l} = -\frac{\mathrm{d}\Phi_{\mathrm{m}}}{\mathrm{d}t} = -\int_S \frac{\partial \boldsymbol{B}}{\partial t} \cdot \mathrm{d}\boldsymbol{S}$$

安培环路定理的推广式为

$$\oint_L \boldsymbol{H} \cdot \mathrm{d}\boldsymbol{l} = \frac{\mathrm{d}\Phi_D}{\mathrm{d}t} = \int_S \frac{\partial \boldsymbol{D}}{\partial t} \cdot \mathrm{d}\boldsymbol{S}$$

电磁场有别于实物物质的一个特点是它的叠加性.空间可以同时存在着多个不同的稳定的电磁场和多个不同的变化的电磁场.谈到电磁场,就应该是既包括稳定的电磁场,又包括变化的电磁场.具体来讲,电场应由静电荷产生的电场和变化磁场所产生的涡旋电场叠加而成的;同样,磁场应由稳恒电流产生的磁场和变化电场所激发的磁场叠加而成.
麦克斯韦方程组的积分形式为

$$\begin{cases} \oint_S \boldsymbol{D} \cdot \mathrm{d}\boldsymbol{S} = \int_V \rho \mathrm{d}V \\[2mm] \oint_S \boldsymbol{B} \cdot \mathrm{d}\boldsymbol{S} = 0 \\[2mm] \oint_L \boldsymbol{E} \cdot \mathrm{d}\boldsymbol{l} = -\int_S \frac{\partial \boldsymbol{B}}{\partial t} \cdot \mathrm{d}\boldsymbol{S} \\[2mm] \oint_L \boldsymbol{H} \cdot \mathrm{d}\boldsymbol{l} = \int_S \left(\boldsymbol{J} + \frac{\partial \boldsymbol{D}}{\partial t} \right) \cdot \mathrm{d}\boldsymbol{S} \end{cases} \tag{11-5}$$

虽然有的式子在外表上看,似乎没有什么变化,但其内涵已经有了不同.

麦克斯韦方程组的积分形式无法描绘电磁场中各点的细微情况,还需给出相应的微分形式.为了给出麦克斯韦方程组的微分形式,需用数学上的高斯定理和斯托克斯定理.

高斯定理:通过某体积 V 所发散出去的通量,等于穿过这体积包围的表面通量.

$$\oint_S \boldsymbol{A} \cdot \mathrm{d}\boldsymbol{S} = \int_V \mathrm{div}\boldsymbol{A}\mathrm{d}V \tag{11-6}$$

式中散度 $\boldsymbol{A}$ 可以写成 $\mathrm{div}\boldsymbol{A} = \boldsymbol{\nabla} \cdot \boldsymbol{A}$,$\boldsymbol{\nabla}$ 为梯度算符.

斯托克斯定理:矢量 $\boldsymbol{A}$ 在闭合曲线 L 上的环流,等于矢量 $\boldsymbol{A}$ 的旋度在以曲线 L 为边界的任意曲面 S 上的面积分.

$$\oint_L \boldsymbol{A} \cdot \mathrm{d}\boldsymbol{l} = \int_S \mathrm{rot}\boldsymbol{A} \cdot \mathrm{d}\boldsymbol{S} \tag{11-7}$$

其中 $\boldsymbol{A}$ 的旋度可以写成 $\mathrm{rot}\boldsymbol{A} = \boldsymbol{\nabla} \times \boldsymbol{A}$.

将麦克斯韦方程组的积分形式(11-5)与上面的两个公式分别比较,有

$$\begin{cases} \mathrm{div}\boldsymbol{D} = \boldsymbol{\nabla} \cdot \boldsymbol{D} = \rho \\ \mathrm{div}\boldsymbol{B} = \boldsymbol{\nabla} \cdot \boldsymbol{B} = 0 \\ \mathrm{rot}\boldsymbol{E} = \boldsymbol{\nabla} \times \boldsymbol{E} = -\dfrac{\partial \boldsymbol{B}}{\partial t} \\ \mathrm{rot}\boldsymbol{H} = \boldsymbol{\nabla} \times \boldsymbol{H} = \boldsymbol{J} + \dfrac{\partial \boldsymbol{D}}{\partial t} \end{cases} \tag{11-8}$$

这就是麦克斯韦方程组的微分形式. 实际应用中,考虑到电磁场与实物的相互作用,还需给出物质方程.

$$\begin{cases} \boldsymbol{D} = \varepsilon_0 \varepsilon_r \boldsymbol{E} \\ \boldsymbol{B} = \mu_0 \mu_r \boldsymbol{H} \\ \boldsymbol{J} = \sigma \boldsymbol{E} \end{cases} \tag{11-9}$$

应用上述方程及电磁场量所满足的初始条件和边界条件,就可以确定空间任意点、任意时刻的电磁场.

本 章 小 结

1. 位移电流

$$I_d = \int_S \frac{\partial \boldsymbol{D}}{\partial t} \cdot \mathrm{d}\boldsymbol{S}$$

2. 麦克斯韦方程组(积分形式)

$$\begin{cases} \oint_S \boldsymbol{D} \cdot \mathrm{d}\boldsymbol{S} = \int_V \rho \mathrm{d}V \\ \oint_S \boldsymbol{B} \cdot \mathrm{d}\boldsymbol{S} = 0 \\ \oint_L \boldsymbol{E} \cdot \mathrm{d}l = -\int_S \dfrac{\partial \boldsymbol{B}}{\partial t} \cdot \mathrm{d}\boldsymbol{S} \\ \oint_L \boldsymbol{H} \cdot \mathrm{d}l = \int_S \left(\boldsymbol{J} + \dfrac{\partial \boldsymbol{D}}{\partial t} \right) \cdot \mathrm{d}\boldsymbol{S} \end{cases}$$

习　题

11-1　什么叫做位移电流,位移电流和传导电流有什么不同? 位移电流和位移电流密度的表达式是怎样得到的?

11-2　附图(a)是充电后切断电源的平行板电容器;附图(b)是一直与电源相接的电容器,当两极板间距离相互靠近或分离时,两种情况的极板间有无位移电流,请说明原因.

11-3　试确定哪一个麦克斯韦方程相当于或包括下列事实:

(1) 在静电平衡的条件下,导体内不可能有任何电荷;(2) 一个变化的电场,必定有一个磁场伴随它;

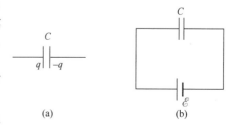

习题 11-2 图

(3) 闭合面的磁通量始终为零;(4) 一个变化的磁场,必定有一个电场伴随它;(5) 磁感应线是无头无尾的闭合线;(6) 凡有电荷的地方就有电场;(7) 涡旋电场的电场线是闭合线.

11-4 试证:平行板电容器中的位移电流可写成 $I_d = C\dfrac{\mathrm{d}u}{\mathrm{d}t}$,式中,$C$ 为电容器的电容,u 为两极板间的电势差.

如果不是平行板电容器,上式可以应用吗? 如果是圆柱形电容器,其中的位移电流密度和平板电容器的有何不同?

11-5 充了电的半径为 r 的两块圆导体板组成的平行板电容器,在放电时,两极间的电场强度大小 $E = E_0 \mathrm{e}^{-t/RC}$,式中 E_0、R、C 均为常数.则两板间位移电流是多少? 位移电流的方向与电场的方向相同还是相反?

11-6 给电容为 C 的平行板电容器充电,电流为 $i = 0.2\mathrm{e}^{-t}$A,$t = 0$ 时,电容器极板上无电荷.求:

(1) 极板间电压 u 随时间 t 变化的关系;(2) t 时刻极板间总的位移电流 I_d(忽略边缘效应);(3) 若极板是半径为 R 的圆金属板,t 时刻两板间距离中心轴线 $r(r<R)$ 处的磁感应强度.

物理与新技术专题 2:

微电子技术

微电子技术是现代电子信息技术的直接基础,它的发展有力推动了通信技术、计算机技术和网络技术的迅速发展.微电子技术已成为衡量一个国家科技进步的重要标志.可以毫不夸张地说,没有微电子技术的进步,就没有今天信息技术的蓬勃发展,微电子已成为整个信息社会发展的基石.

1. 微电子技术

微电子学是研究在固体(主要是半导体)材料上构成的微小型化电路、子系统及系统的电子学分支.作为电子学的一门分支学科,它主要研究电子或离子在固体材料中的运动规律及其应用,并利用它实现信号处理功能的科学.微电子学是以实现电路和系统的集成为目的,即研究如何利用半导体的微观特性以及一些特殊工艺,在一块半导体芯片上制作大量的器件,从而在一个微小面积中制造出复杂的电子系统.

微电子技术是微电子学中的各项工艺技术的总和,包括系统和电路设计技术、电子设计自动化(EDA)软件技术、半导体器件物理、材料制备、集成电路制造工艺技术、集成电路测试技术,以及封装、组装等一系列专门的技术.微电子技术**是以集成电路为核心的电子技术**,是在电子元器件小型化、微型化过程中发展起来的.

2. 集成电路

集成电路(IC)是指通过一系列特定的加工工艺,将多个晶体管、二极管等有源器件和电阻、电容等无源器件,按照一定的电路连接集成在一块半导体单晶片(如 Si、Ge 或 GaAs 等)或陶瓷等基片上,作为一个不可分割的整体执行某一特定功能的电路组件.

1947 年,贝尔实验室的巴丁、肖克莱和布拉顿三位科学家发明了世界上第一个点接触型晶体管,其电压放大倍数达 100 倍. 1950 年,肖克莱与斯帕克斯和迪尔发明了单晶锗结型晶体管. 晶体管发明以后不到五年时间,**1952 年英国皇家研究所的达默第一次提出了集成电路的设想. 1958 年 9 月 12 日,以得克萨斯仪器公司的科学家基尔比为首的研究小组研制出世界上第一块集成电路**,如下图所示. 基尔比等成功地实现了把电子器件集成在一块半导体材料上的构想,即用一块硅晶制成了包括电阻、电容在内的分立元件的电路. 这一天,被视为集成电路的诞生日,而这枚小小的芯片,开创了电子技术历史的新纪元.

世界上第一块集成电路的照片

集成电路的主要工艺技术,是在 20 世纪 50 年代后半期硅平面晶体管技术和更早的金属真空涂膜等技术基础上发展起来的. 在改善锗高频台式管性能的基础上,硅扩散晶体管于 1955 年制成. 此后,由于扩散掩蔽和保护 PN 结的需要,人们开始对硅上二氧化硅生长工艺及其性能进行研究,并在 1959 年前后实现了硅平面工艺,试制出硅平面型晶体管. 同年还制成了第一个硅单片集成电路(一个移相振荡电路,由一个张弛振荡器和 RC 分布回路组成). 随后于 1961 年出现了硅双极型集成电路产品,即电阻-晶体管逻辑电路. 1962 年,生产出晶体管-晶体管逻辑电路和发射极耦合逻辑电路. 1960 年,MOS 场效应晶体管问世;1962 年,MOS 集成电路出现. 由于 MOS 电路在高密度集成方面的优点和集成电路对电子技术的影响,集成电路的发展越来越快. 1969 年,研制成属于大规模集成的单片 MOS1024 位随机存储器;MOS 计算器和微处理器也于 1970 年和 1971 年相继问世. 从此,微电子技术进入了以大规模集成电路为中心的新阶段.

20 世纪 70 年代以后,微电子技术的进展十分迅速,这首先表现在工艺技术方面. 如硅片制备技术、微细加工技术、掺杂工艺、平面工艺、薄膜制备技术、EDA 技术,以及封装、测试技术等都有了很大提高. 此外,与大规模集成和超大规模集成的高速发展相适应,有关的器件物理、材料科学和技术、测试科学和超净室技术等都有重大的进展.

3. 集成电路芯片的主要加工工艺

集成电路芯片加工主要工艺有:**硅片制备、光刻掩模制造、光刻、薄膜技术、半导体掺杂技术**. 在比较复杂的电路如超大规模集成电路的制作过程中,不仅每道工序要求十分精确,而且各道工序的配合要求十分严密. 为此,需要在实验和经验基础上依靠计算机模拟程序进行协助,这就是**工艺计算机模拟**.

在微电子电路制造过程中,设计、测试、封装和组装也是重要环节.

1) 微电子系统和电路的设计

微电子系统和电路的设计必须紧密联系器件、版图、工艺制造等整个过程来统一考虑. 实际上,系统、电路、器件、测试图案和版图是结合工艺条件一起设计的. 设计不仅要求功能正确、性能好、可靠性有保证,而且要尽量使芯片面积减小. 微电子集成芯片一经制出就无法调试. 调试工作包括校核、优化等,必须在设计过程中由软件来执行. 集成系统或电路芯片一般是大批量生产的,所以,设计的好坏影响极大. 为此,微电子系统或电路要依靠计算机辅助进行设计. 除了研究逻辑、电路、时序、工艺、器件和版图等各项计算机辅助设计程序以外,把这些程序结合在一起,加入各步的校核和优化程序,用一个统一的数据库和管理系统来指挥执行,也就是组成一个大规模或超大规模集成的设计系统,使设计全部自动化.

2) 微电子学系统检测

微电子学系统(如超大规模集成系统),其芯片功能的检测和性能测定是一项专门的技术. 在设计时就应做到确保芯片功能完全并正确,同时设计好检测的图式,用一定的算法确定检测哪些功能以保证多大比例的准确性等. 测试这样复杂的功能和性能必须在计算机辅助之下进行,称为计算机辅助测试.

3) 大规模集成电路或超大规模集成电路

对于引出头较多的大规模集成电路或超大规模集成电路,多采用双列直插式封装或其他特殊的封装. 芯片黏结或烧焊在封装的基座上,芯片上的引出焊接块和基座焊块(与管脚相连)用铝丝或金丝通过超声或热压焊联结. 压焊的强度对可靠性有很大影响. 集成电路或集成系统芯片中没有焊接点或机械接触,可靠性很高. 经验表明,封装和组装往往是决定微电子系统可靠性的主要因素.

自 20 世纪 60 年代以来,集成电路的发展一直遵循因特尔公司创始人之一摩尔提出的摩尔定律,即集成电路的集成度每 3 年增长 4 倍,特征尺寸每 3 年缩小 $2^{1/2}$ 倍. 经过几十年的发展,集成电路已从小规模集成电路发展到甚大规模集成电路(目前世界集成电路加工工艺水平为 $0.09\mu m$,正在向 $0.022\mu m$ 发展),并从板上系统发展到片上系统.

4. 微电子技术的主要发展方向

微电子技术的主要发展方向包括以下四个方面:

(1) 21 世纪初,微电子技术仍将以硅基 CMOS 电路为主流;

(2) 系统集成是 21 世纪初微电子技术发展的重点;

(3) 微电子与其他学科结合,诞生新的技术增长点,如微机电系统、生物芯片等;

(4) 重点发展一些关键技术(如超微细线条光刻技术、铜互连和低 K 互联绝缘介质、高 k 绝缘介质、绝缘衬底上的硅等).

附录 1   矢量的基本运算

1. 标量与矢量

在物理学中,有许多物理量完全由它们的量值确定,这类物理量称为标量.标量只有大小,它是代数量,所以可用代数方法计算,如时间、质量、功、温度、电量等.

还有一类物理量,要想完全确定它们,除了要用大小表示外,还必须标明方向,这类物理量称为矢量,如位移、速度、加速度、力、动量、冲量、电场强度等,都是矢量.

要完全表示一个矢量,必须同时给出它的大小和方向.例如,若只说一物体以 $30\mathrm{m}\cdot\mathrm{s}^{-1}$ 的速率运动,而不指出方向,我们就不了解该物体朝哪个方向运动;只有既指出物体具有 $30\mathrm{m}\cdot\mathrm{s}^{-1}$ 的速率,又指出其运动方向,物体的运动速度才能完全确定.

若两个矢量 F_1 和 F_2 相等,则表示它们的大小相等,方向相同,可表示为

$$F_1=F_2$$

若两个矢量 F_1 和 F_2 的大小相等,而方向相反,F_1 和 F_2 有下列关系:

$$F_1=-F_2$$

2. 矢量相加和相减

大量实验证明,矢量相加或合成时,可用平行四边形法则和三角形法则,合成的矢量称为矢量和.如图 1(a)所示,使 A 和 B 两个矢量的始端重合,以它们为邻边作平行四边形,这两个边中间所夹的那条对角线就代表 $A+B$ 的矢量和 C,并以下列矢量式表示:

$$C=A+B$$

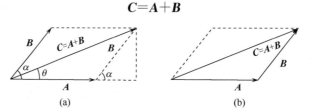

图 1   矢量相加

求矢量和,也可用三角形法则,即把 A 与 B 两矢量首尾相接地画出,如图 1(b)所示,然后从 A 的始端向 B 的末端画一矢量,所得矢量就是它们的矢量和 C.

当 A 和 B 的大小 A、B 与方向已知时,则矢量 C 的大小 C 和方向可利用图 1 所示的关系,由下面两个公式确定:

$$C=\sqrt{A^2+B^2+2AB\cos\alpha}$$

$$\tan\theta=\frac{B\sin\alpha}{A+B\cos\alpha}$$

式中,θ 是合矢量 C 与矢量 A 之间的夹角.

由两个矢量相加的作图可以看出,所得的矢量和与两个矢量相加的顺序无关,即

$$A+B=B+A$$

两个以上的矢量求合成时,可以按平行四边形法则先求两个矢量的合矢量,再由这个合矢量与第三个矢量合成……依此类推,便可求得多个矢量的矢量和,如图 2(a)所示.

$$D=A+B+C$$

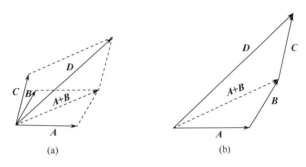

图 2　多个矢量的矢量和

也可以按三角形法则,依次使各矢量首尾相接,然后直接由第一个矢量的始端连向最后一个矢量的末端作一矢量,就是所有这些矢量的矢量和,如图 2(b)所示.可以看出,多个矢量求合成时,三角形法则比平行四边形法则简便得多.

矢量也可以相减.两个矢量相减所得的差称为矢量差.两个矢量 A 与 B 之差 $A-B$ 可以看成是 A 和矢量($-B$)之和,如图 3(a)所示,即

$$A-B=A+(-B)$$

两矢量相减也可用矢量三角形法则来求.通常使两个矢量的始端重合,由减数的终端连向被减数的终端作一矢量,即为两矢量之差 $A-B$,如图 3(b)所示.

图 3　矢量相减

3. 矢量的标积和矢积

除矢量的相加和相减以外,物理学中还常遇到矢量相乘的问题.矢量的乘法与通常的代数乘法根本不同.矢量的乘法有两种形式:一种是相乘后的积是标量,称为标积(点积);另一种相乘后的积是矢量,称为矢量积.

（1）矢量的标积（点积）

两个矢量 A 和 B 的标积等于 A 和 B 的大小与这两个矢量之间夹角余弦的乘积,即

$$A \cdot B=AB\cos\theta$$

标积的正负取决于矢量 A 和 B 之间的夹角为锐角或钝角.标积服从交换律,即 $A \cdot B=B \cdot A$,因为两种情况下 $\cos\theta$ 相同.

在直角坐标系中三个相互垂直的单位矢量之间的各标积为

$$i \cdot i = j \cdot j = k \cdot k = 1$$
$$i \cdot j = j \cdot k = k \cdot i = 0$$

在空间直角坐标系中,任何两个矢量都可以用它们在三个坐标轴上的投影写出解析式. 若两个矢量为

$$A = A_x i + A_y j + A_z k$$
$$B = B_x i + B_y j + B_z k$$

则这两个矢量的标积解析式为

$$A \cdot B = A_x B_x + A_y B_y + A_z B_z$$

图 4　矢量的矢积

（2）矢量的矢积（叉积）

两个矢量 A 和 B 的矢积由符号 $A \times B$（读作 A 叉乘 B）表示,被定义为一个矢量,其大小为

$$|A \times B| = AB\sin\theta$$

式中,A、B 分别为矢量 A、B 的大小,θ 为 A 和 B 间的夹角. 矢量 $A \times B$ 的方向垂直于 A 和 B 所组成的平面,其指向由右手螺旋法则确定:当右手除拇指外的四指从 A 方向经小于 $180°$ 的角度转向 B 方向时,其拇指的指向就是 $A \times B$ 的方向,如图 4 所示.

根据矢积的定义,可以得出推论

$$A \times B = -B \times A$$

所以矢积是反交换的. 如果两个矢量平行,则 $\theta = 0°$,因而其矢积等于零. 因此,$A \times B = 0$ 为平行的条件,显然 $A \times A = 0$.

在直角坐标系中,三个互相垂直的单位矢量间有如下关系:

$$i \times i = j \times j = k \times k = 0$$
$$i \times j = k, \quad j \times k = i, \quad k \times i = j$$

把矢量 A 和 B 用它们的直角分量写出,即

$$\begin{aligned}
A \times B &= (A_x i + A_y j + A_z k) \times (B_x i + B_y j + B_z k) \\
&= A_x B_x (i \times i) + A_x B_y (i \times j) + A_x B_z (i \times k) \\
&\quad + A_y B_x (j \times i) + A_y B_y (j \times j) + A_y B_z (j \times k) \\
&\quad + A_z B_x (k \times i) + A_z B_y (k \times j) + A_z B_z (k \times k)
\end{aligned}$$

利用单位矢量间的矢积运算,可得到

$$A \times B = (A_y B_z - A_z B_y) i + (A_z B_x - A_x B_z) j + (A_x B_y - A_y B_x) k$$

还可以写成行列式形式,即

$$A \times B = \begin{vmatrix} i & j & k \\ A_x & A_y & A_z \\ B_x & B_y & B_z \end{vmatrix}$$

附录 2　物理常量表（国际科技数据委员会 2006 年推荐值）

　　基本物理常数是指自然界中一些普遍适用的常数，它们不随时间、地点或环境条件的影响而变化. 基本物理常数是把物理学不同的分支学科联系在一起的、物理理论链条中的重要环节，一些重大物理现象的发现和物理新理论的创立，均与基本物理常数有着密切的关系. 近年来，还可以利用基本物理常数定义物理量的单位.

序号	名称	符号	计算用值	相对标准不确定度
1	真空中光速	c	$3.00 \times 10^{8} \mathrm{m \cdot s^{-1}}$	精确
2	普朗克常量	h	$6.63 \times 10^{-34} \mathrm{J \cdot s}$	5.0×10^{-8}
3	玻尔兹曼常量	k	$1.38 \times 10^{-23} \mathrm{J \cdot K^{-1}}$	1.7×10^{-6}
4	真空磁导率	μ_0	$4\pi \times 10^{-7} \mathrm{N \cdot A^{-2}}$	精确
5	真空电容率	ε_0	$8.85 \times 10^{-12} \mathrm{F \cdot m^{-1}}$	精确
6	引力常数	G	$6.67 \times 10^{-11} \mathrm{N \cdot m^2 \cdot kg^{-2}}$	1.0×10^{-4}
7	阿伏伽德罗常量	N_A	$6.02 \times 10^{23} \mathrm{mol^{-1}}$	5.0×10^{-8}
8	基本电荷	e	$1.60 \times 10^{-19} \mathrm{C}$	2.5×10^{-8}
9	电子静质量	m_e	$9.11 \times 10^{-31} \mathrm{kg}$	5.0×10^{-8}
10	质子静质量	m_p	$1.67 \times 10^{-27} \mathrm{kg}$	5.0×10^{-8}
11	中子静质量	m_n	$1.67 \times 10^{-27} \mathrm{kg}$	5.0×10^{-8}
12	α粒子静质量	m_α	$6.65 \times 10^{-27} \mathrm{kg}$	5.0×10^{-8}
13	玻尔磁子	μ_B	$9.27 \times 10^{-24} \mathrm{J \cdot T^{-1}}$	2.5×10^{-8}
14	电子磁矩	μ_e	$-9.28 \times 10^{-24} \mathrm{J \cdot T^{-1}}$	2.5×10^{-8}
15	核磁子	μ_N	$5.05 \times 10^{-27} \mathrm{J \cdot T^{-1}}$	2.5×10^{-8}
16	质子磁矩	μ_p	$1.41 \times 10^{-26} \mathrm{J \cdot T^{-1}}$	2.6×10^{-8}
17	中子磁矩	μ_n	$-0.966 \times 10^{-26} \mathrm{J \cdot T^{-1}}$	2.5×10^{-8}
18	里德伯常量	R	$1.10 \times 10^{7} \mathrm{m^{-1}}$	6.6×10^{-12}
19	玻尔半径	a_0	$5.29 \times 10^{-11} \mathrm{m}$	6.8×10^{-10}
20	经典电子半径	r_e	$2.82 \times 10^{-15} \mathrm{m}$	2.1×10^{-9}

上册习题答案

第 1 章

1-1　(1) $(3t+5)\boldsymbol{i}+\left(\dfrac{1}{2}t^2+3t-4\right)\boldsymbol{j}$

　　(2) $8\boldsymbol{i}-0.5\boldsymbol{j}$, $11\boldsymbol{i}+4\boldsymbol{j}$, $3\boldsymbol{i}+4.5\boldsymbol{j}$

　　(3) $3\boldsymbol{i}+(t+3)\boldsymbol{j}$, $7.6\text{m}\cdot\text{s}^{-1}$, $66°48'$

　　(4) $\boldsymbol{a}=\boldsymbol{j}$, $1\text{m}\cdot\text{s}^{-2}$

1-2　$\dfrac{h_1}{h_1-h_2}v_1$

1-3　$24\text{m}\cdot\text{s}^{-2}$, 41.25m

1-4　$x=-\dfrac{1}{12}t^4+2t^2-t+0.75\,(\text{m})$,

　　$v=-\dfrac{1}{3}t^3+4t-1\,(\text{m}\cdot\text{s}^{-1})$

1-5　$v=\dfrac{\sqrt{h^2+x^2}}{x}v_0$, $a=\dfrac{h^2}{x^3}v_0^2$

1-6　(1) 错，(2) 错，(3) 错，(4) 对

1-7　在轨道最低点时，切向加速度最大. 在轨道最高点时，法向加速最大. 在轨道任一点，$a_n=g\cos\theta$, $a_\tau=g\sin\theta$

1-8　(1) $\left\{b^2+\left[\dfrac{(v_0-bt)^2}{R}\right]^2\right\}^{12}$,

　　$\tan\theta=-\dfrac{(v_0-bt)^2}{bR}$

　　(2) $\dfrac{v_0}{b}$

　　(3) $\dfrac{v_0^2}{4\pi bR}$

1-9　$3\boldsymbol{i}+4\boldsymbol{j}\,(\text{m}\cdot\text{s}^{-1})$, $18\boldsymbol{j}\,\text{m}\cdot\text{s}^{-2}$

1-10　$\boldsymbol{r}=1.04\times10^3\boldsymbol{i}+5.56\times10^2\boldsymbol{j}\,(\text{m})$,

　　$v=346\boldsymbol{i}+171\boldsymbol{j}\,(\text{m}\cdot\text{s}^{-1})$, $a_\tau=4.35\text{m}\cdot\text{s}^{-2}$,

　　$a_n=8.8\text{m}\cdot\text{s}^{-2}$

1-11　(1) $4.8\text{m}\cdot\text{s}^{-2}$, $230.4\text{m}\cdot\text{s}^{-2}$

　　(2) 2.67rad

1-12　(1) $v=\dfrac{v_0}{kv_0t+1}$

　　(2) $x=\dfrac{1}{k}\ln(kv_0t+1)$

1-13　$s=R\tan\varphi\ln\dfrac{R\tan\varphi}{R\tan\varphi-v_0t}$

1-14　(1) $\beta=-\dfrac{2}{3}\pi\text{rad}\cdot\text{s}^{-2}$

　　(2) $N=70.8\text{r}$

　　(3) $t=40\text{s}$

1-15　(1) $\omega_0=10\pi\text{rad}\cdot\text{s}^{-1}$, $\omega=2\pi\text{rad}\cdot\text{s}^{-1}$

　　(2) $\beta=-4\pi\text{rad}\cdot\text{s}^{-2}$

　　(3) $\theta=12\pi\text{rad}$

1-16　(1) $S=\dfrac{1}{3}ct^3$, (2) $a_\tau=2ct$, (3) $a_n=\dfrac{c^2t^4}{R}$

1-17　$\boldsymbol{v}=10\boldsymbol{i}+5\boldsymbol{j}$, $v=5\sqrt5\text{m/s}$

第 2 章

2-1　$\sqrt{3\mu}\,a$

2-2　$\dfrac{x}{l}F$

2-3　(1) $1.96\text{m}\cdot\text{s}^{-2}$ 向下，$1.96\text{m}\cdot\text{s}^{-2}$ 向下，$5.88\text{m}\cdot\text{s}^{-2}$ 向上

　　(2) 1.57N, 0.78N

2-4　(1) $f_r=-\mu m\dfrac{v^2}{R}$, $a_t=-\mu\dfrac{v^2}{R}$

　　(2) $t=\dfrac{2R}{\mu v}$

2-6　3.47s

2-7　$v=v_r(\text{e}^{2t/t_R}-1)/(\text{e}^{2t/t_R}+1)$, 其中

　　$v_r=\sqrt{\dfrac{mg}{k}}$, $t_R=\sqrt{\dfrac{m}{kg}}$

2-8　$v=6t^2+4t+6\,(\text{m}\cdot\text{s}^{-1})$,

　　$x=2t^3+2t^2+6t+5\,(\text{m})$

2-9　(1) $56\boldsymbol{i}\,\text{kg}\cdot\text{m}\cdot\text{s}^{-1}$, $5.6\boldsymbol{i}\,\text{m}\cdot\text{s}^{-1}$, $56\boldsymbol{i}\,\text{N}\cdot\text{s}$

　　(2) 10s

2-10　$\dfrac{v_0u\sin\varphi}{2g}$

2-11　$-ma\omega\sin\omega t\boldsymbol{i}+mb\omega\cos\omega t\boldsymbol{j}$, $-m\omega(a\boldsymbol{i}+b\boldsymbol{j})$

2-12　(1) $\dfrac{a}{b}$

(2) $\dfrac{a^2}{2b}$

(3) $\dfrac{a^2}{2bv_0}$

2-13 0.266m

2-14 考察动量定理,$\bar{F}\Delta t = mv - mv_0$. 石板受到的力大作用时间短,而大石板质量大,所以石板速度变化很小,大石板几乎没有向下运动. 又因石板与人接触面积大,人身体所受压强并不是很大. 用棉被代替石板,演员会更危险,容易受伤.

2-15 人和船组成的系统在人起跳过程中动量守恒. 人从大船跳上岸易获得更大的速度.

2-16 6.42×10^3N

2-17 1.07×10^{-20} kg · m · s^{-1}, 与 $\boldsymbol{p}_1$ 的夹角为 $149°58'$

2-18 必有一辆车超速

第3章

3-1 走钢丝时演员重心不断变化,给钢丝绳的力矩随之变化. 直棍通过人体对钢丝绳也有力矩. 通过调节直棍可保持平衡的稳定性.

3-2 角动量守恒原理

3-3 1.83×10^6 kg · m^2 · s^{-1}, 0

3-4 5.26×10^{12}m

3-5 2.89×10^{34} kg · m^2 · s^{-1}, 1.96×10^{11} m^2 · s^{-1}

3-6 (1) $mgx_1\boldsymbol{j}$

(2) $mgtx_1\boldsymbol{j}$

3-7 (1) $6t$N · m

(2) $0.06t^2$ rad · s^{-1}

3-8 (1) $M_\mu = \dfrac{1}{4}\mu mgl$

(2) $t = \dfrac{\omega_0 l}{3\mu g}$

3-9 (1) $\dfrac{3}{4}mgl$

(2) $\dfrac{37}{48}ml^2$

(3) $\dfrac{36}{37}\dfrac{g}{l}$

3-10 29.1s^{-1}

3-11 $\dfrac{R^2\omega^2}{2g}$, $(\dfrac{1}{2}M - m)R^2\omega$

3-12 0.496rad · s^{-1}

3-13 (1) 40πrad · s^{-2}, 2.5 转

(2) 47.1N, 111J

(3) 1.26×10^3 rad · s^{-1}, 1.88×10^2 m · s^{-1}, 2.37×10^5 m · s^{-2}

3-14 略

第4章

4-1 如果选地面为参考系,人逆水划船使船相对于岸不动,即无位移,所以不做功; 停止划船,船顺流而下,因为相对于岸船有位移,所以流水对船做功. 如果选流水为参考系,人逆水划船,虽相对于岸不动但相对于流水船有位移,人做功; 人停止划船,船顺流而下相对于流水船无位移,流水对船不做功.

4-2 $v = \sqrt{\dfrac{k}{mr}}$, $E = -\dfrac{k}{2r}$

4-3 $\dfrac{3}{8}mgl$

4-4 (1) $0.1\boldsymbol{j}$N

(2) 0.6J

4-5 $-kl^2(\sqrt{2} - 1)$

4-6 4.23×10^6J, 151s

4-7 0.2

4-9 (1) $\dfrac{\sqrt{6(2-\sqrt{3})}}{12}\dfrac{3m+M}{m}\sqrt{gl}$

(2) $\dfrac{\sqrt{3(2-\sqrt{3})}}{3\sqrt{2}}M\sqrt{gl}$

4-10 (1) 0.49m

(2) 0.245m, 1.3m · s^{-1}

4-11 1.4m · s^{-1}

4-12 (1) $\sqrt{\dfrac{2MgR}{M+m}}$, $-m\sqrt{\dfrac{2Rg}{M(M+m)}}$

(2) $\dfrac{m^2gR}{M+m}$

4-13 (1) 31.8m, 22.5m · s^{-1}

(2) 不会

4-14 $R \leqslant \dfrac{2GM}{c^2} = 2.94 \times 10^3$m

4-15 运动员加速跑提高自身动能,撑竿时动能转化为撑竿的弹性势能,撑竿恢复过程中,弹性势能转化为动能,上升时动能转化为重力

势能,下落时重力势能转化为动能. 影响成绩的可能因素包括运动员体重、身高及撑竿高度等.

4-16　略

第5章

5-1　在地面观察者是不同时的,车尾先遭雷击.

5-2　经典力学时空观认为时间和空间的测量与参考系无关,相对论时空观认为时间和空间的测量与参考系有关,前者是后者在低速情况下的近似.

5-3　经典力学的相对性原理是指对于不同的惯性系,力学定律的形式都是一样的,而狭义相对论的相对性原理是指物理学定律在所有惯性系中都是相同的.

5-4　不是一回事. 物体的热胀冷缩是一种具体的物质过程,是由于组成物质的分子原子热运动状态的不同,分子原子间距离有所变化. 显然,这种伸长或缩短对不同惯性系都是一样的. 相对论中认为的运动物体的长度缩短,是发生在一切运动着的物体上的物理过程,是一种基本的时空属性,而与过程的具体机制无关,仅与物体以及参考系之间的相互运动状态有关.

5-5　$6.71 \times 10^8 \mathrm{m}$

5-6　能够

5-7　$\dfrac{\sqrt{3}}{3} \times 10^{-5} \mathrm{s}$

5-8　270m

5-9　$m/lS, 25m/9lS$

5-11　$0.866c, 0.786c$

5-12　$2.57\mathrm{keV}, 2.46 \times 10^3 \mathrm{keV}$

第6章

6-1　$3.24 \times 10^4 \mathrm{V \cdot m^{-1}}, 33.69°$(与 CB 边的夹角)

6-2　$\dfrac{\sigma}{4\varepsilon_0}$

6-3　$\dfrac{\lambda^2}{2\pi\varepsilon_0} \ln\dfrac{a+l}{a}$,方向沿 AB 导线背离长直导线

6-4　$-\dfrac{\lambda_0}{8\varepsilon_0 R} \boldsymbol{j}$

6-5　$675\mathrm{V \cdot m^{-1}}$,指向背离导线的方向

6-6　$\dfrac{\sigma\pi R^2}{2\varepsilon_0}$

6-7　(1) $-4.51 \times 10^5 \mathrm{C}$

(2) $4.72 \times 10^{-13} \mathrm{C \cdot m^{-3}}$

6-8　(1) $0, -\dfrac{q}{6\pi\varepsilon_0 R}$

(2) $\dfrac{qq_0}{6\pi\varepsilon_0 R}$

(3) $\dfrac{qq_0}{6\pi\varepsilon_0 R}$

6-9　$\dfrac{Q}{2\pi\varepsilon_0}\left(\dfrac{1}{R} - \dfrac{1}{d}\right)$

6-10　(1) $\dfrac{q}{4\pi\varepsilon_0 l} \ln\dfrac{l + \sqrt{l^2 + r^2}}{r}$

(2) $\dfrac{q}{8\pi\varepsilon_0 l} \ln\dfrac{r+l}{r-l}$

(3) $E_x = \dfrac{q}{4\pi\varepsilon_0 (r^2 - l^2)}$,方向沿 x 轴正向

$E_y = \dfrac{q}{4\pi\varepsilon_0 r}\dfrac{1}{\sqrt{r^2 + l^2}}$,方向沿 y 轴正向

6-11　(1) 电场只分布在两圆柱面间,$E = \dfrac{\lambda}{2\pi\varepsilon_0 r}$ $(R_1 < r < R_2)$

(2) $\dfrac{\lambda}{2\pi\varepsilon_0} \ln\dfrac{R_2}{r}$

(3) $\dfrac{\lambda}{2\pi\varepsilon_0} \ln\dfrac{R_2}{R_1}$

6-12　略

第7章

7-1　略

7-2　略

7-3　(1) $\dfrac{q}{4\pi\varepsilon_0}\left(\dfrac{1}{r} - \dfrac{1}{R_2}\right) + \dfrac{Q+q}{4\pi\varepsilon_0 R_3}$

(2) $\dfrac{Q+q}{4\pi\varepsilon_0 R_3}$

(3) $\dfrac{Q+q}{4\pi\varepsilon_0 r}$

7-4　(1) $q_B = -1.0 \times 10^{-7}\mathrm{C}, q_C = -2.0 \times 10^{-7}\mathrm{C}$

(2) $2.26 \times 10^3 \mathrm{V}$

7-5　(1) $\dfrac{\lambda}{\pi\varepsilon_0} \ln\dfrac{d-a}{a}$

(2) $\dfrac{\pi\varepsilon_0}{\ln\dfrac{d-a}{a}}$

7-6 $\dfrac{(\varepsilon_1-\varepsilon_2)S_1+\varepsilon_2 S}{d}$, $\dfrac{(\varepsilon_1+\varepsilon_2)S}{2d}$

7-7   (1) $20\mu C \cdot m^{-2}$

      (2) $E_1=7.53\times10^5 V \cdot m^{-1}$, $E_2=5.65\times$

        $10^5 V \cdot m^{-1}$

7-8   (1) $D=\dfrac{\lambda_0}{2\pi r}$, $E=\dfrac{\lambda_0}{2\pi\varepsilon_0\varepsilon_r r}$, 方向均为垂直导

       线径向向外

      (2) $\dfrac{\lambda_0}{2\pi\varepsilon_0\varepsilon_r}\ln\dfrac{R_2}{R_1}$

7-9   (1) $-1.62J$

      (2) $-0.54J$

7-10 $1.2\times10^4 J$

7-11   (1) $4\pi\varepsilon_0 R$

      (2) $\dfrac{Q^2}{8\pi\varepsilon_0 R}$

      (3) $4\pi\varepsilon_0 R^2 E_g$

7-12   略

第 8 章

8-1   略

8-2   (a) $\dfrac{\mu_0 I}{4}\left(\dfrac{1}{R_1}+\dfrac{\pi-1}{\pi R_2}\right)$, $\otimes$

      (b) $\dfrac{\mu_0 I}{4\pi a}(2+\sqrt{3})$, $\odot$

8-3   (1) $\dfrac{\mu_0 Ia}{\pi(a^2+x^2)}$

      (2) $x=0$ 处, B 有最大值

8-4 $\dfrac{\mu_0 i}{2\pi}\ln\dfrac{l_1+l_2}{l_2}$, $\otimes$

8-5   (1) $\dfrac{\mu_0 I_1}{2\pi r}+\dfrac{\mu_0 I_2}{2\pi(d-r)}$

      (2) $\dfrac{\mu_0 l(I_1+I_2)}{2\pi}\ln 3$

8-6   (1) $B=0$, $\left(r<\dfrac{d_1}{2}, r>\dfrac{d_2}{2}\right)$

        $B=\dfrac{\mu NI}{2\pi r}$, $\left(\dfrac{d_1}{2}<r<\dfrac{d_2}{2}\right)$

      (2) $\dfrac{\mu NIb}{2\pi}\ln\dfrac{d_2}{d_1}$

8-7 $\dfrac{\mu_0 I(r^2-a^2)}{2\pi(b^2-a^2)r}$, $a=0$ 时, $B=\dfrac{\mu_0 Ir}{2\pi b^2}$

      $r=b$ 时, $B=\dfrac{\mu_0 I}{2\pi b}$

8-8   (1) $\dfrac{\sqrt{3}}{4}NIa^2$

      (2) $\dfrac{\sqrt{3}}{4}NIa^2$, $\theta=\dfrac{\pi}{2}+k\pi(k=0,1,2,\cdots)$

      (3) $\theta=k\pi$ $(k=0,1,2,\cdots)$

8-9 $F_{\widehat{AB}}=2IRB$, 向下; $F_{AB}=2IRB$, 向上

8-10   (1) $\dfrac{\mu_0 I^2}{\pi^2 R}$, 斥力

      (2) $\dfrac{\pi R}{2}$

8-11 $7.58\times10^6 m \cdot s^{-1}$, 与 **B** 夹角为 $68.3°$

8-12   (1) n 型

      (2) $2.86\times10^{20} m^{-3}$

8-13 $8.0\times10^{-14} \boldsymbol{k} N$

8-14   略

第 9 章

9-1   略

9-2   1-铁磁质, 2-顺磁质, 3-抗磁质

9-3 $0.33A$, $2.1T$

9-4   (1) $B=4.0\times10^{-5}T$, $H=31.8A \cdot m^{-1}$

      (2) $B=0.17T$, $H=31.8A \cdot m^{-1}$

9-5 $r<R$, $B=\dfrac{\mu Ir}{2\pi R^2}$, $H=\dfrac{Ir}{2\pi R^2}$

      $r>R$, $B=\dfrac{\mu_0 I}{2\pi r}$, $H=\dfrac{I}{2\pi r}$

9-6 $H=\dfrac{I}{2\pi r}$, $B=\dfrac{\mu_0\mu_r I}{2\pi r}$

      若为抗磁质, 其内外表面的磁化面电流方向

      正好与上相反

9-7 4.78×10^3

9-8 $1.0\times10^{-6} Wb$

9-9   略

第 10 章

10-1   感应电动势相等, 感生电场不一定相同

10-2   略

10-3   有电场有感应电动势

10-4   自感

10-5   略

10-6 $1.1\times10^{-5} V$, $U_A>U_B$ 半圆环上的电动势

      与电势高低同于 AB 导线

10-7 $2\times10^{-3} V$, 感应电流顺时针方向

10-8 $0.5m \cdot s^{-1}$

10-9　(1) 0.16V

　　　(2) 0.2m² · s⁻¹

10-10　$0.15e^{-\frac{t}{10}}(0.1t-1)V$，取逆时针方向为 $\mathscr{E}$ 正方向

10-11　0.226V，$\mathscr{E}$ 指向与原电流反向

10-12　$\dfrac{\mu_0}{\pi}\ln\dfrac{d-a}{a}$

10-13　(1) 6.28×10^{-6} H

　　　(2) 3.14×10^{-4} V，感应电流与线圈 B 中电流同向

10-14　(1) $\dfrac{\mu_0 c}{\pi}\ln2$

　　　(2) $-\dfrac{\mu_0 I_0\omega c}{\pi}\ln2 \cdot \cos\omega t$

10-15　略

第 11 章

11-1　略

11-2　(a) 无位移电流；(b) 有位移电流

11-3　(1) $\oint_S \boldsymbol{D} \cdot \mathrm{d}\boldsymbol{S} = \sum q_i$

　　　(2) $\oint_L \boldsymbol{H} \cdot \mathrm{d}\boldsymbol{l} = \int_S \left(\boldsymbol{j}+\dfrac{\partial \boldsymbol{D}}{\partial t}\right) \cdot \mathrm{d}\boldsymbol{S}$

　　　(3) $\oint_S \boldsymbol{B} \cdot \mathrm{d}\boldsymbol{S} = 0$

　　　(4) $\oint_L \boldsymbol{E} \cdot \mathrm{d}\boldsymbol{l} = -\dfrac{\mathrm{d}\Phi_m}{\mathrm{d}t}$

　　　(5) $\oint_S \boldsymbol{B} \cdot \mathrm{d}\boldsymbol{S} = 0$

　　　(6) $\oint_S \boldsymbol{D} \cdot \mathrm{d}\boldsymbol{S} = \sum g_i$

　　　(7) $\oint_L \boldsymbol{E} \cdot \mathrm{d}\boldsymbol{l} = -\dfrac{\mathrm{d}\Phi_m}{\mathrm{d}t}$

11-4　不是平板电容器，式子仍可应用.平板电容器 $j_d = \dfrac{\mathrm{d}\sigma}{\mathrm{d}t}$，圆柱形电容器

　　　$j_d = \dfrac{1}{2\pi r}\dfrac{\mathrm{d}\lambda}{\mathrm{d}t}$

11-5　$-\dfrac{\pi r^2}{RC}\varepsilon_0 E_0 e^{-\frac{t}{RC}}$，相反

11-6　(1) $\dfrac{1}{5C}(1-e^{-t})$ V

　　　(2) $0.2e^{-t}$ A

　　　(3) $\dfrac{\mu_0 r e^{-t}}{10\pi R^2}$ T

普通高等教育"十一五"国家级规划教材

2009 年山东省高等学校优秀教材一等奖

大学物理(第三版)

(下册)

主编　袁玉珍　　陈钦生　　张化福

编委　刘汉法　　张静华　　郭美霞

　　　周爱萍　　高金霞　　孙玉萍

科 学 出 版 社

北 京

内 容 简 介

本书在普通高等教育"十一五"国家级规划教材的基础上,根据2014年山东省高等教育教学成果二等奖"培养信息化时代创新型人才——大学物理的教学改革与实践"的教学研究成果,完成了教材第三版的修订.教材注重物理学五大基本理论的教学和应用,统筹经典物理与现代物理的教学,分为力学、电磁学、热学、波动学和量子物理五篇,可用于各理工科专业的模块化教学.注重应用型创新人才的培养,增设具有时代特点的物理学前沿和高新技术等专题,以科技专题和小论文等方式,强化培养大学生应用物理规律解决实际问题的科技创新能力.

本书符合教育部高等学校物理学与天文学教学指导委员会物理基础课程教学指导分委员会《理工科类大学物理课程教学基本要求(2010年版)》的教学要求,可以作为普通高等学校理工科各专业的教材和参考书,出版配套的《大学物理教学同步习题册(第三版)》并提供电子教案和习题解答.

图书在版编目(CIP)数据

大学物理:全2册/袁玉珍,陈钦生,张化福主编.—3版.—北京:科学出版社,2016.1

普通高等教育"十一五"国家级规划教材

ISBN 978-7-03-046391-3

Ⅰ.①大… Ⅱ.①袁…②陈…③张… Ⅲ.①物理学-高等学校-教材 Ⅳ.①O4

中国版本图书馆CIP数据核字(2015)第274915号

责任编辑:窦京涛/责任校对:何艳萍
责任印制:师艳茹/封面设计:迷底书装

科 学 出 版 社 出版
北京东黄城根北街16号
邮政编码:100717
http://www.sciencep.com

保定市中画美凯印刷有限公司印刷
科学出版社发行　各地新华书店经销

*

2002年2月第 一 版　　开本:787×1092 1/16
2016年1月第 三 版　　印张:32
2020年1月第十六次印刷　字数:758 000

定价:**61.00**元(上、下册)
(如有印装质量问题,我社负责调换)

目　　录

第三篇　热　　学

第四篇　波　动　学

第五篇　量 子 物 理

第三篇 热 学

热学是研究热现象的一门学科.

热现象是人类在生活和生产实践中最早接触到的自然现象之一,它总是和表征物体的冷热程度的物理量——温度相联系.当物体的温度发生变化时,物体的许多物理性质也在发生变化,物体的物理性质随温度变化的现象称为热现象.

热运动是物质世界的一种基本运动形式,是构成宏观物体的大量微观粒子的永不停息的无规则运动.从另一方面看,热现象是构成宏观物体的大量微观粒子热运动的集体表现.

热学有两种理论和两种研究方法.

宏观理论——热力学 从宏观来看,温度的变化会引起物体的许多物理性质的变化,如体积、压强、导热性、内摩擦系数等的改变.热力学是以热力学第一、第二定律为基础的宏观理论.热力学在研究方法上的特点,主要是从能量转化和守恒的观点来研究物质的热现象,通过实验和观察,总结有关热现象的规律性,不涉及物质的微观结构和微观粒子的相互作用.

微观理论——统计物理学 它包括初级理论——物质动理学理论(简称气体动理论或分子运动论)和统计物理学.研究方法上的特点在于从物质的微观结构和微观粒子的相互作用的认识出发,建立相应的理想模型,运用力学规律和统计方法,找出宏观量与微观量的统计平均值之间的关系,从而形成揭示宏观热现象的微观本质的理论——统计物理学.

可见,热力学和统计物理学的研究对象相同,研究方法不同,而结论却是一致的.由热力学理论所得的物体宏观性质能得到实验验证,而且经统计物理学的分析和说明,从微观本质上也得到解释.它们相互补充,构成了热学的理论基础.

本篇主要讨论热学中最基础的内容.第 12 章讨论气体的动理论,第 13 章讨论热力学理论中的最基本的概念,热力学第一定律和第二定律等内容.

霍金辐射,也叫黑洞辐射,是一种关于黑洞的理论.黑洞会放出黑体辐射,这是由英国物理学家斯蒂芬·霍金在 1972 年所提出的解释有关黑洞热力学性能的理论预测.2011 年,新西兰维多利亚大学科研人员发现,宇宙中许多物体都能发出霍金辐射,霍金辐射比预想的更普遍,可以通过研究霍金辐射来了解黑洞寿终时刻的情形(如图所示).

图片来源:http://www.baike.com

第 12 章　气体动理论

本章用统计方法研究热现象,以气体动理论的基本观点和统计假设为依据,导出热力学的一些常见的宏观量与微观量的统计平均值之间的关系,并对宏观量进行统计解释.

12.1　理想气体的压强和温度的统计解释

12.1.1　热力学系统和平衡态

热力学系统就是热力学研究的由大量微观粒子(分子或其他粒子)组成的宏观物质系统. 与系统发生相互作用的其他物体称为外界. 根据系统与外界互相作用的情况,可以做以下区分:与外界既没有物质交换也没有能量交换的系统称为孤立系;与外界没有物质交换但有能量交换的系统称为闭系;与外界既有能量交换,也有物质交换的系统称为开系. 当然,绝对意义的孤立系统实际上是不存在的,这样的系统甚至不可能成为研究的对象,对系统进行观测要求外界对系统施加作用,并从系统取得反馈的信息,这就破坏了系统的孤立性. 实际情况是当系统与外界的相互作用十分微弱,其相互作用能量远小于系统本身的能量,在讨论中可以忽略不计时,我们就把系统看作孤立系统,孤立系统是一个理想的极限概念.

经验告诉我们,一个孤立系统,不论其初态如何复杂,经过足够长的时间后,系统的各种宏观性质在长时间内不发生任何变化,这样的状态称为热力学平衡态;反之,称为非平衡态. 如图 12-1 所示,一个容器用隔板分为两部分,A 中储有气体,B 为真空,当把隔板抽去后,A 中气体向 B 中扩散,经过一定时间后气体内部各处均匀一致,如果没有外界影响,则容器内的气体将始终保持这一状态,不再发生宏观变化,这时系统处于平衡状态,但扩散过程中的状态却是非平衡态.

图 12-1　气体的扩散过程

又如图 12-2 所示的绝热蒸发过程,经过一定时间后水蒸气达到饱和,水和汽均处于平衡态,但在未饱和蒸发过程中的状态是非平衡态.

若取金属杆为热力学系统,使其一端与沸水接触,另一端与冰接触,设法使沸水与冰维持温度不变,外界温度也不变,经过一段时间后杆上各处的温度虽不同但不再随时间变化,但此时杆处于的状态并不是平衡态,因为这时仍有热量连续不断地从一端流入,从另一端流出,金属杆受到外界影响,它不是孤立系统,所以不能把平衡态简单地说成是不随时间变化的状态.

当系统处于平衡态时,气体分子并不静止,而是在做无规则的热运动,因此这种平衡称为热动平衡.正是由于气体分子仍在不停地做无规则的运动,才使得分子间不断发生相互碰撞,相互交换能量,最后达到系统各部分均匀一致.

实际上任一物质系统不可避免地要与外界发生程度不同的能量交换,所以平衡态只是一个理想概念,它是在一定条件下对实际系统处于相对稳定或接近相对稳定情况的概括和抽象.

图 12-2 水的绝热蒸发过程

12.1.2 宏观量和微观量

描述系统整体特征和属性的物理量叫宏观量,如气体的质量、体积、压强、温度等.宏观量可以直接用仪器进行测量,也能凭感官进行观察.气体的平衡态可以用压强 p、体积 V 和温度 T 来描述,这三个宏观量就是**气体的状态参量**.它们之间的关系叫状态方程,如**理想气体的状态方程**是

$$pV = \frac{M}{\mu}RT$$

式中,M 为理想气体的质量,μ 为理想气体的摩尔质量,R 为摩尔气体常量. $R =$ 8.31 J·mol^{-1}·K^{-1} = 8.207 × 10^{-5} atm·m^3·mol^{-1}·K^{-1},1atm = 760mmHg = 1.013×10^5 Pa.

描述单个微观粒子运动状态的物理量叫微观量,如分子的质量、位置、速度、能量等.微观量一般不能直接用仪器进行测量,也不能凭感官进行观察.如果给出了某时刻系统中所有微观粒子的运动状态,也就给出了该时刻系统的状态.

12.1.3 气体动理论的基本观点

气体动理论的一些概念,是在一定的实验基础上总结出来的,现在分别叙述如下.

1. 宏观物质是由大量分子(或原子)组成的

这种"大量"的概念包含着分子、原子的体积小,数量大的意义,对液体、固体物质也不例外.正是这个"大量"使得他们的集体行为满足统计规律性,使宏观量与微观量的统计平均值之间建立了必然联系.

2. 分子与分子之间存在着间隙

压缩机给轮胎打气时,能把大量的空气不断地压入有限容积的轮胎;50cm^3 乙醇与 50cm^3 的水混合后体积不是 100cm^3 而是 97cm^3;在 20000 个大气压下,储存在钢管内的油会从钢管壁渗透出来等.这些事实充分说明:无论气体、液体还是固体,它们的分子之间都存在着空隙,只是这种空隙大小不同而已.

3. 分子在不停地做无规则的热运动

气体的挥发性,液体和固体分子在空气中的扩散,固体和液体在液体中的扩散便是直接证明;有名的布朗运动是间接的验证.1827 年布朗在显微镜下发现,微小的花粉在液体表面做无规律的运动,从力学观点来看,由于液体分子的无规则热运动,花粉受到来自各个方向不等的冲撞所获得的冲量不对称而无规则运动,所以气体分子热运动的特点是不停息、无规则、无定向,与温度有关,服从统计规律,在常温下分子的运动速率可达400～500m·s^{-1}.

4. 分子之间存在相互作用力

液体和固体的分子总会聚集在一起,而不是散乱地分开;切削金属和锯木都需用很大的力;欲将钢材变形也需要用很大的力等,这些都证明各部分分子间存在着引力.这种引力在工业上还被利用,如两个光学元件(透镜)的黏合就利用了分子间的引力.无论气体、液体还是固体都不能无限制地被压缩,证明了分子间还有斥力,使它们不能轻易靠拢.这种引力和斥力与分子间距具有密切关系,分子力的半经验公式是

$$f(r) = \frac{a}{r^m} - \frac{b}{r^n}$$

式中,第一项为正值,表示斥力,m 为 9～13,按 r^{-m} 衰减;第二项为负值,表示引力,n 为 4～7,按 r^{-n} 衰减,比前者衰减得慢.

$f(r)$-r 的变化关系如图 12-3 所示,斥力和引力分别以虚线表示,其合力用实线表示,由图可见:

(1) 当 $r = r_0$ 时,r_0 一般相当于分子直径的数量级 10^{-10} m,这时斥力和引力合力为 0.

(2) 当 $r > r_0$ 时,分子间表现为引力,$r = 10r_0 = 10^{-9}$ m 时,引力趋于零.

(3) 当 $r < r_0$ 时,分子间表现为斥力,当 r 越小,斥力则急剧增大,这正是气体不能无限被压缩的原因.

图 12-3　分子作用力图线,实线表示吸引力和排斥力的合力

12.1.4　理想气体分子的微观模型和统计假设

1. 理想气体分子的微观模型

在任何情况下都满足状态方程 $pV = \frac{M}{\mu}RT$ 的气体,叫理想气体.严格说来,理想气体状态方程只适合于分子数密度很小的气体.分子数密度等于单位体积内的分子数.由于理想气体的分子数密度很小,平均间距远大于分子自身的线度,分子间的引力十分微弱.据此可提出理想气体的分子模型如下:①分子线度与分子间距相比可忽略不计,分子可以看作质点;②除碰撞瞬间外分子之间没有相互作用力,分子的运动是自由的;③分子之间、分子与器壁之间的碰撞是完全弹性碰撞,遵循力学规律.

概括起来说,**理想气体分子微观模型**的实质是:大量的、自由的、无规则的运动着的弹性质点的集合.

2. 统计假设

气体处于平衡态时,如果不受外场作用,其内的密度、压强和温度的分布是均匀的,即处处都是相同的.由此可提出气体分子的统计假设如下:

(1) 分子按位置的分布是均匀的,即分子数密度 $n = dN/dV = N/V$ 是处处相等的.式中,N 为气体的总分子数,V 为气体的体积即容器的容积,dV 为宏观小而微观大的体积元,其内仍包含着大量的分子.

(2) 分子向各个方向运动的机会是均等的,或分子速度按方向的分布是均匀的.由此可求得速度三个分量平方的平均值相等:$\overline{v_x^2} = \overline{v_y^2} = \overline{v_z^2} = \overline{v^2}/3$,式中,$\overline{v_x^2} = \sum_i v_{ix}^2/N$,其余类推.统计假设是对平衡态下大量分子的群体而言的,对非平衡态和个别少数分子不成立.

12.1.5 理想气体压强公式的推导

容器内的分子在不停地做无规则运动,分子在运动过程中不断地与器壁碰撞,就某个分子来说,它对于器壁的碰撞是断续的,而且每次碰撞给予器壁的冲量大小,以及在什么地方碰撞,都是偶然的.但是由于分子的数量极大,对于大量分子整体来说,每一刻都有很多分子与器壁相撞,所以在宏观上就表现出一个恒定的、持续的压力.这和雨点打在雨伞上的情形相似.一个个雨点打在伞面上是断续的,大量密集的雨点打在伞面上就使我们感受到一个持续向下的力.因此可以说,气体对器壁的压力,是大量分子对器壁不断碰撞的结果.

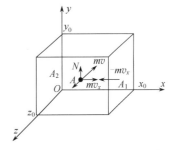

为了使问题简化,假设容器为长方体,其边长分别为 x_0、y_0、z_0,并设容器内理想气体分子总数为 N,每个分子的质量为 m ,选如图 12-4 所示的坐标系.在平衡态下,气体各面的压强均相等,故只要求出气体施于某一面的压强即可,如 A_1 面.

图 12-4 气体动理论的压强公式的推导

1. **先分析计算一个分子与器壁 A_1 面单次碰撞施于 A_1 的冲量**

设第 i 个分子与 A_1 壁相碰撞,由于器壁光滑,所以碰撞后分子速度在 y、z 两个方向上的分量不变,设碰前 i 分子在 x 方向上的速度分量为 v_{ix},由于碰撞是完全弹性的,碰后在 x 方向上的速度分量变为 $-v_{ix}$,这样,该分子在碰撞过程中的动量增量为

$$\Delta p_i = -mv_{ix} - mv_{ix} = -2mv_{ix}$$

根据动量定理,动量的增量等于容器壁 A_1 施于分子的冲量,又根据牛顿第三定律,分子施于器壁 A_1 的冲量则应为 $2mv_{ix}$.

2. 计算 Δt 时间内一个分子施于 A_1 面的冲量

分子 i 从 A_1 弹回与 A_2 相碰后再次与 A_1 相碰经历的时间为 $\dfrac{2x_0}{v_{ix}}$,单位时间内分子 i 碰撞 A_1 的次数为 $\dfrac{v_{ix}}{2x_0}$,所以 Δt 时间内,一个分子施于器壁 A_1 的冲量为 $2mv_{ix} \cdot \dfrac{v_{ix}}{2x_0} \cdot$ $\Delta t = \dfrac{mv_{ix}^2}{x_0}\Delta t.$

3. 再计算 N 个分子在 Δt 时间内施于器壁 A_1 的总冲量

利用上面的结果得

$$\Delta I = \sum_{i=1}^{N} \frac{mv_{ix}^2}{x_0}\Delta t = \frac{m\Delta t}{x_0}\sum_{i=1}^{N} v_{ix}^2$$

上面求得的总冲量 ΔI 是分子断断续续地施于器壁的,但由于分子的数目很大,在有限的 Δt 时间内,宏观上显示出一个持续的、恒定的平均冲力,以 $\overline{F}$ 表示

$$\overline{F} = \frac{\Delta I}{\Delta t} = \frac{m}{x_0}\sum_{i=1}^{N} v_{ix}^2$$

4. 由压强的定义求气体对 A_1 器壁的压强

$$p = \frac{\overline{F}}{S} = \frac{\overline{F}}{y_0 z_0} = \frac{m}{x_0 y_0 z_0}\sum_{i=1}^{N} v_{ix}^2 = \frac{N}{V}m\sum_{i=1}^{N} \frac{v_{ix}^2}{N} \tag{12-1}$$

式中,$\dfrac{N}{V}=n$ 为气体分子数密度,$\sum\limits_{i=1}^{N} \dfrac{v_{ix}^2}{N} = \dfrac{v_{1x}^2 + v_{2x}^2 + \cdots + v_{Nx}^2}{N} = \overline{v_x^2}$,又由统计假设有 $\overline{v_x^2} = \overline{v_y^2} = \overline{v_z^2} = \dfrac{1}{3}\overline{v^2}$,所以

$$p = \frac{1}{3}nm\overline{v^2} = \frac{2}{3}n\left(\frac{1}{2}m\overline{v^2}\right) = \frac{2}{3}n\overline{\varepsilon_k} \tag{12-2}$$

式中,$\overline{\varepsilon_k} = \dfrac{1}{2}m\overline{v^2}$ 为大量分子平动动能的平均值,称为**气体分子的平均平动动能**,式(12-2)就是**理想气体的压强公式**.

12.1.6 $p = \dfrac{2}{3}n\overline{\varepsilon_k}$ 的物理意义

(1)揭示了系统处于平衡态时,宏观量 p 和微观量 $\overline{\varepsilon_k}$ 之间的关系,从而揭示了压强的微观本质,并对其作了统计解释.

(2)气体的压强是由大量分子对器壁的碰撞而产生的,是所有分子在单位时间内施于器壁单位面积上的平均冲量,是统计平均量.由于单个分子对器壁的碰撞是断续的,施于器壁的冲量是不定的,只有分子数量足够大时,器壁所获得的冲量才有确定的统计平均值.所以气体的压强所描述的是大量分子的集体行为,离开了大量的分子,气体压强就失去了意义.

12.1.7 温度的统计解释

由理想气体状态方程 $pV = \dfrac{M}{\mu}RT = \dfrac{mN}{mN_A}RT = N\dfrac{R}{N_A}T = NkT$ 得

$$p = \frac{N}{V}kT = nkT \tag{12-3}$$

式中,m 为分子质量,N 为总分子数,N_A 为阿伏伽德罗常量,$k = R/N_A = 8.31/6.023 \times 10^{23} = 1.38 \times 10^{-23}\ \mathrm{J \cdot K^{-1}}$ 称为玻尔兹曼常量,$n = N/V$ 是理想气体的分子数密度.

式(12-3)说明理想气体的压强与分子数密度成正比,与绝对温度 T 成正比,与分子的种类和质量无关.

由式(12-2)和式(12-3)得

$$p = \frac{2}{3}n\left(\frac{1}{2}m\overline{v^2}\right) = nkT$$

所以

$$\overline{\varepsilon_k} = \frac{1}{2}m\overline{v^2} = \frac{3}{2}kT \tag{12-4}$$

式(12-4)说明,理想气体分子的平均平动动能与绝对温度成正比;揭示了温度的微观本质:理想气体的温度是分子平均平动动能的量度,是大量分子热运动剧烈程度的集体表现,对个别少数分子没有意义.

由式(12-4)可求得气体的方均根速率为

$$\sqrt{\overline{v^2}} = \sqrt{\frac{3kT}{m}} = \sqrt{\frac{3RT}{\mu}}$$

例 12-1 已知某种气体的压强 $p = 1.5\mathrm{atm}$ 时它的方均根速率为 $600\mathrm{m \cdot s^{-1}}$. 试求这种气体的质量密度 ρ.

解 由 $p = \dfrac{1}{3}nm\overline{v^2} = \dfrac{1}{3}\rho\overline{v^2}$ 得

$$\rho = \frac{3p}{\overline{v^2}} = \frac{3 \times 1.5 \times 1.013 \times 10^5}{(600)^2} = 1.27(\mathrm{kg \cdot m^{-3}})$$

12.2 能量均分定理 理想气体的内能

在拥有大量分子的气体系统内,蕴含了分子无规则运动的能量,也蕴含了分子与分子间相互作用的势能. 气体分子的与运动有关的能量和分子间的相互作用势能构成气体内部的总能量,称为气体的内能. 对于理想气体来说,不计分子与分子间的相互作用力,因此,理想气体的内能只是分子各种形式的运动能量的总和.

为了确定分子的各种形式运动能量的统计规律,需要引入自由度的概念.

12.2.1 自由度的概念

自由度本身是一个力学概念,但现已推广用于各种科学领域,在此从力学中引入便于接受.

1. 力学中的自由度

在力学中把决定一个运动系统的空间位置所需的独立变化的坐标数目称为此力学系统的**自由度**. 例如,一个自由运动的质点,确定其空间位置需 3 个独立坐标,其自由度是 3;如果该质点被限制在一个面上运动,则质点的 3 个空间坐标只有两个是独立的,也就是说它受到一个约束,它的自由度为 2;如果该质点只能在一条线上运动,确定它的位置只需要一个独立坐标,其自由度是 1. 现在假设有 N 个自由运动的质点,则整个系统的自由度为 $3N$ 个,但是,如果 N 个质点相对位置不变,那么这 N 个质点构成的系统就是一个刚体. 描述一个自由运动刚体的空间位置,首先要确定刚体质心的位置,需要 3 个独立坐标,质心的位置确定后,整个刚体还可以绕质心转动,为了描述整个刚体绕质心的转动,先确定过该点的一条直线的方位,该线称为转轴,该转轴的方位要由 3 个方位角 α,β,γ 决定,如图 12-5 所示. 但因

图 12-5 刚体的自由度

$$\cos^2\alpha + \cos^2\beta + \cos^2\gamma = 1$$

可见,确定转轴的方位需要两个独立坐标,最后确定刚体绕该轴线的转动还需要一个转角 φ 来描述. 因此,描述刚体的运动需要 6 个独立坐标,也就是说,刚体的自由度是 6,其中 3 个自由度与平动相联系,3 个自由度与转动相联系.

2. 分子能量自由度数目

分子能量表达式中独立的速度和坐标的二次项数目叫做分子能量自由度的数目,简称自由度. 分子能量自由度与力学自由度是有区别的,在于一个振动的力学自由度对应两个分子能量自由度,本书以后出现的自由度没有特别说明均是指分子能量自由度.

气体分子按其结构可分为单原子分子、双原子分子、多原子分子.

(1) 对于单原子分子(如氦、氖、氩等),可以作为自由质点处理,只有 3 个平动自由度.

(2) 对于双原子分子(如氢气、氧气等),如果两个原子无相对运动,称为刚性双原子分子,反之称为非刚性双原子分子. 刚性双原子分子可想象为两质点被一根无质量的刚性杆连接,确定它的运动,需要 3 个平动自由度确定质心的平动,还需要 2 个转动自由度来确定两个原子连线的方位,共有 5 个自由度,如图 12-6(a)所示.

(3) 对于非刚性双原子分子,两原子之间的距离是可以改变的,此距离的变化形成两原子连线方向的分子的振动,所以除了 3 个平动自由度,2 个转

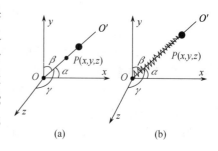

(a)   (b)

图 12-6 刚性双原子分子(a);
非刚性双原子分子(b)

动自由度外,还有1个描述两个原子相对位置变化的振动自由度,我们知道一维弹簧振子的能量除了振动动能外还有振动势能(弹性势能),这对应于两个能量自由度,如图12-6(b)所示,共7个自由度.

（4）3个或3个以上原子构成的分子称为多原子分子.由 n 个原子构成的刚性的多原子分子相当于一个刚体,有6个自由度;由 n 个原子构成的非刚性多原子分子,还有 $(3n-6)$ 个振动自由度,总共有 $3n$ 个自由度.

12.2.2　能量均分定理

1. 单原子分子能量均分的结论

单原子分子的平均平动动能为 $\overline{\varepsilon_k}=\dfrac{1}{2}m\overline{v^2}=\dfrac{3}{2}kT$,根据分子无规则热运动的统计性假设,在平衡态下有 $\overline{v_x^2}=\overline{v_y^2}=\overline{v_z^2}=\dfrac{1}{3}\overline{v^2}$,可得

$$\frac{1}{2}m\overline{v_x^2}=\frac{1}{2}m\overline{v_y^2}=\frac{1}{2}m\overline{v_z^2}=\frac{1}{3}\left(\frac{1}{2}m\overline{v^2}\right)=\frac{1}{2}kT$$

上式前三个平均动能各和一个平动自由度相对应,它说明分子在每一个平动自由度上具有相同的平均平动动能,等于 $\dfrac{1}{2}kT$. 这一结论可以很好地解释单原子分子气体的许多实验结果,但这是一个特殊的结论,需要推广.

2. 推广到多原子分子

随着分子结构的不同,分子所参与的运动不仅有平动,还会有转动和振动,这种能量的均分,应推广到分子有转动和振动的情况.玻尔兹曼假设:气体处于平衡态时,分子任何一个自由度的平均动能都相等,均为 $\dfrac{1}{2}kT$,这就是能量按自由度均分定理,简称能量均分定理.实际上是单原子分子平动动能按3个自由度均分结论的推广.

从统计的角度来看这种推广是有根据的,由于大量分子无规则热运动,分子间的碰撞非常频繁,所以在无规则的碰撞过程中,不但分子和分子间交换能量,分子的各种自由度之间也在交换能量.

就能量分配来说,分子的各自由度在平衡态下没有哪一个自由度比另一个自由度占优势,在非常频繁碰撞中,分配于某种形式或某一自由度的能量多了,能量从这种形式或这一自由度转移到其他形式或自由度的概率就比较大,在达到平衡状态时,能量将按自由度平均分配,这就是能量按自由度均分的物理实质.因此,分子对应于每一自由度分得平均能量应相等,都是 $\dfrac{1}{2}kT$. 若以 t 表示分子的平动自由度, r 表示气体分子的转动自由度, s 表示气体分子的振动自由度,则分子的自由度为 $t+r+s$(表12-1).必须注意:能量按自由度均分定理是关于分子无规则热运动的统计规律,是对大量分子求统计平均的结果,对个别分子不适用,只有大量分子通过无规则的碰撞才能实现能量按自由度的均分.

表 12-1 几种分子的总平均能量

自由度	t	r	s	i	分子的总平均能量 $\bar{\varepsilon}$
单原子分子	3	0	0	3	$\dfrac{3}{2}kT$
刚性双原子分子	3	2	0	5	$\dfrac{5}{2}kT$
非刚性双原子分子	3	2	2	7	$\dfrac{7}{2}kT$
刚性多原子分子	3	3	0	6	$\dfrac{6}{2}kT$

12.2.3 理想气体内能

有了能量均分定理,计算理想气体的内能就十分方便. 气体内能是指所有分子的平均动能和平均势能的总和,对于理想气体,除碰撞的瞬间外,均忽略分子间的相互作用力,不考虑互相作用势能. 因此,**理想气体的内能,仅包括分子各种形式的平均动能和分子内部原子间的平均振动势能**.

1. 一个分子的平均总能量

一个分子如果有 t 个平动自由度,r 个转动自由度和 s 个振动自由度,每一个自由度上均分有 $\dfrac{1}{2}kT$ 的能量,则一个分子的平均总能量为

$$\bar{\varepsilon} = \frac{1}{2}(t+r+s)kT = \frac{i}{2}kT \tag{12-5}$$

关于分子振动能量的正确性解释需要量子力学,经典物理不能做出正确说明,而且在常温下,认为分子是刚性的也能给出理论值与实验值大致相符的结果,所以一般认为分子都是刚性的.

2. 理想气体的内能

1mol 理想气体分子,有 N_A 个分子,其内能 E_A 为

$$E_A = N_A\bar{\varepsilon} = N_A \frac{i}{2}kT = \frac{i}{2}RT \tag{12-6}$$

质量为 $M(\text{kg})$ 的**理想气体的内能**为

$$E = \frac{M}{\mu} \frac{i}{2}RT \tag{12-7}$$

上式表明,理想气体的内能是温度的单值函数,对于任一给定的理想气体系统,只要温度的改变量相等,则其内能的变化量也相等,而与具体变化过程无关.

例 12-2 求 1mol He、O_2、NH_3 气体在标准状态下的内能(视为刚性分子).

解 He、O_2、NH_3 气体都可以看成理想气体,He 是单原子分子,$i=3$. 其内能

$$E = iRT/2 = 3 \times 8.31 \times 273/2 = 3.40 \times 10^3 (\text{J})$$

O_2 是双原子分子,$i=5$

$$E=5RT/2=5\times8.31\times273/2=5.67\times10^3(\text{J})$$

NH_3 是多原子分子,$i=6$

$$E=6RT/2=3\times8.31\times273=6.81\times10^3(\text{J})$$

12.3 理想气体分子速率分布律

12.3.1 统计规律和方法

统计的基本规律和方法,可通过伽耳顿板实验的演示来说明,伽耳顿板实验如图 12-7 所示.

在一块竖直木板的上部等间隔地钉上许多铁钉,木板的下部用平行隔板隔成等间距的狭槽,木板顶部中央留一漏斗形口,这就是伽耳顿板.实验时取一粒小珠子从漏斗口放入,小珠与多排铁钉相碰之后落入哪一个狭槽完全是随机的,将数量极大的同种小珠子一个一个地投入漏斗,小珠子在狭槽中将形成比较稳定的分布,中间狭槽的珠子数较多,越往两边珠子数较少,如果将上述所有小珠子从漏斗口频频倒入,小珠子经过烦乱碰撞后落入狭槽也会形成大体相同的稳定分布,这说明,单个小珠子的运动是随机的,而大量小珠子的运动分布是确定的.

图 12-7 小珠子在伽耳顿板中的分布

统计规律是对大量随机事件的整体起作用的规律.伽耳顿板实验说明,在大量粒子的运动中,支配单个粒子的力学规律已退居到次要地位,统计规律对整体起主导作用,统计规律与系统所处的宏观条件有关,条件变了,统计分布也会随之变化.例如,在伽耳顿板实验中,改变入口位置或铁钉分布,小珠子在狭槽中的分布将随之变化.

统计规律总伴有"涨落"现象,如在伽耳顿板实验中,即使小珠子总数一定且足够多,每次落入某狭槽的小珠数不是绝对相等的,相对其统计平均值总有一定偏离,这就叫涨落.布朗运动就是由液体分子运动的涨落现象引起的.伽耳顿板实验还可证明,涨落现象与粒子总数 N 有关,N 越大,涨落越小,N 越小,涨落越大.如果 N 小到一定限度,涨落太大,统计规律便失去意义.涨落是常见的物理现象,如介质密度涨落引起光的散射,各种电路或电子仪表中载流子热运动引起电流涨落产生"噪声",等等.对涨落现象的研究是现代控制论的一个重要课题.

下面通过伽耳顿实验介绍统计方法的基本原理.

叠加原理 将狭槽自左编号为 $1,2,3,\cdots,i,\cdots$,若小珠总数为 N,落入各狭槽的小珠子数分别为 $N_1,N_2,\cdots,N_i,\cdots$,小珠子落入各狭槽的概率分别为 $N_1/N,N_2/N,\cdots,N_i/N,\cdots$,小珠子落入所有狭槽概率之和 $W=\sum W_i=\sum\dfrac{N_i}{N}=1$.这就是概率必须满足归一化条件.

乘法原理 在伽耳顿板实验中,小珠子除碰撞外彼此间无相互作用(类似于理想气体分子),可看成是彼此独立的粒子.这种粒子称为近独立粒子.若小珠子 1 落入第 i 狭槽的概率为 W_1,小珠子 2 落入第 i 狭槽的概率为 W_2,则这两个小珠子同时落入第 i 狭槽的概率为 $W = W_1 \cdot W_2$,这个结论叫做概率乘法原理.

12.3.2 速率分布函数

气体分子具有各种不同的速率.按牛顿力学概念,气体分子的速率可取 $0 \sim \infty$ 的任意数值.为了描述气体分子按速率的分布情况,我们把 $0 \sim \infty$ 分成许多相等的速率区间,区间宽度为 dv,设 N 为气体的总分子数,dN 为速率分布在 $v \sim v+dv$ 内的分子数,则 $dW = dN/N$ 表示分子出现在该速率区间内的概率,它与 v 和 dv 有关,分布在 v 附近单位速率区间的概率 $\dfrac{dN}{Ndv}$ 只与速率 v 有关.为此,将 $f(v) = \dfrac{dN}{Ndv}$ 定义为气体分子的速率分布函数.

由速率分布函数,可用积分法求出分子出现在 $v_1 \sim v_2$ 速率区间的概率 $\sum dN/N = \int_{v_1}^{v_2} f(v)dv$.根据概率的总和等于 1 可得

$$\int_0^N \frac{dN}{N} = \int_0^\infty f(v)dv = 1$$

是概率分布函数必须满足的归一化条件.

12.3.3 麦克斯韦速率分布律

1859 年麦克斯韦用概率理论导出了平衡态下理想气体的速率分布函数,即

$$f(v) = 4\pi \left(\frac{m}{2\pi kT}\right)^{\frac{3}{2}} \exp\left(-\frac{mv^2}{2kT}\right)v^2$$

分子出现在 $v \sim v+dv$ 的概率为

$$\frac{dN}{N} = f(v)dv = 4\pi \left(\frac{m}{2\pi kT}\right)^{\frac{3}{2}} \exp\left(-\frac{mv^2}{2kT}\right)v^2 dv \tag{12-8}$$

式(12-8)称为**麦克斯韦速率分布律**.

图 12-8 分子速率分布情况

麦克斯韦速率分布曲线如图 12-8 所示,曲线有一峰值点,峰值点对应的速率 v_p 叫最概然速率,图中小矩形面积表示分子出现在 $v \sim v+dv$ 速率区间的概率 $\dfrac{dN}{N} = f(v)dv$;曲边梯形面积表示分子出现在 $v_1 \sim v_2$ 速率区间的概率 $\dfrac{\Delta N}{N} = \int_{v_1}^{v_2} f(v)dv$.由归一化条件 $\int_0^\infty f(v)dv = 1$ 可知,曲线下的总面积等于 1,当温度升高时,v_p 增大,曲线的峰位向速率大的方向移动,但由于总面积等于 1,曲线会变得较为平坦,速率较大的分子数增多,如图 12-8 中虚曲线

所示.

麦克斯韦速率分布律已被许多实验所证实,如 1920 年施特恩实验、1934 年葛正权(中国物理学家)实验以及 1955 年密勒-库什实验等.

12.3.4 三种统计速率

根据麦克斯韦速率分布律,可以求出许多与分子无规则运动有关的物理量的统计平均值.下面用麦克斯韦速率分布函数导出常用的三种分子速率——最概然速率、平均速率和方均根速率.

1. 最概然速率 v_p

因为在 $v = v_p$ 时,分布函数 $f(v)$ 有极大值,所以可由极值条件

$$\frac{\mathrm{d}f(v)}{\mathrm{d}v} = 0$$

求出 v_p 为

$$v_p = \sqrt{\frac{2kT}{m}} = \sqrt{\frac{2RT}{\mu}} = 1.41\sqrt{\frac{RT}{\mu}} \tag{12-9}$$

式(12-9)说明,温度越高,分子的最概然速率越大;在相同的温度下,分子质量较大的气体的**最概然速率**较小,$R = 8.31 \text{J} \cdot \text{mol}^{-1} \cdot \text{K}^{-1}$ 是摩尔气体常数.

2. 平均速率 $\bar{v}$

大量分子速率的算术平均值称为分子的**平均速率**,即

$$\bar{v} = \frac{\sum_{i=1}^{N} v_i}{N}$$

上式表示,把 N 个分子的速率加起来,再除以分子总数 N,即是平均速率.但是我们考虑到,如果把分子的速率区间划分得充分小,即为 $\mathrm{d}v$,则在 $v \sim v + \mathrm{d}v$ 的分子的速率都可以认为是 v.设这区间内的分子数为 $\mathrm{d}N$,那么这些分子速率之和为 $v\,\mathrm{d}N$,因而整个系统的 N 个分子的速率之和就是把 $v\,\mathrm{d}N$ 对所有可能的速率区间求和.由于分子的速率是连续分布的,求和用积分代替,即

$$\sum_{i=1}^{N} v_i = \int v\mathrm{d}N$$

再由式 $f(v) = \dfrac{\mathrm{d}N}{N\mathrm{d}v}$,可写出

$$\bar{v} = \int_0^\infty vf(v)\mathrm{d}v$$

代入麦克斯韦速率分布函数并积分,得

$$\bar{v} = \sqrt{\frac{8kT}{\pi m}} = \sqrt{\frac{8RT}{\pi \mu}} = 1.60\sqrt{\frac{RT}{\mu}} \tag{12-10}$$

3. 方均根速率 $\sqrt{\overline{v^2}}$

方均根速率即分子速率平方的平均值的算术平方根. 与上面的推导相同, 先求得 $\overline{v^2}$ 的平均值

$$\overline{v^2} = \frac{\sum_{i=1}^{N} v_i^2}{N} = \int_0^\infty v^2 f(v) \mathrm{d}v$$

再开方即可得到方均根速率

$$\sqrt{\overline{v^2}} = \sqrt{\frac{3kT}{m}} = \sqrt{\frac{3RT}{\mu}} = 1.73\sqrt{\frac{RT}{\mu}} \tag{12-11}$$

由以上讨论可知, 三种分子速率都含有统计平均的意义. 它们都与 $\sqrt{T}$ 成正比, 与 $\sqrt{m}$ 或 $\sqrt{\mu}$ 成反比. 这三种速率在不同的问题中有各自的应用. 例如, 在讨论气体分子速率分布时, 要用到最概然速率; 在计算分子运动的平均自由路程时, 要用到平均速率; 在计算分子的平均平动动能时, 要用到方均根速率.

例 12-3　试计算室温下氮气分子中热运动速率分布在 $495\sim505\mathrm{m \cdot s^{-1}}$ 的分子数占总分子数的百分比.

解　由题意知速率区间 $\Delta v = (505-495) = 10(\mathrm{m \cdot s^{-1}})$, 在这个较小的速率区间内, $f(v)$ 变化不大, 有

$$\frac{\Delta N}{N} = \int_{v_1}^{v_2} f(v) \mathrm{d}v = f(v)\Delta v$$

式中 v 可取 v_1、v_2 的平均值, 即 $v = (v_1+v_2)/2 = 500\mathrm{m \cdot s^{-1}}$, 由麦克斯韦速率分布律, 并注意到 $m/k = \mu/R$, 应有

$$\frac{\Delta N}{N} = 4\pi \left(\frac{m}{2\pi kT}\right)^{3/2} v^2 \mathrm{e}^{-\frac{mv^2}{2kT}} \Delta v$$

把数据 $T = 300\mathrm{K}$(室温), $\mu = 28 \times 10^{-3}\mathrm{kg \cdot mol^{-1}}$, $R = 8.31\mathrm{J \cdot mol^{-1} \cdot K^{-1}}$ 代入可得

$$\frac{\Delta N}{N} = 1.84\%$$

* 例 12-4　试求在相同速率区间内分子在最概然速率 v_p 附近与在方均根速率 $\sqrt{\overline{v^2}}$ 附近出现的概率之比.

解　先由 $v_\mathrm{p} = \sqrt{2kT/m}$, 将 $f(v)$ 中的 v 用 $x = v/v_\mathrm{p}$ 和 $\mathrm{d}x = \mathrm{d}v/v_\mathrm{p}$ 代换, 变换成

$$f(x) = \frac{4}{\sqrt{\pi}} x^2 \mathrm{e}^{-x^2} = \frac{\mathrm{d}N}{N\mathrm{d}x}, \quad \text{即} \quad \frac{\mathrm{d}N}{N} = f(x)\mathrm{d}x = \frac{4}{\sqrt{\pi}} x^2 \mathrm{e}^{-x^2} \mathrm{d}x.$$

利用上述公式 $x = \dfrac{v_\mathrm{p}}{v_\mathrm{p}} = 1$, $\mathrm{d}x = \dfrac{\mathrm{d}v}{v_\mathrm{p}}$, 分子速率在最概然速率 v_p 附近 $\mathrm{d}v$ 速率区间的概率为 $\dfrac{\Delta N_{v_\mathrm{p}}}{N} = f(v_\mathrm{p})\mathrm{d}v = \dfrac{4}{\sqrt{\pi}} \mathrm{e}^{-1} \dfrac{\mathrm{d}v}{v_\mathrm{p}}$; 在方均根速率 $(\overline{v^2})^{1/2}$ 附近 $\mathrm{d}v$ 速率区间的概率为

$$f(\sqrt{\overline{v^2}})\mathrm{d}v = \frac{4}{\sqrt{\pi}} \frac{\overline{v^2}}{v_\mathrm{p}^2} \mathrm{e}^{-(\overline{v^2}/v_\mathrm{p}^2)} \frac{\mathrm{d}v}{v_\mathrm{p}}. \quad \text{两者之比为}$$

$$f(v_p)\mathrm{d}v / f(\sqrt{\overline{v^2}})\mathrm{d}v = (v_p^2 / \overline{v^2})\mathrm{e}^{(\overline{v^2}/v_p^2)-1} = \frac{2}{3}\mathrm{e}^{1/2} = 1.1$$

* 12.4　玻尔兹曼分布律

12.3 节讨论了气体分子按速率的分布规律,没有考虑速度的方向,更完备的讨论应该指出分子按速度是如何分布的.

12.4.1　麦克斯韦速度分布律

麦克斯韦通过研究得出如下结论:在平衡态下,当气体分子间的相互作用可以忽略时,速度分量 v_x 在 $v_x \sim v_x + \mathrm{d}v_x$ 内,v_y 在 $v_y \sim v_y + \mathrm{d}v_y$ 内,v_z 在 $v_z \sim v_z + \mathrm{d}v_z$ 内的分子数占总分子数的比率为

$$\frac{\mathrm{d}N}{N} = \left(\frac{m}{2\pi kT}\right)^{3/2} \mathrm{e}^{-\frac{m(v_x^2+v_y^2+v_z^2)}{2kT}} \mathrm{d}v_x \mathrm{d}v_y \mathrm{d}v_z \tag{12-12}$$

这个结论称为麦克斯韦速度分布律. 由于气体分子动能 $E_k = \frac{1}{2}m(v_x^2+v_y^2+v_z^2)$,麦克斯韦速度分布律可以写成按动能分布的形式

$$\frac{\mathrm{d}N}{N} = \left(\frac{m}{2\pi kT}\right)^{3/2} \mathrm{e}^{-\frac{E_k}{kT}} \mathrm{d}v_x \mathrm{d}v_y \mathrm{d}v_z \tag{12-13}$$

12.4.2　玻尔兹曼分布律

1868～1871 年玻尔兹曼在考察麦克斯韦速率分布律时发现,指数因子 $\mathrm{e}^{-\frac{mv^2}{2kT}}$ 中的 $mv^2/2$ 就是分子的平动动能,麦克斯韦分布实质是分子按能量的分布. 处在重力场中的理想气体分子,既具有动能 $E_k = \frac{1}{2}mv^2$,又具有势能 $E_p = mgh$,分子的总能量 $E = E_k + E_p$. 据此,玻尔兹曼将麦克斯韦分布推广为:在温度为 T 的平衡态下,任何系统的微观粒子按状态的分布都与 $\mathrm{e}^{-E/kT}$ 成正比,这就是玻尔兹曼分布定律. $\mathrm{e}^{-E/kT}$ 称为玻尔兹曼因子. 它说明,能量越低,粒子出现的概率越大. 随着能量的升高,粒子出现的概率按指数规律减少. 实践证明,玻尔兹曼分布定律对任何经典粒子都适用.

由经典粒子组成的系统在外场中处于平衡态时,粒子的空间分布不再是均匀的,如大气分子. 这时,粒子的状态必须用速度和位置来描述. 粒子的分布既要考虑速度区间,又要考虑坐标区间,粒子的状态区间应表示为 $v_x \sim v_x + \mathrm{d}v_x, v_y \sim v_y + \mathrm{d}v_y, v_z \sim v_z + \mathrm{d}v_z, x \sim x + \mathrm{d}x, y \sim y + \mathrm{d}y, z \sim z + \mathrm{d}z$. 设分布在状态区间 $\mathrm{d}v_x \mathrm{d}v_y \mathrm{d}v_z \mathrm{d}x \mathrm{d}y \mathrm{d}z$ 内的粒子数为 $\mathrm{d}N$,则

$$\mathrm{d}N = C\mathrm{e}^{-E/kT} \mathrm{d}v_x \mathrm{d}v_y \mathrm{d}v_z \mathrm{d}x \mathrm{d}y \mathrm{d}z \tag{12-14}$$

式(12-14)就是玻尔兹曼分布定律,在上式中令 $C = \frac{1}{A}$ 可得经典粒子按能量的分布函数

$$f(E) = C\mathrm{e}^{-E/kT} = \frac{1}{A\mathrm{e}^{E/kT}} \tag{12-15}$$

式(12-15)称为麦克斯韦-玻尔兹曼分布,简称为 M-B 分布.

12.4.3　大气密度和压强随高度的变化规律

重力场中的理想气体,处于平衡态时的密度和压强分布不再是均匀的.设大气是处于平衡态下的理想气体且温度 T 处处相同,处于状态区间 $dv_x dv_y dv_z dx dy dz$ 分子的总能量 $E = E_k + E_p$.根据玻尔兹曼分布律,分布在该状态区间的分子数就是

$$dN = C e^{-(E_k + E_p)/kT} dv_x dv_y dv_z dx dy dz$$

式中,C 为与速度和位置无关的常数,由此得到分布在位置区间 $dx dy dz$ 的分子数为

$$dN' = CE^{-E_p/kT} dx dy dz \iiint_{-\infty}^{\infty} e^{-m(v_x^2 + v_y^2 + v_z^2)/2kT} dv_x dv_y dv_z$$

式中,$\iiint_{-\infty}^{\infty} e^{-m(v_x^2 + v_y^2 + v_z^2)/2kT} dv_x dv_y dv_z$ 是一定积分,它与 C 的乘积用 C' 表示,则有

$$dN' = C' e^{-E_p/kT} dx dy dz$$

由此得体积元 $dx dy dz$ 内的分子数密度 $n = \dfrac{dN'}{dx dy dz} = C' e^{-E_p/kT} = C' e^{-mgh/kT}$.

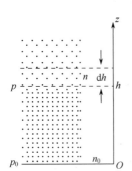

图 12-9　分子数密度
随高度减小的情况

如图 12-9 所示,设 $h = 0$ 处的大气分子数密度为 n_0,可得 $C' = n_0$,则高度为 h 处的大气分子数密度为

$$n = n_0 e^{-mgh/kT} \tag{12-16}$$

设 $h = 0$ 处的大气压为 $p_0 = n_0 kT$,高为 h 处的大气压为 $p = nkT$,由式(12-16)可得

$$p = p_0 e^{-mgh/kT} \tag{12-17}$$

式(12-17)叫做恒温大气压公式,由它可得每升高 10m,大气压降低 133 Pa($=13.3$mm 水柱),这一结果与实际情况基本相符,因而可用它来估算高度的变化.

式(12-16)、式(12-17)说明,大气的密度和压强随高度的增加按指数规律减小,温度越低,分子质量越大,减小得越快.大气是由 N_2、O_2、CO_2 等多种气体组成的,海拔越高,大气压越低,空气越稀薄,空气中 O_2 的含量越少,而 H_2 的含量越多,就是这个道理.

*12.5　分子的平均自由程

在室温下,气体分子的热运动速率是很大的,平均速率可达每秒几百米.可以想象如果分子在运动过程中没有碰撞,那么,一秒钟内分子就要经过几百米的直线距离,但是在离我们几米远的地方,打开一瓶挥发性很强的乙醇,我们并不会立刻闻到乙醇味,而要经过几秒钟甚至更长的时间才能闻到.这个现象似乎与气体分子具有很大的平均速率矛盾.但如果仔细分析一下就可看出,它们并不矛盾.分子速率虽然很大,但单位体积内的气体分子数是非常巨大的.所以,一个分子在前进过程中要与其他分子发生非常频繁的碰撞,每碰撞一次,分子的速度,不仅大小会变化,而且方向还会变化,它所走的路程

是一系列曲折的道路,所以乙醇分子从一个地方扩散到另一个地方要经过较长的时间,如图 12-10 所示.

分子的碰撞问题是分子运动论的重要问题之一,分子间通过碰撞来实现动量、动能等交换.气体由非平衡态达到平衡态的过程,就是通过碰撞来实现的,如容器中气体各个地方的温度不相同时,就是通过分子间的碰撞来实现动能的交换,而使容器内温度达到处处相等.单位时间内一个分子与其他分子碰撞的平均次数叫平均碰撞频率,用 $\overline{Z}$ 表示.我们把分子看作弹 图 12-10 气体分子间的碰撞

性小球,而分子质心间的最小平均距离被认为是弹性小球的直径,叫做分子的有效直径 d ,为了确定 $\overline{Z}$,我们可以跟踪一个分子 A.设它以平均相对速率 $\overline{u}$ 运动,这样可以认为其他分子都静止不动.如图 12-11 所示,以 A 的中心运动轨迹为轴线,以分子有效直径 d 为半径作一个曲折圆柱体,其轴线长为 $\overline{u}$,质心在圆柱体内的分子都能与 A 碰撞.这样,分子的平均碰撞频率就是这个圆柱体内的分子数,即

图 12-11 分子碰撞次数的计算

$$\overline{Z} = \pi d^2 \overline{u} n$$

式中,n 为气体的分子数密度,可以证明气体分子的平均相对速率 $\overline{u}$ 与平均速率 $\overline{v}$ 的关系是 $\overline{u} = \sqrt{2}\,\overline{v}$,所以

$$\overline{Z} = \sqrt{2}\pi d^2 n \overline{v} \tag{12-18}$$

气体分子的平均碰撞频率与分子的平均速率成正比,与分子数密度成正比,与分子的有效直径的平方成正比.

气体分子在连续两次碰撞间通过的平均路程叫做**平均自由程**,用 $\overline{\lambda}$ 表示.单位时间内分子通过的平均路程是 $\overline{v}$,平均碰撞次数是 $\overline{Z}$,所以

$$\overline{\lambda} = \frac{\overline{v}}{\overline{Z}} = \frac{1}{\sqrt{2}\pi d^2 n} \tag{12-19}$$

平均自由程与分子的平均速率无关.以 $n = p/kT$ 代入上式得

$$\overline{\lambda} = \frac{kT}{\sqrt{2}\pi d^2 p} \tag{12-20}$$

式(12-20)说明,理想气体的平均自由程 $\overline{\lambda}$ 与温度 T 成正比,与压强 p 成反比.在温度一定的条件下,压强越低即真空度越高,气体越稀薄,气体的平均自由程越大.

气体分子相邻两次碰撞所用的平均时间叫平均周期,用 $\overline{\tau}$ 表示,则

$$\overline{\tau} = \frac{1}{\overline{Z}} = \frac{\overline{\lambda}}{\overline{v}} \tag{12-21}$$

气体分子的平均自由程越短,平均速率越大,分子碰撞的平均周期越短.

例 12-5 试计算空气分子在标准状态下的平均碰撞频率、平均自由程和平均碰撞周期.空气分子的有效直径 $d = 3.0 \times 10^{-10}$ m,摩尔质量 $\mu = 28.9 \times 10^{-3}$ kg·mol^{-1}.

解 $\overline{v} = 1.60\sqrt{\dfrac{RT}{\mu}} = 1.60\sqrt{\dfrac{8.31 \times 273}{28.9 \times 10^{-3}}} = 448(\text{m·s}^{-1})$

$$n = \frac{p}{kT} = \frac{1.013 \times 10^5}{1.38 \times 10^{-23} \times 273} = 2.69 \times 10^{25} \, (\text{m}^{-3})$$

$$\bar{Z} = \sqrt{2}\pi d^2 \bar{v} n = \sqrt{2}\pi (3.0 \times 10^{-10})^2 \times 448 \times 2.69 \times 10^{25} \approx 4.8 \times 10^9 \, (\text{s}^{-1})$$

$$\bar{\lambda} = \frac{\bar{v}}{\bar{Z}} = \frac{448}{4.8 \times 10^9} = 9.3 \times 10^{-8} \, (\text{m})$$

约为空气分子有效直径的 300 倍.

$$\bar{\tau} = \frac{1}{\bar{Z}} = \frac{1}{4.8 \times 10^9} = 2.1 \times 10^{-10} \, (\text{s})$$

本 章 小 结

1. 理想气体分子模型和统计假设

(1) 平衡态:在不受外界影响的条件下,系统宏观性质不随时间变化的状态.

(2) 理想气体分子模型:自由弹性质点(或小球).

(3) 统计假设:气体处于平衡态时,如果不受外场作用,分子按位置的分布均匀 $\left(n = \frac{\mathrm{d}N}{\mathrm{d}V} = \frac{N}{V}\right)$,分子速度按方向的分布均匀 $\left(\overline{v_x^2} = \overline{v_y^2} = \overline{v_z^2} = \frac{1}{3}\overline{v^2}\right)$.

2. 麦克斯韦速率分布律

(1) 速率分布函数

$$f(v) = 4\pi \left(\frac{m}{2\pi kT}\right)^{\frac{3}{2}} \exp\left(-\frac{mv^2}{2kT}\right) v^2$$

(2) 理想气体分子的三种统计速率

最概然速率 $\quad v_p = \sqrt{\dfrac{2kT}{m}} = \sqrt{\dfrac{2RT}{\mu}} = 1.41 \sqrt{\dfrac{RT}{\mu}}$

物理意义是:在一定温度下分布在最概然速率附近单位速率区间内的相对分子数最多.或者说,分子分布在 v_p 附近的概率最大.

平均速率 $\quad \bar{v} = \sqrt{\dfrac{8kT}{\pi m}} = \sqrt{\dfrac{8RT}{\pi\mu}} = 1.60 \sqrt{\dfrac{RT}{\mu}}$

方均根速率 $\quad \sqrt{\overline{v^2}} = \sqrt{\dfrac{3kT}{m}} = \sqrt{\dfrac{3RT}{\mu}} = 1.73 \sqrt{\dfrac{RT}{\mu}}$

3. 理想气体的压强、温度

(1) 压强 $p = \dfrac{2}{3} n \bar{\varepsilon}_k$,式中 $\bar{\varepsilon}_k = \dfrac{1}{2} m \overline{v^2} = \dfrac{3}{2} kT$ 为分子的平均平动动能.

(2) $\bar{\varepsilon}_k = \dfrac{3}{2} kT$.

(3) 理想气体状态方程的两种形式为

$$p = nkT \text{ 和 } pV = \frac{M}{u}RT$$

4. 理想气体的内能

（1）能量均分定理：气体处于平衡态时，分子任何一个自由度的平均能量都相等，均为 $\frac{1}{2}kT$，这就是能量按自由度均分定理，简称能量均分定理.

（2）理想气体的内能 $E = \frac{M}{\mu}\frac{i}{2}RT$.

习　　题

12-1　已知 $f(v)$ 是速率分布函数，试说明以下各式的物理意义：

（1）$f(v)dv$；　　　　　（2）$\int_{v_1}^{v_2} vf(v)dv$；　　　　　（3）$\int_0^{v_p} f(v)dv$.

12-2　试指出下列各式表示的物理意义.

（1）$\frac{1}{2}kT$；　　　（2）$\frac{i}{2}kT$；　　　（3）$\frac{i}{2}\nu RT$；　　　（4）$\frac{3}{2}kT$.

12-3　求速率在 $v_p \sim 1.01v_p$ 内的气体分子数占总分子数的百分比.

12-4　已知某理想气体分子的方均根速率为 $400\text{m} \cdot \text{s}^{-1}$. 当其压强为 1atm 时，气体的密度多大？

12-5　某容器内分子数密度为 10^{26}m^{-3}，每个分子的质量为 $3 \times 10^{-27}\text{kg}$，设其中 $\frac{1}{6}$ 的分子以 $200\text{m} \cdot \text{s}^{-1}$ 的速率垂直地向容器的一壁运动，而其余 $\frac{5}{6}$ 的分子或者离开此壁，或者平行此壁运动，且分子与容器壁的碰撞为完全弹性，求每个分子作用于器壁的冲量，每秒钟碰在容器单位面积上的分子数，以及作用在器壁上的压强.

12-6　容器中储存有氧气，其压强 $p = 1\text{atm}$，温度 $t = 27℃$. 试求：

（1）单位体积内的分子数；（2）氧分子质量 m；（3）氧气密度 ρ；（4）分子的方均根速率；（5）分子的平均平动动能.

12-7　储有氧气的容器以 $100\text{m} \cdot \text{s}^{-1}$ 的速度运动. 假设该容器突然停止，全部定向运动的动能都变为气体分子热运动的动能，问容器中氧气的温度将会上升多少？

12-8　当氢气和氦气的压强、体积和温度都相等时，求它们的质量比和内能比.

12-9　试计算：

（1）氧分子在 0℃时的平均平动动能和平均转动动能；

（2）在此温度下，4g 氧的内能.

12-10　地球的温室效应分析：原因及其对策.

第 13 章　热力学基础

热力学是从能量转换和守恒的观点出发,以实验观察的事实为依据,研究物质状态变化时热、功和内能变换规律的学科. 本章主要内容有:热、功、内能等物理量及基本概念,热力学第一定律及其在各等值过程和绝热过程中的应用,理想气体的定体热容量和定压热容量,循环过程,热力学第二定律,卡诺循环和卡诺定理,熵和熵增加原理.

13.1　内能、功和热量

13.1.1　热力学过程

当系统与外界有能量交换时,系统的状态就要发生变化,如烧水,水从外界获得能量,自身温度升高,体积膨胀,改变了系统原来的状态. 系统从一个状态变到另一个状态的过程叫热力学过程.

系统状态的变化必然要破坏原来的平衡,而且必须经过一定的时间才能达到新的平衡,系统从初始状态到达新的平衡态所经过的时间叫弛豫时间.

按照系统与外界的关系来分,热力学过程可分为自发过程和非自发过程,按照系统本身的特点来分,可分为定体过程、定压过程、等温过程和绝热过程等,按过程所经历的状态性质来分,可分为非静态过程和准静态过程.

热力学过程经历的每一个状态都是平衡态,这样的过程叫**平衡过程**. 实际过程中的任一时刻,系统的状态是不平衡的,如用壶烧水,首先受热的是底部的水,体积的膨胀也从底部开始,水中的温度不再是处处相同的,系统在任一时刻的状态为非平衡态. 所以平衡过程是一种理想过程,对一定量的气体系统而言,每一个平衡态,压强 p,温度 T 和体积 V 都是确定的,因而可用 p-V 图上的一个点代表一个平衡态,p-V 图上一条曲线代表一个平衡过程. 因为非平衡态,系统的压强、温度和体积没有一个确定的值,所以不能用 p-V 图上的点代表.

热力学过程所经历的每一个状态都无限接近于平衡态,这种过程叫**准静态过程**. 进行地无限缓慢的过程是准静态过程,无限缓慢只具有相对意义,如果系统可测量的微小变化所经历的时间比系统从非平衡态过渡到平衡态的时间(弛豫时间)长得多,这个微小变化可视为无限缓慢. 准静态过程是对实际过程的近似和抽象,从应用方面讲,平衡过程和准静态过程通常不加区分.

13.1.2　准静态过程的功

在热力学中以气体为研究对象时,常常要计算气体的体积发生变化时所做的功,常称体积功. 以气体的膨胀为例说明如何计算体积功,如图 13-1 所示.

活塞无摩擦地左右运动,缸内气体施于活塞的压强为 p,活塞面积为 S,当活塞在气体压力作用下移动距离 dl 时,如果可看作准静态过程,则气体对外界所做的功为

图 13-1 气体膨胀时所做的功

$$dA = (pS)dl = p(Sdl) = pdV \qquad (13\text{-}1)$$

式中,$dV = Sdl$ 是气体体积的增量,式(13-1)是用系统状态参量表示准静态过程中"体积功"的一般公式.

下面对热力做功作以下说明:

(1) 式(13-1)中的功是指系统对外界所做的功,若 $dV > 0$,则 $dA > 0$,即系统体积膨胀时,系统对外做正功;若 $dV < 0$,则 $dA < 0$,表示系统的体积缩小时,外界压缩系统对系统做功.

(2) 当系统经历一个由体积 V_1 变化到 V_2 有限的准静态过程,系统对外的总功为

$$A = \int_{V_1}^{V_2} pdV \qquad (13\text{-}2)$$

如果已知系统的压强随体积变化的具体函数关系,将其代入式(13-2)就可以求出功来.

在 $p\text{-}V$ 图上总功的量值等于对应过程曲线下的面积,如图 13-2 所示.

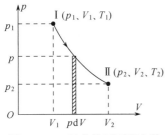

图 13-2 $p\text{-}V$ 曲线下面积在数值上等于相应过程中所做的功

(3) 做功改变了系统的状态,如摩擦生热,外力克服摩擦力做功,使物体温度升高,改变了物体的热运动状态.

(4) **功是过程量**,对给定的初态和终态,系统经历不同的过程则系统对外做的功的数值是不同的,如图 13-3 所示,与三个过程相对应的三条过程曲线下的面积不相等.所以功是过程量,功的量值与过程有关.

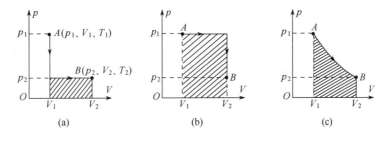

图 13-3 功的数值与过程有关

13.1.3 热量的传递

实验表明,当系统的温度比外界的温度高,系统的温度就会逐渐降低,同时外界的温度将逐渐升高,最后系统与外界达到热平衡,系统温度降低说明系统的热运动能量减少,外界的温度升高说明外界的热运动能量增加.可见,在这个过程中,系统把一部分热运动能量传给了外界,系统和外界因存在温度差而传递的能量称为热量,这种交换能量的方式称为传热.

13.1.4 做功和传热的量值是内能变化的量度

做功与传递热量在改变系统的状态方面是等效的,焦耳的热功当量实验证明了热量和功的等效性.它们均导致系统热运动状态的变化,功和热量都是系统状态变化过程中被传递的能量,因此**功和热量是系统和外界发生能量交换的量度**.传给系统 1 卡热量相当于对系统做了 4.186J 的功,过去习惯上用卡作为热量单位,在国际单位制中,功和热量的单位都为焦[耳].应当注意两点:①做功和传递热量在改变系统的状态方面是等效的,但在微观上,它们有着本质的差别,传热过程是通过分子间的相互作用来完成的,是系统内、外物体分子的无规则热运动能量间的转换.而做功过程则是物体分子的有规则运动能量与分子无规则运动能量的转换.②热和功不是系统本身的特征,不能说"一系统具有多少热量""一系统具有多少功",只能说"在某一过程中传递给系统多少热量,对系统做了多少功".这进一步说明了功和热量都是过程量.

13.2 热力学第一定律 热容量

13.2.1 热力学第一定律

热力学系统与外界传热、做功进行能量交换时,遵从能量转换和守恒定律,**热力学第一定律正是这种能量转换和守恒定律的具体体现**.

一般情况下,热力学系统从外界吸收了热量 Q,同时又对外做了功 A,在这样的过程中系统的内能由原来的初态 E_1 变化到了末态 E_2,根据能量转换和守恒定律,其数学表达式为

$$Q = E_2 - E_1 + A = \Delta E + A \tag{13-3}$$

可以看出式(13-3)是包含了热能、机械能和内能在内的能量转换和守恒定律.

如果状态变化无穷小,式(13-3)可以写成

$$dQ = dE + dA \tag{13-4}$$

对热力学第一定律作如下说明:

(1) 式(13-3)和式(13-4)中各物理量的符号人们有共同约定.等式左边系统从外界吸热为正,放热为负;等式右边系统对外做功为正,外界对系统做功为负;系统内能增加为正,减少为负.

(2) 热量、功和内能的单位统一用国际单位制焦[耳](J).

(3) 热、功虽然可以互换,但必须通过系统来实现.如等压膨胀,系统吸热增加内能,又以减少内能对外做功同时保持了等压,实现了热、功转换;反之,等压压缩外界对系统做功,增加了系统的内能,系统又减少其内能向外放热同时保持等压,也是通过系统来实现功、热转换的.为什么必然是这样?热力学第二定律将给予明确的说明.

(4) 热力学第一定律证明了第一类永动机不能实现.历史上曾有人企图造成一种既不消耗内能又能持续对外做功的机器,称为第一类永动机,显然与热力学第一定律相违背,即与能量转换与守恒定律相违背.

13.2.2 热容量

热量是在过程中传递的一种能量,是与过程有关的,一个系统在某一过程中温度升高 1K 所吸收的热量,称为系统在该过程的热容量,以 ΔQ 表示系统在某一过程中温度升高 ΔT 所吸收的热量,则系统在该过程的热容量 C 为

$$C = \lim_{\Delta T \to 0} \frac{\Delta Q}{\Delta T} \tag{13-5}$$

热容量的单位为"焦[耳]·开[尔文]$^{-1}$"($J \cdot K^{-1}$).

1mol 物质的热容量叫做**摩尔热容量**,用 C_m 表示,其单位为 $J \cdot mol^{-1} \cdot K^{-1}$,单位质量物质的热容量又叫比热容,比热容用小写字母 c 表示,其单位为 $J \cdot kg^{-1} \cdot K^{-1}$.

系统的热容量 C 与摩尔热容量的关系为

$$C = \nu C_m \tag{13-6}$$

式中,ν 为物质的摩尔数.

在实际问题中,经常用到系统在定体过程和定压过程的热容量,分别用 C_V 和 C_p 表示.定体热容量是指在体积不变的情况下,系统温度升高 1K 所吸收的热量,即

$$C_V = \lim_{\Delta T \to 0} \left(\frac{\Delta Q}{\Delta T} \right)_V = \frac{dQ_V}{dT} \tag{13-7}$$

而在定体过程中,$A = 0$,根据热力学第一定律 $\Delta Q = \Delta E$,则

$$C_V = \lim_{\Delta T \to 0} \left(\frac{\Delta E}{\Delta T} \right)_V = \left(\frac{\partial E}{\partial T} \right)_V \tag{13-8}$$

定压热容量是指系统在压强不变时,温度每升高 1K 所吸收的热量,即

$$C_p = \lim_{\Delta T \to 0} \left(\frac{\Delta Q}{\Delta T} \right)_p = \frac{dQ_p}{dT} \tag{13-9}$$

在定压过程中 $A = \int_{V_1}^{V_2} p dV = p(V_2 - V_1) = p\Delta V$,则 $\Delta Q = \Delta E + p\Delta V$,所以

$$C_p = \lim_{\Delta T \to 0} \left(\frac{\Delta E + p\Delta V}{\Delta T} \right)_p = \left(\frac{\partial E}{\partial T} \right)_p + p\left(\frac{\partial V}{\partial T} \right)_p \tag{13-10}$$

1mol 物质的定压热容量,称为定压摩尔热容量,记为 $C_{p,m}$,显然

$$C_{p,m} = \frac{1}{\nu} C_p \tag{13-11}$$

同样 1mol 物质的定体热容量,称为定体摩尔热容量,记为 $C_{V,m}$

$$C_{V,m} = \frac{1}{\nu} C_V \tag{13-12}$$

对于理想气体,内能 E 只是温度 T 的函数,式(13-8)写成

$$C_V = \frac{dE}{dT} \tag{13-13}$$

$$C_{V,m} = \frac{1}{\nu} \frac{dE}{dT} = \frac{i}{2} R \tag{13-14}$$

所以

$$dE = C_V dT$$

同样式(13-10)可写成

$$C_p = \frac{dE}{dT} + p\left(\frac{\partial V}{\partial T}\right)_p = C_V + p\left(\frac{\partial V}{\partial T}\right)_p$$

将理想气体状态方程代入上式有

$$C_p = C_V + p\frac{\nu R}{p} = C_V + \nu R \tag{13-15}$$

也可写成

$$C_{p,\mathrm{m}} = C_{V,\mathrm{m}} + R = \frac{i}{2}R + R = \frac{i+2}{2}R \tag{13-16}$$

$C_{p,\mathrm{m}} = C_{V,\mathrm{m}} + R$ 称为**迈耶公式**,迈耶公式表明,理想气体的定压摩尔热容比定体摩尔热容要大 R,这是因为升高相同的温度,定体过程中吸收的热量全部转化为内能的增量,而定压过程中吸收的热量,除了转化为与定体过程增量相同的内能外,还需要对外做功.

定义定压摩尔热容量与定体摩尔热容量之比为比热容比(specific heat capacity ratio),用 γ 表示为

$$\gamma = \frac{C_{p,\mathrm{m}}}{C_{V,\mathrm{m}}} = \frac{i+2}{i} \tag{13-17}$$

对于单原子分子理想气体,$\gamma = \frac{5}{3} \approx 1.67$;对于刚性双原子分子理想气体,$\gamma = \frac{7}{5} = 1.40$.

13.3 热力学第一定律的应用

13.3.1 理想气体的定体过程

定体过程的典型实例:如图 13-4(a)所示的装置来模拟,气缸保持体积不变,与温度差微小的热源系列连续接触以实现准静态定体过程,使压强不断增大,温度不断升高.

(a)   (b)

图 13-4 定体过程

定体过程的特点:在状态变化过程中,系统的体积 $V =$ 常量,$dV = 0$. 理想气体定体过程方程为 $\frac{p_1}{T_1} = \frac{p_2}{T_2}$ 或 $\frac{p}{T} =$ 常量.

定体过程在 p-V 图上是一条平行于 p 轴的直线,如图 13-4(b)所示. 定体过程系统对

外界所做的功:对于微小过程,有 $dA = pdV = 0$. 对于有限过程有 $A = 0$

定体过程系统吸收的热量:可利用定体摩尔热容量计算.

对于微小过程,有

$$dQ = \frac{M}{\mu} C_{V,m} dT \tag{13-18}$$

对于有限过程,有

$$Q = \frac{M}{\mu} C_{V,m}(T_2 - T_1) \tag{13-19}$$

定体过程系统内能的增量:将上述结果代入热力学第一定律表达式(13-4)可得

$$dE = \frac{M}{\mu} C_{V,m} dT \tag{13-20}$$

$$\Delta E = \frac{M}{\mu} C_{V,m}(T_2 - T_1) \tag{13-21}$$

应该注意:式(13-18)、式(13-19)仅对定体过程成立;而式(13-20)、式(13-21)对任何过程都成立. 表明系统在定体升温过程中从外界吸收的热量,全部增加系统的内能,在定体降温过程中向外界放出的热量,全部源于系统内能的减少.

13.3.2 定压过程

定压过程的典型实例:如图 13-5(a)所示的装置来模拟,加于气缸活塞上的压力保持不变,与温度差微小的热源系列连续接触,气体吸收了热量使压强、体积增大对外做功,温度升高,体积增大又使压强降低以实现准静态定压过程.

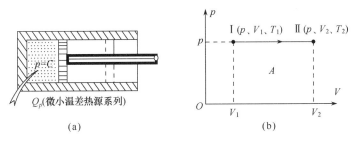

图 13-5 定压过程

定压过程的特点:在状态变化过程中,系统的压强始终保持不变,即 $p = $ 常量.

理想气体定压过程方程为

$$\frac{V_1}{T_1} = \frac{V_2}{T_2}, 即 \frac{V}{T} = 常量$$

定压过程系统对外界所做的功:定压过程在 p-V 图上是一条平行于 V 轴的直线,如图 13-5(b)所示. 对于微小变化过程 $dA = pdV$,对于有限过程有

$$A = \int_{V_1}^{V_2} pdV = p\int_{V_1}^{V_2} dV = p(V_2 - V_1) \tag{13-22}$$

定压过程系统的热量:利用定压摩尔热容量计算热量

$$Q = \frac{M}{\mu} C_{p,m}(T_2 - T_1) \tag{13-23}$$

系统内能的增量,可用热力学第一定律及状态方程,也可用式(13-20)求得

$$\Delta E = Q - A = \frac{M}{\mu} C_{p,m}(T_2 - T_1) - p(V_2 - V_1)$$

$$= \frac{M}{\mu} C_{p,m}(T_2 - T_1) - \frac{M}{\mu} R(T_2 - T_1)$$

$$= \frac{M}{\mu} C_{V,m}(T_2 - T_1) \tag{13-24}$$

上式表明,系统在定压膨胀过程中从外界吸收的热量,一部分转换为内能使系统内能增加,另一部分用来对外界做功;系统在定压压缩过程中,系统向外界放出的热量,部分来源于系统内能的减少,另一部分来源于外界对系统做功.

13.3.3 等温过程

等温过程的典型实例:等温过程可设想用一导热良好的汽缸与一恒温热源接触来实现.

等温过程的特点:在变化过程中系统的温度始终保持不变,即 $T = $ 常量,$E(T) = $ 常量,$dE = 0$. 当活塞上的外压强无限缓慢地降低时,汽缸内气体膨胀对外做功,内能也随之缓慢减少,温度微微降低,恒温大热源会传给系统热量,使其保持温度不变.

理想气体等温过程方程为

$$p_1 V_1 = p_2 V_2 \ 或 \ pV = 常量$$

等温过程系统对外界做的功:等温过程在 p-V 图上是一条反比例曲线,如图 13-6 所示的等温线. 对于微小过程 $dA = pdV$,对于有限过程

$$A = \int_{V_1}^{V_2} pdV = \int_{V_1}^{V_2} pV \frac{dV}{V} = \frac{M}{\mu} RT \int_{V_1}^{V_2} \frac{dV}{V} = \frac{M}{\mu} RT \ln \frac{V_2}{V_1} = \frac{M}{\mu} RT \ln \frac{p_1}{p_2} \tag{13-25}$$

等温过程中系统内能增量:$\Delta E = 0$.

等温过程系统吸收的热量:由热力学第一定律得,对于微小过程,有

$$dQ = dE + dA = 0 + pdV$$

对于有限过程

$$Q = A = \frac{M}{\mu} RT \ln \frac{V_2}{V_1} = \frac{M}{\mu} RT \ln \frac{p_1}{p_2} \tag{13-26}$$

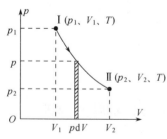

图 13-6 等温过程

上式表明,在等温膨胀过程中,系统从外界吸收的热量全部用来对外界做功;在等温压缩过程中外界对系统做功,全部转换为系统向外界放出的热量.

13.3.4 绝热过程

绝热过程的典型实例:用绝热材料包裹起来的气缸中进行的过程是绝热过程;过程进

行得很快来不及与外界交换热量的过程也是绝热过程,如声波传播时引起空气的压缩和膨胀过程可视为绝热过程.完全绝热的材料是没有的,根本不与外界交换热量的过程也是没有的,所以绝热也是一种理想过程.

绝热过程的特点:系统和外界不交换热量,在状态变化过程中 $\mathrm{d}Q=0$.

理想气体绝热过程的方程是

$$pV^{\gamma} = 恒量 \tag{13-27}$$

$$V^{\gamma-1}T = 恒量 \tag{13-28}$$

$$p^{\gamma-1}T^{-\gamma} = 恒量 \tag{13-29}$$

利用热力学第一定律和理想气体状态方程可推导出以上三式,其步骤如下:

对理想气体状态方程 $pV=\dfrac{M}{\mu}RT$ 两边求全微分得

$$p\mathrm{d}V + V\mathrm{d}p = \frac{M}{\mu}R\mathrm{d}T$$

对于绝热过程,由热力学第一定律得

$$\mathrm{d}E = -\mathrm{d}A = -p\mathrm{d}V = \frac{M}{\mu}C_{V,\mathrm{m}}\mathrm{d}T$$

上两式消去 $\mathrm{d}T$,得

$$(C_{V,\mathrm{m}} + R)p\mathrm{d}V = -C_{V,\mathrm{m}}V\mathrm{d}p$$

利用迈耶公式和 $\gamma=\dfrac{C_p}{C_V}$,将上式写成

$$\frac{\mathrm{d}p}{p} + \gamma\frac{\mathrm{d}V}{V} = 0$$

对上式积分可得 $\ln p+\gamma\ln V=C'$ 或 $\ln p+\ln V^{\gamma}=C'$(C' 为常量),即

$$pV^{\gamma} = 常量$$

该式称为泊松方程,利用理想气体状态方程消去 p 或 V 可得式(13-28)和式(13-29).

根据泊松方程可以在 $p\text{-}V$ 图上画出与绝热过程相对应的曲线,称为绝热线.

如图 13-7 所示,图中还画出了一条等温线,可以看出,绝热线要比等温线陡.

可以用数学方法通过比较两种过程曲线的斜率来证明.

设绝热线与等温线交于 A 点,由 $pV^{\gamma}=$ 常量,可以求出绝热线在 A 点的斜率为

图 13-7　绝热线与等温线的斜率比较

$$\left(\frac{\mathrm{d}p}{\mathrm{d}V}\right)_{Q=0} = -\gamma\frac{p_A}{V_A}$$

由等温过程方程 $pV=$ 常量,可求出等温线在 A 点的斜率为

$$\left(\frac{\mathrm{d}p}{\mathrm{d}V}\right)_{T=C} = -\frac{p_A}{V_A}$$

因为 $\gamma > 1$，所以绝热线的斜率的绝对值比等温线斜率的绝对值大，绝热线要比等温线陡，这一结论从气体动理论的角度也很容易解释，在等温膨胀（或压缩）过程中，温度不变，所以引起压强降低（或升高）的因素只有一个，即体积增大（或减小），密度减小（或增大）. 而在绝热膨胀（或压缩）过程中，一方面体积增大（或减小），密度减小（或增大），导致压强降低（或增大）；另一方面由于系统膨胀（或压缩）对外界做功（或负功），内能减小（或增大），导致压强的进一步减小（或增大），故在绝热过程中压强的降低（或增高）比等温过程中多.

绝热过程系统吸收的热量：$Q=0$.

绝热过程系统对外界做的功：根据热力学第一定律，绝热过程中 $Q=0$，故系统对外做的功

$$A = -\Delta E = -\frac{M}{\mu}C_{V,\mathrm{m}}(T_2 - T_1) \tag{13-30}$$

也可表达成另一种形式：

$$A = \int_{V_1}^{V_2} p\mathrm{d}V = pV^\gamma \int_{V_1}^{V_2} \frac{\mathrm{d}V}{V^\gamma} = p_1 V_1^\gamma \frac{1}{1-\gamma}(V_2^{1-\gamma} - V_1^{1-\gamma})$$

$$= \frac{1}{\gamma-1}(p_1 V_1 - p_2 V_2) \tag{13-31}$$

从以上的讨论可知，在绝热膨胀过程系统对外做功全是以减小系统的内能为代价，反之在绝热压缩过程中外界对系统做的功也全是用来增加系统的内能.

下面将各种准静态等值过程及绝热过程中热量 Q、功 A、内能的变化列表（表 13-1），以便比较、选择、记忆.

表 13-1 各种准静态过程中热量 Q、功 A、内能变化情况比较表

准静态过程	过程条件	过程方程	吸收热量(Q)	$A = \int p\mathrm{d}V$	内能变化 ΔE
定体	$V=$常量	$p_1/T_1 = p_2/T_2$	$\nu C_{V,\mathrm{m}}(T_2-T_1)$	0	$\nu C_{V,\mathrm{m}}(T_2-T_1)$
定压	$p=$常量	$V_1/T_1 = V_2/T_2$	$\nu C_{p,\mathrm{m}}(T_2-T_1)$	$p(V_2-V_1)$ $\nu R(T_2-T_1)$	$\nu C_{V,\mathrm{m}}(T_2-T_1)$
等温	$T=$常量	$p_1V_1 = p_2V_2$	$\nu RT \ln(V_2/V_1)$ $\nu RT \ln(p_1/p_2)$	$\nu RT\ln(p_1/p_2)$ $\nu RT\ln(V_2/V_1)$	0
绝热	$\mathrm{d}Q=0$	$pV^\gamma=$常量 $TV^{\gamma-1}=$常量 $p^{\gamma-1}T^{-\gamma}=$常量	0	$-\nu C_{V,\mathrm{m}}(T_2-T_1)$ $\dfrac{p_1V_1-p_2V_2}{\gamma-1}$	$\nu C_{V,\mathrm{m}}(T_2-T_1)$

例 13-1 2mol He 气（视为理想气体），从状态 1 等压膨胀到状态 2，再等容变到状态 3，1、3 两状态的温度相同，最后等温压缩回到状态 1，如图 13-8 所示. 求每一过程 He 气内能的变化，对外做的功和吸收的热量.

解 He 是单原子分子, $i=3$.

在 p-V 图上只有 p_3 不知, p_3 可由等温方程求得

$$p_3 = \frac{p_1 V_1}{V_3} = \frac{5 \times 1.0 \times 10^{-2}}{3.0 \times 10^{-2}} = \frac{5}{3} (\text{atm})$$

(1) 1→2 是等压膨胀过程, $p_2 = p_1 = 5\text{atm}$

$$\Delta E_1 = E_2 - E_1 = \frac{i}{2}(p_2 V_2 - p_2 V_1)$$

$$= \frac{3}{2} \times 5 \times (3.0 \times 10^{-2} - 1.0 \times 10^{-2})$$

$$= 15 \times 10^{-2} (\text{atm} \cdot \text{m}^3) = 1.5 \times 10^4 (\text{J})$$

$$A_1 = p_1(V_2 - V_1) = 5 \times (3.0 \times 10^{-2} - 1.0 \times 10^{-2})$$

$$= 10 \times 10^{-2} (\text{atm} \cdot \text{m}^3) = 1.0 \times 10^4 (\text{J})$$

$$Q_1 = \Delta E_1 + A_1 = 15 \times 10^{-2} + 10 \times 10^{-2}$$

$$= 25 \times 10^{-2} (\text{atm} \cdot \text{m}^3) = 2.5 \times 10^4 (\text{J})$$

图 13-8 状态变化 p-V 曲线

(2) 2→3 是等体降温过程, $V_3 = V_2 = 3.0 \times 10^{-2} \text{m}^3$

$$A_2 = 0$$

$$Q_2 = E_3 - E_2 = \frac{i}{2}(p_3 V_3 - p_2 V_2)$$

$$= \frac{3}{2} \times 3.0 \times 10^{-2} \times \left(\frac{5}{3} - 5\right)$$

$$= -15 \times 10^{-2} (\text{atm} \cdot \text{m}^3) = -1.5 \times 10^4 (\text{J})$$

(3) 3→1 等温压缩放热过程, $p_1 V_1 = p_3 V_3$, 则

$$\Delta E_3 = E_1 - E_3 = 0$$

$$Q_3 = A_3 = p_1 V_1 \ln(V_1/V_3) = 5.0 \times 10^{-2} \times \ln(1.0 \times 10^{-2}/3.0 \times 10^{-2})$$

$$= -5 \times 10^{-2} \times \ln 3 = -5.5 \times 10^{-2} (\text{atm} \cdot \text{m}^3) = -5.5 \times 10^3 (\text{J})$$

已知 p-V 图求 ΔE、A 和 Q, 求出未知的 p、V 即可, 而不必求 T.

13.4 循环过程 卡诺循环

13.4.1 循环过程

历史上热力学是在研究热机、如何提高热机效率的过程中发展起来的. 所谓热机, 是利用热能来做功的机器, 或者说是将热能转换为功的机器, 如蒸汽机、内燃机、汽轮机等. 下面以蒸汽机为例, 说明热机工作原理. 蒸汽机的工作原理可示意地用图 13-9 表示.

工作过程由以下几个步骤组成:

(1) 水泵 B 将水池 A 中的水打入锅炉 C;

(2) 水在锅炉 C 中被加热, 水吸热, 内能增加, 变成高温、高压蒸汽;

(3) 蒸汽被导入汽缸 D, 在 D 中蒸汽膨胀, 对外做功, 蒸汽内能转化为机械能;

(4) 做完功的蒸汽变成废气, 进入冷凝器 E, 在冷凝器中被冷却放热, 液化成水;

图 13-9　蒸汽机的工件原理图

（5）水经水泵 F 再进入水池.

在热机中被循环使用、用来吸收热量并对外做功的物质叫做工作物质，简称工质. 在蒸汽机中工作物质就是水或水蒸气. 工作物质从中吸收热量，增加内能的装置叫做高温热源，这里高温热源就是锅炉 C. 像这里的冷凝器，工作物质向其中放热的装置叫低温热源.

从能量转换角度看，热机工作过程就是工作物质从高温热源吸热、增加内能，然后对外做功，使部分内能转换为机械功，另一部分内能在低温热源通过放热传给外界，经过这一系列过程，工作物质又回到原来的状态.

为了从能量转换的角度研究各种热机的性能，我们引入循环过程的概念. 普遍来说，如果热力学系统从某一状态出发，经历一系列变化过程，最后又回到初始状态，这样的过程就叫做循环过程，如果一个循环过程由一系列的准静态过程构成，这样的循环就称为准静态循环过程，**准静态循环过程可用工作物质状态参数空间的一条闭合曲线表示.**

13.4.2　正循环　热机效率

在 $p\text{-}V$ 图中，循环过程沿顺时针方向进行，系统对外界做净功，这种循环称为**正循环**，如图 13-10 所示，正循环所对应的实际系统就是我们所说的热机，如蒸汽机、内燃机等. 热机是利用热量通过系统来做功的机器. 热机中的工质不断地进行正循环，不断地从外界吸收热量，并对外做功.

图 13-10　正循环（热机）及其功

热机在完成一次循环后，其内能不变，对外做的净功 $A>0$，从高温热源吸热 Q_1，到低温热源放热 Q_2，根据热力学第一定律有

$$A = Q_{净} = Q_1 - Q_2 \tag{13-32}$$

热机性能好坏的重要标志是热机效率，即系统从外界吸收的热量中有多少转换为有用的功，以 η 表示**循环效率**，则

$$\eta = \frac{A}{Q_1} = \frac{Q_1 - Q_2}{Q_1} = 1 - \frac{Q_2}{Q_1} \tag{13-33}$$

表示一次循环过程中系统对外界做的有用功占它从高温热源吸收热量的比例.

13.4.3 逆循环 制冷系数

在 p-V 图中,循环过程沿逆时针方向进行,外界对系统做净功,这种循环称为**逆循环**. 如图 13-11 所示,逆循环所对应的实际系统就是制冷机. 工作物质在外力推动下做逆循环,从低温物体吸收热量,向高温物体释放,达到低温物体的温度越来越低的目的. 在制冷机完成一次循环过程中,工作物质要从低温热源吸热 Q_2,外界对它做功 A,一并以热量的形式传给高温热源,即向高温热源放出热量

图 13-11 逆循环
（制冷机)及其功

$$Q_1 = Q_2 + A$$

定义制冷系数

$$\omega = \frac{Q_2}{A} = \frac{Q_2}{Q_1 - Q_2} \tag{13-34}$$

它表示消耗单位功能够从低温热源吸收的热量,反映了制冷机将热量从低温热源抽到高温热源的能力.

注意,Q_1、Q_2 的定义和热机效率中的 Q_1、Q_2 定义相反. 热机效率中,Q_1 表示从高温热源吸收的热量,而制冷系数中,Q_1 表示向高温热源放出的热量. 并且热机效率及制冷系数中的 Q_1、Q_2、A 仅表示数值.

13.4.4 卡诺循环

19 世纪初开始广泛使用蒸汽机,但是效率很低,只有 $3\%\sim5\%$. 为了提高热机效率,1824 年青年工程师卡诺研究了一种理想循环——**卡诺循环**,为提高热机效率指明了方向并为热力学第二定律的确立奠定了基础.

理想的卡诺机是在两个恒温热源之间工作的. 其循环过程是由两个等温过程和两个绝热过程组成的. 图 13-12 是卡诺热机的循环过程. 工作物质为理想气体. 1→2 是等温膨胀过程,吸热 $Q_1 = \frac{M}{\mu}RT_1\ln(V_2/V_1)$,3→4 是等温压缩过程,放热 $Q_2 = \frac{M}{\mu}RT_2\ln(V_3/V_4)$;2→3 是绝热膨胀过程,有 $T_1V_2^{\gamma-1} = T_2V_3^{\gamma-1}$;4→1 是绝热压缩过程,有 $T_1V_1^{\gamma-1} = T_2V_4^{\gamma-1}$,由以上两式可得 $V_2/V_1 = V_3/V_4$,由此可求得卡诺热机的效率

图 13-12 卡诺热机循环过程

$$\eta_\text{卡} = 1 - \frac{Q_2}{Q_1} = 1 - \frac{\dfrac{M}{\mu}RT_2\ln(V_3/V_4)}{\dfrac{M}{\mu}RT_1\ln(V_2/V_1)} = 1 - \frac{T_2}{T_1} \tag{13-35}$$

卡诺循环表明,提高热机效率的途径是提高高温热源的温度和降低低温热源的温度.

同理可求得卡诺制冷机的制冷系数

$$\omega_\text{卡} = \frac{Q_2}{|A|} = \frac{Q_2}{Q_1 - Q_2} = \frac{T_2}{T_1 - T_2} \tag{13-36}$$

由式(13-36)可见,T_2 越小,$\omega_\text{卡}$ 也越小. 这说明吸收相同的热量而低温热源的温度越低,消耗的功就越多.

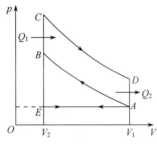

图 13-13　奥托内燃机循环过程

例 13-2　奥托内燃机的循环过程如图 13-13 所示. $E{\to}A$ 为吸入燃料过程,$A{\to}B$ 为压缩过程,$B{\to}C$ 为爆炸过程,$C{\to}D$ 为做功过程,$D{\to}A$ 为打开气门时的降压过程,$A{\to}E$ 为排出废气的过程. 过程 $A{\to}B$ 和 $C{\to}D$ 可认为是绝热的,$B{\to}C$ 和 $D{\to}A$ 可认为是等体的. 试求这个循环的效率.

解　因为在这个循环中,吸热和放热只在两个等体过程中进行,所以

$$Q_1 = \frac{M}{\mu}C_V(T_3 - T_2)$$

$$Q_2 = \frac{M}{\mu}C_V(T_4 - T_1)$$

代入效率公式,得

$$\eta = 1 - \frac{Q_2}{Q_1} = 1 - \frac{T_4 - T_1}{T_3 - T_2}$$

又因为 $A{\to}B$ 和 $C{\to}D$ 是绝热过程,有

$$T_1V_1^{\gamma-1} = T_2V_2^{\gamma-1} \quad 和 \quad T_4V_1^{\gamma-1} = T_3V_2^{\gamma-1}$$

由以上两式,可得

$$\frac{T_3 - T_2}{T_4 - T_1} = \left(\frac{V_1}{V_2}\right)^{\gamma-1}$$

引入绝热压缩比 $r = \dfrac{V_1}{V_2}$,可得

$$\eta = 1 - \frac{1}{r^{\gamma-1}}$$

由此可见,奥托内燃机——汽油机的效率完全由绝热压缩比 r 所决定,并随 r 的增大而增加. 设 $r = 7$,则

$$\eta = 1 - \frac{1}{7^{0.4}} = 55\%$$

实际的汽油机的效率只有 25% 左右.

*13.5　熵　热力学第二定律

13.5.1　可逆过程和不可逆过程

一个系统从 A 状态变为 B 状态,如果我们能使系统进行逆向变化,从 B 状态恢复到初状态 A,而且当系统恢复到初状态 A 时,周围一切也都各自恢复原状,这个过程就称为可逆过程.如果系统不能恢复到初状态,或者当系统恢复到初状态时周围并不能恢复原状,那么这个过程称为不可逆过程.

一个单摆,如果不受空气的阻力和其他摩擦力的作用,当它离开某一位置后,经过一个周期又回到原来的位置,而周围一切都无变化.因此,单摆的摆动是一个可逆过程.从而得出结论:单纯的、无机械能耗散的机械运动过程是可逆过程.

一个储于汽缸内的气体系统,缓慢地进行膨胀,活塞附近的压强非常接近气体内部的压强,气体膨胀一微小体积 ΔV 所做的功为 $p\Delta V$.然后,在活塞与气缸壁无摩擦的情况下,缓慢地对气体做功 $p\Delta V$,将气体压回到原来的体积.气体恢复到原来的状态,外界也恢复到原状态.所以无限缓慢的亦即准静态的压缩过程是可逆过程.

然而,在自然界中我们时时看到不可逆过程,如炮弹的爆炸过程,人的生命过程,其逆过程是不可能实现的.又如气体系统的膨胀,汽缸中的气体迅速膨胀时,活塞附近的气体压强小于气体内部的压强,设气体内部的压强为 p,气体迅速膨胀一微小体积 ΔV,则气体所做的功 A_1 小于 $p\Delta V$.反过来,将气体压回到原体积,活塞附近的气体压强不能小于气体内部的压强,外界对气体所做的功 A_2 不小于 $p\Delta V$.因此,气体迅速膨胀后,可以把它压回到原状态,但外界必须多做功 $A_2 - A_1$.也就是说,对外界的影响不能消除,外界不能恢复原状态.

实际上,实践中遇到的一切过程都是不可逆过程,或者说有些过程只是或多或少地接近可逆过程.我们之所以研究可逆过程,是因为它是从实际情况中抽象出来的理想情况.通过对它的研究,来掌握实际过程的规律性,并可以此为基础,进一步探讨实际过程的更精确的规律.

13.5.2　自然过程的方向性

实践中的一切过程都不是可逆的,即过程的进行都有一个方向.下面我们来讨论热力学过程的方向.

(1) 功热转换.自然界中,对一个系统做功,可以使之完全转化为热量.焦耳的实验是一个典型的例子.焦耳曾经用如图 13-14 所示的实验装置定量地研究摩擦生热的规律.在一个绝热容器内盛有水,当重物下落时带动容器内的翼板搅动液体,翼板克服它与液体间的摩擦力做功,从而使液体温度升高.在这个过程中,功可以全部转化为热.但与之相反的过程,即水温自动降低,产生水流,推动翼板转动,带动重物上升,却是不可能发生

图 13-14　翼板搅拌液体,
对液体做功

的. 这个事实说明, 通过摩擦而使功转变成热的过程是不可逆的.

即使用其他的办法, 也不可能使一系统从单一热源吸收热量, 使之完全转化为有用功, 而对外界不产生影响. 例如, 热机就是人们为了把热转换为有用功而设计的, 但实际的热机都是工作物质从高温热源吸收热量, 其中一部分用来对外做功, 同时还有一部分热量不能做功, 而传给了低温热源. 因此热机循环除了使一部分热变成功这一效果外, 还产生了另外一效果, 即一部分热量从高温热源传到了低温热源.

（2）热传导. 两个温度不同的物体相互接触, 热量总是自动地从高温物体传向低温物体, 从而使两物体的温度相同而达到热平衡. 同一个物体, 其不同部分具有不同温度时, 热量也会自动地从高温部分传向低温部分. 但是与以上相反的过程是不会有的. 这说明, 热传导过程是不可逆的.

热量从低温物体传向高温物体在实际中也是有的, 如制冷机就是为此而设计的. 但是制冷机是通过外界做功才能把热量从低温物体传向高温物体, 使外界发生了某些变化.

（3）气体的绝热自由膨胀. 如图 13-15 所示的容器中, 左部储有气体, 右部为真空. 当绝热容器中的隔板被抽去的瞬间, 气体都在容器的左部, 此后气体自动地迅速膨胀, 充满整个容器, 最后达到平衡状态. 这个过程显然是不可逆的, 即充满容器的气体不会自动地收缩到左半部, 使右半部变为真空. 这就是说, 气体向真空绝热自由膨胀的过程是不可逆的.

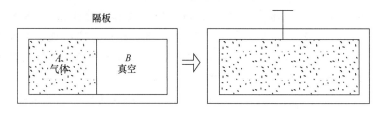

图 13-15　气体的绝热自由膨胀

以上三个过程都是按一定方向进行的, 是不可逆的. 相反的过程是不可能自动发生的, 即使可能发生, 也必将对外界产生影响.

在自然界中, 一切与热现象有关的实际宏观过程都涉及热功转换或热传导, 特别是, 都是由非平衡态向平衡态转变, 因此可以说, 一切与热现象有关的实际宏观过程都是不可逆的. 为什么一切与热现象有关的实际过程都是不可逆的呢? 为了解决这一问题, 玻尔兹曼引进了熵的概念.

13.5.3　熵

从微观上来看, 对于一个系统的状态的宏观描述是非常不完善的, 系统的同一个宏观状态实际上可能对应于非常非常多的微观状态, 而这些微观状态是粗略的宏观描述所不能加以区别的. 下面以气体自由膨胀为例说明这个意思.

设有一长方形容器, 中间的隔板把它分为左右相等的两部分. 左边是气体, 右边是真空. 将隔板打开后, 容器中分子的位置分布有很多可能. 为方便计, 设里面共有 4 个分子 $a、b、c、d$. 每个分子在无规则运动中任一时刻或处于左侧, 或处于右侧. 系统的微观状态是指各个分子各处于哪一侧. 而宏观描述无法区别各个分子, 只能指出左、右侧各有几个分子. 宏观状态和微观状态的分布如表 13-2 所示.

表 13-2 四个分子的位置分布

| 微观状态 | | 宏观状态 | | 一种宏观状态对应的 |
左	右	左	右	微观状态数 Ω
abcd		4	0	1
abc	d			
bcd	a	3	1	4
cda	b			
dab	c			
ab	cd			
ac	bd			
ad	bc	2	2	6
bc	ad			
bd	ac			
cd	ab			
a	bcd			
b	cda	1	3	4
c	dab			
d	abc			
	abcd	0	4	1

表 13-2 指出, 对于一个宏观状态, 可以有许多微观状态与之对应. 如左右两侧各有两个分子的宏观状态, 包含了 6 个微观状态. 如果分子数为 20, 则左、右两侧各有 10 个分子的微观状态就有 184756 个. 实际上, 一般气体系统所包含的分子的数量级为 10^{23}, 对应于一个宏观状态的微观状态数目就非常大了. 从表 13-2 还可以看出, 左右两侧分子数越接近的宏观状态, 对应的微观状态数目越大. 而 4 个分子全部在左侧的宏观状态对应的微观状态数只占总微观状态数的 $\dfrac{1}{2^4}$. 若一般系统, 这种微观状态数相对来说就少得可怜了, 而左、右两侧相等的宏观状态所对应的微观状态数占总微观状态数的比例几乎 (或实际上) 是百分之百.

对于孤立系统来说, 各个微观状态出现的概率是相同的. 因此, 对应微观状态数目多的宏观状态出现的概率大. 实际上最可能观察到的宏观状态, 就是在一定宏观条件下出现的概率最大的状态, 也就是微观状态数目最多的宏观状态, 对上述容器内封闭的气体来说, 就是左右两侧分子数差不多相等的那些宏观状态.

为了定量说明宏观状态和微观状态的关系, 人们定义: 任一宏观状态所对应的微观状态数称为该宏观状态的热力学概率, 用 Ω 表示.

分子全部处于容器左侧的状态, 较之分子平均分布在两侧的状态, 无序程度要小一些. 这正像学生集中在课堂上和分布在校园内相比, 找某一个同学要容易一些. 从而可以看出, 热力学概率小的状态无序性小, 热力学概率大的状态无序性大, 即热力学概率 Ω 是分子运动无序性的一种量度.

一般来说,气体系统某一状态的热力学概率 Ω 非常大.为了便于理论上进行处理, 1877 年玻尔兹曼用下面关系式定义的熵 S 来表示系统无序度的大小.

$$S = k\ln\Omega \tag{13-37}$$

式中,k 是玻尔兹曼常量.对于系统的某一宏观状态,有一个热力学概率与之对应,因而也就有一个熵值与之对应.因此,熵是系统状态的函数,也是系统分子无序性的量度.

熵的量纲与 k 的相同,它的 SI 单位是 $J \cdot K^{-1}$.

13.5.4 热力学第二定律

热力学第二定律源于热机效率和制冷机制冷系数的研究.任何热机的循环过程都不可能不放出热量,效率都不可能达到 100%.将热量从低温物体传到高温物体而不消耗外界功的任何制冷机都不可能实现.在此基础上产生了热力学第二定律的两种表述.

1. 开尔文表述

1851 年开尔文提出:**不可能从单一热源吸取热量,使之完全变为有用功而不产生其他的影响.** 这里说的"单一热源"是指温度均匀且恒定不变的热源,即热源内部不存在温度差;"其他影响"是指把热转化为功之外的任何变化,如理想气体等温膨胀能把吸收的热全部转化为功,但产生了其他影响,即理想气体的体积发生了变化,外界的状态也发生了变化.

19 世纪初,随着热机的广泛使用,热机的效率受到普遍关注,人们总是希望热机的效率越高越好,在效率 $\eta > 1$ 的热机被否定后,有人曾试图设计 $\eta = 1$ 的热机(称为第二类永动机),结果都失败了.

历史上把研制效率为 100% 的热机(如以海洋为巨大热源,从中吸取热量不断做功),称为第二类永动机.开尔文表述指出:第二类永动机是不可能实现的.

2. 克劳修斯表述

1850 年克劳修斯提出:**不可能使热量自动地由低温物体传到高温物体而不产生其他影响.** 克劳修斯表述指出,热量不可能自动地从低温物体传向高温物体,无需外界做功的制冷机是不可能实现的.

热力学第二定律的两种表述是实践经验的总结.开尔文表述说明功转化热的过程是不可逆的.克劳修斯表述说明热传导是不可逆的.所以热力学第二定律的实质是与热现象有关的一切宏观过程都是不可逆的.

13.5.5 熵增加原理

熵增加原理是对孤立系统而言的.孤立系统与外界无能量交换.因此孤立系统中发生的任何过程都是绝热的,在一个孤立系统内,气体分子可以从热力学概率小的状态自动过渡到热力学概率大的状态,而不能向相反方向进行,因此,在孤立系统中所进行的自然过程总是沿着熵增大的方向进行.平衡态相应于熵最大的状态.这个规律称为**熵增加原理**.它是热力学第二定律的一种数学表述,可用数学式子

$$\Delta S \geqslant 0 \qquad （孤立系，自然过程） \tag{13-38}$$

来表达.

我们来看功热转换问题. 功转换为热是机械能转换为内能的过程. 从微观上看，机械能是大量分子有序运动具有的能量，而内能是大量分子无规则热运动具有的能量. 因此，功转换为热是大量分子的有序运动向无序运动转化的过程，即熵增加的过程. 而相反的过程，即热全部用来对外做功，分子无序运动自动转化为有序运动，这是不可能的. 因此，开尔文将热力学第二定律表述为：不可能从单一热源取热，使之完全变为有用功而不产生其他影响.

再看热传导. 两个温度不同的物体，温度高的物体表明组成它的大量分子无序运动的平均平动动能大，温度低的物体表明组成它的大量分子无序运动的平均平动动能小. 这意味着虽然两个物体的分子运动都是无序的，但总还有一定的秩序，即平均平动动能大的分子在一个物体上，平均平动动能小的分子在另一个物体上. 如果将两个物体进行热接触，最终将变成同一温度，即两物体中分子的平均平动动能变得一样，无从区别了. 这就是说，大量分子的无序性由于热传导增大了. 这个过程是熵增加的过程. 而相反的过程，即分子运动由平均平动动能完全相同的无序状态，自动地向一边平均平动动能大而另一边平均平动动能小的较为有序的状态进行的过程是不可能的. 因此，克劳修斯将热力学第二定律表述为：不可能把热从低温物体传到高温物体而不产生其他影响.

*13.6 卡诺定理

13.6.1 卡诺定理

1824 年，法国工程师卡诺在研究热机循环效率时，得到一个在热机理论中非常重要的定理——卡诺定理. 内容如下：

（1）在相同的高温热源与相同的低温热源之间工作的一切可逆热机，其效率相等，与工作物质无关.

（2）在相同的高温热源与相同的低温热源之间工作的一切不可逆热机，其效率不可能大于可逆热机的效率.

所谓可逆热机，是指工作物质的循环是由可逆过程构成的，不可逆热机是指其工作物质的循环包含有不可逆过程. 卡诺定理指出了提高热机效率的途径，即为了提高热机效率，应当使实际的不可逆热机尽量接近可逆热机，应当尽量提高两个热源的温度差.

13.6.2 卡诺定理的证明

现在用热力学第二定律证明卡诺定理.

证明卡诺定理（1）：设想有一卡诺可逆热机 E（其工作物质为理想气体）和另一可逆热机 E'（不论用什么工作物质）在温度为 T_1 的高温热源与温度为 T_2 的低温热源之间工作，并设法调节两热机的工作过程，使两热机在每一循环中可做相同的功 A，于是，两热机的效率分别为

$$\eta = \frac{A}{Q_1}, \quad \eta' = \frac{A}{Q_1'}$$

图 13-16 卡诺定理(1)的证明

我们用反证法证明 $\eta = \eta'$，首先假设 $\eta' > \eta$，由于两热机都是可逆的，我们可以使 E' 机进行正循环，使其在一循环中从高温热源吸取热量 Q_1'，对外做功 A，向低温热源放热 $Q_2' = Q_1' - A$，而使 E 机进行逆循环，使其在一次循环过程中，接受 E' 机输出的功 A 而从低温热源吸收 Q_2，向高温热源放热 Q_1，如图 13-16 所示.

由于 $\eta' > \eta$，故 $Q_1' < Q_1$. 又由于 $Q_2 = Q_1 - A$，$Q_2' = Q_1' - A$，故 $Q_2' < Q_2$. 这两热机在一起运行时，其工作物质的循环可看作一个联合循环，每经过一次这样的联合循环，系统复原，但低温热源中却放出热量 $Q_2 - Q_2'$，高温热源则正好得到了与其相等的热量 $Q_1 - Q_1'(= Q_2 - Q_2')$，这意味着在未发生任何其他变化的情况下，热量自低温热源自动地传向了高温热源，违背了热力学第二定律，所以 $\eta' > \eta$ 的假设不成立.

反之，使卡诺热机 E 正向运行，可逆热机 E' 逆向运行，同理可证明 $\eta' < \eta$ 也是不可能的，综合上述两结论可得，η 与 η' 关系一定是

$$\eta' = \eta \qquad (13-39)$$

即在相同的高温热源与相同的低温热源之间工作的一切可逆热机，其效率相等，与工作物质无关. 由于卡诺可逆热机的效率为 $1 - \dfrac{T_2}{T_1}$，故一切可逆机的效率 $\eta_{可逆} = 1 - \dfrac{T_2}{T_1}$.

证明卡诺定理(2)：用一个不可逆机 E'' 取代上述步骤中所说的 E'，用同样的方法，我们可以证明 $\eta'' > \eta$ 是不可能的，即 η 与 η'' 的关系一定是 $\eta'' \leqslant \eta$，由于 E'' 是不可逆机，我们无法证明 $\eta \leqslant \eta''$，因此 η 与 η'' 的关系只能是 $\eta'' \leqslant \eta$，即在相同的高温热源与相同的低温热源之间工作的一切不可逆热机，其效率不可能大于可逆热机的效率，即

$$\eta_{不可逆} \leqslant 1 - \frac{T_2}{T_1} \qquad (13-40)$$

本 章 小 结

1. 热力学第一定律

（1）热力学第一定律.

热力学第一定律是包括热量在内的能量守恒及转换定律. 在任何过程中能量必须守恒，其数学表达式为

$$Q = \Delta E + A$$

对于无限小过程有

$$dQ = dE + dA$$

式中，各量正负号规定如下：

	热量 Q	系统内能增量 ΔE	功 A
正	系统从外界吸热	系统内能增加	系统对外界做功
负	系统向外界放热	系统内能减少	外界对系统做功

（2）摩尔热容.

1mol 气体的温度升高（或降低）1K 所吸收（或放出）的热量，称为摩尔热容.

定体摩尔热容：在等体过程中，1mol 的理想气体温度升高（或降低）1K 所吸收（或放出）的热量，用 $C_{V,\mathrm{m}}$ 表示.

$$C_{V,\mathrm{m}} = \frac{i}{2}R$$

定压摩尔热容：在等压过程中，1mol 的理想气体温度升高（或降低）1K 所吸收（或放出）的热量，用 $C_{p,\mathrm{m}}$ 表示.

$$C_{p,\mathrm{m}} = \frac{i}{2}R + R$$

绝热指数

$$\gamma = \frac{C_p}{C_V} = \frac{\frac{i}{2}R + R}{\frac{i}{2}R} = \frac{i+2}{i}$$

式中，i 为分子的自由度.

（3）热力学第一定律在理想气体各种准静态过程中的主要公式.

表 13-3　各种准静态过程中热量 Q、功 A、内能变化情况比较表

过程	过程条件	过程方程	吸收热量(Q)	$A = \int p\mathrm{d}V$	内能变化 ΔE
等体	V＝常量	$p_1/T_1 = p_2/T_2$	$\nu C_{V,m}(T_2-T_1)$	0	$\nu C_{V,m}(T_2-T_1)$
等压	p＝常量	$V_1/T_1 = V_2/T_2$	$\nu C_{p,m}(T_2-T_1)$	$p(V_2-V_1)$ $\nu R(T_2-T_1)$	$\nu C_{V,m}(T_2-T_1)$
等温	T＝常量	$p_1V_1 = p_2V_2$	$\nu RT\ln(V_2/V_1)$ $\nu RT\ln(p_1/p_2)$	$\nu RT\ln(p_1/p_2)$ $\nu RT\ln(V_2/V_1)$	0
绝热	$\mathrm{d}Q=0$	pV^γ＝常量 $TV^{\gamma-1}$＝常量 $p^{\gamma-1}T^{-\gamma}$＝常量	0	$-\nu C_{V,m}(T_2-T_1)$ $\dfrac{p_1V_1-p_2V_2}{\gamma-1}$	$\nu C_{V,m}(T_2-T_1)$

（4）循环过程.

循环：工作物质由某一状态出发，经过任意的一系列状态变化过程又回到初始状态的整个过程叫循环过程. 循环过程在 p-V 图上是一条闭合曲线.

循环的特征：经过一个循环过程后，工作物质的状态不变，$\Delta E = 0$.

循环分类：根据在 p-V 图上过程进行的方向，可以分为正循环和逆循环两种. 正循环（热机循环）指沿着顺时针方向进行的循环过程. 逆循环（致冷机循环）指沿着逆时针方向

进行的循环过程.

热机效率： $\eta = \dfrac{A}{Q_1} = 1 - \dfrac{Q_2}{Q_1}$

制冷机制冷系数： $\omega = \dfrac{Q_2}{A} = \dfrac{Q_2}{Q_1 - Q_2}$

卡诺循环：由两个等温过程和两个绝热过程组成的热机循环.

卡诺热机循环效率： $\eta = 1 - \dfrac{Q_2}{Q_1} = 1 - \dfrac{T_2}{T_1}$

卡诺制冷机制冷系数： $\omega = \dfrac{Q_2}{Q_1 - Q_2} = \dfrac{T_2}{T_1 - T_2}$

2. 热力学第二定律

（1）自然过程的方向性.

功热转换、热传导、气体的绝热自由膨胀等过程是不可逆过程. 与热现象有关的实际过程都是不可逆的.

（2）玻尔兹曼熵公式： $S = k \ln \Omega$. Ω 是热力学概率（宏观态包含的微观态数）. 熵是系统无序度的量度.

（3）热力学第二定律.

$$dS \geqslant 0（孤立系统）$$

孤立系统中所进行的自然过程是沿着熵增大的方向进行. 由 $dS \geqslant 0$ 得，$d\Omega \geqslant 0$，孤立系统中的自发过程总是朝着热力学概率增加的方向进行，总是由概率小的状态向概率大的状态进行.

热力学第二定律的两种表述.

（1）开尔文表述：不可能从单一热源取热，使之完全变为有用功而不产生其他影响.

（2）克劳修斯表述：不可能把热从低温物体传到高温物体而不产生其他影响.

习　题

习题 13-1 图

13-1　一系统由附图中的 A 态沿 ABC 到达 C 态时，吸收了 350J 的热量，系统对外做功为 126J.

（1）如经 ADC 过程，系统做功为 42J，问这时系统吸收了多少热量？

（2）当系统由 C 态沿曲线 CA 返回 A 态时，外界对系统做功为 84J，试问系统是吸热还是放热？热量传递是多少？

13-2　1mol 氧气，体积为 $2 \times 10^{-3} \mathrm{m^3}$，温度为 27℃，试计算下列两过程中氧气所做的功；

（1）绝热膨胀至体积为 $2.0 \times 10^{-2} \mathrm{m^3}$；

（2）等温膨胀至体积为 $2.0 \times 10^{-2} \mathrm{m^3}$，然后再定体冷却，直到温度等于绝热膨胀后所达到的温度为止.

13-3　汽缸内有 2mol 氦气，初始温度为 27℃，体积为 20L，先将氦气定压膨胀直到体积加倍，然后绝热膨胀,直至恢复初温为止,若把氦气视为理想气体.

(1) 在 p-V 图上大致画出气体的状态变化过程.

(2) 在这过程中氦气吸热多少?

(3) 氦气的内能变化是多少?

(4) 氦气对外所做的总功是多少?

13-4　对于一定量的理想气体,下列过程是否可能?

(1) 恒温下绝热膨胀;

(2) 恒压下绝热膨胀;

(3) 绝热过程中体积不变而温度上升;

(4) 吸热而温度不变;

(5) 对外做功同时放热;

(6) 吸热同时体积缩小.

13-5　一定量的刚性双原子分子理想气体,开始处于压强为 1.0×10^5Pa,体积为 4×10^{-3}m³,温度为 300K 的状态,后经等压膨胀过程温度上升到 450K,再经绝热过程温度降回到 300K,求气体在整个过程中对外做的功.

13-6　如附图所示,一定量的理想气体,经如图所示的过程由状态 A 变成状态 C(AC 为一直线),求此过程中:

(1) 气体对外做的功;

(2) 气体内能的增量;

(3) 气体吸收的热量.

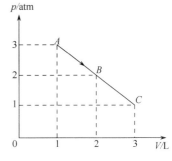

习题 13-6 图

13-7　如附图所示 $ABCDA$ 为 1mol 单原子分子理想气体的循环过程,求:

(1) 气体循环一次,在吸热过程中从外界吸收的热量;

(2) 气体循环一次对外做的净功;

(3) 证明 $T_A T_C = T_B T_D$.

13-8　如附图所示,有一定量的理想气体,从初状态 A 开始,经过一定体过程达到压强为原来 $\dfrac{1}{4}$ 的 B 状态,再经过一定压过程达到状态 C,最后经等温过程而完成一个循环,求该循环过程中系统对外做的功和吸收的热量.

13-9　0.32kg 的氧气做如图 $ABCDA$ 的循环,设 $V_2=2V_1$,$T_1=300$K,$T_2=200$K,AB、CD 为等温过程,DA、BC 为定体过程,试求此循环的效率.

习题 13-7 图

习题 13-8 图

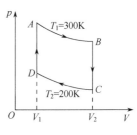

习题 13-9 图

13-10 1mol 理想气体在 400K 的高温热源和 300K 的低温热源间作准静态的正卡诺循环. 在 400K 的等温线上起始体积为 0.001 m³,终止体积为 0.005 m³,求此气体在每一循环中:

(1) 从高温热源中吸收的热量;

(2) 气体所做的净功;

(3) 气体传给低温热源的热量.

13-11 一卡诺热机,当高温热源的温度为 127℃,低温热源的温度为 27℃时,其每次循环对外做净功 8000J,今维持低温热源的温度不变,提高高温热源的温度,使其每次循环对外做净功 10^4 J. 若两个卡诺循环都工作在相同的两条绝热线之间,求:

(1) 第二个循环的效率;

(2) 第二个循环的高温热源的温度.

13-12 在循环过程中,系统对外做的净功,在数值上等于 p-V 图上封闭曲线所包围的面积,所以封闭曲线包围的面积越大,循环效率越高,此说法是否正确?

13-13 热力学第二定律的含义是,功可以全部转化成为热,但热不能全部转化为功;热量能够从高温物体传到低温物体,但不能从低温物体传到高温物体. 这样理解对吗? 为什么?

13-14 地热资源利用(地源热泵和水源热泵技术)工作原理分析及其应用.

13-15 对你自己认为有意义的传热问题进行分析和讨论.

物理与新技术专题 3:

能源与环境

能源与环境是当今世界发展的两大主题,更是关系到可持续发展的重大问题. 能源是人类存在与社会发展的物质基础,是经济持续稳定发展和人民生活质量提高的重要保障. 环境是人类社会赖以生存的大气、土壤、水、地质和生物等诸多因素的总和,是影响人类安全健康和社会可持续发展的关键因素. 能源短缺、环境污染是当今社会面临的主要难题,利用清洁能源、保护地球环境成为 21 世纪科学发展的一大课题.

能源科学和环境科学,既自成体系,又相互交叉. 能源科学是研究能源在勘探、开采、运输、转化、存储和利用过程中的基本规律及其应用的科学. 环境科学是研究人类社会发展活动与环境演化规律之间相互作用关系,寻求人类社会与环境协同演化、持续发展途径与方法的科学. 能源是现代社会文明的支柱,给人类带来了无限光明和幸福,但同时也给人类带来了环境污染,带来了灾难. 当前的环境问题,大部分是由于能源大量开发,特别是能源矿产的利用引起的. 不同种类的能源开发和利用过程,不同的能源结构和消费方式,会对环境产生不同的影响. 为了保证经济的发展,大幅度降低矿物燃料的消耗是不可能的. 因此,能源的合理利用,减少能源浪费和提高能源效率是解决经济发展与环境问题之间矛盾的主要手段.

1. 能源的结构和分类

能源包括化石能源、水力能、核能、风能、太阳能、生物质能、地热能、海洋能和潮汐能等. 根据研究的目的不同,能源有着不同的分类方法. 常见的分类方法主要包括:按获取来源分类、按获取条件分类、按获取技术分类、按获取频度分类等.

按获取来源分类:第一类是太阳辐射到地球的太阳能,包括直接的太阳辐射和间接的太阳能,如煤炭、石油、天然气以及生物质能、水能、风能、海洋能等;第二类是直接从地球本身获取的能量,包括储藏于地球内部的地下热水、地下蒸汽、干热岩体的地热能和地球上铀、钍等核燃料所具有的能量,即原子核能;第三类则是来源于月球和太阳等天体对地球的引力,如以月球引力为主所产生的潮汐能.

按获取条件分类:一次能源是可直接取自于自然而不需要改变其基本形态的能源,如煤炭、石油、天然气、水能、生物质能、地热能、风能、太阳能等;二次能源是将一次能源加工或转换得到的人工能源,如电力、蒸汽、焦炭、煤气、烟气、余热余压流体及各种石油制品等.一次能源无论经过几次转换,其所得到的另一种能源均称为二次能源.

按获取技术分类:目前已广泛投入应用的一次能源称为常规能源,煤炭、石油、天然气、水能和核裂变能称为世界五大常规能源;常规能源之外的一些能源,如太阳能、生物质能、地热能、风能、海洋能、核聚变能等,称为替代能源.

按可获取频度分类:自然界中可以在短时间内不断产生并有规律得到补充的能源,称为可再生能源,如水能、太阳能、生物质能、风能、海洋能、地热能等;需较长时间形成且获取后短期内无法恢复的能源,称为不可再生能源,如煤炭、石油、天然气、核燃料等.

能源分类图如图 1 所示.

图 1　能源分类图

2. 能源资源及现状

自 19 世纪开始工业化进程以来,人类社会已经经历了两次能源构成的转型.第一次大转型开始于 19 世纪,由蒸汽机的发明和推广应用所促成的由薪柴为主的能源向煤的转化.第二次是在进入 20 世纪以后,煤向石油的转化.第二次世界大战后,石油和天然气的生产与消费持续上升,石油于 20 世纪 60 年代首次超越煤炭,占据一次能源的主导地位.20 世纪 70 年代以来,世界经历了三次石油危机,但世界石油消费量却没有丝毫减少的趋势.到 2003 年底,化石能源仍是世界的主要能源,在世界一次能源供应中约占 87.7%,其中,石油占 37.3%,煤炭占 26.5%,天然气占 23.9%.非化石能源和可再生能源虽然增长很快,但仍保持较低的比例,约为 12.3%.由于中东地区油气资源最为丰富、开采成本较低,故中东能源消费的 97% 左右为石油和天然气,该比例明显高于世界平均水平,居世界之首.在亚太地区,中国、印度等国家煤炭资源丰富,煤炭在能源消费结构中所占比例相对较高,石油和天然气的比例明显低于世界平均水平.除亚太地区以外,其他地区石油、天然气所占比例均高于 60%.到 2009 年,世界化石能源地质储量总共约 819232 百万吨油当量,煤约占 2/3,油、天然气各占 1/6.

核能的利用具有广阔的发展前景,核电是当代最重要的能源,目前利用热中子反应堆,核燃料是铀和钍,使燃料资源扩大百倍以上. 核电站在一些国家已经成为主要的能量来源之一. 目前,核电主要分布在美国、加拿大、日本、韩国、法国、英国、俄罗斯、德国,这 8 个国家的反应堆数量占全世界总和的 74%,装机容量占 79.5%. 另据不完全统计,目前有 20 多个国家建造了 200 余座核聚变实验装置,设计了各种受控热核反应堆发电装置,其中"等离子体聚变装置"和"激光聚变装置"最有发展前途. 人们有理由相信,核聚变这一崭新的"能源之王"必将成为 21 世纪以后人类未来的可靠新能源. 世界核能资源储量见表 1.

表 1 世界核能资源储量

资源	探明储量/Mt	总储量/Mt
铀	3.87	—
钍	2.75	—
氘	—	46×10^6

再生能源除水资源外,其他资源也极其丰富,见表 2. 表列数据是各方面专家测算的估计值,目前很难确定实际可开发的资源量.

表 2 世界再生新能源资源量估计

能源	资源量	备注
太阳能	1.2×10^{14} kW	地球表面接收的辐射总能量
风能	1.2×10^9 kW	
海洋温差能	5.0×10^{10} kW	南北纬 20° 之间
地热能	12.6×10^{23} kW	地壳 10km 的外层
生物质能	17.1×10^{10} t/a	按干重计,平均热值为 1900kJ/kg

随着工业和交通的发展,世界范围内的不可再生能源正面临严峻的紧张局势. 全世界总的能源储量是丰富的,但常规能源中的石油、天然气的储量不是很多,若今后不能继续发现大的油气田,现有的油气资源也许将会在一代人的时间内枯竭. 它们的蕴藏量不是无限的,容易开采和利用的储量已经不多,剩余储量的开发难度越来越大,到一定限度就会失去继续开采的价值. 在世界能源消费以油气为主导的条件下,如果能源消费结构不改变,就会发生能源危机. 煤炭资源虽比油气资源多,但也不是取之不尽的. 假若油气资源耗尽之后,以每年 200 亿~300 亿吨标煤能耗计算,现探明的可采储量只能用 50 年左右. 代替石油、天然气的其他能源资源,除了煤炭之外,能够大规模利用的还很少. 太阳能虽然用之不竭,但代价太高,并且在一代人的时间里不可能迅速发展和广泛使用. 其他新能源也如此. 因此,人类必须估计到,非再生矿物能源资源枯竭可能带来的危机,从而将注意力转移到新的能源结构上,尽早探索、研究开发利用水能、生物质能、风能、地热能和海洋能等新能源资源. 否则,就可能因为向大自然索取过多而造成严重的后果,以致使人类自身的生存受到威胁.

3. 热力学与能源利用

热力学在生活中的运用随处可见,它已经是我们日常生活中必不可少的一部分,与之密切联系的便是能源问题. 目前,自然界中已为人们发现的可被利用能源中,除风能、水能和海洋潮汐能以机械能的形式提供给人们之外,其余各种能源往往以热能的形式提供给人们. 太阳能以热辐射的方式向地球传递着大量的热能;地热能可以将水加热成为热水或蒸汽以传送热能;煤、石油和天然气等化学燃料,常通过燃烧转化成热能;核能无论通过裂变还是聚变反应释放出来的都是高温热能. 这充分说明,**人们从自然能源中获得能量的主要形式是热能**. 因此,热能的研究和利用对于人类的生产与生活有着极其重要的意义.

热力学第二定律表明,热量总是从高温物体传到低温物体,不可能做相反的传递而不引起其他的变化;功可以完全转变为热,但不可能从单一热源吸取热量使之完全变为有用的功而不引起其他变化. 因此,自然过程总是使系统趋于平衡,能量从高位趋于低位. 从热力学角度看,自然资源是物质存在的有序状态和能级水平高的状态. 自然资源从有序和能级高水平状态向无序和能级低水平状态转化是一自发过程. 自然资源转化后的无序状态和低能级状态可称为废物. 所以,人类可以通过利用热能传播的方向性和能量转化过程中散失的能量来提高能源的利用率. 近 10 年来,由于能源紧张,随着节能工作的进一步开展,各种新型、节能型先进炉日趋完善,且采用新型耐火纤维等优质保温材料后使得炉窑散热损失明显下降. 采用先进的燃烧装置强化了燃烧,降低了不完全燃烧量,空燃比也趋于合理. 为了进一步提高窑炉的热效率,达到节能降耗的目的,回收烟气余热也是一项重要的节能途径. 从热力学原理分析能源及其利用,将对我们合理利用资源、正确评价能源利用技术,有所帮助.

4. 能源与环境协调发展

能源的大量使用构成了能源环境问题. 在能源与环境的关系中,能源对环境既具有积极作用又具有消极作用,环境对能源也具有制约作用. 能源与环境必须协调发展,其实质是要以环境保护作为制约条件,促使能源开发、加工、储存、运输和利用的不断合理化、最优化,达到既能满足社会经济发展对能源不断增长的需求,又能保证能源的消费对环境产生极小的影响.

能源与环境关系的形成可以归结于下述三个原因:

(1) 能源消耗的全球性增长;

(2) 理想清洁燃料资源缺乏;

(3) 能源的开发和利用造成环境的破坏.

由于上述三个原因,预计能源问题在今后会有一个转折,世界各国在这一转折中都要做到两个适应:一是要适应较高的能源代价,保证做到合理、无浪费地使用非再生能源;二是使能源多样化,以适应环境所允许的能源构成,以此来解决能源的需求问题. 环境问题将成为决定能源政策的主要支配因素之一. 随着能源需求量的增大,两者的关系将更加密切,直到清洁能源能够充分满足人类的需要. 环境对能源不但有制约的一面,更有促进能源开发的一面. 从某种意义上说,由于能源和资源没有得到合理利用而造成环境污染,在条件不变的情况下,能源利用率的提高程度与环境污染的减轻程度是成正比的,污染物作为资源回收的效率与环境污染减轻程度也是成正比的. 因此,提高能源利用率和资源回收率就会使环境污染程度相应下降.

5. 保护环境 从自我做起

"节约能源"已经被专家视为与煤炭、石油、天然气和电力同等重要的**"第五能源"**. 日常生活中,我们应该做到关心大气质量,支持政府的节能减排政策,绿色出行;随手关灯,使用节能电器,积极使用科学的方法减少能源消耗;节约用纸,旧物巧利用,积极参加植树造林活动. 作为 21 世纪的大学生,在享受美好物质生活的同时,也要深切地感受到肩上担子的沉重. 这需要我们努力学好自己的专业知识,在不断的探索与研究中改良方法与设备,不断提高能源的利用率,为祖国的发展建设贡献自己的微薄之力.

第四篇　波　动　学

　　波动是自然界中最常见的运动形式之一,如机械波、电磁波、物质波等.我们周围的环境大多是以波的形式与我们发生联系的.例如,收看电视节目时,信息就以光波和声波的形式被观众接收.

　　一般而言,波动是振动在空间的传播.机械波是机械振动在弹性介质中的传播过程,电磁波是交变电磁场在空间的传播过程.而物质波体现了在原子或更小尺度的微观世界中,物质本身呈现出的固有的波动性,是电子、质子、中子等微观粒子在空间的概率分布.虽然各种波的本质不同,但具有共同的特征和规律以及相似的数学描述.

　　本篇从机械振动入手,研究机械波、电磁波(光波)和物质波.波动学与工程技术有十分密切的联系,是机械设计、电通信、光通信、声学、地震学等技术学科的重要基础知识,也是学习量子物理的必备环节.

　　地震波是指从震源产生向四外辐射的弹性波,按传播方式分为纵波、横波和面波三种类型(如下图所示).纵波是推进波,称为 P 波,使地面发生上下振动,破坏性较弱,波速为 $5.5\sim7\mathrm{km}\cdot\mathrm{s}^{-1}$;横波,是剪切波,称为 S 波,使地面发生前后、左右抖动,破坏性较强,波速为 $3.2\sim4.0\mathrm{km}\cdot\mathrm{s}^{-1}$;面波是由纵波与横波在地球表面相遇后激发产生的混合波,称为 L 波,只能沿着地球表面传播.L 波的波长大、振幅强,是造成建筑物强烈破坏的主要因素.

地震波的分型示意图(图片来源:人民网-科技频道)

第14章　机械振动

机械振动是指物体在一定位置附近所做的周期性往复运动. 例如,一切发声体的运动,机器运转时各部分的微小颤动. 振动有简单和复杂之分,其中最基本最简单的振动是简谐振动. 多个简谐振动可以合成为复杂振动. 此外,任何复杂的非周期运动,也可以看成是频率连续分布的、无限多个简谐振动的叠加. 除了机械振动以外,其他的运动形式如分子热运动、电磁运动以及晶体中原子的运动等,虽然遵循不同的运动规律,但其振动过程的物理特征是相同的. 因此,简谐振动的研究有助于掌握其他各种振动的规律.

本章主要讨论简谐振动的特征和规律、简谐振动的合成与分析、实际振动和非线性振动.

14.1　简谐振动

物体运动时,如果离开平衡位置的位移(或角位移)按余弦(或正弦)函数的规律随时间变化,这种运动称为简谐振动,简称为谐振动. 广义上说,任何一个物理量(如物体的位置矢量、电流、电压或电场强度等)在某个定值附近,随时间的变化规律为余弦(或正弦)函数,都可称为简谐振动.

14.1.1　简谐振动的运动方程

设质点沿 x 轴运动,坐标原点位于质点的平衡位置,则任意时刻 t,质点的坐标表示质点相对于平衡位置的位移. 根据简谐振动的定义,**简谐振动的运动方程**为

$$x = A\cos(\omega t + \varphi) \tag{14-1}$$

式中,A 为振幅、ω 为角频率,φ 为初相位. 根据速度和加速度的定义,由式(14-1)可得质点做简谐振动的速度

$$v = \frac{\mathrm{d}x}{\mathrm{d}t} = -A\omega\sin(\omega t + \varphi) = v_m\cos\left(\omega t + \varphi + \frac{\pi}{2}\right) \tag{14-2}$$

式中,$v_m = A\omega$,称为速度振幅. 质点的加速度为

$$a = \frac{\mathrm{d}v}{\mathrm{d}t} = \frac{\mathrm{d}^2 x}{\mathrm{d}t^2} = -A\omega^2\cos(\omega t + \varphi) = a_m\cos(\omega t + \varphi + \pi) = -\omega^2 x \tag{14-3}$$

式中,$a_m = A\omega^2$,称为加速度振幅. 比较上述三式可知,质点做简谐振动时,其位移、速度和加速度都是关于时间的正弦或余弦函数,只不过相应的振幅和初相位不同. 与运动方程的初相位 φ 相比,速度和加速度的初相位分别为 $\left(\varphi + \frac{\pi}{2}\right)$ 和 $(\varphi + \pi)$. 因此,**简谐振动的加速度始终与位移反向,且成正比**. 图14-1给出了初相位 $\varphi = 0$ 时,谐振动的振动曲线 $x\text{-}t$、速度曲线 $v\text{-}t$ 和加速度曲线 $a\text{-}t$,三种曲线的周期 T 相同,且 $T = \dfrac{2\pi}{\omega}$.

14. 1. 2 简谐振动的特征量

根据谐振动的运动方程式(14-1),只要确定了振幅 A,角频率 ω 和初相位 φ,就可得图 14-1 到具体的谐振动方程.因此,**谐振动的特征量是 A、ω 和 φ**,下面分别进行讨论.

1. 振幅 A

由式(14-1)可得,物体的振动范围在 $+A$ 和 $-A$ 之间.因此,振幅 A 是做简谐振动的物体离开平衡位置的最大位移的绝对值.振幅 A 可表示振动的强弱,振幅的平方与振动系统的能量成正比.

2. 周期 T 和频率 ν

振动的特征之一是运动具有周期性.做简谐振动的物体,其位移和速度均随时间做周期性变化.从任一运动状态开始,直至位移和速度第一次完全复原,这一过程称为一次完全振动.我们把完成一次完全振动所经历的时间,称为周期,用 T 来

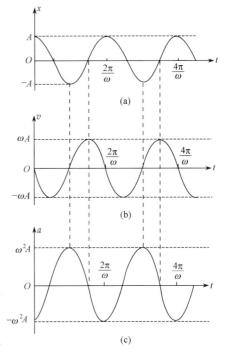

图 14-1 简谐振动的 x-t、v-t 和 a-t 曲线

表示.因为每隔一个周期,振动状态就完全重复一次,由简谐振动的运动方程式(14-1)可得

$$x = A\cos(\omega t + \varphi) = A\cos[\omega(t + T) + \varphi]$$

则周期 T 的数值应为 $\omega T = 2\pi$,即

$$T = \frac{2\pi}{\omega} \tag{14-4}$$

除了周期以外,还可以用频率 ν 表示运动的周期性.单位时间内,物体所做的完全振动的次数称为简谐振动的频率,单位是赫兹(Hz),则频率与周期成互为倒数关系

$$\nu = \frac{1}{T} = \frac{\omega}{2\pi} \tag{14-5}$$

则

$$\omega = 2\pi\nu \tag{14-6}$$

所以 ω 表示物体在 $2\pi s$ 时间内所做的完全振动的次数,称为角频率或圆频率,单位是 rad·s^{-1}.周期、频率和角频率是从不同角度定义的周期性物理量,只要知道其中的一个量,就可用上述公式得到其余的两个量.

3. 相位 $(\omega t + \varphi)$

分析式(14-1)式(14-2)可知,当振幅 A 和角频率 ω 已知时,振动范围和速度的变化范围就完全确定.在任意时刻 t 振动物体的运动状态(位置和速度),就由 $(\omega t + \varphi)$ 完全确定.$(\omega t + \varphi)$ 称为相位,该量不仅能反映简谐振动物体的运动状态,还可以反映运动状态

变化的周期性. 在一个周期内, 每一时刻简谐振动物体的运动状态都不相同, 相当于相位经历从 0 到 2π 的变化. 由此可知, **若任意两个运动状态的相位差 $\Delta\varphi=(\omega t_2+\varphi)-(\omega t_1+\varphi)$ 为 2π 或 2π 的整数倍, 这两个运动状态必然相同, 我们称其为同相. 若相位差 $\Delta\varphi$ 为 π 或 π 的奇数倍, 这两个运动状态不相同, 我们称其为反相.** 相位的单位是弧度(rad).

相位还可用于比较两个简谐振动, 以及同一简谐振动的不同物理量变化的情况. 由式(14-1)～式(14-3)可知, 任意时刻 t, 位移 x、速度 v 和加速度 a 的相位分别为 $(\omega t+\varphi)$、$\left(\omega t+\varphi+\dfrac{\pi}{2}\right)$ 和 $(\omega t+\varphi+\pi)$. 因此, 速度的相位比位移的相位超前 $\dfrac{\pi}{2}$, 加速度的相位比位移的相位超前 π, 或加速度与位移是反相的, 如图 14-1 所示.

φ 是 $t=0$ 时刻的相位, 称为初相位. 一般规定 $-\pi<\varphi\leqslant\pi$, 其数值与初始时刻的选择有关. 例如, 选择简谐振动物体的位移 $x=A$ 时为初始时刻, 则 $\varphi=0$. 若选择其位移 $x=0$, 且沿 x 轴负方向运动的时刻为初始时刻, 则 $\varphi=\dfrac{\pi}{2}$.

物体做简谐振动时, 其振幅和初相位由初始条件, 即 $t=0$ 时刻的初位移 x_0 和初速度 v_0 决定. 由式(14-1)和式(14-2)可得

$$\begin{cases} x_0 = A\cos\varphi \\ v_0 = -A\omega\sin\varphi \end{cases} \tag{14-7}$$

则

$$\begin{cases} A = \sqrt{x_0^2 + \left(\dfrac{v_0}{\omega}\right)^2} \\ \varphi = \arctan\left(-\dfrac{v_0}{\omega x_0}\right) \end{cases} \tag{14-8}$$

初相位 φ 的值除了可以用式(14-8)确定以外, 还可以在已知 x_0(或 v_0)的数值以及 v_0(或 x_0)的方向时, 由式(14-7)得到. 例如, 已知 $x_0=\dfrac{A}{2}$, 且 v_0 沿 x 轴负方向, 即 $v_0<0$, 则由 $x_0=\dfrac{A}{2}=A\cos\varphi$, 得 $\varphi=\dfrac{\pi}{3}$ 或 $-\dfrac{\pi}{3}$. 再由 $v_0=-A\omega\sin\varphi<0$, 可判定应舍去 $\varphi=-\dfrac{\pi}{3}$, 只有 $\varphi=\dfrac{\pi}{3}$ 符合要求.

图 14-2 简谐振动的旋转矢量表示法

为了直观形象地表示简谐振动运动方程中的 A、ω 和 φ, 并为简谐振动的叠加提供简捷有效的几何方法, 下面介绍简谐振动的旋转矢量表示法.

如图14-2所示, 由 x 轴的坐标原点 O 作一矢量 **OM**, 其长度等于振幅 A, 称为旋转矢量 **A**. $t=0$ 时, 矢量 **A** 与 x 轴的夹角为初相位 φ. 该矢量沿逆时针方向在平面内匀速转动, 角速度的大小等于角频率 ω. 则任意时刻 t, 旋转矢量 **A** 与 x 轴的夹角等于该时刻简谐振动的相位, 且矢量端点在 x 轴上的投

影点 P 的位移为

$$x = A\cos(\omega t + \varphi)$$

此式正是简谐振动的运动方程. 因此, 投影点 P 的运动就是简谐振动. 矢量 $\boldsymbol{A}$ 旋转一周所需的时间, 就是简谐振动的周期 T. 利用旋转矢量的投影点表示简谐振动的方法, 称为**旋转矢量法**.

利用旋转矢量法, 可以很方便地表示出一个简谐振动在不同时刻的运动状态, 或两个简谐振动在同一时刻的相位差, 以及进行多个简谐振动的叠加. 例如, 两个沿同一直线做简谐振动的物体, 当频率相同时, 两个旋转矢量之间的夹角为初相位之差 $\Delta\varphi = \varphi_2 - \varphi_1$, $\Delta\varphi$ 不随时间改变. 当频率不相同时, 两个旋转矢量之间的夹角 $\Delta\varphi = (\omega_2 t + \varphi_2) - (\omega_1 t + \varphi_1) = (\omega_2 - \omega_1)t + (\varphi_2 - \varphi_1)$, $\Delta\varphi$ 随时间改变.

例 14-1 一质点沿 x 轴做简谐振动, 振幅 $A = 0.12\mathrm{m}$, 周期 $T = 2\mathrm{s}$. 初始条件为 $x_0 = 0.06\mathrm{m}$, 且 $v_0 > 0$. 求:

(1) 谐振动的运动方程; (2) $t = \dfrac{T}{4}$ 时刻, 质点的位置、速度和加速度; (3) 从初始时刻开始, 质点第一次通过平衡位置所需的时间.

解 此题可以用解析法或旋转矢量法求解.

1. 解析法

(1) 设 $x = A\cos(\omega t + \varphi)$, 其中 $\omega = \dfrac{2\pi}{T} = \pi\,\mathrm{rad \cdot s^{-1}}$, $A = 0.12\mathrm{m}$. 由初始条件, $x_0 = 0.06\mathrm{m}$, 利用式 (14-7) 可得

$$0.06 = 0.12\cos\varphi$$

所以, $\cos\varphi = \dfrac{1}{2}$, $\varphi = \pm\dfrac{\pi}{3}$. 又由于 $v_0 > 0$, $v_0 = -A\omega\sin\varphi$, 则取 $\varphi = -\dfrac{\pi}{3}$. 于是该简谐振动的运动方程为

$$x = 0.12\cos\left(\pi t - \frac{\pi}{3}\right)\mathrm{m}$$

(2) 任意时刻简谐振动的速度为

$$v = \frac{\mathrm{d}x}{\mathrm{d}t} = -0.12\pi\sin\left(\pi t - \frac{\pi}{3}\right)\mathrm{m \cdot s^{-1}}$$

加速度为

$$a = \frac{\mathrm{d}v}{\mathrm{d}t} = -\omega^2 x = -0.12\pi^2\cos\left(\pi t - \frac{\pi}{3}\right)\mathrm{m \cdot s^{-2}}$$

把 $t = \dfrac{T}{4} = 0.5\mathrm{s}$, 代入已求出的位置、速度和加速度表达式中, 可求出此刻

$$x = 0.12\cos\left(\pi \times 0.5 - \frac{\pi}{3}\right) = 0.104(\mathrm{m})$$

$$v = -0.12\pi\sin\left(\pi \times 0.5 - \frac{\pi}{3}\right) = -0.188\,(\mathrm{m \cdot s^{-1}})$$

$$a = -0.12\pi^2\cos\left(\pi\times0.5 - \frac{\pi}{3}\right) = -1.03(\mathrm{m}\cdot\mathrm{s}^{-2})$$

（3）通过平衡位置时，$x = 0$，由运动方程可得

$$0 = 0.12\cos\left(\pi t - \frac{\pi}{3}\right)$$

所以

$$\pi t - \frac{\pi}{3} = (2k+1)\frac{\pi}{2}, \quad k = 0,1,2,\cdots$$

即通过平衡位置的时间为

$$t = \left(k + \frac{5}{6}\right)\mathrm{s}, \qquad k = 0,1,2,\cdots$$

对于第一次通过平衡位置，应取 t 的最小值，即 $k = 0, t = \dfrac{5}{6}\mathrm{s} = 0.83\mathrm{s}.$

2. 旋转矢量法

（1）根据初始条件，$x_0 = 0.06\mathrm{m}, v_0 > 0$，且旋转矢量是逆时针转动，所以可画出初始时刻旋转矢量的位置（图14-3），则 $\varphi = -\dfrac{\pi}{3}.$ 根据式（14-1），运动方程为

$$x = A\cos(\omega t + \varphi) = 0.12\cos\left(\pi t - \frac{\pi}{3}\right)\mathrm{m}$$

（2）因为 ωt 是旋转矢量在 t 时间内，从初始位置转过的角度，且 $\omega T = 2\pi$，所以 $t = \dfrac{T}{4}$ 时刻，旋转矢量从初始位置沿逆时针方向转过 $\dfrac{\pi}{2}$（图14-4），与 x 轴正方向的夹角为 $\alpha = \dfrac{\pi}{2} + \varphi = \dfrac{\pi}{2} - \dfrac{\pi}{3} = \dfrac{\pi}{6}.$ α 即该时刻简谐振动的相位（$\omega t + \varphi$），所以

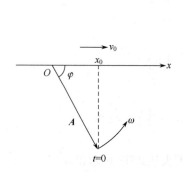

图 14-3 质点在 $t=0$ 时刻的旋转矢量

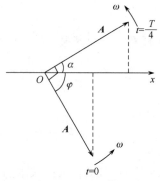

图 14-4 质点在 $t=0$ 和 $t=\dfrac{T}{4}$ 时刻的旋转矢量

$$x = A\cos\alpha = 0.12\cos\frac{\pi}{6} = 0.104\mathrm{m}$$

$$v = -\omega A\sin\alpha = -0.188\mathrm{m}\cdot\mathrm{s}^{-1}$$

$$a = -\omega^2 x = -1.03 \mathrm{m \cdot s^{-2}}$$

（3）质点第一次通过平衡位置时，旋转矢量从初始位置转过的角度为(图14-5)

$$|\varphi| + \frac{\pi}{2} = \frac{5}{6}\pi$$

即

$$\omega t = \frac{5}{6}\pi$$

所以

$$t = \frac{5\pi}{6} \Big/ \omega = \frac{5}{6} = 0.83(\mathrm{s})$$

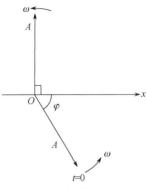

图 14-5 质点第一次过平衡位置的旋转矢量

14.2 简谐振动的实例

14.2.1 弹簧振子

质量为 m 的物体系于轻弹簧(即弹簧的质量远小于物体的质量)的自由端，弹簧的另一端固定．这种弹簧与物体构成的系统，称为弹簧振子．弹簧振子是一理想模型，在科学研究和工程技术方面有广泛的应用．例如，可用于研究汽车、火车的车身振动，设计合理的减震器．下面讨论弹簧振子的运动．

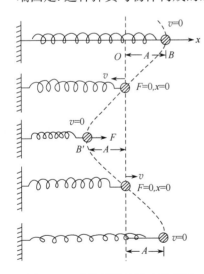

图 14-6 弹簧振子的振动示意图

将弹簧振子放置在光滑的水平面上(图 14-6)．当弹簧为原长时，物体所受的合外力为零，处于平衡状态，此时物体的位置称为平衡位置．将 x 轴的坐标原点选在平衡位置，物体沿 x 轴运动．在弹簧的弹性限度内，物体所受的合外力(即弹性力) F 与弹簧的形变量，也就是物体相对平衡位置的位移 x 成正比．

$$F = -kx$$

上式为胡克定律，式中，k 为弹簧的劲度系数，由弹簧的材料、大小及形状等因素决定．负号表示力与位移的方向相反，指向平衡位置．

根据牛顿第二定律及胡克定律可得

$$F = ma = m\frac{\mathrm{d}^2 x}{\mathrm{d}t^2} = -kx \tag{14-9}$$

弹簧振子一定时，k 和 m 都是确定的、正的常数．为便于式(14-9)的求解，用常量 ω 表示 k 和 m，令

$$\omega^2 = \frac{k}{m} \quad 或 \quad \omega = \sqrt{\frac{k}{m}} \tag{14-10}$$

代入式(14-9)可得

$$\frac{\mathrm{d}^2 x}{\mathrm{d}t^2} = -\omega^2 x \quad \text{或} \quad \frac{\mathrm{d}^2 x}{\mathrm{d}t^2} + \omega^2 x = 0 \tag{14-11}$$

其解即式(14-1)

$$x = A\cos(\omega t + \varphi)$$

因此,式(14-11)是简谐振动运动方程的微分形式,称为**简谐振动的动力学方程**. 只要在弹簧振子系统中,物体受到的力是线性恢复力如式(14-9)所示,其运动必然是简谐振动. 且角频率 ω 由系统本身的固有属性——质量 m 和劲度系数 k 决定,称为系统的固有角频率. 根据式(14-4)和式(14-5),弹簧振子做简谐振动的周期 T 和频率 ν 分别为

$$T = \frac{2\pi}{\omega} = 2\pi\sqrt{\frac{m}{k}} \tag{14-12}$$

$$\nu = \frac{\omega}{2\pi} = \frac{1}{2\pi}\sqrt{\frac{k}{m}} \tag{14-13}$$

周期 T 和频率 ν 仅由振动系统本身的性质决定,称为**系统的固有周期和固有频率**.

当把弹簧振子竖直悬挂或放置在光滑的斜面上时,物体在运动方向上除了受到弹性力之外,还受到重力或重力在斜面上的分量. 但是,只要把 x 轴的坐标原点设在平衡位置,同样可得到式(14-11),即弹簧振子仍是在平衡位置附近做简谐振动.

从广义的角度来说,对任意一个物理量,只要能建立起与式(14-11)相同的微分方程,就表明该物理量是做简谐振动.

14.2.2 单摆

图 14-7 单摆的受力分析

如图14-7所示,一根质量可以忽略,且其形变可忽略不计、长为 l 的细线,一端固定,另一端系一可视为质点的重物(摆球) m,构成一个单摆. 使摆球稍微偏离平衡位置后释放,摆球就在竖直平面内、在平衡位置附近做来回往复的运动.

设任意 t 时刻,摆线对平衡位置(摆球所受的合外力矩为零) O 点的角位移为 θ. 忽略空气阻力时,摆球受到的外力是重力 mg 和细绳的拉力 $\boldsymbol{T}$. 对悬挂点的重力矩为 $-mgl\sin\theta$,拉力矩为零,则摆球所受的合外力矩为

$$M = -mgl\sin\theta$$

将 $\sin\theta$ 用泰勒级数展开为

$$\sin\theta = \theta - \frac{1}{3!}\theta^3 + \frac{1}{5!}\theta^5 - \cdots + (-1)^{n-1}\frac{\theta^{2n-1}}{(2n-1)!} + \cdots$$

当角位移 θ 较小时($\theta \leqslant 5°$),上式中除第一项以外,其余为高阶无穷小,可忽略不计,则

$$M = -mgl\theta$$

式中,合外力矩 M 与角位移 θ 成正比且反向,类似于弹簧振子系统中合外力 F 与位移 x 的关系. 根据转动定律和上式可得

$$M = J \frac{\mathrm{d}^2\theta}{\mathrm{d}t^2} = -mgl\theta \tag{14-14}$$

其中，$J = ml^2$ 是摆球对悬挂点的转动惯量. 令

$$\omega^2 = \frac{g}{l} \quad \text{或} \quad \omega = \sqrt{\frac{g}{l}} \tag{14-15}$$

则式(14-14)可表示为

$$\frac{\mathrm{d}^2\theta}{\mathrm{d}t^2} = -\omega^2\theta \quad \text{或} \quad \frac{\mathrm{d}^2\theta}{\mathrm{d}t^2} + \omega^2\theta = 0 \tag{14-16}$$

上式与弹簧振子的动力学方程式(14-11)的形式相同，因此角位移较小时，单摆的运动是简谐振动. 其运动方程即式(14-16)的解为

$$\theta = \theta_{\mathrm{m}}\cos(\omega t + \varphi) \tag{14-17}$$

式中，θ_{m} 为最大角位移的绝对值，称为角振幅，φ 为初相位. 它们均由初始条件 $t = 0$ 时的角位移 θ_0 和角速度 $\left.\dfrac{\mathrm{d}\theta}{\mathrm{d}t}\right|_{t=0}$ 决定，可利用式(14-8)求出 θ_{m} 和 φ 的数值，只不过用 θ_0 和 $\left.\dfrac{\mathrm{d}\theta}{\mathrm{d}t}\right|_{t=0}$ 分别取代 x_0 和 v_0 即可.

单摆的振动周期为

$$T = \frac{2\pi}{\omega} = 2\pi\sqrt{\frac{l}{g}} \tag{14-18}$$

由于单摆的振动周期完全由振动系统本身的性质决定，与摆球质量无关，只由重力加速度 g 和摆长 l 决定，且摆角 θ 较小时，单摆的周期与角振幅无关，所以单摆为计时以及测量重力加速度提供了一种非常简便的方法.

14.2.3 无阻尼电磁振荡

这是电磁学中简谐振动的一个例子. 如图 14-8 所示，由电源 $\mathscr{E}$、电容 C 和电感 L 等器件组成电路. 先将电键 K 接通电源，使电容器 C 充电. 然后，将电键 K 打向右，接通 LC 回路，此后，电容器极板上的电荷通过线圈放电. 由于存在自感电动势，始终阻碍电路中电流的变化，电容器极板再充电，电容器再反向放电. 如此周而复始，

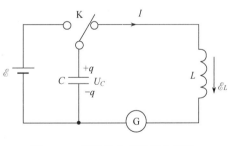

图 14-8 无阻尼电磁振荡电路图

在电路中就发生电流的周期性变化，这种现象称为电磁振荡. 在振荡过程中，能量损耗可忽略不计的，称为无阻尼电磁振荡.

根据含源电路的欧姆定律，当忽略电流计和导线的电阻时，电容器两端的电压 U_C 和电感中的自感电动势 $\mathscr{E}_L$ 存在下列关系

$$\mathscr{E}_L = U_C$$

电流 I 和自感电动势 $\mathscr{E}_L$ 的正方向，如图14-8所示. 因为

$$U_C = \frac{q}{C}, \quad I = \frac{dq}{dt}, \quad \mathscr{E}_L = -L\frac{dI}{dt} = -L\frac{d^2q}{dt^2}$$

所以,由上述四式可得

$$L\frac{d^2q}{dt^2} + \frac{q}{C} = 0$$

或

$$\frac{d^2q}{dt^2} + \omega^2 q = 0 \tag{14-19}$$

其中,角频率

$$\omega = \frac{1}{\sqrt{LC}} \tag{14-20}$$

则周期

$$T = 2\pi\sqrt{LC} \tag{14-21}$$

式(14-19)与式(14-11)类似,表明电容器上的电量也是按简谐振动的形式变化,可写成

$$q = q_m\cos(\omega t + \varphi) \tag{14-22}$$

电流的表达式为

$$I = \frac{dq}{dt} = -q_m\omega\sin(\omega t + \varphi)$$

式中,q_m 是电容器极板上所带电量的最大值,可称为电量振幅.

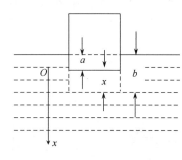

图 14-9 立方体木块的受力分析

例 14-2 一立方体木块浮于静止的水中,浸入水中部分的高度为 a,如图14-9所示. 今将其稍稍压下,使其浸入水中部分的高度为 b,然后任其自由振动. 试证明,不计水的黏性阻力时,木块将做简谐振动,并求其周期.

解 设 x 轴竖直向下,原点 O 位于立方体静止于水中时下表面所处的位置,木块截面积为 S,水的密度为 ρ,则木块静止于水中时,所受的浮力和重力 G 平衡.

$$G = \rho g S a$$

木块的质量 $m = \dfrac{G}{g} = \rho S a$. 设任意 t 时刻,木块浸入水中的高度为 $(a+x)$,则运动微分方程为

$$G - F_{浮} = \rho g S a - \rho g S(a+x) = m\frac{d^2x}{dt^2}$$

即

$$\frac{d^2x}{dt^2} + \frac{\rho g S}{m}x = 0$$

或

$$\frac{\mathrm{d}^2 x}{\mathrm{d}t^2} + \frac{g}{a}x = 0$$

上式表明,木块做简谐振动.角频率 $\omega = \sqrt{\dfrac{g}{a}}$,则简谐振动的周期为

$$T = 2\pi \sqrt{\frac{a}{g}}$$

该题的结论可用于计算不计水的阻力时,平底船在竖直方向的振动周期,只要把 S 理解为船的平均水平截面积,a 理解为船在水中的吃水深度即可.例如,吃水深度为 10m 时,船在竖直方向振动的周期约为 6s.

14.3 简谐振动的能量

根据经典力学,当一个系统不受外力和非保守内力作用时,系统的机械能守恒(见上册 4.4 节),下面以弹簧振子为例,讨论简谐振动的能量.由式(14-1)和式(14-2)可得,任意 t 时刻系统的动能

$$
\begin{aligned}
E_k &= \frac{1}{2}mv^2 = \frac{1}{2}m\omega^2 A^2 \sin^2(\omega t + \varphi) \\
&= \frac{1}{4}m\omega^2 A^2 [1 - \cos 2(\omega t + \varphi)]
\end{aligned}
\tag{14-23}
$$

和势能

$$
\begin{aligned}
E_p &= \frac{1}{2}kx^2 = \frac{1}{2}kA^2 \cos^2(\omega t + \varphi) \\
&= \frac{1}{4}kA^2 [1 + \cos 2(\omega t + \varphi)]
\end{aligned}
\tag{14-24}
$$

上述两式表明,物体做简谐振动时,其动能和势能以 2ω 的角频率随时间 t 作周期性变化,且两者的最大值均为 $\dfrac{1}{2}m\omega^2 A^2$ 或 $\dfrac{1}{2}kA^2 \left(\text{因为 } \omega^2 = \dfrac{k}{m}\right)$.只不过动能达到最大值时,物体过平衡位置,势能为零,达到最小值.同理,势能达到最大值时,物体位移的绝对值最大,动能为零.

在运动过程中,弹簧振子不受外力和非保守内力的作用,机械能 E 守恒.

$$E = E_k + E_p = \frac{1}{2}m\omega^2 A^2 = \frac{1}{2}kA^2 \tag{14-25}$$

上式表明,**简谐振动系统的总能量守恒,且与振幅的平方成正比**.此结论可用于单摆和无阻尼电磁振荡,只不过总能量分别与角振幅的平方和电量振幅的平方成正比.对于任一振动系统来说,系统的总能量与振幅的平方成正比依然是正确的.

例 14-3 一个弹簧振子位于光滑的水平面上,可沿 x 轴运动(图 14-6).弹簧的劲度系数 $k = 200\text{N} \cdot \text{m}^{-1}$,物体的质量 $m = 0.5\text{kg}$.设 $t = 0$ 时,物体在 $x = 0.02\text{m}$ 处由静止释放.试求物体的最大速度、最大加速度和任意时刻物体的动能、势能和机械能.

解题分析 物体的最大速度和最大加速度,都与振幅 A 和角频率 ω 有关,根据初始条件可求出振幅 A 和初相位 ϕ,由系统的固有属性 k 和 m,可确定角频率 ω. 把简谐振动的三个特征量代入式(14-1)中,就可得到该弹簧振子的运动方程,从而得到动能、势能和机械能的表达式.

解 根据题意,系统的初始条件为 $x_0=0.02\mathrm{m}, v_0=0$,代入式(14-7)可得振幅 $A=x_0=0.02\mathrm{m}$,初相位 $\phi=0$.

根据式(14-10),角频率

$$\omega=\sqrt{\frac{k}{m}}=\sqrt{\frac{200}{0.5}}=20\mathrm{rad \cdot s^{-1}}$$

把 A、ϕ 和 ω 的数值代入式(14-1)中,得到弹簧振子的运动方程

$$x=A\cos(\omega t+\phi)=0.02\cos20t\mathrm{(m)} \tag{1}$$

可以根据 $v=\dfrac{\mathrm{d}x}{\mathrm{d}t}$,由运动方程求出速度关于时间的函数,也可以根据弹簧振子的动能、势能和机械能三者的关系,求出速度关于位移的函数关系,由式(14-23)～式(14-25)得到速度的绝对值

$$v=\omega\sqrt{A^2-x^2} \tag{2}$$

(2)式表明,随着位移的增大,速度减小,当位移 $x=0$ 时,物体的速度最大,最大速度

$$v_{\max}=\omega A=20\times0.02=0.4(\mathrm{m \cdot s^{-1}}).$$

根据简谐振动的动力学方程式(14-11),加速度 $a=-\omega^2 x$. 位移达到最大,$x=A$ 时,加速度的绝对值最大,最大加速度

$$a_{\max}=\omega^2 A=20^2\times0.02=8(\mathrm{m \cdot s^{-2}})$$

把弹簧振子的运动方程(1)式,分别代入式(14-23)～式(14-25),可得到任意时刻物体的动能

$$E_\mathrm{k}=\frac{1}{2}mv^2=\frac{1}{2}\times0.5\times\omega^2\times[A^2-(0.02\cos20t)^2]$$
$$=4\times10^2(1-\cos^220t) \quad\mathrm{(J)}$$

势能

$$E_\mathrm{p}=\frac{1}{2}kx^2=\frac{1}{2}\times200\times(0.02\cos20t)^2=4\times10^2\cos^220t \quad\mathrm{(J)}$$

机械能

$$E=\frac{1}{2}kA^2=\frac{1}{2}\times200\times0.02^2=004 \mathrm{(J)}$$

14.4　简谐振动的合成与分析

在实际问题中,常会遇到两个或几个简谐振动的合成,以及复杂振动的分析. 例如,两列声波同时传到某一点时,根据运动叠加原理,该处空气质点的运动就是两个相应振动的合成. 振动合成的逆操作就是振动的分析. 一般的振动合成及分析较为复杂,本节介绍几

种典型和重要的情况.

14.4.1　两个同频率、同振动方向的简谐振动的合成

设一质点同时参与两个同频率、沿 x 轴振动的简谐振动,坐标原点位于质点的平衡位置.这两个简谐振动的运动方程分别为

$$x_1 = A_1\cos(\omega t + \varphi_1), \qquad x_2 = A_2\cos(\omega t + \varphi_2)$$

式中,A_1、A_2 和 φ_1、φ_2 分别为两个简谐振动的振幅和初相位,ω 是角频率.x_1 和 x_2 表示相对于同一平衡位置的分位移,所以合位移 x 仍位于 x 轴,且等于两分位移的代数和,即

$$x = x_1 + x_2 = A_1\cos(\omega t + \varphi_1) + A_2\cos(\omega t + \varphi_2)$$

利用三角函数的等式关系,可将上式整理为

$$x = A\cos(\omega t + \varphi) \tag{14-26}$$

式中,振幅 A 和初相位 φ 分别为

$$A = \sqrt{A_1^2 + A_2^2 + 2A_1A_2\cos(\varphi_2 - \varphi_1)} \tag{14-27}$$

$$\varphi = \arctan\frac{A_1\sin\varphi_1 + A_2\sin\varphi_2}{A_1\cos\varphi_1 + A_2\cos\varphi_2} \tag{14-28}$$

可见,**两个同频率、同振动方向的简谐振动合成后,仍为简谐振动,且频率和振动方向不变,但振幅和初相位由原先两个振动的振幅和初相位决定.**

利用旋转矢量法,可以简单、直观地进行上述两个简谐振动的合成.如图14-10所示,旋转矢量 $\boldsymbol{A}_1$ 和 $\boldsymbol{A}_2$ 在 x 轴的投影 x_1 和 x_2,分别表示两个谐振动的位移,则 $\boldsymbol{A}_1$ 和 $\boldsymbol{A}_2$ 的合矢量 $\boldsymbol{A}$ 在 x 轴的投影表示合位移 x.因为 $\boldsymbol{A}_1$ 和 $\boldsymbol{A}_2$ 以相同的角速度 ω 绕 O 点沿逆时针方向转动,平行四边形 OM_1MM_2 的形状不变,所以合矢量 $\boldsymbol{A}$ 的大小不变,并以同一角速度 ω 匀速转动.合矢量 $\boldsymbol{A}$ 是合振动的旋转矢量,它在 x 轴的投影 x 即式(14-26),A 和 φ 的值也可以由图14-10简便地得到.

图 14-10　两个同频率同振动方向简谐振动的合成

根据式(14-27),合振动的振幅 A 除了与两分振动的振幅有关外,还与它们的相位差 $\varphi_2 - \varphi_1$ 有关.下面讨论两种特例,其结论可用于研究机械波和光波的干涉和衍射现象.

(1)两分振动同相,即相位差 $\varphi_2 - \varphi_1 = 0$ 时,由式(14-27)得

$$A = \sqrt{A_1^2 + A_2^2 + 2A_1A_2} = A_1 + A_2 \tag{14-29}$$

这是合振动的振幅可能达到的最大值.

(2)两分振动反相,即相位差 $\varphi_2 - \varphi_1 = \pm\pi$ 时,由式(14-27)得

$$A = \sqrt{A_1^2 + A_2^2 - 2A_1A_2} = |A_1 - A_2| \tag{14-30}$$

这是合振动的振幅可能达到的最小值.若 $A_1 = A_2$,则 $A = 0$,振动合成的结果使质点处于静止状态.

当 $\varphi_2-\varphi_1$ 为其他数值时,合振动的振幅介于 A_1+A_2 和 $|A_1-A_2|$ 之间.

14.4.2 n 个同频率、同振动方向的简谐振动的合成

在不影响讨论的前提下,设 n 个同频率、同沿 x 轴振动的简谐振动的振幅相等,均为 a,且它们的初相位依次相差一个恒量 δ,运动方程分别为

$$x_1 = a\cos\omega t$$
$$x_2 = a\cos(\omega t+\delta)$$
$$x_3 = a\cos(\omega t+2\delta)$$
$$\cdots\cdots$$
$$x_n = a\cos[\omega t+(n-1)\delta]$$

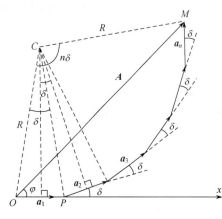

图 14-11 n 个同频率同
振动方向简谐振动的合成

为避免繁杂的三角函数计算,采用旋转矢量法进行合成(图14-11).将每一个分振动 $t=0$ 时刻的旋转矢量 $a_1,a_2,a_3,\cdots,a_n$,依次首尾相接.由于相邻矢量间的夹角为 δ,n 个旋转矢量构成正多边形的一部分.合振动的旋转矢量 A,等于各分振动旋转矢量的矢量和 OM,并以同一角速度绕 O 点做逆时针方向的转动.则合振动的运动方程为

$$x = A\cos(\omega t+\varphi) \tag{14-31}$$

仍为同频率的简谐振动.

下面利用几何关系,求出振幅 A 和初相位 φ.设正多边形的中心在 C 点,作 a_1 和 a_2 的垂直平分线,两线相交于 C 点,它们的夹角为 δ,则等腰三角形 OPC 的顶角 $\angle OCP$ 也为 δ,$\angle OCM=n\delta$.设正多边形外接圆的半径为 R,在等腰三角形 OCM 中,边长 OM 即为振幅 A 的大小

$$A = 2R\sin\frac{n\delta}{2}$$

在等腰三角形 OCP 中,任一分振幅为

$$a = 2R\sin\frac{\delta}{2}$$

由上两式消去 R 可得

$$A = a\,\frac{\sin\dfrac{n\delta}{2}}{\sin\dfrac{\delta}{2}} \tag{14-32}$$

又因为

$$\angle COM=\frac{1}{2}(\pi-n\delta), \quad \angle COP=\frac{1}{2}(\pi-\delta)$$

所以合振动的初相位为

$$\varphi = \angle COP - \angle COM = \frac{n-1}{2}\delta \tag{14-33}$$

把式(14-32)和式(14-33)代入式(14-31),得合振动的表达式

$$x = a\frac{\sin\frac{n\delta}{2}}{\sin\frac{\delta}{2}}\cos\left(\omega t + \frac{n-1}{2}\delta\right) \tag{14-34}$$

下面讨论合振幅的两种特殊情况:

(1) 各分振动的初相位相同,即 $\delta = 0$,则

$$A = \lim_{\delta \to 0}a\frac{\sin\frac{n\delta}{2}}{\sin\frac{\delta}{2}} = na \tag{14-35}$$

这是合振幅可达到的最大值.

(2) 各分振动的初相位差 $\delta = \frac{2k'\pi}{n}$,$k'$ 为不等于 nk 的整数(k 为自然数)时,有

$$A = a \cdot \frac{\sin k'\pi}{\sin\frac{k'\pi}{n}} = 0 \tag{14-36}$$

即合振幅的最小值.

以上讨论的结果,可用于光的干涉和衍射现象中.

14.4.3 两个不同频率,同振动方向简谐振动的合成

当合成两个不同频率,同振动方向的简谐振动时,根据旋转矢量表示法,这两个简谐振动的旋转矢量以不同的角速度旋转,其相位差随时间变化,则合矢量的大小和角速度也随时间变化.因此,合振动虽然与两个分振动的方向相同,但不再是简谐振动,是比较复杂的运动.

选择两分振动同相的某一时刻为 $t = 0$,则它们的初相位相同,设运动方程为

$$x_1 = A_1\cos(\omega_1 t + \varphi)$$
$$x_2 = A_2\cos(\omega_2 t + \varphi)$$

根据运动叠加原理,合运动

$$x = x_1 + x_2 = A_1\cos(\omega_1 t + \varphi) + A_2\cos(\omega_2 t + \varphi)$$

当 $A_1 = A_2 = A$ 时,上式可整理为

$$x = 2A\cos\frac{\omega_2 - \omega_1}{2}t \cdot \cos\left(\frac{\omega_1 + \omega_2}{2}t + \varphi\right) \tag{14-37}$$

当 ω_1 和 ω_2 都较大,但它们的差却很小时,上式中的第一项因子 $A' = 2A\cos\frac{\omega_2 - \omega_1}{2}t$ 随时间作缓慢的变化.因此,可把合振动近似看成是振幅为 A',角频率为 $\frac{\omega_1 + \omega_2}{2}$ 的简谐振动,

其振幅 A' 随时间作周期性的缓慢变化. 这种振动时而加强、时而减弱的现象称为拍. 可用位移-时间曲线表示拍, 如图14-12所示, 其中(a)和(b)分别表示两个分振动, (c)代表合振动. 在 t_1 和 t_3 时刻, 两分振动同相, 合振幅最大. 在 t_2 时刻, 两分振动反相, 合振幅最小. 从 t_1 到 t_3 时刻, 对应拍的周期为 T, 也是余弦函数的半个周期, 且振幅是正的数值, 则

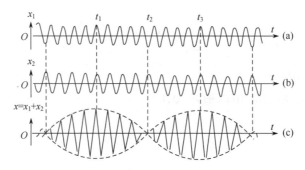

图 14-12 两个不同频率同振动方向简谐振动的合成

$$\left| \cos \frac{\omega_2 - \omega_1}{2} T \right| = |\cos\pi| = 1$$

所以, 拍的周期为

$$T = \frac{2\pi}{\omega_2 - \omega_1}$$

合振动在单位时间内, 加强或减弱的次数, 称为拍频, 用 $\nu_{拍}$ 表示.

$$\nu_{拍} = \frac{1}{T} = \frac{\omega_2}{2\pi} - \frac{\omega_1}{2\pi} = \nu_2 - \nu_1 \tag{14-38}$$

上式表明, **拍频等于两分振动的频率之差**, 这一结论在技术上有重要的应用. 例如, 校正钢琴时, 可将待校钢琴同已校正好的钢琴作比较, 弹奏两架钢琴的同一个音键. 如有拍现象, 说明尚未校准. 必须校正到拍频越来越小, 直至拍完全消失, 才算校准这一音键. 还可以将一个已知的高频率振动与另一个未知的振动叠加, 测出拍频后, 就可以求出未知振动的频率.

14.4.4 两个同频率、相互垂直的简谐振动的合成

当一个质点同时参与两个不同方向的振动时, 质点的位移由两个分振动位移的矢量和决定, 其轨道一般是平面上的曲线.

设两个简谐振动分别沿 x 轴和 y 轴进行, 且频率相同, 其运动方程分别为

$$x = A_1\cos(\omega t + \varphi_1)$$
$$y = A_2\cos(\omega t + \varphi_2)$$

式中, ω 为分振动的角频率, A_1、A_2 和 φ_1、φ_2 分别为两分振动的振幅和初相位. 上述两式也可理解为任意 t 时刻, 质点的位置坐标 (x, y). 消去时间 t, 就得到直角坐标系下质点的轨道方程

$$\frac{x^2}{A_1^2} + \frac{y^2}{A_2^2} - 2\frac{xy}{A_1 A_2}\cos(\varphi_2 - \varphi_1) = \sin^2(\varphi_2 - \varphi_1) \tag{14-39}$$

一般来说,上式是一个椭圆方程,椭圆长、短轴的大小及方位与两分振动的相位差($\varphi_2 - \varphi_1$)有关.下面讨论几种特殊情况.

(1) $\varphi_2 - \varphi_1 = 0$,即两分振动同相,由式(14-39)得

$$\left(\frac{x}{A_1} - \frac{y}{A_2}\right)^2 = 0$$

即

$$y = \frac{A_2}{A_1}x$$

质点的轨道是一条通过坐标原点的直线,斜率为 A_2/A_1,如图14-13(a)所示.任意时刻 t,质点对平衡位置的位移

$$S = \sqrt{x^2 + y^2} = \sqrt{A_1^2 + A_2^2}\cos(\omega t + \varphi_1)$$

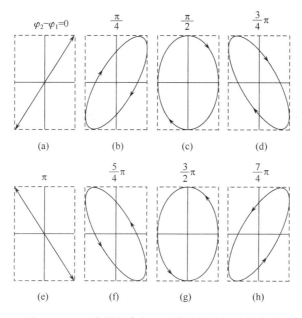

图 14-13 两个同频率相互垂直的简谐振动的合成

即合振动仍为同频率的简谐振动,振幅为 $\sqrt{A_1^2 + A_2^2}$.该结论可反向使用,即任一简谐振动可分解为两个同频率、相互垂直的简谐振动.

(2) $\varphi_2 - \varphi_1 = \pi$,即两个分振动反相,由式(14-39)得

$$\left(\frac{x}{A_1} + \frac{y}{A_2}\right)^2 = 0$$

即

$$y = -\frac{A_2}{A_1}x$$

质点的轨道也是通过原点的直线,但斜率为$\dfrac{-A_2}{A_1}$,如图14-13(e)所示.合振动也是同频率的简谐振动.

(3) $\varphi_2 - \varphi_1 = \dfrac{\pi}{2}$,由式(14-39)得

$$\frac{x^2}{A_1^2} + \frac{y^2}{A_2^2} = 1$$

即质点的轨道是以 Ox 和 Oy 为轴的椭圆,如图14-13(c)所示.因为 y 方向的振动超前 x 方向的振动 $\dfrac{\pi}{2}$,所以质点沿顺时针方向运动,形成右旋椭圆运动.

(4) $\varphi_2 - \varphi_1 = \dfrac{3}{2}\pi$ 或 $-\dfrac{\pi}{2}$,质点的轨道方程同上式.由于 y 方向的振动落后 x 方向的振动 $\dfrac{\pi}{2}$,因此质点沿逆时针方向运动,如图14-13(g)所示,形成左旋椭圆运动.当 $\varphi_2 - \varphi_1 = \pm \dfrac{\pi}{2}$ 且 $A_1 = A_2$ 时,椭圆将变为圆.

$\varphi_2 - \varphi_1$ 等于其他值时,如 $\dfrac{\pi}{4}$、$\dfrac{3}{4}\pi$、$\dfrac{5}{4}\pi$ 和 $\dfrac{7}{4}\pi$ 时,轨道如图14-13(b)、(d)、(f)和(h)所示的椭圆.

如果两个相互垂直的简谐振动频率不同,但频率差异很小,可近似看成同频率振动的合成.只不过相位差随时间缓慢变化,可周期性地从 0 逐渐变化到 2π.因此,合振动的轨道将不断地按图14-13所示的次序,在图示的矩形范围内自直线变成椭圆,再变成直线,周而复始.

如果两个相互垂直的简谐振动频率相差很大,但有简单的整数比,其合成的运动轨道是稳定封闭的曲线,这种曲线称为李萨如图形.图14-14绘出了周期比分别为 1：2、2：3 和 3：4 时的李萨如图形.在无线电技术中,常利用李萨如图形测定频率及确定相位关系.

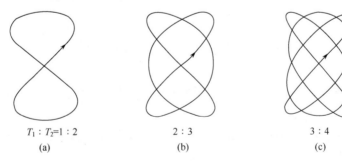

$T_1 : T_2 = 1 : 2$　　　　2 : 3　　　　3 : 4
(a)　　　　　　　(b)　　　　　　　(c)

图 14-14　李萨如图形

*14.4.5　振动的谐振分析

在自然界和工程技术中遇到的振动,大多不是简谐振动,而是复杂的振动.在处理复杂振动时,往往把它分解为一系列不同频率的简谐振动,这种方法称为**谐振分析**,其数学

依据是傅里叶定理,所以也称为傅里叶分析.

设有一个周期性振动,周期为 T,相应的频率 $\nu=\dfrac{1}{T}$,称为基频$\left(\text{角频率}\ \omega=\dfrac{2\pi}{T}\right)$.振动量 x 对时间的函数关系 $x(t)$ 满足

$$x(t)=x(t+T)$$

根据傅里叶定理,周期性函数 $x(t)$ 可表示为许多正弦函数与余弦函数之和,其频率都是基频 ν 的整数倍,即

$$x(t)=\frac{a_0}{2}+\sum_{n=1}^{\infty}(a_n\cos n\omega t+b_n\sin n\omega t)$$

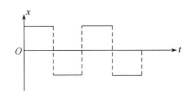

$$(14\text{-}40)$$

式中的系数 a_0、a_n、b_n 可由下式求出

$$\begin{cases} a_0=\dfrac{2}{T}\displaystyle\int_{t_0}^{t_0+T}x(t)\,\mathrm{d}t \\[2mm] a_n=\dfrac{2}{T}\displaystyle\int_{t_0}^{t_0+T}x(t)\cos n\omega t\,\mathrm{d}t \\[2mm] b_n=\dfrac{2}{T}\displaystyle\int_{t_0}^{t_0+T}x(t)\sin n\omega t\,\mathrm{d}t \end{cases}\quad(14\text{-}41)$$

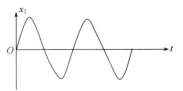

其中,角频率为 $n\omega$ 的分振动称为 n 次谐频振动.

例如,方波的周期性函数为

$$x(t)=\begin{cases} A, & t_0\leqslant t\leqslant t_0+\dfrac{T}{2} \\[2mm] 0, & t_0+\dfrac{T}{2}<t<t_0+T \end{cases}$$

根据式(14-40)和式(14-41)可得

$$x(t)=\frac{A}{2}+\frac{2A}{\pi}\sum_{n=1}^{\infty}\frac{\sin(2n+1)\omega t}{2n+1}$$

在实际应用中,只需要用有限项的谐频振动的叠加,就可得到较好的方波.如图14-15所示.

为了便于研究实际振动所包含的各个简谐振动的振动情况,可用图线进行表示.用横坐标表示各个谐频

图 14-15 方波的谐振分析

振动的频率,纵坐标表示对应的振幅,就得到振动的频谱.不同乐器演奏同一音调的音色各不相同,就是因为它们的频谱不同.图14-16是长笛和巴松管吹奏 A 调时的波形与频谱,A 调对应的基频为 $440\,\mathrm{Hz}$.

谐振分析不仅是数学运算,也是实际的物理过程.例如,耳朵的柯蒂氏器官包含一系列本征频率不相同的纤维.声振动到达柯蒂氏器官,各个谐频振动分别激励相应的纤维,使之共振,从而把信息传入大脑.所以,听觉器官是声振动的频谱分析器,"听"的过程是声振动的谐振分析.再如电子学中,利用对电磁振荡的谐振分析,可以实现有选择地与某个谐振动成分共振.

图 14-16 A 调的波形与频谱

*14.5 实际振动 非线性振动

前面讨论简谐振动时,忽略了系统能量的损耗,振幅不随时间变化.系统一旦开始做简谐振动,将会永远振动下去,这是一种理想情况.实际的振动系统,总会受到阻力的作用,如摩擦力、黏性阻力等,造成系统能量的损耗,振动将逐渐衰减.这种不断衰减着的振动,叫做阻尼振动.

14.5.1 阻尼振动

通常的振动系统受到的阻力来自周围介质.实验指出,当物体以不太大的速率,在有黏性的介质中运动时,介质对物体的阻力 f 与物体运动的速率 v 成正比,且反向,即

$$f = -\gamma v = -\gamma \frac{\mathrm{d}x}{\mathrm{d}t} \tag{14-42}$$

式中的比例系数 γ 与物体的形状、大小及介质的性质有关.当阻力存在时,弹簧振子的运动方程为

$$m \frac{\mathrm{d}^2 x}{\mathrm{d}t^2} = -kx - \gamma \frac{\mathrm{d}x}{\mathrm{d}t}$$

令 $\omega_0^2 = \dfrac{k}{m}$,$2\beta = \dfrac{\gamma}{m}$,$\omega_0$ 即无阻尼时弹簧振子的固有角频率,β 称为阻尼因子.则上式可改写为

$$\frac{\mathrm{d}^2 x}{\mathrm{d}t^2} + 2\beta \frac{\mathrm{d}x}{\mathrm{d}t} + \omega_0^2 x = 0 \tag{14-43}$$

在阻尼作用较小时,即 $\beta < \omega_0$ 时,这个微分方程的解为

$$x = A_0 \mathrm{e}^{-\beta t} \cos(\omega t + \varphi_0) \tag{14-44}$$

其中

$$\omega = \sqrt{\omega_0^2 - \beta^2} \tag{14-45}$$

A_0 和 φ_0 是由初始条件决定的积分常数. 式(14-44)表明,阻尼振动的位移随时间的变化是由两项的乘积决定的. $A_0 \mathrm{e}^{-\beta t}$ 反映了阻尼对振幅的影响,阻尼越大,振幅衰减得越快; $\cos(\omega t + \varphi_0)$ 则反映了在弹性力和阻尼共同作用下的周期性运动.

图14-17是阻尼振动的位移-时间曲线. 可见,每经过一个周期 T',就出现一个位移较小的极大值,位移总不能在每一周期后恢复原值. 严格说来,阻尼振动不是周期运动.

阻尼振动的周期

$$T' = \frac{2\pi}{\omega} = \frac{2\pi}{\sqrt{\omega_0^2 - \beta^2}} \tag{14-46}$$

阻尼越大, T' 越长. 对一定的振动系统, T' 大于无阻尼振动时的周期 $T_0 \left(T_0 = \frac{2\pi}{\omega_0} \right)$. 当阻尼较小时, $\omega \approx \omega_0$,则 $T' \approx T_0$;当阻尼很大时, $\beta^2 \geqslant \omega_0^2$,则 $\omega = 0$ 或等于一虚数,式(14-44)不再是微分方程式(14-43)的解. 此时的物体以非周期的运动方式,缓慢回到平衡位置,如图14-18所示. 当 $\beta = \omega_0$ 时,是物体不做往复运动的极限情况,称为临界阻尼; $\beta^2 > \omega_0^2$ 的情况称为过阻尼. 在临界阻尼时,物体回到平衡位置所用的时间最短.

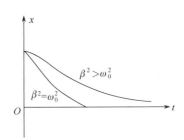

图 14-17 阻尼振动的 x-t 曲线

图 14-18 临界阻尼和过阻尼的 x-t 曲线

在生产技术中,常通过改变阻尼来控制系统的振动. 例如,减震器就是利用一系列的阻尼装置,使频繁的撞击变为缓慢的振动,并使振动迅速衰减. 当物体偏离平衡位置时,如果希望它在不发生振动的情况下,最快地恢复到平衡位置,如天平、灵敏电流计等精密仪表,就需要采用临界阻尼.

14.5.2 受迫振动 共振

由于在实际的振动系统中,阻尼必定是客观存在的. 要维持振动的不断进行,可对系统施加周期性的外力,这种力称为驱动力. 系统在驱动力的持续作用下所做的振动,称为

受迫振动.从能量的角度看,外力对系统做功,与系统交换能量.只要总能量守恒,系统就可以维持等幅振动.

通常情况下,只考虑随时间作周期性变化的驱动力.设驱动力 $F = H\cos\omega t$,ω 为驱动力的角频率.物体还受到弹性力和阻力的作用,则受迫振动的动力学方程为

$$m \frac{\mathrm{d}^2 x}{\mathrm{d}t^2} = -kx - \gamma \frac{\mathrm{d}x}{\mathrm{d}t} + H\cos\omega t \tag{14-47}$$

令 $\omega_0^2 = \dfrac{k}{m}$,$2\beta = \dfrac{\gamma}{m}$,$h = \dfrac{H}{m}$,则上式可写为

$$\frac{\mathrm{d}^2 x}{\mathrm{d}t^2} + 2\beta \frac{\mathrm{d}x}{\mathrm{d}t} + \omega_0^2 x = h\cos\omega t$$

在阻尼较小的情况下,上式的解为

$$x = A_0 \mathrm{e}^{-\beta t} \cos\left(\sqrt{\omega_0^2 - \beta^2}\, t + \varphi_0\right) + A\cos(\omega t + \varphi) \tag{14-48}$$

此式表明,受迫振动由两个振动合成.第一项是随时间衰减的振动,经过一段时间后,该振动将减弱到可忽略不计.第二项是一个振幅不变、频率与驱动力相同的等幅振动,该项就是受迫振动达到稳定状态后的振动表达式,其振幅为

$$A = \frac{h}{\sqrt{(\omega_0^2 - \omega^2)^2 + 4\beta^2 \omega^2}} \tag{14-49}$$

初相位为

$$\varphi = \arctan \frac{-2\beta\omega}{\omega_0^2 - \omega^2} \tag{14-50}$$

上述两式表明,**稳态时受迫振动的振幅和初相位与初始条件无关,是由振子的性质、阻尼的大小及驱动力的特征决定的**.当驱动力的幅值 H 一定时,振幅随驱动力的频率而变.由式(14-49),用求极值的方法可得振幅达到极大值时,驱动力的角频率为

$$\omega_{\mathrm{r}} = \sqrt{\omega_0^2 - 2\beta^2} \tag{14-51}$$

相应的最大振幅为

$$A_{\mathrm{r}} = \frac{h}{2\beta \sqrt{\omega_0^2 - \beta^2}} \tag{14-52}$$

受迫振动的振幅达到极大的现象,称为**共振**.式(14-51)和式(14-52)表明,共振时,驱动力的角频率小于系统的固有角频率 ω_0,阻尼越小,共振角频率 ω_{r} 越接近 ω_0,振幅也就越大.图14-19给出了受迫振动的振幅与驱动力频率的关系.图中 ω_{r} 是共振角频率,阻尼越小,共振曲线越尖锐.

共振是一种非常普遍的现象,广泛存在于声学、光学、无线电、原子物理及核物理等学科,并在工程技术、科学研究和医疗检测等领域得到广泛的应用.例如,核磁共振,是指样品的原子核在一定的磁场中,只吸收特定频率电磁波的现象.因此,利用原子核在磁场中的能量变化,

图 14-19 受迫振动的振幅
与驱动力角频率的关系

就可以获得原子核的信息.实际应用中,常以氢核为研究对象.可采用两种方法使氢核发生核磁共振:一是保持外磁场不变,连续改变入射电磁波的频率;二是保持入射电磁波的频率不变,而调节外磁场的强弱.采用前一种方法时,当入射电磁波的频率等于共振频率,射频振荡器的输出就出现一个吸收峰.由于人体的70%是水(每个水分子中有两个氢核),氢核的核磁共振信号最强,且所用的电磁波属于对人体无害的短波无线电波,所以可利用氢核的核磁共振信息,了解人体内脏器官的功能状态、生理状态及病理状态等,成为一种新型的医疗检测手段.共振也有不利的一面,如共振时系统的振幅过大,会造成建筑物或机器设备的损坏.可以通过改变系统的固有频率、驱动力的特性或阻尼的大小,避免共振现象的发生.

14.5.3　非线性振动

自然界和工程技术中普遍存在着振动现象,严格描述这些现象的方程大多是非线性的常微分方程、偏微分方程或代数方程.当非线性因素较弱可忽略不计时,可以用线性方程代替非线性方程.但对某些非线性问题,这种简化会带来很大的误差,或发生质的变化.因此,有必要系统地研究非线性振动.

最简单的非线性物理系统是单摆,它的无阻尼自由振动的微分方程为(参见14.2节)

$$\frac{\mathrm{d}^2\theta}{\mathrm{d}t^2} + \omega^2\sin\theta = 0$$

上式是非线性方程.为便于求解,将 $\sin\theta$ 展开为

$$\sin\theta = \theta - \frac{1}{3!}\theta^3 + \frac{1}{5!}\theta^5 - \frac{1}{7!}\theta^7 + \cdots$$

当摆角 θ 不很小时,取级数的前两项近似表示为 $\sin\theta$,则微分方程为

$$\frac{\mathrm{d}^2\theta}{\mathrm{d}t^2} + \omega^2\theta - \alpha\theta^3 = 0 \tag{14-53}$$

式中 $\alpha = \frac{\omega^2}{6}$.式(14-53)即自由振动的达芬方程,其非线性是由大位移的几何因素引起的.

下面简要介绍非线性振动的特点及研究方法.

(1)非线性振动的特点.

第一,叠加原理这一线性振动的基础理论,不能适用于非线性振动.

第二,非线性系统中,解的形式究竟有几种,目前尚不清楚.已知的解的形式中,往往一个非线性系统有几个平衡状态和周期解,其中有些是稳定的、可实现的,有些则是不稳定的、不可实现的,且解会随着参数变化,尤其在临界参数附近,当参数发生很小变化时,解有时会发生根本性的变化,甚至稳定性也发生质的变化,这是非线性振动独有的.

第三,非线性系统中,有时会存在非线性阻尼,如负阻尼、平方阻尼等,即使系统没受到周期性外力的作用,也可能有周期解.

第四,非线性系统受单一频率周期性外力作用做受迫振动时,其解会出现与驱动力同频的成分,有时又会出现不同频率的成分,即出现亚谐波、超谐波和超亚谐波等.

第五,非线性系统中的一些决定性方程,在某些参数条件下,运动状态非常复杂,运动

轨道十分混乱,不重复但又局限于某一个区域. 即使给定初始条件,也无法确定未来任意时刻系统的状态,需要用非决定论的思想描述它们的特征. 这一发现打破了牛顿、拉普拉斯决定论的统治观念,带来了思想的解放和概念的更新,是人类认识自然的新观念.

(2) 研究非线性振动的方法.

大体上可以分为实验法和分析法两种.

实验法是指在实物或模型上进行实验研究,通过实验得出结论. 由于现代科技的进步,实验分析手段发展很快,计算机的应用,使实验法研究的前景十分广阔.

分析法又分为定性分析法和定量分析法. 定性分析法又称为几何法或相平面法,即在相平面上研究解或平衡点的性质和相图性质,从而定性地确定解的性态,一般用于研究二维问题. 计算机辅助绘图手段的引入,使定性分析法有了很大的发展. 定量分析法有普遍小参数法、多尺度法、慢变参数法、谐波平衡法等. 定量分析法的另一个分支,是使用计算机进行数值分析研究,如初值法、边值法、点影射法、胞影射法等. 由于非线性振动非常复杂,尤其是强非线性问题、分岔、突变、混沌和多维系统,用计算机进行数值分析是很有实用价值的.

到目前为止,对非线性振动系统尚无一个通用的方法可供普遍使用,解决实际问题时,往往需要同时使用多种方法,相互取长补短. 不同的自然现象,有些可以用同类型的方程进行表述. 所以,非线性振动方程性态的研究结果,可以用于其他学科.

本 章 小 结

1. 简谐振动的运动方程

$$x = A\cos(\omega t + \varphi)$$

2. 简谐振动的动力学方程

$$\frac{\mathrm{d}x^2}{\mathrm{d}t^2} + \omega^2 x = 0$$

(1) 弹性谐振子 $\omega^2 = \dfrac{k}{m}$;(2) 单摆 $\omega^2 = \dfrac{g}{l}$;(3) LC 振荡回路 $\omega^2 = \dfrac{1}{LC}$ $T = \dfrac{2\pi}{\omega}$.

3. 简谐振动的三个特征量

振幅 A、周期 T 或频率 ν、相位 $(\omega t + \varphi)$.

A 和初相位 φ 由振动的初始条件决定,周期 T 或频率 ν 由系统的固有性质决定.

$$A = \sqrt{x_0{}^2 + \left(\frac{v_0}{\omega}\right)^2}$$

$$\varphi = \arctan\left(-\frac{v_0}{\omega}\right)$$

$$圆频率\ \omega = 2\pi\nu = \frac{2\pi}{T}$$

4. 旋转矢量表示法

5. 弹簧振子周期

$$T = 2\pi\sqrt{\frac{m}{k}}$$

6. 能量

$$E = E_k + E_p = \frac{1}{2}mv^2 = \frac{1}{2}kA^2$$

7. 两个同频率、同振动方向的简谐振动的合成

$$x = x_1 + x_2 = A\cos(\omega t + \varphi)$$

$$A = \sqrt{A_1^2 + A_2^2 + 2A_1A_2\cos(\varphi_2 - \varphi_1)}$$

$$\varphi = \arctan \frac{A_1\sin\varphi_1 + A_2\sin\varphi_2}{A_1\cos\varphi_1 + A_2\cos\varphi_2}$$

同相 $A = A_1 + A_2$，反相 $A = |A_1 - A_2|$.

8. 受迫振动　共振

习　　题

14-1　设一质点沿 x 轴做振幅为 A 的简谐振动，用余弦函数表示其运动方程. $t = 0$ 时，其运动状态分别为

(1) $x_0 = \dfrac{A}{2}$，沿 x 轴正方向运动；(2) $x_0 = -\dfrac{A}{2}$，沿 x 轴负方向运动；(3) $x_0 = 0$，沿 x 轴负方向运动；(4) $x_0 = -A$.

试分别用解析法和旋转矢量法确定相应的初相位.

14-2　一位宇航员要在沿地球轨道运动的航天器中停留数月，无法用常规的办法测体重. 请想出测量宇航员质量的办法.

14-3　地球在几乎是圆形的轨道上绕太阳运动. 这个运动可否用两个简谐振动来合成？如果可以，角频率是多少？

14-4　弹簧振子的质量 $m = 0.1\text{kg}$，频率 $\nu = 5\text{Hz}$. $t = 0$ 时，振子的位移 $x_0 = 10\text{cm}$，速度 $v_0 = \pi\text{m·s}^{-1}$，求：

(1) 振幅、角频率和初相位；(2) 速度、加速度的最大值，以及最大恢复力；(3) 运动方程.

14-5　做简谐振动的物体，加速度的最大值 $a_{\max} = 13\text{m·s}^{-2}$，周期 $T = 0.94\text{s}$，初相位 $\varphi = \dfrac{\pi}{2}$. 求：

(1) 位移 x、速度 v 和加速度 a 的表达式；(2) $t = 0.54\text{s}$ 时的 x、v 和 a.

14-6　轻弹簧下端悬一质量为 m 的物体，弹簧伸长 9.8cm. 若令物体上下振动，试求：

(1) 振动周期；(2) 物体在平衡位置上方 $8 \times 10^{-2}\text{m}$ 处，由静止开始运动，求运动方程.

14-7　一质量 $m = 0.20\text{kg}$ 的物体做简谐振动，运动方程为

$$x = 0.60\sin\left(5t - \frac{\pi}{2}\right)\text{m}$$

试求：

(1) 物体的初始位置和初始速度；(2) 物体在最大位移一半处且沿 x 轴正方向运动的时刻，它的速度、加速度及所受到的力；(3) 物体在哪些位置上，其振动动能和势能相等.

14-8　一 U 形管的内直径 $d = 1.2\text{cm}$，管内装有质量 $m = 0.624\text{g}$ 的水银. 如附图所示，使水银在管中做微小振动，求其振动周期（水银密度 $\rho = 13.6\text{g·}$ cm^{-3}，水银与 U 形管的摩擦忽略不计）.

14-9　一系统做简谐振动，周期为 T，初相位为零. 求哪些时刻物体的动能与势能相等.

*14-10　一个平面匀质圆盘，被悬挂在它边缘上的一点，构成一个在盘面

习题 14-8 图

所在平面振动的物理摆. 试证明对于小振动，角频率 $\omega = \sqrt{\dfrac{2g}{3R}}$，其中 R 是圆盘的半径.

14-11 已知两个同方向、同频率的简谐振动，其运动方程分别为

$$x_1 = 5 \times 10^{-2} \cos\left(10t + \frac{3}{4}\pi\right)\text{m}$$

$$x_2 = 6 \times 10^{-2} \cos\left(10t + \frac{\pi}{4}\right)\text{m}$$

求：(1) 合振动的振幅和初相位；(2) 若另有一简谐振动为

$$x_3 = 7 \times 10^{-2} \cos(10t + \varphi)\text{m}$$

则 φ 为何值时，合振动 $x_1 + x_3$ 的振幅为最大？φ 又为何值时，合振动 $x_2 + x_3$ 的振幅为最小？

*14-12 示波管的电子束受到两个相互垂直的电场的作用，相应的位移分别为

$$x = A\cos\omega t$$

$$y = A\cos(\omega t + \varphi)$$

试求 $\varphi = 0°$、$30°$ 和 $90°$ 的各种情况下，电子在荧光屏上的轨道方程.

*14-13 如附图所示，两轻弹簧与质量为 $m = 0.1\text{kg}$ 的物体串联在一直线上，两弹簧的其余端固定. 已知劲度系数 $k_1 = 1.0\text{N} \cdot \text{m}^{-1}$，$k_2 = 3.0\text{ N} \cdot \text{m}^{-1}$，整个系统放在光滑的水平面上.

习题 14-13 图

(1) 物体在右方偏离平衡位置 $5.0 \times 10^{-2}\text{m}$ 处，由静止开始振动，试写出运动方程；(2) 当物体经过平衡位置向右运动时开始计时，此刻恰有一质量为 $m' = 0.1\text{kg}$ 的泥团轻轻粘在物体上. 设粘上前泥团的速度为零，试写出泥团与物体碰撞后，系统的运动方程.

习题 14-14 图

*14-14 贯穿地球的轨道. 假设地球有均匀的质量密度，可以证明，地球表面内质量为 m 的质点，受到地球的其余部分对它的作用力 $F = \dfrac{mgr}{R}$. 式中 $g = 9.8\text{m} \cdot \text{s}^{-2}$，$r$ 为从地球中心到质点 m 的距离，R 为地球的半径，力 F 指向地球中心. 假设一条隧道穿过地球，使火车可以运行在从 A 城到 B 城的直线上，如附图所示. 作用在火车上的摩擦力可以忽略，火车仅受到轨道对它的支持力和上面给出的地球对它的作用力. 证明如果火车由静止开始运动，在任意两个城市之间运行所需的时间都是 42min，与城市间的距离无关.

14-15 试调研汽车的减震系统、分析其减震机理.

第 15 章　机　械　波

振动的传播过程称为波动,简称为波.机械振动在介质中的传播称为机械波,如声波、绳和弦上的波和地震波等.变化电场和变化磁场在空间的传播称为电磁波,如无线电波、光波、X 射线等.在原子和更小尺度范围内的物质,本身呈现出固有的波行为,称为物质波.虽然各类波的本质不同,各有其特殊的性质,但它们具有许多共同的特征和规律,如具有一定的传播速度,能产生反射、折射、干涉和衍射现象等.

本章主要讨论机械波的基本规律,涉及波的能量、波的干涉、惠更斯-菲涅耳原理等,并介绍声波、多普勒效应和非线性波.

15.1　机械波的产生及特性

15.1.1　机械波的产生

物体在弹性介质(气体、液体或固体)中做机械振动时,由于介质各点之间存在弹性相互作用,一点振动时,相邻各点将被动而依次振动起来.所以,振动就在介质中传播出去形成机械波.例如,拉紧一根绳子,同时使一端做垂直于绳子的振动,这振动就沿着绳子向另一端传播,形成绳子上的波.音叉振动时,引起周围空气分子的振动,这振动在空气中传播出去,形成声波.因此,机械波的产生首先要有做机械振动的物体,即波源.其次,要有能够传播这种机械振动的弹性介质.

当波在介质中传播时,振动的质点仅在它们各自的平衡位置附近振动,并没有随波一同传播出去,传播的仅仅是振动状态.如水面上的树叶,当水面波经过的时候,树叶仅在自己的平衡位置附近振动,并不随水面波的传播而漂走,就证明了这一点.因此,当我们描述与波相联系的运动时,必须区分运动的两个方面:一是波在弹性介质中的传播;二是弹性介质中质点的运动.

15.1.2　波的分类

可以根据波的传播方向和质点的振动方向的关系,将波分为横波和纵波.质点的振动方向和波的传播方向垂直的波,称为横波,如沿弦线上传播的波.此外,光波也是一种横波,它不涉及质点的振动,是由振动的电场和磁场组成,且电场和磁场都与波的传播方向垂直.质点的振动方向与波的传播方向一致的波,称为纵波,如声波.若质点的振动方向与波的传播方向既不垂直,又不平行,可根据运动叠加原理,将相应的波看成是横波和纵波的叠加.如地震波既有横波的成分,又有纵波的成分.在同一种弹性介质中,横波和纵波的传播速度通常是不相同的.

15.1.3 波的特征量

不论是横波还是纵波,波的传播过程都是振动状态的传播. 振动状态也常常用相位来表示,所以波动过程也可以用相位的传播来说明. 单位时间内振动状态(或相位)传播的距离,称为波的传播速度(或相速),简称为波速,用 u 表示.

沿波的传播方向上,两个相邻的同相位质点之间的距离,称为波长,用 λ 表示. 由于每隔一个波长的距离,振动状态就重复一次,所以波长表示波的空间周期性.

波动传播一个波长的距离所需的时间,称为波的周期,用 T 表示. 当观察者相对于波源和介质静止时,波的周期等于各质点振动的周期. 每隔一个周期,振动质点的相位就重复一次. 因此,周期表示波的时间周期性. 波的周期的倒数称为波的频率,用 ν 表示,即 $\nu = \frac{1}{T}$. 波的频率等于单位时间波传播距离内完整波的数目,在一定条件下等于各质点(含波源)振动的频率.

波的传播速度、波长、周期或频率是波的特征量,它们的关系是

$$u = \lambda\nu \quad 或 \quad u = \frac{\lambda}{T} \tag{15-1}$$

上式具有普遍意义,对各类波都适用. 式(15-1)表明波的空间周期性和时间周期性是密切相关的. 当观察者相对于波源和介质静止时,波的频率(或周期)由波源决定,等于波源的振动频率(或周期),而波速是由介质决定的. 因此,波在不同介质中传播时,频率不变,波长与介质有关. 例如,在室温条件下,声波在空气中的传播速度是340 m·s^{-1},在水中的传播速度是1450m·s^{-1}. 由式(15-1)可计算出,频率为 200Hz 的声波在空气中的波长是 1.7m,在水中的波长是 7.25m.

因为波速(相速)反映了振动状态传播的快慢,且振动状态的传播是通过介质中各质点间的弹性相互作用实现的,所以波速取决于介质的惯性和弹性.

由于横波的振动方向和传播方向垂直,横波传播时介质要发生切变,因此只有固体才能传播横波. 纵波的振动方向与传播方向相同,纵波传播时介质的形变是压缩和膨胀,介质发生容变,所以固体、液体和气体都能传播纵波.

可以证明,在无限大均匀各向同性的固体中,传播的横波的波速为

$$u = \sqrt{\frac{G}{\rho}} \tag{15-2}$$

式中,ρ 为介质的质量密度,G 为介质的切变模量. 设一柱体底面的面积为 s,两底面受到切向力 f 作用[图15-1(a)],产生的形变称为切变,其量值可用 θ 角(单位是弧度)表示. 则切变模量的定义为

$$G = \frac{f/s}{\theta} \tag{15-3}$$

在液体或气体中传播的纵波的波速为

$$u = \sqrt{\frac{B}{\rho}} \tag{15-4}$$

式中,ρ 为介质的质量密度,B 为介质的体变模量. 设有一体积为 V 的正方体,受到来自各方向的压力 f[图15-1(b)],体积变为 $V+\Delta V$,若受力面积为 s,则体变模量的定义为

$$B = -\frac{f/s}{\Delta V/V} \tag{15-5}$$

(a) 切变   (b) 容变   (c) 长变

图 15-1 固体的三种形变

在细长棒中沿棒的长度方向传播的纵波的波速为

$$u = \sqrt{\frac{Y}{\rho}} \tag{15-6}$$

式中,ρ 为介质的质量密度,Y 为介质的杨氏模量. 设有一柱体的横截面积为 s,两端受拉力 f 的作用,长度由 l 变为 $l+\Delta l$[图15-1(c)],则杨氏模量的定义为

$$Y = \frac{f/s}{\Delta l/l} \tag{15-7}$$

在张紧的弦上传播的横波的波速为

$$u = \sqrt{\frac{T}{\mu}} \tag{15-8}$$

式中,μ 为弦线单位长度的质量,T 为弦上的张力.

固体的杨氏模量大于切变模量,所以纵波的传播速度大于横波的传播速度. 例如,地震波中纵波的波速为 $5.5\sim7\mathrm{km\cdot s^{-1}}$,横波的波速为 $3.2\sim4.0\mathrm{km\cdot s^{-1}}$.

15.1.4 波阵面和波线

为了形象地描述波的传播过程中各振动质点之间在相位上的关系,引入波阵面和波射线等概念.

波动过程中,振动相位相同的点连成的面称为波阵面. 波前进时最前面的一个波阵面,称为波前. 根据波阵面的形状,可以将波分为各种类型. 波阵面是平面的波,称为平面波. 波阵面是球面的波,称为球面波(图15-2). 波的传播方向称为波射线或波线. 在各向同性的介质中,波线总是与波阵面垂直.

图 15-2　波线、波阵面和波前

15.2　平面简谐波的波函数

简谐波(余弦或正弦波)是简谐振动的传播所形成的波,是最简单最基本的波动形式.正如简谐振动是研究振动的基础,一切复杂的振动可以由不同频率的简谐振动叠加而成一样,简谐波是研究波动的基础,一切复杂的波也可以由不同频率的简谐波叠加起来.

描述波动沿波线传播的数学函数,称为波函数(或波动方程),该函数确定了介质中沿波线方向上任意一个振动质点的位移随时间的变化规律.

15.2.1　平面简谐波的波函数

简谐波的波阵面为平面的波,称为平面简谐波. 设一平面余弦波沿 x 轴正方向传播(图 15-3),波速为 u. 取任意一条波线为 x 轴,纵坐标 y 表示波线 Ox 上各质点的位移. 根

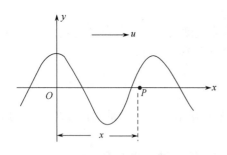

图 15-3　平面余弦波在 t 时刻的波形曲线

据波阵面的定义,任一时刻处于同一波阵面上的各质点的相位相同,离开各自的平衡位置的位移也相同. 因此,只要知道任一时刻波线上任一质点的位移 y,就掌握了平面波的全部运动过程,达到了描述波的目的.

设平面余弦波在无吸收的均匀无限大介质中传播,坐标原点 O 处质点的振动方程为

$$y_0 = A\cos(\omega t + \varphi) \tag{15-9}$$

式中,A 为振幅,ω 为角频率,φ 为初相位,y_0 为 O 点处质点在 t 时刻离开平衡位置的位移(对横波和纵波都适用).

在波线上任意取一点 P,该处质点离开 O 点的距离为 x. 为了确定平衡位置位于 P 点的质点在 t 时刻的位移,首先确定其相位. 因为振动状态(相位)是从 O 点沿 x 轴正方向传播的,从 O 点传播到 P 点所需时间为

$$\tau = \frac{x}{u}$$

当波到达 P 点时, P 点也以振幅 A 和角频率 ω 振动, 但相位落后于 O 点的相位. 因为波的传播就是振动相位的传播, 所以 P 点在 t 时刻的相位等于 O 点在 $(t-\tau)$ 时刻的相位. 由式(15-9)可知, O 点在 t 时刻的相位是 $(\omega t+\varphi)$, 所以 P 点在 t 时刻的相位应是 $\left[\omega\left(t-\dfrac{x}{u}\right)+\varphi\right]$, 相应的位移是

$$y=A\cos\left[\omega\left(t-\frac{x}{u}\right)+\varphi\right] \tag{15-10a}$$

上式给出了波线上任一点 x 处的质点在任一时刻 t 的位移, 它表示了波线上所有质点的振动情况, 这正是沿 x 轴正方向传播的平面简谐波的波函数.

因为 $\omega=\dfrac{2\pi}{T}=2\pi\nu, u=\lambda\nu$, 所以上式又可表示成

$$y=A\cos\left[2\pi\left(\frac{t}{T}-\frac{x}{\lambda}\right)+\varphi\right] \tag{15-10b}$$

$$y=A\cos\left[2\pi\left(\nu t-\frac{x}{\lambda}\right)+\varphi\right] \tag{15-10c}$$

$$y=A\cos\left[\frac{2\pi}{\lambda}(ut-x)+\varphi\right] \tag{15-10d}$$

当平面简谐波沿 x 轴负方向传播, 坐标原点 O 处质点的振动方程仍由式(15-9)决定时, 图15-3中 P 处质点在 t 时刻的位移等于 O 点处质点在 $\left(t+\dfrac{x}{u}\right)$ 时刻的位移. 则沿 x 轴负方向传播的平面简谐波的波函数为

$$y=A\cos\left[\omega\left(t+\frac{x}{u}\right)+\varphi\right] \tag{15-11}$$

必须注意振动方程和波函数的联系与区别. 比较简谐振动的运动方程式(14-1)和平面简谐波的波函数式(15-10)可知, 它们都给出质点偏离自己平衡位置的位移, 只不过振动方程表示一个质点的位移随时间 t 的变化规律, 而波函数表示波线上的所有质点在任一时刻的振动情况. 前者只与时间 t 有关, 后者由质点的平衡位置 x 和时间 t 共同决定. 当把振动方程中的时间 t 换成 $\left(t-\dfrac{x}{u}\right)$ 时, 就得到相应的沿 x 轴正方向传播的波函数.

15.2.2　波函数的物理意义

波函数含有 x 和 t 两个自变量, 为便于分析, 我们设其中一个量不变, 考察另一个量的变化规律.

如果考察 x_0 处的质点, 即 x 给定, $x=x_0$, 则位移 y 只是 t 的函数. 这时波函数表示距原点为 x_0 的给定质点在任一时刻的位移, 也就是该质点的振动方程, 且该质点落后波源 O 的相位是 $\omega\dfrac{x_0}{u}$. 如果以 y 为纵坐标, t 为横坐标, 就得到一

图 15-4　任意位置 x_0 处质点的振动曲线

条位移-时间余弦曲线(图15-4).该曲线是振动曲线,表明质点在做简谐振动.

如果考察 t_0 时刻波线上所有质点的位置,即 t 给定,$t=t_0$,则位移 y 只是 x 的函数.这时波函数表示给定时刻波线上各个不同质点的位移,也就是该时刻的波形.如果以 y 为纵坐标,x 为横坐标,也得到一条余弦曲线(图15-5),称为波形曲线.

如果 x 和 t 都变化,波函数表示波线上各个不同质点在不同时刻的位移.可以形象地说,波函数反映了波形的传播.图15-6中的实线是 $t=t_1$ 时刻的波形,位于 x 处某质点 A 的位移为

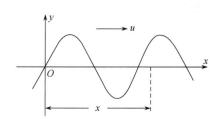

图 15-5　平面余弦波在 t_0 时刻的波形曲线

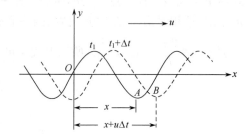

图 15-6　波形曲线沿波速方向的移动

$$y_x(t_1) = A\cos\left[\omega\left(t_1 - \frac{x}{u}\right) + \varphi\right]$$

经过一段时间 Δt 后,该质点振动的相位传到 $(x+u\Delta t)$ 处,则该处质点 B 在 $(t_1+\Delta t)$ 时刻的位移为

$$y_{x+\Delta x}(t_1 + \Delta t) = A\cos\left[\omega\left(t_1 + \Delta t - \frac{x + u\Delta t}{u}\right) + \varphi\right]$$

$$= A\cos\left[\omega\left(t_1 - \frac{x}{u}\right) + \varphi\right] = y_x(t_1)$$

上式表明,位于 $(x+\Delta x)$ 处的质点在 $(t_1+\Delta t)$ 时刻的位移等于 x 处的质点在 t_1 时刻的位移.这是由于在 Δt 时间内,相位以波速 u 向前传播了一段路程 $\Delta x = u\Delta t$,所以波速也称为相速.由波形曲线的物理意义可知,将 t_1 时刻的波形曲线沿波速 $\boldsymbol{u}$ 的方向平移 Δx 距离,就得到 $(t_1+\Delta t)$ 时刻的波形曲线(图15-6中虚线所示).因为波速 $u = \lambda\nu = \dfrac{\lambda}{T}$,所以 $\Delta x = \dfrac{\lambda}{T}\Delta t$,即

$$\frac{\Delta x}{\lambda} = \frac{\Delta t}{T} \tag{15-12}$$

上式表明波动的时间周期性和空间周期性是对称的.当时间间隔 Δt 与周期 T 之比为定值 K 时,空间间隔 Δx 与波长 λ 之比也为 K.即 Δt 等于 KT 时,波形曲线平移的距离 Δx 为 $K\lambda$.

波函数式(15-10)表明,当 t 改变一个周期 T 时,相位的改变为 2π.这说明,时间上相隔周期 T 的整数倍时,各处质点的振动情况完全复原,即 $y(x,t+T)=y(x,t)$.当 x 改变

一个波长 λ 时,相位的改变也为 2π,说明空间上相隔波长 λ 的整数倍的各质点的振动状态完全相同,即 $y(x+\lambda,t)=y(x,t)$. 所以,波函数全面反映了波的时空周期性.

15.2.3 波动微分方程

把平面简谐波的波函数式(15-10)分别对 t 和 x 求二阶偏导数,可得

$$\frac{\partial^2 y}{\partial t^2}=-A\omega^2\cos\left[\omega\left(t-\frac{x}{u}\right)+\varphi\right]$$

$$\frac{\partial^2 y}{\partial x^2}=-A\frac{\omega^2}{u^2}\cos\left[\omega\left(t-\frac{x}{u}\right)+\varphi\right]$$

将上列两式相比较,可得如下关系

$$\frac{\partial^2 y}{\partial x^2}=\frac{1}{u^2}\cdot\frac{\partial^2 y}{\partial t^2} \tag{15-13}$$

上式是一个齐次偏微分方程,不仅适用于平面简谐波,还适用于任一平面波. 因为任一平面波可以由许多不同频率的简谐波合成,所以对任一平面波的波函数分别求 t 和 x 的二阶偏导数,同样会得到式(15-13). 可见,式(15-13)反映了一切平面波的共同特征,称为平面波的波动微分方程.

从广义的角度讲,任何物质运动,只要它的运动规律符合式(15-13),就表明它是以 u 为传播速度的波动过程. 其中 y 不必局限于位移,可以是其他物理量,如电场强度、磁场强度等.

例 15-1 设有一沿 x 轴正方向传播的波动,波长 $\lambda=0.1\mathrm{m}$,P 点处质点的振动方程为 $y=0.03\cos\pi t\mathrm{m}$,试求下列两种情况下的波函数:

(1) P 点位于坐标原点;(2) P 点位于 $x_0=0.2\mathrm{m}$ 处.

解 由 P 点的振动方程 $y=0.03\cos\pi t$ 可得

$$A=0.03\mathrm{m},\omega=\pi\mathrm{rad}\cdot\mathrm{s}^{-1},\varphi=0$$

则 $\nu=\dfrac{\omega}{2\pi}=\dfrac{1}{2}\mathrm{Hz}$,$u=\lambda\nu=0.05\mathrm{m}\cdot\mathrm{s}^{-1}$.

(1) P 点位于坐标原点时,由式(15-10)得波函数为

$$y=A\cos\left[\omega\left(t-\frac{x}{u}\right)+\varphi\right]=0.03\cos\pi\left(t-\frac{x}{0.05}\right)\mathrm{m}$$

(2) P 点位于 $x_0=0.2\mathrm{m}$ 处时,该处质点的相位传播到任意位置 x 处所需的时间为 $\dfrac{x-x_0}{u}$,因此,波函数为

$$y=A\cos\left[\omega\left(t-\frac{x-x_0}{u}\right)+\varphi\right]=0.03\cos\pi\left(t-\frac{x-0.2}{0.05}\right)$$

$$=0.03\cos\left[\pi\left(t-\frac{x}{0.05}\right)+4\pi\right]=0.03\cos\pi\left(t-\frac{x}{0.05}\right)\mathrm{m}$$

例 15-2 一平面余弦横波沿水平张紧的绳自左向右传播. 取绳的左端为坐标原点,x 轴的正方向水平向右,y 轴的正方向竖直向上. $t=0$ 时,绳的左端经平衡位置向下运动.

振幅 $A=0.1$m,频率 $\nu=\dfrac{1}{2}$Hz,波速 $u=1$m·s^{-1}.求波函数和距原点 1.5m 处质点的振动方程.

解 角频率 $\omega=2\pi\nu=\pi$rad·s^{-1}.设原点 O 处质点的振动方程为

$$y_0 = A\cos(\omega t + \varphi)$$

因为 $t=0$ 时,质点位于平衡位置,即 $0=A\cos\varphi$,所以 $\varphi=\dfrac{\pi}{2}$ 或 $-\dfrac{\pi}{2}$;且质点向下运动,$v_0<0$,取 $\varphi=\dfrac{\pi}{2}$,则原点处质点的振动方程为

$$y_0 = 0.1\cos\left(\pi t + \frac{\pi}{2}\right)\text{m}$$

波函数为

$$y = A\cos\left[\omega\left(t - \frac{x}{u}\right) + \varphi\right] = 0.1\cos\left[\pi(t-x) + \frac{\pi}{2}\right]\text{m}$$

把 $x=1.5$m 代入上式,即得距原点 1.5m 处质点的振动方程

$$y = 0.1\cos\left[\pi(t-1.5) + \frac{\pi}{2}\right] = 0.1\cos(\pi t - \pi)\text{m}$$

例 15-3 波源的振动曲线如图15-7(a)所示.已知波速 $u=4$cm·s^{-1},方向向右,求 $t=3$s 时的波形曲线.

解 根据波动是振动状态的传播,就可以从波源的振动曲线,得到 $t=3$s 时各质点的位移,即得到该时刻的波形曲线.考虑到余弦曲线的特点,只需找出三处质点的位移即可.

由图15-7(a)得 $T=4$s,所以 $\lambda=uT=16$cm.为方便起见,确定 A、B、C 三点的位移.由图15-7(b)可知,它们距波源 O 处的距离分别为 12cm、8cm、4cm,即分别为 $\dfrac{3}{4}\lambda$、$\dfrac{\lambda}{2}$、$\dfrac{\lambda}{4}$.根据式(15-12),相位从波源传播到 A、B、C 三点所需的时间分别为 $\dfrac{3}{4}T$、$\dfrac{T}{2}$、$\dfrac{T}{4}$.所以 $t=3$s 时,A 点的位移与波源在 $t=0$ 时刻的位移相同,等于 0.5cm;B 点的位移与波源在 $t=1$s 时的位移相同,等于零;C 点的位移与波源在 $t=2$s 时的位移相同,等于 -0.5cm.这三点的位移确定后,再按照余弦曲线的特点就可绘出 $t=3$s 时的波形曲线,如图15-7(b)所示.

(a) 波源的振动曲线   (b) $t=3$s时的波形曲线

图 15-7 由振动状态的传播确定波形曲线

此外,也可以用解析法确定 A、B、C 三点在 $t=3\text{s}$ 时刻的位移.

设波源的振动方程为 $y=A\cos(\omega t+\varphi)$,由图15-7(a)得 $A=0.5\text{cm}$,$t=0$ 时,$y=A$,所以 $\varphi=0$,且 $\omega=\dfrac{2\pi}{T}=\dfrac{\pi}{2}\text{rad}\cdot\text{s}^{-1}$.根据式(15-10),得波函数

$$y = 0.5\cos\frac{\pi}{2}\left(t-\frac{x}{4}\right)\text{cm}$$

因此,$t=3\text{s}$ 时,有

A 点 $x=12\text{cm}$,$y_A=0.5\cos0=0.5\text{cm}$

B 点 $x=8\text{cm}$,$y_B=0.5\cos\dfrac{\pi}{2}=0$

C 点 $x=4\text{cm}$,$y_C=0.5\cos\pi=-0.5\text{cm}$

15.3 波 的 能 量

波动过程是振动状态的传播.在机械波的传播区域内,每个介质元要做振动,同时又与周围介质存在相互作用,使质元发生弹性形变.因此,质元既有动能,又有弹性势能.振动状态的传播过程,也是能量的传播过程.

由于小质元彼此之间有弹性力相互作用,在振动传播时介质中任一小质元与周围其他质元有能量传递,它的能量是不守恒的.这是波动过程中,介质内任一小质元振动的特点.下面,我们以平面余弦纵波在棒中沿棒长方向传播的情况为例,推导波的能量公式.

图 15-8 平面余弦纵波沿细长棒传播时质元的形变

如图15-8所示,在棒中取体积元 ΔV,其质量 $\Delta m=\rho\Delta V$,ρ 为质量密度.设平面纵波沿着棒长方向传播,体积元位于坐标 $x\sim x+\Delta x$ 处,其原长为 Δx.当波动传播到该处时,体积元 A 端的位移为 y,B 端的位移为 $y+\Delta y$.设棒中平面简谐波的波动方程为

$$y = A\cos\omega\left(t-\frac{x}{u}\right) \tag{15-14}$$

则体积元在任一时刻的振动速度为

$$v = \frac{\partial y}{\partial t}=-\omega A\sin\omega\left(t-\frac{x}{u}\right)$$

相应的动能为

$$\Delta W_k = \frac{1}{2}\Delta mv^2 = \frac{1}{2}\rho\Delta V\omega^2 A^2\sin^2\omega\left(t-\frac{x}{u}\right) \tag{15-15}$$

因为体积元在任一时刻的伸长量为 Δy,胁变为 $\dfrac{\Delta y}{\Delta x}$ 或 $\dfrac{\partial y}{\partial x}$,由式(15-14)得

$$\frac{\partial y}{\partial x} = \frac{\omega A}{u}\sin\omega\left(t-\frac{x}{u}\right)$$

根据杨氏模量 Y 的定义(式 15-7)和胡克定律,该体积元所受的弹性力为

$$f = Ys\frac{\Delta y}{\Delta x} = k\Delta y$$

则体积元的弹性势能为

$$\Delta W_p = \frac{1}{2}k(\Delta y)^2 = \frac{1}{2}Ys\frac{(\Delta y)^2}{\Delta x} = \frac{1}{2}Ys\Delta x\left(\frac{\partial y}{\partial x}\right)^2$$

式中,s 为棒的截面积,$\Delta V = s\Delta x$,且波速 $u = \sqrt{\dfrac{Y}{\rho}}$,则

$$\Delta W_p = \frac{1}{2}\rho\Delta V\omega^2 A^2\sin^2\omega\left(t - \frac{x}{u}\right) \tag{15-16}$$

所以,体积元的机械能为

$$\Delta W = \Delta W_k + \Delta W_p = \rho A^2\omega^2\Delta V\sin^2\omega\left(t - \frac{x}{u}\right) \tag{15-17}$$

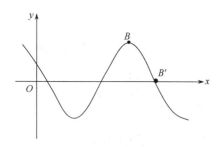

图 15-9 波形曲线

因此,**波在传播过程中,任一时刻体积元的动能和势能不仅大小相等,而且相位也相同**. 动能和势能同时达到最大值,又同时变为零. 体积元的总能量并不守恒,随时间和体积元的位置做周期性的变化. 这表明任一体积元都在不断地吸收和传送能量,使能量随波的传播而传播.

借助波形曲线(图15-9),可以较好地理解行波传播过程中任一体积元动能和势能的同步变化. 在 B 点,振动速度为零,体积元的动能为零,同时该处体积元的胁变 $\dfrac{\Delta y}{\Delta x}$ 也为零,所以弹性势能也为零. 在 B' 处,振动速度最大,动能最大,同时波形曲线较陡,$\dfrac{\Delta y}{\Delta x}$ 有最大值,所以弹性势能也最大. 任一体积元的机械能在零和最大值之间随时间周期性变化.

介质中单位体积的波动能量,称为**波的能量密度** w,即

$$w = \frac{\Delta W}{\Delta V} = \rho A^2\omega^2\sin^2\omega\left(t - \frac{x}{u}\right) \tag{15-18}$$

波的能量密度 w 在一个周期内的平均值,称为平均能量密度,用 $\overline{w}$ 表示,即

$$\overline{w} = \frac{1}{T}\int_0^T w\,dt = \frac{1}{T}\int_0^T \rho A^2\omega^2\sin^2\omega\left(t - \frac{x}{u}\right)dt = \frac{1}{2}\rho A^2\omega^2 \tag{15-19}$$

式(15-19)虽然是从平面余弦弹性纵波的特例中导出的,但对所有的弹性波都适用,即机械波的能量与振幅的平方、频率的平方都成正比.

波的能量密度在一个空间周期的平均值与式(15-19)的结果相同,即

$$\overline{w'} = \frac{1}{\lambda}\int_0^\lambda w\,dx = \frac{1}{\lambda}\int_0^\lambda \rho A^2\omega^2\sin^2\omega\left(t - \frac{x}{u}\right)dx = \frac{1}{2}\rho A^2\omega^2 \tag{15-20}$$

波动过程伴随着能量的传播,现引入一个描述能量流动的物理量——**波的强度**.它的定义是,单位时间内通过垂直于波速 **u** 的单位横截面积上的平均能量,用符号 I 表示.

设在介质中取垂直于波速的面积 Δs(图15-10),则单位时间内通过 Δs 面的能量就等于体积 $u\Delta s$ 中的能量.该能量是周期性变化的,通常取一个周期的时间平均值,即 $u\Delta s\overline{w}$.根据波的强度定义

图 15-10 波的强度分析

$$I = \frac{u\Delta s\overline{w}}{\Delta s} = u\overline{w} = \frac{1}{2}\rho A^2\omega^2 u \qquad (15\text{-}21)$$

波的强度(平均能流密度)正比于振幅的平方、角频率(或频率)的平方,还与表示介质特性的 ρ 和 u 成正比. 在 SI 中,波的强度的单位为 $W \cdot m^{-2}$.

例 15-4 一列余弦空气波,沿直径为 $0.14m$ 的圆柱形玻璃管传播,波的强度为 $1.8\times 10^{-2}W \cdot m^{-2}$,频率为 $300Hz$,波速为 $300m \cdot s^{-1}$,求:

(1) 波的平均能量密度和最大能量密度;(2) 介质中相邻同相面间含有的能量.

解 (1) 根据式(15-21),波的强度为

$$I = u\overline{w}$$

所以波的平均能量密度为

$$\overline{w} = \frac{I}{u} = \frac{1.8\times 10^{-2}}{300} = 6\times 10^{-5}(J \cdot m^{-3})$$

式(15-18)和式(15-19)表明,平均能量密度是最大能量密度 w_{max} 的二分之一,则

$$w_{max} = 2\overline{w} = 2\times 6\times 10^{-5} = 1.2\times 10^{-4}(J \cdot m^{-3})$$

(2) 因为两个相邻同相面间的距离为一个波长 λ,且 $\lambda = \dfrac{u}{\nu}$,玻璃管的截面积 $S = \pi\left(\dfrac{d}{2}\right)^2$,所以介质中每两个相邻同相面间含有的能量为

$$W = \overline{w}'\lambda S = \overline{w}' \cdot \frac{u}{\nu} \cdot \pi\left(\frac{d}{2}\right)^2$$

$$= 6\times 10^{-5}\times \frac{300}{300}\times 3.14\times \left(\frac{0.14}{2}\right)^2$$

$$= 9.23\times 10^{-7}(J)$$

无吸收的介质是一种理想情况.实际上波在介质中传播时,总有一部分能量被介质吸收.例如,波的一部分能量转化为介质内分子热运动的能量.因此,随着波的传播,波的强度和振幅都逐渐减小,这种现象称为波的吸收.

设平面波沿 x 轴的正方向传播,在任意位置 x 处的振幅为 A,通过厚度为 dx 的一层介质后,振幅的减小应正比于振幅 A 和厚度 dx,即

$$-dA = \alpha A dx \qquad (15\text{-}22)$$

式中,α 为由介质及频率 ν 决定的常数,称为介质的吸收系数.一般而言,流体的吸收系数正比于 ν^2,固体的吸收系数正比于 ν.把式(15-22)整理为

$$\frac{\mathrm{d}A}{A} = -\alpha \mathrm{d}x$$

并在区间 $[0, x]$ 进行积分,有

$$\int_{A_0}^{A} \frac{\mathrm{d}A}{A} = \int_{0}^{x} -\alpha \mathrm{d}x$$

可得

$$A = A_0 e^{-\alpha x} \tag{15-23}$$

式中,A_0 为 $x=0$ 处的振幅,振幅 A 是按指数规律衰减的. 因为波的强度与振幅的平方成正比,所以平面波强度的衰减规律是

$$I = I_0 e^{-2\alpha x} \tag{15-24}$$

式中,I_0 和 I 分别为 $x=0$ 和 x 处的波的强度.

空气中声波的吸收系数 $\alpha_1 = 2 \times 10^{-11} \nu^2 \mathrm{m}^{-1}$,钢中声波的吸收系数 $\alpha_2 = 4 \times 10^{-7} \nu \mathrm{m}^{-1}$. 由式(15-24)可求出声波透过多大厚度的空气或钢后,声强减为原来的 1%. 取声波的频率 $\nu_1 = 2 \times 10^3 \mathrm{Hz}$,次声波的频率 $\nu_2 = 5 \mathrm{Hz}$,以及超声波的频率 $\nu_3 = 5 \mathrm{MHz}$,计算结果为

频率/Hz	空气的厚度 x/m	钢的厚度 x/m
2×10^3	2.9×10^4	2.9×10^3
5	4.6×10^9	1.2×10^6
5×10^6	4.6×10^{-3}	1.2

可见,次声波极易透过气体和固体;超声波则难以透过气体,较易通过固体;声波可较好地透过气体和固体.

15.4 波 的 干 涉

如果在同一介质中,有两列波或几列波同时传播,会发生什么变化?

15.4.1 波的叠加原理

实验和研究表明,几列波在同一介质中传播时,在相遇处每列波仍然保持各自原有的特性(频率、波长、振动方向等),按照自己的传播方向继续前进,好像在各自的传播过程中没有遇到其他波一样. 相遇处质点的振动,是各列波单独传播时在该点引起的振动的合成. 这种波动传播的独立性称为波的独立性原理,或波的叠加原理.

例如,管弦乐队合奏或几个人同时讲话时,空气中同时传播着许多声波,但人们仍然能够分辨出各种乐器的音调或每个人的声音. 再如,天空中通常同时有许多无线电波在传播,我们可以接收到某一电台的广播. 因此,无论机械波或电磁波都可以满足波的叠加原理.

波的叠加原理适用于线性波,其波动微分方程是线性微分方程. 对于非线性波,叠加原理不再适用. 例如,强烈爆炸产生的冲击波和强激光,它们都不符合波的叠加原理.

15.4.2 波的干涉

一般地说,振幅、频率、相位等都不相同的几列波叠加时,情况较为复杂.实验发现,由两个频率相同、振动方向相同、相位相同(或相位差恒定)的波源发出的波叠加时,空间某些地方振动始终加强,某些地方振动始终减弱,形成波的强度在空间稳定分布的现象.这种现象称为**波的干涉**,是一种最简单且有重要实用意义的波的叠加现象,是波动的重要特征之一.能产生干涉现象的波称为**相干波**,相应的波源称为**相干波源**.

设有两个相干波源 S_1 和 S_2,其振动方程分别为

$$y_{10} = A_1 \cos(\omega t + \varphi_1)$$
$$y_{20} = A_2 \cos(\omega t + \varphi_2)$$

它们产生的相干波分别经过波程 r_1 和 r_2,在 P 点相遇(图15-11).根据式(15-10),两列波在 P 点引起的振动分别为

$$y_1 = A_1 \cos\left[\omega\left(t - \frac{r_1}{u}\right) + \varphi_1\right]$$

$$y_2 = A_2 \cos\left[\omega\left(t - \frac{r_2}{u}\right) + \varphi_2\right]$$

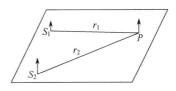

图 15-11 两列相干波在 P 点的振动叠加

根据波的叠加原理,P 点的振动是上述两个同方向、同频率的简谐振动的合成,合振动仍为同频率的简谐振动.根据式(14-27),合振幅为

$$A = \sqrt{A_1^2 + A_2^2 + 2A_1 A_2 \cos\left(\varphi_2 - \varphi_1 - \omega\frac{r_2 - r_1}{u}\right)} \tag{15-25}$$

因此,合振动的振幅由分振动的振幅 A_1 和 A_2,以及相位差 $\Delta\varphi$ 决定.

$$\Delta\varphi = \varphi_2 - \varphi_1 - \omega\frac{r_2 - r_1}{u} = (\varphi_2 - \varphi_1) - 2\pi\frac{r_2 - r_1}{\lambda} \tag{15-26}$$

式中,$(\varphi_2 - \varphi_1)$ 为两相干波源的初相位差,$-2\pi\dfrac{r_2 - r_1}{\lambda}$ 是由波程差 $\delta = r_2 - r_1$ 引起的相位差.

因为波的强度与振幅的平方成正比,所以合成波的强度 I、两相干波的强度 I_1 和 I_2 分别满足

$$I \propto A^2, \quad I_1 \propto A_1^2, \quad I_2 \propto A_2^2$$

再利用式(15-25)可得

$$I = I_1 + I_2 + 2\sqrt{I_1 I_2}\cos\Delta\varphi \tag{15-27}$$

根据式(15-25)或式(15-27),可以讨论**干涉相长**和**干涉相消**的条件.

(1) 干涉相长.

两列波干涉时,合振幅或波的强度最大的地方,称为干涉相长.其条件是

$$\Delta\varphi = \varphi_2 - \varphi_1 - 2\pi\frac{r_2 - r_1}{\lambda} = \pm 2k\pi, \quad k = 0, 1, 2, \cdots \tag{15-28}$$

该处

$$\begin{cases} A = A_{\max} = A_1 + A_2 \\ I = I_{\max} = I_1 + I_2 + 2\sqrt{I_1 I_2} \end{cases} \tag{15-29}$$

当 $A_1 = A_2$ 时，$A_{\max} = 2A_1$，$I_{\max} = 4I_1$.

（2）干涉相消.

两列波干涉时，合振幅或波的强度最小的地方，称为干涉相消. 其条件是

$$\Delta\varphi = \varphi_2 - \varphi_1 - 2\pi \frac{r_2 - r_1}{\lambda} = \pm(2k+1)\pi, \quad k = 0,1,2,\cdots \tag{15-30}$$

该处

$$\begin{cases} A = A_{\min} = |A_1 - A_2| \\ I = I_{\min} = I_1 + I_2 - 2\sqrt{I_1 I_2} \end{cases} \tag{15-31}$$

当 $A_1 = A_2$ 时，$A_{\min} = 0$，$I_{\min} = 0$.

实际中常会遇到两个相干波源的初相位相等的情况（如波动光学中的杨氏双缝干涉实验），即 $\varphi_2 = \varphi_1$，则干涉相长和干涉相消的条件为

$$\Delta\varphi = 2\pi \frac{r_1 - r_2}{\lambda}$$

$$= \begin{cases} \pm 2k\pi, & k = 0,1,2,\cdots \quad \text{干涉相长} \\ \pm(2k+1)\pi, & k = 0,1,2,\cdots \quad \text{干涉相消} \end{cases} \tag{15-32}$$

因为波程差 $\delta = r_2 - r_1$ 直观且便于测量，且

$$\Delta\varphi = 2\pi \frac{\delta}{\lambda} \tag{15-33}$$

上述条件可用 δ 表示为

$$\delta = r_2 - r_1$$

$$= \begin{cases} \pm k\lambda, & k = 0,1,2,\cdots \quad \text{干涉相长} \\ \pm(2k+1)\dfrac{\lambda}{2}, & k = 0,1,2,\cdots \quad \text{干涉相消} \end{cases} \tag{15-34}$$

上式表明，初相位相同的两相干波源发出的波在空间相遇时，波程差等于波长整数倍的各点是干涉相长，波程差等于半波长的奇数倍的各点是干涉相消.

干涉现象对声学、光学以及近代物理都起了非常重要的作用，并在许多技术领域得到了应用（例如超导量子干涉仪等）.

例 15-5 设 S_1 和 S_2 为两个相距 $\dfrac{\lambda}{4}$ 的相干波源，S_1 比 S_2 的初相位超前 $\dfrac{\pi}{2}$. 如果两列波在 S_1 和 S_2 连线的方向上强度相同，不随距离变化，求 S_1 和 S_2 连线方向上：

（1）S_2 右侧各点合成波的强度；（2）S_1 左侧各点合成波的强度.

解 （1）根据题意，先由式（15-26）求出 $\Delta\varphi$，再确定干涉结果.

设 S_2 右侧任一点 P 与 S_2 的距离为 x，如图15-12(a)所示，$r_1 = x + \dfrac{\lambda}{4}$，$r_2 = x$，则两列波在 P 点引起振动的相位差为

$$\Delta\varphi = \varphi_2 - \varphi_1 - 2\pi\frac{r_2 - r_1}{\lambda} = -\frac{\pi}{2} - \frac{2\pi}{\lambda}\left(-\frac{\lambda}{4}\right) = 0$$

因此,由式(15-29)知,S_2 右侧各点是干涉相长,合振幅 $A=2A_1$,合成波的强度 $I=4I_1$.

（2）同理,设 S_1 左侧任一点 Q 与 S_1 的距离为 x,如图15-12(b)所示.两列波在 Q 点引起振动的相位差为

图 15-12　两个相干波的叠加

$$\Delta\varphi = \varphi_2 - \varphi_1 - 2\pi\frac{r_2 - r_1}{\lambda} = -\frac{\pi}{2} - \frac{2\pi}{\lambda}\cdot\frac{\lambda}{4} = -\pi$$

因此,S_1 左侧各点干涉相消,合振幅 $A=0$,合成波的强度 $I=0$.

15.4.3　驻波

驻波是一种特殊的干涉现象.两列振幅相同的相干波,在同一直线上沿相反方向传播而叠加时就形成驻波.

如图15-13所示,两列振幅相同的相干波,一列向右传播,用细的实线表示波形;另一列向左传播,用虚线表示波形.图中分别给出 $t=0$、$\frac{T}{4}$ 和 $\frac{T}{2}$ 时刻各点的合位移即合成波的波形曲线.可见,上述两列波叠加后,直线上某些点始终静止不动,另一些点的振幅有最大值,其余各点的振幅则介于零和最大值之间,形成直线上各点分段做不同振幅的振动,这就是**驻波**.始终静止不动的各点称为波节,振幅有最大值的各点称为波腹.

图 15-13　驻波的形成

可以用实验来演示驻波.如图15-14所示,T 是一个电动音叉,其末端系一水平的弹性细绳.绳的另一端通过滑轮 P 后系一砝码,使绳中产生张力.音叉振动时,调节劈尖 B 至适当位置,使 AB 具有某一长度.绳中向右传播的波,到达 B 点后在 B 点反射,又向左传播.这样入射波和反射波在绳上沿相反方向传播,在绳上产生驻波.

在上述实验中,波是在固定点 B 反射,在反射处形成波节.如果波是在自由端反射,则反射处是波腹.一般情况下,在两种介质分界处形成波节还是波腹,与波的种类、两种介质的性质以及入射角的大小有关.当波从一种弹性介质垂直入射到另一种弹性介质时,如

图 15-14　驻波的演示实验

果第二种介质的密度与波速的乘积比第一种介质大,即 $\rho_2 u_2 > \rho_1 u_1$,则在分界面出现波节. ρu 相对较小的介质称为波疏介质,ρu 相对较大的介质称为波密介质. 因此,波从波疏介质垂直入射到波密介质,又从波密介质反射回到波疏介质时,在反射处形成波节;反之,若波从波密介质垂直入射到波疏介质,又从波疏介质反射回到波密介质,在反射处形成波腹.

在两种介质的分界面上形成波节,表明入射波和反射波在此处的相位相反,反射波在分界处相位突变了 π. 因为在波线上相距半个波长的两点,其相位差为 π,所以波从波密介质反射回到波疏介质时,相当于损失(或附加)了半个波长的波程. 通常把这种相位突变 π 的现象称为**"半波损失"**.

设沿相反方向传播的两列等幅相干波分别为

$$y_1 = A\cos2\pi\left(\frac{t}{T} - \frac{x}{\lambda}\right)$$

$$y_2 = A\cos2\pi\left(\frac{t}{T} + \frac{x}{\lambda}\right)$$

根据波的叠加原理可得驻波方程

$$y = y_1 + y_2 = 2A\cos\left(\frac{2\pi}{\lambda}x\right)\cos2\pi\nu t \tag{15-35}$$

上式由两项因子的乘积构成. 第一项 $\left(2A\cos\dfrac{2\pi}{\lambda}x\right)$ 只是位置的函数,与时间无关,表明不同位置处质点的振幅不同. 第二项($\cos2\pi\nu t$)只是时间的函数,表明任意位置处的质点都在做频率为 ν 的简谐振动.

因此,驻波具有如下特征:

(1) 各质点做频率相同、振幅不同的简谐振动. 波节处振幅为零,由 $\left|2A\cos\dfrac{2\pi}{\lambda}x\right| = 0$ 可得

$$2\pi\frac{x}{\lambda} = \pm(2k+1)\frac{\pi}{2}$$

则波节的位置

$$x = \pm(2k+1)\frac{\lambda}{4}, \quad k = 0,1,2,\cdots \tag{15-36}$$

同理,波腹处振幅最大,$\left|2A\cos\dfrac{2\pi}{\lambda}x\right| = 2A$,则

$$2\pi \frac{x}{\lambda} = \pm k\pi$$

波腹的位置

$$x = \pm k\frac{\lambda}{2}, \quad k = 0,1,2,\cdots \tag{15-37}$$

可见,波节和波腹的位置分布是交替且均匀的.波节与相邻波腹之间的距离是$\frac{\lambda}{4}$,相邻两波腹间或相邻两波节间的距离$\Delta x = \frac{\lambda}{2}$.在驻波实验中,只要测得波节或波腹之间的距离,就可以确定波长.

(2)相邻两波节间各点的振动相位相同,而一个波节两侧各点的振动相位相反.因为振幅因子$\left(2A\cos\frac{2\pi}{\lambda}x\right)$的符号与振动的相位有关,在相邻两波节之间的各点,$\cos\frac{2\pi}{\lambda}x$具有相同的符号,所以它们的振动相位相同;在一个波节两侧的各点,$\cos\frac{2\pi}{\lambda}x$有相反的符号,则波节两侧各点振动的相位相反.因此,驻波是分段振动,且各段作为一个整体进行同步振动.每一时刻都有一定的波形,但波形既不左移,也不右移,因此称为驻波.

(3)驻波的动能和弹性势能不断地转换.当介质中各质点的位移达到最大值时,速度为零,即动能为零.此时除波节外,所有质点都偏离平衡位置引起介质的最大弹性形变,各质点的全部能量都是弹性势能.波节处的相对形变$\frac{\Delta y}{\Delta x}$最大,弹性势能最大;波腹处相对形变为零,弹性势能为零.因此,驻波的弹性势能集中在波节附近.当所有质点到达平衡位置时,介质的形变为零,弹性势能为零,驻波的全部能量都是动能.波腹处质点的速度最大,动能最大;波节处质点的速度为零,动能为零.因此,驻波的动能集中在波腹附近.

例 15-6 如果在固定端 $x=0$ 处反射的反射波方程是

$$y_2 = A\cos 2\pi\left(\nu t - \frac{x}{\lambda}\right)$$

设反射波无能量损失,求:

(1)入射波方程;

(2)驻波方程.

解 (1)因为反射波无能量损失,且沿 x 轴正方向传播,所以入射波的振幅为 A,沿 x 轴的负方向传播.设入射波方程为

$$y_1 = A\cos\left[2\pi\left(\nu t + \frac{x}{\lambda}\right) + \varphi\right]$$

在固定端反射时,反射波存在"半波损失",即在反射点,入射波的相位 $\varphi_入$ 与反射波的相位 $\varphi_反$ 存在下列关系

$$\varphi_入 = \varphi_反 + \pi$$

根据入射波和反射波的表达式,在 $x=0$ 处反射时,$\varphi_入 = 2\pi\nu t + \varphi$,$\varphi_反 = 2\pi\nu t$,再由上式可得入射波的初相位 $\varphi = \pi$.因此,入射波方程为

$$y_1 = A\cos\left[2\pi\left(\nu t + \frac{x}{\lambda}\right) + \pi\right]$$

（2）根据波的叠加原理得驻波方程

$$y = y_1 + y_2$$

$$= A\cos\left[2\pi\left(\nu t + \frac{x}{\lambda}\right) + \pi\right] + A\cos 2\pi\left(\nu t - \frac{x}{\lambda}\right)$$

$$= 2A\cos\left(2\pi\frac{x}{\lambda} + \frac{\pi}{2}\right)\cos\left(2\pi\nu t + \frac{\pi}{2}\right)$$

15.5 惠更斯原理 波的衍射

波在传播过程中，遇到障碍物后，波的传播方向和波的强度分布都发生变化，这种现象称为波的衍射. 波的衍射是体现波动性质的又一重要特征. 衍射现象不仅存在于机械波中，也存在于电磁波、物质波等其他形式的波中.

15.5.1 惠更斯原理

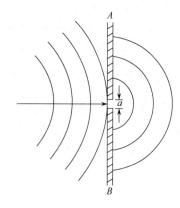

图 15-15 水面波的衍射

波动是由波源的振动引起的，机械波的传播主要依靠介质中各质点之间的相互作用. 介质连续分布时，介质中任何一点的振动都直接引起相邻质点的振动. 因此在波动中，介质中任何一点都可看成是新的波源. 如图 15-15 所示，一列波在水面上传播，遇到障碍物 AB. AB 上有一小孔 a，其线度远远小于波长. 穿过小孔的波与原来波的形状无关，是以小孔为波源的圆形波. 相对于原先的波，这种波称为子波.

惠更斯总结了许多衍射现象，于 1690 年提出了**惠更斯原理：介质中波动传播到的各点，都可以看成是发射子波的波源：其后的任一时刻，这些子波的包络面就是新的波阵面**. 根据这一原理，只要知道某一时刻的波阵面，就可以用几何方法确定下一时刻新的波阵面. 因而为解决各种波的传播方向问题奠定了重要基础.

在研究波的衍射现象时，除了确定波的传播方向以外，还应确定波的强度. 菲涅耳认为：**波阵面上的每一点不仅可以看成是发射子波的波源，而且这些子波波源是相干波源. 它们发出的子波是相干波，相干波的干涉决定波的强度分布**. 这个经过发展了的惠更斯原理，称为**惠更斯-菲涅耳原理**. 该原理可以圆满地解决波的衍射等问题.

下面，根据惠更斯原理，分析波的衍射、反射和折射等问题.

15.5.2 波的衍射

如图15-16所示，平面波到达一宽度与波长 λ 相近的缝时（缝的宽度为 d），缝上的各点都可看成是发射子波的波源.这些子波在缝前方的包络面就是新的波阵面.显然,此时的波阵面不再是平面,在缝的边缘处波阵面弯曲,波的传播方向改变,波绕过了障碍物向前传播.

如果障碍物 AB 上的缝宽减小,则通过缝后的波阵面越弯曲.当 $d<\lambda$ 时,经过狭缝后的波阵面近于半圆形,衍射现象更加显著.因此,障碍物(缝、遮板等)的线度与波长之比决定衍射现象的显著与否.通常情况下,声波的波长与所碰到的障碍物的线度差不多,声波的衍射现象就比较显著.

图 15-16 平面波的衍射

15.5.3 波的反射和折射

当波传播到两种介质的分界面时,会改变传播方向.一部分被反射回原来介质,形成反射波;另一部分透过界面进入第二种介质,形成折射波.入射波、反射波和折射波的波线与分界面法线之间的夹角,分别称为入射角 i、反射角 i' 和折射角 r.

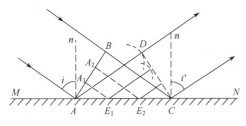

图 15-17 平面波在两种介质分界面的反射

如图 15-17 所示,设有一平面波以波速 u_1 入射到两种介质的分界面 MN. 当 $t=t_1$ 时,入射的波阵面达到 AB 位置(波阵面为通过 AB 线并与图面垂直的平面).当 A 点到达分界面后,波阵面上 A_1、A_2、$\cdots$ 各点将先后到达分界面上的 E_1、E_2、$\cdots$ 各点.在 $t=t_1+\Delta t$ 时刻,B 点到达分界面上的 C 点 $\left(\Delta t=\dfrac{\overline{BC}}{u_1}\right)$. 根据惠更斯-菲涅耳原理,界面上 A、E_1、E_2、$\cdots$、C 各点可作为发射子波的波源,向原来的介质发射子波.在 $t=t_1+\Delta t$ 时刻,从 A 点发出的子波半径为 $\overline{AD}=u_1\Delta t=\overline{BC}$. 从 C 点作该子波的切平面 CD,就得到反射波的波阵面.显然,$\angle ADC=\angle ABC=\dfrac{\pi}{2}$,所以三角形 BAC 和三角形 DCA 全等,$\angle BAC=\angle DCA$. 根据几何关系,$\angle BAC=i$,$\angle DCA=i'$,所以 $i=i'$,即入射角等于反射角.由图 15-17 可以看出,入射线、反射线和分界面的法线都在同一平面内.以上两个结论称为反射定律,与实验结果完全相同.

与讨论波的反射类似,根据惠更斯-菲涅耳原理,用作图法确定波的折射.因为波在不同的介质中传播时,波速不同,如图 15-18 所示,设波在第一种介质中的波速为 u_1,在第二种介质中的波速为 u_2,MN 为两种介质的分界面.$t=t_1$ 时刻,入射波的波阵面到达 AB 的位置,$t=t_1+\Delta t$ 时刻 $\left(\Delta t=\dfrac{\overline{BC}}{u_1}\right)$,$B$ 点到达 C 点,且 A 点发出的子波半径为 $\overline{AD}=u_2\Delta t$. 通过 C 点作该子波波阵面的切平面 CD,就得到折射波的波阵面.因为 $\angle BAC=i$,$\angle ACD=r$,所以

$$\overline{BC}=u_1\Delta t=\overline{AC}\cdot\sin i$$

图 15-18 平面波在两种
介质分界面的折射

$$\overline{AD} = u_2 \Delta t = \overline{AC} \cdot \sin r$$

由上两式消去 $\overline{AC}$，可得

$$\frac{\sin i}{\sin r} = \frac{u_1}{u_2} = \frac{n_2}{n_1} = n_{21} \tag{15-38}$$

式中，$n_{21} = \dfrac{u_1}{u_2}$ 称为第二种介质相对于第一种介质的相对折射率. 上式指出，入射角的正弦与折射角的正弦之比等于波在第一种介质和第二种介质中的波速之比. $u_1 > u_2$ 时，$i > r$，即波从波速大的介质进入波速小的介质时，折射线偏向法线；若 $u_1 < u_2$，则 $i < r$，折射线偏离法线. 由图可知，入射线、折射线和分界面的法线均在同一平面内. 以上两个结论称为波的折射定律.

因为折射率 $n = \dfrac{c}{u}$，同一频率 ν 的波由一种介质进入另一种介质时，$u_1 = \nu\lambda_1$，$u_2 = \nu\lambda_2$，所以式(15-38)还可以写成

$$\frac{\sin i}{\sin r} = \frac{n_2}{n_1} = \frac{\lambda_1}{\lambda_2} \tag{15-39}$$

15.6 多普勒效应

在以往的讨论中，波源和观察者相对于介质都是静止的，所以波的频率与波源的频率相同，观察者接收到的频率与波的频率也相同. 如果波源或观察者或二者都相对于介质运动，则观察者接收到的频率和波源的频率不相同，这种现象称为**多普勒效应**. 例如，高速行驶的火车汽笛的音调，在接近观察者时变高，远离观察者时变低，就是声波的多普勒效应.

为便于讨论多普勒效应，先明确三个频率的概念：

(1) 波源的频率 ν_S，表示波源在单位时间内振动的次数或单位时间内发出的整波的个数.

(2) 观察者接收到的频率 ν_R，表示观察者在单位时间内接收到的振动次数或整波的个数.

(3) 波的频率 ν，是指介质中的质量元在单位时间内振动的次数或单位时间内通过介质中某点的整波的个数.

为简单起见，设波源和观察者在同一条直线上运动，波源相对于介质的速度为 v_S，观察者相对于介质的速度为 v_R，波速为 u. 下面分三种情况进行讨论：

1. 相对于介质波源静止、观察者以 v_R 运动

因为波源相对于介质静止，所以波的频率等于波源的频率，即 $\nu = \nu_S$. 当观察者向着波源运动时，观察者在单位时间内接收到的整波的数目比他静止时要多. 应等于分布在 $u + v_R$ 距离内波的数目(图15-19)，即观察者在单位时间内接收到的频率

$$\nu_R = \frac{u + v_R}{\lambda} = \frac{u + v_R}{u}\nu \tag{15-40}$$

且波源静止时，$\nu = \nu_S$，则

$$\nu_R = \frac{u + v_R}{u}\nu_S \qquad (15\text{-}41)$$

所以观察者向波源运动时，接收到的频率是波源频率的 $\left(1 + \dfrac{v_R}{u}\right)$ 倍.

同理，当观察者远离波源运动时，观察者接收到的频率为

$$\nu_R = \frac{u - v_R}{u}\nu_S \qquad (15\text{-}42)$$

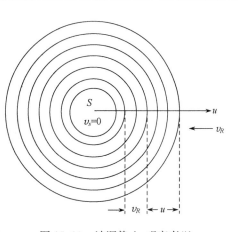

图 15-19　波源静止、观察者以
速度 v_R 向波源运动

2. 相对于介质观察者静止、波源以 v_S 运动

当波源运动时，仍按自己的频率 ν_S 发射波，在一个周期 T_S 内，波在介质中传播的距离为 uT_S，输出一个完整的波形. 设波源向着观察者运动(图15-20)，在一个周期内，波源移动的距离为 $v_S T_S$，使介质中的波长变小了. 当波源静止时介质中的波长 $\lambda_0 = uT_S$，波源向着观察者运动时介质中的波长

(a) 波阵面　　　　　　　　　　(b) 波长

图 15-20　观察者静止、波源以速度 v_S 向观察者运动

$$\lambda = \lambda_0 - v_S T_S$$
$$= (u - v_S)T_S$$

则波的频率为

$$\nu = \frac{u}{\lambda} = \frac{u}{u - v_S}\frac{1}{T_S}$$
$$= \frac{u}{u - v_S}\nu_S \qquad (15\text{-}43)$$

因为观察者相对介质静止，所以他接收到的频率等于波的频率，即

$$\nu_R = \frac{u}{u - v_S}\nu_S \qquad (15\text{-}44)$$

此时，观察者接收到的频率大于波源的频率.

若波源远离观察者运动,则介质中的波长变大,通过类似的分析,可得观察者接收到的频率为

$$\nu_R = \frac{u}{u + v_S} \nu_S \qquad (15\text{-}45)$$

此时,观察者接收到的频率小于波源的频率.

3. 相对于介质波源和观察者同时运动

综合上述两种分析,当波源向着观察者运动时,由式(15-43)得波的频率为

$$\nu = \frac{u}{u - \nu_S} \nu_S$$

当观察者向着波源运动时,由式(15-40)得观察者接收到的频率为

$$\nu_R = \frac{u + v_R}{u} \nu$$

因此,当波源和观察者相向运动、彼此接近时,由上两式得观察者接收到的频率为

$$\nu_R = \frac{u + v_R}{u} \cdot \frac{u}{u - v_S} \cdot \nu_S = \frac{u + v_R}{u - v_S} \nu_S \qquad (15\text{-}46)$$

同理可知,当波源和观察者相背运动、彼此离开时,观察者接收到的频率为

$$\nu_R = \frac{u - v_R}{u + v_S} \nu_S \qquad (15\text{-}47)$$

多普勒效应是波动过程的共同特征,除了机械波以外,电磁波(包括光波)也有多普勒效应. 因为电磁波的传播不需要介质,所以波源和观察者之间的相对运动速度 v 决定了接收到的频率. 相对论的计算表明,当波源和观察者在同一直线上运动、且相互接近时,接收到的频率为

$$\nu_R = \sqrt{\frac{c + v}{c - v}} \nu_S \qquad (15\text{-}48)$$

若波源和观察者相互远离,则接收到的频率为

$$\nu_R = \sqrt{\frac{c - v}{c + v}} \nu_S \qquad (15\text{-}49)$$

上述两式表明,波源和观察者相互接近时,接收到的频率高于发射频率,称为紫移;反之,接收到的频率低于发射频率,称为红移. 天文学家将来自星球的光谱与地球上相同元素的光谱比较,发现星球光谱几乎都发生红移. 因此,可以推断这些星球都向着远离地球的方向运动,称为星球在"退行". 根据式(15-49),可以计算出星球的退行速度,这一结果被看成是"大爆炸"宇宙学理论的重要证据. 利用电磁波的多普勒效应,还可以监测汽车速度和跟踪人造地球卫星. 将微波源发出的微波射向汽车或卫星,反射回来的微波频率已发生了变化. 把接收到的微波信号与原频率的信号合成为拍,测出拍频率即($\nu_R - \nu_S$),就可以计算出汽车或卫星的速度.

例 15-7 公路检查站利用雷达测速仪检测行驶的汽车是否超过了限速 $100\text{km} \cdot \text{h}^{-1}$,所用雷达波的频率为 $5 \times 10^{10}\text{Hz}$. 发出的雷达波被一迎面开来的汽车反射回来,与入射波叠

加形成了拍频为 $1.1 \times 10^4\,\mathrm{Hz}$ 的拍. 该汽车是否已超过了限速?

解题分析 判断车辆是否超速的基本原理是多普勒效应,测得的拍频涉及两个过程:

第一个过程是静止的波源 1(雷达)发出频率 $\nu_s = 5 \times 10^{10}\,\mathrm{Hz}$ 的波,观察者 1(汽车)以速度 v 接近波源,根据式(15-41),可得到观察者 1 接收到的频率 ν_{R1}.

第二个过程是运动的波源 2(汽车)发出频率 $\nu_{s2} = \nu_{R1}$ 的波,以速度 v 接近静止的观察者 2(雷达),雷达接收的频率 ν_{R2} 可以由式(15-44)得到.

雷达测速仪测得的拍频 $\Delta\nu = \nu_{s2} - \nu_s$,与汽车的运动速度有关.

解 根据题意和上述分析,雷达波的速度 $u = c = 3 \times 10^8\,\mathrm{m \cdot s^{-1}}$,观察者 1(汽车)接收到静止波源(雷达)的频率

$$\nu_{R1} = \frac{u+v}{u}\nu_s \tag{1}$$

观察者 2(雷达)接收到运动波源(汽车 $\nu_{s2} = \nu_{R1}$)的频率

$$\nu_{R2} = \frac{u}{u-v}\nu_{s1} \tag{2}$$

把(1)式代入上式中,得

$$\nu_{R2} = \frac{u}{u-v} \times \frac{u+v}{u}\nu_s$$

$$= \frac{u+v}{u-v}\nu_s \tag{3}$$

由雷达发出的频率 $\nu_s = 5 \times 10^{10}\,\mathrm{Hz}$ 和(2)式给出的汽车反射到雷达的频率 ν_{R2},得到拍频

$$\Delta\nu = \nu_{s2} - \nu_s$$

$$= \frac{u+v}{u-v}\nu_s - \nu_s$$

$$= \frac{2v}{u-v}\nu_s \tag{4}$$

由(4)式可得汽车的速度为

$$v = \frac{u-v}{2\nu_s}\Delta\nu \tag{5}$$

由于雷达的波速 $u = c$,远远大于汽车的速度,可以将(5)式化简为

$$v = \frac{u}{2\nu_s}\Delta\nu \tag{6}$$

(6)式表明,汽车的速度与拍频成正比,把 $u = 3 \times 10^8\,\mathrm{m \cdot s^{-1}}$,$\nu_s = 5 \times 10^{10}\,\mathrm{Hz}$ 和 $\Delta\nu = 1.1 \times 10^4\,\mathrm{Hz}$ 代入上式,汽车的行驶速度

$$v = \frac{u}{2\nu_s}\Delta\nu$$

$$= \frac{3 \times 10^8}{2 \times 5 \times 10^{10}} \times 1.1 \times 10^4$$

$$\approx 33\,(\mathrm{m \cdot s^{-1}})$$

$$=118.8\text{km} \cdot \text{h}^{-1}$$

上述数值表明,汽车行驶速度大于限速 100km·h^{-1},该车已超速.

*15.7 非线性波

前面讨论机械波的过程中,假设介质是弹性的,且介质中的弹性力与相对形变成正比,则波动方程是线性的,如式(15-13)所示,波的传播速度只与介质的性质有关,与振动状态无关,波的叠加原理成立.实际上,介质并非完全弹性,其动力学方程含有非线性项.当波的振幅较大时,非线性项的作用不能忽略,相应的波动方程是非线性方程.非线性效应使波的叠加原理不再成立,介质中各点的波速不同,波形随传播距离的增大而发生畸变.

非线性的研究已经极大地改变了人们观察世界的方法和思维方式,本节介绍两种非线性波.

15.7.1 孤立波

1834 年,英国工程师罗素首次观察到一条木船在河中行进时,在船首激起一个外形

图 15-21 两个相向
传播的孤立波的碰撞

不变、突出水面的孤立峰(高度为 0.3～0.5m,长度约为 10m).当船突然停止时,该峰保持自己的形状,以恒定的速度沿河流运动.罗素把这种新型的波称为孤立波.

1895 年,荷兰数学家柯特维格(D. J. Korteweg)和德弗累斯(G. deVries)建立了单向运动浅水波的运动方程,即著名的 KdV 方程,并得到了孤立波的解.1965 年,美国科学家萨布斯基(N. J. Zabusky)等研究了等离子体中孤立波的碰撞过程.研究表明这种孤立波碰撞后并不改变波形和传播速度,只是改变了相位,如图 15-21所示.因为孤立波的碰撞与粒子的碰撞相似,所以孤立波也称为孤立子或孤子.

电子计算机的出现和迅猛发展,使得科学家可以用计算机解决以往难于处理的复杂问题.研究发现除 KdV 方程以外,其他一些非线性偏微分方程也有孤子解.计算机实验和解析方法相结合发现的孤子,已出现在许多领域中,如水波、等离子体、电荷密度波、粒子模型和非线性光学等.孤子的研究成果,在物理学和工程技术中有非常重要的应用价值.例如,通常的光纤通信中用低强度光脉冲传输信息,由于色散变形导致传输信息量低、质量差,必须在传输线路上每隔一定距离加设波形重复器.如果以光孤子作为信息载体,可以极大地增强信息容量,增大传输距离,且信号的失真极小.因此,光纤孤子通信系统有极好的应用前景.此外,已证明神经脉冲是由一群孤子组成的,因此信号可以一次次以原有形状和足够的强度传至终端,而引起感知.

15. 7. 2 激波

当波源相对于介质的运动速度 v_S 大于波在介质中的传播速度 u，观察者相对于介质静止，且波源靠近观察者运动时，式(15-44)已失去意义($v_R<0$). 如图15-22所示，波源位于它此前发出波前的前方. 设 t 时刻波源位于 S' 位置，该时刻发射的波阵面半径在 $t+\tau$ 时刻为 $u\tau$. $t+\tau$ 时刻波源运动的距离为 $v_S\tau$，位于 S 位置. 从 t 时刻到 $t+\tau$ 时刻整个 τ 时间内，波源发出波的各波前的切面形成了一个圆锥面. 该锥面的轴是波源运动所沿的直线，锥形的顶角 θ 满足

图 15-22 激波的形成

$$\sin\theta=\frac{u}{v_S} \qquad (15\text{-}50)$$

上述锥面称为马赫锥，比值 $\dfrac{v_S}{u}$ 称为马赫数. 马赫数越大，顶角 θ 越小. 随着时间的推移，各波前不断扩展，马赫锥也不断扩展，这种以波源为顶点的圆锥形波称为激波或冲击波. 锥面是受扰动的介质和未受扰动介质的分界面，界面两侧的压强、密度和温度发生突变.

以超音速飞行的飞机、炮弹等，都会在空气中激起激波. 原子弹爆炸会导致更强烈的激波. 过强的激波到达某一区域时，使该区域的空气压强在短时间内急剧增大，具有巨大的破坏作用.

激波不仅在气体中传播，也可以在液体和固体中传播. 例如，当船的行驶速度大于水波的传播速度时，就会形成类似的激波，在水面上产生以船头为顶点的 V 形波. 此外，带电粒子在介质中高速运动时，只要其速度 v 超过该介质中的光速 $\dfrac{c}{n}$，就会辐射锥形电磁波. 这种辐射称为切伦科夫辐射. 利用该辐射制成的切伦科夫计数器，可探测高能粒子的速度，在高能物理实验中得到了广泛的应用.

本 章 小 结

1. 平面简谐波的波函数

$$y=A\cos\left[\omega\left(t\mp\frac{x}{u}\right)+\varphi\right]=A\cos\left[2\pi\left(\frac{t}{T}\mp\frac{x}{\lambda}\right)+\varphi\right]$$

波速　$u=\lambda\nu=\dfrac{\lambda}{T}$

棒中的波速　$u=\sqrt{\dfrac{Y}{\rho}}$；弦上横波波速 $u=\sqrt{\dfrac{T}{\mu}}$

角频率　$\omega=2\pi\nu=\dfrac{2\pi}{T}$

2. 波动方程

$$\frac{\partial^2 y}{\partial x^2} = \frac{1}{u^2} \cdot \frac{\partial^2 y}{\partial t^2}$$

3. 波函数的物理意义

4. 简谐波的能量

(1) 平均能量密度 $\overline{w} = \frac{1}{2} \rho \omega^2 A^2$;

(2) 波的强度 $I = \overline{w} \cdot u$.

5. 波的干涉

相干条件：频率相同、振动方向相同、相位差恒定.

合振幅为

$$A = \sqrt{A_1^2 + A_2^2 + 2A_1 A_2 \cos\left(\varphi_2 - \varphi_1 - 2\pi \frac{r_2 - r_1}{\lambda}\right)}$$

相位差

$$\Delta\varphi = \varphi_2 - \varphi_1 - 2\pi \frac{r_2 - r_1}{\lambda} = \begin{cases} \pm 2k\pi, & A = A_1 + A_2 \\ \pm(2k+1)\pi, & A = |A_1 - A_2| \end{cases}$$

当 $\varphi_2 = \varphi_1$ 时, $\Delta\varphi = 2\pi \dfrac{r_2 - r_1}{\lambda} = 2\pi \dfrac{\delta}{\lambda}$;

$$波程差 \ \delta = r_2 - r_1 = \begin{cases} \pm k\lambda, & A = A_1 + A_2 \quad 干涉相长 \\ \pm(2k+1)\dfrac{\lambda}{2}, & A = |A_1 - A_2| \quad 干涉相消 \end{cases}$$

驻波：两列振幅相同,传播方向在一条直线上,并沿相反方向传播的相干波的叠加. 相邻波节和相邻波幅之间的间隔相差波长的一半的距离.

半波损失：入射波从波疏介质垂直入射到波密介质时,反射波在介质分界面处相位突变 180° 的现象.

6. 惠更斯-菲涅尔原理

介质中波动传播到的各点都可看成是发射子波的波源,其后任一时刻这些子波的包迹面就是新的波阵面. 这些子波是相干波,其干涉决定波的强度分布.

7. 多普勒效应

习　题

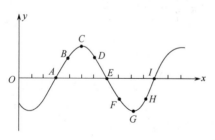

习题 15-1 图

15-1　一平面余弦横波以波速 u 沿 x 轴的正方向传播,某一时刻的波形曲线如附图所示. 试分别说明该时刻附图中 A、B、C、D、E、F、G、H、I 各点的运动方向,并画出 $\dfrac{T}{4}$ 前和 $\dfrac{T}{4}$ 后的波形曲线(T 为周期).

15-2　在驻波实验中,n 个波节间的距离为相应波长的多少倍?

15-3　一列平面余弦波沿弦线前进,波速 $u=40\text{m}\cdot\text{s}^{-1}$,弦的线密度为 $0.4\text{kg}\cdot\text{m}^{-1}$. 在 $x=0.1\text{m}$ 处, 质点的振动方程为

$$y = 0.05\cos 2\pi(0.01 - 4t)\text{m}$$

试求:

(1) 波的频率和波长;(2) 波动方程;(3) 弦的张力.

15-4　一列平面余弦波沿绳传播时的波动方程为

$$y = 0.05\cos(10\pi t - 4\pi x) \qquad (\text{SI})$$

(1) 试求波的振幅、波速、频率和波长;(2) 试求绳上各点振动时的最大速度和最大加速度;(3) $x=0.2\text{m}$ 处的质点在 $t=1\text{s}$ 时的相位,是原点处的质点在哪一时刻的相位? 该相位代表的运动状态,在 $t=1.25\text{s}$ 时刻到达哪一位置?

15-5　一平面余弦波在 $t=0$ 时刻的波形如附图所示,此波以波速 $u=0.08\text{m}\cdot\text{s}^{-1}$ 沿 x 轴正方向传播.试求:

(1) a、b 两点的振动方向;(2) O 点的振动方程;(3) 此波的波动方程.

15-6　一平面余弦波在 $t=\dfrac{3}{4}T$ 时刻的波形如附图所示,此波沿 x 轴正方向传播,波速 $u=36\text{m}\cdot\text{s}^{-1}$. 试求:

(1) $t=0$ 时刻的波形图;(2) O 点和 P 点处质点振动的初相位;(3) O 点处质点的振动方程;(4) 波动方程.

习题 15-5 图

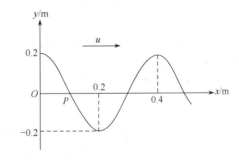

习题 15-6 图

15-7　一平面余弦波在 $t=0$ 时的波形如附图中实线所示.此波沿 x 轴正方向传播,经过时间 $t=0.5\text{s}$ 后,波形变为虚线所示.已知波的周期 $T\geqslant 1\text{s}$,试由附图中所给的条件,求:

(1) 此波的波动方程;(2) A 点的振动方程.

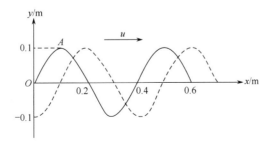

习题 15-7 图

15-8 如附图所示，A、B 是两个同频率、同相位的波源，相距 $d=0.1m$. 它们同时发出频率为 30Hz 的相干波，波速 $u=0.5m \cdot s^{-1}$. P 点位于与 $\overline{AB}$ 成 30°角、距离 A 点为 4m 处. 试求这两列波通过 P 点时的相位差.

15-9 如附图所示，P 点位于 A、B 两点连线的垂直平分线上. A、B 是两个相干波源，它们的振动频率均为 100Hz，在 P 点的振幅相等，都是 $5 \times 10^{-2}m$. 试求，当波源的相位差分别为 π、0 和 $\dfrac{\pi}{2}$ 时，P 点的合振动方程.

15-10 两列波在一根很长的细绳上传播，它们的波动方程分别为

$$y_1 = 0.06\cos\pi(x-4t)$$
$$y_2 = 0.06\cos\pi(x+4t) \quad \text{(SI)}$$

习题 15-8 图　　　　　　　习题 15-9 图

则：

(1) 求各波的频率、波长、波速和传播方向；(2) 证明该绳是做驻波式振动，并求波节和波腹的位置；(3) 波腹处的振幅多大？

15-11 设入射波的波动方程为

$$y_1 = A\cos2\pi\left(\frac{t}{T} + \frac{x}{\lambda}\right)$$

入射波在 $x=0$ 处发生反射，反射点为自由端. 试求：

(1) 反射波的波动方程；(2) 合成波（驻波）方程，并求出波节和波腹的位置.

15-12 调研地震波的形成及其传播.

第16章 电磁波

麦克斯韦概括、总结和推广了从大量实验和理论中得出的规律,于1862年得到了描写电磁场规律的完整的方程组,称为麦克斯韦方程组.这一理论的一个重要成果是预言了电磁波的存在,揭示了电磁波的传播速度恰好就是真空中的光速,在历史上第一次指出光波就是电磁波.

麦克斯韦方程组是电磁理论的基础,虽然比爱因斯坦1905年提出的狭义相对论早出现四十余年,却满足爱因斯坦的两个基本假设.因此,麦克斯韦方程组的应用范围是十分惊人的,是电机、回旋加速器、电视机以及微波雷达等所有电磁设备的基本工作原理.

本章介绍电磁波的波动方程,电磁波的性质和能量等内容.

*16.1 电磁波的波动方程

16.1.1 麦克斯韦方程组

根据麦克斯韦的电磁场理论,电磁场满足下列方程组

$$
\begin{aligned}
&\oint_S \boldsymbol{D} \cdot \mathrm{d}\boldsymbol{S} = q \\
&\oint_L \boldsymbol{E} \cdot \mathrm{d}\boldsymbol{l} = -\int_S \frac{\partial \boldsymbol{B}}{\partial t} \cdot \mathrm{d}\boldsymbol{S} \\
&\oint_S \boldsymbol{B} \cdot \mathrm{d}\boldsymbol{S} = 0 \\
&\oint_L \boldsymbol{H} \cdot \mathrm{d}\boldsymbol{l} = \int_S \left(\boldsymbol{J} + \frac{\partial \boldsymbol{D}}{\partial t} \right) \cdot \mathrm{d}\boldsymbol{S}
\end{aligned}
\tag{16-1}
$$

这就是麦克斯韦方程组的积分形式,其微分形式为

$$
\begin{aligned}
&\boldsymbol{\nabla} \cdot \boldsymbol{D} = \rho \\
&\boldsymbol{\nabla} \times \boldsymbol{E} = -\frac{\partial \boldsymbol{B}}{\partial t} \\
&\boldsymbol{\nabla} \cdot \boldsymbol{B} = 0 \\
&\boldsymbol{\nabla} \times \boldsymbol{H} = \boldsymbol{J} + \frac{\partial \boldsymbol{D}}{\partial t}
\end{aligned}
\tag{16-2}
$$

式中,ρ 为自由电荷体密度,$\boldsymbol{J}$ 为电流面密度.上式表明,变化的磁场和自由电荷可以产生电场,变化的电场和稳恒电流可以产生磁场.

在介质内部,还需要三个与介质性质有关的物质方程.对于各向同性介质,这些方程是

$$D = \varepsilon E$$
$$B = \mu H$$
$$J = \sigma E \qquad (16\text{-}3)$$

式中,ε 为介质的电容率,μ 为介质的磁导率,σ 为电导率.

式(16-2)和式(16-3)全面总结了电磁场的基本规律,是宏观电动力学的基本方程组.利用这些方程及场量 E、D、B 和 H 的边界条件和初始条件,原则上可以解决各种宏观电动力学问题.

16.1.2 电磁波的波动方程

因为变化的电场在其周围空间激发磁场,变化的磁场在其周围空间激发电场,如果在空间某区域有变化的电场(或变化的磁场),在其邻近区域激发了变化的磁场(或变化的电场),该变化的磁场(或变化的电场)就可以在较远的区域激发新的变化电场(或变化磁场).这种变化的电场和磁场交替连续激发,以有限的速度由近及远地在空间传播,形成了电磁波.

下面,从麦克斯韦方程组导出电磁波的波动方程.

假设在无限大均匀、各向同性介质中,既无自由电荷,又无传导电流,即 $\rho = 0$,$J = 0$,则麦克斯韦方程组式(16-2)可简化为

$$\nabla \cdot D = 0$$
$$\nabla \times E = -\frac{\partial B}{\partial t}$$
$$\nabla \cdot B = 0 \qquad (16\text{-}4)$$
$$\nabla \times H = \frac{\partial D}{\partial t}$$

利用 $D = \varepsilon E$ 和 $H = \dfrac{B}{\mu}$,消去上式中的 D 和 H 得

$$\nabla \cdot E = 0 \qquad (16\text{-}5)$$

$$\nabla \times E = -\frac{\partial B}{\partial t} \qquad (16\text{-}6)$$

$$\nabla \cdot B = 0 \qquad (16\text{-}7)$$

$$\nabla \times B = \varepsilon \mu \frac{\partial E}{\partial t} \qquad (16\text{-}8)$$

根据矢量分析,对某一个矢量 A

$$\nabla \times (\nabla \times A) = \nabla(\nabla \cdot A) - \nabla^2 A \qquad (16\text{-}9)$$

因此,利用上式对式(16-6)取旋度得

$$\nabla \times (\nabla \times E) = \nabla(\nabla \cdot E) - \nabla^2 E = \nabla \times \left(-\frac{\partial B}{\partial t}\right) = -\frac{\partial}{\partial t}(\nabla \times B)$$

把式(16-5)和式(16-8)代入上式,可得

$$-\nabla^2 E = -\varepsilon\mu\frac{\partial^2 E}{\partial t^2}$$

即

$$\nabla^2 E = \varepsilon\mu\frac{\partial^2 E}{\partial t^2} \tag{16-10}$$

该式就是电场满足的波动方程. 式中$\nabla^2 E$在直角坐标系下的表达式为

$$\nabla^2 E = \frac{\partial^2 E}{\partial x^2} + \frac{\partial^2 E}{\partial y^2} + \frac{\partial^2 E}{\partial z^2}$$

将式(16-10)与平面简谐波的波动方程式(15-13)比较可知,电场以波动的形式传播,传播速度$u = \dfrac{1}{\sqrt{\varepsilon\mu}}$.

同理,根据数学公式(16-9),对式(16-8)再取旋度,并利用式(16-6)和式(16-7)可得

$$\nabla\times(\nabla\times B) = \nabla(\nabla\cdot B) - \nabla^2 B = -\nabla^2 B$$

$$= \varepsilon\mu\frac{\partial}{\partial t}(\nabla\times E)$$

$$= -\varepsilon\mu\frac{\partial^2 B}{\partial t^2}$$

即

$$\nabla^2 B = \varepsilon\mu\frac{\partial^2 B}{\partial t^2} \tag{16-11}$$

可见,磁场同样满足波动方程,且传播速度也是$\dfrac{1}{\sqrt{\varepsilon\mu}}$.

综上可知,电场和磁场密切相关,都以波动的形式按相同的波速传播. 这种电磁场的运动就形成了电磁波.

例 16-1 设沿x轴正方向传播的平面电磁波的电场和磁场分量为

$$E = E_y = E_m\cos\omega\left(t - \frac{x}{u}\right)$$

$$B = B_z = B_m\cos\omega\left(t - \frac{x}{u}\right)$$

式中,u为电磁波的传播速度. 试证明上述两式是波动方程式(16-10)和式(16-11)的特解.

解 波动方程式(16-10)在直角坐标系下的表达式为

$$\frac{\partial^2 E}{\partial x^2} + \frac{\partial^2 E}{\partial y^2} + \frac{\partial^2 E}{\partial z^2} = \varepsilon\mu\frac{\partial^2 E}{\partial t^2}$$

对于沿x轴传播的平面电磁波,上式可写为

$$\frac{\partial^2 E}{\partial x^2} = \varepsilon\mu\frac{\partial^2 E}{\partial t^2} \tag{1}$$

对已知的电场分量分别求坐标 x 和时间 t 的二阶偏导,得

$$\frac{\partial^2 E}{\partial x^2} = -\frac{\omega^2}{u^2} E_{\mathrm{m}} \cos\omega\left(t - \frac{x}{u}\right)$$

$$\frac{\partial^2 E}{\partial t^2} = -\omega^2 E_{\mathrm{m}} \cos\omega\left(t - \frac{x}{u}\right)$$

所以

$$\frac{\partial^2 E}{\partial x^2} = \frac{1}{u^2}\frac{\partial^2 E}{\partial t^2} \tag{2}$$

比较式(1)和式(2)可知,所给的电场分量表达式是平面波波动方程的一个特解,且传播速度 $u = \dfrac{1}{\sqrt{\varepsilon\mu}}$.

同理,波动方程式(16-11)在一维坐标系下的表达式为

$$\frac{\partial^2 B}{\partial x^2} = \varepsilon\mu\frac{\partial^2 B}{\partial t^2} \tag{3}$$

对已知的磁场分量分别求 $\dfrac{\partial^2 B}{\partial x^2}$ 和 $\dfrac{\partial^2 B}{\partial t^2}$,其结果满足式(3),是波动方程的一个特解.

16.2 电磁波的产生

产生电磁波一般需要做加速运动的电荷,如各种加速器中的带电粒子都能辐射电磁波.作为最基本的电磁波波源,本节主要讨论振荡电偶极子以及电子在原子内的跃迁等内容.

16.2.1 振荡电偶极子

电矩随时间变化的电偶极子,称为振荡电偶极子.最简单的振荡电偶极子是电矩做余弦式振动,其电矩可表示为

$$p = p_0\cos\omega t \tag{16-12}$$

式中,p_0 为电矩振幅,ω 为角频率.通常用于发射电磁波的天线就可以看成是由振荡电偶极子组成的,分子和原子的发光也可以看成是振荡电偶极子的辐射,因此振荡电偶极子是一个重要的物理模型.

振荡电偶极子周围电磁场的分布和变化,可以由麦克斯韦方程组严格计算出来.计算结果所表示的基本特征都已由赫兹实验证实,下面给出计算的结果.

如图 16-1 所示,设振荡电偶极子位于直角坐标系的原点,电矩 p 沿 z 轴方向,周围介质的电容率和磁导率分别为 ε 和 μ. 空间任意一点 A 的矢径为 r,r 与 z 轴间的夹角为 θ. 计算结果表明,A 点的电场强度 E、磁场强度 H 和电磁波的传播方向(即 r 的方向),三者互相垂直且成右螺旋系. 当 A 点离开振荡电偶极子的距离

图 16-1 振荡电偶极子辐射的电磁波

足够远(即 $r \gg \lambda$)时, E 和 H 的大小分别为

$$E(r,t) = \frac{\omega^2 p_0 \sin\theta}{4\pi\varepsilon u^2 r}\cos\omega\left(t - \frac{r}{u}\right) \tag{16-13}$$

$$H(r,t) = \frac{\omega^2 p_0 \sin\theta}{4\pi u r}\cos\omega\left(t - \frac{r}{u}\right) \tag{16-14}$$

式中, $u = 1/\sqrt{\varepsilon\mu}$, 为电磁波的波速. 上述两式表明, 电磁波的振幅与距离 r 成反比, 所以振荡电偶极子辐射的是球面电磁波. 此外, 振幅还与 θ 角有关, 当 $\theta = 0$ 或 π, 即沿电矩方向时, E 和 H 均为零; 当 $\theta = \frac{\pi}{2}$, 且 r 一定时, E 和 H 的振幅最大. 在距离电偶极子很远的一个小区域内, r 可以看成恒量, 相应的 θ 变化也很小, $\sin\theta$ 也可看成恒量. 因此, 式(16-13)和式(16-14)中的振幅是恒量, 分别用 E_0 和 H_0 表示, 可得

$$E = E_0 \cos\omega\left(t - \frac{r}{u}\right) \tag{16-15}$$

$$H = H_0 \cos\omega\left(t - \frac{r}{u}\right) \tag{16-16}$$

上述两式与例题 16-1 中给出的平面电磁波的形式相同, 所以在远离振荡电偶极子的小区域里, 该电偶极子发射的电磁波可视为平面波, 式(16-15)和式(16-16)即为平面简谐电磁波的波函数.

16.2.2 原子内电子的跃迁

根据量子理论, 一个原子可以处在不同状态, 这些不同状态的能量值是离散的, 称为能级. 原子内的电子从较高能级跃迁到一个较低能级时, 要放出能量. 可以用辐射电磁波的方式放出能量, 放出的能量成为一个光子的能量 $h\nu$, 且 $h\nu = E_2 - E_1$, $E_2 - E_1$ 是发生跃迁的两个能级的能量差. 不同的原子有不同的能级结构, 所以每种原子都只能辐射出特定频率的电磁波. 例如, 钠原子辐射出黄光, 锶原子辐射出红光. 每种原子或分子可能发出的所有特定频率的电磁波的波长(和强度)分布的记录, 构成这种原子或分子的发射光谱.

原子内层电子的跃迁发出 X 射线. 每一种元素有一套一定波长的射线谱, 成为该元素的标识, 所以称为标识谱. 标识谱反映了原子的内层结构, 谱线的波长对应一定的能级间隔, 谱线的精细结构显示能级的精细结构. 所以, X 射线标识谱对研究原子结构问题有重要的意义. 此外, 原子核中质子和中子的相互作用, 可以发射频率更高的 γ 射线.

以上关于原子和分子的发光过程, 也可以看成是振荡电偶极子的辐射, 但每次辐射的持续时间很短, 约为 10^{-8} s. 在此极短的时间内, 振荡电偶极子发出一个长度有限的波列, 或者说发出一个光子.

16.2.3 原始火球辐射的电磁波

有许多电磁波来源于地球以外的宇宙空间, 对这种电磁波的研究可以帮助人们认识宇宙.

"宇宙"一词常用于表示太阳系或银河系. 其实宇宙的广义定义应该是"一切物理性的

存在",即散布在一切星系之中、星系之间的一切物质、一切形式的能量. 自牛顿以来,人们就开始探讨宇宙的起源问题.

1923年,美国天文学家哈勃发现了银河系外的河外星系 M31 后,人们才认识到宇宙的存在范围比银河系要大得多,在银河系之外还有无数个河外星系. 哈勃通过对周围星系的光谱的研究,发现星系谱线的"红移". 根据多普勒效应,当波源和观测者相互远离时,接收到的频率比发射频率低,即"红移". 因此,其他星系正在离开我们的银河系向远方运动,运动的速度随着离开银河系的距离而增加. 例如,室女座星系距我们星系 6×10^6 光年,退行速度为 1120km·s^{-1},狮子座星系距离我们星系 1.05×10^8 光年,退行速度为 2×10^4km·s^{-1}. 因此,宇宙在膨胀.

"大爆炸"宇宙论认为,宇宙起源于大约 1.5×10^{10} 年前一个超密集状态的物质的一次大爆炸,爆炸的物质碎片均匀沿着各个方向向外散开,因此可得到宇宙在膨胀的概念,且物质碎片逐渐凝聚成银河系、河外星系等. 哈勃的发现,是"大爆炸"理论的基础. 1965年,普林斯顿大学的物理学家迪克认为,如果发现原始火球发出的电磁辐射遗迹,将是对"大爆炸"理论的有力支持. 这时,美国贝尔实验室的科学家彭齐亚斯和威尔逊在通信卫星工程技术的研究中发现了这种来自宇宙空间的电磁波,对应的背景辐射温度为近 3K. 这一事实是"大爆炸"理论的又一观测支柱,彭齐亚斯和威尔逊因此项实验获得了 1978 年的诺贝尔物理奖.

大爆炸宇宙学对于从原始火球后几分之一秒,直到 150 亿年后的现代宇宙演化过程,给予了一个可靠并经过检验的描述,但仍有许多问题等待解决.

16.3 电磁波的能量

16.3.1 电磁波的性质

综上所述,可归纳出电磁波的基本性质:

(1) 电磁波是横波. 在电磁波中,电矢量 E 和磁矢量 H 都与波的传播方向垂直(图 16-2).

(2) 电矢量 E 和磁矢量 H 垂直且同相. 在空间任一点上,E 和 H 垂直,都在做周期性的变化,且 E 和 H 的相位相同. 因此,它们同时达到最大值,也同时为零.

图 16-2 电磁波的波形曲线

(3) 电矢量 E 和磁矢量 H 的量值成正比. 理论计算表明式(16-13)和式(16-14),在空间任一点处,E 和 H 满足下列关系

$$\sqrt{\varepsilon}E = \sqrt{\mu}H \tag{16-17}$$

对于 E 和 H 的振幅 E_0 和 H_0,也满足同样的关系

$$\sqrt{\varepsilon}E_0 = \sqrt{\mu}H_0 \tag{16-18}$$

(4) 电磁波的传播速度. 理论计算表明式(16-10)和式(16-11),电磁波的传播速度 u 取决于介质的电容率 ε 和磁导率 μ,即

$$u = \frac{1}{\sqrt{\varepsilon\mu}} \tag{16-19}$$

在真空中,$\varepsilon = \varepsilon_0$,$\mu = \mu_0$,电磁波的传播速度

$$u = \frac{1}{\sqrt{\varepsilon_0\mu_0}} = \frac{1}{\sqrt{8.85 \times 10^{-12} \times 4\pi \times 10^{-7}}}$$

$$= 2.9979 \times 10^8 (\text{m} \cdot \text{s}^{-1}) \approx 3 \times 10^8 (\text{m} \cdot \text{s}^{-1})$$

$$= c$$

这一结果与实验中测得的真空中的光速恰好相等,麦克斯韦由此断言光波是一种电磁波,并得到了实验的证实.

16.3.2 电磁波的能量

电磁波是变化的电磁场的传播. 因为电磁场具有能量,所以随着电磁波的传播,必有能量在传播. 这种以电磁波的形式辐射的能量,称为**辐射能**. 在各向同性的介质中,辐射能的传播速度就是电磁波的传播速度;辐射能的传播方向,就是电磁波的传播方向. 根据波的强度的定义,在单位时间内,通过垂直于波的传播方向的单位面积的辐射能,称为电磁波的**能流密度**或**辐射强度**,用 S 表示.

因为电场和磁场的能量密度分别为

$$w_e = \frac{1}{2}\varepsilon E^2$$

$$w_m = \frac{1}{2}\mu H^2$$

所以电磁场的能量密度为

$$w = w_e + w_m = \frac{1}{2}(\varepsilon E^2 + \mu H^2) \tag{16-20}$$

设 dA 为垂直于电磁波传播方向的截面积元,在介质不吸收电磁能量的情况下,dt 时间内通过面积元 dA 的辐射能量为 $w \cdot dA \cdot u \cdot dt$,则该处的辐射强度为

$$S = \frac{w \cdot dA \cdot u \cdot dt}{dA \cdot dt} = wu = \frac{u}{2}(\varepsilon E^2 + \mu H^2)$$

把 $u = 1/\sqrt{\varepsilon\mu}$ 和 $\sqrt{\varepsilon}E = \sqrt{\mu}H$ 代入上式,可得

$$S = \frac{1}{2\sqrt{\varepsilon\mu}}(\sqrt{\varepsilon}E\sqrt{\mu}H + \sqrt{\mu}H\sqrt{\varepsilon}E) = EH \tag{16-21}$$

辐射强度是矢量,其方向即电磁波的传播方向. 因为 $\boldsymbol{E}$ 和 $\boldsymbol{H}$ 及电磁波的传播方向,相互垂直且组成一右螺旋系统,所以式(16-21)可以用矢量式表示为

$$\boldsymbol{S} = \boldsymbol{E} \times \boldsymbol{H} \tag{16-22}$$

辐射强度 $\boldsymbol{S}$ 又称为坡印亭矢量.

根据式(16-21)、式(16-13)和式(16-14),振荡电偶极子的辐射强度为

$$S = EH = \frac{\omega^4 p_0^2 \sin^2\theta}{16\pi^2 \varepsilon u^3 r^2} \cos^2\omega\left(t - \frac{r}{u}\right) \tag{16-23}$$

振荡电偶极子在单位时间内辐射的电磁波总能量,称为辐射功率,用 P 表示.振荡电偶极子发出的是球面波,在半径为 r 的球面上,振荡电偶极子的辐射功率为

$$P = \int_0^{2\pi}\int_0^{\pi} S \cdot r^2 \sin\theta \mathrm{d}\theta \mathrm{d}\varphi = \frac{\omega^4 p_0^2}{6\pi \varepsilon u^3} \cdot \cos^2\omega\left(t - \frac{r}{u}\right)$$

因为 $\cos^2\omega\left(t - \frac{r}{u}\right)$ 在一个周期内对时间的平均值是 $\frac{1}{2}$,所以由上式可得平均辐射功率为

$$\overline{P} = \frac{\omega^4 p_0^2}{12\pi \varepsilon u^3} \tag{16-24}$$

因此,**平均辐射功率与振荡电偶极子的频率的四次方成正比**,振荡电偶极子的辐射能力随着频率的增加而迅速增加. 所以,在发射电磁波时,必须设法提高频率,达到 $10^5\,\mathrm{Hz}$ 以上.

例 16-2 一广播电台的平均辐射功率 $\overline{P} = 10\mathrm{kW}$. 若辐射强度均匀地分布在以电台为中心的半个球面上,求距离电台 $r = 10\mathrm{km}$ 处坡印亭矢量的平均值;假设该处的电磁波可看成是平面电磁波,相应的电矢量振幅为多大?

解 因为辐射强度均匀分布在以电台为中心的半个球面上,所以平均辐射功率 $\overline{P}$ 为

$$\overline{P} = \frac{1}{T}\int_0^T\int_0^{\pi}\int_0^{\pi} S \cdot r^2 \sin\theta \mathrm{d}\theta \mathrm{d}\varphi \mathrm{d}t = \frac{1}{T}\int_0^T S \cdot 2\pi r^2 \mathrm{d}t = \overline{S} \cdot 2\pi r^2$$

则

$$\overline{S} = \frac{\overline{P}}{2\pi r^2} = \frac{10^4}{2\pi \times (10^4)^2} = 1.59 \times 10^{-5}\,(\mathrm{W \cdot m^{-2}})$$

对于平面电磁波 $\overline{S} = \frac{1}{2}E_0 H_0$. 且 $\sqrt{\varepsilon_0}E_0 = \sqrt{\mu_0}H_0$ 所以

$$\overline{S} = \frac{1}{2}\sqrt{\frac{\varepsilon_0}{\mu_0}}E_0^2$$

则

$$E_0^2 = 2\overline{S}\sqrt{\frac{\mu_0}{\varepsilon_0}} = 2 \times 1.59 \times 10^{-5}\sqrt{\frac{4\pi \times 10^{-7}}{8.85 \times 10^{-12}}} = 1.2 \times 10^{-2}\,(\mathrm{V^2 \cdot m^{-2}})$$

因此,电矢量振幅 $E_0 = 1.1 \times 10^{-1}\mathrm{V \cdot m^{-1}}$.

16.3.3 电磁波谱

自从 1888 年赫兹用实验证实了电磁波以后,物理学家又做了许多实验,发现红外线、可见光、紫外线、X 射线和 γ 射线等都是电磁波. 在一定的介质中,所有这些电磁波的性质和传播速度都相同,差别仅在于频率(或波长)不同. 按照它们的频率(或波长)的次序排列起来,得到电磁波谱,如图 16-3 所示. 对电磁波谱中各个波段的命名,是根据产生和检测该波段中波的实验方法确定的. 各波段的分界并不十分明确,会出现重叠. 例如,红外线和无线电波之间就有重叠部分,说明这部分波段不仅可以用热辐射的方法得到,也可以用无

线电振荡的方法获得. 但是, 对于调幅(AM)波段、调频与电视(FM-TV)波段, 其频率范围的划分十分明确, 是由法律规定的.

图 16-3 电磁波谱

下面, 按频率的高低简要介绍各波段的电磁波.

1) γ 射线

γ 射线是原子核内部衰变发出的波长极短的电磁波, 其波长在 $10^{-14} \sim 10^{-8}$ m. 许多放射性同位素都发射 γ 射线, 原子武器爆炸时会放出大量 γ 射线. γ 射线的穿透能力很强, 可用于金属探伤、医疗和原子核结构的研究等.

2) X 射线

X 射线即伦琴射线, 其波长在 $10^{-13} \sim 10^{-7}$ m. X 射线可以由高速电子撞击金属靶产生, 也可以由逆康普顿辐射等产生. 所谓逆康普顿辐射, 即高能粒子将能量的一部分交给低能粒子, 使光子的频率升高, 形成 X 光子. X 射线具有很强的穿透能力, 能使照相底片感光, 使荧光屏发光. 利用这种性质, 可以透视人体内部的病变、检查金属部件的内伤, 以及杀伤生物细胞. 由于 X 射线的波长与晶体中原子间的距离相近, 衍射效应十分显著, 因而常用 X 射线分析晶体的结构及材料的成分.

3) 紫外线

波长在 $1 \times 10^{-9} \sim 4 \times 10^{-7}$ m 的电磁波, 称为紫外线. 它的波长比紫光的波长短, 不会引起人的视觉. 当炽热物体的温度很高时, 就会辐射紫外线. 太阳光中有大量的紫外线. 紫外线有明显的生理作用, 可用来杀菌. 它还能显著地引起化学效应, 使照相底片感光、激发荧光等. 一般的玻璃可以强烈地吸收紫外线, 因此用于紫外线的光学仪器, 常用石英或高硼玻璃等制造. 把实验设备放在真空中, 可以减少空气对紫外线的吸收.

4) 可见光

人眼能看到的电磁波, 称为可见光. 其波长范围为 $0.40 \sim 0.76 \mu m$, 在整个电磁波谱中只占很小的一部分. 人眼所能看到的不同颜色的光, 是不同波长的电磁波. 各种颜色可见光的混合, 形成白光. 各种颜色的波长范围为: 红($0.76 \sim 0.62 \mu m$), 橙($0.62 \sim 0.59 \mu m$), 黄($0.59 \sim 0.578 \mu m$), 绿($0.578 \sim 0.5 \mu m$), 青($0.5 \sim 0.46 \mu m$), 蓝($0.46 \sim 0.446 \mu m$), 紫($0.446 \sim 0.4 \mu m$). 在白天, 人眼对波长为 $0.55 \mu m$ 的黄绿色光最灵敏, 对红光的灵敏度最低. 在光学中, 常用微米(μm)、纳米(nm)或埃(Å)作为波长的单位. $1 \mu m = 10^{-6}$ m, $1 nm =$

$10^{-9}\text{m}, 1\text{Å} = 10^{-10}\text{m}.$

5) 红外线

波长范围在 $0.76 \sim 750\mu\text{m}$ 的电磁波, 称为红外线, 它主要由炽热物体辐射. 通常把红外线分成四个波段: 近红外 ($0.76 \sim 3\mu\text{m}$)、中红外 ($3 \sim 6\mu\text{m}$)、远红外 ($6 \sim 15\mu\text{m}$) 和极远红外 ($15 \sim 750\mu\text{m}$). 红外线最显著的性质是热效应, 生产中常利用红外线的热效应烘烤物体. 虽然人眼看不见红外线, 但红外线能使特制的底片感光, 还可通过"图像变换器"转变为可见的像. 因此, 可进行红外照相, 并制成"夜视"仪器在夜间观察物体. 利用定向发射红外线的红外雷达和红外通信, 在军事上有非常重要的用途. 此外, 物质的分子结构和化学成分与它能吸收的红外线的谱线密切相关, 因此在科学研究和化学工业中广泛应用红外光谱分析、确定物质的组成和分子结构.

6) 无线电波

无线电波广泛用于广播、电视、通信和导航. 按照波长可将无线电波分为长波、中波、短波、米波和微波等, 其范围和用途如表 16-1 所示.

表 16-1 各种无线电波的范围和用途

名称		波长/m	频率/kHz	主要用途
长波		$3 \times 10^3 \sim 3 \times 10^4$	$10 \sim 10^2$	越洋长距离通信和导航
中波		$2 \times 10^2 \sim 3 \times 10^3$	$10^2 \sim 1.5 \times 10^3$	海洋通信、无线电传播
中短波		$50 \sim 2 \times 10^2$	$1.5 \times 10^3 \sim 6 \times 10^3$	电报通信
短波		$10 \sim 50$	$6 \times 10^3 \sim 3 \times 10^4$	无线电广播、电报通信
米波		$1 \sim 10$	$3 \times 10^4 \sim 3 \times 10^5$	调频无线电广播、电视广播、无线电导航
微波	分米波	$0.1 \sim 1$	$3 \times 10^5 \sim 3 \times 10^6$	电视广播、雷达、无线电导航及其他专门用途
	厘米波	$10^{-2} \sim 0.1$	$3 \times 10^6 \sim 3 \times 10^7$	
	毫米波	$10^{-3} \sim 10^{-2}$	$3 \times 10^7 \sim 3 \times 10^8$	

*16.3.4 电磁波的动量

根据狭义相对论, 质量为 m 的物质与能量 W 存在下列关系

$$W = mc^2$$

设空间某点处, 电磁场的能量密度为 w, 则单位体积中电磁场的质量

$$m = \frac{w}{c^2} \tag{16-25}$$

在真空中, 电磁波的波速为 c, 所以单位体积中电磁场的动量

$$p = mc = \frac{w}{c} \tag{16-26}$$

因此, 电磁场不仅具有能量, 也同时具有动量, 这充分证实电磁场是客观存在的物质.

由于电磁波具有动量,当电磁波入射到一个物体上时,必然伴随着动量的传递,对物体表面产生辐射压力.在单位时间内,通过垂直于电磁波传播方向的单位面积的电磁动量,即动量流密度

$$pc = \frac{w}{c}c = \frac{S}{c} \tag{16-27}$$

式中,$S=wc$,是真空中电磁波的辐射强度.当电磁波照射到一个物体上时,其能量可能会部分地或全部被物体吸收.当电磁波垂直入射且能量全部被物体吸收时,根据动量定理,作用在单位表面积的力等于单位时间垂直通过该面积的动量,即单位面积所受的辐射压力,其数值等于动量流密度,可由式(16-27)确定;当垂直照射到物体表面的电磁波被完全反射时,单位时间内动量的改变为前一种情况的两倍,因此单位时间单位面积所受的辐射压力为 $2\dfrac{S}{c}$.

与标准大气压相比,辐射压力的数值是较小的.例如,太阳在单位时间内,在地球大气层外单位垂直面积上的辐射能约为 $1.4\mathrm{kW \cdot m^{-2}}$,当辐射能全部被物体表面吸收时,物体表面所受的辐射压强 $p = \dfrac{S}{c} = \dfrac{1.4 \times 10^3}{3 \times 10^8} = 5 \times 10^{-6}(\mathrm{Pa})$.因此,辐射压强与标准大气压相比,是一个非常小的数值.

实际物体对射到其表面的辐射能,是部分反射和部分吸收,则辐射压强 p 的数值介于 $\dfrac{S}{c}$ 和 $2\dfrac{S}{c}$ 之间.辐射压强很难检测,其首次测量是在麦克斯韦预测了此效应之后大约三十年,是由列别捷夫于 1901~1903 年完成的.

本　章　小　结

1. 电磁波的产生
2. 电磁波的性质
(1) 横波:电矢量 E 和磁矢量 H 都与波的传播方向垂直;
(2) E 与 H 垂直且同相;
(3) $\sqrt{\varepsilon}E = \sqrt{\mu}H$;
(4) 波速 $u = \dfrac{1}{\sqrt{\varepsilon\mu}}$.

3. 辐射强度 S(坡印亭矢量)

$$S = E \times H$$

4. 电磁波谱

习　　题

16-1　振荡电偶极子在足够远处辐射的电磁波有什么特点?其辐射的电磁波在哪个方向的强度为零?已知 E 和坡印亭矢量 S 的方向,如何确定 H 的方向?

16-2　一平面无线电波的电场强度的振幅为 $E_0 = 1.00 \times 10^{-4}\mathrm{V \cdot m^{-1}}$,求磁场强度的振幅和无线

电波的平均强度.

16-3 在真空中,一平面电磁波的电场分量式为

$$E_x = 0$$

$$E_y = 6 \times 10^{-3} \cos\left[2\pi \times 10^8 \left(t - \frac{x}{c}\right)\right] \text{V} \cdot \text{m}^{-1}$$

$$E_z = 0$$

试求:(1) 波长和频率;(2) 传播方向;(3) 磁场的大小和方向.

*16-4 一氦氖激光器向室内的空气发出一束准直、平面偏振的单色光. 光束具有半径为 1.0mm 的圆截面,且光束中的强度基本均匀,光束的平均功率为 3.5mW,光的波长为 633nm. 求:

(1) 光束的平均强度;(2) 1m 长光束中所含的电磁能;(3) 电场强度和磁场强度的振幅.

16-5 调研常见的移动通信技术,分析电磁波的传播特性.

第 17 章 光　　学

光学是一门有悠久历史的学科,是物理学的重要组成部分之一. 光学是研究光的本性、光的传播和光与物质相互作用等规律的学科.迄今为止,光学的发展历史可以分为萌芽、几何光学、波动光学、量子光学和现代光学五个时期.几何光学是以光的直线传播为基础,研究光在透明介质中传播规律而建立的光学理论.波动光学是以光的波动性质及光的电磁波理论为基础,研究光的干涉、衍射、偏振等现象的规律.量子光学是以光的粒子性为基础,从光的量子性,研究光与物质的相互作用.

关于光的本性的认识,早在 17 世纪,就存在两派不同的学说:一派是牛顿所主张的微粒说,把光看成由机械微粒组成,认为光是一股粒子流;另一派是惠更斯所倡导的波动说,把光视为是一种机械波,认为光是机械振动在“以太”这种特殊介质中的传播.这两种观点都没有正确地反映光的客观本质.19 世纪,菲涅耳等物理学家进一步发展了光的波动理论,使光的波动得到普遍承认.到了 19 世纪后期,麦克斯韦提出了光的电磁理论,证实了光为某一波段的电磁波,从而形成了以电磁理论为基础的波动光学.19 世纪末 20 世纪初,人们从光电效应等一系列光与物质相互作用的实验中,认识到光还具有量子(粒子)性(即称为“光子”),但它不同于牛顿所提出的机械微粒.近代科学实践事实证明,光是一种十分复杂的客体.光在某些方面的行为体现为“波动”的性质和规律,另一方面的行为却像“粒子”的属性,即光具有波粒二象性.

17.1　几何光学

以光的直线传播为基础,研究光在介质中的传播现象及规律的科学称为几何光学.它不考虑光的本性,仅以几个基本定律为基础,应用几何手段,导出不同条件下的应用公式及方法,具有简便直观等特点,是研究光传播及其成像问题的有力工具,也是光学仪器设计的理论依据.

本节主要介绍几何光学中三个基本定律及其主要应用,内容包括几何光学的基本定律,光在平面上的反射与折射,光在球面上的反射与折射,薄透镜及光学仪器等.

17.1.1　光线　光的直线传播

“光线”只能用于表示光的传播方向,不可误认为是从实际光束中借助于小孔光阑分出的一个狭窄部分.在极限情况下,选用任意小的孔,好像能够得到像几何线那样的所谓“光线”,但由于衍射现象的存在,不可能分得出任意窄的光束.只有当小孔足够大,衍射现象不显著时,光的传播过程才可以只用光线来表示.

若一个发光体距观察点处足够远,以致该发光体的线度可以忽略,我们就可以把它看成一个**点光源**.点光源发出的光线是以点光源为中心向四周辐射的射线.如果知道点光源发出的任何两条光线,则可由这两条光线的反向延长线的交点确定该点光源的位置.

大量的光学实验现象表明,**光在均匀的各向同性介质中沿直线传播**. 光的直线传播是几何光学的基础. 根据光的波动理论,当光在传播过程中所遇到的障碍物或光阑的孔径线度远大于光波长时,衍射现象不显著,光才严格地沿直线传播. 因此几何光学是波动光学在衍射可忽略情况下的近似.

光的传播是可逆的. 如果光可以从 A 点沿一定的路径传到 B 点,那么光也可以沿同一路径从 B 点反向传到 A 点. 这称为光路可逆性原理.

要注意的是,在非均匀介质中光的传播路径并非直线,而当光穿过多种不同的均匀介质时,光线为折线. 这一点后面会谈到.

17.1.2 光在平面界面上的反射

当一束光从一种均匀介质 1 射向另一种均匀介质 2 时(图 17-1),在两种介质的分界面上光被分成两束,其中一束光返回原来的介质 1 中,称为反射光;另一束光穿过界面进入介质 2,称为折射光. 一般情况下,反射光和折射光的强度是不等的. 实验表明,光的反射满足如下的反射定律:

①反射光线在入射光线和两介质分界面的法线所决定的入射平面内;②反射光线和入射光线分别置于法线的两侧;③反射角 i_1' 等于入射角 i_1,即

$$i_1' = i_1 \tag{17-1}$$

物点 P 发出的光(光线)为发散的同心光束. 如果这些光线经光学系统后会聚于一点 P',那么 P' 点称为物点 P 的**实像**;如果这些光线经光学系统后仍是发散的,但它们的反向延长线却有交点 P',则 P' 点为物点 P 的**虚像**. 实像和虚像统称为像. 一个物体可以视为由许多物点组成,这些物点对应的像点便形成该物的像.

从任一发光点 P(物点)发出的光束经平面镜 M 反射后(图 17-2),根据反射定律,反射光线的反向延长线相交于 P' 点,该点就是物点 P 的虚像. 它位于平面镜后面,且像点与物点关于镜面对称. 平面镜是一个最简单的、不改变光束单心性,并能成完善像的光学系统.

图 17-1　光在界面上的反射与折射

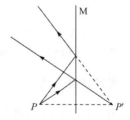

图 17-2　平面镜成像

需要指出,当光束遇到两种介质的分界面时,每条光线均遵从反射定律,反射光束的方向取决于界面的情况. 若界面光滑,则平行光束的反射光中各光线仍然相互平行,这种反射称为**镜面反射**;若界面粗糙,反射光束中的各光线方向不同,则称为**漫反射**.

17.1.3 光的折射定律 全反射现象

下面讨论在图 17-1 中的折射光. 设介质 1、2 的折射率分别为 n_1 和 n_2,这是表征介质光学性质的量. 两种介质相比,折射率较大的介质称为光密介质,折射率较小的介质称为光疏介质. 注意光密或光疏只是相对的说法. 实验表明,光在两介质界面产生折射时,入射光线和折射光线满足如下的**折射定律**:

①折射光线在入射光线和法线所决定的入射平面内;②折射光线和入射光线分别置于法线的两侧;③入射角 i_1 和折射角 i_2 满足关系式:

$$n_1 \sin i_1 = n_2 \sin i_2 \tag{17-2}$$

光在真空中的速率 c 与其在某种均匀介质中的速率 v 的比值定义为该种介质相对于真空的折射率,这就是绝对折射率,简称**折射率**,即

$$n = \frac{c}{v} \tag{17-3}$$

真空的折射率等于 1.

实验表明,不同颜色的光在同一介质中的传播速度不同,因而折射率不同. 当复合光遇到两种介质分界面时,折射光线将按颜色分散开来,形成彩色光带,称为光谱. 这种现象称为色散.

由式(17-2)可知,若介质 2 的折射率大于介质 1 的折射率,即光由光疏介质折射到光密介质,则折射角小于入射角;相反,若介质 2 的折射率小于介质 1 的折射率,即光由光密介质折射到光疏介质,那么折射角大于入射角.

当光束从光密介质(折射率较大)射向光疏介质(折射率较小)时,折射角大于入射角. 参照图 17-3,当入射角增大到某一角度(i_c)时,对应的折射角等于 90°. 入射角再进一步增大时就不再有折射光,此时入射光全部反射回来. 这一光学现象称为光的**全反射现象**.

对应于折射角等于 90°的入射角 i 称为发生全反射的**临界角**,即当入射角大于等于临界角时,光发生全反射. 临界角(i_c)的大小可以根据折射角等于 90°的条件和式(17-2)求出,为

$$i_c = \arcsin\left(\frac{n_2}{n_1}\right) \quad (n_1 > n_2) \tag{17-4}$$

在许多光学仪器中,在不损失光能的条件下,常利用全反射原理改变光的行进方向. 反射棱镜就是常用的器件之一. 反射棱镜是等腰直角三角形棱镜,有两种基本使用方法. 图 17-4(a)进行了一次全反射,出射光线的方向改变了 90°;图 17-4(b)进行了两次全反射,出射光线的方向改变了 180°.

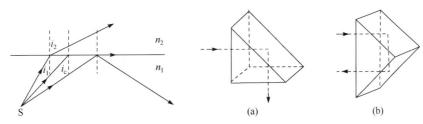

图 17-3 光的全反射现象　　　图 17-4 反射棱镜

全反射现象的另一个重要应用是用光导纤维来传递各种信号. 光导纤维简称光纤,是很细的特制玻璃丝或透明塑料丝,由内芯和外套两层材料组成,内层材料的折射率比外层材料的折射率大,光线在内外两层的界面上发生多次全反射,如图 17-5 所示. 如果把光导纤维聚集成束,并使其两端纤维排列的相对位置相同,这样的光导纤维束就可以传送图像. 一根光导纤维束中可以有数千根纤维,每根纤维的直径仅为 0.002~0.01mm. 医学上用光导纤维束制成的内窥镜可以观察人体内部胃、肠、支气管等器官的病变,在通信领域中则利用光导纤维制成的光缆进行信息传输.

图 17-5　光纤

17.1.4　光在球面上的反射和折射

单球面是仅次于平面的简单光学系统,也是组成多数光学系统的基本组元. 研究光通过单球面的反射和折射是研究一般光学系统成像的基础.

1. 光在单球面上的反射成像

1) 近轴光线条件下球面反射的物像公式

在球面上镀反射层就成了球面镜. 它是工程上常用的一种反射镜,有凸面镜和凹面镜两种类型,其成像服从反射定律. 下面以凹面镜为例进行成像分析.

如图 17-6 所示,AOB 是球面的一部分,其中心点称为球面的顶点,C 是曲率中心,R 为曲率半径,过顶点 O 和曲率中心 C 的直线称为主光轴. 设物点 P 位于主光轴上,物点 P 到 O 的距离 s 称为物距,像点 P' 到 O 的距离 s' 称为**像距**.

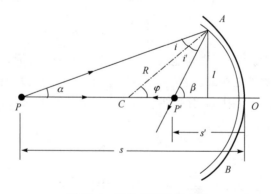

图 17-6　近轴球面反射成像

先研究 $s>R$ 时的球面反射成像光路. 从物点 P 发出光束中的一条光线 PO 沿主光轴传播,在顶点 O 反射后沿原路返回;另一条光线 PA 沿与主光轴夹角为 α 的方向传播,反射点 A 的法线和反射光线与主光轴的夹角分别为 φ 和 β. 需要指出,对于同一物点 P 发出的诸多光线,经球面反射后一般不相交于同一点,即出现像散现象.但当入射光线和主光轴的夹角 α 很小时,光线都靠近主光轴,称为近轴光线,此时 β 和 φ 值也很小,反射光线近似相交于同一点 P',P' 即为 P 的像点.根据图 17-6 的几何关系有 $\varphi = \alpha + i$,$\beta = \varphi + i'$;由反射定律又有 $i = i'$,因此可得

$$\alpha + \beta = 2\varphi \tag{17-5}$$

由于 α、β 和 φ 值都很小,近似有

$$\alpha \approx \tan\alpha \approx \frac{l}{s}, \quad \beta \approx \tan\beta \approx \frac{l}{s'}, \quad \varphi \approx \tan\varphi \approx \frac{l}{R}$$

式中,l 是反射点 A 到主光轴的垂直距离.将它们代入式(17-5),得到近轴光线条件下**球面反射的物像公式**

$$\frac{1}{s} + \frac{1}{s'} = \frac{2}{R} \tag{17-6}$$

可见在近轴光线条件下,对于 R 一定的球面,s' 和 s 一一对应,即物点和像点一一对应,这种理想像点称为**高斯像点**.

不难看出,若 P 和 P' 之一为物,则另一点为其相应的像.物和像的这种关系称为共轭,相应的点称为共轭点.物像共轭是光路可逆原理的必然结果.

当物点 P 距球面无限远($s \to \infty$)时,入射光束可看成近轴平行光,如图 17-7 所示.平行光束经球面反射后,会聚于主光轴上某点,该点称为

图 17-7 平行光的球面反射

球面镜的焦点,用 F 表示;F 到顶点 O 的距离称为焦距,用 f 表示.由物像关系式(17-6),可得 $s' = \frac{R}{2}$,亦即

$$f = \frac{R}{2} \tag{17-7}$$

于是物像关系可以表示为

$$\frac{1}{s} + \frac{1}{s'} = \frac{1}{f} \tag{17-8}$$

规定一套符号法则,式(17-6)和式(17-8)对于凸面镜、凹面镜的所有情况都能统一使用.其符号法则规定如下:

(1) 物点、像点在镜前时,物距、像距为正;在镜后时,物距、像距为负.

(2) 物、像在主光轴上方时,高为正;在主光轴下方时,高为负.

(3) 凹面镜的曲率半径为正;凸面镜的曲率半径为负.

由图 17-7 可见,凹面镜能会聚光线,凸面镜能发散光线.据光线可逆原理,若将点光源置于凹面镜焦点处,经镜面反射后又可获得平行光.日常使用的太阳灶就是利用凹面镜实现入射平行光的聚焦而获得太阳能;汽车前的大灯是利用凹面镜实现光线的平行出射照亮远处,而汽车后视镜则是利用凸面镜扩大视野.

2) 球面镜成像的作图法

因为在近轴条件下球面成像的物点和像点一一对应,所以可以用作图法来确定像的位置. 由于确定一个交点只需两条光线,因此可以在物体上选取几个有代表性的点,从这些点出发各引两条"特征光线",经球面反射后的光线或其反向延长线的交点即为相应物点的像,从而确定整个像的位置和大小. 为了作图方便,一般选择如下三条特征光线:

(1) 平行主光轴的近轴入射光线经球面反射后过焦点,或反向延长线过焦点.

(2) 过焦点的入射光线经球面反射后平行于主光轴.

(3) 过球面曲率中心的光线(或其延长线)经球面反射后按原路返回.

根据上述法则作出的光路图并不唯一,但物像关系是唯一确定的. 图 17-8 分别给出了凹面镜和凸面镜的成像光路图. 图(a)中 $P'Q'$ 是倒立缩小的实像,而图(b)中 $P'Q'$ 是正立缩小的虚像.

2. 光在单球面上的折射成像

近轴光线条件下的单球面折射成像公式

现在研究球面折射成像. 与球面反射成像一样,一般情况下球面折射也会破坏光束的同心性,出现像散现象. 这里仅讨论近轴条件下的球面折射成像问题.

如图 17-9 所示,AOB 是折射率为 n_1 和 n_2 的两种透明介质的球面界面,R 为曲率半径,C 为曲率中心,O 为球面顶点. 从物点 P 发出的光线 PA 经球面 A 点折射后与主光轴相交于 P',即为像点.

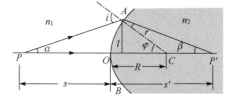

图 17-8　球面镜成像组图法　　　　图 17-9　近轴单球面折射成像

因入射角 i 和折射角 r 都很小,所以折射定律 $n_1\sin i = n_2\sin r$ 可近似为 $n_1 i = n_2 r$. 又 $i = \alpha + \varphi$,$\varphi = r + \beta$,所以

$$n_1\alpha + n_2\beta = (n_2 - n_1)\varphi \tag{17-9}$$

因为近轴条件,近似有

$$\alpha \approx \tan\alpha \approx \frac{l}{s}, \quad \beta \approx \tan\beta \approx \frac{l}{s'}, \quad \varphi \approx \tan\varphi \approx \frac{l}{R}$$

代入式(17-9),得

$$\frac{n_1}{s} + \frac{n_2}{s'} = \frac{(n_2 - n_1)}{R} \tag{17-10}$$

这就是近轴光线条件下**单球面折射的物像公式**.

必须指出,球面折射成像与反射成像的符号法则规定有不同之处:当物点发出入射光束遇到的界面为凸球面时,曲率半径为正;界面为凹球面时,曲率半径为负.如图 17-10 所示,按原来的"实正虚负"法则,物距 s、像距 s' 都为正,而曲率半径 R 则应按折射成像规定取正值.

图 17-10

17.1.5 薄透镜成像

透镜是用透明材料(如玻璃、塑料等)制成的一侧或两侧为球面的光学元件.如果透镜的中间部分比边缘厚,则称为**凸透镜**;如果中间部分比边缘薄,则称为**凹透镜**.如图 17-11 所示.透镜两表面在其主轴上的间隔称为透镜的厚度,若透镜的厚度与球面的曲率半径相比可忽略不计,称为**薄透镜**.下面以凸透镜为例对薄透镜的成像规律进行讨论.

图 17-11 薄透镜

1. 近轴光线条件下薄透镜的成像公式

如图 17-12 所示,薄透镜由两个曲率半径分别为 R_1 和 R_2 的折射球面组合而成,因透镜很薄,两个顶点可近似看成重合在 O 点,称为透镜的光心,通过光心的光线方向不变.设透镜的折射率为 n,周围环境介质的折射率为 n_1.不难看出,主轴上物点 P 对于第一球面所成的像点正是第二球面的物点,经第二球面折射,最后成像于主光轴上的 P' 点.

图 17-12 薄透镜的成像

当物点 P 在主光轴上的无限远处时,入射光束可看成近轴平行光,经薄透镜折射后的会聚点或折射光线反向延长线的会聚点称为透镜的焦点,焦点位于主光轴上.与球面反射不同的是,入射光可从左、右两个不同方向入射,所以透镜有两个焦点,用 F 和 F' 表示,如图 17-13 所示.焦点到透镜光心的距离称为焦距,用 f 和 f' 表示.如果来自无限远处的近轴平行光与主光轴有一夹角,此时像点偏离焦点,位于过焦点且垂直于主光轴的平面上,该平面称为焦面.

在近轴光线条件下,可得薄透镜的成像公式(推证从略)

图 17-13　薄透镜的焦点、焦面

$$\frac{1}{s}+\frac{1}{s'}=\frac{(n-n_1)}{n_1}\left(\frac{1}{R_1}-\frac{1}{R_2}\right) \tag{17-11}$$

根据焦点和焦距的定义,由上式可得薄透镜的焦距计算式为

$$\frac{1}{f}=\frac{1}{f'}=\frac{(n-n_1)}{n_1}\left(\frac{1}{R_1}-\frac{1}{R_2}\right) \tag{17-12}$$

可见当薄透镜两侧介质相同时,有 $f'=f$. 若透镜的折射率 n 大于周围环境介质的折射率 n_1,根据球面折射的符号法则,对于凸透镜图 17-12,R_1 为正、R_2 为负,则焦距 f 为正,是实焦点;对于凹透镜,R_1 为负、R_2 为正,所以 f 为负,是虚焦点. 一般情况下,玻璃透镜置于空气中,满足 $n>n_1$,此时,凸透镜是会聚透镜,凹透镜是发散透镜. 当 $n<n_1$ 时,情况如何? 请自行分析.

将焦距计算式(17-12)代入式(17-11),可得

$$\frac{1}{s}+\frac{1}{s'}=\frac{1}{f} \tag{17-13}$$

这就是著名的高斯透镜成像公式.

2. 薄透镜成像的作图法

薄透镜成像也可用作图法确定,与球面镜成像作图法一样,对每一个物点只须从以下三条特征光线中任选两条,它们的交点即为像点.

（1）自物点发出的平行于主光轴的光线,折射后通过像方焦点 F';

（2）自物点发出并通过光心的光线方向不变;

（3）自物点发出通过物方焦点 F 的光线,折射后平行于主光轴.

图 17-14(a)和(b)分别给出了凸透镜和凹透镜的成像特征光线.

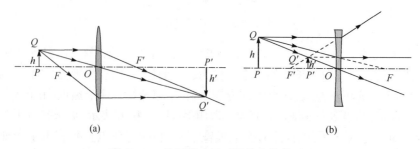

(a)　　　　　　　　　　　　(b)

图 17-14　凸透镜和凹透镜的成像作图法

17.2 光 的 干 涉

根据麦克斯韦电磁理论,光波是电磁波.通常研究的由紫色到红色的可见光,是指真空中波长在 $4.0 \times 10^{-7} \sim 7.6 \times 10^{-7} \mathrm{m}$ 的电磁波.对人眼或照相底片起感光作用的主要是电磁波的电场分量.在光学中,常把电场强度矢量 $\boldsymbol{E}$ 称为**光矢量**.光振动是指电场强度矢量 $\boldsymbol{E}$ 随时间的周期性变化,光振动的方向就是 $\boldsymbol{E}$ 的方向.**光的强度**是指光的平均能流密度,简称为光强.电磁波理论指出,光强和 $\boldsymbol{E}$ 的振幅(光振幅)的平方成正比.光的亮暗反映了光强的大小,光亮的地方 $\boldsymbol{E}$ 的振幅大,即光振动强;反之,光暗的地方 $\boldsymbol{E}$ 的振幅小,即光振动弱.

17.2.1 光的干涉现象与相干条件

满足一定条件的两列(或多列)光波相遇叠加时,在叠加区域内光强的分布不是均匀的,有些地方光强有最大值,另一些地方光强有最小值,这种在叠加区域内光强呈稳定分布的现象称为光的干涉现象.在光强有最大值的地方,出现明条纹;在光强有最小值的地方,出现较暗的条纹.这种在叠加区域内出现的稳定分布且明暗相间的条纹,称为干涉条纹.例如,油膜、肥皂泡在太阳光照射下呈现的彩色条纹.叠加后能产生干涉现象的光波称为相干光波,相应的光源称为相干光源.**相干光源的条件**是,**光矢量的振动方向相同、频率相同、相位差恒定.**相干光波的叠加称为相干叠加,其显著特点是,合光强不等于分光强之和.

光源可分为普通光源和激光光源,光源的发光是组成光源的大量原子发光的总和.原子发出的光是原子中的电子由高能级跃迁到低能级时辐射的电磁波,其频率由电子跃迁的两个能级差决定.由于电子跃迁的时间很短,一般不超过 $10^{-8} \mathrm{s}$,所以一个原子的每一次发光只能发出一段长度有限的、频率和振动方向一定的光波,这段光波称为一个波列.不同原子的发光是相互独立的,它们的振动方向、频率和相位各不相同,因此不同原子发出的光不能满足相干条件.对于两个普通光源来说,它们中原子发光的情况各不相同,显然不能满足相干条件,因此不是相干光源.即使是从同一普通光源的不同部分发出的光,由于它们是由不同的原子发出的,因此也不是相干光.对于激光光源来说,由激光器不同部分发出的光是相干光,这是由激光的特性决定的.

波动是振动在空间的传播,两列波的叠加问题可以归结为讨论空间任一点电磁振动的叠加,设两个频率相同的光源,在空间某点 P 参与下述两个光振动:

$$E_1 = E_{10}\cos(\omega t + \varphi_1)$$
$$E_2 = E_{20}\cos(\omega t + \varphi_2) \tag{17-14}$$

振幅分别为 E_{10}, E_{20},光强分别为 I_1、I_2,则在 P 点合振动的振幅和光强分别为

$$E^2 = E_{10}{}^2 + E_{20}{}^2 + 2E_{10}E_{20}\cos\Delta\varphi$$
$$I = I_1 + I_2 + 2\sqrt{I_1 I_2}\cos\Delta\varphi \tag{17-15}$$

式中,$\Delta\varphi = (\varphi_2 - \varphi_1)$ 是两光波在 P 点振动的相位差.

由于分子原子每次发光的时间极短,所观察到的是在较长时间内的平均值,则在 $0 \sim \tau$ 的一个周期内,光强的平均值是

$$\bar{I} = \frac{1}{\tau}\int_0^\tau I dt = \frac{1}{\tau}\int_0^\tau (I_1 + I_2 + 2\sqrt{I_1 I_2}\cos\Delta\varphi)\,dt$$

$$= I_1 + I_2 + 2\sqrt{I_1 I_2}\cdot\frac{1}{\tau}\int_0^\tau\cos\Delta\varphi dt \tag{17-16}$$

式中，$\dfrac{1}{\tau}\displaystyle\int_0^\tau\cos\Delta\varphi dt$ 的值与 $\Delta\varphi$ 有关.

1. 非相干叠加

假定在观察时间 τ 内，振动时断时续，以致它们的初相位各自独立地作不规则的改变，两束光在叠加处的相位差 $\Delta\varphi$ "瞬息万变"，概率均等地在观察时间内多次历经 $0\sim 2\pi$ 的一切可能值，则

$$\frac{1}{\tau}\int_0^\tau\cos\Delta\varphi dt = 0$$

有

$$I = I_1 + I_2 \tag{17-17}$$

此时叠加后的光强等于两束光单独照射的光强之和，与 $\Delta\varphi$ 无关，无干涉现象，称为非相干叠加.

2. 相干叠加

假定在观察时间 τ 内，两电磁振动各自继续进行，并不中断，则它们的初相位差，也就是任何时刻的相位差，始终保持不变，与时间无关. 则有

$$\frac{1}{\tau}\int_0^\tau\cos\Delta\varphi dt = \cos\Delta\varphi = \cos(\varphi_2 - \varphi_1)$$

$$\bar{I} = I_1 + I_2 + 2\sqrt{I_1 I_2}\cdot\cos\Delta\varphi$$

$$= I_1 + I_2 + 2\sqrt{I_1 I_2}\cdot\cos(\varphi_2 - \varphi_1) \tag{17-18}$$

此时叠加后的光强与 P 点的位置即 $\Delta\varphi$ 有关，合光强不再简单的是两分光强之和，而与 P 点的位置有关，有光强加强的区域和光强减弱的区域，从而可以看到干涉现象，称其为相干叠加.

当 $\varphi_2 - \varphi_1 = \pm 2k\pi(k=0,1,2,3,\cdots)$ 时，有

$$\bar{I} = (\sqrt{I_1} + \sqrt{I_2})^2, \quad 合光强最大，干涉加强$$

当 $\varphi_2 - \varphi_1 = \pm(2k+1)\pi(k=0,1,2,3,\cdots)$ 时，有

$$\bar{I} = (\sqrt{I_1} - \sqrt{I_2})^2, \quad 合光强最小，干涉减弱$$

当 $E_{01} = E_{02}, \quad I_1 = I_2$ 时，有

$$\bar{I} = 4I_1\cos^2\frac{\varphi_2 - \varphi_1}{2} = 4I_1\cos^2\frac{\Delta\varphi}{2} \tag{17-19}$$

当 $\varphi_2 - \varphi_1 = \begin{cases} \pm 2k\pi(k=0,1,2,3,\cdots)时，\quad \bar{I}_{max} = 4I_1 \\ \pm(2k+1)\pi(k=0,1,2,3,\cdots)时，\quad \bar{I}_{min} = 0 \end{cases} \tag{17-20}$

这种情况下明暗条纹最清晰，干涉现象最明显.

综上所述,两束光相互干涉的条件是:

(1) 频率相同,在相遇点振动方向相同并且有恒定的相位差,这是必要条件.

(2) 两束光在相遇点的振幅不能相差太大,否则不会观察到明显的干涉现象.例如,当 $E_{10} \gg E_{20}$ 时,合成光强 $\bar{I}_{max} \approx \bar{I}_{min}$ 就观察不到干涉条纹.

(3) 两束光在相遇点的光程差不能太大.因为波列的长度有限,当两束光在相遇点光程差较小时,有固定相位差的波列几乎同时作用于该点,从而产生清晰的干涉图样;反之,如果光程差太大,当一列波通过该点时与其有固定相位差的另一波列尚未到达,其间无重叠部分,所以不会出现干涉现象.能产生干涉的最大光程差,称为**相干长度.相干长度为 $\Delta l = c \cdot \Delta t$($\Delta t$ 为光源一次发光需用的时间)**,所以各种不同的光源发出的光波,其相干长度是不同的.普通光源一般为 1mm 至几百毫米,激光的相干长度可达到几十千米.

为了利用普通光源获得相干光,可以设法把每个原子发出的每个波列分解为两列,这两列光是相干光,使它们经过不同的路程再相遇,就可能产生光的干涉现象.常用的方法有分波阵面法、分振幅法以及利用偏振光的干涉.现代的干涉实验和精密技术中大量采用激光光源.在基横模输出的情况下,激光光源发光面上各点发出的光都是相干性的.因此,使一个激光光源发光面的两部分光直接叠加,或者使两个同频率的激光光源发出的光叠加,都可以产生明显的干涉现象.

17.2.2 杨氏双缝干涉实验

分波阵面法是在同一波阵面上分割出两个或多个部分作为子波源,并发出子波.不论光源的初相位如何变化,这些子波是相干波,在相遇点的相位差总是恒定的,因此可产生干涉现象.著名的杨氏双缝干涉实验是用分波阵面法产生干涉的典型装置,也是许多其他光的干涉装置的原型,具有十分重要的意义.

杨氏双缝干涉实验的装置,如图 17-15 所示.S_1 和 S_2 是两个相干光源,发出的相干波在空间相遇产生干涉,可在屏幕 E 上呈现明暗相间的干涉条纹.由图可知,杨氏双缝干涉条纹的特点是,中央对称、明暗相间且等宽等距.

根据波的干涉理论,可以分析屏上所出现的干涉明、暗条纹中心应满足的条件.如图 17-16 所示,S_1 和 S_2 之间的距离为 d,双缝到屏幕 E 的距离为 D.在屏上任取一点 P,它与 S_1 和 S_2 的距离分别为 r_1 和 r_2.O_1 是 S_1 和 S_2 的中点,O 是屏上正对 O_1 的一点,P 点到 O 点的距离为 x.从 S_1 和 S_2 发出的两列光到达 P 点的波程差为

图 17-15 杨氏双缝干涉

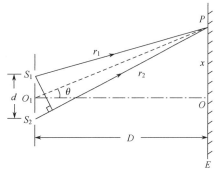

图 17-16 杨氏双缝干涉的波程差

$$\delta = r_2 - r_1 \approx d \cdot \sin\theta$$

在实验中,通常 $D \gg d$, θ 角很小,可取 $\sin\theta \approx \tan\theta$. 在 $\triangle O_1 PO$ 中, $\tan\theta = \dfrac{x}{D}$. 所以 $\delta \approx$

$d \cdot \tan\theta = d \cdot \dfrac{x}{D}$. 当入射光的波长为 λ 时,由式可知

$$\delta = \frac{d}{D}x = \pm k\lambda$$

时,两列光干涉加强, x 处为明条纹中心的位置:

$$x = \pm \frac{D}{d}k\lambda, \quad k = 0, 1, 2, \cdots \tag{17-21}$$

$$\delta = \frac{d}{D}x = \pm(2k-1)\frac{\lambda}{2}$$

时,两列光干涉减弱, x 处为暗条纹中心的位置:

$$x = \pm(2k-1)\frac{D}{d} \cdot \frac{\lambda}{2}, \quad k = 1, 2, 3, \cdots \tag{17-22}$$

式中 x 取正、负号,表示干涉条纹是在 O 点两边对称分布的. k 称为干涉条纹的级数,在屏的中央 $x=0$ 处 ,两列光的光程差等于零,满足式(17-21)中 $k=0$ 的条件,形成明条纹,称为中央明条纹或零级明条纹.对应式(17-21)中 $k=1, k=2, \cdots$ 的明条纹,分别称为第一级明条纹、第二级明条纹、……;同理,对应式(17-22)中 $k=0, k=1, \cdots$ 的暗条纹,分别称为第一级暗条纹、第二级暗条纹、…….

根据式(17-21)和式(17-22),明、暗条纹中心的位置在屏幕上是交替出现的,且相邻两明条纹中心间的距离或相邻两暗条纹中心间的距离均为

$$\Delta x = \frac{D}{d}\lambda \tag{17-23}$$

单色光相邻两明条纹中心间的距离为暗条纹的宽度,相邻两暗条纹中心间的距离为明条纹的宽度,则干涉条纹是明暗相间、等宽等距的.利用式(17-23),可测得入射光波长 λ 或两缝间距离 d,英国物理学家杨氏正是采用这种方法,在历史上第一次计算出光的波长.例如,用 $\lambda = 587.6\mathrm{nm}$ 的黄色光照射双缝时,在距双缝 2.25m 处的屏上产生间距为 0.50mm 的干涉条纹,由式(17-23)可求得双缝之间的距离 $d = 2.64\mathrm{mm}$.

以上讨论的是单色光的双缝干涉.如果用包含各种单色光的白光做实验,根据式(17-21),除中央明条纹以外,对于同一级明条纹,不同波长的光在屏上的位置是不同的,因而形成彩色条纹.紫光(波长短)的条纹在靠近中心的一边,红光(波长长)的条纹在较远的一边.随着级数的增大,不同级的条纹会互相重叠,使条纹越来越模糊.

与杨氏双缝干涉实验类似的,还有菲涅耳双棱镜实验、菲涅耳双镜实验和洛埃镜实验等,条纹位置的计算方法与杨氏双缝实验完全相同.此外,劳埃德镜实验不但能显示光的干涉现象,还能显示光从光疏介质(折射率较小的介质)射向光密介质(折射率较大的介质)时,反射光的相位变化.图 17-17 为劳埃德镜(又名劳埃镜)实验装置的示意图. KL 是一块平面镜,狭缝 S_1 到平面镜的垂直距离很小.从狭缝 S_1 发出的光,一部分直接射到屏

幕 E 上,另一部分从接近 90° 的入射角射向平面镜,
经玻璃表面反射到达屏上. 这两部分光也是相干
光,它们同样是用分波阵面得到的. 反射光可看成
是由虚光源 S_2 发出的,光源 S_1 和虚光源 S_2 构成一
对相干光源,在屏幕 E 上两束相干光重叠的区域就
产生明暗相间的干涉条纹. 但是,与杨氏双缝实验
的不同之处在于,满足式(17-21)条件的是暗条纹,
满足式(17-22)条件的是明条纹. 因为玻璃的折射

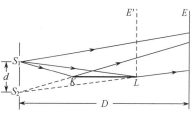

图 17-17　劳埃德镜实验

率比空气的折射率大,二者相比较,玻璃是光密介质,空气是光疏介质. 根据电磁波的理
论,在掠入射(入射角接近 90°)和正入射(入射角为 0°)的情况下,光从光疏介质射到光密
介质时,反射光的相位较之入射光的相位有 π 的突变. 这一变化导致反射光的波程在反射
过程中附加了半个波长,常称为"半波损失". 所以,图 17-17 中两相干光源 S_1 和 S_2 发出
的相干光到达屏上某点 P 的波程差应为

$$\delta = r_2 - r_1 + \frac{\lambda}{2} \tag{17-24}$$

式中,r_1 和 r_2 分别是 S_1 和 S_2 到 P 点的距离. 如果把屏幕移到与平面镜边缘 L 相接触的
E' 处,可发现在接触处,屏幕上呈现暗条纹. 因为这时两相干光源 S_1 和 S_2 到接触处的距
离 r_1 和 r_2 相等,所以这一实验事实表明由镜面反射的光和直接射到屏上的光在 L 处的
相位相反,反射光有"半波损失",产生了如式(17-24)所示的 $\frac{\lambda}{2}$ 的附加波程差.

17.2.3 薄膜干涉

　　利用光波在两种不同介质分界面上的反射和折射,将一束振幅一定的光波分割为振
幅不相同的两束或多束光波的方法,称为分振幅法. 这些被分割出来的各束光波来自同一
光源,满足相干条件,在它们相叠加区域内能产生光的干涉现象. 例如,在阳光照射下,肥
皂膜、水面上的油膜等呈现的彩色花纹,就是太阳光在薄膜上、下表面的反射光相互叠加
所形成的干涉现象,称为薄膜干涉. 对薄膜干涉现象的详细分析较为复杂,在实际中应用
较多且简单的是厚度均匀的薄膜在无穷远处形成的等倾干涉和厚度不均匀薄膜表面上的
等厚干涉.

　　为便于讨论一束光在几种不同介质中的传播或比较两束经过不同介质的光的相位关
系,需引入光程的概念. 在杨氏双缝干涉实验中,光始终在同一种介质中传播,光的波长 λ
不变,只要知道两相干光的几何路程之差 δ,就可以得到相应的相位变化 $\Delta\varphi = 2\pi\dfrac{\delta}{\lambda}$. 在薄
膜干涉中,光通过不同的介质,光在不同介质中的波长是不同的. 设频率为 ν 的单色光在
真空中的波长为 λ,则光在折射率为 n 的介质中的波长

$$\lambda' = \frac{u}{\nu} = \frac{c/n}{\nu} = \frac{\lambda}{n} \tag{17-25}$$

因此,该单色光在折射率为 n 的介质中传播路程为 r 时,相位的改变为

$$\Delta\varphi = \frac{2\pi}{\lambda'}r = \frac{2\pi}{\lambda}nr \tag{17-26}$$

式(17-26)表明,在计算相位的改变时,既可以用光在折射率为 n 的介质中传播的几何路程 r 及相应的波长 λ',也可以换算成光在真空中传播,且传播的路程为 nr. 后一种方法统一采用光在真空中的波长 λ,便于分析光在不同介质中传播时的相位变化. 因此,引入光程的概念. 将光波在某一介质中所经历的几何路程 r 与该介质的折射率 n 的乘积 nr,定义为光程.

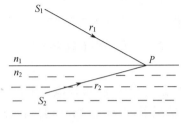

图 17-18　两束相干光的光程差

如图 17-18 所示,两个初相位分别为 φ_1 和 φ_2 的相干光源 S_1 和 S_2,分别在折射率为 n_1 和 n_2 的介质中发出两束相干光,这两束光在介质中的波长分别为 λ_1 和 λ_2. P 点位于两种介质的分界面上,与 S_1 和 S_2 的距离分别为 r_1 和 r_2. 两束光在 P 点产生的光振动的相位差

$$\Delta\varphi = \varphi_2 - \varphi_1 - 2\pi\left(\frac{r_2}{\lambda_2} - \frac{r_1}{\lambda_1}\right)$$

根据式(17-25),$\dfrac{r_2}{\lambda_2} = \dfrac{n_2 r_2}{\lambda}$,$\dfrac{r_1}{\lambda_1} = \dfrac{n_1 r_1}{\lambda}$,$\lambda$ 为光在真空中的波长,则上式为

$$\Delta\varphi = \varphi_2 - \varphi_1 - \frac{2\pi}{\lambda}(n_2 r_2 - n_1 r_1) = \varphi_2 - \varphi_1 + \frac{2\pi}{\lambda}(n_1 r_1 - n_2 r_2)$$

令光程差 $\delta = n_1 r_1 - n_2 r_2$,则

$$\Delta\varphi = \varphi_2 - \varphi_1 + \frac{2\pi}{\lambda}\delta \tag{17-27}$$

式(17-27)表明,相位差是由初相位和光程差决定的.

按照光的干涉理论,两束相干光在 P 点干涉加强或干涉减弱时,相位差 $\Delta\varphi$ 满足的条件是

$$\Delta\varphi = \begin{cases} \pm 2k\pi, & k = 0, 1, 2, \cdots \text{ 干涉加强} \\ \pm(2k+1)\pi, & k = 0, 1, 2, \cdots \text{ 干涉减弱} \end{cases} \tag{17-28}$$

若两相干光源 S_1 和 S_2 的初相位相同,$\varphi_1 = \varphi_2$,根据式(17-27),相位差 $\Delta\varphi$ 由光程差 δ 决定,即

$$\Delta\varphi = 2\pi \cdot \frac{\delta}{\lambda} \tag{17-29}$$

由式(17-28)和式(17-29)可得用光程差表示的 P 点干涉加强或干涉减弱的条件

$$\delta = \begin{cases} \pm k\lambda, & k = 0, 1, 2, \cdots \quad \text{干涉加强} \\ \pm(2k+1)\dfrac{\lambda}{2}, & k = 0, 1, 2, \cdots \quad \text{干涉减弱} \end{cases} \tag{17-30}$$

上式表明,当相干光源的初相位相同、且光在不同介质传播时,对干涉起决定作用的是两相干光的光程差. 利用光程差和真空中的波长进行比较,可以方便地分析各种干涉现象. 在以后的讨论中,如无特别说明,涉及的波长均指真空中的波长.

1. 等倾干涉

如图 17-19 所示，厚度为 e、折射率为 n_2 的均匀平行薄膜，其上方介质的折射率为 n_1、下方介质的折射率为 n_3. 设波长为 λ 的一束单色平行光以入射角 i 由介质 1 射向薄膜. 入射光在入射点 A 除了产生反射光 a 以外，还产生折射光. 折射光在 C 点经反射后到达 B 点，又折射回膜上方中成为光线 b. 与光线 b 类似，在薄膜内还有经过三次反射、五次反射、……再折射回膜上方的光线，但其强度很小，可忽略不计. 因此，在膜上方观察时，只需考虑光线 a、b 间的干涉. 这两束光线是平行的，只能在无限远处相交而发生干涉，或使光线射到透镜 L 上，并在其焦平面上放上光屏，就可在有限远处观察到干涉条纹.

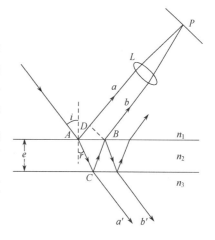

图 17-19　等倾干涉

下面计算光线 a、b 间的光程差. 从反射点 B 作光线 a 的垂线 BD，因为透镜不引起附加的光程差，所以从 D 点到 P 点和从 B 点到 P 点的光程相等，则 a、b 两光线间的光程差为

$$\delta = n_2(AC + CB) - n_1 AD + \delta'$$

因为 $AC = CB = \dfrac{e}{\cos r}$，$AD = AB \cdot \sin i = 2e \cdot \tan r \cdot \sin i$，则

$$\delta = 2e\left(\frac{n_2}{\cos r} - n_1 \tan r \cdot \sin i\right) + \delta' = \frac{2e}{\cos r}(n_2 - n_1 \sin i \cdot \sin r) + \delta'$$

式中，r 为折射角，再由折射定律 $n_1 \sin i = n_2 \sin r$，可得

$$\delta = \frac{2n_2 e}{\cos r}(1 - \sin^2 r) + \delta' = 2n_2 e \cos r + \delta' = 2e\sqrt{n_2^2 - n_1^2 \sin^2 i} + \delta' \qquad (17\text{-}31)$$

式中，δ' 等于 $\dfrac{\lambda}{2}$ 或 0，由光线反射时有无因"半波损失"引起的附加光程差决定. 图 17-19 表明，光线 a 在膜的上表面反射，光线 b 在膜的下表面反射. 当两束光线中，只有一束光线存在"半波损失"（如 $n_1 < n_2 > n_3$，或 $n_1 > n_2 < n_3$）时，$\delta' = \dfrac{\lambda}{2}$；当两束光线均有"半波损失"，或均无"半波损失"（如 $n_1 < n_2 < n_3$，或 $n_1 > n_2 > n_3$）时，$\delta' = 0$. 式(17-31)表明，薄膜的厚度均匀时，光程差由入射角 i 决定. 凡以相同倾角入射的光，经膜上、下表面反射后产生的相干光束具有相同的光程差，对应于干涉图样中的同一条条纹. 因此，此类干涉称为等倾干涉.

根据式(17-30)和式(17-31)，等倾干涉条纹满足的条件是

$$\delta = 2e\sqrt{n_2^2 - n_1^2 \sin^2 i} + \delta'$$

$$= \begin{cases} k\lambda, & k = 1, 2, 3, \cdots \quad \text{干涉明纹} \\ (2k+1)\dfrac{\lambda}{2}, & k = 0, 1, 2, \cdots \quad \text{干涉暗纹} \end{cases} \qquad (17\text{-}32)$$

因此,入射角 i 越大,光程差越小,对应的条纹级数 k 也越低.由薄膜的厚度 $e\geqslant0$,可以确定 k 的初值.等倾干涉圆环干涉级数高的在内层,干涉级数低的在外层,越向环中心,级数就越高.入射角增加时,条纹间距减小,等倾圆环不是等间距的,内疏外密,越靠中心,环间距越大,越稀疏,越向外环间距越小,越密集.薄膜越薄,则环间距越大,环纹少,越稀疏;薄膜越厚,则环间距小,环纹多,越密集;若薄膜太厚,则条纹过密不可分辨,所以一般要求膜很薄,若厚度使光程差超过光波的波列长度,则不产生干涉.

同理,可分析透射光的干涉现象.如图 17-19 所示,光线 a' 是直接透射得到的,光线 b' 是光线折入薄膜后,在 C 点和 B 点经两次反射透射出来的.当薄膜及周围介质一定时,透射光 a' 和 b' 之间的光程差 $\delta_\text{透}$,与反射光 a 和 b 之间的光程差 $\delta_\text{反}$ 满足下列关系

$$\delta_\text{透} = \delta_\text{反} + \frac{\lambda}{2} \tag{17-33}$$

因此,当反射光干涉加强时,透射光将干涉减弱;当反射光干涉减弱时,透射光将干涉加强,二者是互补的.由于两透射光的振幅相差比较大,所以干涉条纹的明暗度不明显,清晰度低.

例 17-1　空气中的水平肥皂水膜的厚度为 $0.32\mu\text{m}$,折射率为 1.33.如果用白光垂直照射,在肥皂水膜的上方观察,膜呈现什么颜色?

解　因为肥皂水膜在空气中,$n_1=n_3=1$,$n_2=1.33$,$n_1<n_2$,$n_2>n_3$,所以由图 17-19 可知,光线 a 在膜的上表面反射有"半波损失",光线 b 在膜的下表面反射无"半波损失",则附加光程差 $\delta'=\dfrac{\lambda}{2}$,且白光垂直照射,入射角 $i=0$,由式(17-32)得干涉明纹的条件为

$$\delta = 2n_2e + \frac{\lambda}{2} = k\lambda, \quad k=1,2,3,\cdots$$

所以

$$\lambda = \frac{2n_2e}{k-\dfrac{1}{2}}$$

把 $n_2=1.33$,$e=0.32\mu\text{m}$ 代入上式,可用试探法求出干涉加强的波长.

$$k=1, \quad \lambda_1 = 4n_2e = 1.70\mu\text{m}$$
$$k=2, \quad \lambda_2 = \frac{4}{3}n_2e = 0.567\mu\text{m}$$
$$k=3, \quad \lambda_3 = \frac{4}{5}n_2e = 0.341\mu\text{m}$$
$$\cdots\cdots$$

可见,只有 $\lambda_2=0.567\mu\text{m}$ 的绿光在可见光范围内,即在膜上方观察时,膜呈现绿色.

此题也可以用白光的波长范围确定出级数 k 的范围,进而定出 k 值及波长值.

$$\lambda = \lambda_\text{红} = 0.76\mu\text{m} \text{ 时}, \quad k = k_\text{min} = 1.62$$
$$\lambda = \lambda_\text{紫} = 0.40\mu\text{m} \text{ 时}, \quad k = k_\text{max} = 2.62$$

所以级数 k 只能取 1.62 和 2.62 之间的整数,即 $k=2$,则

$$\lambda = \frac{2n_2 e}{k - \frac{1}{2}} = \frac{4}{3} n_2 e = 0.567 \mu m$$

例 17-2 在比较复杂的光学系统中,光能因反射而损失严重,还影响成像的质量.为了减少入射光在照相机镜头表面上反射时所引起的能量损失,常在镜面上镀一层厚度均匀且透明的氟化镁(MgF_2)薄膜($n_2 = 1.38$),试求膜的最小厚度(已知玻璃的折射率 $n_3 = 1.50$).

解 根据题意,膜上方的介质为空气,$n_1 = 1$. 因为 $n_1 < n_2 < n_3$,在薄膜上、下表面反射的两束光均有"半波损失",所以 $\delta' = 0$. 由式(17-32),光线垂直入射时,反射光干涉相消的条件是

$$\delta = 2n_2 e = (2k+1)\frac{\lambda}{2}, \quad k = 0,1,2,\cdots$$

所以

$$e = \frac{(2k+1)\lambda}{4n_2}$$

因此,厚度 e 一定的薄膜只能使某个特定波长 λ 的反射光干涉相消,对相近波长的其他反射光束有一定程度的干涉减弱.对于一般的照相机和目视光学仪器,常选对照相底片和人眼最敏感的黄绿光波长 $\lambda = 550nm$ 作为"控制波长".所以取 $k=0$,可得膜的最小厚度为

$$e = \frac{\lambda}{4n_2} = \frac{550 \times 10^{-9}}{4 \times 1.38} = 0.1(\mu m)$$

这种薄膜对黄绿光起到了减小反射、增强透射的作用,称为增透膜.在白光下观看此薄膜的反射光,黄绿色光最弱,红光、蓝光相对强一些,因此表面呈现蓝紫色.

同理,利用镀膜工艺也可以增加反射光的强度.例如,氦氖激光器中光学谐振腔的反射镜,需对波长 $\lambda = 632.8nm$ 的单色光达到 99% 以上的反射率.可在玻璃($n_3 = 1.50$)表面上交替镀上高折射率的 $ZnS(n_2 = 2.40)$ 薄膜和低折射率的 MgF_2 ($n_1 = 1.38$)薄膜,厚度分别为 $\frac{\lambda}{4n_2}$ 和 $\frac{\lambda}{4n_1}$. 一般镀到 7 层、9 层,也可多达 15 层、17 层(图 17-20).镀到 13 层,就可使反射率达到 94% 以上.这种膜称为增反膜或高反射膜.

图 17-20 增反膜

2. 等厚干涉

当一束平行光入射到厚度不均匀的薄膜上,在膜的表面上也可以产生干涉现象.参考图 17-19 可知,当薄膜的上、下表面不平行时,反射光 a 和 b 不再平行,两者的光程差较难

精确计算. 但膜的厚度很小时, A、B 两点相距很近, 可认为 $AC \approx CB$, 且该区域膜的厚度 e 相等. 因此, 计算等倾条纹光程差的公式(17-31)依然可用, 即

$$\delta \approx 2e \sqrt{n_2^2 - n_1^2 \sin^2 i} + \delta'$$

当 i 不变时, 光程差 δ 仅与膜的厚度有关. 膜的厚度相同的地方, 光程差相同, 对应同一条干涉条纹, 这类干涉称为等厚干涉. 在实际应用中, 常使光线垂直入射到薄膜上, $i=0$, 则 $\delta = 2n_2e + \delta'$, 干涉明纹和暗纹满足的条件为

$$\delta = 2n_2e + \delta'$$
$$= \begin{cases} k\lambda, & k=1,2,\cdots \text{ 明纹} \\ (2k+1)\dfrac{\lambda}{2}, & k=0,1,2,\cdots \text{ 暗纹} \end{cases} \qquad (17\text{-}34)$$

观察等厚干涉条纹的常见实验室装置是劈尖膜和牛顿环.

　　1) 劈尖膜

如图 17-21 所示, 两块矩形平板玻璃片, 一端叠合, 另一端夹一薄纸片(为便于分析问题, 放大了纸片的厚度), 形成了两玻璃片之间的空气劈尖膜. 两玻璃片的交线处为棱边, 其余平行于棱边的线上, 劈尖的厚度相同.

因为 $n_1 = n_3 = 1.50$, $n_2 = 1$, $n_1 > n_2 < n_3$, 只有在膜的下表面反射的光有"半波损失", 所以 $\delta' = \dfrac{\lambda}{2}$. 由式(17-34)得空气劈尖膜干涉加强或减弱的条件为

图 17-21　劈尖膜

$$\delta = 2e + \frac{\lambda}{2} = \begin{cases} k\lambda, & k=1,2,3,\cdots \quad \text{明纹} \\ (2k+1)\dfrac{\lambda}{2}, & k=0,1,2,\cdots \quad \text{暗纹} \end{cases}$$

$$(17\text{-}35)$$

式中, e 表示对应于 k 值的膜的厚度. 由于平行棱边处, 膜的厚度相同, 所以劈尖膜上形成平行于棱边的明、暗相间的直干涉条纹. 在棱边处, $e=0$, $\delta=\dfrac{\lambda}{2}$, 形成暗条纹.

　　根据式(17-35), 任意两条相邻的明条纹(或暗条纹)之间的距离 l 由下式确定(图 17-21):

$$l\sin\theta = e_{k+1} - e_k = \frac{\lambda}{2} \qquad (17\text{-}36)$$

式中, θ 为劈尖的夹角. 可见, θ 越小, 条纹间距离越大, 越便于测量. 劈尖一定时, 干涉条纹是等间距的. 利用式(17-36), 可测量微小的角度、厚度, 及入射光的波长等.

　　例 17-3　为了测量金属细丝的直径, 把金属丝夹在两块平面玻璃之间, 形成空气劈尖膜. 如图 17-22 所示, 金属丝与棱边的距离 $L=28.88\text{mm}$. 用波长 $\lambda=589.3\text{nm}$ 的单色平行光垂直照射, 测得 30 条明条纹间的距离为 4.295mm, 求金属丝的直径 D.

　　解　根据题意, 相邻两明条纹之间的距离

$$l = \frac{4.295}{30-1} = 0.148 (\text{mm})$$

由式 (17-36), $l\sin\theta = \frac{\lambda}{2}$, 且劈尖膜的夹角 θ 非常

小, $\sin\theta \approx \tan\theta = \frac{D}{L}$, 所以

$$l\sin\theta \approx l \cdot \frac{D}{L} = \frac{\lambda}{2}$$

图 17-22　空气劈尖膜

则金属丝的直径

$$D = \frac{\lambda L}{2l} = \frac{589.3 \times 10^{-9} \times 28.88 \times 10^{-3}}{2 \times 0.148 \times 10^{-3}}$$

$$= 5.746 \times 10^{-5} (\text{m}) = 57.46 (\mu\text{m})$$

例 17-4　在制造半导体元件时, 常常要在硅 (Si) 片上生成一层很薄的二氧化硅 (SiO$_2$) 薄膜. 为了测量该膜的厚度 e, 可以用化学方法除去薄膜的一部分, 形成一个 SiO$_2$

图 17-23　测量 SiO$_2$ 膜的厚度

的劈形膜, 如图 17-23 所示. 用波长 $\lambda = 546.1$nm 的单色光垂直照射, 在劈形膜上观察到 7 条暗纹, 且第 7 条暗纹的中心恰在劈形膜与平面膜的交线上. 试求薄膜的厚度 e (已知 Si 的折射率为 3.42, SiO$_2$ 的折射率为 1.5).

解　根据题意, $n_1 = 1$, $n_2 = 1.5$, $n_3 = 3.42$, 由于 $n_1 < n_2 < n_3$, 在劈形膜上、下表面的反射光都有 "半波损失", 则 $\delta' = 0$. 由式 (17-34) 可得明纹条件为

$$2n_2 e = k\lambda, \quad k = 0, 1, 2, \cdots$$

在劈形膜棱边处, $e = 0$, $k = 0$, 即棱边处是零级明纹中心.

由式 (17-34) 得暗纹条件为

$$2n_2 e = (2k+1)\frac{\lambda}{2}, \quad k = 0, 1, 2, \cdots$$

第 7 条暗纹对应 $k = 6$, 代入上式得薄膜的厚度

$$e = \frac{(2k+1)\lambda}{4n_2} = \frac{(2 \times 6 + 1) \times 546.1 \times 10^{-9}}{4 \times 1.5} = 1.18 \times 10^{-6} (\text{m})$$

$$= 1.18 (\mu\text{m})$$

2) 牛顿环

把一个曲率半径 R 很大的平凸玻璃透镜放在一块光学平面玻璃上, 就在两玻璃之间形成一个上表面弯曲、关于接触点 O 对称的空气薄膜, 如图 17-24(a) 所示. 当用单色平行光束垂直照射到平凸透镜上, 从反射光中可以观察到以接触点 O 为中心的明暗相间的许多同心圆环, 如图 17-24(b) 所示, 这些等厚干涉条纹称为牛顿环.

(a) 实验装置　　　　　　　　(b) 牛顿环

图 17-24　牛顿环实验

牛顿环是由在空气膜上、下表面反射的光发生干涉形成的. $n_1 = n_3 = 1.5$, $n_2 = 1, n_1 > n_2 < n_3$,附加光程差 $\delta' = \dfrac{\lambda}{2}$,明、暗环处所对应的空气层厚度 e 可由式(17-34)确定,即

$$\delta = 2e + \frac{\lambda}{2}$$

$$= \begin{cases} k\lambda, & k = 1,2,3,\cdots & \text{明环} \\ (2k+1)\dfrac{\lambda}{2}, & k = 0,1,2,\cdots & \text{暗环} \end{cases} \qquad (17\text{-}37)$$

在接触点(中心处), $e = 0, \delta = \dfrac{\lambda}{2}$,牛顿环的中心为一暗斑,这与实验观测的结果是一致的. 在实验中,牛顿环的半径 r 是比较容易测量的.下面,定量计算牛顿环的半径 r、光波波长 λ 和平凸透镜的曲率半径 R 之间的关系.

由图 17-24(a)中的直角三角形得
$$r^2 = R^2 - (R-e)^2 = 2Re - e^2$$
因为 $R \gg e$,可以略去 e^2 项,则
$$r^2 = 2Re$$
上式表明 r 的平方与 e 成正比,所以越远离中心、薄膜的厚度 e 增加越快,牛顿环也变得越来越密.把上式代入式(17-37)中,可得反射光中明环和暗环的半径分别为

$$r = \sqrt{\left(k - \frac{1}{2}\right)R\lambda}, \quad k = 1,2,3,\cdots \quad \text{明环} \qquad (17\text{-}38)$$

$$r = \sqrt{kR\lambda}, \qquad\qquad k = 0,1,2,\cdots \quad \text{暗环} \qquad (17\text{-}39)$$

此外,也可以观察到透射光的干涉条纹,它们和反射光的干涉条纹互补,满足式(17-33),即反射光为明环处,透射光为暗环.

例 17-5　用波长 $\lambda = 589.3\text{nm}$ 的钠黄光观察牛顿环时,测得第 k 级暗环的半径 $r_k = 4\text{mm}$,第 $k+5$ 级暗环的半径 $r_{k+5} = 6\text{mm}$,试求平凸透镜的曲率半径 R 和级数 k.

解　由式 (17-39)可得

$$r_k = \sqrt{kR\lambda}$$

$$r_{k+5} = \sqrt{(k+5)R\lambda}$$

由以上两式可得

$$r_{k+5}^2 - r_k^2 = 5R\lambda$$

所以透镜的曲率半径为

$$R = \frac{r_{k+5}^2 - r_k^2}{5\lambda} = \frac{(6\times10^{-3})^2 - (4\times10^{-3})^2}{5\times589.3\times10^{-9}} = 6.79(\text{m})$$

把 R 值代入暗环公式得

$$k = 4$$

例 17-6　利用空气劈尖膜的等厚干涉条纹可以测量精密加工后工件表面上极小加工纹路的深度. 如图 17-25(a)所示,在工件表面上放一光学平面玻璃,使二者之间形成劈形空气膜. 用波长为 λ 的单色光垂直照射,在显微镜下观察到如图所示的干涉条纹. 试根据条纹的弯曲方向,判断工件表面的纹路是凸的还是凹的？并证明纹路的高度(或深度) H 可用下式表示

(a) 实验装置及干涉条纹　　　　　(b) 光程差分析

图 17-25　测量工件表面的纹路深度

$$H = \frac{a}{b} \cdot \frac{\lambda}{2}$$

解　如果工件表面是精确的光学平面,等厚干涉条纹应是平行于棱边、等距离的直条纹. 现观察到的条纹向棱边处弯曲,表明工件表面的加工纹路是凹的.

根据式 (17-36)

$$l\sin\theta = e_{k+1} - e_k = \frac{\lambda}{2}$$

由图 17-25(b)中两个相似直角三角形可得

$$b = l$$

$$\frac{H}{a} = \frac{e_{k+1} - e_k}{b} = \frac{\lambda/2}{b}$$

所以

$$H = \frac{a}{b} \cdot \frac{\lambda}{2}$$

17.2.4　迈克耳孙干涉仪

迈克耳孙干涉仪是由迈克耳孙设计用分振幅法产生光的干涉的精密实验装置,不仅在物理学发展史上起过重要的作用,而且是许多近代干涉仪的原型.图17-26是迈克耳孙干涉仪的结构示意图,M_1 和 M_2 是两块精密磨光的平面反射镜,G_1 和 G_2 是两块相同材料的厚薄均匀的平行玻璃片.在 G_1 的一个表面上镀有半透明的薄银层(图中粗实线所示),使照射在 G_1 上的光一半反射,一半透射.G_1 和 G_2 严格平行,并与 M_1 和 M_2 成 $45°$ 角.M_1 可由螺旋测微计 V_1 控制在支承面 T 上做微小移动,M_2 是固定的,其水平位置可由螺钉 V_2 调节.

光源 S 发出的光,经过透镜 L 变成平行光射向 G_1,再经 G_1 分成强度相同的两束光.光线(1)经薄银膜反射,向 M_1 传播,经 M_1 反射后再穿过 G_1 向 E 处传播;光线(2)透过 G_1 和 G_2 向 M_2 传播,经 M_2 反射后,再穿过 G_2 并经 G_1 的银膜反射,也向 E 处传播.显然,光线(1)和(2)是相干光,在 E 处可以看到干涉条纹.G_2 的作用是使光线(1)和(2)都是三次穿过厚度相同的玻璃片,保证了两束光经过玻璃片的光程相等,称为补偿片.

考虑了补偿片的作用,可画出图 17-27 所示的原理图.M_2 经 G_1 反射形成的虚像为 M_2',从 M_2 上反射的光线可看成是从虚像 M_2' 发出的.光线(1)和(2)的光程差主要由薄银膜到 M_1 和 M_2 的距离 d_1 和 d_2 的差决定.如果 M_1 和 M_2 严格垂直,则 M_1 和 M_2' 严格平行,在 M_1 和 M_2' 之间形成等厚的空气层,在视场中可观察到明暗相间的环形等倾干涉条纹;如果 M_1 和 M_2 不严格垂直,则 M_1 和 M_2' 不严格平行,在 M_1 和 M_2' 之间形成劈形空气膜,在视场中可观察到明暗相间的等厚干涉直条纹.

图 17-26　迈克耳孙干涉仪

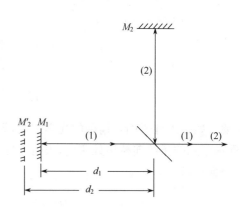

图 17-27　迈克耳孙干涉仪的光路图

干涉条纹的位置取决于光程差.由于光线(1)在 G_1 和 M_1 之间往返,每当 M_1 平移 $\dfrac{\lambda}{2}$ 的距离时,引起的光程差为 λ,视场中就有一条明(暗)纹移过.所以,数出视场中移过的条纹数目 N,就可算出 M_1 平移的距离 d 为

$$d = N \frac{\lambda}{2} \qquad\qquad (17\text{-}40)$$

利用上式可测定长度或波长. 1892 年, 迈克耳孙受巴黎计量局的邀请用自己的干涉仪测定了红镉线的波长, 并以该波长为单位表示标准尺"米"的长度.

迈克耳孙干涉仪的用途是很广泛的, 除了测量长度和波长以外, 还可以研究光谱的精细结构、测量物质的折射率以及检查光学仪器的质量等.

例 17-7 在迈克耳孙干涉仪的两臂中, 分别放入长为 0.2m 的相同玻璃管, 一个抽为真空, 另一个充入 1atm 的氩气. 今以波长 $\lambda = 546$nm 的汞绿线入射, 在将氩气缓慢抽出时, 发现有 205 个条纹的移动, 求氩气的折射率是多少?

解 干涉仪两臂中的光程差每变化一个波长, 视场中就有一个条纹移动. 在将氩气缓慢抽出后, 光程差的变化与移动的条纹数 N 满足

$$2(n-1)l = N\lambda$$

所以氩气的折射率为

$$n = 1 + \frac{N\lambda}{2l} = 1 + \frac{205 \times 546 \times 10^{-9}}{2 \times 0.2} \approx 1.00028$$

17.3 光 的 衍 射

光的衍射也是光的波动性的重要特征. 衍射现象的研究对于理论的发展以及实际的应用, 都具有重要的意义. 与机械波的衍射现象类似, 光波在传播途中遇到障碍物 (其线度 $d < 10^3 \lambda$) 时, 不仅传播方向发生改变, 而且产生明暗相间的条纹, 即光的强度发生了重新分布, 这就是光的衍射现象.

利用惠更斯-菲涅耳原理 (见 15.5 节), 可以圆满地解释光的衍射现象, 并计算出衍射图样中光强的分布. 如图 17-28 所示, 若已知光波在某时刻的波阵面 S, 则光波传播到 S 前方某点 P 的光振动矢量 $\boldsymbol{E}$ 为

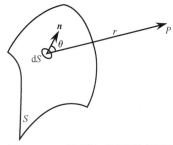

图 17-28 惠更斯-菲涅耳原理图

$$\boldsymbol{E} = \int_S d\boldsymbol{E}$$

$$E = \int_S \frac{K(\theta)}{r} \cos\left(\omega t - \frac{2\pi r}{\lambda}\right) dS \qquad\qquad (17\text{-}41)$$

这就是惠更斯-菲涅耳原理的数学表达式. 式中 ω 为角频率, λ 为波长. 一般情况下, 该积分式的计算比较复杂.

图 17-29 单缝夫琅禾费衍射

17.3.1 单缝夫琅禾费衍射

光源和接收屏都距离衍射缝 (孔) 无限远时, 这种衍射称为夫琅禾费衍射. 单缝夫琅禾费衍射的实验装置如图 17-29 所示, 光源 S 发出的光经透镜 L_1 变成平行光,

通过单缝后,再经过透镜 L_2,在屏上出现衍射条纹.条纹的特点是:中央有一特别明亮、较宽的条纹,称为中央明纹;两侧对称分布着一些光强较低的明条纹,其宽度仅为中央明纹的一半;明、暗条纹相间分布.

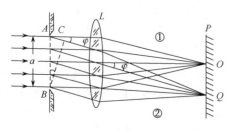

图 17-30　单缝夫琅禾费衍射的子波分析

在图 17-30 中,AB 为单缝的截面,其宽度为 a.根据惠更斯-菲涅耳原理,AB 上各点都可以看成是新的子波波源,它们发出的球面子波在空间相遇,会产生干涉.首先考虑沿入射方向传播的各子波射线(图中光束①),它们经透镜 L 会聚于焦点 O.因为在单缝处的波阵面 AB 是同相面,所以这些子波的相位是相同的,且经过透镜后不会引起附加的光程差,在 O 点会聚时仍然保持相位相同,因而干涉加强,在透镜 L 的焦点 O 处出现平行于单缝的亮纹,即中央明条纹.

其次,讨论与平面衍射屏法线成 φ 角(衍射角)传播的子波射线(图中光束②).它们经透镜 L 会聚于屏上 Q 点.过 B 点作一平面 BC,使 BC 垂直于 AC,则由平面 BC 上各点到达 Q 点的光程都相等.因此,从 AB 面发出的平行光束②在 Q 点的相位差,就等于它们在 BC 面上的相位差.光束②中各射线的最大光程差为 $AC = a\sin\varphi$,该值决定 Q 处条纹的明暗.下面应用**菲涅耳半波带法**讨论单缝衍射的条纹分布.

用彼此相距为 $\lambda/2$ 且平行于 BC 的平面,把 AC 分成 m 等份,这些平面也把单缝上的波阵面 AB 切割成 m 个波带.当 m 为整数时,各个波带的面积是相等的.图 17-31(a)表示 $m=4$ 时,波阵面 AB 被分成 AA_1、A_1A_2、A_2A_3、A_3B 四个相等的波带,可以认为从每个波带发出的子波的强度是相等的.两相邻的波带上,任何两个对应点(如 AA_1 带的中点和 A_1A_2 带的中点)所发出的子波的光程差总是 $\lambda/2$(即相位差总是 π).由于透镜不产生附加光程差,这些光线经透镜会聚到达焦平面上的 Q 点时,光程差仍是 $\lambda/2$,它们将干涉抵消.所以,上述的波带称为半波带.同理,A_2A_3 和 A_3B 两相邻半波带子波发出的光,在 Q 点也干涉抵消,所以 Q 点处为暗条纹.因此,对于某确定的衍射角 φ,若 AC 恰好等于半波长的偶数倍,即单缝处的波阵面 AB 恰能分成偶数个半波带,则屏上对应处呈现暗条纹.

图 17-31(b)表示 $m=3$ 时,波阵面 AB 被分成 AA_1、A_1A_2、A_2B 三个面积相等的半波带.此时相邻的两个半波带上各对应点发出的子波到达焦平面上的 Q' 点处的光程差均为 $\lambda/2$,相互干涉抵消;只剩下一个半波带的子波到达 Q' 点处没有被抵消,因此 Q' 点处将是明条纹.由类似的分析可知,$m=5$ 时,可分为 5 个半波带,其中四个波带的子波相互干涉抵消,只剩下一个半波带的子波没有被抵消,因此也将出现明条纹.但是,$m=5$ 时每个半波带的面积小于 $m=3$ 时每个半波带的面积,所以波带越多,即衍射角 φ 越大时,明条纹的亮度就越低.若对应于某个衍射角 φ,AB 不能分成整数个半波带,则屏上的对应点将介于明、暗条纹之间,呈现半明半暗的区域.

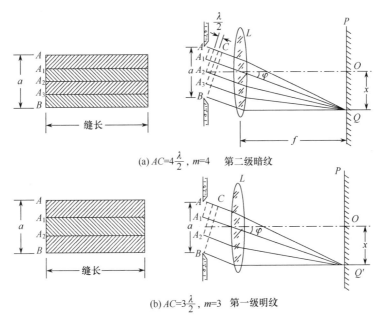

(a) $AC=4\dfrac{\lambda}{2}$, $m=4$ 第二级暗纹

(b) $AC=3\dfrac{\lambda}{2}$, $m=3$ 第一级明纹

图 17-31 菲涅耳半波带法

上述关于明、暗条纹的讨论结果,可以用数学式表示如下:当衍射角 φ 满足

$$a\sin\varphi = \pm 2k\frac{\lambda}{2}, \quad k=1,2,3,\cdots \tag{17-42}$$

时,为暗条纹(中心).式中 k 为条纹的级数,对应于 $k=1,2,3,\cdots$ 的暗条纹,称为第一级暗纹、第二级暗纹……;正、负号表示各级暗条纹对称分布于 O 点处中央明条纹的两侧.当衍射角 φ 满足

$$a\sin\varphi = \pm(2k+1)\frac{\lambda}{2}, \quad k=1,2,3,\cdots \tag{17-43}$$

时,为明条纹(中心).对应于 $k=1,2,\cdots$ 的明条纹,称为第一级明纹、第二级明纹、……;式中正、负号表示各级明条纹对称分布于 O 点处中央明条纹的两侧.

在两个第一级暗纹之间的区域,即衍射角 φ 满足

$$-\lambda < a\sin\varphi < \lambda \tag{17-44}$$

的范围为**中央明条纹**.

定义相邻两个暗条纹所对应的衍射角 φ 之差为明条纹的角宽度.因此,中央明条纹的角宽度 $\Delta\varphi_0$ 由两条第一级暗纹的衍射角 φ_1 确定.由式(17-42),第一级暗纹满足

$$a\sin\varphi_1 = \pm\lambda$$

所以

$$\Delta\varphi_0 = 2\varphi_1 = 2\arcsin\frac{\lambda}{a} \tag{17-45a}$$

当 φ_1 很小($<5°$)时,上式为

$$\Delta\varphi_0 \approx 2\frac{\lambda}{a} \qquad\qquad (17\text{-}45\mathrm{b})$$

因为屏处在透镜 L 的焦平面上,设透镜的焦距为 f,则中央明条纹的线宽度 Δx_0 为

$$\Delta x_0 = 2f \cdot \tan\left(\frac{\Delta\varphi_0}{2}\right) \approx 2f\frac{\lambda}{a} \qquad\qquad (17\text{-}46)$$

在 $\varphi < 5°$ 的条件下,还可以推导出第 k 级明条纹的角宽度 $\Delta\varphi_k$ 和线宽度 Δx_k 分别为

$$\Delta\varphi_k = \varphi_{k+1} - \varphi_k \approx \frac{\lambda}{a} \qquad\qquad (17\text{-}47)$$

$$\Delta x_k = x_{k+1} - x_k \approx f\frac{\lambda}{a} \qquad\qquad (17\text{-}48)$$

图 17-32　单缝衍射条纹的光强分布

因此,衍射角 φ 很小($<5°$)时,各级明条纹的角宽度(或线宽度)都等于中央明条纹角宽度(或线宽度)的一半.

单缝衍射条纹的光强分布如图17-32所示,中央明条纹的光强最大,其余明条纹的光强随着级数 k 的增大而迅速减小.根据惠更斯-菲涅耳原理可求出光强的分布,若 I_0 为中央明纹中心处的光强,则第一级明纹的光强 $I_1 = 0.0471I_0$,第二级明纹的光强 $I_2 = 0.0165I_0$,第三级明纹的光强 $I_3 = 0.00834I_0$,….对于波长 λ 一定的单色光,由式(17-43)可知单缝宽度 a 越小,对应于同一级明条纹的衍射角 φ 就越大,即衍射现象越显著;反之,单缝宽度 a 越大,衍射现象越不明显.当 $a \gg \lambda$ 时,各级衍射条纹全部集中在中央附近,以致无法分辨,只显出单一的明条纹,相当于光线沿直线传播.因此可以认为,**几何光学是波动光学在波长远远小于障碍物线度时的极限.**

如果用白光照射单缝,白光中各种波长的光到达 O 点时都干涉加强,在中央形成白色明条纹;在中央两侧,对于同一级明条纹,波长越大,衍射角越大,形成一系列由紫到红的彩色条纹,称为**衍射光谱.**

应当指出,光的衍射和光的干涉都是光波的相干叠加,二者没有本质的区别.但习惯上,将波阵面上无限多子波源发出波的相干叠加称为光的衍射,两个或有限多个光束的相干叠加称为光的干涉.

例 17-8　单色平行光垂直照射缝宽 $a = 0.6\mathrm{mm}$ 的单缝,透镜的焦距 $f = 0.4\mathrm{m}$. 若在屏上 $x = 1.4\mathrm{mm}$ 处的 P 点看到明纹极大,如图 17-33 所示.试求入射光的波长;P 点条纹的衍射级数;单缝面所能分成的半波带数.

图 17-33　单缝夫琅禾费衍射装置

解　根据明纹公式(17-43)

$$a\sin\varphi = (2k+1)\frac{\lambda}{2}, \quad k = 1,2,3,\cdots$$

由于

$$\tan\varphi = \frac{x}{f} = \frac{1.4 \times 10^{-3}}{0.4} = 0.0035$$

$\varphi \ll 5°$，所以

$$\lambda = \frac{2a\sin\varphi}{2k+1} \approx \frac{2a\tan\varphi}{2k+1} = \frac{2 \times 0.6 \times 0.0035}{2k+1} = \frac{4.2}{2k+1} \times 10^3 \text{(nm)}$$

解法一：试探法，把 k 的可能取值代入(1)式可得

$$k=1, \quad \lambda_1 = 1400\text{nm}, \qquad 红外光$$
$$k=2, \quad \lambda_2 = 840\text{nm}, \qquad 红外光$$
$$k=3, \quad \lambda_3 = 600\text{nm}, \qquad 可见光$$
$$k=4, \quad \lambda_4 = 466.7\text{nm}, \qquad 可见光$$
$$k=5, \quad \lambda_5 = 381.8\text{nm}, \qquad 紫外光$$

符合题意的入射光应在可见光范围内，所以本题有两个解：波长为 600nm 的第三级衍射条纹和波长为 466.7nm 的第四级衍射条纹，单缝面分别可分为 7 个和 9 个半波带.

解法二：界定法，把(1)式整理为

$$k = \frac{1}{2}\left(\frac{4.2}{\lambda} \times 10^3 - 1\right) = \frac{2.1}{\lambda} \times 10^3 - 0.5$$

(2)式中波长 λ 的单位是 nm，波长越大，级数越小. 可以根据可见光的波长范围(400～760nm)，界定级数 k 的取值. 把红光波长 $\lambda_红 = 760$nm 代入(2)式，得 $k=2.26$，把紫光波长 $\lambda_紫 = 400$nm 代入(2)式，得 $k=4.75$，可观察到的可见光对应的级数 k，是 2.26 和 4.75 之间的整数 3 和 4，再利用(1)式，可得

$$k=3 \text{ 时}, \lambda=600\text{nm}, 半波带数为 7$$
$$k=4 \text{ 时}, \lambda=466.7\text{nm}, 半波带数为 9$$

17.3.2 圆孔夫琅禾费衍射

当光波射到小圆孔时，也会产生衍射现象. 光学仪器中所用的孔径光阑、透镜的边框等都相当于一个透光的圆孔，所以圆孔夫琅禾费衍射对于分析光学仪器的分辨率具有重要的意义.

如果在观察单缝夫琅禾费衍射的实验装置(图 17-29)中，把单缝换成圆孔，当单色平行光垂直照射到圆孔上时，在透镜焦平面处的屏上将出现中央为较亮的圆斑、周围是明暗交替的同心圆环状的衍射图样(图 17-34). **由第一暗环所围的中央光斑，称为艾里斑.** 根据惠更斯-菲涅耳原理可求出明、暗条纹的位置和强度分布. 计算结果表明，艾里斑的光能量占通过圆孔的总光能量的 84% 左右，其余 16% 的光能量分布在周围的明环上；第一级暗环的衍射角 θ_1 满足下式

$$\sin\theta_1 = 1.22\frac{\lambda}{D} \tag{17-49}$$

式中，λ 为入射光的波长，D 为圆孔的直径.

(a) 实验装置

(b) 衍射图样　　　　　　　　(c) 光路图

图 17-34　圆孔夫琅禾费衍射

　　艾里斑的角半径 θ 就是第一级暗环对应的衍射角.

$$\theta \approx \sin\theta_1 = 1.22\frac{\lambda}{D} \tag{17-50}$$

由图 17-34(c)可知,如果艾里斑的直径为 d,透镜焦距为 f,则艾里斑对透镜光心的张角为

$$2\theta = \frac{d}{f} = 2.44\frac{\lambda}{D} \tag{17-51}$$

因此,圆孔的直径 D 越小,艾里斑的直径 d 就越大,衍射现象就越显著. 当 $\frac{\lambda}{D} \ll 1$ 时,2θ 角趋于零,衍射现象可忽略.

　　人眼的瞳孔、望远镜、显微镜、照相机等,都是通过透镜将入射光会聚成像,其中的透镜可以看成一个透光的小圆孔. 按几何光学的观点,物体经透镜成像时,每一个物点有一个对应的像点. 实际上,由于衍射现象,像点不再是一个几何点,而是一个具有一定大小的艾里斑. 如果两个物点的距离很近,对应的两个艾里斑会互相重叠,这时就不能清楚地分辨出两个物点的像. 所以,由于光的衍射现象,光学仪器的分辨能力受到了限制.

　　现以透镜为例,分析光学仪器的分辨能力与哪些因素有关. 如图 17-35 所示,在远处有两个点光源 S_1 和 S_2,它们各自发出的光到达透镜 L 时可看成是平行光,从而在透镜焦平面上形成两组衍射环纹. 图 17-35(a)中,S_1 和 S_2 的距离较大,两个艾里斑中心的距离

d_0 大于艾里斑的半径 $\dfrac{d}{2}$，虽然两衍射图样部分重叠，但重叠部分的光强小于艾里斑中心处的光强，此时两物点的像是能够分辨的；图17-35(c)中，S_1 和 S_2 相距很近，两个艾里斑中心的距离 d_0 小于艾里斑的半径 $\dfrac{d}{2}$，此时两个衍射图样的绝大部分互相重叠，这两个物点的像不能被分辨出来；图17-35(b)中，S_1 和 S_2 的距离恰好使两个艾里斑中心的距离 d_0 等于艾里斑的半径 $\dfrac{d}{2}$，这时两衍射图样重叠区的光强约为单个衍射图样中央最大光强的 80%，一般人的眼睛刚刚能够分辨出这是两个物点的像，即两物点刚好能被光学仪器所分辨. 这一判据，称为**瑞利判据**. 此时两个物点 S_1 和 S_2 对透镜光心的张角 θ_0，称为最小分辨角，即

图 17-35　瑞利判据

$$\theta_0 = \frac{d_0}{f} = \frac{d}{2f}$$

把式(17-51)代入上式得

$$\theta_0 = 1.22\frac{\lambda}{D} \tag{17-52}$$

即最小分辨角的大小由仪器的孔径 D 和光波的波长 λ 决定. 在光学中，常将光学仪器的最小分辨角的倒数称为该仪器的分辨率. 因此，光学仪器的分辨率与仪器的孔径成正比，与所用的光波的波长成反比. 在天文观测中，提高望远镜分辨率的途径是增大物镜的直径. 要提高显微镜的分辨率，则尽量采用波长短的紫光. 电子显微镜利用电子束的波动性

来成像,在几万伏的加速电压下,电子束的波长 λ 可达 0.01nm. 因此电子显微镜的分辨率比一般光学显微镜大数千倍,为研究物质的微观结构提供了有力的工具.

例 17-9　汽车两前灯相距 1.2m,远处观察者能看到的最强的灯光波长为 600nm,夜间人眼瞳孔的平均直径约为 5mm. 求人距离开来的汽车多远时,恰能分辨出是两盏灯?

解　根据式(17-52),人眼夜间的最小分辨角为

$$\theta_0 = 1.22\frac{\lambda}{D} = 1.22 \times \frac{600 \times 10^{-9}}{5 \times 10^{-3}} = 1.46 \times 10^{-4}(\text{rad})$$

设汽车两前灯相距 Δx,人距离汽车 S 处时人眼恰能分辨,则

$$S = \frac{\Delta x}{\theta_0} = \frac{1.2}{1.46 \times 10^{-4}} = 8.2 \times 10^3(\text{m})$$

17.3.3　光栅衍射

由大量等宽、等间距的平行狭缝构成的光学器件,称为**光栅**. 一般常用的光栅是在玻璃片上用金刚石刀刻出大量平行刻痕,刻痕为不透光部分,两刻痕之间的光滑部分可以透光,相当于一狭缝. 这种利用透射光衍射的光栅称为透射光栅. 设缝宽为 a,缝间不透光部分的宽度为 b,则($a+b$)称为该光栅的光栅常数,它是光栅的一个重要参数. 精制的光栅,在 1cm 的宽度内刻有几千条乃至上万条刻痕. 例如,每厘米有 5000 条刻痕的光栅,其光栅常数为

$$a + b = \frac{1}{5000}\text{cm} = 2 \times 10^{-3}\text{mm}$$

广义地说,凡是对波阵面的限制作用具有空间周期性的装置,都称为衍射光栅. 光栅是一种分光装置,其种类很多,有透射光栅、反射光栅,还有一维光栅、二维光栅和三维光栅等,利用光栅衍射可以分析光谱.

图 17-36　光栅衍射实验

透射光栅和反射光栅的原理相同,下面分析平面透射光栅的衍射原理及其特点.

实验装置如图 17-36 所示,它和单缝衍射装置唯一的不同之处,是把单缝衍射屏换成有 N 条缝的光栅衍射屏. 使单色平行光垂直照射在光栅上,透射光经透镜 L 会聚后,在屏上出现平行于狭缝的明暗相间的衍射条纹. 与单缝衍射条纹不同,光栅衍射的明条纹又亮又窄. 狭缝数目越多,明条纹越亮、越窄. 图 17-37 是由 600 条/mm 的平面光栅摄谱仪得到的光谱图,图下方的数字是以埃为单位的波长值,不同波长的谱线对应不同的元素.

设光栅的总缝数为 N,透过光栅每个缝的光都有衍射,这 N 个缝的 N 套衍射条纹通过透镜完全重合;此外,通过光栅不同缝的光要发生干涉. 因此,**光栅的衍射条纹应是单缝衍射和多缝干涉的总效果**,即 N 个缝的干涉条纹要受到单缝衍射的调制.

图 17-37　WSP-1 平面光栅摄谱仪光谱图 600 条/mm 一级电弧光谱

由图 17-36 可知,某点 P 处的光是由衍射角为 φ 的平行光经透镜会聚而成的,两相邻狭缝中心间的距离为 $(a+b)$.首先,讨论各狭缝发出的衍射光束之间的干涉.当相邻两狭缝发出的光束间的光程差等于波长的整数倍时,这 N 个缝的光束在 P 点干涉加强,即衍射角 φ 满足

$$(a+b)\sin\varphi = \pm k\lambda, \qquad k = 0,1,2,\cdots \tag{17-53}$$

时,在 P 点形成明条纹.式(17-53)称为**光栅方程**,它是研究光栅衍射的重要公式.满足光栅方程的明条纹称为主极大条纹,又叫光谱线,k 叫做主极大的级数.$k=0$ 时,$\varphi=0$,为中央明条纹;$k=1$,为第一级明条纹;$k=2$,为第二级明条纹;……;正、负号表示各级明条纹在中央明条纹的两侧对称分布.

其次,讨论光栅衍射的暗纹条件.根据多光束叠加,光栅衍射暗条纹的位置由下式决定:

$$(a+b)\sin\varphi = \pm k'\frac{\lambda}{N} \tag{17-54}$$

式中,$k'=1,2,3,\cdots,(N-1)(N+1),\cdots,(2N-1)(2N+1),\cdots$

由式(17-54)可以看出,在衍射角 φ 满足该式的方向上出现暗条纹,当 $k'=N,2N,3N,\cdots$,即 k' 为 N 的整数倍时,式(17-54)就变成了光栅方程,这时衍射角 φ 对应着各级主极大明条纹.

根据讨论可知,在相邻两个主极大条纹之间,有 $(N-1)$ 个暗条纹.显然,在 $(N-1)$ 个暗条纹之间还分布着 $(N-2)$ 个光强很小的次极大.由于次极大光强很小,以至于在缝数众多的情况下,相邻主极大条纹之间的次极大和暗条纹混杂在一起构成一片黑暗的背景.所以,实际观察到的是在宽大的黑暗背景上分布着若干明锐的明条纹.

若满足光栅方程

$$(a+b)\sin\varphi = \pm k\lambda, \quad k = 0,1,2,\cdots$$

的衍射角 φ,又同时满足单缝衍射的暗纹的条件

$$a\sin\varphi = \pm k'\lambda, \quad k' = 1,2,3,\cdots$$

这时,对应衍射角 φ,由于各狭缝发出的衍射光各自满足暗条纹条件,当然也就不存在多光束干涉加强的问题了.因此,满足光栅方程相应的角 φ 的主极大条纹就不会出现了,这一现象称为衍射光谱线的缺级.将上两式相除,可得缺级的级数为

$$k = \frac{a+b}{a}k', \quad k' = 1,2,3,\cdots \tag{17-55}$$

例如,当缝宽 a 与不透光部分的宽度 b 相等,即 $a+b=2a$ 时,缺级的级数 $k=2,4,6,\cdots$,此时所有偶数级次的明纹(主极大)都不出现.

最后,综合讨论单缝衍射和多光束干涉的总效果.设从每一狭缝发出的衍射角为 φ 的光,其光矢量的振幅为 $A_{1\varphi}$,则从组成光栅的 N 个狭缝发出的同衍射方向的光在某点相干叠加时,若满足式(17-53)的明纹条件,合振幅 $A_\varphi = NA_{1\varphi}$.因为光强与光振幅的平方成正比,所以光栅衍射中各级明条纹中心的光强是单缝在该处产生光强的 N^2 倍,形成非常明亮的条纹.另一方面,如果衍射角 φ 满足式(17-54)的光栅衍射暗纹条件,其光矢量的振幅 $A_{1\varphi}=0$,即使同时满足明纹条件,合振幅 $A_\varphi = NA_{1\varphi}=0$,因此相应的明条纹不会出现.这表明,干涉条纹要受到衍射条纹的调制.图 17-38 给出了光栅衍射的光强分布图,其中(a)表示只考虑单缝衍射总体效果的光强分布,(b)表示只考虑多光束干涉的光栅衍射明条纹的位置,(c)表示光栅衍射中明条纹的光强受到单缝衍射光强的调制,所缺的级数为 $k=4,8,\cdots$.

图 17-38　光强分布

单色光经过光栅衍射后,在黑暗的背景上形成各级细且亮的明纹,因而可以精确地测定其波长.如果用复色光照射到光栅上,由光栅方程式(17-53)可知,除 $k=0$ 的中央明条纹以外,其余各级明条纹的位置与波长有关,按波长由短到长的次序自中央向外侧依次分开排列,每一级干涉明纹都有这样的一组谱线.这种由光栅衍射产生的、按波长排列的谱线,称为**光栅光谱**.各种元素或化合物有自己特定的谱线,测定光谱中各谱线的波长和相对强度,可以确定该物质的成分及其含量.这种分析方法称为光谱分析,在科学研究和工

业技术上有广泛的应用.

例 17-10　用每厘米有 5000 条狭缝的光栅,观察波长 $\lambda=590\text{nm}$ 的钠光谱线,求:

(1) 平行光线垂直入射时,最多能看到第几级明条纹?

(2) 平行光线以入射角 $\theta=30°$ 入射时,最多能看到第几级明条纹,中央明条纹在什么位置?

解　(1) 由光栅方程式(17-53)可得

$$k=\frac{a+b}{\lambda}\sin\varphi$$

当 $\varphi=\dfrac{\pi}{2}$ 时,衍射光不能到达屏,对应 k 的最大值 $k_{\max}$.

按题意,光栅常数为

$$a+b=\frac{1}{5000}\text{cm}=2\times10^{-6}\text{m}$$

于是

$$k_{\max}=\frac{a+b}{\lambda}=\frac{2\times10^{-6}}{590\times10^{-9}}=3.4$$

$k_{\max}$ 只能取整数 3.因此,最多能观察到第三级明条纹,总共可看到 $(2k+1)=7$ 条明纹(中央明纹和上、下对称的第一、二、三级明条纹).

(2) 如图 17-39 所示,光线以 $\theta=30°$ 角斜入射到光栅上时,相邻两缝的入射光束在入射前的光程差为 AB,衍射后的光程差为 BC,总光程差为

$$\delta=AB+BC=(a+b)\sin\theta+(a+b)\sin\varphi=(a+b)(\sin\theta+\sin\varphi)$$

此时,光栅方程应写为

$$(a+b)(\sin\theta+\sin\varphi)=\pm k\lambda,\quad k=0,1,2,\cdots$$

所以

$$k=\frac{a+b}{\lambda}(\sin\theta+\sin\varphi)$$

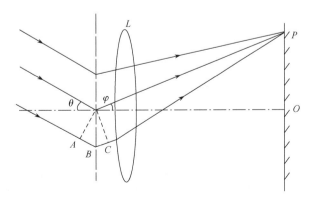

图 17-39　光线斜入射到光栅的光程差分析

根据题意,把 $\theta=30°,\varphi=\dfrac{\pi}{2}$ 代入上式,得

$$k_1 = \frac{2\times10^{-6}}{590\times10^{-9}}\left(\sin30° + \sin\frac{\pi}{2}\right) = 5.1$$

取 $k_1=5$,即在屏上方最多可观察到第五级明条纹.

把 $\theta=30°,\varphi=-\dfrac{\pi}{2}$,代入 k 的表达式中,得

$$k_2 = \frac{2\times10^{-6}}{590\times10^{-9}}\left[\sin30° + \sin\left(-\frac{\pi}{2}\right)\right] = -1.7$$

取 $k_2=-1$,即在屏下方最多可观察到第一级明条纹.总共可观察到 7 条明条纹(包括中央明条纹).

中央明条纹满足的条件是光程差等于零,把 $k=0$ 代入光栅方程,得

$$\sin\theta = -\sin\varphi$$

即

$$\varphi = -30°$$

因此,斜入射时中央明条纹偏移到衍射角 $\varphi=-30°$ 的位置.

17.3.4 晶体的 X 射线衍射

上面讨论的光栅只在空间的一个方向上具有周期性,可以称为一维光栅.如果衍射屏的结构在三维空间上具有周期性,就构成三维光栅或空间光栅.单晶的外部具有规则的几何形状,晶体内的原子(离子、分子或原子团)在三维空间作有规则的周期性排列.这种结构,晶体学上称为空间点阵或晶格.相邻格点的间隔 d 称为晶格常数,通常具有 0.1nm 的数量级.例如,食盐晶体的晶格常数 $d=0.5627$nm.

1895 年伦琴发现,用高速电子来轰击固体时,固体中会发出一种新的射线,称为 X 射线.现在已知 X 射线是波长值在 $10^{-3}\sim10^2$nm 范围的电磁波.X 射线是人眼看不见的,却可以使照相底片感光,使许多固体(如铀玻璃、闪锌矿等)发出可见的荧光,以及使气体电离.X 射线具有很强的穿透能力,能透过许多对可见光不透明的物质,如黑纸、木材、人体以及一定厚度的金属材料等.

根据麦克斯韦的电磁理论,X 射线进入晶体后,晶格点阵上的粒子在外来电磁场的作用下做受迫振动,成为新的子波源.各子波源向各个方向发出相干子波,在空间产生干涉.这与光栅衍射十分相似,光栅中周期性排列的单缝是衍射单元,且同时存在缝间干涉.在晶体中,点阵上的粒子是衍射单元,晶格常数与光栅常数相当.因此,讨论晶体的 X 射线衍射时,可以先讨论同一晶面各个点阵上粒子之间的干涉,再以晶面为单元讨论不同晶面之间的干涉.

1912 年,英国的物理学家布拉格父子提出了一种分析 X 射线在晶体中衍射的简便方法,发明了晶体衍射分光仪,最早测定了某些晶体的结构,因而获得了 1915 年诺贝尔物理学奖.他们的研究表明:同一晶面内各粒子之间的干涉结果是,满足反射定律的方向上光强最大,即晶面就像平面镜一样,使入射的 X 射线按反射定律反射;其次,各层晶面的反

射波之间干涉加强的条件是,光程差等于波长的整数倍. 如图 17-40(a)所示,当一束单色平行 X 射线以掠射角 θ 入射到晶面上时,相邻两晶面所发出的反射线的光程差 $\delta = AC + CB = 2d\sin\theta$,所以各晶面的反射线干涉加强形成亮点的条件是

$$2d\sin\theta = k\lambda, \quad k = 1, 2, 3, \cdots \tag{17-56}$$

式中,d 为晶格常数(或晶面间距),k 为级数,该式称为**布拉格公式**.

(a) 相邻晶面反射波的光程差　　　　　　(b) 不同方向的晶面划分

图 17-40　晶体的 X 射线衍射

在理解和应用布拉格公式时,应注意以下两点:第一,同一晶体的晶面划分不是唯一的,如图 17-40(b)所示,不同方向上的晶面族具有不同的晶面间距. 如果一束波长连续分布的 X 射线以一定方向入射到取向固定的晶体上,对于不同的晶面族,有不同的晶面间距 d 和掠射角 θ,只要波长 λ 满足式(17-56),即 $\lambda = \dfrac{2d\sin\theta}{k}$,就会在该晶面的反射方向获得衍射极大,结果便会在底片上形成劳厄斑,如图17-41所示. 第二,根据式(17-56)可得

$$\frac{k\lambda}{2d} = \sin\theta < 1$$

对于级数 k 的最小值 $k=1$,产生衍射的极限条件为 $\lambda < 2d$. 因此,能在晶体中产生衍射的入射波长是有限的,由于晶面间距为 0.1nm 的数量级,所以晶体只适用于 X 射线衍射.

为了获得 X 射线的衍射图样,不能同时给定入射方向、晶体取向和光波波长. 在实验中常采用连续改变波长 λ 或掠射角 θ 的方法,使之满足布拉格公式.

连续改变波长 λ 的方法,称为劳厄法. 如图17-41所示,连续谱的 X 射线穿过铅板上

(a) 实验装置　　　　　　　　(b) 劳厄斑

图 17-41　劳厄实验

的小孔后,射到固定不动的单晶体 C 上. 这时给定了各晶面的取向,但波长是连续分布的,每个晶面族都可以从入射光中选择满足布拉格公式的波长,从而在各晶面族的反射方向干涉加强,在底片上形成劳厄斑. 通过测定这些亮斑的位置和强度,可以确定晶体中粒子的排列.

连续改变掠射角 θ 的方法,称为德拜粉末法. 具体的方法是把大量无规取向的晶粒粉末压制成圆柱体,用单色 X 射线照射到该多晶圆柱体上. 此时波长 λ 一定,晶体的取向不确定,大量无规取向的晶粒粉末总有一些能满足布拉格公式,从而获得相应的衍射图样.

布拉格公式是 X 射线衍射的基本规律. 利用晶体的 X 射线衍射,可以分析岩石、矿物的成分,以及研究晶体的结构. 在晶体结构已知的情况下,可以确定 X 射线的光谱,这对于原子内层结构的研究具有重要意义.

17.4　光　的　偏　振

光的干涉和衍射现象充分表明了光的波动性,但不能确定光是横波还是纵波,因为这两种波都能产生干涉和衍射现象. 光的偏振现象则从实验上显示了光的横波性. 本节着重介绍光的偏振状态、线偏振光的获得及其规律.

17.4.1　光的偏振状态

光的横波性是指光振动的电矢量 E 与光的传播方向垂直,但在与光传播方向垂直的平面内,光矢量 E 还可能有不同的振动状态. 这些不同的振动状态,称为光的偏振态或偏振结构,简称为光的偏振或偏振光. 根据振动状态的不同,可以把光分为自然光、线偏振光、部分偏振光、椭圆偏振光和圆偏振光. 无论是自然光还是偏振光,它们可以是单色光,也可以是复色光.

1. 自然光

在与传播方向垂直的平面内,光矢量 E 分布在一切可能的方向上,并且任何一个方向的振动都不比其他方向更强,这种光称为自然光. 图 17-42(a)表示一束自然光,在垂直于光的传播方向的平面内,用各个方向长度相等的箭头表示各个方向振动的光矢量的振幅.

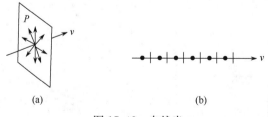

(a)   (b)

图 17-42　自然光

普通光源发出的光都是自然光. 就单个发光原子和分子来说,在一个持续发光的时间间隔(约 10^{-8} s)内发出的光,其光矢量的振动方向是一定的. 由于普通光源包含大量的发光原子和分子,它们的发光是间歇的,每次发出的光的波列不仅初相位是彼此不相关的,而且光振动的振幅和方向也是彼此不相关、随机分布的.所以,在与传播方向垂直的平面内光矢量 E 具有各种振动方向,每个方向上振动的振幅和相位都做无规律的变化.这种无规律的变化非常迅速,从统计平均来看,在一个足够长的时间(例如 10^{-6}s)内,光矢量 E 分布在一切可能的方向上,每个方向上振幅的平均值也相等.因此,自然光的光矢量具有轴对称性,且均匀分布.

由于自然光中各个方向的光矢量 E 无固定的相位关系,所以任意两个取向不同的光矢量 E 都不能合成一个单独的光矢量.但是,任一取向的光矢量都可以分解为两个互相垂直的振动分量,在这两个方向上振动的光强是相等的.因此,自然光也可以用图 17-42(b)表示,图中的短线和点分别表示在纸面内和垂直于纸面的光振动.短线和点交替均匀画出,表示光矢量的轴对称和均匀分布.应当注意,自然光中各个光矢量之间无固定的相位关系,所以用来表示自然光的两个互相垂直的光振动之间也无固定的相位关系.

2. 线偏振光

在与光的传播方向垂直的平面内,光矢量 E 只改变大小,不改变方向,如图17-43(a)所示.若面对光传播方向 v 观察,光矢量 E 末端的轨迹是一条直线,这种光称为线偏振光.因为在光传播方向上各点的光矢量都分布在同一平面内,所以线偏振光又称为平面偏振光.图 17-43(b)是线偏振光的表示方法,短线表示光振动在纸面内,点表示光振动垂直于纸面.

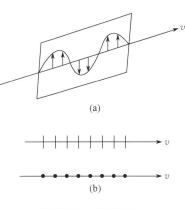

图 17-43　线偏振光

使自然光经过某些物质反射、折射或吸收等,可以得到线偏振光.

3. 部分偏振光

在与光的传播方向垂直的平面内,光矢量 E 分布在一切可能的方向上,而且某一方向的振动比其他方向的振动特别强,这种光称为部分偏振光.图 17-44 是部分偏振光的表示方法,短线的数目比点多,表示纸面内振动的光强比垂直于纸面振动的光强大;点的数目比短线多,表示垂直于纸面振动的光强比纸面内振动的光强大.

图 17-44　部分偏振光

部分偏振光的各方向光矢量之间也没有固定的相位关系,可以把部分偏振光看成是线偏振光与自然光的叠加.

4. 圆偏振光和椭圆偏振光

圆偏振光和椭圆偏振光的特点是振动的方向随时间改变,光矢量 E 在垂直于光的传播方向的平面内,以一定的角速度旋转. 若面对光的传播方向 v 观察,光矢量 E 沿顺时针方向旋转,称为右旋;若沿逆时针方向旋转,则称为左旋. 如图 17-45(a)所示,若 t_1 时刻光矢量为 E_1,t_2 时刻光矢量为 E_2,把不同时刻的光矢量画在同一平面内,如图 17-45(b)所示. 如果光矢量端点的轨迹是一个圆,这种光称为圆偏振光;如果光矢量端点的轨迹是一个椭圆,这种光称为椭圆偏振光.

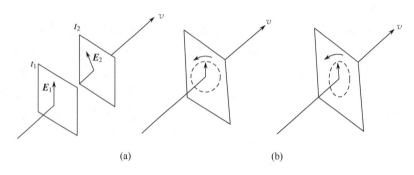

(a)   (b)

图 17-45 圆偏振光和椭圆偏振光

根据相互垂直的简谐振动合成的规律(见 14.4 节),圆偏振光和椭圆偏振光可以看成两个频率相同、振动方向互相垂直、相位差为 $\pm\dfrac{\pi}{2}$ 的线偏振光的合成. 当两个线偏振光的振幅相等时,合成为圆偏振光;当两个线偏振光的振幅不相等时,合成为椭圆偏振光.

17.4.2 线偏振光的获得

虽然普通光源发出的光是自然光,但我们可以利用反射和折射、光的双折射及晶体的二向色性从自然光获得线偏振光.

1. 反射光和折射光的偏振

自然光在两种介质的分界面上反射和折射时,不仅光的传播方向要改变,而且光的偏振状态也要发生变化. 实验指出,一般情况下,反射光和折射光都是部分偏振光. 在反射光中垂直于入射面的光振动多于平行于入射面的振动,折射光中平行于入射面的光振动多于垂直于入射面的振动,如图 17-46 所示. 反射光和折射光的偏振化程度由入射角 i 决定.

1812 年,布儒斯特从实验总结出:当入射角 i 为某一特定值 i_0,且满足

$$\tan i_0 = \frac{n_2}{n_1} \tag{17-57}$$

时,反射光为线偏振光,光振动的方向垂直于入射面;折射光仍是部分偏振光,如图 17-47 所示. 式(17-57)称为布儒斯特定律(该定律也可以从电磁场理论导出),i_0 称为起偏振角或布儒斯特角.

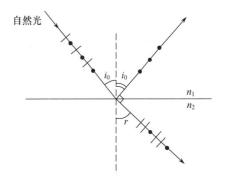

图 17-46　反射光和折射光的偏振　　　　图 17-47　$i = i_0$ 时，反射光和折射光的偏振

布儒斯特定律可改写为

$$\frac{\sin i_0}{\cos i_0} = \frac{n_2}{n_1}$$

再由折射定律可得

$$n_1 \sin i_0 = n_2 \sin r$$

根据以上两式得到

$$\sin r = \cos i_0$$

即

$$i_0 + r = \frac{\pi}{2} \tag{17-58}$$

式中，r 为折射角. 上式表明，入射光以起偏振角 i_0 入射时，反射光线与折射光线相互垂直.

自然光以起偏振角 i_0 入射时，虽然反射光是线偏振光，但是其光强很小，反射的线偏振光只占自然光中垂直于入射面振动光强的 15%. 折射光中含有平行于入射面振动的全部光强和垂直于入射面振动的 85% 的光强，因此折射光的偏振化程度很低.

为了增强反射的线偏振光的强度或折射光的偏振化程度，可以把许多相互平行的玻璃片叠起来，形成玻璃片堆，如图 17-48 所示. 自然光以起偏振角 i_0 入射到玻璃片堆上时，光在任一分界面的入射角均满足布儒斯特定律，使反射光成为光振动垂直于入射面的线偏振光，从而增大了反射光的强度；同时，随着折射光垂直于入射面的振动成分被各界面反射，折射光的偏振化程度不断提高. 当玻璃片足够多时，最后透射出来的折射光就接近于线偏振光，其振动方向平行于入射面. 因此，利用玻璃片、玻璃片堆或透明塑料片堆在起偏振角的反射和折射，可以获得线偏振光，也可以用它们来检验偏振光. 图 17-49 就是利用玻璃片堆使自然光变成线偏振光的装置.

图 17-48　利用玻璃片堆起偏

图 17-49　玻璃片堆制成的起偏装置

2. 光的双折射

当一束单色光在各向异性介质(如方解石)的界面折射时,将产生一系列特殊的现象.例如,产生两束沿不同方向传播的折射光线,这种现象称为双折射现象.把一块方解石晶体放在书上,透过它看书上的字,会发现每个字都变成稍微错开的两个字,这就是由于双折射引起的.

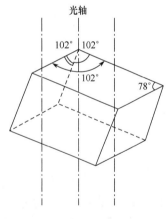

图 17-50　方解石晶体

方解石是一种对于可见光和紫外光都是无色透明的晶体,其化学成分是碳酸钙($CaCO_3$). 天然方解石晶体的外形是平行六面体,每个表面都是平行四边形,它的两个钝角是 102°,两个锐角是 78°. 六面体的八个顶角中,有两个是由三个钝角组成的,这两个顶角称为钝顶. 平行于通过钝顶并与三条棱成相同角度的直线的方向,称为方解石晶体的光轴方向,如图 17-50 中虚线所示.

对方解石双折射现象的研究表明,两束折射光中,有一束总是遵从折射定律,即折射光线总是在入射面内,且入射角的正弦与折射角的正弦之比等于常数,这束折射光称为寻常光或 o 光,用符号 o 表示;另一束折射光,在一般情况下不遵从折射定律,即折射光线可以不在入射面内,且入射角的正弦与折射角的正弦之比不为常数,其值随入射角而变,这束折射光称为非(寻)常光或 e 光,用符号 e 表示. o 光和 e 光都是线偏振光. 应当指出的是,所谓 o 光和 e 光,只在双折射晶体的内部才有意义,射出晶体以后就无所谓 o 光和 e 光了.

改变入射光方向时,发现晶体内存在一个特殊的方向,当光沿这个方向传播时不发生双折射,这种特殊方向称为晶体的光轴. 只有一个光轴(方向)的晶体称为单轴晶体,如方解石、石英和冰等. 有两个光轴的晶体称为双轴晶体,如云母、晶体硫磺等. 本节仅讨论单轴晶体. 应当注意,光轴是表示晶体中的一个方向,而不是某一选定的线. 光线沿光轴传播时,o 光和 e 光的光线重合,且 o 光和 e 光在该方向的传播速度也相等,因此不产生双折射现象.

晶体中,由光轴和一条给定光线组成的平面,称为这条光线的主平面.显然,o 光和光轴构成的平面,称为 o 光的主平面;e 光和光轴构成的平面,称为 e 光的主平面.o 光的振动方向垂直于 o 光的主平面,e 光的振动方向平行于 e 光的主平面.一般情况下,o 光和 e 光的主平面并不重合,只有当晶体的光轴平行于入射面时,o 光和 e 光的主平面才互相重合,而且与入射面重合,如图17-51所示.这时,o 光和 e 光的振动方向互相垂直,图中分别用点和短线表示 o 光和 e 光的振动方向.

图 17-51 方解石的光轴平行于入射面时的双折射

晶体中 o 光和 e 光的子波波阵面也是不同的,如图 17-52所示.设 t 时刻光传播到晶体内的 P 点,因为 o 光沿各个方向传播的速度 v_o 是相同的,经 Δt 时间后,由 P 点发出的子波波前是以 P 为球心 $v_o\Delta t$ 为半径的球面.而 e 光沿不同方向传播的速度 v_e 是不同的,在光轴方向上 $v_e = v_o$,因此 e 光的波阵面是围绕晶体光轴方向的回转椭球面,在光轴方向上 o 光和 e 光的波阵面相切.在垂直于光轴方向上,v_o 和 v_e 的差值最大.对于单轴晶体,若 $v_o \geqslant v_e$,如图 17-52(a)所示,称为正晶体;若 $v_o \leqslant v_e$,如图 17-52(b)所示,则称为负晶体.根据光在介质中的传播速度 v 和介质折射率 n 的关系 $v = \dfrac{c}{n}$,可得 o 光和 e 光在不同方向的折射率.表 17-1 列出了几种晶体在垂直于光轴方向的折射率,该方向的折射率称为主折射率.

图 17-52 晶体中 o 光和 e 光的子波波阵面

表 17-1 几种单轴晶体的主折射率(对 589.3nm 的钠黄光)

晶 体 名 称		n_o	n_e
正晶体	石　英	1.5443	1.5534
	冰	1.309	1.313
	金红石(T_iO_2)	2.616	2.903
负晶体	方 解 石	1.6584	1.4864
	电 气 石	1.669	1.638
	白 云 石	1.6811	1.500

尼科耳棱镜是一种应用广泛的偏振棱镜,其结构如图 17-53 所示.尼科耳棱镜是用方解石晶体经过加工制成的,AC 面是剖开后再用加拿大树胶黏合起来的,$ABCD$ 是晶面 AB 的法线与光轴构成的平面,称为尼科耳棱镜的主截面.自然光在晶面 AB 发生双折射,如对于 $\lambda = 589.3\text{nm}$ 的钠黄光,方解石的 $n_\text{o} = 1.6584$,$n_\text{e} = 1.5160$,而加拿大树胶的 $n = 1.55$,因此晶体中的 o 光和 e 光在方解石和树胶的界面上反射的情况是不同的.o 光是由光密介质射向光疏介质,且入射角大于临界角,因而 o 光发生全反射,被棱镜壁吸收;e 光是由光疏介质射向光密介质,不发生全反射,透过树胶层后从棱镜的另一端面射出,所以,自然光通过尼科耳棱镜后,成为光振动方向平行于主截面的线偏振光.

图 17-53　尼科耳棱镜

有些原来是各向同性的非晶体或液体,在人为的条件下,如应力、强电场或强磁场,可以变为各向异性,因而产生双折射现象.这样产生的双折射称为人为双折射.例如,玻璃、塑料、环氧树脂等物质在机械作用下拉伸或压缩时,就会由各向同性变为各向异性,光通过这些物质时能产生双折射.利用这种性质,在工程上可以制成机械零件的塑料透明模型,用于模拟零件的受力情况,通过分析偏振光干涉的色彩和条纹分布,得到零件内部的应力分布.这种方法称为光弹性方法.

3. 二向色性物质

有些晶体不仅能产生双折射,而且对 o 光和 e 光的吸收程度有显著的差异,这种特性称为二向色性.例如,电气石晶体对可见光具有这种特性,厚度为 1mm 的电气石片几乎能全部吸收 o 光,对 e 光则基本不吸收,所以透射出的光是与晶体内 e 光对应的线偏振光,如图 17-54 所示.

图 17-54　二向色性晶体

利用二向色性物质可以制成偏振片.例如,把具有显著二向色性的有机化合物晶体碘化硫酸奎宁沉淀在聚氯乙烯薄膜上,再将薄膜沿某一方向拉伸后,就得到具有明显二向色性的人造偏振片.显然,偏振片只允许某一方向的光矢量通过,这个方向称为偏振片的透振方向或偏振化方向,用符号"↕"表示透振方向.人造偏振片具有成本低、面积大、使用轻便等优点,所以得到了广泛的应用.

17.4.3 马吕斯定律

能把自然光变为线偏振光的器件叫做起偏振器,如偏振片、尼科耳棱镜和玻璃片堆,其中偏振片是最常用的起偏振器.能够检验一束光是否是线偏振光的器件,叫做检偏振器.人眼不能直接区分自然光与线偏振光,但利用偏振片可以检验一束光是否是线偏振光,因此起偏振器都可以用作检偏振器.

图 17-55 起偏和检偏

如图 17-55 所示,A 和 B 是两个平行放置的偏振片,A 作为起偏振器,B 作为检偏振器.当自然光垂直入射于 A 时,透过 A 的光成为线偏振光.由于自然光中光矢量对称均匀分布,所以将 A 绕光的传播方向转动时,透过 A 的光强不随 A 的转动而变化,但其光强为入射光强的二分之一.再使透过 A 形成的线偏振光入射到偏振片 B 上,如果这时将 B 绕光的传播方向慢慢转动,因为只有平行于 B 的偏振化方向的光矢量才能通过,所以透过 B 的光强随 B 的转动而变化.当 B 的偏振化方向与 A 的偏振化方向平行时,从 B 透射出来的光强最大,如图 17-55(a) 所示;当 B 与 A 的偏振化方向互相垂直时,由 A 透过的线偏振光就不能通过 B,光强为零(最暗),如图 17-55(b) 所示.将 B 旋转一周,透过 B 的光强出现两次最强、两次最暗(称为消光).这种情况只有入射到 B 上的光是线偏振光时才会发生,因此这就成为识别线偏振光的依据.

图 17-56 通过检偏器的光矢量分析

下面分析当入射到检偏器的线偏振光的光矢量方向与检偏器的偏振化方向成 α 角时,通过检偏器的光强和夹角 α 的关系.如图 17-56 所示,E_0 表示入射到检偏器的线偏振光的光矢量的振幅,则透过检偏器 B 的光矢量振幅 E 只是 E_0 在 B 的偏振化方向上的投影,即 $E = E_0 \cos\alpha$.因为光强和振幅的平方成正比,所以透过检偏器 B 的光强 I 和入射到检偏器 B 的线偏振光的光强 I_0 之比为

$$\frac{I}{I_0} = \frac{E^2}{E_0^2} = \frac{(E_0\cos\alpha)^2}{E_0^2} = \cos^2\alpha$$

因此

$$I = I_0\cos^2\alpha \qquad (17-59)$$

这一公式是马吕斯在 1809 年由实验发现的, 称为**马吕斯定律**. 它指出了线偏振光通过偏振器件后, 光强随入射偏振光的光振动方向和偏振器件的偏振化方向之间的夹角 α 的改变而改变. 当 $\alpha = 0°$ 或 $180°$ 时, $I = I_0$, 光强最大; 当 $\alpha = 90°$ 或 $270°$ 时, $I = 0$, 没有光从偏振器件射出; 当 α 为其他值时, 光强 I 介于 0 和 I_0 之间.

例 17-11　若自然光的光强为 I_0, 让它通过两个偏振化方向成 $60°$ 角的平行放置的偏振片, 求透过第二个偏振片的光强.

解　自然光通过第一个偏振片后成为线偏振光, 其光强 I' 应为入射自然光的一半, 即

$$I' = \frac{I_0}{2}$$

根据马吕斯定律, 透过第二个偏振片的光强为

$$I = I' \cos^2 \alpha = \frac{I_0}{2} \cos^2 60° = \frac{I_0}{8}$$

例 17-12　用尼科耳棱镜观察部分偏振光, 当尼科耳棱镜相对于最大光强的位置转过 $60°$ 角时, 光强减为一半. 试确定组成此部分偏振光的自然光与线偏振光的强度之比.

解　设光强为 I_0 的自然光和光强为 I 的线偏振光组成此部分偏振光.

根据题意, 当线偏振光的光振动矢量与尼科耳棱镜的主截面平行时 (图 17-53), 线偏振光全部通过尼科耳棱镜, 自然光只有一半的光强可通过, 此时通过的光强最大, 其值为

$$I_{\max} = I + \frac{I_0}{2} \tag{1}$$

当尼科耳棱镜相对于最大光强的位置转过 $60°$ 角时, 根据马吕斯定律, 线偏振光只有光强为 $I \cos^2 60°$ 的光通过棱镜; 自然光依然只有光强为 $\dfrac{I_0}{2}$ 的光通过棱镜, 则通过尼科耳棱镜的总光强 I' 为

$$I' = I \cos^2 60° + \frac{I_0}{2} = \frac{I}{4} + \frac{I_0}{2} \tag{2}$$

且 $I' = \dfrac{1}{2} I_{\max}$, 则由式 (1) 和式 (2) 可得组成此部分偏振光的自然光与线偏振光的强度之比

$$I_0 : I = 1 : 1$$

*17.4.4　椭圆偏振光和圆偏振光

自然界中大多数光源发出的都是自然光, 因此像获得平面偏振光一样, 需要利用偏振器件由自然光获得椭圆偏振光和圆偏振光.

在 14.4 节中已经讨论过两个同频率、相互垂直的简谐振动的合成. 在一般情况下, 合成运动的轨迹是椭圆, 椭圆的形状由两个分振动的振幅和相位差决定. 同理, 两个频率相同、振动方向互相垂直的线偏振光, 若它们的振动方程为

$$E_x = E_{ox} \cos(\omega t + \varphi_1)$$
$$E_y = E_{oy} \cos(\omega t + \varphi_2)$$

则任一时刻这两个光振动的合成光矢量 $E=E_x i+E_y j$，E 以角速度 ω 旋转，其端点描绘出椭圆轨迹，即得到椭圆偏振光．因此，椭圆偏振光可以看成是两个偏振方向互相垂直、频率相同、有一定相位差的线偏振光的合成．迎着光的传播方向，若光矢量沿顺时针方向转动，这样的椭圆偏振光是右旋的，反之则是左旋的．如果两个分振动的光振幅 $E_{ax}=E_{oy}$，可得到圆偏振光；当 $\varphi_2-\varphi_1=0$ 或 π 时，椭圆的轨迹变为直线，合成的光仍为线偏振光．因此，可以把圆偏振光和线偏振光看成是椭圆偏振光的特例．

根据以上分析，用一束波长为 λ 的单色自然光通过偏振片 P（或尼科耳棱镜），可以获得线偏振光．该线偏振光垂直入射到光轴平行于晶体表面、厚度为 d 的单轴晶体上，如图 17-57 所示．设线偏振光的振幅为 E，光振动方向与晶片光轴间的夹角为 α，则晶片内 o 光的振动方向垂直于光轴，振幅为 $E_o=E\sin\alpha$；e 光的振动方向平行于光轴，振幅为 $E_e=E\cos\alpha$．由于 o 光和 e 光在晶体中沿同一方向传播时的传播速度不同，则折射率 $n_o\neq n_e$，通过晶片后的相位差为

$$\Delta\varphi=\frac{2\pi}{\lambda}(n_o-n_e)d \tag{17-60}$$

因此，这样两束频率相同、振动方向互相垂直、有一定相位差的光叠加，就形成椭圆偏振光．

图 17-57　椭圆偏振光的产生

适当选择晶片的厚度 d，可以使椭圆偏振光成为正椭圆偏振光、圆偏振光，或线偏振光．当 o 光和 e 光的相位差 $\Delta\varphi=\frac{2\pi}{\lambda}(n_o-n_e)d=\frac{\pi}{2}$ 时，通过晶片后叠加为正椭圆偏振光（即椭圆的长轴平行或垂直于光轴），这种晶片的厚度 $d=\frac{\lambda}{4(n_o-n_e)}$，称为 $\frac{1}{4}$ 波片．此时再使 $\alpha=\frac{\pi}{4}$，则 $E_o=E_e$，通过晶片后的光即成为圆偏振光；当 o 光和 e 光的相位差 $\Delta\varphi=\frac{2\pi}{\lambda}(n_o-n_e)d=\pi$ 时，则通过晶片后成为振动方向转过 2α 的线偏振光，其厚度 $d=\frac{\lambda}{2(n_o-n_e)}$，称为 $\frac{1}{2}$ 波片．

利用椭圆偏振光可以测定薄膜的厚度，分析材料的光学性质，检测半导体和金属表面

的氧化、损伤;在生物研究中可分析细胞表面膜;在医学上可鉴别传染病毒等.椭圆偏振光的应用已形成一门独特的测量技术.

*17.4.5　偏振光的检验

偏振片(或尼科耳棱镜)是获得线偏振光的起偏器,$\frac{1}{4}$波片(对入射的线偏振光)是获得椭圆偏振光或圆偏振光的起偏器.一般来说,起偏器也可用做检验相应偏振光的检偏器.下面介绍如何区别自然光、线偏振光、部分偏振光、圆偏振光和椭圆偏振光.

首先,讨论利用偏振片进行检偏的原理:

(1) 自然光经过偏振片变成线偏振光;旋转偏振片,光强无变化.

(2) 线偏振光经过偏振片变成线偏振光;旋转偏振片,光强按马吕斯定律变化,有消光现象.

(3) 部分偏振光经过偏振片变成线偏振光;旋转偏振片,光强有变化,但没有消光现象.

(4) 圆偏振光经过偏振片变成线偏振光;旋转偏振片,光强无变化,如同观察自然光.

(5) 椭圆偏振光经过偏振片变成线偏振光;旋转偏振片,光强变化,但没有消光现象,如同观察部分偏振光.

其次,讨论五种偏振光通过$\frac{1}{4}$波片后,偏振态的变化:

(1) 自然光通过$\frac{1}{4}$波片,还是自然光.

(2) 部分偏振光通过$\frac{1}{4}$波片,还是部分偏振光.

(3) 线偏振光通过$\frac{1}{4}$波片,变成正椭圆偏振光($\theta \neq 0°,45°,90°$),或者圆偏振光($\theta = 45°$),或者线偏振光($\theta = 0°,90°$).

(4) 圆偏振光通过$\frac{1}{4}$波片,变成线偏振光.

(5) 正椭圆偏振光通过$\frac{1}{4}$波片,变成线偏振光.

最后介绍五种偏振态的实验检定,也就是如何区别五种偏振态:

由上面的讨论可知,五种偏振态的光波通过偏振片后,透射光均为线偏振光,所以仅由一个检偏器(偏振片),只能把线偏振光区分开来,而无法区分自然光和圆偏振光,也无法区分部分偏振光和椭圆偏振光.具体检定方法如下:第一步是先用一只检偏器区分线偏振光,虽然一只检偏器无法区分自然光和圆偏振光,无法区分部分偏振光和椭圆偏振光,但可把二者归为一组;第二步,如图17-58所示,借助$\frac{1}{4}$波片和检偏器,进一步区分自然光和圆偏振光,部分偏振光和椭圆偏振光.对第一组自然光和圆偏振光,自然光经$\frac{1}{4}$波片变成自然光,旋转检偏器光强无变化,圆偏振光经$\frac{1}{4}$波片变成线偏振光,旋转检偏器光强有变化,且有消光现象;对第二组部分偏振光和椭圆偏振光,部分偏振光经$\frac{1}{4}$波片变成部分偏振光,旋转检偏器,光强有变化,但是没有消光现象,正椭圆偏振光经$\frac{1}{4}$波片变成线偏振光,旋转检偏器,光强有变化且有消光现象(令正椭圆偏振光的长短轴分别平行、垂直于波片的光轴).这样,五种偏振态就可以完全区别开来.

图 17-58　偏振光的检验

综上所述,五种偏振光的检验步骤可按表 17-2 进行.

表 17-2　偏振光的检验

第一步		令待检光通过偏振片,旋转偏振片,观察透射光的强度	
观察到的现象	有消光	光强无变化	光强有变化,但不消光
结论	线偏振光	自然光或圆偏振光	部分偏振光和椭圆偏振光

续表

第二步	a) 偏振片前插入 $\frac{1}{4}$ 波片,旋转偏振片,观察透射光强		b) 同 a),但 $\frac{1}{4}$ 波片的光轴与第一步光强极大(或极小)时偏振片的透振方向一致	
观察到的现象	光强无变化	有消光	有消光	强度有变化,但不消光
结论	自然光	圆偏振光	椭圆偏振光	部分线偏振光

*17.4.6　偏振光的干涉

由相干条件可知,具有同频率和固定相位差的 o 光和 e 光,因为它们的振动方向互相垂直,因此只能合成为椭圆偏振光而不能产生干涉,若让这两束光再通过一个检偏片,则在其透振方向上的分量就会产生干涉,这就是偏振光的干涉现象.偏振光的干涉在矿物学、化学、医学、金相学中有着广泛的应用.

图 17-59　线偏振光的干涉

1. 实现平行线偏振光干涉的实验装置

如图 17-59 所示,在两块共轴偏振片 P_1 和 P_2 之间放一块厚度为 d 的晶片,然后用自然光照射该系统,就构成偏振光干涉的实验装置.从点光源发出的自然光,经透镜变成平行光,再经起偏器 P_1 变成平行的线偏振光,然后投射到晶片 C 上,在晶片 C 中分解为 o 光和 e 光,从晶片透射出时,这两束光产生一定的相位差,经过 P_2 时,它们各自的平行分量可以通过,所以 P_2 将两个互相垂直的光振动转变到同一方向上,而发生干涉.干涉图像可用透镜投影到屏幕上进行观察.若为单色光源,一般可以观察到明暗相间的干涉花样;若为白光,一般可观察到彩色干涉花样.

2. 平行线偏振光干涉的强度分布

如图 17-60 所示,单色平行光经 P_1 后变成沿透振方向的线偏振光,其振幅为 A_1,与晶片的光轴 y 的夹角为 θ,这束光进入晶片后就分解为 o 光和 e 光,它们的振幅分别为

$$A_{1o} = A_1 \sin\theta$$
$$A_{1e} = A_1 \cos\theta$$

(a)　　　　　　　(b)

图 17-60　线偏振光干涉的光振幅分析

o 光和 e 光由晶片出射后入射到 P_2 上,由 P_2 出射的光振幅为

$$\begin{cases} A_{2o} = A_{1o}\sin\alpha = A_1\sin\theta\sin\alpha \\ A_{2e} = A_{1e}\cos\alpha = A_1\cos\theta\cos\alpha \end{cases} \tag{17-61}$$

最后从 P_2 出射的光,其强度是这两束同频率、同一直线上振动的、由固定相位差的相干光的叠加结果,若两束光之间的相位差为 $\Delta\varphi'$,则合光强为

$$\begin{aligned} I = A^2 &= A_{2o}^2 + A_{2e}^2 + 2A_{2o}A_{2e}\cos\Delta\varphi' \\ &= (A_{2o} + A_{2e})^2 - 4A_{2o}A_{2e}\sin^2\frac{\Delta\varphi'}{2} \\ &= A_1^2\left[\cos^2(\alpha-\theta) - \sin2\theta\sin2\alpha\sin^2\frac{\Delta\varphi'}{2}\right] \end{aligned} \tag{17-62}$$

式中,由 P_2 出射的两束光(o 光、e 光)的相位差 $\Delta\varphi'$ 由晶片 C 及 P_1、P_2 与 C 的相对取向决定,其中包括:由晶片引入的相位差 $\Delta\varphi = \dfrac{2\pi}{\lambda}(n_o - n_e)d$(式中 d 为波片的厚度);由 P_1 与 P_2 的透振方向与晶片 C 的光轴方向的位置而形成的附加相位差 $\Delta\varphi_2$.当 P_1 与 P_2 透振方向(透光轴)在晶片光轴异侧时为 π,当 P_1 与 P_2 透振方向(透光轴)在晶片光轴同侧时为 0,即

$$\Delta\varphi_2 = \begin{cases} \pi \\ 0 \end{cases}$$

所以,由 P_2 出射的 o 光、e 光两相干光的光程差 $\Delta\varphi'$ 为

$$\Delta\varphi' = \Delta\varphi + \Delta\varphi_2 = \frac{2\pi}{\lambda}(n_o - n_e)d + \begin{cases} \pi \\ 0 \end{cases} \tag{17-63}$$

3. 讨论

(1) 晶片厚度均匀,则由 P_2 出射的光线有相同的相位差,屏幕上光强均匀,当转动任一元件(P_1、P_2、C)时,会改变 θ、α 或其中之一量值,透射光强随之变化,但无干涉条纹.

(2) 当两块偏振片的透振方向相互平行,$P_1 /\!/ P_2$ 时,透振方向相同,称它们为平行偏振器,此时 θ、α 相同,$\theta = \alpha$,即

$$\Delta\varphi_2 = 0, \quad \Delta\varphi' = \Delta\varphi$$

所以,

$$I_{/\!/} = A_1^2\left(1 - \sin^2 2\theta\sin^2\frac{\Delta\varphi}{2}\right) \tag{17-64}$$

若再令 $\theta = 45°$,有

$$I_{/\!/} = A_1^2\left(1 - \sin^2\frac{\Delta\varphi}{2}\right) = \frac{A_1^2}{2}(1 + \cos\Delta\varphi) \tag{17-65}$$

(3) 当两块偏振片的透振方向相互垂直,$P_1 \perp P_2$ 时,此时 θ、α 互为余角,则有

$$\begin{cases} A_{2o} = A_1\sin\theta\cos\theta \\ A_{2e} = A_1\cos\theta\sin\theta \end{cases}$$

$$I_\perp = 2A_1^2\cos^2\theta\sin^2\theta(1 + \cos\Delta\varphi') = A_1^2\sin^2 2\theta\cos^2\frac{\Delta\varphi'}{2} \tag{17-66}$$

若把 $\Delta\varphi' = \Delta\varphi + \pi$ 代入式(17-66),则

$$I_\perp = A_1^2 \sin^2 2\theta \sin^2 \frac{\Delta\varphi}{2} \tag{17-67}$$

若 $\theta = 45°$，可得

$$I_\perp = \frac{A_1^2}{2}(1 - \cos\Delta\varphi) \tag{17-68}$$

（4）由以上讨论（2）（3）可知，当 $P_1 /\!/ P_2$ 时，只有 $\theta = \alpha = 45°$ 时，相消干涉才无出射光（因为此时 $A_{2o} = A_{2e}$）；当 $P_1 \perp P_2$ 时，相消干涉无出射光（因 $P_1 \perp P_2$ 时，$A_{2o} = A_{2e}$）；由式（17-65）、式（17-68）可知，$I_{/\!/} + I_\perp = A_1^2$.

（5）若晶片厚度不均匀，则晶片不同厚度处 o 光、e 光产生不同的相位差，在屏幕上将形成等厚干涉条纹.

当 P_1、P_2 在晶片光轴同侧时，有

$$\Delta\varphi' = \frac{2\pi}{\lambda}(n_o - n_e)d = \begin{cases} 2k\pi, & \text{相长干涉} \\ (2k+1)\pi, & \text{相消干涉} \end{cases}$$

当 P_1、P_2 在晶片光轴异侧时，有

$$\Delta\varphi' = \frac{2\pi}{\lambda}(n_o - n_e)d + \pi = \begin{cases} 2k\pi, & \text{相长干涉} \\ (2k+1)\pi, & \text{相消干涉} \end{cases}$$

若为劈尖晶片，则在屏上将出现明暗相间、等厚干涉的条纹，可以证明，条纹间距

$$\Delta d = \frac{\lambda}{(n_o - n_e)\alpha}$$

其中，α 为劈尖角.

4. 显色偏振

在偏振光干涉实验装置图 17-59 中，若以白光作光源，透射光将出射彩色；转动偏振片 P_2，出射光的强度和色彩产生变化，这种现象叫做显色偏振，简称色偏振.

若晶片是等厚的，由式（17-63）可知，相位差与波长有关，这就可能对某几种波长的光同时满足相长干涉，对另几种波长的光同时满足相消干涉，其他波长的光，则有不同程度的加强或减弱，因此出射光有一定的色彩. 当旋转偏振片 P_2 时，由式（17-62）可判断出射光强度和色彩的变化. 由 $I_{/\!/} + I_\perp = A_1^2$ 可知，$P_1 /\!/ P_2$ 与 $P_1 \perp P_2$ 所呈现的颜色互为补色.

如果晶片厚度均匀，则屏幕上光的强度和色彩都是均匀的；若晶片厚度不均匀，则晶片上将出现彩色条纹.

显色偏振是检验物质有无双折射性的一种极为灵敏的方法. 对双折射很小的物体，用直接观察的方法很难确定有无双折射性，但只要把物体薄片放在两块偏振片之间，用白光照射，观察出射光有无色彩即可做出鉴定.

根据不同晶体在显色偏振中形成的不同干涉图样，可精确地鉴别矿物种类，研究晶体性质. 在地质学和矿物学中广泛应用的偏光显微镜就是根据显色偏振原理制成的.

最后指出，在图 17-59 所示的偏振光干涉实验中，无论晶片是否等厚，也无论入射光是单色光或白光，只要 P_1 或 P_2 的透振方向与晶片光轴相同或垂直，则由 P_2 出射的只有一束光，因而不会产生偏振光的干涉.

本 章 小 结

1. 光的直线传播

光在均匀的各向同性介质中沿直线传播.

2. 光的平面反射和折射

反射定律:①反射光线在入射光线和两介质分界面的法线所决定的入射平面内;②反射光线和入射光线分别置于法线的两侧;③反射角 i_1' 等于入射角 i_1,即

$$i_1' = i_1$$

折射定律:①折射光线在入射光线和法线所决定的入射平面内;②折射光线和入射光线分别置于法线的两侧;③入射角 i_1 和折射角 i_2 满足关系式:

$$n_1 \sin i_1 = n_2 \sin i_2$$

3. 球面反射和折射

近轴光线条件下球面反射的物像公式为

$$\frac{1}{s} + \frac{1}{s'} = \frac{2}{R}$$

近轴光线条件下单球面折射成像公式为

$$\frac{n_1}{s} + \frac{n_2}{s'} = \frac{n_2 - n_1}{R}$$

4. 薄透镜成像

高斯透镜成像公式为

$$\frac{1}{s} + \frac{1}{s'} = \frac{1}{f}$$

5. 相干光

相干条件:频率相同、振动方向相同、相位差恒定.

利用普通光源获得相干光的方法:分波阵面法、分振幅法.

6. 杨氏双缝干涉

条纹位置

$$x = \begin{cases} \pm \dfrac{D}{d} k\lambda, & k=0,1,2,\cdots \quad \text{明纹中心} \\ \pm (2k-1) \dfrac{D}{d} \cdot \dfrac{\lambda}{2}, & k=1,2,3,\cdots \quad \text{暗纹中心} \end{cases}$$

条纹间距:$\Delta x = \dfrac{D}{d} \lambda$

半波损失:光从光疏介质射向光密介质,反射光的相位突变 π,称为"半波损失".

7. 光程

光在介质中的几何路程 r 与该介质折射率 n 的乘积 nr,称为光程.

相位差 $\Delta \varphi = \varphi_2 - \varphi_1 + 2\pi \dfrac{\delta}{\lambda}$,其中 δ 为光程差,λ 为真空波长.

$$\varphi_2 = \varphi_1 \text{ 时}, \delta = \begin{cases} \pm k\lambda, & k=0,1,2,\cdots \quad \text{干涉加强} \\ \pm(2k+1)\dfrac{\lambda}{2}, & k=0,1,2,\cdots \quad \text{干涉减弱} \end{cases}$$

8. 薄膜干涉(光垂直入射)

$$\delta = 2n_2 e + \delta' = \begin{cases} \pm k\lambda, & k=1,2,3,\cdots \quad \text{明纹中心} \\ \pm(2k+1)\dfrac{\lambda}{2}, & k=0,1,2,\cdots \quad \text{暗纹中心} \end{cases}$$

其中

$$\delta' = \begin{cases} 0, & n_1<n_2<n_3, n_1>n_2>n_3 \\ \dfrac{\lambda}{2}, & n_1<n_2>n_3, n_1>n_2<n_3 \end{cases}$$

劈尖膜($n_2=1$): $l\sin\theta = e_{k+1} - e_k = \dfrac{\lambda}{2}$

牛顿环($n_2=1$): $r = \begin{cases} \sqrt{\left(k-\dfrac{1}{2}\right)R\lambda}, & k=1,2,3,\cdots \quad \text{明环} \\ \sqrt{kR\lambda}, & k=0,1,2,\cdots \quad \text{暗环} \end{cases}$

9. 迈克耳孙干涉仪

$$2d = N\lambda, \quad 2(n-1)l = k\lambda$$

10. 单缝夫琅禾费衍射

$$a\sin\varphi = \begin{cases} \pm(2k+1)\dfrac{\lambda}{2}, & k=1,2,3,\cdots \quad \text{明纹中心} \\ \pm 2k \cdot \dfrac{\lambda}{2}, & k=1,2,3,\cdots \quad \text{暗纹中心} \end{cases}$$

中央明纹: $\Delta x_0 = 2\dfrac{\lambda}{a}f$, $\Delta\varphi_0 = 2\dfrac{\lambda}{a}$

第 k 级明纹: $\Delta x_k = \dfrac{\lambda}{a}f$, $\Delta\varphi_k = \dfrac{\lambda}{a}$

11. 圆孔夫琅禾费衍射

最小分辨角: $\theta_0 = 1.22\dfrac{\lambda}{D}$

光学仪器的分辨率: $R = \dfrac{1}{\theta_0} = \dfrac{D}{1.22\lambda}$

12. 光栅衍射

光栅方程: $(a+b)\sin\varphi = \pm k\lambda, \quad k=0,1,2,\cdots$

缺级公式: $k = \dfrac{a+b}{a}k', k'=1,2,3,\cdots$

13. X 射线衍射

布拉格公式: $2d\sin\theta = k\lambda, k=1,2,3,\cdots$

14. 光的偏振状态

自然光、线偏振光、部分偏振光、圆偏振光和椭圆偏振光.

15. 线偏振光的获得

(1) 反射光和折射光的偏振.

布儒斯特定律: $\tan i_0 = \dfrac{n_2}{n_1}$

推论: $i_0 + r = \dfrac{\pi}{2}$

(2) 光的双折射.

光轴:光沿此方向传播时不发生双折射现象.

主平面:光线与光轴构成的平面.

o 光:遵从折射定律,振动方向垂直于 o 光的主平面.

e 光:一般不遵从折射定律,振动方向平行于 e 光的主平面.

(3) 二向色性物质.

马吕斯定律: $I = I_0 \cos^2 \alpha$

习　题

17-1　在双缝干涉实验中,如果作下列调节,屏上的干涉条纹将发生什么变化? 为什么?

(1) 两缝间的距离逐渐增大;(2) 双缝到屏间的距离逐渐减小;(3) 把红色光源换成紫色光源,其他不变;(4) 把双缝中的一条缝 S_2 堵住,并在两缝的垂直平分线上水平放置一块平面反射镜,其他条件不变.

17-2　在军用飞机的表面覆盖一层塑料或橡胶等电介质,使入射的敌方雷达波反射极小,从而不被敌方雷达发现构成隐形飞机.试分析这层电介质的厚度大约应为多少,才可减弱反射波?

17-3　如附图所示,用两块平板玻璃形成一劈形空气膜,若上玻璃板向上平移(图 a);向右平移(图 b);绕棱边逆时针转动(图 c),干涉条纹将发生怎样的变化?

17-4　在牛顿环实验中,如果在垂直于平板的方向上移动平凸透镜,当透镜离开或接近平板时,牛顿环的图样将发生什么变化? 为什么?

17-5　偏振片太阳镜是如何减小刺眼的光? 这种眼镜的偏振化方向是水平的还是竖直的?

17-6　在双缝干涉实验中,若用折射率为 1.60 的透明薄膜挡住下面的缝,用 $\lambda = 643.8\text{nm}$ 的单色光垂直照射双缝,原来的第三级明条纹移到了屏的中央,求薄膜的厚度.

习题 17-3 图

17-7　用白光垂直照射在相距 0.25mm 的双缝上,双缝距屏 0.5m,问在屏上的第一级明纹彩色带有多宽? 第三级明纹彩色带有多宽?

17-8　白光垂直照射在空气中厚度为 $0.4\mu m$ 的玻璃片上,玻璃片的折射率为 1.50.试求在可见光的范围内(400~760nm),哪些波长的光在反射中增强? 哪些波长的光在透射中增强?

17-9　在很薄的劈形玻璃板上,垂直地入射波长为 589.3nm 的钠光,测出相邻暗条纹中心之间的距离为 5.0mm.玻璃的折射率为 1.52,求此劈形玻璃板的顶角.

17-10 在牛顿环实验中,用 $\lambda=589.3nm$ 的钠黄光垂直照射时,测得第 k 级和第 $k+4$ 级暗环的半径之差为 4mm;用未知的单色光照射时,测得第 k 级和第 $k+4$ 级暗环的半径之差为 3.85mm. 求未知单色光的波长.

17-11 在迈克耳孙干涉仪的 M_2 镜前(图 17-27),插入一块折射率为 1.632 的薄玻璃片时,观察到有 150 条干涉条纹向一方移过. 所用单色光的波长为 500nm,试求玻璃片的厚度.

17-12 用波长 $\lambda=500nm$ 的平行光垂直照射在宽度 $a=1mm$ 的狭缝上,缝后透镜的焦距 $f=1m$. 求焦平面处的屏上:

(1) 第一级暗纹到衍射图样中心的距离;(2) 第一级明纹到衍射图样中心的距离;(3) 中央明条纹的线宽度和角宽度.

17-13 波长为 500nm 的单色平行光垂直入射到宽为 0.75mm 的单缝上,在透镜的焦平面上,测得对称于中央明纹的两个第三级暗纹中心间的距离为 3.0mm,求透镜的焦距.

*17-14 若用波长范围为 430~680nm 的可见光垂直照射光栅,要使屏上第一级光谱的衍射角扩展范围为 30°角,应选用每厘米有多少条狭缝的光栅?

17-15 在通常亮度下,人眼的瞳孔直径约为 3mm,求人眼的最小分辨角. 如果纱窗上两根细丝间距离为 2.0mm,人在离纱窗多远处恰能分辨它们(假设人眼的分辨情况完全取决于瞳孔的衍射,入射光波长 $\lambda=550nm$)?

17-16 两颗星星在地球产生大致相同的强度,角距离为 $4.84\times10^{-6}rad$,若来自星星的光的平均波长为 600nm,试求天文望远镜的口径至少要多大才能分辨出它们?

17-17 对于同一晶体,分别用两种 X 射线做实验,发现已知波长 $\lambda=0.097nm$ 的 X 射线在与晶面成 30°掠射角处给出第一级反射极大,而另一未知波长的 X 射线在与晶面成 60°掠射角处给出第三级反射极大. 试求未知 X 射线的波长.

17-18 两偏振片的透振方向间的夹角为 30°时,透射光强为 I_1. 若入射光不变,使两偏振片的透振方向成 45°角,透射光强如何变化?

17-19 使自然光通过两个透振方向成 60°夹角的偏振片,透射光强为 I_1. 再在这两个偏振片之间插入另一偏振片,其透振方向与前两个偏振片的透振方向均成 30°角,透射光强如何变化?

17-20 测得从一池静水的表面反射的太阳光是线偏振光,水的折射率为 1.33,此时太阳在地平线上多大仰角处?

17-21 根据布儒斯特定律,可以测定不透明介质的折射率. 今测得釉质在空气中的起偏振角为 58°,求它的折射率.

第18章 物 质 波

物质可以分为实物物质和场物质两大类. 光是场物质的一种, 光的干涉、衍射和偏振等现象, 表明了光的波动性. 波动性的特征量是频率 ν 和波长 λ. 在黑体辐射、光电效应和康普顿散射实验中, 光又显示出粒子性. 粒子性的特征量是能量 E 和动量 $\boldsymbol{p}$. 因此, 光具有波粒二象性. 根据自然界的总体对称性, 实物物质也具有波粒二象性. 本章通过德布罗意假设、戴维孙-革末实验等, 介绍物质波及不确定性关系.

18.1 德布罗意假设

作为量子力学的前奏, 德布罗意的物质波理论有着特殊的重要性. 物质波的假设被实验明确无误地证实后, 德布罗意于 1929 年获得了诺贝尔物理奖.

18.1.1 德布罗意的物质波假设

人类对物质世界的认识是不断深入和发展的. 第一个肯定光既有波动性又有粒子性的物理学家是爱因斯坦. 他分析了从牛顿和惠更斯以来, 光的微粒说和光的波动说的长期争论, 审视了普朗克处理黑体辐射的思路, 总结了有关光和物质相互作用的各种现象, 认为光在传播过程以及光和物质相互作用的过程中, 能量不是分散的, 而是以能量子 $h\nu$ 的微粒形式出现. 爱因斯坦的这一光量子假说中, 隐含了波动性和粒子性是光的两种表现形式的思想. **光的波粒二象性**在下面的公式中得到了体现.

$$E = mc^2 = h\nu \tag{18-1}$$

$$p = mv = \frac{h}{\lambda} \tag{18-2}$$

式中, $h = 6.63 \times 10^{-34} \mathrm{J \cdot s}$, 为普朗克常量, E 和 p 分别为光子粒子性的能量和动量, ν 和 λ 分别为描述光子波动性的频率和波长. 这两类物理量通过普朗克常量相互联系, 体现了光的粒子性和波动性是不可分割的、具有内在联系的.

德布罗意在普朗克和爱因斯坦的光量子论以及玻尔的原子量子论的启发下, 回顾了人们最终认识到光的波粒二象性的历史过程, 并分析了经典物理学中力学和光学的对应关系. 他认为, 自 19 世纪以来, 人们在光学中只注重光的波动性, 过于忽视光的粒子性; 在物质理论上则发生了相反的错误, 只注重实物粒子的粒子性, 却过分忽视了其波动性. 根据类比的原则, 电子、原子等实物粒子的性质应与光的性质有深刻的相似性. 既然光在一些现象中表现出粒子性, 在另一些现象中又呈现出波动性, 那么电子、原子等实物粒子在一定条件下也会显示其波动性. 因此, 德布罗意于 1924 年提出了**物质波的假设: 一切实物粒子都具有波粒二象性**. 每一个能量为 E、动量为 p 的实物粒子, 都有一个与之相应的波. 这种波称为物质波或德布罗意波, 其频率 ν 和波长 λ 分别由粒子的能量 E 和动量 p 决定,与光的波粒二象性相一致,仍由式(18-1)和式(18-2)给出它们的联系.以上两式称为德布罗意公式.德布罗意的这一假设,把实物粒子和光的理论统一了起来,有利于更自然地理解微观粒子能量的不连续性.对于光子来说,由于其静止质量为零、能量 E 和动量 p 成正比,$E=pc$,所以式(18-1)和式(18-2)两式并不互相独立.对于静止质量 m_0 不为零的实物粒子来说,能量 E 和动量 p 之间不存在比例关系,$E=\sqrt{m_0^2 c^4+p^2 c^2}$,上述二式是彼此独立的.

根据式(18-2),可得物质波的波长

$$\lambda=\frac{h}{p}=\frac{h}{mv}=\frac{h}{m_0 v}\Big/\sqrt{1-(v/c)^2} \tag{18-3a}$$

当粒子的运动速度 $v\ll c$ 时,粒子的动能 $E_k=\dfrac{1}{2}m_0 v^2$,则上式可写为

$$\lambda=\frac{h}{m_0 v}=\frac{h}{\sqrt{2 m_0 E_k}} \tag{18-3b}$$

若某子弹的质量 $m_0=2\times10^{-2}$ kg,速度 $v=500$ m·s^{-1},代入式(18-3b)可得 $\lambda=6.6\times10^{-35}$ m. 因此,一般宏观物体的物质波波长是非常小的,实际上无法测出,所以不必考虑宏观物体的波动性.

例 18-1 计算某一静止电子经过 $U=100$ V 的电压加速后,其物质波的波长.

解 因为加速电压较低,不需考虑相对论效应. 根据动能定理

$$eU=E_{k_2}-E_{k_1}=\frac{1}{2}m_0 v^2-0$$

再利用式(18-3b)得到

$$\lambda=\frac{h}{\sqrt{2 m_0 eU}}$$

把电子的静止质量 $m_0=9.11\times10^{-31}$ kg、电量 $e=1.6\times10^{-19}$ C,及普朗克常量 $h=6.63\times10^{-34}$ J·s,代入上式得

$$\lambda=\frac{1.225}{\sqrt{U}}\text{nm} \tag{18-4}$$

当 $U=100$ V 时,$\lambda=0.123$ nm,该值与 X 射线的波长相当. 加速电压越大,波长越短.

18.1.2 戴维孙-革末实验

德布罗意的物质波假设,在当时是一个大胆的设想,是否正确,只能通过实验证明. 既然电子的物质波波长大致接近 X 射线的波长,则电子也应像 X 射线一样,当通过晶体时可产生衍射现象.

1927 年,戴维孙和革末首次成功地做出了电子衍射实验,证实了物质波的存在和德布罗意公式的正确性. 实验装置如图18-1所示. 电子经电压 U 加速后,以一定掠射角 φ 入射到镍单晶体 M 的一定晶面上. 利用集电器 B 和电流计 G,可以测量沿不同方向散射的电子束的强度. 实验表明,掠射角 φ 不变时,在满足反射定律的方向上测得的电子电流,并不随加速电压 U 的增大而单调增加. 只有 U 取某些特定值时,电子电流才有极大值. 例

如, $\varphi = 65°$, 且 $U = 54\mathrm{V}$ 时, 测得电子电流的峰值. 已知镍的晶面间距 $d = 0.091\mathrm{nm}$, 若电子具有波动性, 应像 X 射线在晶体表面的衍射一样, 遵从布拉格方程. 由此得到, 对应于一级衍射极大的电子的物质波波长

$$\lambda = 2d\sin\varphi = 2 \times 0.091 \times \sin 65° = 0.165(\mathrm{nm})$$

另一方面, 按照德布罗意的假设, 电子的波长可以由式 (18-4) 确定, 即

$$\lambda = \frac{1.225}{\sqrt{U}} = \frac{1.225}{\sqrt{54}} = 0.167(\mathrm{nm})$$

图 18-1 电子衍射实验

两种方法得到非常接近的波长值. 因此, 戴维孙-革末实验不但证实了电子具有波动性, 与 X 射线一样符合布拉格方程, 而且定量证明了德布罗意公式的正确性.

图 18-2 汤姆孙实验

18.1.3 汤姆孙实验

汤姆孙的电子衍射实验原理如图 18-2 所示, 电子束经 $10 \sim 60\mathrm{kV}$ 的电压加速, 能量相当于 $10 \sim 60\mathrm{keV}$, 电子有可能穿透固体薄箔, 直接产生衍射花纹. 戴维孙-革末的低能电子衍射实验, 是靠反射的方法逐点进行观测的. 而汤姆孙实验中的衍射物质不必用单晶材料, 可以用多晶体 (如金、银、铅) 代替. 因为多晶体由许多无规则分布的小单晶构成, 当电子的波长 λ 给定时, 总有一些小单晶的取向与入射电子束满足布拉格方程, 所以可以从各个方向同时观察到衍射, 在屏上得到一个个同心圆环的衍射花纹. 这种衍射图形与 X 射线德拜粉末法得到的衍射图形类似, 并且可用于测量晶格间距. 例如, 用 X 射线测得金属铝的晶格间距为 $0.405\mathrm{nm}$, 用电子束测得的结果是 $0.406\mathrm{nm}$, 两者符合得很好. 因此电子束和 X 射线一样具有波动性.

戴维孙-革末实验和汤姆孙实验都完成于 1927 年, 由于证实了德布罗意关于物质波的假设, 戴维孙和汤姆孙同获 1937 年诺贝尔物理学奖.

例 18-2 计算动能分别为 $1.0\mathrm{keV}$、$1.0\mathrm{MeV}$ 和 $1.0\mathrm{GeV}$ 的电子的德布罗意波长.

解 根据德布罗意公式 (18-2)

$$\lambda = \frac{h}{p}$$

和狭义相对论的能量公式

$$E = E_{\mathrm{k}} + E_0 = \sqrt{p^2 c^2 + E_0^2}$$

消去动量 p 可得

$$\lambda = \frac{hc}{\sqrt{E_{\mathrm{k}}^2 + 2E_0 E_{\mathrm{k}}}} \tag{18-5}$$

式中, E_{k} 为物体的动能, $E_0 = m_0 c^2$ 为物体的静止能量, 电子的静止能量 $E_0 = 0.51\mathrm{MeV}$.

当 $E_k=1.0\mathrm{keV}$ 时，$E_k \ll E_0$，可不计式(18-5)中的 E_k^2 项，则

$$\lambda = \frac{hc}{\sqrt{2E_0 E_k}} = \frac{h}{\sqrt{2m_0 E_k}}$$

$$= \frac{6.63 \times 10^{-34}}{\sqrt{2 \times 9.1 \times 10^{-31} \times 10^3 \times 1.6 \times 10^{-19}}}$$

$$= 0.039(\mathrm{nm})$$

当 $E_k=1.0\mathrm{MeV}$ 时，E_k 与 E_0 同数量级，由式(18-5)得

$$\lambda = \frac{hc}{\sqrt{E_k^2 + 2E_0 E_k}} = \frac{hc}{\sqrt{E_k(E_k + 2E_0)}}$$

$$= \frac{6.63 \times 10^{-34} \times 3 \times 10^8}{\sqrt{10^6 \times 1.6 \times 10^{-19} \times (10^6 + 2 \times 0.51 \times 10^6) \times 1.6 \times 10^{-19}}}$$

$$= 8.7 \times 10^{-4}(\mathrm{nm})$$

当 $E_k=1.0\mathrm{GeV}$ 时，$E_k \gg E_0$，可不计式(18-5)中的 $2E_0 E_k$ 项，则

$$\lambda = \frac{hc}{E_k} = \frac{6.63 \times 10^{-34} \times 3 \times 10^8}{10^9 \times 1.6 \times 10^{-19}} = 1.25 \times 10^{-6}(\mathrm{nm})$$

以上计算表明，物体的动能远远小于其静止能量时，可以不考虑相对论效应.

*18.2　中子和分子的衍射实验

除了电子的单缝、双缝和双棱镜实验证实了电子具有和光子一样的波动性以外，人们还发现中子、分子以及原子核都具有波动性.

18.2.1　单色中子在多晶上的衍射

中子是 1932 年发现的，1936 年就有人观测到中子的衍射现象，当时是从最原始的中子源即镭铍源获得中子束的. 20 世纪 40 年代以后，可以从反应堆中获得较强的中子束. 1948 年沃朗和夏尔利用从石墨反应堆中引出的中子束，使其在 NaCl 晶体上反射. 在给定的掠射角 θ 方向上，只有波长满足布拉格方程

$$\lambda = 2d \cdot \sin\theta$$

的中子，反射束的强度才出现极大值，调节 θ 角，就可以选出具有一定波长的单色中子. 把这种单色中子束照射到金刚石多晶上，用 $\mathrm{BF_3}$ 正比计数器测量出在不同衍射角的衍射强度如图 18-3 所示，不同的衍射峰，对应于在金刚石晶体中不同的晶面(111)、(220)、……上的衍射.

$\mathrm{BF_3}$ 正比计数器中充有 $\mathrm{BF_3}$ 气体，其中 $^{10}\mathrm{B}$ 同位素吸收中子后会放出 α 粒子，使 $\mathrm{BF_3}$ 气体电离. 电离电流正比于 α 粒子的动能，因此根据电离电流可以测出衍射中子束的强度.

图 18-3 中子在 NaCl 晶体的衍射强度

18.2.2 分子束的衍射

1930 年,分子束方法的创始人施特恩和他的合作者用氢分子和氦原子证实了普通原子和分子也具有波动性.成功的关键是他们制成了极其灵敏的气压计,可用于检测分子束.由于原子和分子是中性的,无法用电场加速,只能从热平衡态下的分子速度分布中选择某一速度范围内的部分粒子.因此,分子束的能量非常低,一般只有百分之几电子伏特,相当于波长为 0.1nm.

实验原理如图 18-4 所示.经过速度选择器的氢分子或氦原子束通过准直缝后,投向氟化锂(LiF)单晶,散射后被检测器(即气压计)接收.检测器可以绕轴旋转测出不同方位的粒子数.当方位角 $\varphi=0$ 时,反射束与入射束处于同一平面,强度最大;随着 φ 的改变,强度发生变化,当 $\varphi=11°$ 时,出现第一衍射峰,如图 18-5 所示.

图 18-4 分子衍射实验

图 18-5 分子在 LiF 单晶的衍射强度

中子的衍射实验和施特恩的分子束实验具有很重要的意义.因为电子本身就是一种难以研究的微观粒子,波动性可能就是它的某种特性,所以其波动性比较容易被人们接受.当实验证明中子、氢分子等中性物质也同样具有波动性时,就使人们确信德布罗意物质波假设的正确性,并认识到波粒二象性是物质的普遍属性.在此基础上,逐步建立起现代的量子力学理论.

微观粒子的波动性在现代科学技术中有着非常广泛的应用.例如,利用已知波长的电子、中子衍射图样,可以确定衍射晶体的结构、原子的排列间隔等.特别是中子衍射技术,已成为探测物质结构的最有效的方法之一. 因为中子呈现电中性,具有较强的穿透物质的能力,而且中子具有自旋磁矩,适用于研究材料的磁性. 能量为 30MeV 的热中子还可用于研究生物的分子结构,确定生物分子中氢原子的位置. 此外,用光学显微镜研究微小物体时,其分辨率受到光波波长的限制,即物体的线度小到与波长同数量级时,会因为衍射现象的影响而不能清楚地分辨物体. 但是,根据式(18-4),增大加速电压可以很容易地得到远小于可见光波长的电子波长. 由于分辨率与波长成反比,所以用电子束取代光束的电子显微镜,可以具有很高的分辨率. 我国已制成具有 80 万倍的放大率、可分辨 0.144nm 的电子显微镜,既能直接观察蛋白质一类的大型分子,还可以分辨单个原子的线度,成为研究分子和原子结构的有力工具.

18.3 不确定性关系

在经典力学中,由于只考虑实物的粒子性,可以用位置和动量描述粒子的运动状态. 在任一时刻,粒子可同时具有确定的位置和动量,并且可以根据牛顿运动定律确定位置和动量随时间的变化,得到粒子在空间运动的轨迹. 但是,一切实物粒子都具有波粒二象性,尤其是不可忽略微观粒子的波动性,这将直接导致粒子在任一时刻的位置和动量的不确定性. 海森伯于 1927 年,根据一些理想实验的分析和德布罗意公式,提出了**不确定性关系(uncertainty relation):粒子的位置和动量不可能同时具有确定值.**

18.3.1 不确定性关系

设 Δx 是粒子坐标 x 的不确定量,Δp_x 是同一时刻粒子动量 p 在 x 方向的分量 p_x 的不确定量,则

$$\Delta x \cdot \Delta p_x \geqslant h \tag{18-6}$$

上式称为不确定性关系,式中 h 为普朗克常量. 该式表明了 Δx 与 Δp_x 之间的相互关系,粒子位置的不确定量 Δx 越小,动量在该方向分量的不确定量 Δp_x 就越大;反之亦然. 但是,二者的乘积与普朗克常量是同一个数量级. 因此,微观粒子不可能同时具有确定的位置和动量. 相应地,微观粒子没有确定的轨道. 尤其是 $\Delta p_x \rightarrow 0$ 时,$\Delta x \rightarrow \infty$,即粒子的动量有确定值时,粒子的位置就完全不能确定,在整个空间中均可能发现该粒子;反之,粒子的位置完全确定,即 $\Delta x = 0$ 时,就有 $\Delta p_x \rightarrow \infty$,表明粒子的动量是完全不确定的.

在量子力学中,可以给出不确定性关系的严格证明. 为便于理解,也可以利用电子的单缝衍射推导出不确定性关系. 如图 18-6 所示,一束动量为 p 的电子沿 y 轴运动,通过 AB 屏上的狭缝,缝宽为 a,在屏幕 CD 上产生与光的单缝衍射类似的衍射图样,这体现了电子的波动性. 强度主要分布在中央明纹处,根据波动光学的单缝衍射公式,中央明纹的分布范围由第一级暗纹的衍射角 φ 确定,且

$$\sin\varphi = \frac{\lambda}{a}$$

在电子通过狭缝时,不能确定电子是从哪一点通过的,因此电子在 x 方向的位置不确定量等于狭缝的宽度,即 $\Delta x = a$. 与此同时,由于衍射电子速度的方向发生了改变,电子的动

量 p 在 x 轴方向的分量不再为零. 仅考虑衍射图样的中央极大时, $0 \leqslant p_x \leqslant p \cdot \sin\varphi$, 则电子在 x 方向上动量分量的不确定量为

$$\Delta p_x = p \cdot \sin\varphi = p \cdot \frac{\lambda}{a}$$

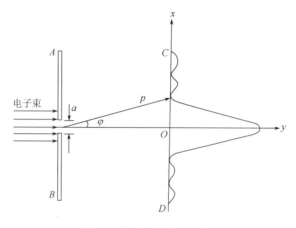

图 18-6 电子的单缝衍射

根据德布罗意公式 $p = \dfrac{h}{\lambda}$, 则

$$\Delta x \cdot \Delta p_x = a \cdot \frac{h}{\lambda} \cdot \frac{\lambda}{a} = h$$

如果把次级极大也计算在内, 有 $\Delta p_x > p \cdot \sin\varphi$, 因此

$$\Delta x \cdot \Delta p_x \geqslant h$$

把上述结果推广到其他坐标方向, 可得

$$\Delta y \cdot \Delta p_y \geqslant h$$
$$\Delta z \cdot \Delta p_z \geqslant h$$

以上推导过程表明, 不确定性关系是粒子的波粒二象性的必然结果, 与测量仪器无关. 不确定性关系反映了微观粒子的普遍特性, 得到了实验验证, 是物理学中一个重要的基本定律.

不确定性关系不仅存在于坐标和动量之间, 还存在于能量和时间之间. 如果微观粒子处于某一状态的时间为 Δt, 其能量必有一个不确定量 ΔE, 二者之间的关系

$$\Delta E \cdot \Delta t \geqslant h \tag{18-7}$$

上式称为能量和时间的不确定性关系. 利用这一公式, 可以得到原子各激发态的能级宽度 ΔE 和原子处于该激发态的平均寿命 Δt 之间的关系. 显然, 原子的激发态能级的宽度越小, 相应的平均寿命越长. 原子处于激发态的典型的平均寿命 $\Delta t \approx 10^{-8}\,\mathrm{s}$, 但有些能级的寿命长达 $10^{-3}\,\mathrm{s}$, 这种能级称为亚稳能级或亚稳态.

18.3.2 不确定性关系的应用

利用不确定性关系可以估算粒子的最小动量和最小动能, 还可以判断一个实物粒子

是否可看作经典粒子. 普朗克常量是量子物理中最基本的常数, 在不确定关系中作为坐标和动量不能同时确定的限度, 但其数值非常小, 所以当不确定性关系给出的结果对某些粒子没有任何实际意义时, 可忽略其波动性, 把这些粒子看作经典粒子, 用经典理论研究其运动状态; 反之, 当不确定性关系给出的结果起显著作用时, 这种粒子的波动性不可忽略, 需要用量子力学的理论研究其运动规律.

例 18-3 已知一电子限制在原子内部运动, 试用不确定性关系估计其速度的不确定量.

解 因为原子的线度是 10^{-10} m, 且电子处于原子中运动, 所以电子位置的不确定量 Δx 等于原子的线度, 即 $\Delta x = 10^{-10}$ m.

由不确定性关系

$$\Delta p_x \geqslant \frac{h}{\Delta x}$$

则速度的不确定量

$$\Delta v_x = \frac{\Delta p_x}{m} \geqslant \frac{h}{m \cdot \Delta x} = \frac{6.63 \times 10^{-34}}{9.11 \times 10^{-31} \times 10^{-10}} = 7.28 \times 10^6 (\text{m} \cdot \text{s}^{-1})$$

由于电子速度的不确定量与原子中电子的速度是同一数量级, 所以研究电子在原子内部的运动时, 不能保留电子以一定的速度沿一定轨道运动的概念, 也不能用经典理论描述原子内电子的运动. 必须考虑电子的波动性, 用量子力学描述电子的运动.

例 18-4 设阴极射线管中电子速度的不确定量 $\Delta v_x = 10^2$ m · s^{-1}, 试求其位置的不确定量.

解 根据不确定性关系, 有

$$\Delta x = \frac{h}{m \cdot \Delta v_x} = \frac{6.63 \times 10^{-34}}{9.11 \times 10^{-31} \times 10^2} = 7.28 \times 10^{-6} (\text{m})$$

因此, 电子不处于原子内部时, 其位置的不确定量仅为微米的数量级, 此时研究电子的位置还是有意义的, 可不计波动性, 视其为经典粒子.

例 18-5 一质量为 m 的粒子被限制在长为 a 的一维区域内运动, 试根据不确定性关系估算粒子的最小动量和最小动能.

解 因为位置的不确定量 $\Delta x = a$, 由不确定性关系得

$$\Delta p = \frac{h}{\Delta x} = \frac{h}{a}$$

所以动量的最小值为

$$p_{\min} = \Delta p = \frac{h}{a}$$

则动能的最小值为

$$E_{k\min} = \frac{p_{\min}^2}{2m} = \frac{h^2}{2ma^2}$$

例 18-6 某氦氖激光器输出波长 $\lambda = 632.8$nm、谱线宽度 $\Delta\lambda = 10^{-8}$ nm 的激光, 试计算其相干长度.

解　因为光子与实物粒子一样,都具有波粒二象性,所以不确定性关系也适用于光子.设光子沿 x 方向传播,则动量 $p=p_x$,且 $p=\dfrac{h}{\lambda}$,所以

$$\Delta p_x = -\frac{h}{\lambda^2}\Delta\lambda$$

式中,负号表明 $\Delta\lambda$ 增大时,p_x 的值减小.再利用不确定性关系可得

$$\Delta x = \frac{h}{\Delta p_x} = -\frac{\lambda^2}{\Delta\lambda} = -\frac{(632.8\times10^{-9})^2}{10^{-17}} = -40(\text{km})$$

计算结果表明光子位置的不确定量即相干长度是 40km.

本 章 小 结

1. 德布罗意的物质波假设

一切实物粒子都具有波粒二象性.相应的波称为物质波或德布罗意波,频率和波长由下式决定:

$$E=mc^2=h\gamma,\ p=mv=\frac{h}{\lambda}$$

$$v\ll c\ \text{时},\ \lambda=\frac{1}{m_0 v}=\frac{h}{\sqrt{2m_0 E_k}}$$

当电子的 $E_k=eU$,且不考虑相对论效应时,$\lambda=\dfrac{h}{\sqrt{2m_0 eU}}=\dfrac{1.225}{\sqrt{U}}\text{nm}$.

2. 戴维孙-革末实验

利用电子衍射证实了物质波的存在和德布罗意公式的正确性.

3. 不确定性关系

$$\Delta x\Delta p\geqslant h$$

习　　题

18-1　若不计相对论效应,具有同样动能的一个电子和一个质子,它们的德布罗意波长是否相同?

18-2　计算德布罗意波长的公式 $\lambda=\dfrac{1.225}{\sqrt{U}}\text{nm}$ 的应用对象和适用范围是什么?

18-3　在什么条件下,可以不计粒子的波动性?

18-4　试求 α 粒子在 $B=1.25\times10^{-2}\text{T}$ 的匀强磁场中,做半径 $R=1.66\text{cm}$ 的匀速圆周运动时的德布罗意波长.

18-5　已知电子的康普顿波长 $\lambda_c=\dfrac{h}{m_0 c}$,式中 m_0 为电子的静止质量,c 为真空中的光速,当电子的动能等于其静止能量时,电子的德布罗意波长 λ 是 λ_c 的多少倍?

18-6　一电子以初速度 $v_0=6\times10^6\text{m}\cdot\text{s}^{-1}$,逆着场强方向进入 $E=500\text{V}\cdot\text{m}^{-1}$ 的匀强电场中.若要使电子的德布罗意波长 $\lambda=0.1\text{nm}$,电子需要在电场中飞行多长的距离(不计相对论效应)?

18-7　试证明,如果一个粒子的位置不确定量等于其德布罗意波长 λ,则同时确定该粒子的速度时,其不确定量等于这个粒子的速度.

18-8 一束动量为 p 的电子,通过缝宽为 a 的单缝,若荧光屏与缝的距离为 R(参见图 18-6),求中央衍射明纹的宽度.

18-9 光子和电子的波长都是 0.2nm 时,它们的动量和总能量各为多少?

物理与新技术专题 4:

光电检测技术

信息技术是指有关信息的收集、识别、提取、变换、存储、处理、检索、检测、分析和利用等技术.

以光辐射为传输载体的随时间变化或按空间分布的信息统称为光学信息. 光学信息是人类重要的信息来源,因为任何过程和现象都直接或间接地伴随着电磁辐射(如可见光、红外线、紫外线等),这些辐射作为载体,承载着关于周围世界的极其丰富的信息. 这些信息与被研究的过程、现象之间有着必然的内在联系,根据这些信息,人们可以定量地确定客观物体的各种性能参数.

1. 光电检测技术

光电检测是指利用各类光电传感器实现检测,将被测量的量转换成光学量,再转换成电量,并综合利用信息传输和处理技术,完成在线和自动测量. 光电检测技术是将传统光学与现代微电子技术、计算机技术紧密结合在一起的一门高新技术,是获取光信息或者借助光来获取其他信息的重要手段. 随着现代科学技术的发展和信息处理技术的提高,光电检测技术作为一门研究光与物质相互作用的新兴学科,已成为现代信息科学的一个极为重要的组成部分. 随着各种新型光电检测器件的出现,以及电子技术和微电子技术的发展,光电检测技术近年来发展十分迅速,在工业、农业、医学、军事、空间科学技术和家居生活等领域得到了广泛应用.

光电检测技术的构成技术主要包括光信息获取技术、光电转换技术,以及测量信息的光电处理技术等. 光电检测技术将光学技术与现代电子技术相结合,以实现对各种量的测量,它具有如下特点.

(1)高精度. 光电测量是各种测量技术中精度最高的一种,如用激光干涉法测量长度的精度可达 $0.05\mu m/m$;用光栅莫尔条纹法测角度的精度可达 $0.04°$;用激光测距法测量地球与月球之间的距离,分辨力可达 1m.

(2)高速度. 光电检测以光为介质,而光是各种物质中传播速度最快的,因此用光学方法获取和传递信息的速度是最快的.

(3)远距离、大量程. 光是最便于远距离传递信息的介质,尤其适用于遥控和遥测,如武器制导、光电跟踪等.

(4)非接触测量光照到被测物体上可以认为是没有测量力的,因此几乎不影响被测物的原始状态,可以实现动态测量,是各种测量方法中效率最高的一种.

2. 光电检测系统

1) 光电检测系统的组成

光电检测是以激光器、光电探测器、光纤等现代光电子器件为基础,通过接收被检测物体的光辐射(包括紫外线、可见光和红外线),经光电检测器件将接收到的光辐射转换为电信号,再通过放大、滤波等电信号调理电路提取有用信息,经模/数转换后输入计算机处理,最后显示、输出所需要的检测物理量等参数.光电检测系统的组成如图 1 所示.

图 1 光电检测系统的组成

2) 光电检测系统中的信息变换

在光电检测系统中,信息通常要经过两个基本的变换环节:调制和解调.

(1) 调制.

为了更加方便、可靠地处理光信号并获得更多的信息,常将直流信号转换为特定形式的交变信号,这一转换过程就称为调制.光辐射通过光学系统投射到被检测物体上,利用被检测物体对入射辐射的反射、吸收、透射、衍射、干涉、散射、双折射等光学特性,将被测变量调制到光载波的特性参量上.这些特性参量可以是光载波的变化幅度、频率、相位或光的偏振态,甚至可以是光束的传播方向或介质折射率的变化.

调制的作用包括两个方面:一方面是使光辐射随时间有规律地变化以形成载波信号,如机械调制、声光调制、电光调制、磁光调制等;另一方面是使载波信号的一个或几个特性参量随被测信息而改变.

(2) 解调.

将承载着信息的光信号通过不同类型的光电接收器转换成电信号,经过放大、滤波等预处理后输入解调器,在此将输入信号和调制器中作为调制基准的参考信号相比较,消除载波信号的影响,从而得到与被测参量成比例的输出信号.这种光电信号的能量再转换和信号检波过程称为解调.解调的电信号可用常规的电子系统作进一步处理和数据输出,以得到最终的测量结果.

3. 光电检测器件的基本物理效应

光电检测器件对各种物理量的检测是建立在基本物理效应的基础上的.这些效应实现了能量的转换,把光辐射的能量转换成了其他形式的能量,光辐射所带有的被检测信息也转换成了其他形式能量(如电、热等)的信息.对这些信息(如电信息、热信息等)进行检测,也就实现了对光辐射的检测.

对光辐射的检测,使用最广泛的方法是通过光电转换把光信号变成电信号,继而用已十分成熟的电子技术对电信号进行测量和处理. 各种光电转换的物理基础是光电效应. 也有一些物质在吸收光辐射的能量后,主要发生温度变化,产生物质的热效应.

1) 光电效应

当光照射到物体上时,可使物体发射电子或电导率发生变化,或产生光电动势等,这种因光照而引起物体电学特性的改变统称为光电效应. 尽管光电效应的发现距今已有一百多年,但只是在近三十多年来才变得日益重要.

光电效应可分为两种:外光电效应和内光电效应.

(1) 外光电效应.

在光照下,物体向表面以外的空间发射电子(即光电子)的现象称为外光电效应,也称光电发射效应. 能产生光电发射效应的物体称为光电发射体,在光电管中又称为光阴极. 外光电效应多发生于金属和金属氧化物中.

金属的光电发射过程可以归纳为以下三个步骤:

①金属吸收光子后体内的电子被激发到高能态;②被激发的电子向表面运动,在运动过程中因碰撞而损失部分能量;③电子克服表面势垒逸出金属表面.

(2) 内光电效应.

物质受到光照后所产生的光电子只在物质内部运动而不会逸出物质外部的现象称为内光电效应. 这种效应多发生于半导体内. 内光电效应又可分为光电导效应和光生伏特效应.

(a) 光电导效应. 某些物质吸收光子的能量时产生本征吸收或杂质吸收,从而电导率发生改变的现象,称为物质的光电导效应. 利用具有光电导效应的材料可以制成电导率随入射光度量变化的器件,称为光电导器件或光敏电阻,光电导效应即发生在某些半导体材料中. 金属材料不会发生光电导效应.

(b) 光生伏特效应. 光生伏特效应(简称光伏效应)与光电导效应同属于内光电效应,但两者的导电机理不同. 光伏效应是少数载流子导电的光电效应,而光电导效应是多数载流子导电的光电效应,这就使得光生伏特器件在许多性能上与光电导器件有很大的差别. 光生伏特器件具有暗电流小、噪声低、响应速度快、光电特性的线性度好、受温度的影响小等特点,是光电导器件无法比拟的;而光电导器件对微弱辐射的检测能力和宽光谱响应范围又是光生伏特器件达不到的.

实现光伏效应需要有内部电势垒. 当照射光激发出电子-空穴对时,电势垒的内建电场将把电子-空穴对分开,从而在势垒两侧形成电荷堆积,产生光伏效应. 这个内部电势垒可以是 PN 结、PIN 结、肖特基势垒结、异质结等.

2) 光热效应

某些物质在受到光照射后,由于温度变化而使自身性质发生变化的现象称为光热效应. 在光电效应中,光子的能量直接变为光电子的能量,而在光热效应中,光能量与晶格相互作用,使其振动加剧,造成温度的升高. 根据光与不同材料、不同结构的光热器件相互作用所引起的物质有关特性变化的情况,可以将光引起的热效应分为三种类型:辐射热计效应、温差电效应及热释电效应.

（1）辐射热计效应.

入射光的照射使材料受热、电阻率发生变化的现象称为辐射热计效应.温度越高,半导体材料的电阻温度系数越小.

（2）温差电效应.

当两种不同的配偶材料(可以是金属或半导体)两端并联熔接时,如果两个接头的温度不同,并联回路中就产生电动势,称为温差电动势,回路中就有电流流通.如果把冷端分开并与一个电流表连接,那么当光照射到熔接端(称为电偶接头)时,熔接端(电偶接头)吸收光能使其温度升高,电流表就有相应的电流读数,电流的数值间接反映了光照能量的大小.这就是用热电偶来探测光能的原理.实际中为了提高测量灵敏度,常将若干个热电偶串联起来使用,称为热电堆,它在激光能量计中获得了应用.

（3）热释电效应.

电介质内部没有自由载流子,没有导电能力.但是,它也是由带电的粒子(电子、原子核)构成的.在外加电场的情况下,带电粒子也要受到电场力的作用,因而其运动会发生变化.例如,加上一电压后,正电荷一般总是趋向阴极,而负电荷总是趋向阳极,虽然其移动距离很小但其结果是使电介质的一个表面带正电,另一个表面带负电,通常称这种现象为"电极化".从电压加上去的瞬间到电极化状态建立起来为止的这一段时间内,电介质内部的电荷的运动相当于电荷顺着电场力方向的运动,所形成的电流就称为"位移电流",该电流在电极化完成时即消失.

4. 光电检测技术的主要应用

1）光度量和辐射度量的检测

光度量是以平均人眼视觉为基础的量,利用人眼的观测,通过对比的方法可以确定光度量的大小.但由于人与人之间视觉上的差异,即使是同一个人,由于自身条件的变化,也会引起视觉上的主观误差,这都将影响光度量检测的结果.至于辐射度量的测量,特别是对不可见光辐射的测量,是人眼所无能为力的.在光电方法没有发展起来之前,常利用照相底片感光法,根据感光底片的黑度来估计辐射量的大小.这些方法手续复杂,只局限在一定光谱范围内,且效率低、精度差.

目前大量采用光电检测的方法来测定光度量和辐射度量.该方法十分方便,且能消除主观因素带来的误差.此外光电检测仪器经计量标定,可以达到很高的精度.目前常用的这类仪器有:光强度计、光亮度计、辐射计,以及光测高温计和辐射测温仪等.

2）光电元器件及光电成像系统特性的检测

光电元器件包括各种类型的光电、热电探测器和各种光谱区中的光电成像器件.它们本身就是一个光电转换器件,其使用性能是由表征它们特性的参量来决定.如光谱特性、光灵敏度、亮度增益等.而这些参量的具体值则必须通过检测来获得.实际上,每个特性参量的检测系统都是一个光电检测系统,只是这时被检测的对象就是光电元器件本身罢了.光电成像系统包括各种方式的光电成像装置,如直视近红外成像仪、直视微光成像仪、微光电视、热释电电视、CCD 成像系统,以及热成像系统等.在这些系统中,各自都有一个实现光电图像转换的核心器件.这些系统的性能也是由表征系统的若干特性参量来确定,如系统的亮度增益、最小可分辨温差等.

3）光学材料、元件及系统特性的检测

光学仪器及测量技术中所涉及的材料、元件和系统的测量,过去大多采用目视检测仪器来完成,它们是以手工操作和目视为基础.这些方法有的仍有很大的作用,有的存在着效率低和精度差的缺点.这就要求用光电检测的方法来代替,以提高检测性能.随着工程光学系统的发展,还有一些特性检测很难用手工和目视方法来完成.例如,材料、元件的光谱特性;光学系统的调制传递函数;大倍率的减光片等.这些也都需要通过光电检测的方法来实现测量.

此外,随着光学系统光谱工作范围的拓宽,紫外、红外系统的广泛使用,对这些系统的性能及其元件、材料等的特性也不可能用目视的方法检测,而只能借助于光电检测系统来实现.光电检测技术引入光学测量的领域后,许多古典光学的测量仪器正得到改造,如光电自准直仪、光电瞄准器、激光导向仪等,使这一领域产生了深刻的变化.

4）非光物理量的光电检测

这是光电检测技术当前应用最广、发展最快且最为活跃的应用领域.这类检测技术的核心是如何把非光物理量转换为光信号.主要方法有以下两种：

（1）采用一定手段将非光量转换为发光量,通过对发光量的光电检测,实现对非光物理量的检测.

（2）使光束通过被检测对象,让其携带待测物理量的信息,通过对带有待测信息的光信号进行光电检测,实现对非光物理量的检测.

这类光电检测所能完成的检测对象十分广泛,如各种射线及电子束强度的检测;各种几何量的检测,其中包括长、宽、高、面积、表面形貌等参量;各种机械量的检测,其中包括重量、应力、压强、位移、速度、加速度、转速、振动、流量,以及材料的硬度和强度等参量;各种电量与磁量的检测;以及对温度、湿度、材料浓度及成分等参量的检测.

5. 光电检测技术的发展和应用趋势

1）光电检测技术的发展方向

光电检测技术的发展方向主要有以下六个方面：

（1）高精度：检测精度向高精度方向发展,纳米和亚纳米精度的光电检测新技术是今后的研究热点;

（2）智能化：检测系统向智能化发展,如发展光电跟踪与光电扫描测量技术;

（3）数字化：检测结果向数字化和光电测量与控制一体化方向发展;

（4）多元化：光电检测系统的检测功能向综合性、多参数、多维测量等多元化方向发展,并向人们以前无法检测的领域发展,如微空间三维测量技术和大空间三维测量技术;

（5）微型化：光电检测仪器所用电子元件及电路向集成化方向发展,光电检测系统朝着小型、快速的微型光、机、电检测系统方向发展;

（6）自动化：检测技术向自动化、非接触、快速和在线测量方向发展,检测状态向动态测量方向发展.

这些发展趋势是现代工业生产、国防建设等的需要,也是现代科学技术发展的需要.

2) 光电检测技术的应用前景

光电检测技术使人类能更有效地扩展自身的视觉能力,使视觉的长波段延伸到亚毫米波,短波段延伸到紫外线、X 射线,并可以在超快速度条件下检测诸如核反应、航空器发射等变化过程.光电检测技术由于具有别的检测技术无法替代的一系列优点,具有极其广阔的应用前景.

在工业领域,光电检测技术主要应用于生产过程的视觉检查、精密工作台的自动定位、各种性能参数的精密测试、图形检测与分析判断等.

在家居生活中的应用,主要表现为日常生活用品的智能化,如红外测距传感器、CCD 在数码相机、数码摄像机中的应用,光敏电阻在自动感应灯亮度检测中的应用,热敏电阻、光电开关在空调、冰箱、电饭煲中的应用等.

在医疗卫生方面的应用,主要表现为热敏电阻在接触式数字体温计中的应用、红外传感器在非接触式数字体温计中的应用、压力传感器在电子血压计中的应用等.

在国防和军事领域,光电检测技术主要应用于夜视瞄准系统的非冷却红外传感、激光制导、热定向、飞行物自动跟踪、卫星红外线检测等.

在航天领域,光电检测技术主要应用于参数检测,如加速度、温度、压力、振动、流量、应变等的检测.

随着光电检测技术的发展及现代化进程的不断推进,光电检测技术的应用领域也将越来越广.

第五篇 量子物理

量子物理是在人类的生产实践和科学实验深入到微观世界的情况下,在 20 世纪初建立起来的. 人们发现在原子领域中,会出现一种新的自然现象——量子现象,其特征涉及一个普适常数——普朗克常量 h. 自从 1900 年普朗克首次提出量子概念以来,经过爱因斯坦、玻尔、德布罗意、海森伯、薛定谔、狄拉克、泡利、玻恩等众多物理学家的共同努力,创立了量子物理[①].

量子现象不仅存在于微观领域,还存在于宏观领域. 一系列新的宏观量子效应不断被发现,例如量子霍耳效应、高温超导现象、玻色-爱因斯坦凝聚等,相关的应用技术正在迅速发展.

本篇介绍量子物理的基本内容——量子光学和量子力学

2013 年的诺贝尔物理学奖颁给了理论物理学家昂格莱尔和希格斯,他们于 1964 年提出了希格斯机制和希格斯粒子,该粒子提供宇宙中一切基本粒子的质量之源(如下图所示). 2012 年大型强子对撞机(LHC)的两个实验组发现了一个质量为 125~126GeV 的希格斯粒子,这一发现堪与人类发现 DNA 和登陆月球媲美,是 21 世纪初粒子物理学的重大转折点.

---

① 因建立量子物理而获得诺贝尔物理奖:

获奖人	获奖时间	获奖工作
普朗克	1918 年	基本作用量子(光量子论)
爱因斯坦	1921 年	光电效应(光量子)及数学物理方面的成就
玻尔	1922 年	原子结构和原子辐射
德布罗意	1929 年	电子的波动性
海森伯	1932 年	创立量子力学(矩阵力学),原子核由质子和中子组成
薛定谔	1933 年	创立量子力学(波动力学)
狄拉克	1933 年	电子的相对论性波动方程,预言正电子
泡利	1945 年	不相容原理
玻恩	1954 年	波函数的统计解释

第 19 章　量 子 光 学

光的波动理论可以成功地解释光的干涉、衍射及其在晶体中的行为,但该理论并不能说明所有的光现象.自从 19 世纪末以来,人们发现了一些涉及光与原子、电子相互作用的实验现象,如黑体辐射、光电效应、康普顿效应等.用光的波动理论无法解释这些实验中光的行为,说明该理论只体现了光的一种属性——波动性,这迫使人们进一步探索光的本性,从而导致光的量子性概念的创立.

本章通过历史上著名的实验阐述光的另一种属性——量子性,并将光的波动性和量子性有机地统一起来.这些内容既是光学的后续,也是量子力学的开篇.

19.1　黑 体 辐 射

19.1.1　热辐射

物体可以通过消耗不同形式的能量向外辐射电磁波.最常见的一种是热辐射,即靠消耗物体的内能而实现电磁波的辐射.任何固体和液体在任何温度下都可以进行热辐射,其强度随着温度的升高而增大.实验证明,一物体在单位时间内辐射的能量与波长、温度以及物体的性质(如表面的粗糙程度等)有关.热辐射的电磁波谱是连续的,即不同波长的热辐射能量随波长连续变化,可见光仅仅是广阔波长范围中很狭窄的波段.例如,对于金属和碳,当温度低于 800K 时,绝大部分的辐射能量分布在红外长波部分,肉眼看不到,可以用专门仪器进行测定.当温度高于 800K 时,随着温度的升高,不但单位时间内辐射的能量增加,而且能量也更多地向短波部分分布.因此,可以看到辐射体由红变黄,再由黄变白,最后在温度极高时变为青白色.

为了定量描述物体热辐射的规律,引入辐出度和单色辐出度两个概念.单位时间内从物体单位表面面积上所发出的各种波长的总辐射能,称为辐出度.当物体一定时,辐出度只是其温度的函数,常用 $E(T)$ 表示,单位为 $\mathrm{W \cdot m^{-2}}$;单位时间内从物体单位表面面积上发出的在波长 λ 附近单位波长区间内的辐射能,称为单色辐出度,常用 $e(\lambda, T)$ 表示.在温度 T 一定时,同一物体的辐出度与单色辐出度的关系为

$$E(T) = \int_0^\infty e(\lambda, T) \mathrm{d}\lambda \tag{19-1}$$

19.1.2　黑体的辐射定律

在物体与物体之间的空间存在辐射场,即各种频率的电磁波.物体在辐射电磁波的同时,也从辐射场吸收照射到它表面的电磁波.如果物体辐射的能量等于吸收的能量,物体和辐射场就处于温度一定的平衡态.在平衡态下的辐射称为平衡热辐射.实验表明,不同材料的辐射能力和吸收能力有很大差别,辐射能力越强的物体,其吸收能力也越强.在平

衡态下,二者的比值与材料的种类无关,只是波长 λ 和温度 T 的普适函数 $f(\lambda,T)$.

为了找到普适函数 $f(\lambda,T)$,人们设计了一种理想的辐射体,其吸收能力最强,能够在任何温度下吸收照射在它上面的所有波长的辐射能,这种理想模型称为绝对黑体,简称为黑体.黑体的单色辐出度 $e_0(\lambda,T)$ 就是普适函数 $f(\lambda,T)$.

自然界中不存在真正的黑体,但可以人工制造黑体的模拟物.用不透明材料制成一个带小孔的空腔(图 19-1),这个小孔就可以模拟黑体表面.因为外来辐射一旦到达小孔,便会进入空腔进行多次反射.每反射一次,空腔内表面就吸收一部分外来辐射的能量.设进入小孔的能量为 E,腔壁的吸收系数为 α,则经过 n 次反射后,剩余的能量为 $E(1-\alpha)^n$.由于小孔的面积远小于空腔内表面的总面积,所以 n 值很大,$E(1-\alpha)^n$ 几乎趋近于零,即小孔吸收了照射在它上面的全部辐射能.另外,小孔表面也向外辐射能量.因为在任何温度下,腔壁原子都向腔内辐射电磁波,同时也吸收其他原子辐射的电磁波,最终达到辐射与吸收的平衡.这时,由于电磁波的传播和反射,在腔内形成一组稳定的电磁驻波,其能量从小孔逸出,就是该黑体的辐射.

图 19-1 黑体的模拟物

黑体辐射的能量仅与温度 T 和波长 λ 有关,用分光技术测出一定温度下黑体的单色辐出度 $e_0(\lambda,T)$ 曲线,如图 19-2 所示.可见温度 T 一定时,黑体的单色辐出度与波长 λ 有关,在某一波长处,$e_0(\lambda,T)$ 达到最大值;当温度升高时,曲线的峰值向短波方向移动,且曲线下的面积大大增加.定量分析实验曲线,得到下列两条关于黑体辐射的实验规律.

1. 维恩位移定律

$$T\lambda_m = b \tag{19-2}$$

式中,$b=2.897\times10^{-3}$ m·K 为维恩位移定律常数,T 为黑体的热力学温度,λ_m 为该温度下单色辐出度的最大值对应的波长.维恩位移定律表明,温度 T 与波长 λ_m 之积为一常量,温度越高,λ_m 的值就越小.

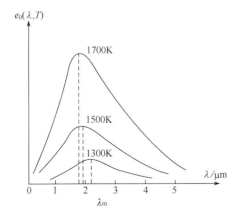

图 19-2 黑体的单色辐出度

2. 斯特藩-玻尔兹曼定律

图 19-2 中各曲线下的面积等于黑体在一定温度下,单位时间内从黑体单位表面面积发出的、波长 λ 在 $0\sim\infty$ 整个波长范围内的辐射能量,即黑体的辐出度 $E_0(T)$.根据式(19-1),$E_0(T)=\int_0^\infty e_0(\lambda,T)\mathrm{d}\lambda$.斯特藩根据实验得到

$$E_0(T)=\sigma T^4 \tag{19-3}$$

式中,$\sigma=5.67\times10^{-8}$ W·m^{-2}·K^{-4},称为斯特藩-玻尔兹曼常量.玻尔兹曼根据热力学理论,也得到了同样的结果.因此,式(19-3)称为斯特

藩-玻尔兹曼定律. 该定律表明,黑体的辐出度,即黑体从单位面积上辐射的功率,与热力学温度 T 的四次方成正比.

上述两条定律简洁而定量地给出了黑体辐射的主要规律,在现代科学技术领域有极为广泛的应用,是高温测量、遥感、红外跟踪等技术的物理基础. 例如,地球的表面温度约为 300K,由维恩位移定律可得峰值波长 λ_m 约为 $10\mu m$. 这说明地面的热辐射主要处在红外波段,由于大气几乎不吸收该波段的电磁波,所以地球卫星可以利用红外遥感技术测定地面的热辐射,进行资源、地质等各类探查.

例 19-1 由测量得到太阳辐射谱的峰值处在 $\lambda_m = 4.9 \times 10^{-7}$ m,计算太阳的表面温度和单位面积上辐射的功率;若太阳的辐射是常数,其直径 $d = 1.39 \times 10^9$ m,求太阳在一年内由于辐射而损失的质量.

解 将太阳看作黑体,根据维恩位移定律可求出太阳的表面温度为

$$T = \frac{b}{\lambda_m} = \frac{2.897 \times 10^{-3}}{4.9 \times 10^{-7}} = 5.9 \times 10^3 (\text{K})$$

太阳单位面积上辐射的功率即太阳的辐出度,可由斯特藩-玻尔兹曼定律,有

$$E_0 = \sigma T^4 = 5.67 \times 10^{-8} \times (5.9 \times 10^3)^4 = 6.9 \times 10^7 (\text{W} \cdot \text{m}^{-2})$$

因此,太阳表面在一年内辐射的能量为

$$\Delta E = E_0 \cdot \pi d^2 \cdot t$$

根据狭义相对论的质能关系 $E = mc^2$,可得太阳在一年内由于辐射而损失的质量为

$$\Delta m = \frac{\Delta E}{c^2} = \frac{E_0 \cdot \pi d^2 \cdot t}{c^2}$$

$$= \frac{6.9 \times 10^7 \times 3.14 \times (1.39 \times 10^9)^2 \times 365 \times 24 \times 3600}{(3 \times 10^8)^2}$$

$$= 1.47 \times 10^{17} (\text{kg})$$

因为太阳的质量 $M_s = 1.99 \times 10^{30}$ kg,远大于 Δm,所以可大致估计出太阳的寿命是足够长的.

19.1.3 普朗克能量子假设

图 19-3 黑体单色辐出度的
实验值和理论公式

关于黑体辐射的理论研究涉及热力学、统计物理和电磁学,因而成为 19 世纪末物理学家研究的中心问题之一. 当时,许多物理学家都企图在经典物理学的基础上,推导出黑体的单色辐出度 $e_0(\lambda, T)$ 的理论公式,但始终得不到满意的结果,其中最著名的是维恩、瑞利和金斯的工作. 1896年,维恩从经典的热力学和麦克斯韦分布律出发,导出的维恩公式在短波区与实验符合得很好,在长波区有较大的偏差(图 19-3);1900 年 6 月,瑞利发表了根据经典电磁学和能量均分定理导出的公式,后经金斯修正,成为瑞利-金斯公式. 该公式

在长波区还能符合实验,在短波区和实验相差极大,甚至得到黑体的辐出度 $E_0(T) \to \infty$ 的荒谬结果. 历史上曾将瑞利-金斯公式遇到的困难称为"紫外灾难",实际上这正是经典物理学遇到的一个巨大挫折.

德国物理学家普朗克为解决上述难题,经过分析和深入研究发现,关键的问题在于经典理论不适用于原子性的微观振动. 必须使原子的振动能量取离散值,才能从理论上导出与实验一致的公式. 因此,普朗克于 1900 年 12 月 14 日提出**能量子假设**:

(1) 原子的振动能量不是连续的,只能取 $\varepsilon, 2\varepsilon, 3\varepsilon, \cdots, n\varepsilon$ 等离散值,其中 ε 称为能量子.

(2) 能量子 ε 与振动频率 ν 成正比

$$\varepsilon = h\nu \tag{19-4}$$

式中,$h = 6.63 \times 10^{-34} \text{J} \cdot \text{s}$,称为普朗克常量.

(3) 振动的原子在辐射和吸收能量时,是以 ε 为单元,一份一份地进行的.

在能量子假设的基础上,普朗克根据统计物理和经典电动力学理论推导出了黑体的单色辐出度公式

$$e_0(\lambda, T) = 2\pi h c^2 \lambda^{-5} \cdot \frac{1}{e^{\frac{hc}{k\lambda T}} - 1} \tag{19-5}$$

式中,c 为光速,k 为玻尔兹曼常量. 该式称为普朗克公式,它在全部波长范围内都与实验结果(图 19-3 中的黑点)完全符合,并且由此式可导出黑体辐射的两条实验定律,即维恩位移定律和斯特藩-玻尔兹曼定律. 因此,普朗克能量子假设和普朗克公式圆满解释了黑体辐射问题.

普朗克能量子假设冲破了已被神圣化的经典物理思想的束缚,首次向人们揭示了微观粒子运动的基本特征. 但在当时,几乎所有的物理学家都无法接受这种崭新的物理思想——能量是量子化(不连续)的. 直到 1905 年,爱因斯坦指出光电效应的规律可以用普朗克引入的量子概念来解释,才使更多的物理学家接受了量子概念,后经发展和推广,逐渐形成近代物理的两大理论支柱之一,即量子力学. 因此,普朗克于 1900 年提出的能量子假设具有划时代的意义.

19.2 光 电 效 应

当频率足够高的光照射到金属表面时,有电子从金属表面发射出来,这种现象称为光电效应,是赫兹于 1887 年在研究电磁场的波动性时发现的.

19.2.1 光电效应的实验规律

研究光电效应的实验装置如图 19-4 所示,S 是一个抽成真空的玻璃容器,内装阴极 K 和阳极 A. A 和 K 分别与电流计 G、伏特计 V 及电池组 B 等连接. 当紫外光或短波长的可见光透过石英窗 m 照射在金属板 K 时,K 将释放出电子. 电路连接后,电子打到阳极,形成线路中的电流,这种电流称为光电流. 由电流计可测出光电流的强弱,伏特计则测出两极间相应的电势差.

实验发现,以强度一定的单色光照射阴极 K 时,随着加速电势差 $U = U_A - U_K$ 的增大,光电流逐渐增大,最终电流达到饱和值 I_s. 如果使电势差 U 减小到零,光电流并不为零. 仅当加上反向电压且数值达到 U_a 时,才能使光电流减到零,因此称 U_a 为遏止电压,如图 19-5 所示. 从实验结果可以归纳出以下四条规律.

(1) 入射光频率不变时,单位时间内阴极 K 释放的电子数与入射光的强度成正比. 因为实验指出,对一定的单色光,饱和光电流 I_s 与光强成正比(图 19-5),且饱和光电流等于单位时间内阴极 K 发射的全部电子数 N 与电子电量 e 的乘积

$$I_s = Ne \tag{19-6}$$

图 19-4 光电效应实验

图 19-5 光电效应的伏安曲线

图 19-6 遏止电压与入射光频率的线性关系

(2) 光电子的初动能随入射光的频率线性增加. 因为遏止电压 U_a 的存在,说明电子从金属表面逸出时具有一定的初速度和初动能. 若电子的最大初速度为 v_m,则下列关系成立:

$$eU_a = \frac{1}{2} m v_m^2 \tag{19-7}$$

式中,m 为电子的质量. 实验中改变入射光频率时,发现遏止电压 U_a 与入射光频率 ν 呈线性关系,如图 19-6 所示,即

$$U_a = K\nu - U_0$$

式中,K 为对各种金属普适的常量,U_0 则是与金属种类有关的常量. 把上式代入式(19-7),即得光电子的最大初动能与入射光频率的线性关系

$$\frac{1}{2} m v_m^2 = eK\nu - eU_0 \tag{19-8}$$

(3) 对给定的金属,当入射光的频率小于该金属的红限频率 ν_0 时,不会产生光电效应. 由式(19-8)可得,$\nu_0 = \dfrac{U_0}{K}$. 当入射光频率小于该值时,光电子的动能为负值,表明这时

不可能有电子从金属表面逸出.

（4）光电效应具有瞬时响应性质. 实验表明，无论光强如何微弱，从光照射金属开始，几乎是瞬间就可产生光电子，该过程仅需要 10^{-9} s 的时间.

以上实验结果是无法用光的经典波动理论解释的. 按照光的波动理论，当光照射金属时，金属中的电子受电磁波中电场的作用做受迫振动. 因此，电子吸收入射光的能量达到一定程度时，才可以克服金属对它的束缚而逸出金属表面，则光电子的初动能应取决于光波振幅的平方，即取决于光的强度，而与光波的频率无关. 但事实上，任何金属所释放的光电子的初动能都随入射光的频率线性增大，与入射光的强度无关，且入射光的频率小于该金属的红限 ν_0 时，无论光强如何，都不会产生光电效应. 此外，电子能量的积累需要一定的时间，入射光的强度越小，积累能量所需的时间就越长. 但实验结果并非如此，不论光强如何，只要频率大于红限，几乎是立刻就会产生光电子. 因此，光电效应的实验规律与光的波动理论之间存在着深刻的矛盾.

19.2.2 爱因斯坦光量子理论

爱因斯坦最早明确地认识到，普朗克的能量子假设标志了物理学的新纪元. 1905 年，爱因斯坦在其论文《关于光的产生和转化的一个试探性观点》中，发展了普朗克能量子假设，提出光量子概念，并应用到光的辐射和转化上，很好地解释了光电效应等现象，为研究辐射问题提出了崭新的观点.

普朗克能量子假设仅指出原子在辐射或吸收时能量是量子化的，未涉及在空间传播的电磁波的能量是否量子化. 爱因斯坦认为，能量量子化是光的普遍特性. 如果假设光的能量在空间的分布是不连续的，就可以更好地理解黑体辐射、光致发光、光电效应，以及其他有关光的产生和转化现象. 根据这一假设，光不仅在辐射中，而且在传播过程中以及在与物质的相互作用中都具有量子性. 一束光就是一束以光速 c 运动的粒子流，这些粒子称为光量子，简称光子. 每一光子的能量

$$\varepsilon = h\nu \tag{19-9}$$

式中，h 为普朗克常量，ν 为光的频率. 因此，不同频率的光子具有不同的能量. 频率越高，光子的能量越大. 对频率 ν 一定的单色光，光的强度 S（即单位时间内通过垂直于传播方向单位面积的光能）决定于单位时间内通过该单位面积的光子数 n，即

$$S = nh\nu \tag{19-10}$$

根据爱因斯坦光量子理论，可以圆满地解释光电效应. 当光照射金属时，金属中的电子与光子相互作用，一个电子可以一次性地吸收一个光子的全部能量 $h\nu$，不存在积累能量的问题，符合光电效应的瞬时响应性质. 根据能量守恒定律，电子吸收一个光子的能量后，一部分用于从金属中逸出所需的逸出功 A，剩余部分转换为光电子的最大初动能 $\frac{1}{2}mv_{\mathrm{m}}^2$（有些光电子的初动能小于该值，是因为电子在穿过金属时有能量损失），因此

$$h\nu = \frac{1}{2}mv_{\mathrm{m}}^2 + A \tag{19-11}$$

上式称为爱因斯坦光电效应方程，它成功地解释了光电子的初动能与入射光频率之

间的关系式(19-8)，及存在红限的原因. 产生光电效应的最小光子能量为 $h\nu_0=A$，所以红限频率 ν_0 由金属的逸出功 A 决定，即

$$\nu_0=\frac{A}{h} \tag{19-12}$$

根据式(19-10)，当入射光频率一定时，光的强度越大，单位时间内通过垂直于光传播方向单位面积的光子数就越多，因而单位时间内从金属中逸出的光电子数也随之增加，这就非常自然地说明了光电子数(或饱和光电流)与入射光强成正比的关系.

比较爱因斯坦光电效应方程式(19-11)和实验规律式(19-8)，可得到

$$h=eK, \qquad A=eU_0$$

因此只要从实验中测出 K，就可得到普朗克常量 h 的数值. 美国物理学家密里根从 1905 年起，在近十年的时间内做了很多精密的光电效应实验，所得到的 h 值与普朗克 1900 年从黑体辐射求得的结果符合甚好，第一次判决性地证明了光的量子性. 正是由于密里根全面地证实了爱因斯坦的光电效应方程，光量子理论才开始得到人们的承认.

19.2.3 光的波粒二象性

光子概念的提出和实验确认，使人们对光有了进一步深刻的认识. 近代关于光的本性的认识是：光既具有波动性，又具有粒子性，即光具有波粒二象性. 在某些情况下(如干涉、衍射)，光突出地显示其波动性；而在另一些情况下(如光电效应等)，则突出地显示其粒子性. 光的波动性用波长 λ 和频率 ν 描述，光的粒子性用质量 m、能量 ε 和动量 $\boldsymbol{p}$ 描述.

根据光子假设，每个光子的能量 $\varepsilon=h\nu$，再根据相对论的质能关系

$$m=\frac{\varepsilon}{c^2}=\frac{h\nu}{c^2} \tag{19-13}$$

因此，光子的质量取决于光子的能量，是一有限值. 按照相对论中质量与运动速度的关系

$$m=\frac{m_0}{\sqrt{1-\left(\dfrac{v}{c}\right)^2}}$$

且光子的速度 $v=c$，只能假定光子的静止质量 $m_0=0$，才可以使质量 m 为有限值，所以光子是静止质量为零的粒子.

根据动量的定义和式(19-13)，以及光速 $c=\lambda\nu$，得光子的动量为

$$p=mc=\frac{h}{\lambda} \tag{19-14}$$

式(19-9)和式(19-14)是描述光的波粒二象性的基本关系式. 它们表明，描述粒子性的物理量和描述波动性的物理量，在数值上是由普朗克常量联系在一起的.

例 19-2 用波长 $\lambda=589.3\text{nm}$ 的钠黄光照射在金属铯上，可产生光电效应. 已知铯的逸出功 $A=1.9\text{eV}$，试计算：

(1) 钠黄光光子的能量、质量和动量；(2) 光电子的最大初速度；(3) 铯的遏止电压.

解 (1) $\qquad \varepsilon=h\nu=h\dfrac{c}{\lambda}=\dfrac{6.63\times10^{-34}\times3\times10^8}{589.3\times10^{-9}}=3.4\times10^{-19}\text{(J)}$

$$m = \frac{\varepsilon}{c^2} = \frac{3.4 \times 10^{-19}}{(3 \times 10^8)^2} = 3.8 \times 10^{-36} \, (\text{kg})$$

$$p = \frac{h}{\lambda} = \frac{6.63 \times 10^{-34}}{589.3 \times 10^{-9}} = 1.1 \times 10^{-27} \, (\text{kg} \cdot \text{m} \cdot \text{s}^{-1})$$

（2）根据爱因斯坦光电效应方程，光电子的最大初速度为

$$v_m = \sqrt{\frac{2}{m}(h\nu - A)} = \sqrt{\frac{2}{m}(\varepsilon - A)}$$

$$= \sqrt{\frac{2 \times (3.4 \times 10^{-19} - 1.9 \times 1.6 \times 10^{-19})}{9.11 \times 10^{-31}}}$$

$$= 2.8 \times 10^5 \, (\text{m} \cdot \text{s}^{-1})$$

（3）根据式（19-7）和式（19-11）可得铯的遏止电压

$$U_a = \frac{h\nu - A}{e} = \frac{\varepsilon - A}{e} = \frac{3.4 \times 10^{-19} - 1.9 \times 1.6 \times 10^{-19}}{1.6 \times 10^{-19}} = 0.22 \, (\text{V})$$

光电效应的应用极为广泛. 在检测技术中使用最多的光电探测器,就是利用光电效应探测信息（光能），并将其转变成电信息（电能）. 例如,光电管和光电倍增管,它们都由光电阴极、阳极和真空管壳组成,是一种电流放大器件,具有灵敏度高、稳定性好、响应速度快等优点,覆盖了从近紫外光到近红外光整个光谱区. 图 19-7 是光电管的示意图,为了增大受照光通量,以提高灵敏度,把阴极 K 做成半球形,阳极 A 做成小球形,处于阴极所在玻壳的中间,既减小对阴极的挡光作用,也使光电子飞行的路程相同,高频特性好. 图 19-8 是光电倍增管的示意图,除了阴极 K 和阳极 A 以外,还有倍增极 D. 光照射在阴极上,从光阴极逸出的

图 19-7　光电管

图 19-8　光电倍增管

光电子,在数量级为百伏的分级电压 U_1 的加速作用下,打在第一个倍增极 D_1 上. 由于光电子的能量很大,它打在 D_1 上时又激发出数个二次光电子;在电压 U_2 的作用下,二次光电子又打在第二个倍增极 D_2 上,再引起二次电子发射……如此继续下去,电子流迅速倍增,最后被阳极 A 收集. 一般情况下,阳极电子流比阴极电子流大 $10^2 \sim 10^5$ 倍,具有较高的电流增益,特别适用于微弱光信号的检测.

当光照射到某些半导体材料上时,若光子的能量足够大,某些电子吸收光子的能量从原来的束缚态变成导电的自由态,但不逸出材料表面. 这时在外电场的作用下,流过半导体的电流会增大,即半导体的导电性能增强,这种现象称为光电导效应,是一种内光电效应. 利用内光电效应,可制成光敏电阻、硅光电池、光电二极管等光敏器件.

自从单色性好、亮度高的激光出现以来,实验上发现了多光子光电效应,即金属中的电子从入射光中吸收多个光子的能量而产生光电效应. 例如,1962 年发现了铯原子的双光子激发过程,1964 年实现的氙原子的七光子电离过程. 多光子过程的研究,对于实现单

原子的探测、同位素的分离以及激光核聚变等都有非常重要的作用.

19.3 康普顿效应

1923～1926年,美国实验物理学家康普顿和我国物理学家吴有训在研究X射线经金属、石墨等物质散射时,发现散射光中除了原入射波长 λ_0 的射线外,还存在波长较长的成分 λ,这种有波长改变的散射称为康普顿效应.它再一次令人信服地证实了爱因斯坦光子假设的正确性,因此项重大发现,康普顿获得了1927年诺贝尔物理奖.

19.3.1 实验规律

康普顿散射的实验装置如图19-9所示,X射线源R产生波长为 λ_0 的X射线,经准直后射向散射物A.由光阑系统 B_1 和 B_2、晶体C以及游离室D构成的光谱仪,可测量沿任一散射角 φ 散射的X射线的波长和强度.实验结果表明:

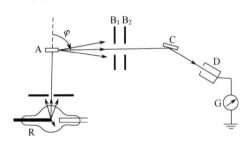

图 19-9 康普顿散射实验

(1) 波长的改变值 $\Delta\lambda = \lambda - \lambda_0$ 与入射光波长以及散射物的性质无关,只与散射角 φ 有关.

$$\Delta\lambda = 0.0024(1-\cos\varphi)\text{nm} \quad (19\text{-}15)$$

(2) 散射物原子序数的减小和散射角 φ 的增大,均可使波长为 λ 的X射线的强度增加.

按照光的波动理论,电磁波通过物体时,使物体内的带电粒子做同频率的受迫振动,并向各个方向发出同频率的次级电磁波.因此,波动理论无法解释有波长改变的康普顿效应.

19.3.2 康普顿效应的光子理论

康普顿应用光子概念,并进一步把光与物质的相互作用看成是光子与电子的完全弹性碰撞,圆满地解释了康普顿效应.

在固体中有许多和原子核联系较弱的电子,可以看成是自由电子.又因为这些电子的平均热运动动能约为 10^{-2}eV,远小于X射线光子的能量 $10^4 \sim 10^5\text{eV}$,所以从能量的相对值分析,可以忽略电子的热运动.因此,康普顿假设入射光子与实物粒子一样,与静止的自由电子做弹性碰撞.设碰撞前,电子位于坐标原点(图19-10),频率为 ν_0 的X射线沿 x 轴正方向入射.碰撞后,频率为 ν 的X射线沿 φ 角散射,电子沿 θ 角反冲.考虑到反冲电子的速度 v 较大,需采用相对论的能量和动量表达式.

根据能量守恒和动量守恒定律可得

$$h\nu_0 + m_0 c^2 = h\nu + mc^2 \quad (19\text{-}16)$$

图 19-10　光子与静止自由电子的碰撞

$$\begin{cases} \dfrac{h}{\lambda_0} = \dfrac{h}{\lambda}\cos\varphi + mv\cos\theta \\[3mm] 0 = \dfrac{h}{\lambda}\sin\varphi - mv\sin\theta \end{cases} \tag{19-17}$$

式中，m_0 和 m 分别为电子的静止质量和相对观察者有相对速度 v 时的质量，$m = \dfrac{m_0}{\sqrt{1 - \left(\dfrac{v}{c}\right)^2}}$，$\dfrac{h}{\lambda_0}$ 和 $\dfrac{h}{\lambda}$ 分别是 X 射线光子与电子碰撞前后的动量. 式(19-16)表明，光子与电子碰撞时，其部分能量传给了电子，所以光子的能量减小、频率降低、相应的波长增大，这就是产生康普顿效应的根源. 式(19-17)是 x 方向和 y 方向的动量守恒表达式，式中 $\lambda_0 = \dfrac{c}{\nu_0}$，$\lambda = \dfrac{c}{\nu}$. 消去式(19-16)和式(19-17)中的 v 和 θ，可得

$$\Delta\lambda = \lambda - \lambda_0 = \dfrac{h}{m_0 c}(1 - \cos\varphi) = \lambda_C(1 - \cos\varphi) \tag{19-18}$$

式中，λ_0 和 λ 分别为入射光和散射光的波长，$\lambda_C = \dfrac{h}{m_0 c} = 0.0024263 \text{nm}$，称为电子的康普顿波长. 式(19-18)即著名的**康普顿散射公式**，它与实验规律式(19-15)完全相符，表明波长的改变值 $\Delta\lambda$ 只与散射角有关，与入射 X 射线的波长及散射物性质无关. 因此，康普顿散射的光子理论不仅再次证实了光的波粒二象性，而且证明了光子与电子相互作用时仍严格遵从能量守恒和动量守恒定律.

此外，散射物质中还有许多被原子核束缚得很紧的电子. 光子与这些束缚电子的碰撞，应看成是光子和整个原子的碰撞. 由于原子的质量远大于光子的质量，在弹性碰撞中，光子的能量几乎没有改变(利用式(19-13))，仍为 $h\nu_0$，光子只改变方向，这就是散射光中存在原波长 λ_0 成分的原因. 当散射物的原子序数减小时，被原子核束缚较紧的电子数相应减小，因此波长为 λ 的光强会随散射物原子序数的减小而增大.

康普顿效应和光电效应都涉及单个光子与单个电子的相互作用. 当入射光的波长 λ_0 与电子的康普顿波长 λ_C 可比拟时，康普顿效应较显著；若 λ_0 远大于 λ_C，则光电效应显著. 例如，由式(19-18)得，散射角 $\varphi = \pi$ 时，波长的改变值最大，$\Delta\lambda = 0.00486 \text{nm}$. 若入射光为 X 射线，$\lambda_0 = 0.05 \text{nm}$，则 $\dfrac{\Delta\lambda}{\lambda_0} = 10\%$，就比较容易观察到康普顿效应；若入射光为紫外光，

$\lambda_0 = 350\text{nm}$，则 $\dfrac{\Delta\lambda}{\lambda_0} = 10^{-5}$，此时难以观察到康普顿效应. 这就是为什么选用 X 射线观察康普顿效应的原因.

根据式(19-18)，$\Delta\lambda$ 与三个基本常数 h、c、m_0 有关. 因此可以测量 $\Delta\lambda$，再根据两个已知常数 c 和 m_0，来确定普朗克常量 h. 实验表明用这种方法得到的 h 值与其他方法得到的结果完全一致，这再次证明了普朗克常量的普适性. 此外，利用康普顿效应还可以很好地测定光子的能量. 因为可以在很高的精度上测定反冲电子的能量，所以可根据式(19-16)和式(19-18)较精确地给出入射光的能量.

例 19-3 用波长 $\lambda_0 = 0.1\text{nm}$ 的 X 射线在碳块上做散射实验，试求在垂直于入射光的方向上，散射光中较长的波长、反冲电子的动能和动量.

解 由题意，散射角 $\varphi = \dfrac{\pi}{2}$，再根据式(19-18)得

$$\Delta\lambda = \lambda_C(1 - \cos\varphi) = \lambda_C\left(1 - \cos\frac{\pi}{2}\right) = \lambda_C = 0.00243(\text{nm})$$

所以散射光中较长的波长

$$\lambda = \lambda_0 + \Delta\lambda = 0.1 + 0.00243 = 0.10243(\text{nm})$$

根据式(19-16)可得反冲电子的动能为

$$E_k = mc^2 - m_0c^2 = h\nu_0 - h\nu = hc\left(\frac{1}{\lambda_0} - \frac{1}{\lambda}\right)$$

$$= 6.63 \times 10^{-34} \times 3 \times 10^8 \times \left(\frac{1}{1 \times 10^{-10}} - \frac{1}{1.0243 \times 10^{-10}}\right)$$

$$= 4.72 \times 10^{-17}(\text{J}) = 295(\text{eV})$$

由式(19-17)可得 $\varphi = \dfrac{\pi}{2}$ 时，反冲电子的动量分量分别满足

$$\frac{h}{\lambda_0} = mv\cos\theta$$

$$0 = \frac{h}{\lambda} - mv\sin\theta$$

反冲电子的动量为

$$p = mv = h\sqrt{\frac{1}{\lambda_0^2} + \frac{1}{\lambda^2}}$$

$$= 6.63 \times 10^{-34}\sqrt{\left(\frac{1}{1 \times 10^{-10}}\right)^2 + \left(\frac{1}{1.0243 \times 10^{-10}}\right)^2}$$

$$= 9.26 \times 10^{-24}(\text{kg} \cdot \text{m} \cdot \text{s}^{-1})$$

$$\theta = \arctan\frac{\lambda_0}{\lambda} = \arctan\frac{1}{1.0243} = 44.3°$$

本　章　小　结

1. 黑体辐射

(1) 维恩位移定律

$$T\lambda_m = b, b = 2.897 \times 10^{-3} \text{m} \cdot \text{K}$$

(2) 斯特藩-玻尔兹曼定律

$$\text{黑体辐出度 } E_0(T) = \sigma T^4,$$

$$\sigma = 5.67 \times 10^{-8} \text{W} \cdot \text{m}^{-2} \cdot \text{K}^{-4}$$

2. 普朗克能量子假设

$$\varepsilon = h\nu, h = 6.63 \times 10^{-34} \text{J} \cdot \text{s}$$

3. 光电效应

光电效应方程:$h\nu = \dfrac{1}{2}mv_m^2 + A$,其中 $\dfrac{1}{2}mv_m^2 = eU_a, A = h\nu_0$

光子能量:$\varepsilon = h\nu$,光子动量:$p = \dfrac{h}{\lambda}$,光子强度:$S = nh\nu$

4. 康普顿效应

波长的改变值

$$\Delta\lambda = \lambda - \lambda_0 = \lambda_C(1 - \cos\varphi)$$

其中,康普顿波长:

$$\lambda_C = \frac{h}{m_0 c} = 0.00243 \text{nm}.$$

能量守恒:

$$h\nu_0 + m_0 c^2 = h\nu + mc^2$$

动量守恒:

$$\frac{h}{\lambda_0} = \frac{h}{\lambda}\cos\varphi + mv\cos\theta$$

$$0 = \frac{h}{\lambda}\sin\varphi - mv\sin\theta$$

习　　题

19-1　在光电效应的实验中,如果

(1) 保持光的强度不变,但增大光的频率;

(2) 保持光的频率不变,但增大光的强度.

试根据光子理论,讨论上述两种情况下,饱和光电流和遏止电压分别怎样变化?

19-2　如果制造在可见光(波长 $\lambda = 400 \sim 760$nm)下工作的光电管,所选用金属材料的逸出功应为多少?

19-3　光电效应和康普顿效应都包含电子与光子的相互作用,这两种效应有什么不同?

19-4　将星体视作黑体,测得最大单色辐出度对应的波长 λ_m 分别是:$\lambda_{太阳} = 0.51\mu m$,$\lambda_{北极星} = 0.35\mu m$,试计算它们的温度分别是多少?

19-5　从铝中移出一个电子至少需要 4.2eV 的能量.今用波长 $\lambda = 200$nm 的光照射在铝表面,试求光电子的最大初动能、遏止电压以及铝的红限波长.

19-6　用波长 $\lambda_0 = 0.0708$nm 的 X 射线在石蜡上产生康普顿散射,则:

(1) 在 $\varphi = \dfrac{\pi}{4}$ 的方向上,试求散射 X 射线中较长的波长值;

(2) 问 φ 为何值时,光子的频率减小得最多?

(3) 问 φ 为何值时,光子的频率保持不变?

19-7 已知 X 射线的能量为 0.6MeV,在康普顿散射后,其波长变化了 20%,求反冲电子的动能.

19-8 在康普顿散射中,入射光子的波长 $\lambda_0 = 0.003$nm,反冲电子的速度 $v = 0.6c$(c 为真空中的光速),求散射光的波长及散射角.

第 20 章　量 子 力 学

从 1900 年普朗克提出的能量子假设开始,人类关于微观粒子运动规律的认识经历了实验和理论的多次反复.直到 1924 年德布罗意提出物质波的假设以后,才终于完成了从经典理论到半经典理论乃至全新的量子理论的过渡,建立了揭示微观物质世界基本规律的量子力学.

相对论和量子力学是近代物理学的两大基石,相对论给我们提供了新的时空观,量子力学则解决了物质结构这一重要课题,并给我们提供了新的关于自然界的表述方法和思考方式.从对现代物理学和人类物质文明的影响来说,后者甚至超过了前者.几乎任何一门现代物理学的分支及其有关的边缘学科,如固体物理学、原子和分子结构、原子核结构与核能利用(核电技术和原子弹)、粒子物理学、介观物理、表面物理、低温物理、激光物理、材料科学、天体物理、量子化学、量子生物学、量子信息科学等都离不开量子力学这个基础.量子力学的规律不仅支配着微观世界,也支配着宏观世界.一系列新的宏观量子效应不断被发现,如量子霍尔效应、高温超导现象、玻色-爱因斯坦凝聚等,相关的应用技术也正在迅速展开,因此量子力学的实用性会更加明显.

量子力学可分为非相对论量子力学和相对论量子力学,前者适用于低能情况,后者适用于高速运动的高能粒子.相对论量子力学是狄拉克于 1928 年将量子论和相对论结合在一起而建立的,该理论很自然地解释了电子自旋和电子磁矩的存在,并预言了正负电子对的湮没与产生.非相对论量子力学有三种等价的表述形式——波动力学、矩阵力学和路径积分方法.波动力学是薛定谔于 1926 年以波动方程的形式建立的,矩阵力学是海森伯于 1925 年创立的,路径积分方法则是狄拉克和费曼于 1933 年共同发展起来的,费曼用这种量子理论研究电子和光子的相互作用,为量子电动力学的发展打开了新局面.正如在低速领域相对论转化为经典理论一样,在宏观领域量子力学就转化为经典力学.

本章从波动力学入手,介绍量子力学的基本概念、基本规律与方法,并说明微观粒子的运动特征.

20.1　波　函　数

由于微观粒子具有波粒二象性,在量子力学中用波函数 $\Psi(r, t)$ 描述微观粒子的运动状态.

20.1.1　波函数

根据德布罗意假设,一个沿 x 轴正方向运动的、能量为 E、动量为 p 的自由粒子,其物质波是一个沿 x 轴正向传播的平面波,相应的波函数是

$$\Psi(x,t)=\varphi_0\cos2\pi\left(\nu t-\frac{x}{\lambda}\right)$$

式中,物质波的频率 ν 和波长 λ 分别由德布罗意公式(18-1)和式(18-2)决定

$$\nu=\frac{E}{h}, \quad \lambda=\frac{h}{p}$$

所以

$$\Psi(x,t)=\varphi_0\cos\frac{2\pi}{h}(Et-px)=\varphi_0\cos\frac{1}{\hbar}(Et-px)$$

式中,普朗克常量 $h=6.63\times10^{-34}\text{J}\cdot\text{s}$, $\hbar=\frac{h}{2\pi}$. 在量子力学中,波函数的形式常为复函数.

根据欧拉公式:$\text{e}^{-\text{i}\alpha}=\cos\alpha-\text{i}\sin\alpha$,其中 $\text{i}=\sqrt{-1}$ 为虚数,所以一个余弦函数可以用相应复指数函数的实部表示. 因此,上述自由粒子的波函数可写为

$$\Psi(x,t)=\varphi_0\text{e}^{-\frac{\text{i}}{\hbar}(Et-px)} \tag{20-1}$$

上式是一个周期性函数,体现了自由粒子的波动性,同时又涉及了表现粒子性的物理量——能量 E 和动量 $\boldsymbol{p}$.

如果粒子不是自由粒子,而是处于外力场中,其物质波就不再是单色平面波,相应的波函数的形式也不同于式(20-1),但仍然是能够体现微观粒子的波粒二象性与空间和时间有关的函数.

因此,所谓波函数,就是全面描述微观粒子波粒二象性的、与空间和时间有关的态函数. **用波函数 $\Psi(\boldsymbol{r},t)$ 描述微观粒子的运动状态,是量子力学的基本原理之一.**

20.1.2 波函数的统计解释

波函数的物理意义是什么? 与实物粒子相联系的物质波和粒子的运动有什么关系? 对此,玻恩于 1926 年对波函数提出了一种统计性解释,解决了这一问题,并使人们对微观粒子的波粒二象性有了正确的理解.

根据玻恩的观点,为了把微观粒子的波动性和粒子性统一起来,物质波只能是概率波,因而描述微观粒子运动状态的波函数与概率有关. 概率是统计规律中的概念,它表明在相同条件下多次进行同一实验,可能有不同的结果,概率值代表某一特定结果出现的次数所占的百分比. 为了便于理解波函数的统计解释,我们分别从两个角度分析光和电子的干涉或衍射实验. 在实验中,对于单个入射的光子或电子,在屏幕上出现的总是一个闪光点,这正是其粒子性的体现;但一般不能预计该闪光点在屏上何处出现,这体现了粒子的波动性. 随着入射粒子数目的增多,屏上闪光点的分布就会逐渐呈现出某种规律性. 当入射粒子的数目相当大时,就会得到完全确定的光波或物质波的强度分布. 因此,光波或物质波是描述大量光子或电子的统计性规律,其强度的分布,从波动的观点来说,强度与波函数模的平方 $|\Psi|^2$ 成正比,强度为极大的地方,$|\Psi|^2$ 也为极大;从粒子的观点来说,强度与到达该处的粒子数成正比,强度极大的地方,到达该处的粒子数(或粒子在该处出现的概率)也为极大. 因此,波函数模的平方 $|\Psi(\boldsymbol{r},t)|^2$ 与 t 时刻粒子在空间某点 (x,y,z) 出现的概率密度 $w(\boldsymbol{r},t)$ 成正比,这就是**波函数的统计性解释**,即

$$w(\boldsymbol{r},t)=|\Psi(\boldsymbol{r},t)|^2 \tag{20-2}$$

式(20-2)给出了概率密度(即粒子在单位体积中出现的概率)与波函数的关系,它表明与粒子相联系的物质波是概率波,波函数本身没有什么直观的物理内容,$\Psi(\boldsymbol{r},t)$并不代表某种实在的物理振动,只有$|\Psi(\boldsymbol{r},t)|^2$才反映出粒子出现的概率.

在非相对论的情况下(没有粒子的产生和湮没现象),概率波正确地把粒子的波动性(某种物理量在空间的分布呈周期性变化,并且由于波的相干叠加,会出现干涉和衍射等现象)和粒子性(具有一定的质量、能量和动量)统一了起来,并经历了无数实验的考验.

20.1.3 波函数的标准条件和归一化条件

根据波函数的统计解释,粒子在任一时刻 t,在空间某点出现的概率是确定的单值,且概率不可能为无限大,概率不会在空间任一点处发生突变.因此,**波函数 $\Psi(\boldsymbol{r},t)$ 应该是 r 和 t 的单值、有限、连续的函数.这三个条件称为波函数的标准条件.**

此外,粒子在任一时刻 t 必定会在空间的某一点出现,粒子在空间所有点(全空间)出现的概率总和等于1,所以

$$\iiint_{-\infty}^{+\infty} |\Psi(\boldsymbol{r},t)|^2 \mathrm{d}V = 1 \tag{20-3}$$

式中,$\mathrm{d}V$ 是空间(x,y,z)处体积元的体积,式(20-3)称为**波函数的归一化条件.**

值得注意的是,对于概率分布来说,重要的是相对概率分布.因此,若 c 为常数,则 $\Psi(\boldsymbol{r},t)$ 和 $c\Psi(\boldsymbol{r},t)$ 所描述的相对概率分布是完全相同的.粒子在任一时刻 t,对空间任意两点 $\boldsymbol{r}_1$ 和 $\boldsymbol{r}_2$ 的相对概率,下式成立:

$$\frac{|\Psi(\boldsymbol{r}_1,t)|^2}{|\Psi(\boldsymbol{r}_2,t)|^2}=\frac{|c\Psi(\boldsymbol{r}_1,t)|^2}{|c\Psi(\boldsymbol{r}_2,t)|^2} \tag{20-4}$$

所以,$\Psi(\boldsymbol{r},t)$ 和 $c\Psi(\boldsymbol{r},t)$ 表示同一概率波.常数 c 可以由总的概率为 1 的归一化条件确定,因此,称常数 c 为归一化因子.

粒子的波函数决定了微观粒子在空间各点出现的概率,还可以决定粒子的其他性质(如描述粒子状态的力学量的平均值).因此,波函数 $\Psi(\boldsymbol{r},t)$ 描述了微观粒子的运动状态,即量子态.

例 20-1 一粒子沿 x 轴运动,其波函数为

$$\Psi(x)=c\frac{1}{a+\mathrm{i}x}$$

式中,a 为常数,c 为归一化因子.

(1)试求归一化波函数;(2)粒子在何处出现的概率最大?(3)试求粒子在$(0,\infty)$区间内出现的概率.

解 (1)因为粒子沿 x 轴做一维运动,所以根据式(20-3),一维空间中波函数的归一化条件为

$$\int_{-\infty}^{+\infty} |\Psi(x)|^2 \mathrm{d}x = 1$$

波函数 Ψ 是复函数,其模的平方就是 Ψ 乘以它的共轭复函数 Ψ^*(把一个复函数中的i都换成$-$i,就得到其共轭复函数).因此,把波函数及其共轭复函数代入上式得

$$\int_{-\infty}^{+\infty} c^2 \frac{1}{a+ix} \cdot \frac{1}{a-ix} dx$$

$$= \int_{-\infty}^{+\infty} c^2 \frac{dx}{a^2+x^2}$$

$$= \frac{c^2}{a} \cdot \arctan \frac{x}{a} \Big|_{-\infty}^{+\infty} = \frac{c^2}{a}\pi = 1$$

所以,归一化因子

$$c = \sqrt{\frac{a}{\pi}}$$

归一化波函数

$$\Psi(x) = \sqrt{\frac{a}{\pi}} \cdot \frac{1}{a+ix}$$

(2) 粒子在任意位置 x 处的概率密度

$$w(x) = |\Psi(x)|^2 = \frac{a}{\pi} \cdot \frac{1}{a^2+x^2}$$

令 $\dfrac{dw}{dx} = 0$,可得 $x = 0$ 处粒子出现的概率最大,其值为

$$w(0) = \frac{1}{a\pi}$$

(3) 粒子在 $(0, \infty)$ 区间内出现的概率为

$$\int_0^\infty w(x) dx = \int_0^\infty |\Psi(x)|^2 dx = \int_0^\infty \frac{a}{\pi} \cdot \frac{1}{a^2+x^2} dx$$

$$= \frac{1}{\pi} \cdot \arctan \frac{x}{a} \Big|_0^\infty = \frac{1}{2}$$

*20.1.4 态叠加原理

在量子力学中,作为基本假设,引入一个非常根本的关于描述量子态的概率波叠加的态叠加原理:

如果 $\Psi_1, \Psi_2, \cdots, \Psi_n$ 是体系的可能状态,则它们的线性叠加所得到的波函数

$$\Psi = c_1 \Psi_1 + c_2 \Psi_2 + \cdots + c_n \Psi_n = \sum_{i=1}^n c_i \Psi_i \tag{20-5}$$

也是体系的一个可能状态. 当体系处于叠加态 Ψ 时,出现 Ψ_1 的概率是 $|c_1|^2 \Big/ \sum_{i=1}^n |c_i|^2$,出现 Ψ_2 的概率是 $|c_2|^2 \Big/ \sum_{i=1}^n |c_i|^2, \cdots$.

态叠加原理是微观粒子波粒二象性的体现. 以电子的双缝干涉实验为例,设电子射向双缝 S_1 和 S_2(图 20-1),若关闭 S_2,电子通过 S_1 的波函数为 Ψ_1,在屏上得到单缝衍射图样 P_1;若关闭 S_1,电子通过 S_2 的波函数为 Ψ_2,在屏上得到单缝衍射图样 P_2;若两个狭缝 S_1 和 S_2 同时打开,则电子通过双缝的波函数 Ψ 是 Ψ_1 和 Ψ_2 的线性叠加

$$\Psi = c_1 \Psi_1 + c_2 \Psi_2$$

电子的概率分布曲线为

$$|\Psi|^2 = |c_1\Psi_1 + c_2\Psi_2|^2$$
$$= |c_1\Psi_1|^2 + |c_2\Psi_2|^2 + c_1^*c_2\Psi_1^*\Psi_2 + c_1c_2^*\Psi_1\Psi_2^*$$

式中的干涉项 $c_1^*c_2\Psi_1^*\Psi_2 + c_1c_2^*\Psi_1\Psi_2^*$ 决定了双缝干涉图样是图 20-1 中的 P_3，而不是由 P_1 和 P_2 叠加成的 P_4．因此，态叠加原理必然会给出干涉、衍射等现象，体现了微观粒子的波动性．

图 20-1　电子的双缝干涉

　　态叠加原理还是一个和测量密切联系的原理．若体系处于 Ψ_1 态，测量某力学量 A 的准确值为 a_1；体系处于 Ψ_2 态，测量 A 的准确值为 a_2；则体系处于 $\Psi = c_1\Psi_1 + c_2\Psi_2$ 的状态，测量 A 的值既可能是 a_1，也可能是 a_2．测得 a_1 的概率是 $\dfrac{|c_1|^2}{|c_1|^2 + |c_2|^2}$，测得 a_2 的概率是 $\dfrac{|c_2|^2}{|c_1|^2 + |c_2|^2}$．

　　一般情况下，线性叠加态 Ψ 是时间 t 的函数，因此态叠加原理对任一时刻，以及随时间的变化均成立．

20.2　薛定谔方程

　　在经典力学中，体系的运动状态随时间的变化可以由牛顿运动定律确定．在量子力学中，微观体系的状态由波函数 $\Psi(\boldsymbol{r}, t)$ 描述，也需要有一个方程决定 $\Psi(\boldsymbol{r}, t)$ 随时间 t 的变化规律．这一方程由薛定谔于 1926 年提出．

20.2.1　薛定谔方程

　　若粒子的质量为 m，在外力场中做三维运动，相应的势能为 U，则波函数 $\Psi(\boldsymbol{r}, t)$ 满足下列微分方程

$$-\frac{\hbar^2}{2m}\nabla^2\Psi + U\Psi = \mathrm{i}\hbar\frac{\partial\Psi}{\partial t} \tag{20-6}$$

式中，∇^2 称为拉普拉斯算符，在直角坐标系下的表达式为 $\nabla^2 = \dfrac{\partial^2}{\partial x^2} + \dfrac{\partial^2}{\partial y^2} + \dfrac{\partial^2}{\partial z^2}$．式（20-6）称为薛定谔方程，是量子力学的基本方程．原则上只要给出微观粒子的势能函数，并已知粒子初始时刻的波函数 $\Psi(\boldsymbol{r}, 0)$，就可以通过解薛定谔方程及利用波函数的标准条件和归一化条件，求出粒子在任一时刻的波函数，即得到粒子的量子态随时间的变化规律．

　　薛定谔方程是量子力学的基本原理之一，它不可能从经典力学中导出，也不能用任何逻辑推理的方法加以证明，其正确性只能通过实验验证．用薛定谔方程解决实际微观问题时，均得到与实验符合得很好的结果．

　　当粒子的势能 $U = U(\boldsymbol{r})$ 不显含时间时，可以用分离变量法求解薛定谔方程．令波函数

$$\Psi(\boldsymbol{r}, t) = \psi(\boldsymbol{r}) \cdot f(t) \tag{20-7}$$

代入式(20-6)中,可得

$$-\frac{\hbar^2}{2m}\nabla^2\psi(\boldsymbol{r})\cdot f(t)+U\psi(\boldsymbol{r})\cdot f(t)=i\hbar\psi(\boldsymbol{r})\cdot\frac{\partial f(t)}{\partial t}$$

两边同除以 $\psi(\boldsymbol{r})\cdot f(t)$,得

$$\frac{1}{\psi(\boldsymbol{r})}\left[-\frac{\hbar^2}{2m}\nabla^2\psi(\boldsymbol{r})+U(\boldsymbol{r})\psi(\boldsymbol{r})\right]=i\hbar\cdot\frac{1}{f(t)}\cdot\frac{\partial f(t)}{\partial t}$$

上式左边只是 $\boldsymbol{r}$ 的函数,右边只是 t 的函数,为使该式成立,必须令两边恒等于某一常数 E,即得到下列两式

$$-\frac{\hbar^2}{2m}\nabla^2\psi(\boldsymbol{r})+U(\boldsymbol{r})\psi(\boldsymbol{r})=E\psi(\boldsymbol{r}) \tag{20-8}$$

和

$$i\hbar\frac{\partial f(t)}{\partial t}=Ef(t) \tag{20-9}$$

由式(20-9)求出

$$f(t)=ce^{-\frac{i}{\hbar}Et}$$

把上式代入式(20-7),且把常数 c 包含在 $\psi(\boldsymbol{r})$ 中,就得到薛定谔方程的特解

$$\Psi(\boldsymbol{r},t)=\psi(\boldsymbol{r})e^{-\frac{i}{\hbar}Et} \tag{20-10}$$

式中,E 为粒子的能量. 式(20-10)给出的波函数称为**定态波函数**. 因为粒子处于该波函数描述的状态时,其概率密度

$$w(\boldsymbol{r},t)=|\Psi(\boldsymbol{r},t)|^2=|\psi(\boldsymbol{r})e^{-\frac{i}{\hbar}Et}|^2=|\psi(\boldsymbol{r})|^2 \tag{20-11}$$

与时间无关,即粒子的概率分布不随时间变化,因此称这种状态为定态. 粒子处于定态时,其能量 E 有确定的数值.

式(20-8)称为定态薛定谔方程,$\psi(\boldsymbol{r})$ 称为定态波函数. 由于大多数实际问题都需要求定态波函数,因此,根据定态薛定谔方程和波函数的标准条件及归一化条件,求出微观粒子的定态能量和定态波函数,就成为量子力学的重要任务之一.

值得注意的是,薛定谔方程式(20-6)和定态薛定谔方程式(20-8)都是线性微分方程,这表明它们的解 $\Psi(\boldsymbol{r},t)$ 和 $\psi(\boldsymbol{r})$ 均满足态叠加原理. 因此,量子力学的基本原理之间是存在逻辑一致性的.

20.2.2 一维无限深势阱

为了具体了解量子力学处理问题的方法,先举一个最简单却有实际意义的例子——在一维无限深势阱中运动的粒子.

金属中的电子、原子中的电子、原子核中的质子和中子等粒子,其共同的特点是粒子被限制在一个很小的空间范围内运动. 在粗略分析这些粒子的运动时,可以认为粒子在该空间范围内可自由运动,相应的势能函数为

$$U(x)=\begin{cases}0, & 0<x<a \\ \infty, & x\leqslant 0, x\geqslant a\end{cases}$$

其势能曲线如图 20-2 所示. 根据该曲线的形状,称之为一维无限深势阱. 因为势能 U 与

时间无关,属于定态问题,可用定态薛定谔方程求出只与空间坐标有关的定态波函数.

根据式(20-8)得一维定态薛定谔方程

$$-\frac{\hbar^2}{2m} \cdot \frac{d^2}{dx^2}\psi(x)+U(x)\psi(x)=E\psi(x)$$

即

$$\frac{d^2\psi}{dx^2}+\frac{2m}{\hbar^2}(E-U)\psi=0 \qquad (20\text{-}12)$$

图 20-2　一维无限深势阱

把势能函数代入上式,在阱外

$$\frac{d^2\psi}{dx^2}+\frac{2m}{\hbar^2}(E-\infty)\psi=0$$

对于总能量 E 为有限值的粒子,唯有 $\psi=0$ 才是上式的解,即

$$\psi(x)=0, \quad x\leqslant 0, x\geqslant a \qquad (20\text{-}13)$$

在阱内

$$\frac{d^2\psi}{dx^2}+\frac{2m}{\hbar^2}E\psi=0$$

令

$$k^2=\frac{2mE}{\hbar^2} \qquad (20\text{-}14)$$

则

$$\frac{d^2\psi}{dx^2}+k^2\psi=0$$

其通解是

$$\psi(x)=A\sin kx+B\cos kx \qquad (20\text{-}15)$$

式中,A 和 B 是待定常数,可以根据波函数的标准条件和归一化条件进行确定.

首先,波函数在 $x=0$ 和 $x=a$ 处均应是连续的.由式(20-13)和式(20-15)可得

$$\psi(0)=B=0$$

$$\psi(a)=A\sin ka=0$$

由于粒子在势阱中,波函数 $\psi(x)$ 不能恒等于零,即 A 不能为零.所以,只能 $\sin ka=0$,则 $ka=n\pi$,即

$$k=\frac{n\pi}{a}, \quad n=1,2,3,\cdots \qquad (20\text{-}16)$$

因此,阱内的波函数

$$\psi(x)=A\sin\frac{n\pi}{a}x, \quad 0<x<a$$

再由归一化条件得

$$\int_{-\infty}^{+\infty}|\psi(x)|^2dx=\int_0^a A^2\sin^2\frac{n\pi}{a}x\,dx=A^2\frac{a}{2}=1$$

所以

$$A = \sqrt{\frac{2}{a}}$$

最终得到归一化的波函数为

$$\psi(x) = \begin{cases} 0, & x \leqslant 0, x \geqslant a, \\ \sqrt{\dfrac{2}{a}} \sin \dfrac{n\pi}{a} x, & 0 < x < a, \end{cases} \qquad n = 1, 2, 3, \cdots \qquad (20\text{-}17)$$

上式表明,一维无限深势阱中粒子的定态波函数具有驻波的形式(图 20-3(a)),驻波的数目由量子数 n 决定. n 越大,驻波越多. 根据式(20-2)和式(20-17),可得粒子在各处出现的概率密度

$$w(x) = |\psi(x)|^2 = \begin{cases} 0, & x \leqslant 0, x \geqslant a, \\ \dfrac{2}{a} \sin^2 \dfrac{n\pi}{a} x, & 0 < x < a, \end{cases} \qquad n = 1, 2, 3, \cdots$$

因此,粒子在阱中各处出现的概率并不相同,由量子数 n 和坐标 x 决定(图 20-3(b)). $n=1$ 时,粒子在势阱中部出现的概率最大. $n=2$ 时,有两个位置粒子出现的概率最大……

由式(20-14)和式(20-16)可得粒子在势阱中的能量

$$E_n = n^2 \frac{\pi^2 \hbar^2}{2ma^2}, \quad n = 1, 2, 3, \cdots \qquad (20\text{-}18)$$

图 20-3 一维无限深势阱中的粒子

因此,能量也是由量子数 n 决定的,是量子化的. n 越大,能量 E_n 越大. 每一个可能的能量值称为一个能级. 图 20-3 中的横线即相应的能级. $n=1$ 时,粒子的能量最低,对应的状态称为基态. $n>1$ 的状态,称为激发态. 在不同的能级上,粒子的状态不同,相应的波函数也有所不同.

无数实验证实了微观世界中特有的能量量子化现象,量子力学则成功地从理论上导出了量子化能级的存在.

例 20-2 试计算电子在一维无限深势阱中运动时,相邻能级的能量差 ΔE_n. 势阱宽度

分别为 $a=10^{-9}\text{m}, 10^{-2}\text{m}$;若阱中粒子是质量 $m=6\times 10^{-17}\text{kg}$ 的浮尘,结果又如何?

解 根据式(20-18)可得

$$\Delta E_n = E_{n+1} - E_n = (n+1)^2 \frac{\pi^2 \hbar^2}{2ma^2} - n^2 \frac{\pi^2 \hbar^2}{2ma^2} = (2n+1)\frac{\pi^2 \hbar^2}{2ma^2}$$

因为 $\hbar = \dfrac{h}{2\pi} = 1.056\times 10^{-34}\text{J}\cdot\text{s}$,电子的质量 $m_e = 9.11\times 10^{-31}\text{kg}$,所以

$$a=10^{-9}\text{m 时}, \qquad \Delta E_n = (2n+1)\times 0.375\text{eV}$$

$$a=10^{-2}\text{m 时}, \qquad \Delta E_n = (2n+1)\times 0.375\times 10^{-14}\text{eV}$$

比较以上两个 ΔE_n 的数值可知,即使对于电子这样的微观粒子,也只有在势阱宽度为原子的大小时,其能量量子化是明显的.当势阱宽度在 10^{-2}m 这样一个宏观尺度时,ΔE_n 的值非常小,几乎可以认为其能量是连续的.此时,量子力学的结果和经典理论的结果是一致的.

对于浮尘,$m=6\times 10^{-17}\text{kg}$,则

$$当\ a=10^{-9}\text{m 时}, \qquad \Delta E_n = (2n+1)\times 0.572\times 10^{-14}\text{eV}$$

$$当\ a=10^{-2}\text{m 时}, \qquad \Delta E_n = (2n+1)\times 0.572\times 10^{-28}\text{eV}$$

因此,对于宏观粒子(即使小如浮尘),其 ΔE_n 的数值非常非常小,完全可以认为其能量可以连续地取任意值.

*20.2.3 电子的逸出功

在讨论光电效应时,涉及了金属中电子的逸出功这一概念.现在可以利用一维无限深势阱中的结果,阐述电子逸出功的存在.

电子在金属内受到正离子点阵形成的电场的作用,近似将该电场认为是均匀场,则电子在金属内的电势 V 是常数,其势能 $U=-eV$ 为负值.这表明金属内的电子处于深度 $U_0 = |-eV|$ 的势阱中.因为势能零点可任意选取,为便于处理,取金属内电子的势能为零,则电子的势能为

$$U(x) = \begin{cases} U_0, & x \leqslant 0, x \geqslant a \\ 0, & 0 < x < a \end{cases}$$

如图 20-4 所示,势阱宽度 a 是金属的线度.把 $U(x)$ 代入一维定态薛定谔方程式(20-12),可得在有限深势阱中运动的电子,其能量仍是量子化的.只不过由于 a 是宏观尺度,能级间隔非常小.根据泡利不相容原理(参见本书20.6节),每一个能级最多只能容纳两个电子,且体系遵从能量最小原理,所以金属内的电子依次填满较低能级.在绝对零度时,填有电子的最上层能级 ζ 称为临界能级或费米边界.因此,要使电子从金属中逸出,至少要给它的能量值为

$$w = U_0 - \zeta$$

这个数值就等于光电效应中电子的逸出功,即爱因斯坦光电效应方程中的 A.

图 20-4 金属中电子的势能分布

*20.3 势垒 隧道效应

本节运用定态薛定谔方程,讨论动量和能量已知的一维运动的粒子受到势场作用后被散射到各个方向的概率.

20.3.1 势垒

实验表明,有的原子核在衰变过程中,会放出 α 粒子而变成一种新的原子核. 曾经令人难以理解的是,放出的 α 粒子的动能为 4～9MeV,但它在核表面附近时库仑势能多为 40MeV 左右,能量小的 α 粒子怎么能穿过势能大的区域从核内发射出来? 量子力学可以正确地解释这一问题.

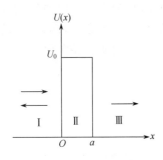

图 20-5 粒子的势垒

首先,可以从上述事例中抽象出粒子的势能

$$U(x)=\begin{cases}U_0, & 0<x<a \\ 0, & x\leqslant 0, x\geqslant a\end{cases}$$

即粒子在核内($x\leqslant 0$)和核外($x\geqslant a$)可以自由运动,在核表面附近($0<x<a$)势能为常数. 势能曲线如图 20-5 所示,因其形状称为方势垒.

把势能函数 $U(x)$ 代入一维定态薛定谔方程式(20-12),并根据波函数的标准条件可得粒子的透射系数和反射系数.

20.3.2 隧道效应

根据计算,当粒子能量 $E<U_0$ 时,其透射系数 D 不为零,即粒子可以穿过垫垒而到达势垒的另一侧如图 20-6 所示,这种现象称为势垒贯穿或隧道效应. 隧道效应只在微观领域才有意义,因为透射系数 D 与粒子的能量 E、势垒的高度 U_0 和宽度 a 密切相关. 如果粒子的能量 E 比势垒高度 U_0 小很多,即 $E\ll U_0$,且势垒宽度 a 不算小,则

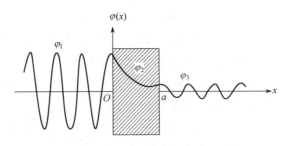

图 20-6 粒子的隧道效应

$$D\approx D_0 e^{-2k_3 a}=D_0 e^{-\frac{2a}{\hbar}\sqrt{2m(U_0-E)}} \tag{20-19}$$

上式表明,透射系数 D 随着势垒高度 U_0 和势垒宽度 a 的增大呈指数性衰减. 假如一个质量 $m=6.64\times10^{-27}$kg 的 α 粒子,当其能量 E 比势垒高度 U_0 小 1MeV,即 $U_0-E=$ 1MeV 时,取势垒宽度 $a=10^{-14}$m,可求得透射系数 $D\doteq10^{-4}$;当 a 增大 10 倍,即 $a=10^{-13}$m

时,D 的数值为 10^{-38},几乎为零.可以想象对于宏观现象是没有必要讨论隧道效应的.

金属的冷电子发射和原子核的 α 衰变等现象都是由隧道效应产生的.隧道二极管就是利用隧道效应制成的.

20.3.3 扫描隧道显微镜

扫描隧道显微镜(scanning tunneling microscopy,STM)是宾尼希和罗雷尔等于 1982 年利用电子的隧道效应研制成功的.它的出现使人类第一次能够实时观察到单个原子在物质表面的排列状态,掌握表面电子的行为,还能逐个搬动原子,使人类迈出了人为地用原子构筑各种材料的第一步.

图 20-7 STM 原理图

STM 的显微部件是一个原子线度的极细的探针,其原理如图 20-7 所示.样品表面存在的势垒阻碍内部的电子向外逸出,但由于隧道效应,电子有一定的概率穿过垫垒到达样品的外表面,形成一层电子云.这层电子云的密度随着与表面距离的增大呈指数规律衰减.把探针和样品作为两个电极,并加上一定的偏压,当探针与样品表面的距离小到 nm 数量级时,电子可以因隧道效应从一个电极穿过空间势垒到达另一个电极,形成隧道电流.隧道电流 I 随探针和表面间的距离 S 按指数衰减,因此当 S 在原子尺寸范围内改变一个原子的距离时,I 可以有上千倍的变化.当探针在样品表面上方的恒定高度进行横向扫描时,测出电流的变化即可知道样品表面的结构.将数据送入计算机进行处理,就可在显示屏或绘图机上显示出样品表面的三维图像.与实际尺寸相比,图像的放大倍数可达 10^8.

图 20-8 是著名的量子围栏(quantum corral)照片.该量子围栏是 IBM 公司的科学家于 1993 年在 4K 的温度下,用 STM 的探针逐个吸住单个的铁原子,然后把它放到精制的铜表面上,最后形成了由 48 个铁原子围成的平均半径为 7.13nm 的圆圈.表面电子在铁原子上强烈反射,被禁锢在这个量子围栏中,它们的波函数形成同心圆驻波,圈中的圆形波纹就是波函数的模的平方,其大小和图形完全符合量子力学(把量子围栏看成二维无限深圆直角势阱,然后解定态薛定谔方程)的计算结果.

图 20-8 量子围栏(IBM 公司,1993 年)

使用 STM 观察样品时,不会损坏样品. 因而在表面科学、材料科学和生命科学等领域起到非常重要的作用,是 20 世纪 80 年代世界十大科技成就之一. STM 的发明者宾尼希和罗雷尔与电子显微镜的发明者鲁斯卡分享了 1986 年的诺贝尔物理奖.

20.4　氢　原　子

氢原子是最简单的原子,是量子力学中少数可以得到精确解的体系之一. 以氢原子的解为基础,可以处理其他原子和分子的结构.

20.4.1　氢原子的波函数

氢原子由带电为 $+e$ 的原子核(质子)和一个带电为 $-e$ 的电子组成,电子所处的外力场是原子核的库仑电场. 由于氢原子核的质量约为电子质量的 1840 倍,作为一级近似,在考虑氢原子的内部结构时,可以认为原子核是静止的. 则电子在库仑电场中的势能函数是

$$U(r) = -\frac{Ze^2}{4\pi\varepsilon_0 r} \tag{20-20}$$

式中,r 是电子与原子核的距离,ε_0 是真空电容率. Z 是原子序数,$Z=1$ 时为氢原子,$Z=2,3,\cdots$ 时,则对应 He^+,Li^{++},$\cdots$ 等类氢离子. 因为 $U(r)$ 不显含时间,把上式代入式(20-8),可得氢原子的定态薛定谔方程为

$$-\frac{\hbar^2}{2m_e} \cdot \nabla^2 \psi - \frac{Ze^2}{4\pi\varepsilon_0 r} \cdot \psi = E\psi \tag{20-21}$$

根据计算,在能量 $E < 0$ 的情况下,要得到满足标准条件的波函数,E 只能取

$$E_n = -Z^2 \frac{m_e e^4}{32\pi^2\varepsilon_0^2\hbar^2} \cdot \frac{1}{n^2} = -Z^2 \cdot \frac{13.6}{n^2}\text{eV} \tag{20-22}$$

而且,主量子数　　　　　　　　$n = 1, 2, 3, \cdots, \infty$
　　　　角量子数　　　　　　　$l = 0, 1, 2, 3, \cdots, (n-1)$
　　　　磁量子数　　　　　　　$m_l = 0, \pm 1, \pm 2, \cdots, \pm l$

当 n, l 和 m_l 的数值一定时,波函数 ψ_{nlm} 的具体函数形式就完全确定,在空间任一点电子出现的概率 $|\psi_{nlm}|^2$ 也相应确定. 因此,**氢原子中电子的状态是由量子数 n, l 和 m_l 确定的.**

20.4.2　能量量子化

式(20-22)表明束缚态氢原子($Z=1$)的能量是量子化的,主量子数 n 决定了能量 E 的大小. $n=1$ 时,能量最低,$E_1 = -13.6\text{eV}$,相应的状态称为基态. $n>1$ 时,所对应的状态称为激发态. $n \to \infty$ 时,$E_n \to 0$,此状态为氢原子的电离状态,使氢原子电离所需的最小能量为 $E_\infty - E_1 = 13.6\text{eV}$. 实验证明,基态是原子最稳定的状态,处于激发态的原子都倾向于向较低的能态跃迁. 原子在激发态的寿命一般为 $10^{-10} \sim 10^{-8}$ s.

在量子理论发展的初期阶段,为了正确解释氢原子线状光谱的成因,玻尔把普朗克能量子假设和爱因斯坦光子假设推广应用到原子系统,于 1913 年提出以下三个假设:

(1) **定态假设**. 原子只能处在一系列与离散的能量 $E_1, E_2, \cdots, E_n$ 对应的稳定状态

中,这些状态称为定态.因此,原子能量的任何改变,都只能在两个定态之间以跃迁的方式进行.

（2）频率假设.当原子从一个定态 E_n 跃迁到另一个定态 E_k 时,可以发射($E_n > E_k$)或吸收($E_n < E_k$)一定频率的电磁波,其频率 ν 由下式决定:

$$h\nu = |E_n - E_k| \tag{20-23}$$

式中,h 为普朗克常量,式(20-23)称为玻尔频率公式.

（3）角动量量子化假设.原子中的电子在核外运动时,其角动量 L 只能取如下的离散值:

$$L = n\frac{h}{2\pi} = n\hbar, \qquad n = 1, 2, 3, \cdots$$

在上述三个假设的基础上,并结合经典物理的规律,玻尔在历史上首次计算出了氢原子的定态能量,其结果与量子力学的能量表达式(20-22)完全相同.

量子化的氢原子能量可以用能级图表示(图 20-9),图中的每一条横线代表氢原子可能具有的定态能量.随着主量子数 n 值的增大,相邻两线之间的距离越来越小,即相邻能级的能量差越来越小.$n \to \infty$ 时,该能量差趋于零,量子化效应不再显著.当能量 E 为正值时,能量量子化就消失了,形成连续能谱.这一点可以从能量大于零的自由电子被质子俘获,形成氢原子时所形成的连续谱得到证实.根据氢原子的能级公式(20-22)和玻尔的频率假设式(20-23),当氢原子中的电子从较高的能态 E_n 跃迁到较低的能态 E_k 时,辐射的电磁波的频率为

图 20-9　氢原子能级图及五个线系的形成

$$\nu = \frac{E_n - E_k}{h}$$

在光谱学中,为方便起见常用波数 $\tilde{\nu} = \frac{1}{\lambda}$ 表示谱线,其物理意义是单位长度内所含波的数目.则

$$\tilde{\nu} = \frac{1}{\lambda} = \frac{\nu}{c} = \frac{E_n - E_k}{hc} = \frac{m_e e^4}{8\varepsilon_0^2 h^3 c}\left(\frac{1}{k^2} - \frac{1}{n^2}\right) = R_{理}\left(\frac{1}{k^2} - \frac{1}{n^2}\right) \qquad (20\text{-}24)$$

$$k = 1,2,3,4,5$$
$$n = k+1, k+2, \cdots, \infty$$

式中，$R_{理} = \dfrac{m_e e^4}{8\varepsilon_0^2 h^3 c} = 1.097373 \times 10^7\,\mathrm{m}^{-1}$，称为里德伯常量的理论值. 该值与里德伯常量的实验值 $R = 1.096776 \times 10^7\,\mathrm{m}^{-1}$ 十分接近，因此量子力学很好地从理论上导出了氢原子光谱的实验规律. 式(20-24)称为广义巴耳末公式. k 一定时，由不同的 n 构成一个线系. 如 $k=1$ 时，对应莱曼系；$k=2$ 时，对应巴耳末系；$k=3$ 时，对应帕邢系；$k=4$ 时，对应布拉开系；$k=5$ 时，则对应普丰德系；$n \to \infty$ 时，得到相应线系中波数最大、波长最小的谱线，称为线系限.

如图 20-9 所示，氢原子从不同的高能态跃迁到同一个低能态，就得到属于同一线系的各条谱线. 莱曼系是从不同的激发态跃迁到基态，对应的能量差最大，即辐射的光子能量最大，则波长最短，处于紫外区. 同理，巴耳末系的波长较长，处于可见光区. 由于相邻能级的能量差随主量子数 n 的增大而变小，所以同一线系中各谱线按波长的排列向线系限方向越来越密. 此外，原子在各能态的分布遵从玻尔兹曼分布律，处于高激发态的原子数较少，相应地从高激发态向低能态跃迁而产生的谱线强度也较弱，使得线系中各谱线的强度随波长的减小而变弱. 所有这些结论都与实验结果相符合.

例 20-3 把氢原子中的电子从 $n=3$ 的激发态电离出去，至少需要多少能量？

解 根据氢原子的能级公式(20-22)，有

$$E_3 = -\frac{13.6}{3^2}\mathrm{eV}, \qquad E_\infty = 0$$

因此，电子从 $n=3$ 的激发态电离时至少需要的能量为

$$E_\infty - E_3 = \frac{13.6}{3^2} = 1.51(\mathrm{eV})$$

例 20-4 以动能 $E = 12.5\,\mathrm{eV}$ 的电子与氢原子碰撞，最高可以把氢原子激发到哪一能级？当原子向低能级跃迁时，可能产生哪些谱线？

解 设氢原子原处于基态，全部吸收电子的动能后跃迁到第 n 个能级，则根据能量守恒得

$$E = 12.5\,\mathrm{eV} = E_n - E_1 = \left[-\frac{13.6}{n^2} - (-13.6)\right]\mathrm{eV}$$

由上式得 $n=3.5$，因主量子数 n 只能取整数，所以氢原子最高可被激发到 $n=3$ 的能级.

当原子从 $n=3$ 的能级向低能级跃迁时，可能产生如下三条谱线

n 从 $3 \to 1$：

$$\tilde{\nu}_1 = R\left(\frac{1}{1^2} - \frac{1}{3^2}\right) = \frac{8}{9}R, \quad \lambda_1 = 102.6\,\mathrm{nm}，莱曼系$$

n 从 3→2：

$$\widetilde{\nu}_2=R\left(\frac{1}{2^2}-\frac{1}{3^2}\right)=\frac{5}{36}R,\quad \lambda_2=656.5\text{nm},\text{巴耳末系}$$

n 从 2→1：

$$\widetilde{\nu}_3=R\left(\frac{1}{1^2}-\frac{1}{2^2}\right)=\frac{3}{4}R,\quad \lambda_3=121.6\text{nm},\text{莱曼系}$$

20.4.3 角动量量子化

量子力学的计算表明,电子在核外运动的角动量 L 也是量子化的,其大小为

$$L=\sqrt{l(l+1)}\hbar,\quad l=0,1,2,\cdots,(n-1)\qquad(20\text{-}25)$$

式中,角量子数 l 决定了电子在核外运动的角动量的大小. 当主量子数 n 一定时,l 有 n 个可能的取值,这表明原子的能量 E_n 一定时,电子有 n 种可能的绕核运动. 例如 $n=3$ 时,$l=0,1,2$,则角动量 L 的可能值为 $L=0,\sqrt{2}\hbar,\sqrt{6}\hbar$. 无论 n 值的大小如何,均存在 $L=0$ 的状态. 式(20-25)得到了实验的证实.

20.4.4 角动量的空间量子化

角动量在任一方向的分量 L_z 也是量子化的,其大小为

$$L_z=m_l\hbar,\quad m_l=0,\pm1,\pm2,\cdots,\pm l\qquad(20\text{-}26)$$

因此,L_z 由磁量子数 m_l 确定,当角量子数 l 一定时,m_l 有 $(2l+1)$ 个可能的值,即角动量 L 在空间有 $(2l+1)$ 个可能的取向. 角动量的空间取向不能连续改变,只能取某些特定的方向,这种特性称为角动量的空间量子化. 当 $l=2$ 时,$m_l=0,\pm1,\pm2$,图 20-10 画出了 $l=2$ 时,L 的五种可能取向及相应的 L_z 的数值.

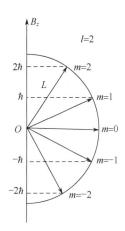

图 20-10 角动量的空间量子化

*20.4.5 氢原子核外电子的概率分布

根据量子力学的计算结果,原子中的电子并不是沿一定的轨道运动,而是按一定的概率分布 $|\psi|^2\text{d}\tau$ 出现在原子核的周围,这种概率分布可以形象地称为"电子云". 由于电子在各处出现的概率不同,可以用点的密度表示概率密度的大小. 点的密度越大,表示相应位置处电子出现的概率密度越大. 图 20-11 给出了氢原子 $n=2$ 的各状态的电子云图,根据 n,l,m_l 之间的关系,$n=2,l=0,m_l=0$,电子云分布具有球对称性. $n=2,l=1$ 时,$m_l=0,\pm1$. 其中 $m_l=0$ 时,电子云的分布关于 z 轴是对称的;$m_l=\pm1$时,电子云的分布是相同的. 当 n,l,m_l 取其他值时,也可以画出相应的电子云.

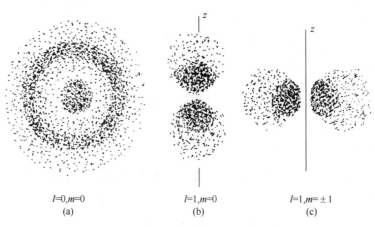

$l=0,m=0$ (a)　　　$l=1,m=0$ (b)　　　$l=1,m=\pm 1$ (c)

图 20-11 氢原子核外电子的概率分布

20.5 电子自旋

直接证实电子具有自旋的重要实验之一是施特恩-格拉赫实验. 进一步的大量实验表明, 自旋和静止质量、电荷等物理量一样, 是描述各种基本粒子(以及复合粒子, 如 BCS 超导理论中的库珀电子对)固有属性的一个很重要的物理量.

20.5.1 施特恩-格拉赫实验

1921 年, 施特恩和格拉赫为了检验电子角动量的空间量子化, 进行了专门的实验. 在高度真空的容器中, 使一束角动量为零($L=0$)的原子射线通过非均匀磁场. 实验表明, 射线发生偏转、并分裂为两束, 如图 20-12 所示. 根据式(20-26), 角量子数 $l=0$ 时, 角动量在外磁场中的取向只能是一个, 所以不能用电子在核外运动的角动量的空间量子化来解释这种分裂.

图 20-12 施特恩-格拉赫实验

20.5.2 电子自旋

为了解释上述实验事实, 以及光谱的精细结构等现象, 乌伦贝克和古德斯密特于 1925 年提出了电子自旋的假说. 他们认为, 除了电子的绕核运动以外, 还存在一种由自身属性决定的固有运动. 为形象化起见, 称这种运动为电子自旋, 相应的角动量称为**自旋角动量**, 用 S 表示. 正是自旋角动量的空间量子化, 导致了施特恩-格拉赫实验中的射线分裂为两束. 因此, 自旋角动量 S 在空间任一方向上的投影 S_z 只能取两个值, 即

$$S_z = m_s \hbar, \quad m_s = \pm \frac{1}{2} \tag{20-27}$$

式中,m_s 为自旋磁量子数. 与角动量 L 满足的规律式(20-25)相似,自旋角动量

$$S = \sqrt{s(s+1)} \hbar$$

式中,s 为自旋量子数,因为 S_z 只能取两个值,所以 $2s+1=2$,则 $s = \frac{1}{2}$,$m_s = \pm \frac{1}{2}$,

$$S = \sqrt{\frac{1}{2} \times \left(\frac{1}{2}+1\right)} \hbar = \frac{\sqrt{3}}{2} \hbar \tag{20-28}$$

上式表明,电子的自旋角动量 S 是一确定的值、仅由电子的固有属性决定,且 S 和角动量 L 是同一数量级.

对于氢原子中的电子,主量子数 n,角量子数 l 和磁量子数 m_l 决定了电子在核外运动的状态,自旋磁量子数 m_s 则决定了电子自旋角动量的空间量子化. 因此,电子的状态是由 n、l、m_l 和 m_s 这四个量子数共同决定的. 这一结论可用于多电子原子系统中的电子,因而具有普遍意义.

* 20.5.3 费米子与玻色子

无数实验事实表明,不仅电子具有自旋,其他各种基本粒子(如质子、中子等)和复合粒子也具有自旋,自旋成为表征基本粒子固有属性的重要物理量. 不能用经典理论描述自旋,根据相对论量子力学才能明确自旋的物理含义.

根据自旋量子数 s,可以把基本粒子及复合粒子分为两大类. 自旋量子数为半整数 $\left(s = \frac{1}{2}, \frac{3}{2}, \cdots\right)$ 的粒子,称为费米子,如组成实物物质的电子、质子和中子等. 自旋量子数为零或整数($s = 0, 1, 2, \cdots$)的粒子,称为玻色子,如光子、π 介子、氢原子和 α 粒子等. 由费米子组成的粒子系统,服从费米-狄拉克统计,受泡利不相容原理的约束,一个量子态只能由一个粒子占据. 由玻色子组成的粒子系统,服从玻色-爱因斯坦统计,可以有多个粒子处于同一量子态,且粒子数不受限制.

20.6 多电子原子

除了氢原子以外,其他原子都包含多个电子,是一个多电子体系. 下面介绍多电子原子的电子状态,并说明电子组态的周期性变化是原子的壳层结构的根本原因.

20.6.1 多电子原子的电子状态

在多电子原子中,影响电子运动的因素较多. 其中任一个电子的运动除了受到原子核库仑电场的引力以外,还受到其他电子的斥力,因而其势能函数较为复杂. 虽然可以写出多电子原子的薛定谔方程,却难以精确求解. 但可以采用下述近似方法处理:原子中每个电子的运动本来是相互影响的,现近似认为每个电子是独立的,把其他电子的斥力看成是

对核电场的一种平均屏蔽作用. 因此,多电子原子中每一个电子的势能函数与氢原子中电子的势能函数相似,仅相应地减小一个常数因子. 所以,每个电子的波函数与氢原子的波函数相似,仍用主量子数 n,角量子数 l 和磁量子数 m_l 确定电子在核外的运动,用自旋磁量子数 m_s 确定电子的自旋态. 与氢原子不同的是,多电子原子中电子的能量不仅与 n 有关,还与 l 有关.

1) 主量子数 n

$n=1,2,3,\cdots$,它决定电子能量的主要部分. 一般情况下,n 值越大,电子的能量越高.

2) 角量子数 l

$l=0,1,2,\cdots,(n-1)$,它决定了电子绕核运动的角动量 $\boldsymbol{L}$ 的大小,$L=\sqrt{l(l+1)}\hbar$,还轻微影响电子的能量. 一般情况下,n 相同的各个电子中,l 值越大,电子的能量越高. 在某些情况下,按 $(n+0.7l)$ 的数值决定能级的高低,该值越大,能级越高.

3) 磁量子数 m_l

$m_l=0,\pm1,\pm2,\cdots,\pm l$,$m_l$ 决定了电子绕核运动的角动量的空间取向,或在外磁场中的取向.

4) 自旋磁量子数 m_s

$m_s=\pm\dfrac{1}{2}$,m_s 决定了电子自旋角动量的空间取向或在外磁场中的取向.

因此,电子的状态由 n,l,m_l 和 m_s 四个量子数决定.

20.6.2　原子的壳层结构

门捷列夫于 1869 年发现,如果把元素按原子量的大小顺序排列,它们的性质会显示出周期性的变化. 根据量子力学,可以从根本上解释这种周期性变化的原因. 量子力学的计算结果表明,原子系统中,不同的电子在核外有一定的分布,其分布情况遵从泡利不相容原理和能量最小原理.

1) 泡利不相容原理

在一个原子系统中,不可能有两个或两个以上的电子处于相同的状态,即它们不可能具有完全相同的四个量子数 (n,l,m_l,m_s). 这一原理称为**泡利不相容原理**,是泡利为了解释多电子原子的光谱于 1925 年提出的. 理论和实验表明,凡是由费米子组成的系统都遵从泡利不相容原理.

2) 能量最小原理

原子处于正常状态时,它的每个电子都趋向占据最低的能态. 从而使整个原子系统的能量最低,处于最稳定状态. 该原理称为**能量最小原理**.

根据这两个原理,原子中的每一个能态 (n,l,m_l,m_s) 只能由一个电子占据,且按照能量由低到高的顺序依次被电子占据. 量子力学的计算表明,主量子数 n 相同的电子在空间出现的概率分布区域比较接近,因而这些电子形成原子的一个主壳层,通常用大写字母 K,L,M,N,$\cdots$ 表示 $n=1,2,3,4,\cdots$ 的主壳层. 同理,在同一主壳层中,角量子数 l 相同的电子构成一个支壳层,用小写字母 s,p,d,f,… 表示 $l=0,1,2,3,\cdots$ 的支壳层. 利用泡利不相容原理,可以计算出各个壳层可能容纳的最大电子数. 当 n 一定时,l 取 $0,1,2,\cdots$,$(n-1)$;当 l 一定时,m_l 可取 $(2l+1)$ 个值;当 n,l,m_l 均一定时,m_s 有两个可能值. 因此,每一个支壳层最多可容纳 $2(2l+1)$ 个电子. 即 s 支壳层($l=0$)最多容纳 2 个电子,p 支壳层($l=1$)最多容纳 6 个电子,d 支壳层($l=2$)最多容纳 10 个电子……. 由于每个主壳层包含 n 个支壳层,所以每个主壳层最多可容纳的电子数为

$$Z_n = \sum_{l=0}^{n-1} 2(2l+1) = 2n^2 \tag{20-29}$$

即 K 壳层($n=1$)最多容纳 2 个电子,L 壳层($n=2$)最多容纳 8 个电子,M 壳层($n=3$)最多容纳 18 个电子…….

由于 n 和 l 决定能级的高低,所以常用 n 的数值和表示 l 的字母标明能级(或相应的支壳层),如 1s,2s,2p,…. 对于原子的外层电子,能级的高低由 $(n+0.7l)$ 确定. 则由低到高的能级次序为 1s,2s,2p,3s,3p,4s,3d,4p,5s,…,按此顺序填充电子,可得任意元素的电子组态,并得到元素的周期性排列. 例如,钠($Z=11$)的电子组态为

$$1s^2 2s^2 2p^6 3s^1$$

其中的上标是每个支壳层上的电子数目. 表 20-1 给出了部分原子的电子组态及壳层分布. 可见,每当电子开始填充一个新的主壳层时,就是元素周期表中一个新的周期的开始.

表 20-1 部分原子中电子的壳层结构

周期	原子序数	元素	各壳层上的电子数			
			K 1s	L 2s 2p	M 3s 3p 3d	N 4s 4p 4d 4f
I	1	氢(H)	1			
	2	氦(He)	2			
II	3	锂(Li)	2	1		
	4	铍(Be)	2	2		
	5	硼(B)	2	2 1		
	6	碳(C)	2	2 2		
	7	氮(N)	2	2 3		
	8	氧(O)	2	2 4		
	9	氟(F)	2	2 5		
	10	氖(Ne)	2	2 6		

续表

周期	原子序数	元素	各壳层上的电子数			
			K	L	M	N
			1s	2s 2p	3s 3p 3d	4s 4p 4d 4f
Ⅲ	11	钠(Na)	2	2 6	1	
	12	镁(Mg)	2	2 6	2	
	13	铝(Al)	2	2 6	2 1	
	14	硅(Si)	2	2 6	2 2	
	15	磷(P)	2	2 6	2 3	
	16	硫(S)	2	2 6	2 4	
	17	氯(Cl)	2	2 6	2 5	
	18	氩(Ar)	2	2 6	2 6	
Ⅳ	19	钾(K)	2	2 6	2 6	1
	20	钙(Ca)	2	2 6	2 6	2
	21	钪(Sc)	2	2 6	2 6 1	2
	22	钛(Ti)	2	2 6	2 6 2	2
	23	钒(V)	2	2 6	2 6 3	2
	24	铬(Cr)	2	2 6	2 6 5	1
	25	锰(Mn)	2	2 6	2 6 5	2
	26	铁(Fe)	2	2 6	2 6 6	2
	27	钴(Co)	2	2 6	2 6 7	2
	28	镍(Ni)	2	2 6	2 6 8	2
	29	铜(Cu)	2	2 6	2 6 10	1
	30	锌(Zn)	2	2 6	2 6 10	2
	31	镓(Ga)	2	2 6	2 6 10	2 1
	32	锗(Ge)	2	2 6	2 6 10	2 2
	33	砷(As)	2	2 6	2 6 10	2 3
	34	硒(Se)	2	2 6	2 6 10	2 4
	35	溴(Br)	2	2 6	2 6 10	2 5
	36	氪(Kr)	2	2 6	2 6 10	2 6

本 章 小 结

1. 微观粒子的波函数

(1) 波函数:全面描述微观粒子波动特性的波函数 $\Psi(r,t)$.

(2) 波函数的统计解释:波函数模的平方 $|\Psi(r,t)|^2$ 与粒子 t 时刻在 r 处出现的概率密度 $\omega(r,t)$ 成正比,$\omega(r,t)=|\Psi(r,t)|^2$.

(3) 波函数标准化条件:单值、有限、连续.

(4) 波函数的归一化条件:$\iiint_{-\infty}^{+\infty}|\Psi(r,t)|^2 \mathrm{d}V = 1.$

2. 薛定谔方程

$$-\frac{\hbar^2}{2m}\nabla^2\boldsymbol{\Psi}+U\boldsymbol{\Psi}=\mathrm{i}\,\hbar\frac{\partial\boldsymbol{\Psi}}{\partial t}$$

定态函数: $\boldsymbol{\Psi}(\boldsymbol{r},t)=\psi(\boldsymbol{r})\mathrm{e}^{-\frac{\mathrm{i}}{\hbar}Et}$

一维定态薛定谔方程: $-\frac{\hbar^2}{2m}\cdot\frac{\mathrm{d}^2\psi}{\mathrm{d}x^2}+U\psi=E\psi$

3. 隧道效应

微观粒子能量小于势垒高度时,可以穿过势垒到达另一侧的现象.

4. 一维谐振子

能量量子化: $\qquad\qquad E_n=(n+\frac{1}{2})h\nu$

零点能: $\qquad\qquad E_0=\frac{1}{2}h\nu$

5. 氢原子

类氢原子能级: $E_n=-Z^2\frac{13.6}{n^2}\mathrm{eV}$,其中原子序数 $Z=1$ 时,得氢原子能级.

玻尔频率假设: $h\nu=|E_n-E_k|$

氢原子光谱: $\tilde{\nu}=\frac{1}{\lambda}=R\left(\frac{1}{k^2}-\frac{1}{n^2}\right)=\frac{E_n-E_k}{hc}$, $\quad\begin{array}{l}k=1,2,3,4,5\\ n=k+1,k+2,\cdots\end{array}$

角动量: $L=\sqrt{l(l+1)}\hbar$

角动量在任一方向的分量: $L_z=m_l\hbar$

6. 电子自旋

电子自旋:由电子自身属性决定的固有运动.

施特恩-格拉赫实验:只能用电子自旋角动量的空间取向量子化来解释,是直接证实电子自旋存在的最早实验之一.

自旋角动量: $S=\sqrt{s(s+1)}\hbar=\sqrt{\frac{1}{2}\left(\frac{1}{2}+1\right)}\hbar=\frac{\sqrt{3}}{2}\hbar$

自旋角动量在任一方向的分量: $S_z=m_s\hbar$,自旋磁量子数 $m_s=\pm\frac{1}{2}$

7. 多电子原子

原子中电子的状态用四个量子数 n,l,m_l,m_s 决定:

(1) 主量子数 $n=1,2,3,\cdots$ 决定电子能量的主要部分.一般情况下, n 越大,电子的能量越高.

(2) 角量子数 $l=0,1,2,\cdots,(n-1)$,决定电子角动量 L,还轻微影响电子的能量.一般情况下, n 相同的电子中, l 越大,电子的能量越高.

(3) 磁量子数 $m_l=0,\pm 1,\pm 2,\cdots,\pm l$,决定电子角动量的空间取向.

(4) 自旋磁量子数 $m_s=\pm\frac{1}{2}$,决定电子自旋角动量的空间取向.

泡利不相容原理：一个原子系统中，不可能有两个或两个以上的电子处于相同的状态，即它们不可能具有完全相同的四个量子数 (n, l, m_l, m_s).

能量最小原理：原子处于正常状态时，它的每个电子都趋向占据最低的能态.

原子的壳层结构：

主壳层由 n 相同的状态组成，最多可容纳 $2n^2$ 个电子，包含 n 个支壳层.

支壳层由 l 相同（n 一定时）的状态组成，最多可容纳 $2(2l+1)$ 个电子.

电子组态：$1s^2 2s^2 2p^6 3s^2 \cdots$

习　题

20-1　试根据微观粒子的波粒二象性，说明计算机芯片的集成度提高到一定程度时，必须考虑量子效应.

20-2　哪一个实验最早直接证实了电子自旋角动量的空间量子化？

20-3　已知粒子在一维势阱中运动的波函数为

$$\psi(x) = \frac{1}{\sqrt{a}} \cdot \cos\frac{3\pi x}{2a}, \quad 0 < x < a$$

试求粒子在 $x = \frac{5}{6}a$ 处出现的概率密度.

20-4　若一粒子在一维势阱中运动，其波函数为

$$\psi(x) = \sqrt{\frac{2}{a}} \cdot \sin\frac{\pi x}{a}, \quad 0 < x < a$$

在何处发现粒子的概率最大？

20-5　计算氢原子光谱中莱曼系的最短波长和最长波长.

20-6　用光照的办法可以将氢原子基态的电子电离，可用的最长波长的光是 91.3nm 的紫外光，试证明莱曼系的波长可表示为

$$\lambda = 91.3 \frac{n^2}{n^2 - 1} \text{nm}$$

20-7　设大量氢原子处于 $n=4$ 的激发态，它们向低能态跃迁时最多可以发射几条光谱线？画出跃迁图，并求出波长最短的光的波长值.

20-8　欲使氢原子能辐射巴耳末系中波长为 486.13nm 的谱线，最少要给基态的氢原子提供多少电子伏特的能量？

20-9　写出氩（$Z=18$）原子基态的电子组态.

第 21 章　物理学与现代科学技术

美国《科学引文索引》(简称 SCI)收录了 3448 种国际核心学术刊物,根据论文的引用率确定物理学位于四大学科(物理学、化学、生物学和医学)之首,且化学、生物学和医学的发展也离不开物理学. 物理学的热门课题和前沿领域继续朝着微观、宇观和复杂系统这三个基本方向发展,许多基础研究课题具有明显的应用价值.

一般说来,技术发明有两个源泉:一是源于经验;二是源于科学. 近代以来,科学越来越成为技术的源泉. 当代的几项重大技术发明可以说都是源于科学. 核技术源于核物理学的研究;原子弹、氢弹、核电站以及可控核聚变实验都是在核物理学的指导下完成的;微电子技术源于半导体物理学的研究;电子计算机的硬件系统从电子管到晶体管,再到集成电路和大规模集成电路是以电子物理学和半导体物理学为基础的;激光技术源于光辐射的量子理论. 爱因斯坦的光辐射和吸收理论与固体物理学结合导致激光器的诞生,不仅发展出半导体激光器、气体激光器等多种激光器,还衍生出基于其他物理原理的自由电子激光器和原子激光器等.

本章仅从物理学与现代科学技术的众多联系中,选出四个作以介绍.

21.1　半导体与经典计算机

任何物质都是由原子、分子组成的. 因此,量子理论不仅适用于微观领域,也适用于研究宏观物质的某些性质. 根据量子力学建立起来的固体的能带理论,成功地阐明了固体的导电性能. 半导体是所有各类固体材料中最有应用价值的一类,尤其是用半导体制成的各种功能的晶体管、集成电路、大规模和超大规模集成电路,对高速电子计算机、超小型、超高频无线设备等的发展起到了至关重要的作用.

21.1.1　固体的能带结构

固体可分为晶体和非晶体两大类. 目前,只对于晶体才有较为成熟的理论. 固体是由大量原子紧密结合而成,其结构和性质既决定于原子间的相互作用,又与原子中外层电子的运动有重要的关系. 当原子相距很远且各自孤立时,电子的能量是量子化的,可以用一系列的能级来表示这些能量. 但是,随着原子相互接近结合成晶体时,由于相邻原子间的距离与原子的线度是同一个数量级,各相邻原子的外电子壳层出现了一定程度的重叠,使价电子不再仅属于某个原子,而是属于晶体中的所有原子. 这一现象称为价电子的共有化,是一种量子力学效应. 原子的内层电子受原子核的束缚较强,受相邻原子的影响较小,因而仍属于各自的原子,内层电子和原子核构成离子实. 因此,从电结构的角度可以把晶体看成是由离子实点阵和共有化的价电子组成的多粒子系统. 用近似方法求解这一系统的薛定谔方程,就可以掌握晶体中电子的状态.

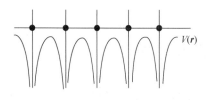

图 21-1 理想晶体的周期性势场

在理想的晶体中,离子实的排列是周期性的,因此电子是处在周期性的势场 $V(r)$ 中(图 21-1). 这一多粒子系统完整的能量算符不仅包括电子与离子实的相互作用,还包括电子与电子的相互作用,难以严格求解其薛定谔方程. 常采用的近似方法是把上述相互作用处理为有效单电子的势能函数 $U(r)$,然后求解单电子的薛定谔方程,这种方法称为单电子近似法. 计算结果表明,电子在晶体中的能量也不是任意的,而是形成若干个能带. 每个能带是由大量能级组成的,能级的数目等于组成晶体的原子数. 实际晶体的原子数相当大,约为 10^{23} 的数量级,而能带的宽度仅为几个电子伏特,所以可以认为组成能带的大量能级是连续分布的. 此外,晶体的类型、元素的种类和能量的高低,均会影响能带的宽度. 因此,大量原子结合成晶体时,电子的原有能级就分裂成能带,如图 21-2 所示. 由价电子能级分裂的能带,称为价带. 由各激发态能级分裂的能带,称为导带. 常用能级的名称表示相应的能带,如 2s 能带,2p 能带,……. 相邻的能带可能有部分重叠,也可能有一定的能量间隔. 因为电子不可能具有该间隔中的能量,所以称这种能量间隔为**禁带**.

图 21-2 晶体的能级分裂

电子在能带中的分布,遵从泡利不相容原理和能量最小原理. 根据能带中的所有能级是否被电子占据,可以把能带分为三种类型.

1) 满带

能带中的所有能级都被电子占据的能带,称为**满带**. 由于正常状态下,孤立原子的内层能级已全部被电子占据,所以当原子结合成晶体时,只要不存在能带的重叠,与内层能级相应的能带都是满带. 满带中的电子在外电场的作用下,仅出现不同能级间电子的交换,电子在能带中的总体分布并未改变,不出现宏观电流. 因此,满带中的电子不起导电作用.

2) 导带

仅部分能级被电子占据的能带,称为**导带**. 这种能带中的电子在外电场作用下,可以进入该能带中较高的空能级,形成宏观电流. 所以,导带中的电子有导电作用. 金属中的自由电子就是位于导带中.

3) 空带

与原子的激发能级相应的能带,通常没有电子占据,称为**空带**. 但是,一旦电子因某种因素受激进入空带,就可以在外电场作用下跃迁到同一能带中较高的空能级,呈现一定的导电性. 因此,空带也称为导带.

21.1.2　能带结构与导电性能

导电性能是固体的重要性质之一.为什么所有固体都有大量的电子,但各种固体的导电性能却有极大的差别呢?例如,金属导体的电阻率约在$10^{-8}\sim10^{-3}\,\Omega\cdot cm$,绝缘体(电介质)的电阻率为$10^{14}\sim10^{22}\,\Omega\cdot cm$,而半导体的电阻率为$10^{-2}\sim10^{9}\,\Omega\cdot cm$.根据固体的能带理论,可以知道导电性能的差异是由能带结构的不同引起的.

1. 绝缘体

绝缘体的能带结构如图 21-3(a)所示,其价带(与价电子能级对应的能带)已被电子全部占据形成满带,且这一满带与它上边最低的空带之间存在较宽的禁带,禁带的宽度E_g为 3~6eV.对绝缘体施加一般的外电场、或采用一般的光照和热激发,均难以把满带中的电子激发到空带中,所以导电性很弱,电阻率相当大.大多数离子型晶体和分子型晶体都是绝缘体,如 $NaCl$,KCl,CO_2 等.

2. 半导体

半导体的能带结构与绝缘体相似,如图 21-3(b)所示,都具有填满电子的满带和隔离空带的禁带.但是,二者的根本差别在于半导体的禁带宽度E_g比较窄,为 0.1~2eV.因此,用不大的激发能量就可以把满带中的电子激发到空带中.这些进入空带的电子可以参与导电,同时还在满带的上部留下空着的能级.每一个能级可能容纳的最大电子数为$2(2l+1)$,空能级上这些未被电子占据的状态称为空穴.满带中的其他电子可以在外电场的作用下来填补这些空穴,然后又留下新的空穴.因此,随着电子由低能级跃迁到高能级,空穴也在不断地从高能级向低能级转移.空穴的转移相当于带正电的粒子在外电场作用下,由高能级跃迁到低能级,也具有导电作用.所以,在半导体中存在电子导电和空穴导电两种导电机制.

图 21-3　绝缘体和半导体的能带结构

在高纯度的半导体中,电子和空穴总是成对出现的.这种电子-空穴对引起的混合型导电,称为本征导电,参与导电的电子和空穴称为本征载流子.这种没有杂质和缺陷的半导体称为**本征半导体**.当温度升高时,可以在本征半导体中产生更多的电子-空穴对,从而提高导电性能,所以其电阻率随温度的升高而迅速减小.常见的半导体材料如硅(Si)、锗(Ge)、硒(Se)和碲(Te)以及某些化合物晶体如砷化镓(GaAs)、硫化镉(CdS)和碲化铅

(PbTe)等.

例 21-1 纯净锗的禁带宽度 $E_g=0.67$ eV,试求锗所能吸收辐射的最大波长.

解 由图 21-3(b)可知,锗所能吸收辐射的最小能量等于禁带宽度,即

$$h\nu = E_g$$

且频率 $\nu=\dfrac{c}{\lambda}$,所以最小能量对应最大波长 λ_m

$$\lambda_m = \frac{hc}{E_g} = \frac{6.63 \times 10^{-34} \times 3 \times 10^8}{0.67 \times 1.6 \times 10^{-19}} = 1.85 \times 10^{-6}\,(\text{m})$$

可见,红外区域的光子就可使满带中的电子跃迁到空带中. 因此,半导体的导电性能优于绝缘体.

图 21-4 导体的能带结构

3. 导体

导体的能带结构如图 21-4 所示,其特点是价带中只有部分低能级有电子占据,上部是空能级,形成导带.例如,钠(Na)、钾(K)、铜(Cu)、铝(Al)、银(Ag)等;或者价带是满带,但与另一相邻的空带紧密相接成部分重叠,形成新的未满带即导带.因此,在外电场的作用下,导带中的电子可以跃迁到同一能带中较高的能级,从而形成电流.例如,镁(Mg)、铍(Be)、锌(Zn)等二价金属.

21.1.3 杂质半导体

在本征半导体中,用扩散法掺入少量其他元素的原子,这些原子相对半导体基体而言为杂质.掺有杂质的半导体称为**杂质半导体**.杂质既可以提高半导体的导电性能,又能改变半导体的导电机制,得到以电子导电为主的 n 型半导体或以空穴导电为主的 p 型半导体.

1. n 型半导体

在四价元素如硅(Si)和锗(Ge)半导体中,掺入少量五价元素如磷(P)或砷(As)的杂质,就得到 **n 型半导体**.因为杂质原子有五个价电子,在晶体中分散地替代一些硅原子或锗原子时,其中四个价电子和邻近的硅原子或锗原子形成共价键,剩余的一个价电子就好像在杂质原子的净电荷为 $+e$ 的电场中运动,如图21-5(a)所示,该价电子如同氢原子中的电子.基于氢原子模型,可以计算出这个多余的价电子的能级处于禁带中,并且靠近导带(空带)的底部,如图 21-6(a)所示,这种局部能级称为施主能级.施主能级与导带底的能距 ΔE_d 仅为 10^{-2} eV,如硅为 0.025eV,锗为 0.006eV,所以杂质价电子在受到热激发时,极易进入导带成为自由电子,大大增加电子的数密度.例如,本征半导体硅中电子的数密度仅为 10^{10} 个·cm^{-3}.同一温度下掺杂五价元素后电子数密度可达 5×10^{17} 个·cm^{-3},因此,n 型半导体主要是依靠电子导电.此时,称电子为多数载流子,空穴为少数载流子.

图 21-5 杂质半导体

图 21-6 杂质半导体的能带结构

2. p 型半导体

如果在硅或锗中掺入三价元素,如硼(B)或镓(Ga)等杂质,就可以得到 **p 型半导体**. 与上述的 n 型半导体恰好相反,当杂质原子替代硅或锗原子时,将缺少一个价电子,这相当于在具有净电荷为$-e$ 的杂质原子周围存在一个带正电的空穴,如图 21-5(b)所示. 与施主能级的计算方法相似,空穴的能级也位于禁带中,只不过是靠近满带顶部,如图 21-6(b)所示. 这种局部能级称为受主能级,它与满带顶的能距 ΔE_A 一般不到 0.1eV,如硅为 0.05eV,锗为 0.015eV. 因此,在温度不很高的情况下,满带顶部的电子就可以非常容易地跃迁到这些局部能级,由于可以接收电子,因此称为受主能级. 当满带中的电子跃迁到受主能级时,又会在满带形成新的空穴. 因此,p 型半导体主要依靠空穴导电,此时,空穴是多数载流子,电子是少数载流子.

*21.1.4 计算机的基本元器件

现代科学技术的发展以及信息在社会中的重要作用,导致了计算机的诞生. 自从第一台电子数字计算机"埃尼阿克"(ENIAC)出现以来,计算机工业成为世界上发展最快的工业之一,计算机的应用几乎涉及人类社会的各个领域. 其中晶体管的发明和集成电路的问世,使计算机的主要器件逐步由电子管改为晶体管、集成电路和大规模集成电路,主存储器由磁芯改为半导体存储器,从而不断缩小计算机的体积、降低功耗、提高速度、内存量和可靠性,且价格不断下降,促进了信息化社会的到来.下面,从物理角度介绍计算机的几个基本元器件.

1. pn 结

在一块本征半导体上,用不同的掺杂工艺使其部分区域形成 p 型半导体,另一部分区域形成 n 型半导体,它们的交界处形成 pn 结.正是由于 pn 结的形成,才产生了各种类型的半导体器件,如半导体二极管、三极管、二极管-晶体管逻辑门、晶体管-晶体管逻辑门.

pn 结的形成源于载流子的扩散.因为 p 型半导体中空穴多电子少,n 型半导体中电子多空穴少,所以 p 型区中的空穴向 n 型区扩散,n 型区中的电子向 p 型区扩散,如图 21-7 所示.p 型区失去空穴,留下了带负电的杂质离子;n 型区失去电子,留下了带正电的杂质离子.结果就在 p 型区和 n 型区的交界处形成厚度约为 10^{-7}m 的电偶层,即 pn 结.pn 结所产生的电场是由 n 型区指向 p 型区,称为内电场,该电场阻止了扩散的进行,当达到动平衡状态时,在 pn 结处 n 型区的电势比 p 型区高 U_0.所以,p 型区导带中的电子能量比 n 型区导带中的电子高 eU_0.同理,p 型区空穴的能量比 n 型区空穴低 eU_0,所形成的势垒 eU_0 将阻止 n 型区的电子和 p 型区的空穴向对方的进一步扩散.

(a) 载流子的扩散   (b) 电偶层   (c) pn结的电势分布

图 21-7   pn 结的形成

pn 结的重要特性在于对外加电压具有单向导电性.对 pn 结加上外加正向电压 U,即电源正极接到 p 型区,如图 21-8(a)所示,外电场与内电场的方向相反,使势垒降低为 $e(U_0-U)$.因此,n 型区的电子和 p 型区的空穴易于通过 pn 结,向对方扩散,在外电路上形成流入 p 型区的电流,称为正向电流.当外加电压 U 升高,正向电流随之增大.在正常工作范围内,外加电压的微小变化(如 0.1V),就引起正向电流的迅速上升;反之,电源的正极接到 n 型区,如图 21-8(b)所示,pn 结处于反向偏置.由于外电场与内电场方向相同,势垒增大为 $e(U_0+U)$,这使得 p 型区和 n 型区的多数载流子很难通过 pn 结,扩散电流趋近于零;但却有利于少数载流子通过 pn 结,形成微弱的反向电流(一般为微安数量级).因此,对 pn 结加正向电压为导通状态,加反向电压时为截止状态.利用一个 pn 结做成的半导体二极管,可用作整流.

(a) 正向偏置   (b) 反向偏置

图 21-8   pn 结的单向导电性

2. 半导体三极管

半导体三极管又称为晶体管,是由两个相距很近的 pn 结做成的.由于两个 pn 结之间的互相影响,晶体管具有了电流放大功能.

根据结构的不同,晶体管可分为 npn 型和 pnp 型,如图 21-9 所示.三个区分别称为发射区、基区和集电区,从各区引出的晶体管的电极称为发射极 e,基极 b 和集电极 c.基区的厚度很薄,约几微米至几十微米.发射区比集电区掺的杂质多,它们不是对称的.下面以 npn 型管为例,说明其工作原理.

(a) npn型   (b) pnp型

图 21-9　半导体三极管

如图 21-10 所示,在发射结(发射区和基区交界处的 pn 结)加正向电压,使发射区的多数载流子电子不断通过发射结扩散到基区,形成发射极电流 I_e;由于基区很薄,且掺的杂质很少,除少数电子与空穴复合形成基极电流 I_b,大部分电子都能到达集电结(集电区和基区交界处的 pn 结).对集电结施加的反向电压,可使电子很快漂移到集电结为集电区所收集,形成集电极电流 I_c.电流放大系数 α

图 21-10　发射结正向偏置时的电流放大

$$\alpha = \frac{I_c}{I_e}$$

是晶体管的一个重要参数,数值一般在 0.9～0.99.因此,控制发射极电流 I_e,就能够控制集电极电流 I_c,利用晶体管的这一基本性质,就可实现电流或电压的放大作用.

在计算机的硬件系统中,有许多逻辑电路实现逻辑运算.例如,完成"与非"逻辑运算的逻辑门,可以用二极管组成"与"门,用晶极管组成"非"门;用晶体管构成的晶体管-晶体管逻辑门(TTL)也可实现"与非"逻辑运算,其优点在于可满足高速数字电路的要求,高速门在 20ns 左右,超高速门可达 5～10ns,广泛用于中、高速电子计算机、遥测、遥控、雷达数据处理、数字通信等装置中.

3. MOS 晶体管

MOS 晶体管是指金属-氧化物-半导体场效应三极管.在一块集成电路上,可包含成千上万个 MOS 晶体管,可用作计算机中的随机存储器、集成逻辑门等. 其优点是体积小、重量轻、耗电少,抗干扰能力强、集成度高且价格低廉.

图 21-11 MOS 晶体管

MOS 晶体管的截面如图 21-11 所示,在 p 型硅层上通过扩散,形成两个小的 n 型区,分别称为源区和漏区. 金属条分别与源区和漏区相连,构成源极和漏极,其余部分则由二氧化硅起绝缘作用. 金属栅位于源区和漏区之间的上方. 栅极、源极和漏极分别相当于半导体三极管的基极、发射极和集电极. 当栅极上加一个正电压时,源区和漏区之间的 p 区中的空穴会被耗尽. 当正电压超过阈值时,p 区中会感应出电子,形成 n 型的电子沟道. 此时,如果漏区电势高于源区电势,电子就通过电子沟道从源极流向漏极,产生电流. 当停止加栅极电压时,电流就会被阻断. 因此,栅极电压可起到开关电流的作用. 利用这一特性,由六个 MOS 晶体管可组成静态存储单元电路,也可由四个 MOS 晶体管组成动态存储单元电路. 静态存储单元电路是以 MOS 晶体管的导通与截止,存储信息"1"或"0";动态存储元件则是借 MOS 晶体管栅极-源极之间的极间电容(或源极对地的电容)来存储信息的,可以用电容充电或放电存储信息"1"或"0". 在计算机中,为了提高内存量及读、写速度,采用高集成度的存储器芯片,其存储单元电路仅由一只 MOS 晶体管和一个与源极相连的电容组成.

21.2 激光与捕陷原子

激光(light amplification of stimulated emission of radiation,Laser)是在一定的条件下,光与原子(或分子、离子)相互作用而产生的**受激辐射放大的光**. 1958 年,美国物理学家肖洛和汤斯在《物理评论》杂志发表了"红外与光学激射器"的论文,提出研制受激辐射为主的光源. 此后,各国科学家纷纷提出各种实验方案. 其中美国休斯敦实验室的物理学家梅曼最早取得成功,他采用掺铬的红宝石作为发光材料,于 1960 年 5 月制成了世界上**第一台红宝石激光器**,开创了激光技术的新纪元. 我国的第一台红宝石激光器于 1961 年由中国科学院长春光学精密机械研究所研制成功,该所又于 1963 年研制成功国内首台氦氖气体激光器. 激光器的诞生导致一系列新概念、新方法和新技术的形成和发展,在激光理论、激光技术及其应用方面都取得了重大进展,并促进了傅里叶光学、非线性光学等新型学科的发展,光物理已成为近代物理学的重要学科之一.

本节介绍激光的形成、特性及其主要应用.

21.2.1 光的吸收与辐射

为了理解激光,必须明确光的吸收与辐射的特点及规律. 根据爱因斯坦的光的辐射理论,在物质发光和吸收光的现象中,主要涉及自发辐射、受激吸收和受激辐射这三种过程.

对于实际的由大量原子组成的系统,这三种过程是同时存在且相互关联的.

1. 自发辐射

处于高能级 E_2 的原子(或分子、离子),在不违背量子力学跃迁规则的条件下,总可以自发地跃迁到较低能级 E_1,并辐射一个频率为 ν 的光子,且

$$h\nu = E_2 - E_1 \tag{21-1}$$

这一过程称为自发辐射,如图 21-12 所示.

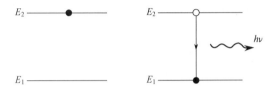

图 21-12 自发辐射

自发辐射的特点是,这种过程的产生与外界作用无关,并且是一随机过程. 因为对于大量原子来说,各个原子的辐射是自发地、独立地进行的,所以自发辐射光子的相位、偏振状态和传播方向之间没有确定的关系. 其次,各个原子所处的激发态也不尽相同,即使某些原子处于同一激发态,它们也不可能同时跃迁到相同的低能态. 因此,辐射光子的频率也不同. 可见,自发辐射的光是非相干光. 日光灯管内白色荧光粉的发光过程,主要就是自发辐射.

设 n_2 为处于 E_2 能级的原子数密度,n_{21} 为单位时间内从 E_2 能级跃迁到 E_1 能级的原子数密度,则 n_{21} 也是单位时间内自发辐射的光子数密度,它与 n_2 成正比,

$$n_{21} = A_{21} n_2 \tag{21-2}$$

式中的比例系数 A_{21} 称为自发辐射系数,其数值由原子的内在性质,即原子的能级系统特征决定.

2. 受激吸收

处于低能级 E_1 的原子,可以吸收一个能量为 $h\nu = E_2 - E_1$ 的光子,跃迁到高能级 E_2,这一过程称为受激吸收或光的吸收,如图 21-13 所示.

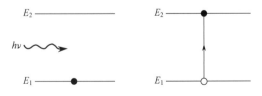

图 21-13 受激吸收

设 n_{12} 为单位时间内从 E_1 跃迁到 E_2 的受激吸收原子的数密度,$\rho(\nu)$ 为入射光的能量密度,n_1 为处于 E_1 能级的原子数密度,则三者之间存在如下关系:

$$n_{12} = B_{12}\rho(\nu)n_1 \tag{21-3}$$

式中,B_{12} 称为受激吸收系数,其数值也是由原子的能级系统特征决定. 上式表明,对一定

的原子来说,入射光的能量密度越大,受激吸收的原子越多.

3. 受激辐射

爱因斯坦于 1918 年注意到,如果仅存在自发辐射和受激吸收这两种过程,是无法解释入射光强与物质之间有平衡状态的.根据式(21-2)和式(21-3),在自发辐射过程中,由高能级 E_2 跃迁到低能级 E_1 的概率 n_{21}/n_2,仅与 A_{21} 即原子的内部性质有关;而在受激吸收过程中,原子由低能级 E_1 跃迁到高能级 E_2 的概率 n_{12}/n_1,却既与 B_{12} 即原子的性质有关,又与入射光的能量密度 $\rho(\nu)$ 有关.因此,为达到任意入射光强下,光与物质间的平衡,必然还应存在一种辐射,使原子由高能级 E_2 跃迁到低能级 E_1 的概率随入射光强的增大而增大,即这种辐射是由外来光子的诱发而产生的,因此称为受激辐射.1960 年,第一台红宝石激光器的运转,有力地证实了受激辐射机制的存在,表明了理论对实践的巨大指导作用.

如图 21-14 所示,处于高能级 E_2 的原子,在自发辐射前受到能量为 $h\nu = E_2 - E_1$ 的外来光子的诱发作用,从 E_2 能级跃迁到 E_1 能级,同时辐射一个与外来光子的频率、相位、偏振态以及传播方向都完全相同的光子.因此,受激辐射可得到相干光.此外,从光的角度来说,受激辐射可以实现光放大.因为输入一个光子,可以由受激辐射得到两个相同的光子.这两个光子可以再诱发其他原子产生受激辐射,得到四个相同的光子……如此下去,可以使全同光子的数目迅速增加,如图 21-15 所示.这种现象称为光放大.**受激辐射的光放大是产生激光的基本机制.**

图 21-14 受激辐射

图 21-15 受激辐射的光放大

设 n'_{21} 为单位时间内由高能级 E_2 跃迁到低能级 E_1 的受激辐射原子数密度,它与入射光的能量密度 $\rho(\nu)$ 和处于 E_2 能级的原子数密度 n_2 成正比.

$$n'_{21} = B_{21}\rho(\nu)n_2 \tag{21-4}$$

式中的比例系数 B_{21} 称为受激辐射系数,其数值决定于原子的能级系统特征.

当光和原子相互作用时,自发辐射、受激吸收和受激辐射这三个过程是同时存在的.

当达到平衡状态时,单位时间内从 E_1 能级跃迁到 E_2 能级的原子数密度等于反向跃迁的原子数密度,即

$$n_{12} = n_{21} + n'_{21}$$

把式(21-2)~式(21-4)代入上式,并根据统计理论可得

$$B_{12} = B_{21} \tag{21-5}$$

$$A_{21} = \frac{8\pi h \nu^3}{c^3} B_{12} \tag{21-6}$$

式中,h 为普朗克常量,c 为光速,ν 为光的频率. 式(21-5)和式(21-6)是爱因斯坦受激辐射理论的重要公式,给出了自发辐射系数 A_{21},受激吸收系数 B_{12} 和受激辐射系数 B_{21} 三者之间的关系. 根据这两个公式和式(21-2)~式(21-4),可以确定光通过物质时,究竟是增强还是减弱.

21.2.2 激光的形成

激光是受激辐射的光放大. 因此,要产生激光,必须使受激辐射占优势. 由于通常情况下,除受激辐射外,还同时存在自发辐射和受激吸收,使受激辐射非常弱. 所以要产生激光,必须创造下列三个重要的条件.

1. 粒子数反转

根据统计物理,在热力学平衡状态下,原子在能级上的分布遵从玻尔兹曼分布律. 若 E_2 和 E_1 为原子系统的任意两个能级,且 $E_2 > E_1$,则处在这两个能级上的原子数 N_2 和 N_1 的比值为

$$\frac{N_2}{N_1} = \mathrm{e}^{-\frac{E_2 - E_1}{kT}} \tag{21-7}$$

式中,k 为玻尔兹曼常量,T 为热力学温度. 由于 $E_2 > E_1$,所以 $N_2 < N_1$,即热力学平衡状态下,处于高能级上的原子数总小于处于低能级上的原子数,这种分布称为粒子数的正常分布.

粒子数反转,就是使高能级上的粒子数大于低能级上的粒子数. 这与粒子数的正常分布恰好相反,所以称为粒子数反转. 根据式(21-3)~式(21-5),单位时间内受激辐射的原子数密度 n'_{21} 与受激吸收的原子数密度 n_{12} 之比为

$$\frac{n'_{21}}{n_{12}} = \frac{B_{21}\rho(\nu)n_2}{B_{12}\rho(\nu)n_1} = \frac{n_2}{n_1} \tag{21-8}$$

所以,粒子数反转时,才能使相同时间内,受激辐射的原子数超过受激吸收的原子数. 形成以受激辐射为主的发光过程,从而获得激光输出.

要使工作物质产生并维持粒子数反转,需要从外界向工作物质输入能量,把尽可能多的粒子从低能级激发到高能级. 这时,工作物质将处于(远离热平衡态的)非热平衡状态中. 这种能量的供应过程,称为激励(或抽运). 常用的激励方法有光激励、气体放电激励、化学激励等. 在满足了激励要求之后,也不是所有的物质或一定物质的任意两个能级间都可以实现粒子反转的,还要求工作物质必须具备合适的能级结构.

2. 合适的能级结构

根据式(21-2)、式(21-4)～式(21-6)，单位时间内受激辐射的原子数密度 n'_{21} 和自发辐射的原子数密度 n_{21} 之比为

$$\frac{n'_{21}}{n_{21}} = \frac{B_{21}\rho(\nu)n_2}{A_{21}n_2} = \frac{B_{21}\rho(\nu)}{\dfrac{8\pi h\nu^3}{c^3}B_{12}} = \frac{c^3}{8\pi h\nu^3}\rho(\nu) \tag{21-9}$$

把普朗克辐射公式

$$\rho(\nu) = \frac{8\pi h\nu^3}{c^3} \cdot \frac{1}{e^{h\nu/kT} - 1} \tag{21-10}$$

代入式(21-9)中得

$$\frac{n'_{21}}{n_{21}} = \frac{1}{e^{h\nu/kT} - 1} \tag{21-11}$$

式(21-11)表明，受激辐射与自发辐射的原子数密度之比，由频率 ν 和热力学温度 T 决定. 对于普通光源，当 $T=3000\text{K}$，用波长 $\lambda=500\text{nm}$，即 $\nu=6\times10^{14}\,\text{Hz}$ 的光照射时，$\dfrac{n'_{21}}{n_{21}}\approx 5\times10^{-5}$. 这说明，在一般情况下，受激辐射远远小于自发辐射. 当用激励的方法把粒子激发到高能级以后，粒子会很快通过自发辐射回到低能级，这不利于维持粒子数反转.

粒子在某一能级停留的平均时间，称为在该能级的平均寿命. 各能级的平均寿命是不同的，一般在 10^{-8}s 的数量级. 有些能级的平均寿命可以长达 10^{-3}s，这种能级称为亚稳能级，相应的状态称为**亚稳态**. 如果某一激发态是亚稳态，粒子可长时间停留在该状态. 因此，尽管存在自发辐射，只要不断地激励，就可以使处在该亚稳态的粒子越来越多，最终实现粒子数反转. 所以，粒子存在亚稳态是实现粒子数反转的先决条件. 这就要求工作物质必须具备合适的能级结构，如三能级系统和四能级系统.

图 21-16 激光的三能级系统

红宝石(即掺 Cr^{3+} 的 Al_2O_3 晶体)激光器是一种典型的三能级系统的激光器. Cr^{3+} 是工作粒子，涉及产生激光的三个能级 E_1、E_2 和 E_3，如图 21-16 所示. 基态 E_1 是激光的下能级，亚稳态 E_2 是激光的上能级. 在光激励过程中，Cr^{3+} 吸收能量从基态 E_1 跃迁到激发态 E_3，然后以无辐射的方式(不辐射光子，但以其他形式放出能量)跃迁到亚稳态 E_2. 只要激励足够强，就可以在 E_2 和 E_1 能级间实现粒子数反转，辐射出光子能量 $h\nu_{21}=E_2-E_1$ 的激光. 由于处于基态的粒子数很多，因此实现对基态的粒子数反转的难度较大.

四能级系统如图 21-17 所示. 其主要特点是：激光的下能级不是基态 E_1，而是某一激发态 E_2. 粒子由基态 E_1 被激励到高能态 E_4，再通过快衰变跃迁到亚稳态 E_3. 由于热平衡状态下，处于 E_2 能级的粒子很少，因而可以很容易地实现 E_3 和 E_2 两能级之间的粒子数反转，辐射出光子能量为 $h\nu_{32}=E_3-E_2$ 的激光，多数激光器的工作物质具有四能级系统

的能级结构,如氦氖气体激光器.

图 21-17 激光的四能级系统

3. 光学谐振腔

引起受激辐射的最初的光子来源于自发辐射,由于自发辐射光子的相位、偏振状态、频率和传播方向都是随机的,是非相干光,所以,为了产生单色性、方向性和相干性都很好的激光,必须有选择地使一定频率和一定方向的受激辐射不断得到加强,且抑制其他频率和方向的受激辐射,能起到这种作用的装置,称为**光学谐振腔**.

最常用的光学谐振腔是由两块相互平行的反射镜构成的,如图 21-18 所示.其中一块是全反射镜,另一块是部分反射镜,反射系数为 98%,工作物质位于两镜之间.在谐振腔中,凡是传播方向偏离腔轴的光子,都会很快地逸出腔外被淘汰.只有沿腔轴方向传播的光子,才能在反射镜之间往返运行,又不断引发受激辐射,诱发出更多的同频率、同相位、同偏振态、同传播方向的光子,形成了光放大,最终从部分反射镜输出激光.光学谐振腔的反射镜镀有多层薄膜以提高反射系数,每层膜的厚度由所需反射的光的波长和膜的折射率决定(参见 17.2 节),且两个反射镜之间的距离等于要输出的激光半波长的整数倍,所

图 21-18 光学谐振腔的原理图

以只有被选定的波长的光才得到最大限度的反射,在谐振腔中形成稳定的驻波,且光的强度不断得到加强. 因此,光学谐振腔可以提高激光的单色性、方向性、相干性和强度.

综上可知,激光器是由工作物质、激励装置和光学谐振腔这三个基本部分组成的.

21. 2. 3 激光器的种类

自从 1960 年第一台激光器问世以来,激光器的研制取得了极其迅猛的进展,已发现了数万种材料可以作为激光器的工作物质,激光的波长分布从 $0.24\mu m$ 的紫外到可见光、近红外以及 $774\mu m$ 的远红外. 根据工作物质的不同,可以把激光器分为固体激光器、气体激光器、半导体激光器、染料激光器和自由电子激光器.

1. 固体激光器

固体激光器以掺杂离子型绝缘晶体或玻璃体作为工作物质,主要有红宝石、掺钕钇铝石榴石(Nd^{3+}:YAG)和钕玻璃三种激光器.

在固体激光物质中,参与激光作用的离子数密度比较大,为 $10^{19} \sim 10^{20}\,cm^{-3}$(在气体激光器,如氦氖激光器中,氦原子数密度仅为 $10^{15}\,cm^{-3}$). 离子的激光上能级的平均寿命为 $10^{-4} \sim 10^{-3}\,s$(氖的激光上能级的平均寿命仅为 $10^{-8} \sim 10^{-7}\,s$),所以固体激光物质能储存较多的能量,容易获得高能量和大功率的激光脉冲. 此外,固体激光器的工作物质小,机械强度高.

固体激光器一般采用光激发,主要由激光棒、激励灯、聚光器和谐振腔组成. 由于能量转换环节多,效率较低.

2. 气体激光器

气体激光器的工作物质是气体,它的光学均匀性优于固体,其光束质量(如单色性、相干性、稳定性等)比较好,输出功率也在逐步提高,这对于许多应用是非常重要的.

气体激光器一般采用气体放电激励,在某些特殊情况下,才采用光激励、化学反应激励和热激励等方式.

常见的气体激光器有氦氖原子气体激光器、氦镉离子激光器、氩离子激光器、二氧化碳激光器等. 氦氖激光器是一种典型、成熟的原子气体激光器,由工作物质、放电管和谐振腔组成. 按一定体积比例($5:1 \sim 7:1$)混合的氦氖原子气体作为工作物质,封入抽空的玻璃管中. 采用气体放电激励,实现粒子数反转.

3. 半导体激光器

半导体激光器的工作物质是半导体材料,有砷化镓、硫化镉、磷化铟、硫化锌和锑化锌等. 激励方式有 pn 注入、电子束激励和光泵浦三种方式.

根据 21.1 节的介绍可知,在形成了 pn 结的半导体材料上加上正向电压时,可以使 n区中的自由电子源源不断地通过 pn 结向 p 区扩散. 当结区内同时存在着大量导带中的电子和价带中的空穴时,它们就会复合而发光. 这种通过外加电场,向 pn 结注入电流而导致 pn 结发光的过程,称为 pn 结的电注入发光. 当注入的电流足够大时,才能在结区内形成粒子数反转(即导带中的自由电子多于价带中的空穴数).

利用晶体的某一对晶面,可作为半导体激光器的谐振腔.例如,砷化镓晶体的外形是立方体,所有的相对面之间都严格平行,且极其光滑,有 35% 的反射率,已足以引起激光振荡.当需要更高的反射率时,可在晶面上镀膜,达到 95% 以上的反射率.

半导体激光器的体积很小,与小功率半导体三极管的外形及大小差不多,可以直接用电源调制,适用于激光通信和测距等方面.

4. 染料激光器

染料激光器以有机染料为工作物质.有机染料是一种碳氢化合物,其分子由一个或数个共轭双键(即两个双键被一个单键隔开,表示符号为=C—C=)组成,这种染料目前已有三百余种.

染料激光器的增益高、体积小、光束质量好,所发激光的波长在一定范围内连续可调,一般采用光激励式.

5. 自由电子激光

自由电子激光是以自由电子为工作物质的光受激辐射,是一种新型的强相干辐射光.在特定含义上,自由电子激光是指相对论性自由电子束通过一横向周期性磁场时,产生的光波受激振荡或受激放大.1971 年,杰·梅第在其博士论文中首次提出自由电子激光的概念,并于 1976 年在美国斯坦福大学实现了远红外"自由电子激光".这种新型光源的工作频率和辐射功率依赖于相对论性电子束的能量、周期性变化磁场的周期长度及幅值.

自由电子激光具有一系列其他已有光源无法替代的优点,如频谱可以从远红外跨越到硬 X 射线,峰值功率和平均功率可调且非常高,具有 ps 数量级脉冲的时间结构且时间结构可控.因此,自由电子激光在科学、军事和国民经济等各方面有重要的应用前景.

21.2.4 激光的特性

与普通光相比,激光具有如下特性:

1. 方向性好、亮度高

普通光源发出的光辐射是沿 4π 立体角分布的,激光器则不同.由于光学谐振腔对光束方向的选择作用,激光的发散角很小,约为 $10^{-3}\,\text{rad}$,具有很好的方向性.因为光源的单色亮度 B_λ 由下式决定:

$$B_\lambda = \frac{P}{\Delta S \cdot \Delta\lambda \cdot \Omega^2} \tag{21-12}$$

式中,P 为发光功率,ΔS 为发光面积,Ω 为光辐射的立体角,$\Delta\lambda$ 为光辐射的谱线宽度.所以,在其他条件(P、ΔS 和 $\Delta\lambda$)相同时,仅 $\Omega = 10^{-3}\,\text{rad}$,激光的亮度就是普通光亮度的 $\left(\frac{4\pi}{10^{-3}}\right)^2 = 1.58 \times 10^8$ 倍.因此,激光的亮度非常高.即使普通的功率仅为 10mW 的氦氖激光器,所发出的激光的亮度也比太阳光的亮度高几千倍.

2. 单色性好

光的单色性是用光辐射能量集中的谱线宽度衡量的. 谱线宽度 $\Delta\lambda$ 越小, 光的单色性就越好. 在普通光源中, 单色性最好的是氪灯, 它发射的红光($\lambda = 605.7\text{nm}$)的谱线宽度 $\Delta\lambda = 4.7 \times 10^{-4}\text{nm}$. 激光的单色性远远优于氪灯, 氦氖激光器发出 $\lambda = 632.8\text{nm}$ 红光的谱线宽度 $\Delta\lambda = 10^{-9}\text{nm}$, 比氪灯的单色性提高了 10 万倍左右.

3. 相干性好

由于激光的单色性好, 其相干性也很好. 根据爱因斯坦光子假设, 光子的动量 $p = \dfrac{h}{\lambda}$, 以及不确定性关系 $\Delta x \cdot \Delta p \geqslant h$, 可以得到相干长度为

$$\Delta x = \frac{\lambda^2}{\Delta\lambda} \tag{21-13}$$

式中, λ 为波长. 把氦氖激光器和氪灯的波长 λ 及谱线宽度分别代入上式, 可得前者的相干长度为 $4 \times 10^5\text{m}$, 而后者的相干长度仅为 0.78m.

4. 光脉冲的宽度窄

如果光源发射的能量集中在很短的时间内, 就可以得到高峰值功率的光. 普通光源难以产生宽度很窄的光脉冲. 例如, 照相用的闪光灯其光脉冲宽度仅为 10^{-3}s 左右. 但是, 激光器可以输出脉宽为 $10^{-14} \sim 10^{-9}\text{s}$ 的光脉冲.

*21.2.5 激光冷却和捕陷原子

1997 年 10 月 15 日, 瑞典皇家科学院将该年度的诺贝尔物理学奖授予美国斯坦福大学的朱棣文、法国巴黎高等师范学院的克罗德·科恩-塔努吉和美国国家标准和技术研究所的威廉·菲利普斯, 以表彰他们在发展激光冷却和捕陷原子技术方面的杰出贡献. 操纵和控制孤立的原子, 一直是物理学家孜孜以求的目标. 由于原子不停地热运动, 必须将原子"冷却", 使其速度降至极低, 才能方便地将原子控制在某个空间小区域中, 实现捕陷原子.

早在 1917 年, 爱因斯坦就在有关黑体辐射的文章中指出, 自发辐射过程中会有原子动量的转移. 直到 20 世纪 80 年代, 才利用激光使这种动量的转移明显地体现出来, 并导致实验上将原子深度冷却和捕陷.

图 21-19　原子共振吸收相向运动光子的能量

所有用激光去影响原子运动的过程, 如冷却、捕陷等, 都是基于原子对光子的吸收、再发射, 或者广义地说, 都是基于散射而导致的反冲. 例如, 一种对激光冷却原子最为重要的情况, 就是原子共振吸收与其运动方向相对的光子, 然后自发辐射的过程. 如图 21-19 所示, 设质量为 m 的原子静止时的吸收频率为 ν_0, 它以

速度 v 相对光子运动时, 由于多普勒效应, 被共振吸收的光的频率为

$$\nu = \nu_0 \left(1 - \frac{v}{c}\right) \tag{21-14}$$

原子吸收该频率的光子后, 以自发辐射的方式发出光子回到基态; 然后再吸收光子, 再自发辐射……每吸收一个光子, 原子都得到一个与其运动方向相反的动量, 相应速度的减少量为

$$\Delta v = -\frac{h\nu_0}{mc} \tag{21-15}$$

而每次自发辐射的光子, 其方向却是随机的, 可以沿任何一个方向. 因此, 多次重复之后, 原子吸收光子得到的反冲动量随吸收次数不断增加, 而自发辐射损失的动量平均为零. 所以, 原子的速度不断降低, 达到用激光冷却原子的目的. 这种冷却机制称为多普勒冷却. 一个速度为 $10^2 \, \mathrm{m \cdot s^{-1}}$ 的原子要经过大约 10^4 次的散射, 才可降至 mK 以下的温度. 再利用其他机制, 可以使原子得到进一步的冷却.

当原子被冷却后, 可以将其导入阱中, 实现捕陷原子. 例如, 用激光构成的光阱, 用非均匀磁场和激光构成的磁-光阱等. 激光冷却和捕陷原子是相互紧密联系的. 没有成功的冷却就很难捕陷原子, 而最深的冷却往往是在捕陷原子后才达到的. 原子被捕陷后, 在阱中可深度冷却到 μK 以下.

激光冷却和捕陷原子的研究, 在科学上和实用上都具有重大的意义. 首先, 它将大大提高高分辨率光谱研究的精度, 进一步推动原子、分子物理学的发展. 因为原子被冷却和捕陷后, 一切由于原子运动导致的谱线增宽都将被消除, 得到仅由能级跃迁的量子性质决定的原子谱线; 还可以长时间地观察、研究被限于一个小区域的冷却了的原子, 从而提高观测的灵敏度. 其次, 开辟了新的原子、分子物理和光物理的研究领域. 例如, 借助于激光和中性原子之间的相互作用, 可使中性原子束聚焦、准直、反射、分束和偏转, 形成"原子光学"这一新的科学分支. 又由于冷原子对应的德布罗意波长比较长, 可用于研究原子干涉、原子衍射等物质波的现象, 形成"德布罗意光学". 另外, 可以将目前的原子钟的精度提高两个数量级, 这可以进一步满足人类的活动向全球以及外层空间扩展的需要, 也可以适应未来社会高速率大容量交换信息的需要. 所谓原子钟, 是利用原子超精细能级之间的跃迁频率定义的时间. 1967 年第 13 届国际计量大会决定, 以零磁场下铯 [133] Cs 原子基态两个超精细结构能级之间的跃迁频率作为国际通用的频率标准, 定义与它相应的电磁波持续 9192631770 个周期的时间为 1s, 即原子秒. 因此, 称为铯原子钟. 我国已成为世界八大先进的授时国之一, 所用的铯原子钟精度为 3×10^{-13}. 这不仅为电台、电视台提供标准时间及频率, 而且也为我国的运载火箭、核潜艇、远程战略武器的发射、入轨、落区测控提供高精度的时间频率信号, 为发射侦察卫星、通信卫星等的姿态控制、星载仪器的开关、动力装置的点火和关闭等提供准确的标准时刻.

目前, 激光技术已深入到国民经济建设、科学研究和国防建设等领域. 例如, 激光精密计量、激光信息处理、激光加工、激光医学、激光生物应用、激光光谱、激光武器等. 因此, 激光技术成为一门走向实用化和产业化的高新技术.

*21.3　超导与超导量子干涉仪

超导电性是在人类发展低温技术并研究新的温度范围内物质的物理性质的过程中发现的. 1908 年, 荷兰莱登大学的卡末林·昂纳斯教授成功地液化了最后一个 "永久气体"——氦气, 达到了 4.2K(−269℃) 的低温. 3 年后, 他发现汞的电阻在液氦温度(T_c = 4.15K) 附近突然降为零. 这种现象称为超导电现象, 电阻发生突变的温度 T_c 称为超导临界温度或超导转变温度. 这一发现标志人类对超导研究的开始.

21.3.1　超导电性

超导电性并不是个别金属所特有的, 至少有二十余种金属在极低的温度下能够成为超导体 (表 21-1); 还发现某些半导体、多元金属氧化物以及一系列合金在适当的条件下, 也可以处于超导态. 研究结果表明:

表 21-1　金属超导体的临界温度和发现年代

金属	临界温度 T_C/K	发现年代
汞 Hg	4.15	1911
锡 Sn	3.69	1913
铅 Pb	7.26	1913
钽 Ta	4.38	1928
铌 Nb	9.2	1930
铝 Al	1.14	1933
钒 V	4.3	1934

（1）超导金属元素位于元素周期表的中部. 常温下导电性差的金属可以是超导体, 常温下的良导体 (如一价金属) 却表现不出超导电性;

（2）超导体都不是铁磁质或反铁磁质物质;

（3）多元金属氧化物和合金的超导体具有较高的临界温度. 例如, 钇钡铜氧等元素的化合物, 其临界温度 T_c = 98K, 而绝大多数超导体的临界温度都低于 20K.

实验表明, 超导体具有两大主要特征: 一是零电阻率; 另一个是完全抗磁性.

零电阻率是指样品在临界温度以下时, 电阻率小到可以认为是零 (因为任何设备都有一定的测量精度, 所以在实验上无法证明超导态下的电阻率为零. 目前, 较精确地测出超导态铅的电阻率 ρ 小于 $3.6 \times 10^{-23}\Omega \cdot cm$). 电阻率 $\rho = 0$, 表明载流子能够毫无能量损失地在超导体中流动. 所谓完全抗磁性, 是指超导状态下超导体把内部磁场完全排出体外、保持体内磁感应强度 **B** 等于零. 这种现象是由德国物理学家迈斯纳于 1933 年发现的, 称为迈斯纳效应. 因为磁导率 $\mu < 1$ 的物质是抗磁质, 且超导体的 $\mu = 0$, 所以超导体是理想的抗磁质.

超导体的零电阻率和完全抗磁性是既相互独立, 又紧密联系的. 零电阻率是产生迈斯纳效应的必要条件,但完全抗磁性不能由零电阻率派生出来.因为电阻率 $\rho=0$ 时,电导率 $\sigma\rightarrow\infty$,根据欧姆定律的微分形式,电流面密度 $\boldsymbol{J}=\sigma\boldsymbol{E}$,所以 $\boldsymbol{J}$ 为有限值的条件是超导体内的电场强度 $\boldsymbol{E}=0$.再根据麦克斯韦方程组的微分形式,电场强度的旋度与磁感应强度随时间的变化率有关,即 $\boldsymbol{\nabla}\times\boldsymbol{E}=-\dfrac{\partial\boldsymbol{B}}{\partial t}$,所以,$\boldsymbol{E}=0$ 时,必有 $\dfrac{\partial\boldsymbol{B}}{\partial t}=0$,得到体内的磁场不随时间变化的推论.然而实际上,对于真正的超导体,无论处于正常态(即温度高于 T_C 的有电阻状态)时体内是否存在磁场,达到超导态后均有 $\boldsymbol{B}=0$,这与从零电阻率推出的 $\dfrac{\partial\boldsymbol{B}}{\partial t}=0$ 是不相容的.因此,不能用零电阻特性解释完全抗磁性.超导体的完全抗磁性是由其表面屏蔽电流产生的磁通密度,在导体内部完全抵消了由外场引起的磁通密度,从而造成体内净磁通密度为零的.

因此,超导体既是理想的导体,又是理想的抗磁质.当超导材料发生从正常态到超导态的转变时,电阻消失且磁通从体内排出.这种电磁性质的显著变化,就是检验物体是否为超导体和测量临界温度 T_C 的基本依据.

自从超导电性被发现以来,科学家们一直致力于如何提高材料的临界温度,以及寻求高临界温度的材料.直到 1986 年发现氧化物超导体以后,才为高温超导体的研究开辟了新的道路,将超导体从金属、合金和化合物扩展到氧化物陶瓷.所谓高温超导体是相对传统超导体而言的.传统超导体必须在液氦温度 4.2K 下工作,高温超导体是可以在液氮温度 77K(即 -196℃)下工作的,如铜氧化合物超导体.最近的研究表明,铊钡钙铜氧化物超导体的最高超导转变温度达到 125K,汞系氧化物超导体的超导转变温度达到 133.8K.这是超导体研究的重大飞跃.

21.3.2 超导理论

对于传统超导体较为成功的理论,是伦敦方程和 BCS 理论.

1. 伦敦方程

F·伦敦和 H·伦敦通过修正麦克斯韦方程组,建立了两个方程,可用于描述超导体的两个基本特征——零电阻和迈斯纳效应,并预言了超导体表面的磁感应强度 $\boldsymbol{B}$ 按指数规律迅速衰减.

伦敦兄弟假设,在 $T<T_C$ 时,存在超导电子和正常电子,数密度分别为 $n_s(T)$ 和 $n-n_s(T)$,其中 n 为电子的数密度.超导电子可以做无摩擦流动,正常电子的流动则伴随着能量损失.当 T 远远低于 T_C 时,几乎没有正常电子,则 $n_s(T)$ 趋于 n.当 T 达到 T_C 时,则材料处于正常态,只有正常电子,而无超导电子,则 $n_s=0$.

对于超导电子,在一定电场 $\boldsymbol{E}$ 下将做加速运动,其速度 v_s 满足牛顿第二定律

$$m\frac{\mathrm{d}\boldsymbol{v}_s}{\mathrm{d}t}=-e\boldsymbol{E} \tag{21-16}$$

式中,m 为电子质量.又因为由超导电子引起的电流面密度 $\boldsymbol{J}_s$ 为

$$\boldsymbol{J}_s=-e\boldsymbol{v}_s n_s \tag{21-17}$$

利用式(21-16)和(21-17)消去 v_s,可得

$$\frac{\mathrm{d}J_s}{\mathrm{d}t} = \frac{e^2 n_s}{m} E \tag{21-18}$$

根据麦克斯韦方程组的微分形式

$$\nabla \times E = -\frac{\partial B}{\partial t}$$

和式(21-18),可得电流面密度 J_s 与磁感应强度 B 之间的关系

$$\frac{\partial}{\partial t} \left(\nabla \times J_s + \frac{e^2 n_s}{m} B \right) = 0 \tag{21-19}$$

考虑到超导体内部不允许存在磁场,为满足上式,只能取

$$\nabla \times J_s + \frac{e^2 n_s}{m} B = 0 \tag{21-20}$$

式(21-18)和式(21-20)分别称为伦敦第一方程和伦敦第二方程. 根据伦敦第一方程,如果 $E \neq 0$,电流面密度 J_s 将无限制增加,这是不合理的. 因此,超导体内电场强度 $E = 0$ 时,则电流面密度 J_s 是与时间无关的常数. 这与零电阻率(即超导电流可长时间维持不变)是一致的;根据伦敦第二方程,超导电流是有旋的,可在一环形回路中形成持续的超导环流,而且可以证明 J_s 和 B 都只存在于超导体表面厚度约为 λ 的薄层内,且

$$\lambda = \sqrt{\frac{m}{\mu_0 e^2 n_s}} \tag{21-21}$$

式中,μ_0 为真空磁导率. λ 称为伦敦穿透深度,其值约为 50nm. 这表明,磁场在超导体表面 λ 的范围内迅速衰减为零,在超导体内无磁场,从而阐明了迈斯纳效应.

2. BCS 理论

巴丁(Bardeen)、库珀(Cooper)和施里佛(Schrieffer)于 1957 年建立了一个全面、系统的超导电性微观量子理论,成功解释了超导体的各种可观察效应. 该理论称为 BCS 理论,并获得了 1972 年诺贝尔物理奖.

在正常态的金属中,传导电流的载流子是自由电子. 根据 BCS 理论,当金属处于超导态时,是由库珀电子对作为传导电流的载流子. 因为在非常低的温度下,一个电子在晶格中运动时,由于电子和晶格间的库仑相互作用,会使晶格发生形变,形成一个微带正电的小区域,这个区域会吸引另一个电子. 这样,以晶格形变为媒介,两个电子之间就存在相互吸引作用,从而形成自旋相反、动量等值反向的电子对. 这种电子对称为库珀电子对,可以看作一个整体,其总自旋为零,且能量最低. 因为自旋为零的粒子是玻色子,不受泡利不相容原理的限制,所以在低温下有大量的库珀电子对处于它们的基态. 此时,每个电子对都已处在最低能态,再也没有能量传递给其他电子或晶格上的原子,即不存在能量交换,所以不存在通常的电阻性能量损失,库珀电子对将毫无阻挡地通过金属,则该金属就处于超导态,具有零电阻.

BCS 理论表明,库珀电子对中两个电子的结合很松散,它们之间的距离可以达到微米这一数量级. 在这样大的区域中,大约存在 10^7 个电子对. 因此,电子对是高度重叠交错

在一起的,而且这些电子对会不断地发生旧对的解体和新对的形成.一旦加上外电场,所有的电子对都获得相同的动量,产生高度有序的运动,这种无能耗的有序运动就是超导电流.

BCS理论不仅成功地解决了超导的微观机制,而且解释和预见了许多和超导有关的现象,如临界温度、比热等,适用于处理传统超导体.目前,尚未有一个令人满意的解释高温超导体的理论.

21.3.3 约瑟夫森隧道电流效应

根据量子力学,一个能量不大的粒子也会以一定的概率"穿过"势垒,这就是所谓的"隧道效应".超导的理论和实验都证实了库珀电子对的隧道效应.

1961年,贾埃弗发明了由两片超导体中间夹一薄绝缘层构成超导体1-绝缘体-超导体2(S_1IS_2)的器件(图21-20),该器件被称为超导体隧道结或约瑟夫森结.当绝缘层的厚度是几十至几百 nm 时,存在由正常电子穿过势垒引起的隧道电流.当绝缘层的厚度只有 1nm 左右时,则存在由库珀电子对穿过势垒形成的隧道电流.这种电子对的隧道效应包括:

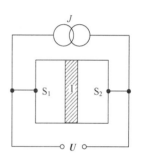

图 21-20 超导体隧道结

1. 直流约瑟夫森效应

在不存在任何外电场,即外电压 $U=0$ 时,有直流电流 J 通过超导体隧道结.通过结的超导电子对电流为

$$I = I_0 \sin(\theta_2 - \theta_1) \tag{21-22}$$

式中,I_0 是结的特征常数,正比于迁移相互作用,也是能够通过结的最大零压电流.θ_1 和 θ_2 分别是超导体1和超导体2中电子对波函数的相位.因此,式(21-22)表明,外电压为零时,通过结的直流电流由相位差 $\theta_2 - \theta_1$ 决定.

2. 交流约瑟夫森效应

当在结的两端施加直流电压 U_0 时,有一交变振荡电流通过结,其值为

$$I = I_0 \sin\left(\theta_2 - \theta_1 - \frac{2eU_0}{\hbar}t\right) \tag{21-23}$$

式中,$\hbar = \dfrac{h}{2\pi}$,h 为普朗克常数,t 为任意时刻,e 为基本电荷.式(21-23)表明,电流的角频率 $\omega = \dfrac{2eU_0}{\hbar}$,相应的频率 ν 为

$$\nu = \frac{2eU_0}{h} \tag{21-24}$$

根据式(21-24),$U_0 = 1\mu V$ 的直流电压产生的振荡频率为 482.7MHz.因此,当电子对穿过势垒时,会放出能量为 $h\nu = 2eU_0$ 的光子.利用这一效应,只要测出直流电压 U_0 和频率 ν,就可得到两个基本物理常数之比 $\dfrac{h}{e}$;反之,用别的实验方法测定了 $\dfrac{h}{e}$ 以后,就可以通过

频率ν的测量来确定直流电压U_0. 因为振荡频率ν可利用微波技术精确测出,所以现在已用约瑟夫森结代替标准电池作为电压标准.

此外,在结的两端除上述直流电压之外,再加上频率由式(21-23)决定的交变电压,则通过结的电流既有交变振荡的电流,也有直流电流.

3. 宏观长程量子干涉

外磁场加到包含两个结的超导电路上时,会使最高超导电流呈现随磁场强度变化的干涉效应,超导量子干涉仪就是利用这个效应工作的.

上述效应是约瑟夫森于1961年首先从理论上预言的,并于1963年得到了安德森和夏皮罗等的实验证实. 由于这些效应在理论和实际应用中都具有重要的意义,因此,约瑟夫森和超导体隧道效应的发现者贾埃弗,以及半导体隧道效应的发现者江崎同获1973年诺贝尔物理奖.

21.3.4 超导量子干涉仪

由于约瑟夫森结对其两端超导波函数的相位差是敏感的,可以把两个这样的结并联成一环路,从而构成超导量子干涉仪(superconducting quantum interference device, SQUID),如图21-21(a)所示. 当对SQUID不加电场而加磁场,如用一通电的细长直螺线管垂直地穿过环路中心,穿过环路包围面积的磁通量为Φ时,由于电磁场与超导波函数相位的贡献,从1流向2的总电流为

$$I = I_0 \sin \frac{\theta_a + \theta_b}{2} \cdot \cos \frac{e\Phi}{\hbar} \tag{21-25}$$

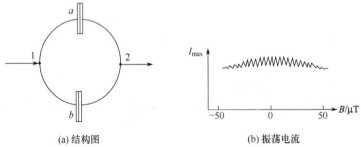

(a) 结构图　　　　　　　　　　　(b) 振荡电流

图 21-21　超导量子干涉仪

式中,θ_a和θ_b分别是没有磁场时结a和结b两边超导波函数的相位差,式(21-25)表明,有磁场时,电流随磁通量Φ的变化而振荡,当$\frac{e\Phi}{\hbar} = \pm 2k\pi (k=1,2,3,\cdots)$时,电流取极值,如图21-21(b)所示. 1965年,捷克莱维克等对某一SQUID得到的实验数据是,电流振荡的外磁场周期是3.95μT,电流的极大值是1mA.

由于磁场的微小变化会引起电流的显著变化,如环路所围面积为1cm^{2}时,外磁场仅改变$10^{-5}\mu$T,就使电流由极大值变到极小值. 因此,SQUID已成为高精度的测量磁场的仪器,广泛应用于生物磁学、医学、科学研究和工业技术中. 如果把多个相同的约瑟夫森结

按相同的间隔并联起来,就可得到类似于光的多缝干涉,甚至光栅衍射的装置,从而进一步提高磁测量的精度.

此外,约瑟夫森结的开关速度和能量损耗比较理想,前者在 $10^{-12}\,\mathrm{s}$ 数量级,后者的数量级为 $10^{-12}\,\mathrm{W}$,这非常有利于开发新的电子器件.例如,为计算机制造速度更高的逻辑电路和存储器.因此,约瑟夫森结具有巨大的应用潜力.

*21.4　态叠加原理与量子计算机

随着计算机的飞速发展和应用的日益普及,计算机已成为社会各个领域中不可缺少的重要工具.近 50 年来,计算机芯片的集成度按摩尔定律提高,即芯片上晶体管的数目随时间按指数规律增加,大约每年翻一番.如果继续按此规律发展,信息将在单一的原子中编码.此时,量子效应将变得非常重要,信息的存储、传输和处理都必须按量子力学的原理进行.因此,量子计算机是计算机进一步发展的必然结果.下面,从量子力学的基本假设之一——态叠加原理入手,介绍量子计算机的几个基本概念及计算原理.

21.4.1　态叠加原理

根据量子力学,量子系统服从态叠加原理,即一个量子系统可以处于多个不同态 ψ_1,ψ_2,$\cdots$,ψ_n 的线性叠加态 ψ,其数学表达式为

$$\psi = \sum_{i=1}^{n} a_i \psi_i \tag{21-26}$$

式中,a_i 为任意常数.

如果一个原子只有两个可能的量子态——基态 ψ_0 和激发态 ψ_1(采用量子力学的方法可简记为 $|0\rangle$ 和 $|1\rangle$),根据式(21-26),该原子既可以处于态 $|0\rangle$,也可以处于态 $|1\rangle$,或态 $|0\rangle$ 和态 $|1\rangle$ 的叠加态 $|\psi\rangle = \alpha |0\rangle + \beta |1\rangle$.所谓叠加态 $|\psi\rangle$ 是指原子可以同时处于态 $|0\rangle$ 和态 $|1\rangle$.量子系统的这种奇特性质,正是量子信息与计算的基础.

量子系统的另一个奇特现象是量子纠缠.量子纠缠存在于多子系的量子系统中,是指对一个子系统的测量结果无法独立于对其他子系统的测量参数.例如,由两个原子组成的量子系统,每个原子均只有两个量子态 $|0\rangle$ 和 $|1\rangle$,根据态叠加原理,它们可以处在下面的叠加态

$$|\psi^+\rangle = \frac{1}{\sqrt{2}} (|0\rangle_1 |1\rangle_2 + |1\rangle_1 |0\rangle_2) \tag{21-27}$$

式中,$|0\rangle_1 |1\rangle_2$ 表示第一个原子处于态 $|0\rangle$,第二个原子处于态 $|1\rangle$;$|1\rangle_1 |0\rangle_2$ 则表示第一个原子处于态 $|1\rangle$,第二个原子处于态 $|0\rangle$.因此,该量子系统处于叠加态 $|\psi^+\rangle$ 时,是处于量子纠缠态.因为我们只知道一个原子处于态 $|0\rangle$,另一个原子处于态 $|1\rangle$,并不知道哪个原子处于态 $|0\rangle$,哪个原子处于态 $|1\rangle$.其中任何一个原子既有可能处于态 $|0\rangle$,也有可能处于态 $|1\rangle$.因此,这两个原子是纠缠在一起的.

处于纠缠态的两个粒子,不管它们相距多远(几米、几公里或几光年),一旦对其中一个粒子进行测量、确定了它的状态,就立刻知道了另一个粒子的状态.例如,处于 $|\psi^+\rangle$ 态

的二原子系统,如果测量结果表明原子 2 处于态 $|0\rangle$,则立刻知道原子 1 处于态 $|1\rangle$.量子纠缠态的这种奇妙关联效应,可以将某粒子的未知量子态(即量子信息)传送到远处,而无需传送粒子本身,这在量子信息技术中起关键的作用,称为量子隐形传态.

21.4.2　量子计算机

从基本概念上分析,计算机是一物理系统,计算过程是这一物理系统随时间的循序演化.如果计算机是一经典的物理系统,其演化遵循经典的物理规律,称为经典计算机,如目前广泛使用的计算机;如果计算机是一量子系统,其演化遵循量子力学的基本规律,可称之为量子计算机.早在 1982 年,诺贝尔物理奖获得者费曼就提出,利用量子效应能够进行比经典计算机更为有效的计算.

在经典计算机中,信息按位(比特)编码.1 比特信息就是两种可能情况中的一种,如 0或 1、假或真、是或非.可利用物理器件的状态表示信息,如电容器充电表示 1,放电表示0.相应地,在量子计算机中采用量子态作为信息单元,称为量子比特.量子比特是两态量子系统(如半自旋粒子或两能级原子,自旋向上代表 0、自旋向下代表 1;态 $|0\rangle$ 代表 0、态$|1\rangle$ 代表 1)的任意叠加态.与经典的比特不相同的是,量子比特不但可以处在 0 或 1 的两个状态之一,还可以同时处于 0 和 1 两个态的叠加态.这意味着在叠加态,我们可以同时编码 0 和 1,这是经典计算机所无法做到的.因此,半自旋粒子或两能级原子等两态系统可以作为量子计算机中量子信息的基本存储单元——量子位.

n 位的经典寄存器可以编码 2^n 个不同的数字,但每一时刻只能存储其中的一个数字;而由 n 个量子位组成的量子寄存器,可以同时存储 2^n 个不同的数字.这是非常惊人的,即量子寄存器随着位数的增加,能够指数地增加一次存储的数据量.比如,$n=250$ 的量子寄存器(可由 250 个原子构成),可能存储的数据量比现有已知的宇宙中全部原子的数目还要大.

一旦使 n 位的量子寄存器同时存储不同的数据,对其进行一次操作,就可以同时对所存储的 2^n 个输入数据进行运算,这就是量子并行运算.其效果相当于经典计算机进行 2^n 次操作,或采用 2^n 个经典计算机进行并行操作.因此,量子计算可极大地提高运算速度.

量子计算的实现必须解决三个关键性问题:第一是量子算法,这是有效提高运算速度的关键.目前具有广泛影响的典型算法是 Shor 算法和 Grover 算法.前者是 Shor 于 1994年发现的,可以在多项式步骤内进行大数因子分解(目前在电子银行、网络等领域使用的公开密钥体系 RSA 的安全性依据是大数因子的分解难以用经典计算机完成).因此,量子计算机将极大地动摇 RSA 的安全性.后者是 Grover 于 1997 年提出的快速量子搜寻算法,适用于从 N 个未分类的客体中快速、高概率地找出某个特定的客体.因此,可用于寻找最大值、最小值,以及有效地攻击密码体系.这两种算法均已在核磁共振中得到实现.第二是量子编码,它是进行可靠运算的保证.因为环境会不可避免地破坏量子相干性,这种消相干是量子计算机实际应用的主要障碍.经过研究发现,量子编码是克服消相干的主要途径.目前有量子纠错码、量子避错码和量子防错码三种不同原理的量子编码方案.第三是量子逻辑网络,它是进行量子计算的物理器件.目前,已经实现两个量子位的所有量子逻辑门,进行了五个量子位的核磁共振(NMR)试验.如果正在进行的七个量子位的 NMR

试验能成功,那它将是量子计算走向实际运用的关键一步.

物理学的基本原理和许多科学家的研究表明,在理论和原则上不存在建造量子计算机的根本障碍,但在实际和技术上仍存在较大的困难.具有一定规模的、实用的量子计算机还处于探索之中,相应的量子计算理论仍在发展之中.

本 章 小 结

1. 固体的能带结构

大量原子结合成晶体时,电子的原有能级分裂为能带.

满带:能带中的所有能级都被电子占据的能带.满带中的电子不起导电作用.

导带:仅部分能级被电子占据的能带.导带中的电子有导电作用.

空带:与原子的激发能级相应的能带,通常没有电子占据.电子进入空带后呈现一定的导电性,则空带也称为导带.

绝缘体:价带为满带,且满带与导带间的禁带宽度较大($E_g = 3 \sim 6\,\text{eV}$).

半导体:价带为满带,且满带与导带间的禁带宽度较小($E_g = 0.1 \sim 2\,\text{eV}$).

2. 杂质半导体

n 型半导体:在本征半导体(四价)中掺入五价元素的杂质.电子是多数载流子,空穴是少数载流子.杂质中电子的能级处于禁带中,且靠近导带的底部.

p 型半导体:在本征半导体(四价)中掺入三价元素的杂质.空穴是多数载流子,电子是少数载流子.杂质中空穴的能级处于禁带中,且靠近满带顶部.

3. 半导体器件

利用杂质半导体制成二极管、三极管、MOS 晶体管等,在现代科学技术中有广泛的应用.

4. 激光是光与原子相互作用而产生的受激辐射放大的光.

受激辐射:受外来光子的诱发作用,原子从高能级跃迁到低能级,同时辐射一个与外来光子的频率、相位、偏振态及传播方向都完全相同的光子.因此,受激辐射可以实现光放大.

产生激光的条件:①粒子数反转;②合适的能级结构;③光学谐振腔.

光学谐振腔的作用:提高激光的单色性、方向性、相干性和强度.

激光器的组成:工作物质、激励装置和光学谐振腔.

激光的特性:①方向性好、亮度高;②单色性好;③相干性好;④光脉冲的宽度窄.

5. 超导电性

在临界温度下,电阻突然降为零的现象称为超导电现象.

超导体的两大主要特征:①零电阻率;②完全抗磁性.

约瑟夫森隧道电流效应:库珀电子对穿过超导体隧道结的势垒,形成隧道电流的现象.

6. 量子计算机

遵循量子力学规律的量子计算系统.

习 题

21-1 在本征半导体中,掺入几价元素的杂质可以分别得到 n 型和 p 型半导体? 并画出相应的能带结构图.

21-2 在下列的各种条件中,哪些是产生激光的条件?

(1) 自发辐射;(2) 受激辐射;(3) 粒子数反转;(4) 三能级系统;(5) 光学谐振腔.

21-3 激光器一般由哪几部分组成? 激光的特性是什么?

21-4 纯净硅所吸收辐射的最大波长 $\lambda = 1.09\,\mu m$,求硅的禁带宽度.

21-5 氦氖激光器发出波长 $\lambda = 632.8\,nm$ 的激光,与此相应的能级差是多少?

*21-6 设激光束的发散角 $\Omega = 10^{-3}\,rad$,从地球射到月球上时,在月球上形成的光斑直径有多大(地球至月球的距离为 $3.8 \times 10^8\,m$)?

物理与新技术专题 5：

纳电子技术

过去半个多世纪,微电子技术高速发展,对人类社会起着巨大的推动作用. 如电子管、晶体管、大规模集成电路的出现都对人类的进步有显著的影响,特别是计算机出现以后,微电子器件被应用于人类社会的各个领域. 描述微电子器件集成度不断地提高的 Moore 定律(图 1)表明每 18 个月硅片上的功能元件数增加一倍,电子元件的尺寸随年代指数减小.

图 1 Moore 定律

然而,当传统器件尺寸下降到纳米尺度的时候,微电子器件赖以工作的基本条件发生了根本的变化,微电子学的统计输运规律也不再很好地成立(图 2). 依靠器件尺寸不断缩小的技术的原理性极限正在日益迫近,而信息系统技术对微电子芯片性能却提出了更高的要求,这一问题已成为当前学术界关注的热点,它导致了电子器件发展的第二次变革——纳电子技术的发展.

图 2 微电子器件的发展极限

纳米科学与技术是科学发展跨时代的主要内容之一,是 21 世纪高科技的基础.纳米电子技术是纳米科学的重要分支,它是以纳米电子学理论为基础开发下一代微电子器件——纳米电子器件的技术总称.它的研究范围主要包括三个方面:纳米电子学理论、纳米电子器件、纳米电子材料及其组装.

1. 纳米电子学

纳米电子学,又叫纳电子学,有三个方面的内涵:研究对象是纳米尺度,信号处理时间是纳秒,信号功率是纳焦.纳米电子学是纳米电子器件的理论和技术的基础,其主要理论思想是基于纳米粒子的量子效应来设计并制备出纳米器件,即正是由于各种量子化效应的出现,才导致了具有不同量子功能纳米量子器件的诞生.在不同的纳米结构与器件中,其量子化效应的物理体现也是多种多样的.例如,①电导量子化:即电导或电阻是量子化的,不再遵循欧姆定律.②库仑堵塞现象:导体中纳米隙小于电子自由程时,会发生电子隧穿,而隧穿前后隙两侧的电位发生变化.③普适电导涨落:在电导与电压关系测量中,发现存在与时间无关的非周期涨落,但它不是热噪声引起的,而是样品固有的,每一特定的用品有自身特有的涨落图.④量子相干效应:由于在纳米尺寸中,载流子不仅具有振幅信息,而且还保持信号相位,所以具有相干性.利用这些纳米尺寸所显现出的不同的物理特性,是制备纳米电子器件的关键所在.

2. 纳米电子器件

Moore 定律提出以后,曾有相当一部分人认为下一代的器件是分子电子器件,其理论基础是分子电子学.经过几年的工作人们逐渐认识到,在微电子器件与分子电子器件之间,有个过渡时期——纳米电子器件,即信息加工的功能元件不是单个分子,而是原子团——有限个原子构成的纳米尺度的体系(含 $10^2 \sim 10^9$ 个原子).

实现微电子器件“更小”,走向纳米电子器件的方向有两个(图 3):一是以 Si、GaAs 等为主的无机材料的固体电子器件尺寸小下去,二是基于化学有机高分子和生物学材料组装功能材料尺度大起来,两者的交叠构成新型电子和光电子器件——跨世纪的信息功能器件.

图 3 硅与有机复合器件的发展

纳米电子器件主要基于无机/有机复合材料,采用分子尺度上的自组装和裁剪技术工艺进行制备. 纳米电子器件目前主要有:①电子共振隧穿器件;②量子线;③量子点场效应晶体管;④原子继电器;⑤超高密度信息存储器;⑥量子比特构造和量子计算机等.

1)电子共振隧穿器件

最早利用量子效应的典型器件是量子共振隧穿二极管(RTD),通常被作成很薄的异质结,其导带分布为双位垒结构. 利用共振隧穿二极管的负阻效应,可以制成微波振荡器件. 如将双垒结构的中间势阱上加一调制电极,来调节势垒高度或通道,就可以实现三极管的放大作用,即小电流或电压输入,能产生较大的输出. 如将双垒结构的中间势阱层上加一调制电极,来调节势垒的高度或通道,就可以实现三极管的放大作用.

2)量子线

在二维系统的基础上进一步减小它的维数,就会得到量子线. 在二维系统中,由于精细的横向限制,原来平面内的自由电子在某一方向形成量子线. 若在两个方向都加以限制,则将形成量子点,也就是人造"原子". 量子线在构成量子电子器件上起着非常重要的作用,常用于半导体异质结或金属-氧化物半导体结构中二维电子气的栅门类. 纳米线和碳纳米管都属于量子线的范畴.

纳米线,可以被定义为一种具有在横向上被限制在 100nm 以下(纵向没有限制)的一维结构. 在这种尺度上,量子力学效应很重要,因此纳米线又被称为量子线. 根据组成材料的不同,纳米线可分为不同的类型,包括金属纳米线(如 Ni,Pt,Au 等),半导体纳米线(如 InP,Si,GaN 等)和绝缘体纳米线(如 SiO_2,TiO_2 等). 纳米线均在实验室中生产,截至 2014 年尚未在自然界中发现. 纳米线可以由悬置法、沉积法或者元素合成法制得. 图 4 为 Cu/Co 纳米线的 TEM 照片. 纳米线具有特殊的力学特性以及导电特性,因此可应用在制作电子设备以及太阳能转换、合成纤维、微电池制作等方面.

碳纳米管是在 1991 年 1 月由日本筑波 NEC 实验室的物理学家饭岛澄男使用高分辨率分析电镜从电弧法生产的碳纤维中发现的. 与金刚石、石墨、富勒烯一样,是碳的一种同素异形体(图 5). 它是一种管状的碳分子,管上每个碳原子采取 sp2 杂化,相互之间以碳-碳 σ 键结合起来,形成由六边形组成的蜂窝状结构作为碳纳米管的骨架.

(a) 多根   (b) 单根

图 4   Cu/Co 多层纳米线的 TEM 照片

图 5   碳家族:金刚石、石墨、富勒烯、碳纳米管

碳纳米管,是一种具有特殊结构(径向尺寸为纳米量级,轴向尺寸为微米量级和管子两端基本上都封口)的一维量子材料.碳纳米管质量轻,六边形结构连接完美,具有许多异常的力学、电学、热学、化学和吸附性能.近些年随着碳纳米管及纳米材料研究的深入,其广阔的应用前景也不断地展现出来.碳纳米管的应用主要表现在以下几个方面:①复合材料增强剂;②微波吸收剂;③电极材料;④导电材料;⑤储氢材料;⑥催化剂载体;⑦储存器等.

3) 量子点场效应晶体管

单电子晶体管(single electron transistor,SET)是量子点场效应晶体管的典型代表,它是基于库仑堵塞效应和单电子隧道效应的基本物理原理而出现的一种新型的纳米电子器件,具有功耗低、灵敏度高和易于集成等优点,被认为是传统的微电子 MOS 器件之后最有发展前途的新型纳米器件,它在未来的微电子学和纳米电子学领域将占有重要的地位.

源极　　　　栅极　　　　漏极
(Sourse)　　(Gate)　　(Drain)

图 6　单电子晶体管结构原理图

单电子晶体管于 1994 年首先由日本科学家在实验室研制成功,使用的硅和二氧化钛材料的结构尺寸都达到了 10nm 左右的尺度.单电子晶体管的研制近几年已经走向成熟,成为纳米电子器件研究的热点,不少国家都研制出不同尺度和结构的单电子晶体管基型器件.单电子晶体管由两个隧道结串联组成,两个隧道结分别称为源与漏,与其相连接的中间部位称为岛,也叫栅极,由置于其旁边的门电极控制,能够实现单电子控制使 SET 处于开或关状态(图 6).

4)原子继电器

原子继电器类似于一个分子闸门式开关.在原子继电器中,一个可动的原子不是固定的贴附在衬底上,而是在两个电极间向前或向后移动.两个原子导线借助一个可动的开关原子连接起来构成一个继电器.原子继电器的实际实验是在扫描隧道显微镜(STM)帮助下完成的,在 STM 探针尖与衬底之间放置一氙原子,当氙原子在探针尖和衬底间向前或向后传输时便完成了器件的开关动作.单个继电器非常小,约为 10nm^2.

5)超高密度信息存储器

诺贝尔物理奖获得者德国物理学家 Von Klitzing 在 1997 年预言:2030 年将能实现纳米电子器件.伴随着一个过程,作为电子学主流器件之一的信息存储器件的存储密度将由现在的 $10^6\,\text{bit/cm}^2$ 达到 $10^{12}\,\text{bit/cm}^2$.当存储密度达到 $10^{10}\,\text{bit/cm}^2$ 以上时,称之为超高密度信息存储.

超高密度信息存储即通过纳米信息存储来实现.纳米存储的基本器件为分子结开关,它由纳米线的交叉点构成.这一体系的纳米存储系统主要由三个子系统构成:一个纳米线交叉开关矩阵存储阵列和两个解码器.超高密度的纳米线交叉阵列,采用特殊的技术诸如纳米压印和基于流动对齐的技术来制备.通过这些技术,人们已经构建了相当大容量的存储阵列,设计出纳米存储以及纳米处理器,从而达到超高密度信息存储的目的.

6)量子比特构造和量子计算机

所谓量子计算机是应用量子力学原理进行计算的装置,理论上讲它比传统的计算机有更快的运算速度、更大的信息传递量和更高的信息安全保证,有可能超越目前计算机的理想极限.基于硅微电子技术的传统的计算机计算速度的极限,如要完成 64 位数字的因式分解要花比宇宙年龄还要长的时间,原则上量子计算机可以在相当短的时间内完成.构造实际的量子计算机可以归结为建立一个由量子逻辑门构成的网络,即由提供处于标准态的量子比特的"源"和能够实现单位变换,把量子态由一处传递到另一处的"线"以及能对输入的量子比特进行操作(量子信息处理)的"量子逻辑门"三部分构成.实现量子比特构造和量子计算机的设想方案很多,主要有离子阱量子计算机、腔量子电动力学量子计算机、核磁共振量子计算机等.

3. 纳米电子材料及其组装技术

纳米电子材料是人们积极探索的重要领域,由于它的特性是体积小、纯度更高、信号功率更低、信号的写入读出的响应速度快,吸引不少科学家关注.其中,无机和有机复合膜的结构与特性的研究是热点,不断出现新的研究报道.例如,日本富士通研究所成功地合成了由有机分子和过渡金属复合成的有机无机复合物分子电子学材料.这种有机无机复合物电子学材料,基于有机分子的设计,可使材料具备两个过渡金属原子精密地固定在分子内的构造,获得高品位的单晶结构.

纳米电子材料的研究手段主要是扫描探针显微镜(SPM),它不仅是表面分析的有力工具,也是进行纳米加工、原子操纵、制造纳米器件的有力武器.近年来,人们在探索超高密度信息的读写方法和有关材料结构性能分析、表征时也借助于 SPM.用 SPM 技术可以实现样品的纳米尺度观测、加工,同时可以利用针尖与样品之间的电压、电流、近场光束和磁极作用,进行信号的写入、读出和擦除.

纳米电子材料的制备主要利用分子与纳米自组装技术.这种技术是实现材料设计的一种新型技术,打破传统的"自上而下"的材料制备原则,采取"自下而上"的分子预建模式,巧妙合理利用特殊分子结构中蕴含的各种相互作用,从而获得具有多级结构的新型材料.自组装材料具有独特的光、电、催化等功能,在分子器件、分子调控等领域有巨大的应用价值.

从电子管到晶体管再到集成电路,每一次微电子技术的发展都对社会生活产生深刻的影响.我们有理由相信,纳电子学的发展和普及将会对信息社会产生更加深刻的影响!

附录3 诺贝尔物理学奖

获奖年份	获奖人	国籍	成 就
1901	伦琴	德国	发现 X 射线
1902	洛伦兹 齐曼	荷兰 荷兰	磁性对辐射影响的研究
1903	贝克勒耳 居里·皮埃尔 居里·玛丽	法国 法国 法国	发现自发放射性 对贝克勒耳发现的辐射现象的研究
1904	瑞利	英国	氩的发现
1905	勒纳	德国	阴极射线的研究
1906	汤姆孙	英国	气体电导性的研究
1907	迈克耳孙	美国	光谱与基本度量学的研究
1908	李普曼	法国	彩色的照相复制
1909	马克尼 布劳恩	意大利 德国	无线电报的开发
1910	范德瓦耳斯	荷兰	关于气态和液态方程的研究
1911	维恩	德国	关于热辐射定律的发现
1912	达伦	瑞典	照明沿海灯塔与灯浮子自动调节器的发明
1913	昂纳斯	荷兰	低温下物质特性的研究;生产出液氦
1914	劳厄	德国	发现晶体的 X 射线衍射
1915	布拉格.W 布拉格.L	英国 英国	通过 X 射线分析晶体结构
1917	巴克拉	英国	发现元素的标识 X 射线
1918	普朗克	德国	发现基本能量量子
1919	斯塔克	德国	发现极隧射线的多普勒效应和 电场中谱线的分裂
1920	吉洛姆	瑞士	发现镍钢合金中的异常
1921	爱因斯坦	瑞士	光电效应理论的研究
1922	玻尔	丹麦	原子结构与辐射的研究

续表

获奖年份	获奖人	国籍	成 就
1923	密立根	美国	基本电荷与光电效应的研究
1924	西格班	瑞典	X 射线光谱学的研究
1925	夫兰克 赫兹	德国 德国	发现电子对原子碰撞的定律
1926	伯兰	法国	物质不连续结构的研究
1927	康普顿 威尔逊	美国 英国	发现散射 X 射线的波长变化 发明用云雾室观察带电粒子
1928	理查逊	英国	热金属电子发射的研究
1929	德布罗意	法国	发现电子的波动性
1930	拉曼	印度	光散射的研究;发现拉曼效应
1932	海森伯	德国	创立量子力学
1933	薛定谔 狄拉克	奥地利 英国	引入量子力学波动方程
1935	查德威克	英国	发现中子
1936	希斯 安德森	奥地利 美国	发现宇宙射线 发现正电子
1937	戴维孙 汤姆孙	美国 英国	发现电子被晶体衍射
1938	费米	意大利	发现中子照射产生的人工放射性元素
1939	劳伦斯	美国	发明回旋加速器
1943	施特恩	美国	发现质子磁矩
1944	拉比	美国	记录原子核各种特性的共振方法
1945	泡利	奥地利	发现电子的不相容原理
1946	布里奇曼	美国	研究与创立了高压物理
1947	阿普顿	英国	发现电离层中反射无线电波的阿普顿层
1948	布莱克特	英国	核物理和宇宙射线范畴内的发现
1949	汤川秀树	日本	预言介子的存在
1950	鲍威尔	英国	研究核过程的摄影法;发现介子
1951	考克罗夫特 瓦尔顿	英国 爱尔兰	通过加速粒子使原子核蜕变的研究

获奖年份	获奖人	国籍	成 就
1952	布洛赫 柏塞尔	美国 美国	固体内核磁共振的发现
1953	泽尼可尼加	荷兰	相衬显微镜方法的研究
1954	玻恩 波特	英国 德国	波函数的统计解释 重合法的发现
1955	兰姆 库什	美国 美国	发现氢光谱的精细结构 测定电子的磁矩
1956	巴丁 布拉顿 肖克利	美国 美国 美国	研究半导体并发明晶体管
1957	杨振宁 李政道	美国 美国	发现宇称不守恒原理
1958	切连科夫 弗兰克 塔姆	苏联 苏联 苏联	发现并解释切连科夫效应
1959	萨格雷 张伯伦	美国 美国	证实反质子的存在
1960	格拉泽	美国	发明气泡室
1961	赫夫斯坦特 穆斯堡尔	美国 德国	测定原子核的形状和大小 穆斯堡尔效应的发现
1962	朗道	苏联	研究凝聚态物质的理论
1963	维格纳 迈耶 颜森	美国 美国 德国	原子核内质子与中子作用理论的研究 提出原子核结构的壳层模型理论
1964	汤斯 巴索夫 普罗柴诺夫	美国 苏联 苏联	量子电子学的研究导致了依据微波激射器与激光原理的仪器的制造
1965	费曼 施温格 朝永振一朗	美国 美国 日本	量子电动力学基本原理的研究
1966	卡斯勒尔	法国	发现研究原子的赫兹共振的光学方法
1967	贝特	美国	关于恒星能量产生的发现
1968	阿尔瓦雷斯	美国	研究基本粒子,发现了共振态

续表

获奖年份	获奖人	国籍	成　　就
1969	格尔曼	美国	研究基本粒子对称性,预言 Ω 粒子的存在
1970	阿尔文 尼尔	瑞典 法国	磁流体动力学的研究 反铁磁性和铁磁性的研究
1971	加博	英国	全息术的发明
1972	巴丁 库珀 施里弗	美国 美国 美国	超导性理论的创立
1973	江崎 贾埃弗 约瑟夫森	日本 美国 英国	半导体和超导体隧道效应的研究
1974	赫威斯 赖尔	英国 英国	发现脉冲星 射电天文学的研究
1975	玻尔 莫特尔森 雷恩沃特	丹麦 丹麦 美国	发现原子核的集体运动和粒子运动的关系
1976	里克特 丁肇中	美国 美国	发现 J/Ψ 粒子
1977	安德森 莫特 范弗里克	美国 英国 美国	电子在磁性、非晶固体中行为的研究
1978	卡皮查 彭齐亚斯 威尔逊	苏联 美国 美国	氦液化器的发明与应用 发现 3K 宇宙微波背景辐射,为大爆炸理论提供了支持
1979	格拉肖 萨拉姆 温柏格	美国 巴基斯坦 美国	建立弱电统一理论
1980	克罗宁 菲奇	美国 美国	证明电荷共轭与宇称反演对称性的同时违背(即 CP 不守恒)
1981	布隆伯根 肖洛 西格巴恩	美国 美国 瑞典	激光光谱学与非线性光学的研究 高分辨率电子能谱的研究
1982	威尔逊	美国	连续相变的分析
1983	钱德拉塞哈 福勒	美国 美国	恒星结构与演化的理论研究 宇宙间化学元素形成方面核反应的理论和实验

续表

获奖年份	获奖人	国籍	成　　就
1984	鲁比亚 米尔	意大利 荷兰	发现了亚原子粒子 W 和 Z,对弱电理论提供了支持
1985	克利青	联邦 德国	发现量子霍尔效应,从而可对电阻作精确测量
1986	宾尼 拉斯卡 罗勒	联邦德国 联邦德国 瑞士	研制出专门的电子显微镜
1987	柏诺兹 缪勒	联邦德国 瑞士	发现新的超导材料(镧钡铜氧化物)
1988	莱德曼 施瓦茨 斯坦伯格	美国 美国 美国	完成了 μ 子型中微子实验
1989	拉姆齐 德梅尔特 保罗	美国 美国 联邦德国	研制出原子钟 发现了供研究用的分离原子与亚原子粒子的方法
1990	弗里德曼 肯德尔 泰勒	美国 美国 加拿大	首次用实验证实了夸克的存在
1991	盖内斯	法国	发现了研究分子行为的普适规则
1992	查帕克	法国	发明了跟踪亚原子粒子的探测器
1993	赫尔斯 泰勒	美国 美国	鉴定出脉冲双星,定量验证了引力辐射
1994	布罗克豪斯 沙尔	加拿大 美国	开发出中子散射技术
1995	珀尔 莱因斯	美国 美国	发现 τ 粒子 检测到中微子
1996	李戴维 奥谢罗夫 理查森	美国 美国 美国	发现了氦-3 同位素中的超流性
1997	朱棣文 科恩·塔努吉 菲利普斯	美国 法国 美国	激光冷却和捕陷原子的方法研究
1998	劳森 斯托姆 崔崎	美国 美国 美国	分数量子霍尔效应的发现及理论上的贡献
1999	特胡夫特 韦尔特曼	荷兰 荷兰	非阿贝尔规范场发散的消除与 标准模型的精确计算
2000	阿尔福若夫 克罗姆 基尔贝	俄罗斯 美国 美国	发明高速晶体管、激光二极管 和集成电路(芯片)

续表

获奖年份	获奖人	国籍	成就
2001	埃里克·康奈尔 沃尔夫冈·克特勒 卡尔·维曼	美国 美国 美国	发现了一种新的物质状态——"碱金属原子稀薄气体的玻色-爱因斯坦凝聚（BEC）"
2002	里卡尔多·贾科尼 雷蒙德·戴维斯 小柴昌俊	美国 美国 日本	在"探测宇宙中微子"和"发现宇宙 X 射线源"方面取得的成就
2003	阿列克谢·阿布里科索夫 维塔利·金茨堡 安东尼·莱格特	俄罗斯/美国 俄罗斯 英国/美国	在超导体和超流体理论上作出的开创性贡献
2004	戴维·格罗斯 戴维·普利策 弗兰克·维尔泽克	美国 美国 美国	发现强相互作用理论中夸克的"渐近自由"现象
2005	罗伊·格劳伯 约翰·霍尔 特奥多尔·亨施	美国 美国 德国	对光学相干的量子理论的贡献和对基于激光的精密光谱学发展做出的贡献
2006	约翰·马瑟 乔治·斯穆特	美国 美国	发现了宇宙微波背景辐射的黑体形式和各向异性
2007	艾尔伯-费尔 皮特-克鲁伯格	法国 德国	发现巨磁电阻效应
2008	南部阳一郎 小林诚 益川敏英	美国 日本 日本	发现次原子物理的对称性自发破缺机制
2009	高锟 威拉德·博伊尔 乔治·史密斯	英国/美国 美国 美国	发明光纤电缆和电荷耦合器件（CCD）图像传感器
2010	安德烈·海姆 康斯坦丁·诺沃肖洛夫	英国 英国/俄国	在石墨烯材料方面的卓越研究
2011	萨尔·波尔马特 布莱恩·保罗·施密特 亚当·里斯	美国 美国/澳大利亚 美国	通过观测遥远超新星而发现宇宙加速膨胀
2012	塞尔日·阿罗什 大卫·维因兰德	法国 美国	发现测量和操控单个量子系统的突破性实验手法
2013	弗朗索瓦·恩格勒 彼得·希格斯	比利时 英国	希格斯玻色子的理论预言
2014	赤崎勇 天野浩 中村修二	日本 日本 美国	发明高亮度蓝色发光二极管
2015	梶田隆章 阿瑟-麦克唐纳	日本 加拿大	通过中微子振荡发现中微子有质量

附录4 中英文物理学常用词汇

（按汉语拼音排序）

第一篇 力 学

B

保守力 conservative force

C

参考系 reference frame

长度收缩 length contraction

D

单位矢量 unit vector

导出单位 derived unit

导出量 derived quantity

电子 electron

动量 momentum

动量守恒定律 law of conservation of momentum

动能 kinetic energy

动能定理 theorem of kinetic energy

F

法向加速度 normal acceleration

G

刚体定轴转动定律 law of rotation of a rigid body about a fixed axis

功 work

固有长度 proper length

固有时 proper time

惯性参考系 inertial reference frame

光速不变原理 principle of constancy of light velocity

广义相对论 general relativity

国际单位制 international system of unit

H

宏观物体 macroscopic body

胡克定律 Hooke law

J

基本单位 fundamental units

基本量 fundamental quantity

机械能守恒定律 law of conservation of mechanical energy

加速度 acceleration

伽利略坐标变换 Galileo coordinate transformation

角动量 angular momentum

角动量定理 theorem of angular momentum

角动量守恒定律 law of conservation of angular momentum

角加速度 angular acceleration

角速度 angular velocity

进动 precession

静止能量 rest energy

静质量 rest mass

K

库仑定律 Coulomb's law

L

力的叠加原理 superposition principle of forces

力矩 moment of force，torque

力学相对性原理 relativity principle of mechanics

量纲 dimension

洛伦兹变换 Lorentz transformation

M

摩擦力　frictional force

N

内力　internal force
内能　internal energy
能量守恒定律　law of conservation of energy
牛顿运动定律　Newton's laws of motion

P

平动　translation
平行轴定理　parallel axis theorem
普朗克常量　Planck constant

Q

切向加速度　tangential acceleration

S

时间延缓　time dilation
时空坐标　space-time coordinate
势能　potential energy
势能函数　potential energy function
速度　velocity
速率　speed

T

弹性碰撞　elastic collision
弹性势能　elastic potential energy
梯度　gradient
同时的相对性　relativity of simultaneity

W

外力　external force
外力矩　external torque
完全非弹性碰撞　perfect inelastic collision
位矢　position vector
位移　displacement

X

狭义相对论 special relativity

相对论动能　relativistic kinetic energy
相对论能量　relativistic energy
相对论质量　relativistic mass
向心加速度　centripetal acceleration

Y

引力红移　gravitational red shift
引力时间延缓　gravitational time dilation
引力质量　gravitational mass
圆周运动　circular motion
运动的相对性　relativity of motion
匀加速运动　uniformly accelerated
匀加速直线运动　uniformly accelerated rectiline-
　ar motion

Z

质点　particle
质点运动学　particle kinematics
质量亏损　mass defect
重力　gravity
重力,引力　gravitational
重力加速度　acceleration of gravity
转动惯量　moment of inertia
坐标系　coordinate system

第二篇　电　磁　学

A

安培环路定理　Ampere circuital theorem
安培力　Ampere force

B

毕奥-萨伐尔定律　Biot-Savart law
玻尔磁子　Bohr magneton

C

磁场　magnetic field
磁场叠加原理　superposition principle of mag-
　netic field
磁场能量　energy of magnetic field
磁场强度　magnetic intensity

磁畴 magnetic domain

磁单极子 magnetic monopole

磁导率 permeability

磁化曲线 magnetization curve

磁介质 magnetic medium

磁力 magnetic force

磁通[量] magnetic flux

磁滞回线 hysteresis loop

磁滞损耗 hysteresis loss

D

等势面 equipotential surface

电场 electric field

电场强度(E) electric field [intensity]

电场叠加原理 superposition principle of electric field

电磁波 electromagnetic wave (EM wave)

电磁感应 electromagnetic induction

电导率 electric conductivity

电动势 electromotive force (emf)

电荷 electric charge

电荷守恒定律 law of conservation of charge

电介质 dielectric

电量 quantity of electricity

电流密度 current density

电流[强度] electric current [strength]

电[偶极]矩 electric [dipole] moment

电偶极子 electric dipole

电容 capacitance

电容率 permittivity

电势 electric potential

电势叠加原理 superposition principle of electric potential

电势能 electric potential energy

电位移 electric displacement

电阻 resistance

电阻率 resistivity

动生电动势 motional emf

F

法拉第电磁感应定律 Faraday law of electro-

magnetic induction

非静电力 nonelectrostatic force

伏安特性曲线 volt-ampere characteristics

G

感生电场 induced electric field

感应电动势 induction emf

高斯定理 Gauss law

惯性约束 inertial confinement

轨道角动量 orbital angular momentum

H

横波 transverse wave

互感 mutual induction

霍尔效应 Hall effect

J

极性分子 polar molecule

检验电荷 test charge

矫顽力 coercive force

介电常数 dielectric constant

静电场 electrostatic field

静电场的保守性 conservative property of electrostatic field

静电场的环路定理 circuital theorem of electrostatic field

静电平衡条件 electrostatic equilibrium condition

静电屏蔽 electrostatic shielding

居里点 Curie point

K

抗磁质 diamagnetic medium

L

楞次定律 Lenz law

力矩 moment of force, torque

M

麦克斯韦方程组 Maxwell equations

积分形式 in integral form

微分形式　in differential form

O

欧姆定律　Ohm law

P

坡印亭矢量　Poynting vector

Q

全电路的欧姆定律　Ohm law for whole circuit

R

软磁材料　soft ferromagnetic material

S

剩磁　remanent magnetization
顺磁质　paramagnetic medium

T

铁磁质　ferromagnetic material
同步辐射　synchrotron radiation

W

位移电流　displacement current

X

相对磁导率　relative permeability
相对电容率　relative permittivity

Y

硬磁材料　hard ferromagnetic material
永磁体　permanent magnet
原子磁矩　atomic magnetic moment

Z

载流线圈的磁矩　magnetic moment of a current carrying coil
载流子　charge carrier
真空磁导率　permeability of vacuum
真空电容率　permittivity of vacuum

真空介电常数　dielectric constant of vacuum
自感　self-induction
自感电动势　emf by self-induction

第三篇　热　　学

A

阿伏伽德罗常量　Avogadro number

B

比热[容]　specific heat [capacity]
比热比　specific heat ratio
玻尔兹曼分布律　Boltzmann distribution law
不可逆过程　irreversible process
布朗运动　Brown [ian] motion

D

等体过程　isochoric process
等温过程　isothermal process
等压过程　isobaric process
定体热容　heat capacity at constant volume
定压热容　heat capacity at constant pressure

F

方均根速率　root-mean-square speed

G

功热转换　work-heat transformation
过程量　quantity of process

H

宏观量　macroscopic quantity
宏观状态　macroscopic state

J

焦耳-汤姆孙效应　Joule-Thomson effect
绝热过程　adiabatic process

K

卡诺循环　Carnot cycle

卡诺循环的效率 efficiency of Carnot cycle
开尔文表述 Kelvin statement
克劳修斯表述 Clausius statement
可逆过程 reversible process

L

理想气体 ideal gas
理想气体状态方程 equation of state of ideal gas

M

麦克斯韦速率分布律 Maxwell speed distribution law
迈耶公式 Mayer formula
摩尔热容 molar heat capacity

N

能量均分定理 equipartition theorem

P

平衡态 equilibrium state
平均平动动能 average translational kinetic energy
普适气体常量 universal gas constant

Q

气体动理论 kinetic theory of gases

R

热机 heat engine
热力学 thermodynamics
热力学系统 thermodynamic system
热平衡 thermal equilibrium
热容 heat capacity

S

熵增加原理 principle of entropy increase
摄氏温标 Celsius temperature

T

统计力学 statistical mechanics
统计物理 statistical physics

W

微观量 microscopic quantity
温度梯度 temperature gradient
无规则运动 random motion

X

循环的率 efficiency of cycle
循环过程 cyclic process

Z

正循环 positive cycle
制冷系数 coefficient of performance
制冷循环 refrigeration cycle
状态方程 equation of state
状态量 quantity of state
准静态过程 quasi-static process
最概然速率 most probable speed

第四篇 波 动 学

B

半波损失 half-wave loss
波长 wavelength
波的叠加原理 superposition principle of wave
波的能量密度 energy density of wave
波的能流密度 energy flow density of wave
波的强度 intensity of wave
波的衍射 diffraction of wave
波峰 ［wave］crest
波腹 ［wave］loop
波谷 ［wave］ trough
波函数 wave function
波节 ［wave］node
波面 wave surface
波前 wave front
波数 wave number
波线 wave line
波形曲线 wave form curve
波阵面 wave front
不确定性关系 uncertainty relation
半波带法 half wave zone method

薄膜干涉　film interference

波列　wave train

波片　wave plate

布拉格公式　Bragg formula

布儒斯特角　Brewster angle

C

参考圆　circle of reference

初相　initial phase

D

电磁波　electromagnetic wave

多普勒效应　Doppler effect

单缝衍射　single-slit diffraction

单色光　monochromatic light

等厚条纹　equal thickness fringes

等倾条纹　equal inclination fringes

多光束干涉　multiple-beam interference

E

二向色性　dichroism

F

反射定律　reflection law

反相　antiphase

方解石　calcite

非常光线 extraordinary light

分波阵面法　method of dividing wave front

分辨本领　resolving power

分振幅法　method of dividing amplitude

夫琅禾费衍射　Fraunhofer diffraction

G

共振　resonance

光程　optical path

光程差　optical path difference

光的干涉　interference of light

光的偏振　polarization of light

光的衍射　diffraction of light

光密介质　optically denser medium

光疏介质　optically thinner medium

光源　light source

光栅　grating

光栅方程　grating equation

光栅衍射　grating diffraction

光轴　optical axis

H

横波　transverse wave

惠更斯-菲涅耳原理　Huygens-Fresnel principle

J

简谐波　simple harmonic wave

简谐运动　simple harmonic motion

简谐运动的合成　combination of simple harmonic motions

角频率　angular frequency

劲度［系数］　［coefficient of］stiffness

级次　order

检偏器　analyzer

K

可见光　visible light

空间相干性　spatial coherence

L

临界角　critical angle

滤光片　filter

M

马吕斯定律　Malus law

迈克耳孙干涉仪　Michelson interferometer

N

尼科耳棱镜　Nicol prism

牛顿环　Newton ring

P

拍频　beat frequency

平面简谐波　plane simple harmonic wave

偏振光　polarized light

偏振片　polaroid

偏振态　polarization state

Q

切变模量　shear modulus
起偏器　polarizer
缺级　missing order

R

人工双折射　artificial birefringence
瑞利判据　Rayleigh criterion

S

时间相干性　temporal coherence
双缝干涉　double-slit interference
双折射　birefringence

T

弹簧振子　spring oscillator
体积模量　bulk modulus
同相[位]　in-phase
同一直线上不同频率的　along a straight line with different frequency
同一直线上同频率的　along a straight line with same frequency
椭圆　elliptically

W

无阻尼自由振动　undamped free vibration

X

线　linearly
相互垂直的　mutually perpendicular
相[位]差　phase difference
相干长度　coherent length
相干光　coherent light
相干时间　coherence time
相干条件　coherent condition
相消干涉　destructive interference
相长干涉　constructive interference

行波　travelling wave
旋转矢量　rotational vector
旋光现象　roto-optical phenomena
寻常光线　ordinary light
X 射线衍射　X-ray diffraction

Y

杨氏模量　Young modulus
应变　strain
应力　stress
圆　circularly
圆孔衍射　circular hole diffraction

Z

折射定律　refraction law
振幅　amplitude
周期　period
驻波　standing wave
准弹性力　quasi-elastic force
纵波　longitudinal wave
增透膜　transmission enhanced film
自然光　natural light
最小分辨角　angle of minimum resolution

第五篇　量 子 物 理

B

巴耳末系　Balmer series
半导体　semiconductor
　n 型　n-type
　p 型　p-type
　本征　intrinsic
　杂质　impurity
玻尔半径　Bohr radius
玻色-爱因斯坦凝聚　Bose-Einstein condensation
玻色子　boson
波函数　wave function
波粒二象性　wave-particle duality
不确定性关系　uncertainty relation

C

磁矩　magnetic moment

D

戴维孙-革末实验　Davisson-Germer experiment

德布罗意波假设　de Broglie hypothesis

电子自旋　electron spin

多电子原子　many-electron atom

F

费米子　fermion

G

概率波　probability wave

光电效应方程　photoelectric effect equation

光的二象性　duality of light

归一化条件　normalizing condition

轨道角动量　orbital angular momentum

H

核磁共振　nuclear magnetic resonance，NMR

黑体辐射　blackbody radiation

红限频率　red-limit frequency

J

基态　ground state

激发态　excited state

激光　laser

激光致冷和捕陷原子　laser cooling and
　atom trapping

金属氧化物场效应管（MOSFET）　metal-oxide-
　semiconductor field effect transistor

K

康普顿散射　Compton scattering

康普顿效应　Compton effect

L

里德伯常量　Rydberg constant

粒子数布居反转　population inversion

量子数　quantum number

轨道　orbital

　轨道磁　orbital magnetic

　自旋　spin

　自旋磁　spin magnetic

量子态　quantum state

N

能带　energy band

　导带　conduction

　禁带　forbidden

　价带　valence

能级　energy level

能量最低原理　principle of least energy

P

泡利不相容原理　Pauli exclusion principle

普朗克常量　Planck constant

Q

氢原子能级图　energy level diagram of hydrogen
　atom

R

热辐射　heat radiation

瑞利-金斯公式　Rayleigh-Jeans formula

S

施主　donor

势阱　potential well

势垒　potential barrier

势垒穿透　barrier penetration

受激辐射　stimulated radiation

受主　acceptor

束缚态　bound state

施特恩-格拉赫实验　Stern-Gerlach experiment

斯特藩-玻尔兹曼定律　Stefan-Boltzmann law

W

维恩位移定律　Wien displacement law

物质波　matter wave

X

薛定谔方程 Schrödinger equation
  定态 stationary
  含时 time-dependent

Y

逸出功 work function
宇称 parity

奇 odd
偶 even
原子质量单位 atomic mass unit

Z

杂质能级 impurity energy level
质能关系 mass-energy relation
自由电子激光 free electron laser

下册习题答案

第 12 章

12-1 (1) $f(v)dv$ 为分子速率分布在 $v \sim v+dv$ 区间内的分子数占总分子数的比例也表示分子出现在 $v \sim v+dv$ 速率区间内的概率

(2) $\int_{v_1}^{v_2} vf(v)dv$ 为速率在 v_1 到 v_2 区间内的分子对平均速率值的贡献

(3) $\int_0^{v_p} f(v)dv$ 为分子速率在 $0 \sim v_p$ 区间内的分子数占总分子数的比例也表示分子速率出现在 $v \sim v_p$ 的概率

12-2 (1) $\frac{1}{2}kT$ 为分子一个自由度上的平均能量

(2) $\frac{i}{2}kT$ 为一个分子的平均能量

(3) $\frac{i}{2}\nu RT$ 为 νmol 自由度为 i 的理想气体的内能

(4) $\frac{3}{2}kT$ 为分子的平均平动动能或者是单原子分子的平均能量

12-3 0.83%

12-4 1.90kg·m^{-3}

12-5 1.2×10^{-24} N·s, $\frac{1}{3} \times 10^{28}$ m^{-2}·s^{-1}, 4×10^3 Pa

12-6 (1) 2.45×10^{25} m^{-3}

(2) 5.32×10^{-26} kg

(3) 1.30×10^{-3} g·cm^{-3}

(4) 4.83×10^2 m·s^{-1}

(5) 6.21×10^{-21} J

12-7 7.70K

12-8 $1:2, 5:3$

12-9 (1) 5.65×10^{-21} J, 3.77×10^{-21} J

(2) 709J

12-10 略

第 13 章

13-1 (1) 266J

(2) 308J, 放热

13-2 (1) 3.75×10^3 J

(2) 5.73×10^3 J

13-3 (1) 略

(2) 1.25×10^4 J

(3) 0

(4) 1.25×10^4 J

13-4 (1) 不能

(2) 不能

(3) 不能

(4) 能

(5) 能

(6) 能

13-5 700J

13-6 (1) 405.2J

(2) 0

(3) 405.2J

13-7 (1) 800J

(2) 100J

(3) 略

13-8 $-0.64p_1V_1$, $-0.64p_1V_1$

13-9 15.1%

13-10 (1) 5349.8J

(2) 1337.4J

(3) 4012.4J

13-11 (1) 29.4%

(2) 425K

13-12 $\eta = \frac{A}{Q_1}$, 从公式可知要提高 η 需增大 A 或减小 Q_1, 即 η 还与吸热有关, 该说法没有考虑 Q_1 的大小, 因此不正确

13-13 略

13-14 略

13-15 略

第 14 章

14-1　(1) $-\dfrac{\pi}{3}$；(2) $\dfrac{2}{3}\pi$；(3) $\dfrac{\pi}{2}$；(4) π

14-2　利用弹簧振子，测其周期 $T=2\pi\sqrt{\dfrac{m}{k}}$，可得

　　　宇航员的质量

14-3　可以，$\omega=\dfrac{2\pi}{360\times 60\times 60}$

14-4　(1) $0.141\mathrm{m}$，$10\pi\mathrm{rad\cdot s^{-1}}$，$-\dfrac{\pi}{4}$

　　　(2) $4.43\mathrm{m\cdot s^{-1}}$，$139\mathrm{m\cdot s^{-2}}$，$13.9\mathrm{N}$

　　　(3) $x=0.141\cos\left(10\pi t-\dfrac{\pi}{4}\right)\mathrm{m}$

14-5　(1) $x=0.29\cos\left(6.68t+\dfrac{\pi}{2}\right)\mathrm{m}$

　　　　　$v=-1.94\sin\left(6.68t+\dfrac{\pi}{2}\right)\mathrm{m\cdot s^{-1}}$

　　　　　$a=-13\cos\left(6.68t+\dfrac{\pi}{2}\right)\mathrm{m\cdot s^{-2}}$

　　　(2) $0.13\mathrm{m}$，$1.73\mathrm{m\cdot s^{-1}}$，$-5.83\mathrm{m\cdot s^{-2}}$

14-6　(1) $0.628\mathrm{s}$　(2) $x=8\times10^{-2}\cos 10t\mathrm{m}$

14-7　(1) $-0.6\mathrm{m}$，0

　　　(2) $x=0.3\mathrm{m}$，$v>0$ 时，$v=2.6\mathrm{m\cdot s^{-1}}$，

　　　　　$a=-7.5\mathrm{m\cdot s^{-2}}$，$F=-1.5\mathrm{N}$

　　　　　$x=-0.3\mathrm{m}$，$v>0$ 时，$v=2.6\mathrm{m\cdot s^{-1}}$，

　　　　　$a=7.5\mathrm{m\cdot s^{-2}}$，$F=1.5\mathrm{N}$

　　　(3) $x=\pm\dfrac{\sqrt{2}}{2}A=\pm0.42\mathrm{m}$

14-8　$T=\dfrac{2}{d}\sqrt{\dfrac{2\pi m}{\rho g}}=0.0286\mathrm{s}$

14-9　$t=\dfrac{1}{8}(2k+1)T$，$k=0,1,2,\cdots$

*14-10　略

14-11　(1) $7.81\times10^{-2}\mathrm{m}$，$\arctan 11=84°48'$

　　　(2) $\dfrac{3}{4}\pi$，$-\dfrac{3}{4}\pi$

*14-12　$\varphi=0$ 时，$y=x$

　　　　　$\varphi=30°$时，$x^2+y^2-\sqrt{3}xy=\dfrac{A^2}{4}$

　　　　　$\varphi=90°$时，$x^2+y^2=A^2$

*14-13　(1) $x=5\times10^{-2}\cos 2\sqrt{10}t\mathrm{m}$

　　　　　(2) $x=2.5\sqrt{2}\times10^{-2}\cos\left(2\sqrt{5}t-\dfrac{\pi}{2}\right)\mathrm{m}$

*14-14　略

14-15　略

第 15 章

15-1　略

15-2　$(n-1)\dfrac{\lambda}{2}$

15-3　(1) $4\mathrm{Hz}$，$10\mathrm{m}$

　　　(2) $y=0.05\cos 2\pi(4t-0.1x)\mathrm{m}$

　　　(3) $640\mathrm{N}$

15-4　(1) $0.05\mathrm{m}$，$2.5\mathrm{m\cdot s^{-1}}$，$5\mathrm{Hz}$，$0.5\mathrm{m}$

　　　(2) $1.57\mathrm{m\cdot s^{-1}}$，$49.3\mathrm{m\cdot s^{-2}}$

　　　(3) $0.92\mathrm{s}$，$0.825\mathrm{m}$

15-5　(1) a 点向下，b 点向上

　　　(2) $y=0.2\cos\left(0.4\pi t+\dfrac{\pi}{2}\right)\mathrm{m}$

　　　(3) $y=0.2\cos\left[0.4\pi\left(t-\dfrac{x}{0.08}\right)+\dfrac{\pi}{2}\right]\mathrm{m}$

15-6　(1) 略

　　　(2) $\varphi_0=\dfrac{\pi}{2}$，$\varphi_p=0$

　　　(3) $y=0.2\cos\left(180\pi t+\dfrac{\pi}{2}\right)\mathrm{m}$

　　　(4) $y=0.2\cos\left[180\pi\left(t-\dfrac{x}{36}\right)+\dfrac{\pi}{2}\right]\mathrm{m}$

15-7　(1) $y=0.1\cos\left[\pi(t-5x)+\dfrac{\pi}{2}\right]\mathrm{m}$

　　　(2) $y=0.1\cos\pi t\mathrm{m}$

15-8　10.36π

15-9　$y=0$

　　　$y=0.1\cos(200\pi t+\varphi_1)\mathrm{m}$

　　　$y=0.05\sqrt{2}\cos\left(200\pi t+\varphi_1+\dfrac{\pi}{4}\right)\mathrm{m}$

15-10　(1) $2\mathrm{Hz}$，$2\mathrm{m}$，$4\mathrm{m\cdot s^{-1}}$，y_1 沿 x 轴正方向

　　　　传播，y_2 沿 x 轴负方向传播

　　　(2) $y=0.12\cos\pi x\cos 4\pi t$

　　　　波节 $x=k+\dfrac{1}{2}$，波腹 $x=k$，

　　　　$k=0,1,2,\cdots$

　　　(3) $0.12\mathrm{m}$

15-11　(1) $y_2=A\cos 2\pi\left(\dfrac{t}{T}-\dfrac{x}{\lambda}\right)$

　　　　(2) $y=2A\cos 2\pi\dfrac{x}{\lambda}\cos 2\pi\dfrac{t}{T}$

　　　　波节 $x=\left(k+\dfrac{1}{2}\right)\dfrac{\lambda}{2}$，波腹 $x=k\dfrac{\lambda}{2}$，

　　　　$k=0,1,2,\cdots$

15-12　略

第16章

16-1 平面波;⊥**p**;根据 **S**＝**E**×**H**

16-2 $2.65\times10^{-7}\text{A}\cdot\text{m}^{-1},1.33\times10^{-11}\text{W}\cdot\text{m}^{-2}$

16-3 (1) $3\text{m},10^8\text{Hz}$

(2) 沿 x 轴正方向

(3) $B_x=0,B_y=0,B_z=2\times10^{-11}$
$$\times\cos\left[2\pi\times10^8\left(t-\frac{x}{c}\right)\right]\text{T}$$

*16-4 (1) $1.1\times10^3\text{W}\cdot\text{m}^{-2}$

(2) $1.2\times10^{-11}\text{J}$

(3) $9.2\times10^2\text{V}\cdot\text{m}^{-1},2.4\text{A}\cdot\text{m}^{-1}$

16-5 略

第17章

17-1 (1) Δx 变小;(2) Δx 变小;(3) Δx 变小;(4)明暗条纹对换

17-2 满足反射波暗纹条件

17-3 略

17-4 略

17-5 略

17-6 $3.2\mu\text{m}$

17-7 $0.72\text{mm},2.16\text{mm}$

17-8 反射光,$\lambda=4.8\times10^{-7}\text{m}$
透射光,$\lambda_1=4\times10^{-7}\text{m},\lambda_2=6\times10^{-7}\text{m}$

17-9 $8''$

17-10 545.9nm

17-11 $5.9\times10^{-5}\text{m}$

17-12 (1) 0.5mm

(2) 0.75mm

(3) $1\text{mm},10^{-3}\text{rad}$

17-13 0.75m

*17-14 13340 条

17-15 $2.24\times10^{-4}\text{rad},8.94\text{m}$

17-16 15cm

17-17 0.056nm

17-18 $\frac{2}{3}I_1$

17-19 $\frac{9}{4}I_1$

17-20 $36.9°$

17-21 1.6

第18章

18-1 不相同

18-2 非相对论效应的电子

18-3 略

18-4 0.01nm

18-5 $\frac{\sqrt{3}}{3}$

18-6 9.68cm

18-7 略

18-8 $\frac{2Rh}{ap}$

18-9 $3.32\times10^{-24}\text{kg}\cdot\text{m}\cdot\text{s}^{-1},6.22\text{keV}$
$3.32\times10^{-24}\text{kg}\cdot\text{m}\cdot\text{s}^{-1},0.51\text{MeV}$

第19章

19-1 (1)I_s 减小,U_a 增大;(2) I_s 增大,U_a 不变

19-2 1.64eV

19-3 略

19-4 $5.68\times10^3\text{K},8.28\times10^3\text{K}$

19-5 $2.02\text{eV},2.02\text{V},296\text{nm}$

19-6 (1) 0.0715nm

(2) π

(3) 0

19-7 0.1MeV

19-8 $0.0043\text{nm},62.3°$

第20章

20-1 略

20-2 施特恩-格拉赫实验

20-3 $\frac{1}{2a}$

20-4 $\frac{a}{2}$

20-5 $91.2\text{nm},121.5\text{nm}$

20-6 略

20-7 6条,97.25nm

20-8 12.76eV

20-9 $1s^22s^22p^63s^23p^6$

第21章

21-1 略

21-2 (2)、(3)、(4)、(5)

21-3 略

21-4 1.13eV

21-5 1.96eV

*21-6 380km

参考文献

鲍世宁,黄敏,应和平.2014.大学物理学教程.杭州:浙江大学出版社

北京光学仪器厂,湖南冶金地质研究所.1983.WSP-1平面光栅摄谱仪光谱图.北京:科学出版社

蔡枢,吴铭磊.2001.大学物理(当代物理前沿专题部分).北京:高等教育出版社

程守洙,江之永.1998.普通物理学.北京:高等教育出版社

冯俊小,李君慧.2011.能源与环境.北京:冶金工业出版社

顾秉林,王喜坤.1989.固体物理学.北京:清华大学出版社

顾德仁.1981.脉冲与数字电路.北京:人民教育出版社

郭硕鸿.2008.电动力学.北京:高等教育出版社

郭奕玲,沈慧君.2000.物理学史.北京:清华大学出版社

何红建.2014.揭秘上帝粒子:非同寻常的诺贝尔物理学奖.科学,66(1)

胡盘新,汤毓骏.2004.普通物理学简明教程.北京:高等教育出版社

黄亦斌.2012.大学物理.北京:高等教育出版社

康华光.1979.电子技术基础.北京:人民教育出版社

康颖.2010.大学物理.北京:科学出版社

李润东,可欣,等.2013.能源与环境概论.北京:化学工业出版社

李孝华,李传新.2005.大学物理.武汉:华中科技大学出版社

梁德余.2005.大学物理基础.广州:华南理工大学出版社

梁绍荣,孙岳等.1987.量子力学.北京:北京师范大学出版社

廖耀发,陈义万,李云宝等.2011.大学物理教程.2版.高等教育出版社

刘金寿.2008.现代科学技术概论.北京:高等教育出版社

陆果.1997.大学物理.北京:高等教育出版社

罗先,张广军,等.1995.光电检测技术.北京:北京航空航天大学出版社

罗先和,张广军等.1995.光电检测技术.北京:北京航空航天大学出版社

马文蔚,解希顺,周雨青.2006.物理学.北京:高等教育出版社

孟祥忠.2009.微电子技术概论.北京:机械工业出版社

珀塞尔 E M.1979.伯克利物理学教程第二卷:电磁学.北京:科学出版社

漆安慎,杜婵英.2012.普通物理学教程力学.北京:高等教育出版社

钱浚霞.1993.光电检测技术.杭州:浙江大学出版社

任兰亭.1999.大学物理教程.山东东营:石油大学出版社

宋明玉,杨长铭,王阳恩,等.2009.大学物理.北京:清华大学出版社

苏汝铿.1997.量子力学.上海:复旦大学出版社

田兴时,林南英等.1996.光学.昆明:云南大学出版社

王喜山.1979.激光原理基础.济南:山东科学技术出版社

王正行.2000.近代物理学.北京:北京大学出版社

吴百诗,罗春荣,马永庚,等.2004.大学物理学.北京:高等教育出版社

邢月绪,孙秀香等.1995.大学物理学.济南:山东大学出版社

严导淦.2010.物理学.北京:高等教育出版社

严济慈. 1989. 电磁学. 北京:高等教育出版社

杨兵初. 2005. 大学物理学. 北京:高等教育出版社

杨昭,杨勇平,张旭. 2012. 能源环境技术. 北京:机械工业出版社

郁道银,谈恒英. 2006. 工程光学. 2 版. 北京:机械工业出版社

曾谨言. 2000. 量子力学. 北京:科学出版社

张礼. 2000. 近代物理学进展. 北京:清华大学出版社

张三慧. 2014. 大学物理学. 北京:清华大学出版社

张兴,黄如,刘晓彦. 2010. 微电子学概论. 北京:北京大学出版社

张怿慈. 1979. 量子力学简明教程. 北京:人民教育出版社

赵军良,张动天. 2006. 大学物理. 徐州:中国矿业大学出版社

赵凯华,罗蔚茵. 2001. 力学,量子物理. 北京:高等教育出版社

郑永会,贾起民. 1987. 力学. 上海:复旦大学出版社

中国科学院. 1997,1999,2000. 科学发展报告. 北京:科学出版社

周衍柏. 2009. 理论力学教程. 北京:高等教育出版社

诸葛向彬. 1999. 工程物理学. 杭州:浙江大学出版社

http://baike. haosou. com/doc/5355926-5591411. html

http://image. haosou. com/v? q=磁悬浮列车图片

Keller F J,et al. 1997. Physics-Classical and Modern. 高物译. 北京:高等教育出版社